国际信息工程先进技术译丛

下一代融合网络理论与实践

[孟] Muhammad Mostafa Monowar 编著

Zubair Md. Fadlullah

王秋爽 刘英华 王玲芳 等译

U0386484

机 械 工 业 出 版 社

本书内容涵盖互联网架构和协议、嵌入式系统和传感器网络、web 服务、云技术和下一代无线联网，分为 5 部分：多媒体流化、网络中的安保和安全、网络管理和流量工程、信息基础设施和云计算、无线联网。第 1 部分讨论有关未来网络中多媒体流化的研究工作，包括针对一般读者的一些基本信息以及针对有关领域中专家的深入全面的信息；第 2 部分讨论联网中的安保问题和安全问题，也考虑了在任何未来网络中有关的基本互联网和网络空间安全；第 3 部分涉及网络管理和流量工程问题，这部分会要求有一些专业或背景知识，其中包括一些基于数学建模方面的工作；第 4 部分将云计算的概念与通用的信息基础设施集成在一起，为读者提供信息基础设施相关领域内有关过去的成就、当前状况和未来预期的一些知识；第 5 部分讨论无线联网各方面。

本书适合在有线或无线联网领域内耕耘的研究生、研究人员、学术/业界的实践人员，也适合希望提高对下一代网络相关专题理解的所有读者。

译 者 序

关于下一代网络是什么，业界吵得沸反盈天，到如今也没有定论。其中比较有代表性的有 ITU 的 NGN 概念，有 IETF 的 NGI 概念，以及各个国家针对未来 5~10 年的发展需求提出的下一代互联网概念。围绕下一代互联网，美国在 FIA（Future Internet Architecture）计划中支持 NDN（Named Data Networking）、MobilityFirst、NEBULA、XIA（eXpressive Internet Architecture），分别的侧重点是内容、移动性、数据中心网络和安全。欧盟部署了 Euro-NGI 项目、AMBIENT 项目和 FIRE 项目。日本 AKIRI（曙光）计划的 NWGN，重点是节能、构建全光网络，同时探索新的网络体系，提出 5 种针对不同场景的亚体系。我国在网络体系的探索中，部署了"基于 IP 的可演进网络体系结构"、"一体化网络与普适服务体系"、"可测可控可管的 IP 网络"、"面向服务的未来互联网体系结构"、"可重构信息通信基础网络体系"等国家级项目，另外国内学者也提出了"基于交互的网络服务体系结构"、"基于 4D 网络控制架构的可信可控网络"等。中国科学院战略先导专项"面向感知中国的新一代信息技术"也部署了未来网络体系的相关探索研究。

与上面的观点有点不同的是，本书认为下一代网络将是融合的网络，从实践的角度讲解如何建设这样的网络及其相关应用。从网络是实践的科学看，这是务实的方法，也是对普通用户而言可直接见到效果的方法。

本书内容涵盖互联网架构和协议、嵌入式系统和传感器网络、web 服务、云技术和下一代无线联网，分为 5 部分：多媒体流化、网络中的安保和安全、网络管理和流量工程、信息基础设施和云计算、无线联网。第 1 部分讨论有关未来网络中多媒体流化的研究工作，包括针对一般读者的一些基本信息以及针对有关领域中专家的深入全面的信息；第 2 部分讨论联网中的安保问题和安全问题，也考虑了在任何未来网络中有关的基本互联网和网络空间安全；第 3 部分涉及网络管理和流量工程问题，这部分会要求有一些专业或背景知识，其中包括一些基于数学建模方面的工作；第 4 部分将云计算的概念与通用的信息基础设施集成在一起，为读者提供信息基础设施相关领域内有关过去的成就、当前状况和未来预期的一些知识；第 5 部分讨论无线联网各方面。

本书由王玲芳负责第 1~9 章翻译、全书统稿和校对工作，刘英华负责第 10~15 章的翻译工作，王秋爽负责第 16~22 章的翻译工作。本书在翻译过程中，李虹、潘东升、李冬梅、吴秋义、王弟英、吴璟、游庆珍、李传经、王领弟、王建平、李睿、吴昊、王灵芹、张永、李志刚、左会高、申永林、潘贤才、刘敏、李钰琳、王青改、李倩、陈军、许侠林、王改玲、张增军、李岩、冯佰永、李靓亮等同志参加了部分的翻译工作。

不过，需要指出的是，本书的内容仅代表作者个人的观点和见解，并不代表译者及其所在单位的观点。另外，由于翻译时间比较仓促，疏漏错误之处在所难免，敬请读者原谅和指正。

译 者

2015 年初于北京

原书前言

过去十年内，我们见证了电信业的快速增长。各种电信网络中崭新的现实和愿景带来了下一代网络（Next Generation Network，NGN）的概念。为支持各种业务、降低拥有移动和蜂窝手机及智能手机的成本、通用移动性的日益增加的需求、数字流量的爆炸以及融合网络技术的出现等运营商间的竞争，为 NGN 的思想增加了更多的动态因素。事实上，方便网络融合以及各种类型业务的融合，是 NGN 的一项重大目标。

虽然在定义 NGN 的边界和标准方面，存在相当大量正在进行的研究工作，但还没有最后确定一个合适的边界。NGN 是用来标记电信和接入网络中的各项架构性演进步骤。这个术语也用来描述转换到使用宽带的较高的网络速度、从公众交换电话网（Public Switched Telephone Network，PSTN）迁移到基于互联网协议（Internet Protocol，IP）的网络以及在单一网络上各项业务的极大集成，且经常代表一个愿景和一个市场概念。NGN 也被定义为"宽带可管理的 IP 网络"。当 NGN 围绕 IP 进行建设时，有时要使用 IP 地址。从一个比较技术性的观点看，NGN 由国际电信联盟（ITU）定义为"基于报文的网络，能够提供包括电信业务在内的各项业务，且能够利用多项宽带、支持 QoS 的传输技术，其中业务相关的功能独立于低层（underlying）传输有关的技术"。NGN 向用户提供访问不同服务提供商的能力，并支持"通用化的移动性，这将向用户提供一致的和泛在的服务"（ITU-T 建议 Y. 2001，2004 年 12 月批准）。

本书的目标及结构

本书的主要目标是将对下一代网络和技术有所贡献的各项工作进行汇编整合在一起。我们理解是，随着不同技术的融合，会将 NGN 的定义带向不同的方向，未来仍然是模糊的。但是，考虑到这个技术主题带来的"动态引力效应"，我们将本书分为 5 个主要部分。第 1 部分讨论有关未来网络中多媒体流化的研究工作。包括针对一般读者的一些基本信息以及针对有关领域中专家的深入全面的信息。现在随着我们迈向 4G 和 5G 乃至持续演进的"G"网络，多媒体流化在网络环境中将扮演一个非常突出的角色。用户不仅需要高速的多媒体流量，而且需要高分辨率和高清晰度。因此，第 1 部分解决与这些问题相关的核心方面。在第 2 部分，我们安排了几章来讨论联网中的安保问题和安全问题。同样，也考虑了在任何未来网络中有关的基本互联网和网络空间安全。在第 3 部分，涉及网络管理和流量工程问题。这部分会要求一些专业或背景知识，其中包括一些基于数学建模方面的工作。

在第 4 部分，我们将云计算的概念与通用的信息基础设施集成在一起。可以预见，在 NGN 中，信息流和信息交换模式将与当前采用的有所不同。因此，这部分将为读者提供信息基础设施相关领域内有关过去的成就、当前状况和未来预期的一些知识。最后，第5部分包含讨论无线联网各方面的几章。随着许多网络现在都有了无线版本而不是固定的、有导线方式的连接，无线联网将是 NGN 不可分割的组成部分。所以，这部分将为读者提供无线联网技术的一些特点，而不会深入讨论太多内容，但却使这些内容与 NGN 技术相关。

从本书中可预料得到什么

本书主要是为研究生知识水平的研究人员、学生、正规的业界研究人员、大学科研机构和一般的网络专业读者撰写的。存在"容易理解的"章节以及要求一些先期学习的知识或专业知识的章节，本书是这两者的组合体。所以，本书可作为硕士或博士层次学生的一本不错的参考书，这些学生会得到有关 NGN 发展各种问题的基本知识和深入全面的知识。

从本书中不可期望得到什么

本书不是以教材的风格撰写的。所以，所给出的信息经常都基于最近的和最新的研究发现。它可用作研究生层次的课堂教学，但随着研究领域的发展，今天最新的东西，在明天可能就不是最新的了。所以，在本书中给出的基本标准化的信息可放心使用，但研究发现或结果就有一些不确定性因素牵涉其中。

MATLAB® 是 MathWorks 公司的注册商标。要了解产品信息，请联系

The MathWorks, Inc.

3 Apple Hill Drive

Natick，MA 01760-2098 USA

电话：508 647 7000

传真：508-647-7001

电子邮件：info@ mathworks.com

网站：www. mathworks.com

目　　录

第 3 部分　网络管理和流量工程

第 4 部分　信息基础设施和云计算

第5部分　无 线 联 网

第 1 部分

多媒体流化

第1章 视频点播系统中基于请求的组播

1.1 引言

视频点播（Video-on-Demand，VoD）是如今增长最快速的媒体服务之一。VoD 使终端用户可访问存储于一台视频服务器中的影片节目库，下载并使用他们的机顶盒（Set Top Box STB）观看所请求的视频内容[1]。除了对一个视频节目的直接访问外，VoD 还提供视频带记录设备（Video Cassette Recorder，VCR）操作，包括在视频流上的暂停、回退、快进、跳转和回跳[2]。

为了提供 VoD 的商业成功，不仅需要视频流量在高速网络之上传输，而且这种传输必须对终端用户是廉价的。VoD 交付方案的关键问题是带宽需求、存储需求和观看一部视频的终端用户的启动延迟。为了克服这项挑战，研究人员深入研究了改进 VoD 系统性能的几项视频交付技术[3]。

视频交付技术可分为如下几类：

1）服务器启动的广播或"服务器-推送"或"反应式"[4-7]；

2）基于缓存的交付方案[8-12]；

3）基于请求的组播或"客户端拉取"或"前瞻式"（proactive）[4,7]。

服务器启动的广播技术使用固定数量的信道，周期性地将视频对象广播到一组用户。在基于缓存的交付方案中，一台区域性的缓存服务器（代理）将一个视频的初始部分交付给一个客户端，而一台中心视频服务器仅需要传输一个视频的剩余部分。在接收到一条客户端请求时，一种基于请求的组播方案可交付视频对象。

因此，相比于服务器启动的广播方案，它降低了 VoD 服务的带宽需求。但是，用户们所经历的访问时间可能较高。为基于请求的分类所提的各种方案，试图改进 VoD 系统的效率和扩展性。在本章，我们的目标是，提供基于请求之视频交付所提不同方法的完备概述，这些方法如文献［13］提到的批次处理、打补丁、捎带法、流合并和混合技术。

在批次方案（文献［14］）中，在短时间过程中同一视频的请求被归组在一起，并由单一组播流服务。打补丁方法或动态组播[15]方法利用客户端侧的缓冲空间共享组播传输，而不是将不同的流发送到每个用户。通过增加迟到各流的回放速率并减少早期各流的回放速率，捎带法合并在不同信道上的各用户。第四种方法，称之为流合并[16]，使一个客户端接收一条流的同时，缓冲来自一条不同流之数据的另一部分，由此使客户端与另一个客户端共享未来的流。上述各方法也可组合形成混合技术，从而改进 VoD 效率。

在文献［7］中给出了组播 VoD 服务的一个完备综述。这项研究对直到 2002 年时客户端发起的组播方案进行了有限的回顾，其中该文的焦点是与组播 VoD 相关的争议和问题。在文献［17］中概述了 VoD 流的主要调度策略，它给出基于广播、批次处理、缓存、捎带和前查（look-ahead）调度等方法的一些调度策略的综述。最后，VoD 系统和带宽节省流化方案中有关用户行为的一个综述在文献［18］中给出。这项研究也给出有关组播流化方法的有限概述，这些方法如批次处理、打补丁和流合并法。由于其重要性，在本章我们给出基于请求的视频交付组播方案的一项完备研究。图 1.1a 和图 1.1b 给出我们有关基

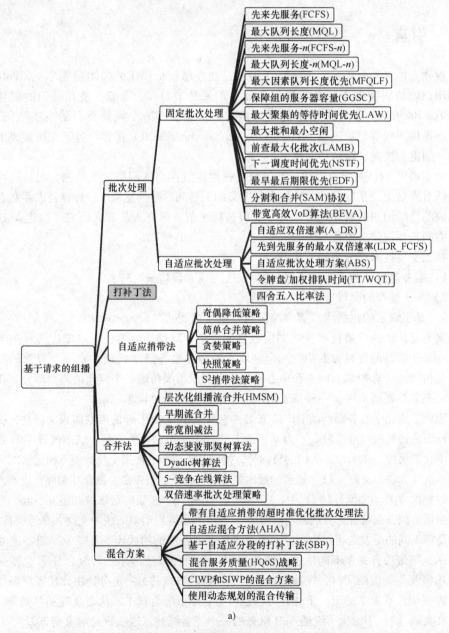

a)

图 1.1　a）基于请求的组播方案分类

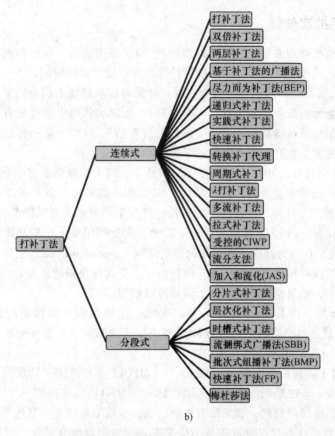

b)

图 1.1　b）补丁方案的分类（续）

于请求的组播方案的分类，在下面各节将详细描述。

　　本章后面如下组织：在 1.2 节，我们描述各种批次处理策略。在 1.3 节，我们回顾所提批次处理方法的不同类型。1.4 节和 1.5 节分别给出捎带法和流合并法的共性特征和不同类型。在 1.6 节，我们回顾一些混合技术。最后，1.7 节总结本章，并给出 VoD 交付中的未来研究方向。

1.2　批次处理解决方案

　　在批次处理解决方案中，在某个时间长度内所接收到的针对同一视频的请求（由多个用户发出）可被批次绑定在一起，并使用单个组播流进行服务。批次处理方法最初是由 Anderson[19] 于 1993 年提出的。这项组播技术被称为调度的组播，原因是依据某种动态调度策略[20]，服务器选择下一批次进行组播。视频请求的批次处理降低了输入/输出（I/O）需求并提高了吞吐量。在用来选择下一批次进行服务的准则方面，它们是不同的。在下面我们探索各种调度策略。

1.2.1　固定批次处理

在下面的批次处理方案中，批次处理时间/间隔是固定的。在运行算法之前，实施批次处理时间的选择。经常依据用户的等待容忍度，设置批次时间。

1）先来先服务（FCFS）[14]。对所有视频对象的请求都加入称为请求队列的单个队列。当交付一条流的服务器容量有空闲时，FCFS 从请求队列中选择具有最长等待时间的请求。同一组播流被指派到请求同一视频的所有请求。FCFS 是一种公平策略，原因是它独立于视频的受欢迎程度来处理每个视频[14]。

2）最大队列长度（MQL）[14]。在 MQL 策略下，每个视频对象有一个专用队列。针对每个视频的一条请求加入其相应的队列。MQL 选择具有最长队列长度的批次进行组播。MQL 对于冷门影片是不公平的，原因是它倾向于调度受欢迎视频[14]。

3）FCFS-n[14]。FCFS-n 预留服务器信道的一定比例服务 n 个最热影片。交付热门视频的一条新流是在称为批次处理间隔的固定间隔（regular interval）上启动的。FCFS-n 对于不受欢迎的视频稍稍有点不公平，但它确保了受欢迎视频的最大等待时间。如果没有热影片的请求，则预留的流可被用于组播冷门影片[14]。

4）MQL-n[14]。像 FCFS-n 策略一样，实施一定比例服务器信道的预留，但依据 MQL 策略服务剩余的冷门影片。因为 MQL 策略默认地倾向于先服务受欢迎的视频，所以人们对 MQL-n 策略也不太感兴趣[14]。

5）最大因子队列长度优先（MFQLF）[21]。MFQLF 策略考虑了请求的等待时间和视频的受欢迎程度，方法是调度具有最大因子队列（MFQ）长度的视频[21]。队列长度因子是从一个分析模型得到的，如果没有失败的话，该模型最优化一名用户的平均等待时间[21]，其中失败意味着在没有被服务的情况下，一名用户离开系统，原因是其等待时间超过了最大用户等待时间容忍度。视频 i 的队列长度因子计算为 $\sqrt{q_i \times \Delta t_i}$，其中 Δt_i 是自上次视频 i 被调度以来的间隔，q_i 是对应于视频 i 的队列长度[21]。

6）保障组群的服务器容量（GGSC）[22]。调度算法的 GGSC 族将服务器信道预分配给对象群组。依据视频对象的回放长度，将它们归组在一起。GGSC 算法将依据 FCFS 策略调度一个群组内的请求，这被称作 GGSC$_w$-FCFS 算法。令 C_m 为分配给对象 m 的信道数量。最小化平均客户端等待时间的 C_m 的一个最优值给定如下[22]：

$$C_m = \frac{\sqrt{f_m L_m}}{\sum\limits_{i=1}^{M} \sqrt{f_i L_i}} C, m = 1, \cdots, M$$

式中　C 是可用信道总数；L_m 是对象 m 的回放时长；f_m 是从存储于视频服务器中所有 M 个对象中请求对象 m 的顾客所占的比例。

在将信道容量分配给一组对象之后，在每个周期（cycle）信道都变成可用的。周期的长度等于群组中对象的回放长度。通过对 GGSC$_w$-FCFS 与 MFQ、FCFS 和 FCFS-n 策略的一个全面比较，表明 GGSC$_w$-FCFS 是其他批次处理策略中最有利的（favorable）[22]。

7）最大聚集等待时间优先（LAW）[20]：通过考虑等待请求的到达时间，LAW 调度

组播流[20]。在这种策略中，每个视频的聚集和 S_i 如下计算

$$S_i = t \times m - (a_{i1} + a_{i2} + \cdots + a_{im})$$

式中　t 是当前时间；m 是等待请求总数；a_{ij} 表示视频 i 第 j 个请求的到达时间[20]。当一条流变得空闲时，LAW 调度具有最大 S_i 值的视频。仿真结果表明，LAW 要比 MFQ 公平大约 65%[20]。

8）Max_Batch 和 Min_Idle[23]。通过考虑下一个流完成时间和用户的等待容忍度，这两种启发式批次处理方案建议采用有效的批次处理[23]。基于视频请求频率，所有视频被分类为热或冷视频集合，并在两个视频队列中进行维护，这两个队列表示为 H 队列和 C 队列。在 H 队列中等待的请求已经达到或超过批次阈值（batch threshold），被表示为 L_H[23]。批次阈值可被设置为用户等待容忍度的大小或小于用户等待容忍度的一个值[23]。

Max_Batch 方案仅使用队列的一个集合 H。当一条流变得可用时或一条请求到达其批次阈值，则要做出一次判定，采用 MQL 从子集 L_H 中选择一个视频，目的是最大化批次处理的影响[23]。这种策略被称为 Max_Batch MQL（BMQ）。另一种策略称为具有最小丢失的 Max_Batch（或 BML）。BML 计算直到下一条流的传输完成之前所发生的失败期望次数。通过从具有最大期望失败的 L_H 队列中选择一个视频，BML 最小化系统中的丢失（即失败）次数[23]。

在 Min_Idle 方案中，如果在 L_H 中存在一条请求，则基于 MQL（称作 IMQ 方案）或最大期望丢失（称作 IML 方案），选择 L_H 中的一个视频。如果 L_H 为空，则使用 FCFS 选择集合 C 中的一个冷门视频。为了避免由热视频造成冷门视频的饥饿情况，Min_Idle 方案将长等待冷门视频队列转变为集合 H[23]。因此，对于热门视频和冷门视频，Min_Idle 方案是一个高效的批次处理方案。

9）预查（look-ahead）最大化批次（LAMB）[24]。如果可用服务器信道数大于队列数，LAMB 将一个信道指派给这样的一个队列，其队头用户正打算放弃服务，原因是超过了他的等待容忍度。否则，LAMB 求解一个最大化问题，判定是否为这个队列分配一个空闲的信道[24]。最大化问题表述为一个 0~1 整数规划[24]。仿真表明，LAMB 增加了批次处理间隔中被接纳的用户数，但对冷门影片它却是不公平的。

10）下一个调度时间优先（NSTF）[25]。在 NSTF 中调度的处理是基于指派给每条新请求的调度时间实施的，其中调度时间等价于一条正在进行的流的"最近未指派完成时间"[25]。具有最近调度时间的一个队列被选中在 NSTF 下进行组播。对于请求视频 v 的未来到达请求，NSTF 将分配给以前等待请求的相同调度时间指派给它。仿真结果表明，NSTF 可确保等待队列的非常精确的调度时间[25]。

11）最早的最后期限优先（EDF）[26]。EDF 调度器与用于组播数据块的最后期限驱动调度器有关，其中一个数据块是视频的一个小分段，长度为数秒。最后期限时间对应于每个数据块，即在那个特定时间它必须被交付的时间。EDF 调度器传输具有最早的最后期限的一个数据块[26]。为了减少在不同时间多个用户请求相同数据块传输的时间，EDF 调度器延迟发送数据块，并将数据块归组以组播组的形式满足用户请求的最后期

限。存在基于 EDF 策略的调度器的两个变种[26]。

——带有有限组播的工作守恒调度器（EDF-Ls）[26]。其中，服务器使用有限数量的组播组以数据块最后期限的顺序调度它们[26]。如果没有足够可用的组播组传输"独特的"数据块，则 EDF-L 丢弃一些数据块。

——非工作守恒的最后期限驱动的动态调度器（EDF-D）[26]。因为非工作守恒的本质特征，EDF-D 使用调整组播组数量的方法，延迟传输数据块，直到数据块的最后期限到时才发送。仿真结果明显地显示，相比于单播和循环组播（cycle multicast），这种方法的服务器带宽分别降低 65% 和 58%。

12）分割和合并（SAM）协议[2]。通过利用批次处理[14]降低视频交付成本的方法，SAM 协议提供交互式 VoD。许多请求被一次批次处理，并在正常回放过程中由称为服务流（service stream）的一个组播流进行服务[2]。当一名用户发起 VCR 式的交互（包括停止、暂停、恢复、快进、回退、跳转和回跳）时，SAM 协议将用户从原服务流中分离，并临时为之专门提供一条新流（称作交互流），实施所请求的交互功能[2]。在终止一次交互之后，用户将被合并回到最接近的现有服务流。SAM 协议使用一个同步（synch）缓冲（是一个循环式缓冲），它位于一个访问节点或视频服务器，以之同步两个流。

13）带宽有效的 VoD 算法（BEVA）[27]。为了优化在中心服务器中所有信道的利用率，所有可用信道都被指派给第一个请求（具有最快的传输率）。对于第二个请求，BEVA 为传输指派一个信道，而剩余的带宽仍然被指派给第一个请求。当第三个请求到达时，同样从分配给第一个请求的信道中仅指派一个信道给第三个请求。这个过程在由文献［27］得到的算法 1.1 中做了描述。在完成第一个请求之后，所有空闲信道可被指派给未来到达的请求。

算法 1.1　BEVA[27]
当一个新请求在时刻 t_1 到达时：
If（当前没有服务其他请求）**then**
　　将所有信道指派给这个请求
Else
　　识别被指派一条信道以上的请求 R_1
　　If（由 R_1 使用的信道数 >1）**then**
　　　　从识别出的请求 R_1 中释放一个信道
　　　　将这个信道指派给新到达的请求
　　Else
　　　　拒绝请求
　　End If
End If

1.2.2　自适应批次处理

在自适应批次处理中，批次处理时间是动态地调整的。采用改变批次处理间隔，自适应批次处理方案尝试提升固定批次处理方案的性能。基于自适应批次处理的建议技术给定如下：

1）自适应两倍速率（A_DR）批次处理方案[28]。A_DR 算法动态地调整最优批次处理时间，该时间与当前时间的平均到达速率是一致的。A_DR 算法改进了两倍速率（DR）批次处理策略[29]，从而该算法自身可找到最优批次处理时间。

注意 DR 批次处理策略在 W 的间隔处发起一条组播流[29]。如果在开始一条组播流之后到达一名新顾客，则立刻发起一条单播流，从而顾客经历一个非常小的时延。之后，单播流的传输速率加倍，直到顾客可被合并到组播流。加倍传输速率的时长 r_D 如下给定

$$r_D = t_a \bmod W$$

式中　t_a 是新顾客的到达速率，mod 是模算子[29]。

算法 1.2　自适应批次处理算法[28]

$$t_{mr} = -2 \times （批次处理时间）$$

当接受一条新请求时：

1. 更新平均到达率 κ
2. 依据表 1.1，将 κ 映射到批次处理时间 w
3. $r_D = t_a - t_{mr}$
4. **If**（$r_D > w$）
5. 发起新的组播流
6. $t_{mr} = t_a$
7. **Else**
8. **If**（$r_D >$ 接收方缓冲尺寸）
9. 发起一条新的组播流
10. $t_{mr} = t_a$
11. **Else**
12. 发起具有两倍传输速率的一条专用流
13. **End**
14. **End**

A_DR 批次处理算法如算法 1.2 所示，是从文献［28］得到的。新的组播流是在时间 $t_{mr} = -2 \times$（批次处理时间）处发起的。通过使用表 1.1 映射更新的到达率，该算法确定最优批次处理时间 w[28]。在算法 1.2 的第 4 行，该算法确定是应该发起一条新的组播流还是应该打开具有两倍传输速率的一条专用流。如果接收方缓冲没有有效的空间保有 r_D（单位：s）的视频数据，则该算法开始一条新的组播流。仿真结果表明，就带宽

需求而言，自适应方案在性能上超过了静态方案[28]。

表1.1　一部2小时影片的映射表

到达率/(到达次数/s)　≤	最优批次处理时间/min
0.004	15
0.007	13
0.008	12
0.01	11
0.02	9
0.04	7
0.08	6
0.15	4
0.32	3
0.5	2

来源：Poon, W.-F. 等, IEEE 广播汇刊, 47, 66-70, 2001.

2）具有先来先服务的最小 DR（LDR_FCFS）[30]。类似于 A-DR 批次处理方案，LDR_FCFS 策略利用了 DR 时长[29]。在轻流量负载下，LDR_FCFS 的行为就像 FCFS，FCFS 基于请求的到达时间实施调度[30]。在重流量负载下，具有最小 DR 时长的一个视频具有最高的调度优先级[30]。结果表明，就公平性和带宽需求而言，LDR_FCFS 策略的性能超过了其他批次处理方案。

3）自适应批次处理方案（ABS）[31]。ABS 由用户的更新到达率调整批次处理时间。A_DR[28]假定请求的到达率是基于泊松分布的，与此相反，ABS 遵循超指数分布模式[32]。表1.2 给出不同视频长度（表示为 L）下，不同到达率的最优批次处理间隔 W。

ABS 算法对是发起一条新的组播流还是发起两倍传输速率的一条专用流做出决策，这类似于 A_DR 批次处理算法。数值结果表明，在 ABS 中使用的组播流数小于固定批次处理方案[31]。

4）令牌盘/加权排队时间（TT/WQT）[33]。TT/WQT 是一种自适应批次处理策略，它将令牌盘（TT）分配方案与加权排队时间（WQT）组合在一起使用[33]。使用 TT 分配方案，对应于每个服务器信道的 N 个令牌，其中 N 是系统中信道总数。一条空闲信道在一个令牌漏桶中持有一个令牌，如图 1.2 所

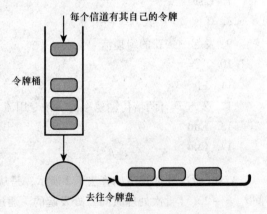

图1.2　TT 信道分配方案

（取自 Wen, W. 等, Computer Communications（计算机通信）, 25, 890-904, 2002）

示[33]。每隔 $\Delta\tau$（单位：min），令牌桶将一个令牌释放到令牌盘中[33]。一旦一条信道被指派给一部影片，则那条信道的令牌就从盘中清除。当一部影片的传输完成时，将释放一条信道，其令牌被丢回漏桶。

表 1.2　ABS 中不同到达率的最优批次处理间隔 W

L = 150min		L = 120min	
到达率/（到达次数/min）≤	最优批次处理间隔/min	到达率（到达次数/min）≤	最优批次处理间隔/min
0.02	18	0.02	17
0.03	14	0.03	16
0.04	12	0.04	15
0.05	11	0.05	14
0.06	19	0.06	13
0.07	9	0.07	12
0.1	8	0.08	11
0.2	6	0.09	10
0.3	5	0.1	9
0.4	4	0.2	8
0.5	3	0.3	7
0.7	2	0.5	6

来源：Jain，M. 等，Journal of ICT（ICT 期刊），1-12，2006.

在每个视频对象中考虑具有权重 W_i 的一个专用队列 i。通过如下考虑队列中第 j 条请求的按次观看支付（PPV）（表示为 PPV_j）和第 j 条请求的等待时间（表示为 WT_j），TT/WQT 策略为计算队列 i 的权重 W_i 定义了一个加权函数：

$$W_i = \sum_{j=1}^{q_i} PPV_j \times (WT_j)^\alpha$$

式中　q_i 是队列 i 的长度；α 是表示用户排队时间重要程度的一个参数[33]。

具有最大权重的视频具有在一条空闲信道上传输的最高优先级。当到达率变化时，TT/WQT 提供了低的失败率[33]。

5）四舍五入比率（Rounded ratio）[34]。"四舍五入比率"算法依据四舍五入比率[34]，确定指派给队列 i 的批次间隔的长度 b_i'。假定系统中有 M 个队列和 N 台服务器。参数 $0 < p_i < 1$ 表示队列 i 由一条新到达请求选中加入的概率，$p_i \geq \cdots \geq p_M$。四舍五入比率是由 $\lceil \sqrt{p_i/p_M} \rceil$ 计算的[34]。批次间隔是以递归方式设置的，如算法 1.3 所示[34]。视频传输是在间隔 $d = T/N$ 处完成的，其中 T 是视频开始的间隔，N 表示系统中的服务器数。分析结果表明，"四舍五入比率"法的期望服务延迟近似为最优值的 2 倍[34]。

算法 1.3 四舍五入比率算法[34]

1. **For** $i = 1$ to M

2. 设置 l_i 为 $\left\lceil \sqrt{\dfrac{p_i}{p_M}} \right\rceil$

3. $b'_M = d \displaystyle\sum_{i=1}^{M} l_i$

4. **For** $j \geq 1$

5. 令 I_j 为间隔 $\left[d\left(j\left(b'_M + 1\right) + 1\right),\ d(j+1)\left(b'_M + 1\right) \right]$

6. 在时间 $d(j+1)\left(b'_M + 1\right)$ 处调度队列 M

7. **For** $i = M - 1$ down to 1

8. 对于沿区间 I_j 均匀分布的时间 l_i，调度队列 i

在本节，我们回顾了针对固定批次处理和自适应批次处理类，人们所提出的各项技术。在下面，我们将焦点放在打补丁解决方案、自适应捎带、流合并和混合方案。针对在打补丁方案中选择下一条请求，视频服务器应用批次处理调度法[15]。下节描述大量的打补丁方案，这些方案在 VoD 系统中非常受欢迎。

1.3　打补丁解决方案

打补丁方法是一种动态组播方案，试图将一个新客户端加入到最近的正在进行的组播流之中。打补丁的基本思路是在客户端的本地缓冲中缓存来自一个正在进行组播的后续数据，同时从开始播放前导（leading）部分。当前导部分的回放结束时，客户端继续回放已经被缓冲的视频的剩余部分。打补丁方法的一个重要目标是改进组播的效率，并无时延地为请求提供服务。

1.3.1　连续打补丁

连续打补丁的基本思路是使用不同信道上的一个连续流来传输视频，其中不将一个视频分割成分段。针对这种分类，人们建议了几种技术：

1）打补丁[15]。从现在开始，这种打补丁方案被称作标准打补丁方法。服务器带宽被用来传输一个常规流（组播整个视频）或一个打补丁流（目的是为了组播一个视频的开始部分[15]）。如果对于在处理中的被选中视频没有常规组播流，则服务器在一个空闲信道上激活一个常规流。否则，它依据最新常规信道的状态，在空闲信道上传输一个打补丁流。标准打补丁技术如图 1.3[35] 所示，其中客户端 A 在时刻 0 到达，且为客户端 A 发起了一个常规流。客户端 B 在时刻 t 到达。为客户端 B 发起长度为 t 的一个打补丁流。同时，客户端 B 在其本地缓冲中缓存正在进行的常规流。在回放打补丁流之后，客户端 B 从其缓冲中获取视频数据，并回放正在进行的影片。

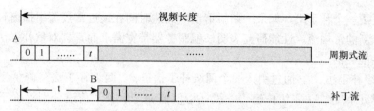

图 1.3　原始打补丁法

（Cai，Y. 等，Multimedia Tools and Applications（多媒体工具和应用），32，115-136，2007）

　　视频服务器使用贪婪打补丁法或平和打补丁法（grace patching）（GP）来确定应该在空闲信道上组播的视频数据部分[15]。在贪婪打补丁法中，仅当同一视频的前一常规流终止视频的流化时，才开始一个新的常规组播[15]。如果客户端缓冲具有足够空间可缓冲视频的丢失部分，则 GP 将调度一个新的常规组播[15]。在启动一个常规组播之后的时间段被称作打补丁窗口，在其中应该发起一个打补丁流[36]。贪婪打补丁法将视频的回放时长看作打补丁窗口。另一方面，在 GP 中的打补丁窗口是由客户端缓冲尺寸确定的。文献［36，37］中的研究依据视频的请求率，确定打补丁窗口的最佳尺寸。相比于批次处理方案[15]，打补丁法能够消除服务器延迟并提供更好的服务器吞吐量，并且相比于捎带法[36]，它能够取得两倍的提升。

　　2）双重打补丁法[35]（中转打补丁法（transition patching）[38]）。在"双重打补丁法"或"中转打补丁法"中，逻辑信道被用于传输常规流、长的打补丁流（在文献［38］中也称作中转流）和短的打补丁流。类似于常规流，一个长的打补丁流可由各请求共享。一个客户端不仅从一个常规流缓存视频数据，而且从一个长的打补丁流缓存视频数据。任何两个顺序常规流之间的最小距离被表示为组播窗口 w_m[35]。双重打补丁法将组播窗口分成几个打补丁窗口 w_p。打补丁窗口 w_p 的尺寸是两个连续的长打补丁流之间的最小者。"双重打补丁法"中流发起模式如图 1.4 所示[35]。第一条请求由一个常规流服务。在常规流之后，"双重补丁法"调度器为在接下来的 w_p 时间单位内到达的请求，发起短的打补丁流。这些顺序的短打补丁流排列为一个补丁组。对于在 w_p 个时间单位之后到达的接下来的第一条请求，发起一个长的补丁流。注意，除了视频的丢失部分外，长补丁流交付额外的 $2 \times w_\mathrm{p}$ 个时间单位的数据。对于在接下来的 w_p 时长内到达的

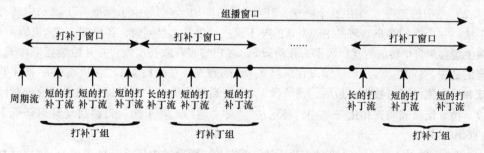

图 1.4　双重补丁法中流发起模式

（Cai，Y. 等，Multimedia Tools and Applications（多媒体工具和应用），32，115-136，2007）

请求，重复下一个补丁组。如果一条新请求的到达时间在最近常规流组播窗口之外，那么发起一个新的常规流。性能研究表明，就服务器带宽需求而言，双重补丁法可将标准补丁法的性能翻倍[35]。

3）两级补丁法[39]。通过引入一个两级补丁信道，"两级补丁法"降低了标准补丁方案的信道冗余度[15]。零级信道、一级补丁信道和二级补丁信道分别等价于"双重补丁法"[35]中的常规信道、长补丁信道和短补丁信道。整个视频时长被分为时段，且每个时段由称为时间窗口的子时段组成。一级补丁的长度是 $(t_n + w_n)$，其中 w_n 是第 n 个时间窗口的长度，t_n 是第 n 个时间窗口中的第一个请求和相应时段中的第一个请求之间的到达时间差[39]。在一个时段中的所有请求与其他时段的请求共享零级信道，且在一个时间窗口中的所有请求共享一级补丁信道。在一个时间窗口内的任何其他请求发起二级补丁信道。在一个时段（T）中时间窗口数是由文献［39］中给出的一个递归公式计算得到的。注意，"两级补丁法"以高请求率要求低带宽[39]。

4）基于补丁的广播[40]。这项技术提升了"两级补丁法"方案的性能。已经证明，在一个时间窗口中由一条两级信道传输的平均视频量是时间窗口尺寸的 $1/3$[39]。通过假定至少有一条请求发起一个时间窗口，这种方案推导得到时间窗口尺寸和 T 的最优值[40]。

5）尽力而为补丁法（BEP）[41]。为了支持 VoD 服务的接纳控制和连续 VCR 交互能力，提出了 BEP。BEP 由如下三个阶段组成[41]：

——接纳：在接纳阶段中通过"中转补丁法"或"GP"，BEP 服务新的请求。

——交互：当一个客户端操作类似 VCR 的交互时，执行交互阶段。如果交互时间超过客户端缓冲的容量，那么将发起一个补丁信道来传输期望的回放点[41]。

——合并：在完成交互之后，客户端的视频流必须被合并到当前常规组播流。为实施合并交互和常规流，BEP 提出一种动态的合并算法[41]。

理论分析表明，就降低流行视频的带宽需求而言，BEP 要比 SAM 协议的性能好[41]。

6）递归式补丁法[42]。递归式补丁法的基本思路是，以中转补丁法中相同的方式[38]，由一个客户端站缓存中转流（T 流）的多个层次。递归式补丁法提出称为 k 阶段递归式补丁法（kP-RP）的一个新概念，其中包括一个常规流和一个新的补丁流加上 $(k\text{-}2)$ 个中转流[42]。使用这个概念，2P-RP 和 3P-RP 分别等价于标准补丁法和中转补丁法。一个新的客户端将采用一个新的补丁流进行服务，且同时，客户端在 T_{k-2} 流的 k-2 级上缓存来自中转流的视频数据。在阶段 2，客户端将释放补丁流，并开始缓存来自 T_{k-3} 流的数据。同时，客户端继续缓存来自 T_{k-2} 流的数据。在阶段 k-1，客户端缓存来自 T_1 流和常规流的视频数据。最后，在阶段 k，客户端释放 T_1 流，并继续使用常规流进行回放。仿真结果表明，相比于"中转补丁法"[42]，"递归式补丁法"可将启动延迟降低大约 $60\% \sim 80\%$。

7）实践补丁法[43]。"递归式补丁法"发送在 i 级上的中转流（即 T_i 流），该流具有 $2 \times w_i$ 个时间单元额外的附加数据，从而将 T_i 流扭转（skew）为针对未来请求的最近

T_{i-1} 流[43]。注意，w_i 是 i 级的中转窗口长度。实践补丁法去除了在 T 流中传输的不必要数据。最初情况下，每个 T 流被调度时，没有将当前请求扭转为最近 T_{i-1} 流那么多量的附加数据[43]。当在 T_i 流的 w_i 个时间单位内一条新请求到达服务器时，实践补丁法动态地展开最近的 T_i 流、T_{i-1} 流、$\cdots$、T_1 流，方法是附加额外数据，数据量为 $2 \times$ 将当前请求扭转到 T_i 流。相比于递归补丁法[43]，实践补丁法减少了失败率和服务延迟。

8）快速补丁法[44]。针对一个无线环境中的重叠网式组播，设计了这种补丁法。其目标，一是使用类似于异步组播[45]的一种方案，交付主视频流，二是通过重传附加的补丁流，改进损失性无线链路下的客户端观看质量。图 1.5 形象地说明了如下的快速补丁法[44]：

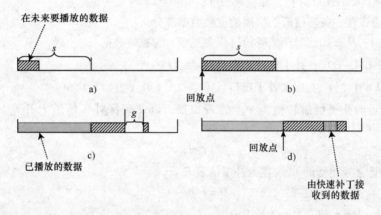

图 1.5　快速补丁法图示

（Dai，H 和 Chan，E，Quick patching：an overlay multicast scheme for supporting video on demand in wireless networks（快速补丁法：在无线网络中支持视频点播的一种重叠网式组播方案），Multimedia Tools and Applications（多媒体工具和应用），36，221-242 © 2008 IEEE）

a. 在加入一个组播组之后，一个新的客户端接收主视频流，并在被缓存的数据超过阈值 s 之前缓存之。

b. 当被缓冲的数据超过阈值 s，将启动回放。

c. 当发生一次长错误突发时，在所接收的报文之间将产生一个间隙。如果在视频的某部分中的流量丢失大于 g，则向媒体服务器发送一条补丁请求。客户端将至多请求 n 次（"补丁界限"）的同一补丁流。

d. 服务器调度一个补丁流，以大于回放速率的一个较大速率发送丢失部分的数据。当填充缓冲时，陈旧的数据将被新数据覆写。

仿真试验表明，不管错误率下的大范围振荡[44]如何，快速补丁法可稳定客户端观看质量。

9）转换补丁代理[46]。这项技术是贪婪补丁法的一个变种，但它将最近的补丁组播转换为一个特定的新请求的常规组播[46]。如果新请求在最近常规组播的补丁窗口之外且处在最近补丁组播的补丁窗口之内，那么为了传输整个视频，要实施将补丁组播转换为一个常规组播的操作。算法 1.4 给出视频服务器中使用的转换补丁代理算法[46]。仿真结果表明，就失败率和平均服务延迟而言，相比于贪婪补丁法和 GP，所提技术取得较佳的性能[46]。

算法 1.4　转换补丁代理算法[46]

t：调度一条新请求的当前时间；

t_r：视频 v 最近常规组播的启动时间；

t_p：在补丁信道 P 上视频 v 最近补丁组播的启动时间；

补丁窗口：补丁窗口的尺寸，即客户端缓冲的尺寸；

L：视频 v 的回放时长，即视频长度；

D：应该在一条新信道上组播的视频数据部分。

$v[t_d]$：从开始到时刻 t_d 时段过程中视频 v 的视频数据

1. **If** $((t - t_r) \leqslant$ 补丁窗口$)$ **then** $D = v[t - t_r]$

2. **Else if** $((t - t_p) \leqslant$ 补丁窗口且 $(t_p - t_r) >$ 补丁窗口$)$ **then**

将最近的补丁组播转换为一个常规组播，以便确保补丁信道 P 用来传输整个视频。

$$t_r = t_p$$

将最近常规组播的 id 设置为补丁信道 P

$$D = v[t - t_r]$$

3. **Else** $D = v[L - \mathrm{Min}\ (补丁窗口,\ L - (t - t_r))]$

10）周期（period）补丁[47]。基于补丁思路，周期补丁给出一种 PERIOD 交付规则，其中主流（等价于常规流）之间的间隔应该是一个固定周期的整数（integral）倍[47]。在标准补丁方案中，主流是随机产生的，与此相反，在周期补丁中，组播流是定期创建的。PERIOD 交付规则依据的是如下公式：

$$MT = ST + n \times T_{buf}, 其中 n = 0, \pm 1, \pm 2, \pm 3, \cdots$$

式中　MT 是影片时间；ST 是一个常规流被创建的系统时间；T_{buf} 是客户端缓冲的尺寸[47]。

仿真结果表明，在相同仿真条件下，周期补丁法仅使用标准补丁方案 50% 的流数量。

11）λ 补丁法[48]。"λ 补丁法"依据的补丁方法允许一台视频服务器调整组播流的重传时间[15]。一个视频的两条常规流之间的最佳时间距离（ΔM）取决于视频的长度 L 和视频的当前流行度，由 $1/\lambda$ 表示如下[48]：

$$\Delta M = \sqrt{2 \times L / \lambda}$$

为请求率的每次变化，服务器动态地重新计算 ΔM[48]。在此之后，它以长度为 ΔM 的间隔重启各条流。

12）多条流补丁法[48]。"多条流补丁法"假定，每个客户端能够同时接收 $n + 2$ 条并发流。在两条常规流的起始之间这种方法加入 n 条额外的组播补丁流，并在时间长度 ΔM 上播放这些流。图 1.6 给出在 $n = 1$ 处的多条流补丁法。在两条常规流中间每个区间 $[t_n, t_n + \Delta M/2]$ 中这种方法发起一条组播补丁流。这种方案减少了单播补丁流的平均长度[48]。

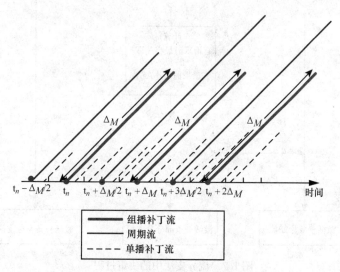

图 1.6　在多条流补丁中的流建立范例
（取自 Griwodz，C. 等，ACM SIGMETRICS Performance Evaluation Review
（ACM SIGMETRICS 性能评估综述），27，20-26，2000）

13）拉式补丁法[49]。拉式补丁法在标准补丁法[15] 中利用自适应分段 HTTP 流化[50]。HTTP 流化是一种单播技术，它基于从互联网下载 2 秒视频分段的思路。在组播流交付过程中，HTTP 流化被用来传递补丁流和修复报文丢失或损坏[49]。流行视频内容是以几种比特率从专用组播服务器组播的。这种原型已经在一个实验室环境中进行过测试，并取得了良好的效率[49]。

14）带有预取的受控客户端发起法（CIWP）[37]。受控 CIWP（也称作基于阈值的组播[51]）的思路，类似于补丁方案。但是，受控 CIWMP 应用一个最优阈值 T，来调整一个完整视频流开始的频率。最优阈值如下给定：

$$T = (\sqrt{2L\lambda + 1} - 1)/\lambda$$

式中　L 是视频的长度；λ 是对视频对象的请求率[37]。

CIWP 也使用这样一个调度器，它确定在从用户接收到一条请求之后立刻满足它的信道[37]。

15）流分支法（tapping）[52]。类似于补丁方案，流分支法使用一个原始流交付整个视频或全分支流提供同一视频原始流开始部分的 β（单位：min）。另外，流分支法使用一个部分分支流提供任何位置的数据。流判定过程如图 1.7 所示[52]，描述如下：

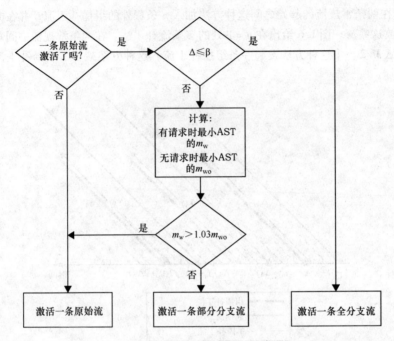

图 1.7　流分支法中的决策过程

(Carter, S. W. 和 Long, D. D. E., Computer Networks（计算机网络）, 31, 111-123, 1999)

a. 如果为同一视频没有激活原始流，那么该算法为请求指派一个原始流。

b. 如果在最近 β（单位：min）内发起过一条原始流，那么将启动一条全分支流。

c. 如果在过去 β（单位：min）上发起过一条原始流，那么该算法就指派一条部分分支流还是一条原始流做出决策。除了所有的后续分支流，对于每条原始流，该算法记录在没有请求 m_{wo} 条件下的最小平均服务时间（AST）。它也为应该指派到请求的各条流，估计准确的服务时间 m_w。如果新的 AST 比最小 AST 高 3%（即 $m_w > 1.03 \times m_{wo}$），那么为请求激活一条原始流[52]。否则，它将为请求指派一条部分分支流。

流分支法将流行视频传统 VoD 方案所需的带宽减少 20%[52]。如果 STB 可从任意流（不只是从原始流）中分支数据，则称之为额外分支（extra tapping）[52]。如果服务器可使用附加的流快速地载入更多数据，则这个选项称作流堆叠法（stream stacking）[52]。

16）加入并流化（JAS）[52]。JAS 在规定的偏移点（称作 T_s）周期性地广播/组播一个视频，并使用一条单播流恢复一个视频的丢失部分[53]。就单播短流而言，JAS 方案类似于标准补丁[15]方案。如果一条请求的到达时间和下一条组播流的开始时间之间的差小于 D_{max}（其中 $D_{max} < T_s$），则它加入下一条定期的组播流，如图 1.8 所示[53]。否则，客户端由一条单播补丁流服务，并缓冲最近的正在进行的组播流。对于具有间歇性请求率的影片而言，JAS 是高效的[53]。

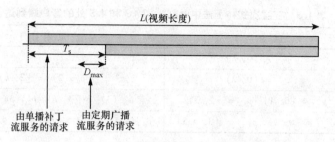

图 1.8　一部影片的 JAS 操作

（Gary Chan，S. H. 和 Ivan Yeung，S. H.，Client Buffering techniques for scalable video broadcasting over broad-band networks with low user delay（在宽带网络上以低用户时延提供可伸缩视频广播的客户端缓冲技术），IEEE Transactions on Broadcasting（IEEE 广播汇刊），48，19-26 ⓒ 2002 IEEE）

1.3.2　分段补丁法

在下面，我们描述称为分段补丁法的另一类打补丁方案，它将一个视频对象分成分段，并通过组播流或补丁流交付各分段。下节回顾归为分段补丁法一类的打补丁技术。

1）分片的打补丁法[54]。"分片的打补丁法"在宽带无线环境中提供客户端移动性。一条共享的断续流等价于将视频内容组播到多个客户端的常规连续流。一条补丁断续流是一类单播补丁连续流，但它被分为多个分段。由于单播在移动环境中的巨大开销，补丁断续流是通过广播发送的。如果 λ 表示请求到达率，那么每个分段的尺寸为 $1/\lambda$。服务器计算平均请求率，并接下来使用计算得到的值调整分段长度[54]。服务器确定哪些分段已经发送到以前的客户端，哪些分段必须要新近发送[54]。那么，它在一个调度表中记录要发送的分段号和时间。客户端们依据调度表接收各分段[54]。

2）层次式打补丁法[55]。类似于 GP、双重打补丁法和分片式打补丁法，层次式打补丁法没有使用周期性发送的定期组播流。所有下载总是以补丁的形式组播的。令 p_{t_i,j_i} 表示在时间 t_i 为第 i 个客户端创建的第 j_i 个补丁，其中 $0 \leqslant j \leqslant K_i$ 且 K_i 是新近为这个客户端创建的补丁数量[55]。在时间 t_i 创建的补丁 $p_{t_i,j_i} = [a, b]$（将在时间 $t_i + a$ 组播），如下定义

$$p_{t_i,j_i}(t) = \begin{cases} [a,b) & \text{如果 } t < t_i + a \\ [t-t_i,b) & \text{如果 } t_i + a \leqslant t < t_i + b \\ \phi & \text{其他} \end{cases}$$

式中　区间 $[a, b)$ 表示在播放时间点 a 和 b 之间的视频部分，其中 $0 \leqslant a < b \leqslant L$[55]。

这种方案的目的是为请求找到覆盖整个视频的补丁集合 p_{t_i,j_i}。表 1.3 给出针对一个到达集合，层次式打补丁法如何调度补丁的一个例子。在时刻 t_i 到达的客户端开始从列 2 接收补丁，之后离开，并可重用列 3 给出的补丁。正如人们看到的，一个补丁可有任意尺寸。平均而言，在客户端侧要并发下载的话，必须使用 22 个视频信道[55]。

表 1.3　在层次式补丁法中时刻 0、2、3 和 4.5 处的客户端到达

到达时间	启动补丁	重用补丁
$t_1 = 0$	$p_{0,1} = [0, L]$	——
$t_2 = 2$	$p_{2,1} = [0, 2)$	$p_{0,1}(2) = [2, L)$
$t_3 = 3$	$p_{3,1} = [0, 1), p_{3,2} = [2, 3)$	$p_{0,1}(3) = [3, L), p_{2,1}(3) = [1, 2)$
$t_4 = 4.5$	$p_{4,5,1} = [0, 2), p_{4,5,2} = [3, 4.5)$	$p_{0,1}(4.5) = [4.5, L), p_{3,2}(4.5) = [2, 3)$

3）使用槽式补丁法的视频数据交付[56]。像其他打补丁方案一样,"槽式补丁法"使用组播信道和补丁信道,但它将一个视频分成具有均匀长度 T 的时间槽[56]。如果在一个时间槽中至少有一条请求,那么"槽式补丁法"在那个时间槽中调度一个补丁信道。在第 r 个时间槽中接收到的一条请求的补丁信道长度将有 r 个时间槽[56]。在由 D/T 确定的固定时间槽数之后,以一个组播信道传输,其中 D 是两个相邻接组播信道之间的到达间隔时间大小[56]。

针对一名用户的延迟时间,其变化范围从零到一个时间槽的长度,取决于接受一条请求时的时刻[56]。

4）流绑定式广播(SBB)[53]。流绑定意味着将服务器各流绑定到组播信道,这些信道以带宽的升序排列。这个方案的操作如图 1.9 所示[53]。它以与 JAS 中完全相同的方式传输主组播流(即交错方式)。槽间隔 T_s 被分成长度为 D_{max} 的微型槽。视频的初始部分是周期性地在每个微型槽中组播的,其中第一个微型槽使用 b 带宽,第二个使用 $2b$ 带宽,等等。在相应时间槽距离开始部分在 $(k-1)D_{max}$ 和 $k \times D_{max}$ $(1 \leqslant k \leqslant T_s/D_{max})$ 之间时间到达的一条请求,对于 D_{max}(单位:min)的时长,使用具有 $k \times b$ 带宽的一个补丁信道;因此,该请求接收视频分段的前 $k \times D_{max}$[53]。

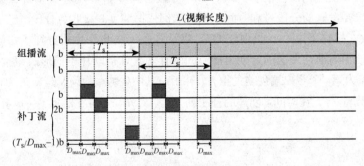

图 1.9　SBB 方案的操作

(Gary Chan, S. H. 和 Ivan Yeung, S. H., Client Buffering techniques for scalable video broadcasting over broadband networks with low user delay(在宽带网络上以低用户时延提供可伸缩视频广播的客户端缓冲技术), IEEE Transactions on Broadcasting(IEEE 广播汇刊), 48, 19-26 © 2002 IEEE)

5）批次组播补丁法(BMP)[57]。像流绑定方案一样,BMP 与此完全相同,它广播主连续流并将时间槽 T_s 分成 D_{max} 的微型槽。如图 1.10 所示,如果距离相应时槽开始部

分的时间 $(k-1)D_{max}$ 和 $k \times D_{max}$ 之间有一条请求，它将由一条组播补丁流加以服务，该流在时长 $k \times D_{max}$ 中有带宽 b。否则，在那个微型槽结束时不传输补丁流[57]。在中等到达率和较高到达率下，BMP 方案不像 JAS 和 SBB 方案那样成比例地要求那么多的服务器带宽[57]。

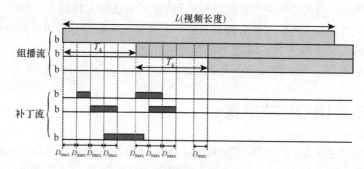

图 1.10 BMP 方案的操作

(Azad, S. A., Murshed, M. 和 Dooley, L. S., A novel batched multicast patching scheme for video broadcasting with low user delay（以低用户时延进行视频广播的一种新颖的批次组播补丁方案）。In Proceedings of the 3rd IEEE International Symposium on Signal Processing and Information Technology, 339-342, December 2003 ⓒ 2003 IEEE)

6）快速补丁法（FP）[58]。在 JAS 方案中，通过单播信道传输补丁流，而 FP 广播补丁流。在补丁信道处 FP 实现了快速广播（FB）[59] 的修正分段分配。FB 将一个视频分成 $2^N - 1$ 个均匀尺寸分段，并通过 N 个信道重复地广播这些分段。FB 将视频的 T_s 部分分成 2^{N_p} 个相等尺寸的分段 S_1，S_2，S_3，…，$S_{2^{N_p}}$，其中 N_p 是补丁信道的数量。依据表 1.4[58] 给出的分配规则，在每个补丁信道上分配一个分段。类似于 JAS、SBB 和 BMP 方案，FP 在定期间隔 T_s 处周期性地广播整个视频数据。在仿真中，FP 方案的等待时间随补丁信道数的增加而呈指数性地下降[58]。

表 1.4 FP 方案中的分段分配

补丁信道	被传输的分段	分段重复（在一个定期偏移点 T_s）
C_1	S_1	2^{N_p} 次
C_2	$S_2 \sim S_3$	2^{N_p-1} 次
C_3	$S_4 \sim S_7$	2^{N_p-2} 次
$\vdots$	$\vdots$	$\vdots$
C_{N_p}	$S_{2^{N_p-1}} \sim S_{2^{N_p}}$	2 次

来源：Song, E 等, Fast patching scheme for Video-on-Demand service（视频点播服务的快速补丁方案）。In Proceedings of the Asia-Pacific Conference on Communications, Bangkok, pp. 523-526, October 2007。

7）美杜莎法（Medusa）[60]。Medusa 是一种流调度方案，是针对用于同质（homogeneous）光纤到楼（FTTB）客户端网络架构的并行视频服务器最小化服务器带宽提出的。该方案将一个视频对象分成具有均匀长度 T 的分段，并在时间间隔长度 T 中传输分段。Medusa 为时间间隔建议使用 $T = \left\lceil \dfrac{L}{2b_c} \right\rceil$，其中 b_c 是以流为单位表示的客户端带宽容量。并行视频服务器为第一个到达请求 i，调度一个完整的组播流。后来的请求 j（其中 $i < j \leqslant i + \lceil L/T \rceil - 1$）必须被归组到逻辑请求组 G_i。并行视频服务器搜索为组 G_i 维护的流信息列表，找出将在一个存活（live）的补丁组播流上传输的各分段。它在多个客户端间共享来自补丁流的这些分段；否则，它调度一条新的补丁组播流来传输缺失的分段。客户端必须缓冲来自正在进行的组播流的后来 $\lceil L/T \rceil - (j - i)$ 个视频分段。Medusa 方案的性能显著地超出了批次处理方案和流合并方案[60]。

1.4　自适应捎带解决方案

自适应捎带法[61]为同一视频调整后续正在进行的各流的显示速率，直到各流可被合并到单一流并形成整个组时为止。这种方案利用了各种显示速率变化（altering）技术[61]。例如，通过复制（或去除）帧，播出速率可被改变为一个较快速速率（或一个较慢速速率）。另一种解决方案是在视频服务器处存储具有不同显示速率的复制数据。

自适应捎带策略的目标是为每条请求评估所有可能的显示速率，以便最小化期望的流需求[61]。当发生如下事件之一时，每种策略做出一个决策：

1) 一条新流的到达；
2) 两条流的合并；
3) 终止一个对象的显示；
4) 跨过一个追赶（catch-up）窗口的边界[61]。

注意，追赶窗口 W_p 是两个流之间的最大可能距离，从而使合并是有益处的。下面的各策略考虑到慢速（$S_{\min}$）、正常速（S_n）和快速（$S_{\max}$）。在下面，我们描述各种捎带策略。

1) 奇偶降低策略[61]。主要思路是针对合并而耦合顺序性的各次到达。如果在追赶窗口中仍然存在以显示速度 $S_{\min}$（或 $S_{\max}$）移动的一条流，则一条新请求的显示速度被设置为 $S_{\max}$（或 $S_{\min}$）。之后，具有显示速率 $S_{\min}$ 和 $S_{\max}$ 的两条流合并为单条流。这项技术的算法如算法 1.5 所示[61]。

算法 1.5　奇偶降低策略[61]

Case 流 i 到达：

　　If（（在 W_p 内、在前面，没有流）or（在直接前面的流正以 $S_{\max}$ 移动））

　　　　$S_i = S_{\min}$

　　else

　　　　$S_i = S_{\max}$

　　End if

Case 流 i 和流 j 合并：

　　　　　　丢弃流 i

　　　　　　$S_j = S_n$

　　　Case 窗口跨越（由流 i）：

　　　　　　If（$S_i = S_{min}$）and（在 W_p、在后面没有以 S_{max} 移动的流）

　　　　　　　　$S_i = S_n$

　　　　　　else

　　　　　　　　S_i 不变

　　　　　　End if

　　　End

　　2）简单合并策略[61]。主要思路是将顺序性的各流合并为合并组。一条流发起一个组，当发起流处在追赶窗口中时，所有后来到达系统的流都将合并到该组。除了追赶窗口外，这个策略定义了最大合并窗口 W_p^m，指明两条流可合并的最终位置。当一条新流到达系统时，新流的显示速度被设置为 S_{min}。当第一条流处在追赶窗口内时，另一条流的显示速度被设置为 S_{max}。在 W_p^m 内所有新到达的流都与第一条流合并。简单合并策略的算法如算法 1.6 所示[61]。

　　　算法 1.6　简单合并策略[61]

　　　Case 流 i 到达：

　　　　　　If 在 W_p 内没有流正以 S_{min} 移动

　　　　　　　　$S_i = S_{min}$

　　　　　　else

　　　　　　　　$S_i = S_{max}$

　　　　　　End if

　　　Case 流 i 和流 j 的合并：

　　　　　　丢弃流 i

　　　　　　$S_j = S_{min}$

　　　Case 窗口跨越 W_p^m：

　　　　　　$S_i = S_n$

　　　End

　　3）贪婪策略[61]。主要思路是在一个视频的回放过程中尽可能多次合并流[61]。贪婪策略定义"当前"追赶窗口（W_c），是相对于回放视频的当前位置计算的[61]。对于每次新的到达，和在奇偶降低策略中一样，执行速度调整。在发生一次合并之后，计算相对于当前位置的一个新的追赶窗口 W_c。如果在当前追赶窗口内不存在请求，则请求的速度被调整为 S_n。否则，如果前面的请求具有显示速度 S_n，那么前面请求的速度改

变为 $S_{\min}$，而当前位置的请求之速度被设置为 $S_{\max}$[61]。

4）快照策略[62]。主要思路基于在固定间隔处流的各位置捕获快照。在快照策略中合并各流是在由 $I = W/S_{\max}$ 给定的一个快照间隔中发生的，其中 W 是为广义简单合并策略计算的最佳窗口尺寸[62]。在一个快照间隔内到达的第一条流的速度被设置为 $S_{\max}$。在一个间隔结束时，快照策略应用在文献［62］中定义的动态规划算法，目的是为了调整在那个间隔内接纳的所有其他流的速度。在仿真中，快照策略的性能超过了简单合并策略和贪婪策略。快照策略的算法如算法 1.7 所示[62]。

5）S^2 捎带策略[63]。为最小化上一修正最大合并窗口过程中各流的被显示帧数，人们提出了 S^2 策略[63]。最大合并窗口包括 $\lfloor W_m/W \rfloor$ 个最佳窗口，其中 W_m 是最大追赶窗口尺寸，W 是在快照策略中计算得到的最佳窗口尺寸。使用快照策略，S^2 策略实施两级优化。它首先将快照算法应用在过去快照间隔过程中的各流间。在后来的一个时间，它再次在满足如下条件的各流上实现快照算法，这些流是在具有一个可变（不是固定的）间隔的各点处由第一个阶段得到的[63]。离散事件仿真表明，在高的到达间隔时间情况下，S^2 捎带策略超出快照策略达 8%[63]。

算法 1.7　快照策略[62]

计算快照间隔 I

启动间隔计数器

Case 流 i 到达：

    If　第一条流在间隔内

        $S_i = S_{\min}$；

    else

        $S_i = S_{\max}$；

    End if

Case 间隔计数器结束：

    在剩下的新流上求解动态规划问题

    重置间隔计数器

Case 流 i 和流 j 合并

    If 在初始间隔内

        遵循简单合并规则

    Else

        遵循动态规划规则

    End if

1.5　流合并解决方案

流合并是使用组播和客户端缓冲，用于点播流化的一项技术。客户端具有同时从两条组播流接收数据的能力。每个信道在不同时间组播同一个媒体对象。流合并的最简单形式是打补丁[15]，其中交付主导流前缀部分的辅助流，被允许与一条主流合并。

层次式组播流合并（HMSM）技术[16]是原始的流合并模型。HMSM 利用打补丁/流分支和捎带法，以及动态摩天大楼法[64]。合并请求同一视频对象的客户端，是重复实施合并到较大组的过程[16]。对于一组请求到达，图 1.11 展示了 HMSM 技术的一个例子。图中是以时间为单位表示的。客户端 A、B、C 和 D 分别请求在时间 0、2、3 和 4 处的一个典型视频。为了提供立刻服务，为每个新的客户端指派一条新的组播流。为客户端 A 发起 10 个单位长的一条完整流。客户端 A 仅从流 A 接收数据。客户端 B 从流 B 接收第 1 部分和第 2 部分，从流 A 接收第 3 部分和第 4 部分。在时刻 4，客户端 B 与客户端 A 合并。客户端 D 侦听流 C，并在时刻 5 与客户端 C 合并。当 C 和 D 合并时，C 和 D 都侦听流 A。最后，C 和 D 在时刻 8 与流 A 合并。如果客户端 C 和 D 独立地与流 A 合并，则可做出另一种替代选择。为满足客户端，这种实现变种的结果要求较高的服务器带宽。

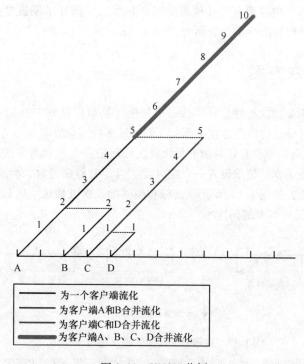

图 1.11　HMSM 范例

(Eager, D., Vernon, M. 和 Zahorjan, J., Minimizing bandwidth requirements for on-demand data delivery（针对点播数据交付，最小化带宽需求）. IEEE Transactions on Knowledge and Data Engineering, 13, 742-757 © 2001 IEEE)

在线流合并算法，确定何时和以何种顺序合并新的到达，从而最小化总的服务器带宽。一个在线算法是在不知道有关未来请求的情况下工作的。这与一个离线算法形成对比，离线算法中客户端到达是提前获得的[13]。

下面是介绍流合并算法的文章部分列表：

1）早期流合并[65]，尝试将客户端与仍然在系统中的最接近早期流合并。

2）带宽撇过策略[66]是以客户端接收带宽的一小部分，利用次优层次式流合并策略来合并过渡流。

3）动态斐波那契树算法[13]使用斐波那契树结构控制新到达应该如何与现有的流合并。在文献［13］中的工作也详细研究了自然的贪婪算法，该算法将一个新到达合并到合并树，目的是为了最小化结果合并树的合并成本。

4）dyadic 树算法[67]是以递归区间分割来确定客户端接收平面。

5）5 倍竞争性在线算法[68]（带宽使用率不超过最优离线调度算法的 5 倍），可被用来调度任何请求序列，其中使用一个网格上的可内嵌二分支合并树。

6）DR 批次处理策略[29]尝试将多个请求合并为单个流，其中利用两倍传输速率和缓冲法。DR 将传输速率翻倍，从而一个新到达的顾客能够赶上一条现有的组播流。因为在客户端站早期帧的缓冲，DR 可被看作一种流合并策略。

可在文献［69］中找到有关几项所提流合并算法（例如早期流合并、动态斐波那契树算法和 dyadic 树算法）的比较研究。

1.6　混合解决方案

上述技术（例如批次处理、补丁法、捎带法，甚至广播法[4]）的混合可形成一类新的方案，可提供最佳的性能。在下面，我们回顾多种混合方案：

1）采用自适应捎带带有超时的准优化批次处理法[70]。这种方法扩展了批次处理算法[14-21]，其中为每条到达请求设置一个定时器。当定时器超时时，为满足等待的请求，分配一条逻辑信道，如图 1.12 所示[70]。带有超时的批次处理法中的最大等待时间等于 $(1/\lambda_k)$，其中 λ_k 是视频 k 的到达率[70]。

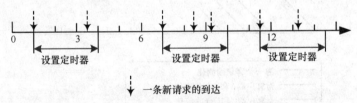

图 1.12　带超时的批次处理（超时 = 3min）

(Kim, H. J. and Zhu, Y. Allocation problem in VoD system using both batching and adaptive piggybacking（VoD 系统中使用批次处理和自适应捎带法的分配问题）. IEEE Transactions on Consumer Electronics, 44, 969-976, ⓒ 1998 IEEE)

通过推导最优追赶窗口尺寸，"采用自适应捎带带有超时的准优化批次处理法"将带有超时的批次处理法与自适应捎带法结合在一起[70]。在仿真中[70]，相比于重放的批次处理法[61]，这种组合将所需信道数量减少 25%。文献[71]中的工作也深入研究了将捎带策略与 LAMB 策略集成在一起的做法。已经表明，相比于仅使用 LAMB 的一台服务器时的情况，LAMB 与奇偶捎带策略的组合方法接纳的用户数要多 20%[71]。

2）自适应混合方法（AHA）[72]。AHA 使用摩天大楼广播法（SB）方案[73]广播最流行的视频，使用 LAW 批次处理技术广播不太流行的视频。在对应于每个视频的一个等待队列中维护各条请求。基于对请求的平均到达间隔时间、平均组播间隔和请求频率的估计，视频队列被分类为 SB 或 LAW[72]。LAW 调度器选择具有最大聚集等待时间 S_i 的视频进行服务。同时，SB 调度器预留 K 个信道，并发起 SB[72]。

3）基于自适应分段的批次处理法（SBP）[74]。基于批次式补丁方法开发的自适应 SBP[74]。批次式补丁方法将标准补丁法和批次处理法的思路结合在一起。在批次式补丁法中，为了以一个补丁流进行服务，对同一视频的各请求被延迟长度为 d 的一个时间槽。

SBP 将 FB[59]和批次大补丁法组合在一起，批次补丁法使用 m 个定期（regular）信道传输一个视频。如下算法在一台视频服务器中执行，在 SBP 方案下传输一部视频[74]：

a. 将一部视频分成等尺寸的 N 个分段 S_1, S_2, …, S_N。每个分段的长度是 $d = L/(2^k - 1)$，其中 L 是视频长度。为保持低的时延，这个算法选择合适的 k。

b. 在第一个定期信道上周期性地广播数据分段 S_1, S_2, …, $S_{2^{k-m}}$。在第 i（$1 \leq i < m - 1$）条定期信道中广播数据分段 $S_{2^{k-m_i}}$, $S_{2^{k-m_i}+1}$, …, $S_{2^{k-m_{i+1}}-1}$。

c. 对于在一个时间槽内请求同一视频的那些客户端，创建一条补丁流，传输缺失的分段。

4）混合服务质量（HQoS）策略[75]。HQoS 策略将批次处理法与递归补丁法结合在一起。这种方案采用递归补丁法和批次处理法广播最流行的视频。一般流行的视频采用递归补丁法但不采用批次处理法进行组播。最后，不太流行的视频仅进行单播。HQoS 方案为广播、组播和单播指派独立的信道，并使用其他信道进行递归打补丁。试验结果表明，HQoS 策略的阻塞率降低 35% ～ 40%[75]。

5）CIWP 和 SIWP 方案的混合方案[37]。CIWP 和 SIWP 技术的组合法使用受控 CIWP 调度冷门视频，使用贪婪磁盘保留广播[76]（一种服务器发起的广播技术）调度热门视频。依据在 CIWP 或 GSB 下交付视频所需信道的期望数量，一种视频分类算法将视频分为热门视频和冷门视频。这种混合方案可增强 VoD 系统的整体性能[37]。

6）使用动态规划的混合传输方案[77]。这种方案使用 FB 广播最流行的视频，使用 GP 组播不太流行的视频。为周期性广播和组播分配的信道数取决于这样一个优化问题[77]，其中使用户等待时间最小化。分析结果表明，就用户等待时间而言，混合方案超过了 FB[77]。

1.7 总结和未来研究方向

为了 VoD 的成功发展，VoD 服务提供商需要为巨量用户提供低成本服务。视频交付的成本是服务提供商最重要的挑战。基于请求的组播方案在一个 VoD 系统中引入低成本视频传输。本项综述的主要目标是为设计用来支持基于请求的组播的所有那些技术，提供全面的研究。特别地，我们研究了批次处理、打补丁、捎带、流合并和混合方案。依据图 1.1 给出的地图（map），对各方案进行了分类。

表 1.5 提供了所有被概述方案的一个定性比较的小结。组播技术可极大地降低服务器和网络带宽需求。批次处理是在客户端站处不要求额外缓冲的一个简单方案。因为它以单个流服务所有成批次的请求，所以它降低了带宽需求。另一方面，它为后来的请求引入了启动延迟。

表 1.5　基于请求的组播方案间的比较

分　　类		参考文献	最大启动延迟	带宽需求	附加系统需求	支持 VCR 操作
批次处理	固定批次处理	[2]、[14]、[20-27]	高	单个 I/O 流	不要求	是（例如 LAMB 和 SAM）
	自适应批次处理	[28]、[30-31]、[33-34]	最大批次处理间隔	单个 I/O 流（小于固定批次处理）	不要求	N/A
打补丁法	连续的	[15]、[35]、[37-44]、[46-49]、[52-53]	低	单个组播流 + 多个补丁流（取决于方案）	客户端缓冲	是（例如 BEP）
	分段	[53-58]、[60]	最大分段尺寸	单个组播流 + 多个补丁流（取决于方案）	客户端缓冲	N/A
捎带法		[61-63]	低	具有不同显示速率的一个或两个流	硬件/附加拷贝	N/A
流合并法		[13]、[16]、[29]、[65-68]	低	接近最小量的多个流	客户端缓冲	是
混合策略		[37]、[70-72]、[74-75]、[77]	中等	中等	取决于方案	是（例如 HQoS）

补丁法、流合并法和捎带法可为每个客户端提供直接服务，原因是由于如下事实，即所有这些技术应用补丁流发送被请求视频的初始部分。补丁法的带宽需求不是最优的。层次式流合并法使用启发式策略寻找最优合并方案，因此这种技术的带宽使用率接近最小要求的服务器带宽。但是，客户端必须能够缓冲来自多个流的数据。因为过载（overload）合并过程，流合并的实现是复杂的。捎带法也需要特殊硬件实时地调整显示速率或附加的存储在中心服务器处来维护具有不同显示速率的一个视频的多个拷贝。虽然基于请求的组播法，在支持交互式回放控制方面有一些约束，但人们提出了许多研究，支持类似 VCR 的交互操作，这些研究如 LAMB、SAM 协议、BEP 和 HQoS。

所回顾的哪项技术最适合，要取决于网络基础设施、服务器的位置和它到观众的距离，以及所需要的度量（例如带宽消耗和启动延迟）。这些方案中的许多方案在真实网络中是不可行的，需要采用真实参数对它们进行评估。SAM 提供了共享同一视频流的能力，因此，它降低了 VoD 系统的成本。SAM 看来是 VoD 服务提供商的一项良好方案。S2 捎带策略构造最佳的优化的合并树，因此，被传递的帧以正比于（in proportion to）捎带策略（例如快照策略）的方式得以最小化。这意味着带宽消耗的降低。

　　如下各方法可能是未来的研究方向：

　　1）对可变比特率视频交付和连续的类似 VCR 控制功能提供支持的不同方案的研究；

　　2）对宽带网络、基于 IP 的网络和对等结构中有关 VoD 交付方案的深入探索。

参 考 文 献

1. Kevin C. Almeroth and Mostafa H. Ammar, On the performance of a multicast delivery video-on-demand service with discontinuous VCR actions. In *Proceedings of the IEEE International Conference on Communications (ICC)*, Seattle, Washington, USA, vol. 3, pp. 1631–1635, June 1995.

2. Wanjiun Liao and Victor O.K. Li, The split and merge protocol for interactive video-on-demand, *IEEE Multimedia*, vol. 4, pp. 51–62, October–December 1997.

3. Ramaprabhu Janakiraman, Marcel Waldvogel, and Lihao Xu, Fuzzycast: Efficient video-on-demand over multicast. In *Proceedings of the Twenty-First Annual Joint Conference of the IEEE Computer and Communications Societies (INFOCOM 2002)*, vol. 2, pp. 920–929, 2002.

4. Ailan Hu, Video-on-demand broadcasting protocols: A comprehensive study, In *Proceedings of the 20th Annual Joint Conference of the IEEE Computer and Communications Societies (INFOCOM 2001)*, Anchorage, AK, USA, vol. 1, pp. 508–517, 2001.

5. Steven W. Carter, Darrell D. E. Long, and Jehan-Francois Paris, *Video-on-Demand Broadcasting Protocols*. Academic Press, San Diego, 2000.

6. Tiko Kameda and Richard Sun, *Survey on VOD Broadcasting Schemes*. School of Computing Science, Simon Fraser University, 2006.

7. Huadong Ma and Kang G. Shin, Multicast video-on-demand services, *ACM SIGCOMM Computer Communication Review*, vol. 32, pp. 31–43, 2002.

8. Lixin Gao, Zhi-Li Zhang, and Don Towsley, Proxy-assisted techniques for delivering continuous multimedia streams, *IEEE/ACM Transactions on Networking (TON)*, vol. 11, pp. 884–894, December 2003.

9. Bing Wang, Subhabrata Sen, Micah Adler, and Don Towsley, Optimal proxy cache allocation for efficient streaming media distribution. In *Proceedings of the Twenty-First Annual Joint Conference of the IEEE Computer and Communications Societies (INFOCOM 2002)*, pp. 1726–1735, 2002.

10. Sridhar Ramesh, Injong Rhee, and Katherine Guo, Multicast with cache (mcache): An adaptive zero-delay video-on-demand service, *Circuits and Systems for Video Technology, IEEE Transactions on*, vol. 11, pp. 440–456, March 2001.

11. Kien A. Hua, Due A. Tran, and Roy Villafane, Caching multicast protocol for on-demand video delivery. In *Proceedings of S&T/SPIE Conference on Multimedia Computing and Networking (MMCN)*, vol. 3969, pp. 2–13, 2000.

12. Bing Wang, Subhabrata Sen, Micah Adler, and Don Towsley, Proxy-based distribution of streaming video over unicast/multicast connections. In *Proceedings of the 21st Annual Joint Conference of the IEEE Computer and Communications Societies (INFOCOM 2002)*, June 2002.

13. Amotz Bar-Noy and Richard E. Ladner, Competitive on-line stream merging algorithms for media-on-demand. In *Proceedings of the 12th Annual ACM-SIAM Symposium on Discrete algorithms (SODA)*, Philadelphia, PA, USA, pp. 364–373, 2001.

14. Asit Dan, Dinkar Sitaram, and Perwez Shahabuddin, Scheduling policies for an on-demand video server with batching. In *Proceedings of the Second ACM International Conference on Multimedia*, New York, 1994.

15. Kien A. Hua, Ying Cai, and Simon Sheu, Patching: A multicast technique for true video-on-demand services. In *Proceedings of the Sixth ACM International Conference on Multimedia*, New York, pp. 191–200, 1998.

16. Derek Eager, Mary Vernon, and John Zahorjan, Minimizing bandwidth requirements for on-demand data delivery. *IEEE Transactions on Knowledge and Data Engineering*, vol. 13, pp. 742–757, 2001.

17. Debasish Ghose and Hyoung Joong Kim, Scheduling video streams in video-on-demand systems: A survey. *Multimedia Tools and Applications*, Springer, The Netherlands, vol. 11, pp. 167–195, 2000.

18. Joonho Choi, Abu (Sayeem) Reaz, and Biswanath Mukherjee, A survey of user behavior in VoD service and bandwidth-saving multicast streaming schemes. *Communications Surveys and Tutorials, IEEE*, pp. 1–14, 2010.

19. David P. Anderson, Metascheduling for continuous media. *ACM Transactions on Computer Systems (TOCS)*, vol. 11, pp. 226–252, 1993.

20. Kien A. Hua, Jung Hwan Oh, and Khanh Vu, An adaptive hybrid technique for video multicast. In *Proceedings of the Seventh International Conference on Computer Communications and Networks*, Lafayette, LA, USA, pp. 227–234, October 1998.

21. Charu C. Aggarwal, Joel L. Wolf, and Philip S. Yu, On optimal batching policies for video-on-demand storage servers. In *Proceedings of International Conference on Multimedia Computing and Systems*, Hiroshima, Japan, pp. 253–258, June 1996.

22. Athanassios K. Tsiolis and Mary K. Vernon, Group-guaranteed channel capacity in multimedia storage servers. *ACM SIGMETRICS Performance Evaluation Review*, vol. 25, pp. 285–297, 1997.

23. Hadas Shachnai and Philip S. Yu, Exploring wait tolerance in effective batching for video-on-demand scheduling. *Multimedia Systems*, Springer, The Netherlands, vol. 6, pp. 382–394, 1998.

24. Nelson Luis Saldanha Da Fonseca and Roberto de Almeida Façanha, The look-ahead-maximize-batch batching policy. In *Proceedings of Global Telecommunications Conference (GLOBECOM)*, vol. 1a, pp. 354–358, December 1999.

25. Nabil J. Sarhan and Chita R. Das, A new class of scheduling policies for providing time of service guarantees in Video-On-Demand servers. *Management of Multimedia Networks and Services*, Springer, The Netherlands, vol. 3271, pp. 199–236, 2004.

26. Vaneet Aggarwal, Robert Caldebank, Vijay Gopalakrishnan, Rittwik Jana, K. K. Ramakrishnan, and Fang Yu, The effectiveness of intelligent scheduling for multicast video-on-demand. In *Proceedings of the 17th ACM International Conference on Multimedia*, New York, pp. 421–430, 2009.

27. Santosh Kulkarni, Bandwidth efficient video-on-demand algorithm (BEVA). In *Proceedings of the 10th International Conference on Telecommunications (ICT 2003)*, vol. 2, pp. 1335–1342, 2003.

28. Wing-Fai Poon, Kwok-Tung Lo, and Jian Feng, Adaptive batching scheme for multicast video-on-demand systems. *IEEE Transactions on Broadcasting*, vol. 47, pp. 66–70, 2001.

29. Wing-Fai Poon, Kwok-Tung Lo, and Jian Feng, Batching policy for video-on-demand in multicast environment. *Electronics Letters*, vol. 36, pp. 1329–1330, 2000.

30. Wing-Fai Poon, Kwok-Tung Lo, and Jian Feng, Scheduling policy for multicast video-on-demand system. *Electronics Letters*, vol. 37, pp. 138–140, 2001.

31. Madhu Jain, Vidushi Sharma, and Kriti Priya, Adaptive batching scheme for multicast near video-on-demand (NVOD) system. *Journal of ICT*, pp. 1–12, 2006.

32. Sarat Pothuri, David W. Petr, and Sohel Khan, Characterizing and modeling network traffic variability. In *Proceeding of the IEEE International Conference on Communications (ICC 2002)*, vol. 4, pp. 2405–2409, 2002.

33. Wushao Wen, Shueng-Han Gary Chan, and Biswanath Mukherjee, Token-tray/weighted queuing-time (TT/WQT): An adaptive batching policy for near video-on-demand system. *Computer Communications*, Elsevier, vol. 25, pp. 890–904, 2002.

34. Hadas Shachnai and Philip S. Yu, On analytic modeling of multimedia batching schemes. *Performance Evaluation*, Elsevier, vol. 33, pp. 201–213, 1998.

35. Ying Cai, Wallapak Tavanapong, and Kien A. Hua, A double patching technique for efficient bandwidth sharing in video-on-demand systems. *Multimedia Tools and Applications*, Springer, The Netherlands, vol. 32, pp. 115–136, 2007.

36. Ying Cai, Kien A. Hua, and Khanh Vu, Optimizing patching performance. In *Proceedings of the IS&T/SPIE Conference on Multimedia Computing and Networking (MMCN '99)*, pp. 204–215, 1999.

37. Lixin Gao and Don Towsley, Supplying instantaneous video-on-demand services using controlled multicast. In *Proceedings on the IEEE International Conference on Multimedia Computing and Systems*, Florence, pp. 117–121, July 1999.

38. Ying Cai and Kien A. Hua, An efficient bandwidth-sharing technique for true video on demand systems. In *Proceedings of the Seventh ACM international on Multimedia*, New York, 1999.

39. Dongliang Guan and Songyu Yu, A two-level patching scheme for video-on-demand delivery. *IEEE Transactions on Broadcasting*, vol. 50, pp. 11–15, 2004.

40. Satish Chand, Bijendra Kumar, and Hari Om, Patching-based broadcasting scheme for video services. *Computer Communications*, Elsevier, vol. 31, pp. 1970–1978, 2008.

41. Huadong Ma, G. Kang Shin, and Weibiao Wu, Best-effort patching for multicast true VoD service. *Multimedia Tools and Applications*, Springer, The Netherlands, vol. 26, pp. 101–122, 2005.

42. Ying Wai Wong and Jack Yui-Bun Lee, Recursive Patching: An efficient technique for multicast video streaming. In *Proceedings of the Fifth International Conference on Enterprise Information Systems (ICEIS)*, 2003.

43. Sook-Jeong Ha, Sun-Jin Oh, and Ihn-Han Bae, Practical patching for efficient bandwidth sharing in VOD systems. In *Proceedings of the Third International Conference on Natural Computation (ICNC)*, Haikou, pp. 351–355, August 2007.

44. Han Dai and Edward Chan, Quick patching: An overlay multicast scheme for supporting video on demand in wireless networks. *Multimedia Tools and Applications*, IEEE, vol. 36, pp. 221–242, 2008.

45. Yi Cui, Baochun Li, and Klara Nahrstedt, oStream: Asynchronous streaming multicast in application-layer overlay networks. *IEEE Journal on Selected Areas in Communications*, vol. 22, pp. 91–106, 2004.

46. Sook-Jeong Ha and Ihn-Han Bae, Design and evaluation of a converting patching agent for VOD services. *Agent and Multi-Agent Systems: Technologies and Applications*, Springer, The Netherlands, pp. 704–710, 2007.

47. Zhe Xiang, Yuzhuo Zhong, and Shi-Qiang Yang, Period Patch: An efficient stream schedule for video on demand. In *Proceedings of SPIE*, Boston, November 2000.

48. Carsten Griwodz, Michael Liepert, Michael Zink, and Ralf Steinmetz, Tune to lambda patching. *ACM SIGMETRICS Performance Evaluation Review*, vol. 27, pp. 20–26, 2000.

49. Espen Jacobsen, Carsten Griwodz, and Pål Halvorsen, Pull-patching: A combination of multicast and adaptive segmented HTTP streaming. In *Proceedings of the International Conference on Multimedia*, New York, pp. 799–802, 2010.

50. Dag Johansen, Håvard Johansen, Tjalve Aarflot, Joseph Hurley, Åge Kvalnes, Cathal Gurrin, Sorin Zav, Bjørn Olstad, Erik Aaberg, and Tore Endestad, DAVVI: A prototype for the next generation multimedia entertainment platform. In *Proceedings of the 17th ACM International Conference on Multimedia*, New York, pp. 989–990, 2009.

51. Lixin Gao and Don Towsley, Threshold-based multicast for continuous media delivery. *IEEE Transactions on Multimedia*, vol. 3, pp. 405–414, 2001.

52. Steven W. Carter and Darrell D. E. Long, Improving bandwidth efficiency of video-on-demand servers. *Computer Networks*, Elsevier, vol. 31, pp. 111–123, 1999.

53. Shueng-Han Gary Chan and S. H. Ivan Yeung, *Client buffering techniques for scalable video broadcasting over broadband networks with low user delay*. IEEE Transactions on Broadcasting, vol. 48, pp. 19–26, 2002.

54. Katsuhiko Sato, Michiaki Katsumoto, and Tetsuya Miki, *Fragmented patching: new VOD technique that supports client mobility*. In *Proceedings of the 19th International Conference on Advanced Information Networking and Applications*, pp. 527–532, March 2005.

55. Helmut Hlavacs and Shelley Buchinger, Hierarchical video patching with optimal server bandwidth. *ACM Transactions on Multimedia Computing, Communications, and Applications (TOMCCAP)*, vol. 4, p. 8, 2008.

56. Satish Chand, Bijendra Kumar, and Hari Om, Video data delivery using slotted patching. *Journal of Network and Computer Applications*, Elsevier, vol. 32, pp. 660–665, 2009.

57. Salahuddin A. Azad, Mohammad Murshed, and Laurence S. Dooley, A novel batched multicast patch-

ing scheme for video broadcasting with low user delay. In *Proceedings of the 3rd IEEE International Symposium on Signal Processing and Information Technology*, pp. 339–342, December 2003.

58. Eundon Song, Hongik Kim, and Sungkwon Park, Fast patching scheme for video-on-demand service. In *Proceedings of the Asia-Pacific Conference on Communications, Bangkok*, pp. 523–526, October 2007.

59. Li-Shen Juhn and Li-Ming Tseng, Fast data broadcasting and receiving scheme for popular video service. *IEEE Transactions on Broadcasting*, vol. 44, pp. 100–105, 1998.

60. Hai Jin, Dafu Deng, and Liping Pang, Medusa: A novel stream-scheduling scheme for parallel video servers. *EURASIP Journal on Applied Signal Processing*, vol. 2004, pp. 317–329, 2004.

61. Leana Golubchik, John C. S. Lui, and Richard R. Muntz, Adaptive piggybacking: A novel technique for data sharing in video-on-demand storage servers. *Multimedia Systems*, Springer, The Netherlands, vol. 4, pp. 140–155, 1996.

62. Charu Aggarwal, Joel Wolf, and Philip S. Yu, On optimal piggyback merging policies for video-on-demand systems. *ACM*, vol. 24, pp. 200–209, 1996.

63. Roberto De A. Façanha, Nelson L. S. Da Fonseca, and Pedro J. De Rezende, The S2 piggybacking policy. *Multimedia Tools and Applications*, Springer, The Netherlands, vol. 8, pp. 371–383, 1999.

64. Derek L. Eager and Mary K. Vernon, Dynamic skyscraper broadcasts for video-on-demand. *Advances in Multimedia Information Systems*, Springer, The Netherlands, vol. 1508, pp. 18–32, 1998.

65. Derek Eager, Mary Vernon, and John Zahorjan, Optimal and efficient merging schedules for video-on-demand servers. In *Proceedings of the Seventh ACM International Conference on Multimedia*, New York, 1999.

66. Derek L. Eager, Mary K. Vernon, and John Zahorjan, Bandwidth skimming: A technique for cost-effective video-on-demand. In *Proceedings of the ACM/SPIE Multimedia Computing and Networking*, San Jose, CA, USA, 2000.

67. Edward G. Coffman, Jr., Predrag Jelenkovic, and Petar Momcilovic, The dyadic stream merging algorithm. *Journal of Algorithms*, vol. 43, pp. 120–137, 2002.

68. Wun-Tat Chan, Tak-Wah Lam, Hing-Fung Ting, and Prudence W. H. Wong, On-line stream merging in a general setting. *Theoretical Computer Science*, Elsevier, vol. 296, pp. 27–46, 2003.

69. Amotz Bar-Noy, Justin Goshi, Richard E. Ladner, and Kenneth Tam, Comparison of stream merging algorithms for media-on-demand. *Multimedia Systems*, Springer, The Netherlands, vol. 9, pp. 411–423, 2004.

70. Hyoung Joong Kim and Yu Zhu, Channel allocation problem in VoD system using both batching and adaptive piggybacking. *IEEE Transactions on Consumer Electronics*, vol. 44, pp. 969–976, 1998.

71. Nelson L. S. Fonseca and Roberto A. Facanha, Integrating batching and piggybacking in video servers. In *Proceedings of the IEEE Global Telecommunications Conference*, San Francisco, CA, pp. 1334–1338, vol. 3, 2000.

72. Kien A. Hua, Jung Hwan Oh, and Khanh Vu, An adaptive video multicast scheme for varying workloads. *Multimedia Systems*, Springer, The Netherlands, vol. 8, pp. 258–269, 2002.

73. Kien A. Hua and Simon Sheu, Skyscraper broadcasting: A new broadcasting scheme for metropolitan video-on-demand systems. In *Proceedings of the ACM SIGCOMM on Applications, Technologies, Architectures, and Protocols for Computer Communication*, New York, 1997.

74. Yunqiang Liu, Songyu Yu, and Jun Zhou, Adaptive segment-based patching scheme for video streaming delivery system. *Computer Communications*, Elsevier, vol. 29, pp. 1889–1895, 2006.

75. D. N. Sujatha, K. Girish, Rajuk Venugopal, and Lalit Mohan Patnaik, An integrated quality-of-service model for video-on-demand application. *IAENG International Journal of Computer Science*, vol. 34, pp. 1–9, 2007.

76. Lixin Gao, Jim Kurose, and Don Towsley, Efficient schemes for broadcasting popular videos. *Multimedia Systems*, Springer, The Netherlands, vol. 8, pp. 284–294, 2002.

77. Salahuddin A. Azad and Manzur Murshed, An efficient transmission scheme for minimizing user waiting time in video-on-demand systems. *Communications Letters, IEEE*, vol. 11, pp. 285–287, 2007.

第 2 章　P2P 视频流化

2.1　引言

许多年来，视频一直是通信和娱乐的一项重要媒介。影片是娱乐的一种形式，通过在屏幕上显示一系列图像、给出连续运动的错觉，而展现一个故事。虽然在 2 世纪的中国早已经知道了这个把戏，但直到 19 世纪末仍然引起了人们的好奇。在 1888 年左右，电影摄影机的发明使分立的图像连起来并存储在单个卷盘上成为可能。这首次使以一种自动方式记录场景的过程成为可能。随着电影放映机的诞生，在一个荧幕上放大这些运动的图像呈现给全部观众的形式使电影开始普及。在 1928 年发明电视广播之后，它吸引了世界不同地方数十亿的人观看实况事件，并同时通过他们的电视机记录视频。人们的兴趣从报纸和收音机转移到更具有浸入式体验的电视，作为主要的娱乐来源以及接收有关全球的重要信息和新闻的一种方式[1]。在 20 世纪的大部分时间，观看电视的仅有方式是通过无线广播和有线电缆信号。

在 20 世纪末，随着互联网和万维网（WWW）的发明，出现了运动图像的第三次爆发。网页浏览和文件传递是互联网提供的主导性服务。但是，提供有关文本、图片和文档交换信息的这些服务种类不再能够满足用户们的需求。随着传统无线电和电视广播的成功，将实况媒体在互联网上交付到个人计算机的方式也展开了研究。结果是，人们对在互联网上传输各种多媒体数据（例如声音和视频）进行了试验。所有多媒体内容在分发上与任何其他常规文件（例如文本文件和可执行文件）没有什么不同。它们都是作为"文件"使用文件下载协议（例如 ftp 和 http）进行传输的。在下载模式中整个文件传递可能经常遇到不可接受的长传递时间，这个时间取决于媒体文件的尺寸和传输信道的带宽。例如，如果从 http：//www.mp3.com 进行下载，以 128kbit/s 编码和 5min 的一个 MPEG 音频流层Ⅲ（MP3）音频文件将占据 4.8MB 的用户硬盘空间，使用一个 28.8k 拨号调制解调器，下载整个文件大约用去 40min[2]。结果，下载一个音频文件所花的真实时间也许要大于音频播放的长度。比音频文件携带多得多信息的视频文件，甚至需要更长的下载时间[3]。此外，用户们没有方法可"窥探"内容来看看视频是否是他们希望观看的。由于长的等待时间和浪费的大量资源（当证明视频内容不是用户们感兴趣的内容时），这对用户们经常是不方便的[4]。

互联网演化和运行基本上是没有一个中央协作机构的，缺乏这种机构一直是其快速增长和演化极端重要的根源。但是，管理的缺乏，会使其非常难以保障合适的性能并系统地处理性能问题。同时，可用网络带宽和服务器容量继续为急剧增长的互联网利用率和带宽需求内容的加速上升所困扰。结果，用户感知到的互联网服务质量大部分情况下是不可预测的和不充分的[5]。当前的互联网本质上是一个报文交换网络,设计上不是用来处理基于连续时间的流量(诸如音频和视频的)。互联网仅提供尽力而为服务,没有为多媒体数据传输提供服务质量(Quality of Service, QoS)保障[6]。

数字技术(例如高速联网、媒体压缩技术和快速计算机处理能力)的最新进展,使在互联网上提供实时多媒体服务成为可行。实时多媒体——正如其名——具有定时约束。例如,音频和视频数据必须连续地播放。如果数据没有及时到达,则播放过程将暂停,这对人耳和眼睛带来困扰。实况视频或存储视频的实时传输在实时多媒体中占主导地位。在互联网上各种多媒体应用中,流化是在客户端间提供多媒体数据交付的一项使能(enabling)技术。采用这项技术,在不需要等待整个媒体文件到达的条件下,客户端可回放媒体内容。因此,流化允许在网络上进行多媒体的实时传输。互联网流化媒体改变了我们所知的万维网,即将其从一个基于静态文本的和图形的媒介转变为充斥声音和运动图像的一种多媒体体验[7]。诸如 YouTube 的网站为数百万观众提供媒体内容。美国国家电信标准将流化定义为"以一个连续流传递数据(通常在互联网上)的一项技术,这项技术使在整个文件被下载到一个客户端的计算机之前,可观看大型多媒体文件"[8]。视频流化的基本思路是将视频分成各组成部分(parts),顺序传输这些部分,并在接收方接收到这些部分时解码并回放,不需要等待整个视频都被交付。因此,不管媒体内容尺寸为何,流化支持多媒体内容的近即时(instantaneous)回放。流化媒体利用称为缓冲的一个非常古老的概念,使之在多媒体内容正被下载时进行回放是可行的。一个缓冲将一个内容池集合起来,足够大到使回放中的剧烈变化(bump)实现稳定,这种剧烈变化可能是由暂时的服务器减速或网络过度拥挤造成的。

流化减少了存储空间,并在整个文件被下载之前,如果内容没有趣味或不令人满意,这样就允许用户们停止接收流。流化支持实况和预编码内容的分发。实况流化捕获来自输入设备(例如麦克风和视频摄像机)的音频/视频信号,使用压缩算法(例如 MP3 和 MPEG-4)编码信号,并实时地分发它们。实况流化的典型应用包括监控、特殊事件的广播和信息分发,这在实时交付中具有极端重要性。在实况流化中,服务器侧对分发内容的选择及其流化的定时顺序具有控制能力。用户介入操作(involvement)典型地受限于加入和离开正在运行的流化会话。预录制或存储的流化分发存储于一台媒体服务器处的预编码视频文件。范例应用包括多媒体文档检索、新闻剪辑观看和远程教育,学生们通过后者参加在线课程,方式是观看预录制的讲座[4]。

随着宽带互联网连接的崛起,终端用户们能够在其家庭计算机上接收可接受质量的视频。在几个国家,宽带已经取得大众市场渗透。依据世界领先的信息技术研究和咨询公司 Gartner 的数据,世界范围的消费者宽带连接将从 2007 年的 3 亿 2 千 3 百万增长为 2013 年的 5 亿 8 千万。这确保大量消费者在不久的将来将有足够的带宽接收流化视频和音频。现在,流化媒体注定成为事实上的全球媒体广播和分发标准,集成所有其他媒体,包括电视、收音机和电影。依据一项业界研究[9],每月有 6 千万以上的人们收听或观看流化媒体,58 个美国 TV 站进行实况网络广播(webcasting)(34 个提供点播流化媒体节目)和 69 个国际 TV 网络广播台(webcasters)。这项研究也表明每星期产生

6000 小时新的流化节目。在欧洲流化内容的市场得到极大增长。例如，在一个月内其观众超过 1 百万的 BBC，估计其流化观众规模每 4 个月增长 100%。领先的法国流化站点之一，CanalWeb，每个月增长 450000 以上的不同观众，观看视频内容的时间平均为 12min。在英国，RealNetworks 估计 500000 名用户从 Big Brother 网站（www.bigbrother2000.com）下载它的播放器。Big Brother 英国公司报告，每天它都要服务至少 6000 条并发流和 1500 万条流。市场研究公司 NetValue 报告，这些流的平均观看时间是 25min。RealPlayer 的用户们是一个日渐增长的国际群体，总数超过 4800 万常规用户，大约有 1/3 的下载/注册现在位于北美以外的国家和地区[9]。

2.2　视频流化的架构

图 2.1 所示为视频流化的架构，它分成如下的 6 个领域：媒体压缩、应用层 QoS 控制、媒体分发服务、流化服务器、在接收方侧的媒体同步和流化媒体协议。

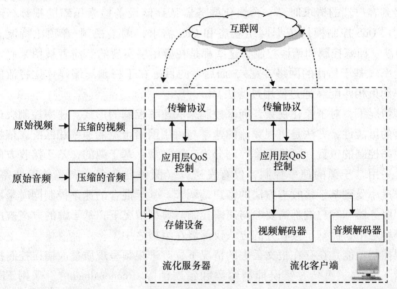

图 2.1　视频流化架构

（取自 Wu, D. 等, IEEE Transactions on Circuits and Systems for Video Technology, 11 (3), pp. 282-300, 2001）

2.2.1　媒体压缩

巨量的原始多媒体数据对网络施加了严格的带宽需求。因此，为取得更好的传输效率，广泛采用了压缩。虽然相比音频（8～128kbit/s）而言，视频有高得多的带宽需求（56kbit/s～15Mbit/s），而相比视频，音频丢失更容易令人恼怒，所以在一个多媒体流化系统中，在传输方面为音频赋予更高的优先级。出于这个原因，为满足 QoS 需求，将仅有视频被用于进行改变（alteration）操作[6]。在图 2.1 中，原始视频和音频数据采用视频压缩和音频压缩算法进行预压缩，之后被保存在存储设备中。视频压缩是通过利用存在于一个正常视频信号中的相似性或冗余做到的。视频压缩降低了视频信号中的不相关性，方法是仅编码人们所感知重要的视频特征[10]。视频压缩遵循多媒体内容的一个标准，以一个特定的播放速率对内容编码。定义视频编码器方面，存在两个主要的组织：国际电信联盟（ITU）和国际标准化组织（ISO）。ITU-T 组（ITU 的电信标准化分部）定义 H. 26x 视频格式，而 ISO 组定义从运动图像专家组委员会形成的格式：MPEG-x。MPEG-4 标准是普遍针对流化媒体和紧致磁盘分发、视频转换和广播电视而设计的。MPEG-4 包括 MPEG-1、MPEG-2 和其他相关标准的许多特征。H. 264 也称作 MPEG-4 第 10 部分或高级视频编码。诸如 Google/YouTube 或 Apple Tunes 等大的互联网厂商资助了这项标准。

2.2.2　应用层 QoS 控制

在接到客户端的请求时，一台流化服务器从存储设备检索压缩的视频/音频数据，之后应用层 QoS 控制模块依据网络状态和 QoS 需求，调整视频/音频比特流。应用层 QoS 控制涉及拥塞控制和错误控制，这些都是在应用层实现的。前者被用来确定媒体流的传输速率（基于估计的网络带宽），而后者的目标在于将预压缩媒体比特流的速率与目标速率约束相匹配（通过使用过滤法）[11]。

典型情况下，对于流化视频，拥塞控制采取速率控制的形式。速率控制尝试最小化网络拥塞的可能性，方法是将视频流的速率与可用网络带宽的速率相匹配。依据在系统中采取速率控制的位置，可将速率控制分为三种类型：基于源的、基于接收方的和基于混合的。采用基于源的速率控制，仅有发送方（服务器）负责调整传输速率。相反，流的接收速率受到基于接收方方法的客户端调节。基于混合的速率控制同时采用前述的方案，即服务器和客户端都需要参与速率控制。典型情况下，基于源的方案被用于单播或组播环境之中，而基于接收方的方法仅部署在组播之中[6]。

错误控制功能是在存在报文丢失的情况下，改进视频呈现质量。错误控制机制包括前向纠错（FEC）、重传、错误抑制编码和错误消除（concealment）。采用 FEC 方案，在接收方一端所接收到的报文以 FEC 方式解码和解包，之后得到的比特流输入到视频解码器，重构原始视频。错误抑制编码是在报文丢失实际发生之前，由源端执行，增强压缩视频的鲁棒性。即使由于传输错误，当一个图像样本或一个样本块丢失时，解码器也尝试基于周边所接收到的样本来估计它们，方法是利用空间和时间上邻接的样本间的固有相关性；这样的技术称作错误消除技术[12]。

2.2.3　媒体分发服务

在经过应用层 QoS 控制模块适配之后，传输协议将压缩比特流打包，并将视频/音频报文发送到互联网。由于拥塞，在互联网内报文可能会被丢弃或经历过大的时延。除了应用层支持外，为降低传输时延和报文丢失，充分的网络支持是必要的。网络支持涉及网络过滤、应用层组播和内容复制（缓存）。网络过滤法最大化网络拥塞过程中的视频质量。在视频服务器处的过滤器，依据网络拥塞状态，可调整视频流的速率。应用层组播在互联网之上提供一项组播服务。这些协议不修改网络基础设施；相反，它们仅利用终端主机处的组播转发功能。内容复制提升媒体交付系统的规模扩展性。

2.2.4　流化服务器

在提供流化服务方面，流化服务器扮演一个重要角色。为提供卓越的流化服务，要求流化服务器实时地处理多媒体数据，支持类似 VCR 的功能，并以一种同步方式检索媒体各组成部分。一般而言，一台流化服务器等待来自观众的一条实时流化协议（Real-Time Streaming Protocol，RTSP）请求。当它得到一条请求时，服务器在合适的文件夹中查找被请求名字的一个提示性媒体。如果被请求媒体在该文件夹中，则服务器使用实时传输协议（Real-Time Protocol，RTP）流将之以流方式传输给观众。

2.2.5　在接收方侧的媒体同步

采用媒体同步机制，在接收方侧的应用可以各种媒体流被捕获的相同方式呈现它们。媒体同步的一个例子是，将讲话人的嘴唇运动与其讲话的声音同步。

2.2.6　流化媒体的各协议

流化协议为客户端和服务器进行服务协商、数据传输和网络寻址提供方法。依据功能，直接与互联网流化视频有关的各协议可被分类为网络层协议、传输协议和会话控制协议。

网络层协议提供基本的网络服务支持，例如网络寻址。互联网协议（IP）作为互联网视频流化的网络层协议。传输协议为流化应用提供端到端的网络传输功能。传输协议包括用户数据报协议（User Datagram Protocol，UDP）、传输控制协议（Transmisson Control Protocol，TCP）、RTP 和实时控制协议（Real-Time Control Protocol，RTCP）。RTP 和 RTCP 是在 UDP/TCP 之上实现的高层传输协议。UDP 和 TCP 支持如下功能，诸如复用、错误控制、拥塞控制和流控。RTP 是一种数据传递协议。RTCP 向一个 RTP 会话的参与方提供 QoS 反馈。会话控制协议定义一个已建立会话过程中控制多媒体数据交付的消息和过程。RTSP 和会话初始协议（Session Initiation Protocol，SIP）是这样的会话控制协议。RTSP 是在流化媒体系统中使用的协议，允许一个客户端远程地控制一台流化媒体服务器，发出类似 VCR 的命令。它也支持对一台服务器上文件的基于时间的访问。SIP 是一个会话协议，它可与一个或多个参与方创建并终止会话。它主要是针对交互式多媒体应用（例如互联网电话和视频会议[6]）设计的。

2.3　现有的流化网络

在互联网上提供一项流化服务，有三种主要方式。针对少量流化媒体的基于万维网的分发，第一种方式是利用缓存和复制。对于大型服务，流化媒体是通过一个内容分发网络（Content Delivery Network，CDN）分发的，CDN 是基于万维网的内容共享规模扩展变得活跃起来。第二种方式是使用专门针对流化内容分发而设计的一个网络。人们提出了许多网络，专门针对视频流的点播交付问题。这些网络被称为点播多媒体流化网络。第三种方式即实况流化系统，使客户端能够通过在其家庭可用的宽带互联网连接，同时观看多个电视台。

2.3.1　基于万维网的分发

基于万维网的分发是服务少量流化内容最频繁使用的技术。随着互联网成为日常生活的重要组成部分，当前有数亿名用户连接到互联网。由于基于客户端/服务器计算模型，当大量用户请求到达时，基于万维网的内容分发架构遇到服务器过载问题。因此，要求合适的方案有效地管理服务器负载。内容缓存和复制技术将工作负载引导离开可能过载的源始 Web 服务器，分别处理客户端侧和服务器侧的 Web 性能和规模扩展性问题[13]。CDN 是使互联网服务质量活跃起来而广泛采用的另一种方法。

缓存在接近数据消费者处存储数据的一份复本（copy），相比于内容不得不从源始服务器检索的情况，这种做法支持比较快速的数据访问。对于预录制的内容，一台流化媒体缓存服务器可为一名用户获取并存储全部内容。当其他用户请求类似内容时，缓存可从其本地存储直接交付媒体流。Web 缓存减少了访问延迟，节省了一台 Web 服务器的中央处理单元（CPU）周期，并降低了网络带宽利用率。但是，对流化视频内容而言，它通常并不被看作一个卓越的解决方案，原因是缓存一条视频流要求非常大的缓冲空间[14]。在内容提供商的控制下，复制创建并维护内容的分布式复本。这是非常方便的，因为客户端请求之后可被发送到邻近的和最小负载的服务器。几个网站将其内容复制在多台服务器上，意图是降低源始服务器上的负载。在服务器和网络故障的情况下，复制也提供服务器冗余能力。另一方面，由于万维网的独特本质，就延迟和带宽降低而言，其海量用户群体、文档多样性（multiplicity）和访问模式复制似乎不能完全容忍其所有概念上所具有的前景[15]。

一个 CDN 将内容从源始服务器复制到分布于全球的缓存服务器（也称为副本服务器）。内容请求被定向到最接近用户的缓存服务器，且由那台服务器交付所请求的内容。结果，用户们得到极高的速度和较高的质量。构建 CDN 有两种通用方法：重叠网法和网络法。

在重叠网方法中，应用特定的服务器和位于网络中几个位置的缓存（服务器）处理特定内容类型（例如流化媒体）的分发。多数商用 CDN 提供商，诸如 Akamai 和 Limelight Networks，为组织 CDN 而遵循重叠网方法。在内容分发中，核心网络（CN）组件（例如路由器和交换机）不扮演主动角色。Akamai 系统在 1000 多个网络中有 12000 台以上的服务器。在网络方法中，包括路由器和交换机在内的网络组件，被装备识别特定应用类型的代码和基于预定义策略而转发请求的代码。这种方法的例子包括将内容请求重定向到局部缓存或将流量交换到特定服务器（对服务特定内容类型是做过优化的[16]）的设备。除了增加的服务器容量和抑制能力（resiliency）外，一个 CDN 赋予了受控负载均衡和增强的内容可访问能力。在不同位置运行操作服务器的做法，产生了几项技术挑战，包括如何将用户请求定向到合适的服务器，如何管理故障，如何监测和控制服务器，以及如何在系统间更新软件[17,18]。网络可管理的负载量是由整体 CDN 容量预设置的。在一段短时间内，特定事件和程序频繁地产生比网络所能够处理的要多的需求，且 CDN 将不能承受那些过量需求。在需求变高的那些位置，要求这样一种合适的机制，它允许副本服务器的动态增加和去除。据此，为了使一个 CDN 是真正成功的，在互联网上必须建立大量副本服务器。对小型组织机构而言，这样一种布局会是不可能的[4]。

2.3.2　点播多媒体流化

　　视频点播（VoD），也称作点播视频流化，是观看电影和电视节目的一种极好方式。VoD 服务支持将视频流直接分发到用户，从内容的开始播放，不管服务请求到达时相对于其他正在进行的流化会话的时间位置在哪里。典型情况下，这些视频文件被存储在一组中心视频服务器中，并通过高速通信网络分发到地理上分散的客户端处。在接收到一个客户端的服务请求时，一台服务器将视频交付到客户端，该视频是作为一个等时（isochronous）视频流分发的。VoD 已经成为互联网上一项极其流行的服务。例如 YouTube，这是一项视频共享服务，将其视频按需地流化到用户，它一天有 2 千万以上的观看次数，迄今为止，总的观看时间超过 10000 年。其他主要的互联网 VoD 发布商包括 MSN 视频、谷歌视频、雅虎视频、CNN 和大量的模仿 YouTube 站点[19]。VoD 免除了您走到视频商店购买电影的必要性，并提供了对大量素材库的访问。采用 VoD，用户们具有了选择内容并安排他们期望观看的节目的灵活性[20]。

　　实现 VoD 架构有两种主要方式：中心式架构和分布式架构。在中心式架构中，客户端通过网络被直接连接到服务器，如图 2.2 所示。一台视频服务器可访问视频内容存储，并负责以不间断流的方式交付视频内容。即使中心式 VoD 系统管理上是简单的，但这种架构的主要问题在于不佳的扩展性，因为服务器容量是由服务器限制良好定义的。一次系统扩展可能导致资源增长的巨大成本。当客户端数量增加时，所需要的流数量可能是巨大的，导致附加的信道带宽。通过添加本地服务器，可改进中心式 VoD 系统的性能。本地站点不维护媒体归档（archives）；但是，它们可在其视频缓冲

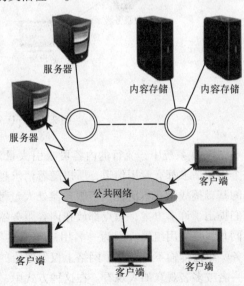

图 2.2　VoD 中心式架构

中存储流行的影片。在不访问中心服务器的情况下，缓冲的内容可被更快地交付到客户端。在本地站点没有被缓冲的视频，当被请求时，可从中心归档处交付到客户端。

在分布式架构中，多台视频服务器被分布在整个网络基础设施上。每台视频服务器控制和管理内容存储的一个子集，并负责视频流的一个子集。图 2.3 所示为分布式架构的一个典型布局。理想情况下，所有流行的内容都被复制在连接到每个交换点的视频服务器。这显著地减少了服务器之间的流量，且结果是，解决了主要中心（hub）之间的带宽需求。如果一台本地服务器没有所请求的视频节目，则它搜索具有那个内容的所有视频服务器的一个列表，并选择具有最小网络负载的一台服务器。分布式架构是一种可行的选项，原因是它放松了对网络的带宽要求。

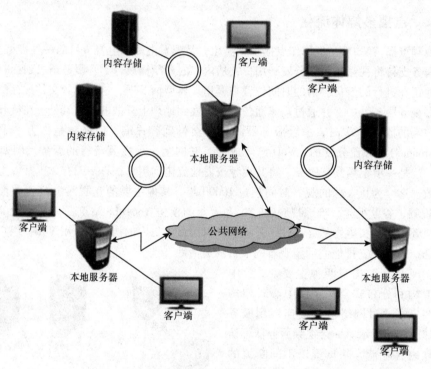

图 2.3　VoD 分布式架构

在 VoD 系统中，流行的内容可吸引大量观众，他们是异步发出请求的。因为服务每个用户请求都有专用信道，所以随着请求越来越多的流，带宽要求显著增加。VoD 服务的基础挑战是在不消耗内容服务器处大量带宽的条件下，如何满足用户的点播期望。人们提出了许多方案，焦点都放在内容服务器的高效带宽使用上面。所有方案中的一条共同基线是使用组播。因为一名用户不能立刻观看视频，所以广播协议仅提供准 VoD 服务。组播传输不是在整个网络上仅发送流的一个拷贝，而是沿网络分支下行发送，其中一名或多名观众加入观看。在这种方式中，可用网络带宽可以被更高效地使用。对于一个 VoD 系统中的组播，有这样一种可能性，即一名以上的用户同时请求同一视频。

如果相比于用户数，存在的视频数量相对较少，则一名以上的用户请求同一视频的概率将会较高。即使有大型视频库，也仍然会有为许多用户请求的流行视频集合，因此增加了组播的机会。如果一个被请求的视频是组播的，则组播组中的所有用户将由一条信道服务，由此节省了网络带宽[20]。一些组播方案提出如何提供高效的和实际的组播，而其他一些则假定对所有参与用户都可使用组播。组播主要是以三种方式实现的：IP 组播、基于重叠网的组播和应用层组播（ALM）。

IP 组播在 IP 层实现服务，并提供高效的组通信。IP 组播要求非常复杂的路由器软件，该软件支持服务器依据客户端请求而复制各流。一个组播的用户对所呈现的媒体没有控制能力。就像在广播中一样，选择是简单地观看或不观看。用户的主机与最近的路由器通信，得到流的一个拷贝。为了克服同步 IP 组播和异步 VoD 流化之间的鸿沟，人们提出了 4 类 IP 组播方法：批次处理法、打补丁法、周期性广播法和合并法[21]。

"批次处理法"的基本思路是将不同视频的请求延迟某个时间量（批次处理间隔），从而在当前批次处理间隔过程中到达的对同一视频的更多请求，可使用同一条流进行服务。因此，许多不同用户对同一视频的请求可共享一个共同的视频流，如果这些请求在时间距离上足够近的话[22]。批次处理法仅可用于流行视频，原因是在延迟间隔过程中，不流行的视频不太可能接收到多个请求。因为客户端的请求不是即刻被同意（服务的），所以实际上批次处理技术提供一种准 VoD 服务，而不是真正的 VoD 服务。

在"打补丁方案"中，一个已存在的组播可被动态扩展，服务新的客户端。服务器的大部分带宽被组织成一个逻辑信道集合，每个信道能够以回放速率传输一个视频。服务器的剩余带宽被用于控制消息，例如服务请求和服务通知[23]。一条信道是一个常规信道（其中服务器组播整个视频）或一条补丁信道（其中服务器仅组播视频的开始部分）。当一个客户端从服务器请求一个视频时，服务器指示客户端从一个定期信道和一个补丁信道进行下载。在客户端下载视频的开始部分之后，它退出补丁信道，但直到视频结束之前，它都在定期信道之中[21]。打补丁法是非常简单的，且不要求任何特殊的硬件。因为所有请求都是立刻被服务的，所以客户端不经历服务器时延，且可取得真正的视频点播（效果）。如果来自用户的请求数量在某个界限内，则在降低带宽和存储要求方面，打补丁法是非常有效的。除此之外，打补丁法失去了其竞争力，因为它导致开始时同一视频的多个补丁，并扩大了带宽需求。

"周期性广播方案"背后的思路是将视频分成分段的一个序列，并在专用服务器信道上周期性地广播每个分段。客户端等待第一个分段的开始部分，并在观看当前分段时下载下一个分段的数据。用户等待时间通常是第一个分段的长度[24]。在文献［24］中，周期性广播协议被分成三个组：金字塔广播法、调和（harmonic）广播法和混合广播法。金字塔式的方案（诸如文献［25］和［26］中讨论的那些方案）具有逐渐增大的分段尺寸和相等带宽的信道。在这种协议中视频的分段尺寸遵循一个几何级数，在每个逻辑信道中混合有不同的视频。在金字塔广播法中，系统要求视频数据以远高于其所消耗的速率进行传递，以此提供视频的及时交付。在这种方案中，视频分段是以几何方式增长的尺寸，且服务器网络带宽是均匀地分隔的，周期性地在一个独立信道中广播一个分段。这种解决方案要求具有足够带宽的昂贵的客户端机器，以便处理每个广播信道上的高数据速率。诸如文献［27］中的调和式方案具有相等尺寸的分段和带宽逐渐减少的信道。它们将视频分成等尺寸的分段，并在带宽减少的逻辑信道中传输这些分段。一个新的"混合广播协议"家族包括 Pagoda 广播[28] 和 New Pagoda[29] 广播方案。这些协议是基于金字塔协议和基于调和协议的混合协议。将每个视频分割成固定尺寸的分段，并将它们映射到少量等带宽的数据流，并使用时分复用，确保一个给定视频的后续分段是在合适的减小的频率处广播的。结果是它们不要求显著较多的带宽，且同时不使用更多的逻辑流。

在批次处理法和打补丁法间的共同问题是，相比于标称回放速率，在用户系统处它们要求两倍或更多的带宽，原因是用户们必须并发地建立多个流化会话。为了在其他流正在回放时（played out），存储来自各流中一条流的分段，它们也要求相当的磁盘空间量。另外，它们都假定在所有参与节点处存在组播能力。在流合并方案[30] 中，关键思路是以稍稍小于客户端接收带宽的一个比特率对媒体编码。在观看过程中剩下未用的接收带宽，被用来实施准最优的层次式流合并。在降低服务器带宽方面，这项技术已经被证明是高度有效的。但是，完成合并过程可能需要较长时间或当两个会话之间的时间间隙较大时，合并从来不会被实现。它也要求一个编码器/解码器系统，该系统动态地改变流的速率。

由于中心式系统的有限规模扩展性，诸如 CCN Pipeline、YouTube 和 Uitzending gemist 的中心式 VoD 系统已经出现退出现象。批次处理法和打补丁法将较大地增加这些系统的规模扩展性；但是，在互联网骨干中没有对广播或组播的支持。IP 组播要求路由器维护每个组的状态。但是，在互联网上几乎没有路由器可支持 IP 组播。采用支持 IP 组播的路由器对互联网进行大修，被认为在近期的将来是不可行的。现在，在路由器处的路由和转发需要维护一个表项，该表项对应于每个唯一的组播组地址。这增加了在路由器处的额外负担和复杂性。另一个问题是，对在 IP 组播之上附加机制（例如可靠性和拥塞控制）缺乏经验，这使 ISP 对于在网络层支持组播非常谨慎[31]。由于这些原因和其他原因，为取得高效的和有效的组通信，研究人员们研究了其他方式，例如基于重叠网的组播和 ALM。

在基于重叠网的组播中，在一个现有 IP 网络之上创建专用于组播的一个网络。仅有那些路由器，即装备组播功能的重叠网节点，才参与到组播特定的服务之中；其他路由器简单地将组播会话中的报文作为常规单播流转发。重叠网组播实现的一个例子是重叠组播网络基础设施（OMNI）[32]，它为媒体流化应用提供一个重叠网架构。

在 OMNI 中，服务提供商部署组播服务节点，它运行路由并转发到一个客户端组的信息。OMNI 遵循重叠网组播的一个两层方法（见图 2.4）。低层包含一组服务节点（这些节点部分在整个 CN 基础设施（例如互联网）），并为连接到一个 OMNI 节点的任何主机提供数据分发服务。一台终端主机向单个 OMNI 节点订阅，以便接收组播数据服务。OMNI 节点自己组织成一个重叠网，该网形成组播数据交付骨干。对于第二层，从 OMNI 节点到其客户端的数据交付路径，是独立于重叠网骨干中使用的数据交付路径

的。这条路径可使用网络层组播、ALM 或
单播路径的一个集合进行构建[33]。基于重
叠网的组播优势包括在不需要升级所有 IP
路由器而部署一个大型组播网络的能力，
支持几乎无限数量的组播组，并为在互联
网上部署组通信基础设施提供一种实用的
解决方案。但是，典型情况下，它要求准
永久安装的重叠网节点，这些节点在一个
比较长的时段或至少在组播会话时段期间
保持处于服务状态。出于这个原因，在网
络节点为高度动态的一个环境（例如自组
织和对等（P2P）网络）中，要构造和维护
这样一个网络是困难的。

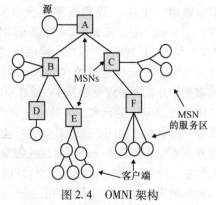

图 2.4　OMNI 架构

（取自 Banerjee, S. 和 Bhattacharjee, B., A compara-
tive study of application layer multicast protocols（应用
层组播协议的比较研究）. 2010 年 4 月 8 日检索自
http://citeseerx. ist. psu. edu/, 2001. 获得许可使用）

　　由于"重叠网组播"呈现的缺陷和在全球互联网上"IP 组播"技术的缓慢部署，人们采纳一种应用层解决方案；这种方法被称作 ALM。在 ALM 中，是在应用层实现组播功能的。ALM 协议不改变网络基础设施；相反，这些协议排他性地在终端主机处理用组播转发功能。在网络层组播中，在网络内的路由器处复制数据报文，与此不同，在 ALM 中，数据报文是在终端主机处复制的。在这种组播策略中，组成员关系、组播树构造和数据转发都单独受控于参与的终端主机；由此，它不要求中间节点（例如路由器或专用服务器）的支持。P2P 方法具有 ALM 的前提条件[21]。

2.3.3　实况视频流化

　　互联网流化技术也带来更有意思的应用，例如以一种更加灵活得多的方式进行传统 TV 内容的传输。出于成本考虑，正常情况下，仅当存在足够的用户基数时，传统 TV 网络才提供信道。例如，一个 TV 网络可能乐意在纽约城（这里居住着大量印度人群）提供印地语节目，但在美国的许多其他地方[34]则不提供该类型的节目。实况流化服务的引入使用户们可通过互联网同时观看几个 TV 频道。在实况流化中，当客户端正被下载和观看视频流的同时产生视频流。因此，我们正在处理长度未知和不可预测的一个文件的分发，其中数据将仅存在一小段时间。在这种情形中，最重要的挑战是播放（play-out）时延，即在内容生产和其播放之间逝去的时间。客户端能够做的唯一动作就是切换频道。终端用户体验类似于一个实况 TV 广播的体验，因为所有用户都将意图观看最近产生的内容。如果要规避数据丢失，则用户要求下载速度不小于或等于回放速度。流行的实况视频流化服务是 IP 电视（IPTV）。随着宽带驻地接入的日渐为人们所接受以及视频压缩技术的进步，IPTV 可能是下一个流行的互联网应用[35]。

　　IPTV 是这样一个系统，其中在一个网络基础设施上使用 IP 交付一项数字电视服务，其中可能涉及由一条宽带互联网连接分发的情形。因此，IPTV 以较低的成本为驻

地和商务用户在 IP 上提供数字电视服务。由国际电信联盟 IPTV 焦点组（ITU-T FG IPTV）批准的官方定义如下："在基于 IP 的网络上交付多媒体服务（诸如电视/视频/音频/文本/图形/数据），成功地提供所要求的 QoS 和体验、安全、交互性和可靠性"。IPTV 也使用户们访问过时的（ostracized）VoD 内容变得比较容易，这些内容如数十年前的著名影片，在任何重要的 TV 频道中现在都不再提供[34]。

IPTV 是计算、通信和内容的一个联合体，以及广播和电信技术的一个混合体。它使话音、数据和视频的三重播放成为可能。三重播放思路是，客户端可订购提供话音、数据和视频的一项服务——所有这三种媒体在一条线路上由一家服务提供商传输到家庭或办公室。使用 IP 作为一种视频交付机制是一种万能的方法。一个 IPTV 服务系统不改变内容的结构和原电视网络的频道生产过程。但是，它仅改进了传输的受控模式，即它利用纯 IP 信令改变频道和控制其他功能。在这种方式中，显著地为用户们扩展了内容的选择空间[36]。IPTV 具有不同于 TV 服务的一种基础设施，它利用推送的比喻（metaphor）意义，其中整个内容被推送到客户端。IPTV 使运营商和用户之间进行双向交互式通信，例如流化控制功能（例如暂停、快进和回退），这是传统有线电视服务所缺乏的[37]。

一个典型的 IPTV 系统由四个主要部件组成，如图 2.5 所示[38]。视频头端（VH）捕获所有节目内容，包括线性节目和 VoD 内容。VH 通过卫星或陆地光纤网络接收内容。它也负责将视频流编码成 MPEG-2 或 MPEG-4 格式。VH 使用 IP 组播或 IP 单播将视频流封装到一种传输格式之中，之后被发送到 CN。CN 将经过编码的视频流归组成它们相应的频道。CN 对于服务提供商是独特的，经常包括不同厂商的设备。在这个阶段，为确保高等级的 QoS，IPTV 流量被保护，使之免受其他互联网数据流量的影响。宽带远端接入服务器负责维护用户策略管理，例如用户认证和计费、IP 地址指派和服务通告。在反方向上，通过数字用户线接入复用器，来自多个端用户的流量被汇聚，并路由到 CN。家庭网络将家庭计算机（们）和 IPTV 机顶盒（STB）连接到一项宽带服务，在订购的家庭内提供数据、话音和视频服务[38]。STB 将一个经加扰（scambled）的数字压缩信号转换为发送到 TV 的一个信号。

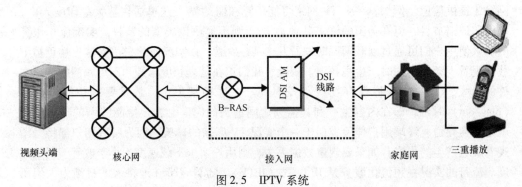

图 2.5　IPTV 系统

就全球而言，世界上的多数主要电信提供商正在探索 IPTV，作为源自其已有市场的一个新的创收机会。两个主要美国电信公司 AT&T 和 Verizon，进行了大量投资，在他们的网络中以光纤缆线替换铜线，将许多 IPTV 频道交付给驻地客户[39]。现在 IPTV 的世界前沿市场有法国、韩国、中国香港、日本、意大利、西班牙、比利时、中国、瑞士和葡萄牙。TV2 Sputnik 是一个 IPTV 服务提供商，它使用公共互联网提供内容分发。它由丹麦的公共服务广播公司提供。Optimal Stream（最佳流）是一个 IPTV 服务提供商，它在公共互联网上将 IPTV 交付给丹麦的家庭。在早期英国就启动了 IPTV，但它一直在缓慢地增长。IPTV 在中欧和东欧刚刚开始增长；现在它在南亚国家（诸如斯里兰卡，特别是印度）正在增长。在印度的 IPTV 主要厂商包括 UTStarcom、Alcatel Lucent、SeaChange、Harmonic、Cisco、Irdeto、Harris、Viacess、NDS、Conax、Verimatrix、Oracle 和 Sun 微系统公司。在文献［40］中，它推断消费者 IP 流量将每年以 57% 的速率增长，是由视频流量驱动的，其中这种流量占据主导地位。

依据多媒体研究集团（Multimedia Research Group）的数据，全球 IPTV 用户数将从 2010 年底的 4400 万增长到 2014 年的 1 亿 1150 万，其复合增长率为 26%。预测显示，欧洲将是区域领导者，占 2014 年全球 IPTV 用户的 42%，维持其主导地位，主要是因为极大数量的 Tier 1 服务提供商和在一些国家持续强劲的 IPTV 增长。依据 CISCO 的最近一项研究，全球 IP 流量将继续由视频主导，到 2014 年超过全球消费者 IP 流量的 91%。该项研究预期，所有类型文件共享流量的总和到 2014 年将几乎达到 3 倍增长，仍然占所有互联网流量的 27%。在同一年预测互联网视频将占所有流量的 46%。

2.4　传输流化技术的失败

如果客户端数是有限的，则传统的基于客户端/服务器流化提供良好的性能和高可用率。但是，通常说来，这些方案的部署和维护成本是非常高的。当前 YouTube 的成本估计是每天 100 万美元，且如果更多的视频继续切换到较高质量的话，则这些成本会急剧增长[41]。实况流化视频所要求的高带宽极大地限制了可由一个源所服务的客户端数量。事实上，为节省带宽，如今许多流化服务提供相对低的分辨率。典型情况下，相比于传统 TV 网络，那些流化服务的质量是不可比的。因此，在互联网流化部署中，资源管理是一个关键问题。一方面，在基于客户端/服务器的媒体-流化系统场景中，服务器的处理能力、存储容量和输入/输出（I/O）吞吐量成为瓶颈；另一方面，大量长距离网络连接也可能导致流量拥塞。因此，该系统不能满足大规模实时媒体流化应用的性能需求[42]。

考虑这样一个场景，其中 Akamai 向 Doordarshan 在线（http：//www.dd.now.com）提供一项视频点播服务。在 2001 年 4 月，Doordarshan 在线使用 Akamai 的内容分发网络在网络上广播一场印度-澳大利亚板球赛。该公司由 Akamai 提供一定的带宽，提前考虑到了其平均客户端数量。随着比赛接近令人激动的终局时，要求反馈的客户端数量增长超过了所提供的带宽。服务器死机了，导致站点在终端用户间丧失名誉并带来困扰。上面的例子表明，对于瞬态群集（flash crowds），单播方案的规模扩展是极差的。除了增加服务器资源外，请求数的浪涌（surge）导致服务器资源的饱和。当前趋势表明，随着需求潜力加剧，在近期的未来这种问题将恶化。预测下面的情况是合理的，即随着边缘带宽增加，瞬态群集的规模也增加，这对应于流量中的较高尖峰[43]。但是，提供来解决这些问题的 IP 组播技术需要特殊硬件的支持，基础设施建立和管理的成本也是高昂的。本质上而言，传统技术不能有效地解决视频流化的问题[42]。因此，为克服资源饱和，要求另一种机制。

正在成熟的分布式信息共享架构，P2P 网络，被广泛地接受为解决互联网流化应用（这些应用如 VoD 和实况流化）的资源问题的一种方法，并为客户端/服务器计算提供一种替代方法。虽然仍然在其襁褓之中，但实况和点播 P2P 流化具有改变我们观看 TV 的方式、为大量频道提供泛在访问的潜力。

2.5　P2P 网络

万维网可被看作一个大规模分布式系统，它由数百万客户端和服务器组成，目的是访问相关联的文档。服务器保存有对象集，而客户端为用户们提供呈现和访问这些对象的一个用户友好的界面。在万维网中，客户端-服务器模型的缺陷是明显的。因为资源被集中在一个或少量节点上，且为了提供具有令人满意的响应时间的 24/7 访问能力，必须采用复杂的负载均衡和容错算法。同样的情况对网络带宽也成立，该项资源加重了这种交通堵塞状态。这两个关键问题激发研究人们提出在参与一个分布式信息系统中所有节点间分配处理负载和网络带宽的方案[44]。

P2P 网络是最近才加入到已经呈现大量分布式系统模型中的。P2P 联网已经在互联网用户和计算机专业人员间引起巨大关注。P2P 计算利用了现有计算能力、计算机存储和网络连通性，使用户们利用其集体力量而"有益于"所有人。P2P 系统被定义为"平等的、自治实体（对等端）的一个自组织系统，目标是在避免中心式服务的网络环境中共享使用分布式资源"。在一个 P2P 网络中的各节点通常扮演平等的角色，所以这些节点也被称为对等端。在本章，在 P2P 网络的语境中互换使用术语"对等端"和"节点"。为取得期望的目标，各对等端以一种分布式方式协作。P2P 技术的最重要特点是在对等端之间的直接交互和数据交换，而不是通过一台中心服务器进行。这是一个去中心化分布式计算的基础。P2P 网络是自组织的和自适应的。对等端可来去自由。P2P 系统自动地处理这些事件[45]。

一个 P2P 系统中的主要特征之一是，每个节点共享包括带宽、存储空间和 CPU 能力等的资源，结果是，事实上整个系统容量随着多节点进入系统而增加。这是与客户端和服务器架构的最大差异，在后者中，客户端的进入总是降低整体性能。P2P 带来的另一项优势是在出现故障时的鲁棒性，原因是每个节点不依赖于任何中心式服务器进行内容检索。在一个 P2P 系统中，参与节点至少将其部分资源标记为"共享的"，这使其他贡献资源的对等端可访问这些资源。因此，如果节点 A 发布了某种内容，且节点 B 下载了它，那么当节点 C 请求相同信息时，它就可从节点 A 或节点 B 访问该信息。结果是，当新用户访问一个特定文件时，系统提供那个文件的能力增加[46]。P2P 网络具有降低用户所感知延迟的前景，方法是将数据和计算推送到比较靠近用户的一个位置。

在不同应用领域的各种 P2P 系统间，文件共享系统（在对等端间交换文件），在 P2P 系统的应用中占主导地位。在应用层次，正常情况下，P2P 系统以其路由机制形成一个去中心式重叠网络。迄今为止，一些最重要类型的 P2P 系统在引入时都带有其自己的优点和缺点。一般而言，P2P 系统被分类为中心式的、去中心式结构化的和去中心式无结构的 P2P 系统。在开始时，一个 P2P 系统启动时带有一个中心式的索引系统，其中为加速搜索，在许多台被选中的服务器中索引记录文件位置。在中心式模型中，例如 Napster[47]，中心索引服务器被用作维护存储于对等端上共享文件的一个目录，意图是一个对等端可从一台"索引服务器"处搜索一项期望内容的位置。相反，这项设计会产生单点故障，这项服务的中心式特征产生对拒绝服务（DoS）攻击呈现脆弱的系统。一个中心权威的存在带来了许多法律问题，从而使中心式索引方法为去中心式索引服务所替代。结果，P2P 系统在其所有功能上都变成完全去中心式的了。去中心式的 P2P 系统具有如下优势，去除对中心服务器的依赖，并为参与用户们相互之间直接交换信息和访问提供自由。去中心式系统可被分类为两种主要系统：无结构的和有结构的。

在去中心式的无结构 P2P 系统（例如 Gnutella）中，既没有一个中心式索引，也没有对网络拓扑或文件位置的任何严格控制。总之，各对等端自配置进入没有特定预设拓扑的一个重叠网络。文件的分布也许是以一种自组织的方式管理的，没有设计产生任何特定的排列布局。因为这项系统在网络拓扑和数据放置之间没有耦合关系，所以定义一个期望的文件是不简单的。各节点加入网络，遵循一些松散的规则，形成网络。在这些系统中，数据被存放于系统中的任何地方，并通过向在一个指定距离内的所有对等端广播查询而进行搜索。对于重叠网络拓扑中的变化而言，这些方法是简单的和高度鲁棒的。相反，广播的低效率为其扩展性带来了疑问。

在去中心式有结构模型（例如 Chord[48]、Pastry[49] 和 CAN[50]）中，网络的共享数据放置和拓扑特征是在分布式哈希功能的基础上被可靠控制的。索引是在重叠网拓扑间以一种精确的方式进行分布的。结果是，各查询以善于机变的方式定向到准确的索引位置，解决了无结构方法的扩展性问题。另一方面，有结构的方法也有其自己的麻烦：复杂性、高维护额外负担，一个严格的结构多少有点不太容忍故障的，且它不能支持范围和关键字查询，而这在 P2P 应用中是非常流行的。由于这些缺陷，迄今为止，有结构的方法没有在任何较大的规模上得到部署[51]。

直到最近，互联网 P2P 系统都假定所有对等端在资源方面都是相同的和均匀的。因此，在不考虑对等端能力的真实异构前提下进行功能分布。例如，相比于其他对等端，一些对等端可能具有较小的磁盘和较慢的处理器。但是，它们与具有较大能力的其他对等端一样，实施相同的角色和职责。由于这些对等端非常有限的能力，这会导致性能方面低效率和瓶颈的情形出现。为了考虑并甚至利用对等端能力的这种异构性，最近引入了超级对等端（就资源容量方面是装备良好的）的概念。一个超级对等端经常扮演一台服务器的角色，它为正常对等端的一个子集管理查询和响应[52]。它作为系统中客户端集合的一台服务器，整个超级对等端集合被看作客户端的一台中心式服务器

（这恰像 Napster 一样）。因此，这种方法基本上形成一个层次结构式重叠网，其中顶层包含各超级对等端，低层由各对等端组成。KaZaA 是一种 P2P 文件共享应用，它利用"超级对等端"的思想。在 Gnutella 协议的一个最新版本中提出了超级对等端的概念，目的是修正其原始系统的扩展性。

2.5.1　P2P 流化中的挑战

在过去数年间，出现了 P2P 网络，作为在一个大型网络上多媒体内容交付的一种顺理成章的方法。其固有的特点使 P2P 模型作为解决互联网上多媒体流化中各种问题的潜在候选模型[53]。由于两个原因，P2P 流化是更加优雅的。第一，P2P 不需要互联网路由器的支持，由此是成本有效的和部署简单的。第二，一个对等端同时作为一个客户端和一台服务器，因此在下载一个视频流的同时将其上载到观看该节目的其他对等端。结果是，P2P 流化显著地减少了源的带宽需要[54]。不管个体对等端接入链路带宽的异构性和不规律性，P2P 流化机制的目标是以一种可扩展的方式最大化到个体对等端的交付质量。在这种方法中汇聚的可用资源物理上随用户群增长而增长，可潜在地扩展到任意数量的参与对等端[55]。通过利用参与对等端的外发带宽，每个对等端应该能够持续地向重叠网中其连接的对等端提供合适的内容[56]。但是，为大量观众提供 P2P 视频流化服务，在系统和联网资源上产生了非常困难的技术挑战。

传统的 P2P 文件分发应用目标是灵活的数据传递，而 P2P 流化将焦点放在严格时间需求下音频和视频内容的高效交付。流数据是即时接收、播放并传递到其他相关联的对等端的。例如，P2P 文件共享应用 BitTorrent 允许对等端交换正在分发的任意内容分段，原因是分段到达的顺序是不重要的。相反，这种技术在流化应用中是不可行的[57]。在视频文件正在下载时，直接播放它们。因此，在播放时间之后接收到的数据分片，降低了用户体验。当缺失帧或当回放停止（也表示为失速）时，这种性能降级是可见的。虽然冗余方案可能适合于流化（原因是它们不要求一个发送方和一个接收方之间进一步的通信），但因为严格的定时需求，重传也许是不可能的。另外，对等端限制了上载容量，这源于这样的事实，即互联网是针对客户端/服务器范型和应用设计的。此外，流化系统遇到报文丢弃或延迟（由于网络拥塞）[41]。

在 P2P 流化中，从源到一个接收方的端到端延迟可能是有点过度的，原因是内容可能不得不通过许多中间接收方。接收方的行为是不可预测的；它们可在任意时间加入和离开服务，由此丢弃它们的后继对等端。接收方不得不存储一些本地数据结构并相互间交换状态信息，以便保持连通性并使 P2P 网络的有效性发挥作用。在每个接收方处为满足这种目的的控制额外负担应该是较小的，从而防止网络资源的过度使用，并克服在每个接收方处的资源限制。对于具有大量接收方的一个系统的扩展性而言，这是重要的[58]。

为传播视频流，将各对等端组织成高质量的重叠网，是在 P2P 网络中广播视频的一个具有挑战的问题。从网络和应用角度看，所构造的重叠网必须是有效的，原因是并发地广播视频要求高带宽和低延迟。另一方面，对于以实时方式工作的应用而言，它们遵循数秒的启动时延。在一个时刻，系统应该能够容纳数万个接收方。同时，即使在大规模上，相关联的额外负担也必须是合理的。重叠网的构造必须以一种分布式方式进行，且对网络中的动态变化必须是鲁棒的。系统必须是自我改进的，指当存在更多信息时，重叠网应该增量式地演进到一种更好的结构[54]。

2.5.2　重叠网构造的方法

在 P2P 方法中现有流化技术可被分类为支持 P2P 实况视频流化的方案和那些支持 P2P 点播视频流化的方案。一些技术可提供这两种服务。上述这两种分类的几个 P2P 流化系统已经得到部署，在互联网上提供点播或实况视频流化服务。

基于重叠网结构，P2P 流化系统被宽泛地分类为三类：基于树的、基于网状网的和混合的方案（见图 2.6）。基于树的方法使用基于推送的内容交付；但是，基于网状网的方法使用群集（swarming）内容交付。在这些方案之上构建了几种 P2P 实况流化和 VoD 应用。本小节简短地讨论所有这三类重叠网和范例应用。

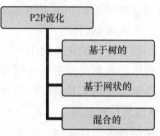

图 2.6　P2P 流化类型

2.5.2.1　基于树的重叠网

类似于在网络层上路由器形成的一棵组播树，参与到一个视频流化会话的用户们可在应用层形成一棵树，其根在视频源服务器。基于树的重叠网使用一个树分发图，根处在内容的源处（见图 2.7）。原理上而言，每个节点从一个父节点接收数据，父节点可以是源或一个对等端。典型情况下，采用积极地将数据从一个节点推送到其子对等端的方法，基于树的系统进行视频分发[59]。

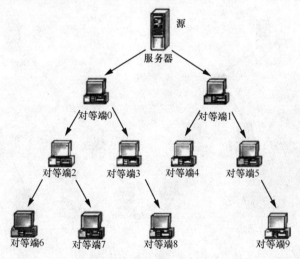

图 2.7　单棵树模型（取自 Liu, J. 等, Proc. IEEE, 96 (1), pp. 11-24, 2008, 获得许可）

　　P2P 流化的一种通用方法是将参与对等端组织成单个树结构的重叠网，在该网络上内容从源向所有对等端推送（例如文献［60］）。采用这种方式，组织对等端称作单棵树流化。在这些系统中，对等端以层次结构方式组织成一个树结构，其中根是流的源。内容是作为一个连续的信息流从源向树下传播的。每个用户在某个层次加入树。所有负载得到树的中间节点的支持，而叶子节点仅接收数据。属于这个类的各系统主要区别在于用来创建和维护树结构的算法。给定一个节点集合，构造一棵流化树将它们连接起来，有许多可能的方式。树构造算法的目标是最大化到所有节点的根的带宽。因为这些系统非常接近于 IP 组播（尝试模拟其树结构），所以它们能够取得与 IP 组播路径差异不太大的数据路径。

　　在单棵树流化系统中，可以一种中心式的或一种分布式方式完成树构造和维护。在一种中心式解决方案（见图 2.8 和图 2.9）中，一个中心式服务控制树构造和恢复。当一个对等端加入系统时，它就联系中心服务器。基于现有拓扑和新加入对等端的特征（例如其位置和网络接入），服务器确定新对等端在树中的位置，并将它要联系到哪个父对等端的信息通知它。中心服务器通过一个优雅的广播完毕信号或某种类型基于超时的推断，检测对等端离开。在这两种情形中，服务器重新计算其他对等端的树拓扑，并指令它们形成新的拓扑[61]。对于一个大型流化系统，中心服务器也许会成为性能瓶颈和单点故障。为了解决这种问题，为以一种分布式方式构造和维护流化树，人们开发了各种分布式算法，例如 ZigZag[62]。如果对等端变化不是太频繁的，则在不需要附加消息的条件下，当报文从对等端到对等端转发时，单个基于树的系统几乎不要求额外负担。但是，在高振荡环境中，树将会被频繁地损坏和重新构造。这个过程要求相当大量的控制消息额外负担。结果是，为克服报文丢失，对等端必须缓存数据的时间至少为修复树所要求的时间[59]。

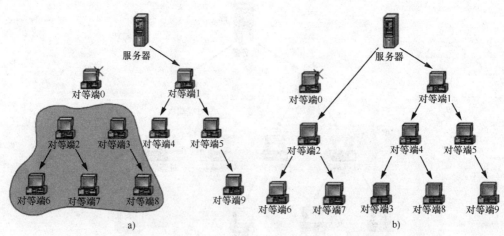

图 2.8　流化树重构造
a）对等端 0 离开　b）在振荡之后的树恢复
（取自 Liu, J. 等，Proc. IEEE, 96（1），pp. 11-24, 2008，获得许可）

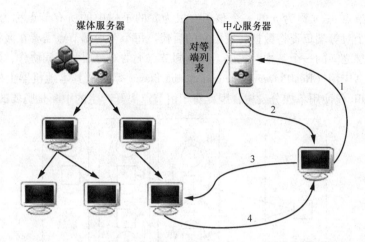

图 2.9　树构造和维护的中心式解决方案：

1—对等端将其加入请求发送到中心服务器　2—中心服务器为对等端发送合适的提供方，并将提供方的
信息通知对等端　3—对等端联系提供方　4—提供方（们）将数据发送到对等端

2.5.2.2　基于树的实况流化系统

使用单棵树方法的最流行系统是 NICE[63]。NICE 是一个简称，代表 NICE the Inter-
net Cooperative Environment（NICE 互联网协作环境）。NICE 最初是针对具有大量接收方
的低带宽数据流化应用而设计的。依据主机之间往返时间信息，该协议将终端主机集合
组织成一个层次结构（见图 2.10）。该协议的基本操作是创建并维护层次结构。层次结
构蕴涵着路由。逻辑上来说，每个成员保有在层次结构中附近的其他成员的详细状态，
有关组中其他成员仅有有限的知识。层次式结构对将成员失效的影响局部化也是重要
的。在构造 NICE 层次结构时，在距离度量方面"接近的"成员被映射到层次结构的同
一部分：这种做法产生具有低伸展（stretch）的树。

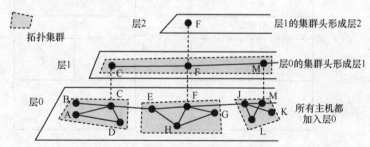

图 2.10　NICE 中主机的层次结构排列

（取自 From Banerjee, S. 等，Scalable application layer multicast（可扩展应用层组播）。
Proc. ACM SIGCOMM Conf. , ACM Press, New York, 2002, 获得许可）

SpreadIt[43]在客户端集合之上构建一棵应用层组播树。各节点被组织成不同层次
（见图 2.11 和图 2.12）。对于在层 $l+1$（$l=0, 1, 2, \cdots$）的每个节点 n，在层 l 有一个

称为其父的节点 p；n 称为 p 的一个孩子。根为 p 的子树中的所有节点称为 p 的后代。在树中的每个对等端负责将数据转发给它的后代。每个客户端节点需要在激活时带有在应用和传输层之间的一个基本对等层。在不同节点上的对等层相互间协作，建立和维护一棵组播树。应用（RealPlayer、Windows Media Player 等）从其本地机器上的对等层得到流。SpreadIt 仅使用单棵分发树，因此对于由节点离开产生的中断是脆弱的。

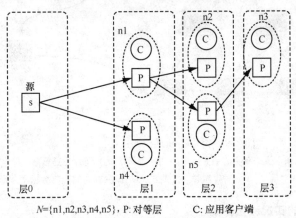

$N=\{n1,n2,n3,n4,n5\}$，P: 对等层　　　C: 应用客户端

图 2.11　SpreadIt：构建在对等端上的一棵应用层组播树

（取自 From Rowston, A. 和 Druschel, P. Pastry：Scalable, distributed object location and routing for large-scale peer-to-peer systems（Pastry：大规模对等端系统的可扩展、分布式对象定位和路由）。Proc. IFIP/ACM, Middleware, Heidelberg, Germany, 2001）

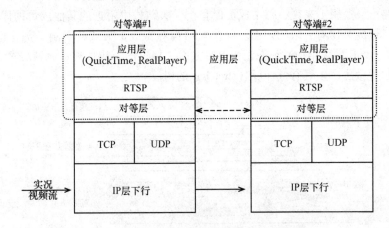

图 2.12　SpreadIt：对等端的一个分层架构

（取自 Deshpande H. 等，Streaming live media over peer-to-peer network
（对等端网络之上流化实况媒体），技术报告，斯坦福大学，2001）

终端系统组播（End System Multicast, ESM）[64] 是由卡耐基梅隆大学实现的一个媒体广播基础设施。ESM 允许将音频/视频数据广播到一个大型用户池。ESM 系统采用一种基于结构的重叠网协议，由该协议构造根在源处的一棵树。信息的交付遵循一种传统

的单棵树方法，这意味着任意给定对等端仅从单个源处接收流。每个 ESM 节点维护成员的一个小型随机子集的信息，同时维护有关从源到其自身之路径的信息。通过联系源，并检索目前在组中的一个成员随机列表，一个新节点加入广播。之后，它使用父节点选择算法，选择这些成员之一作为其父节点。为了学习到有关成员的信息，使用一种类似流言的协议。每个节点也维护在一个最近时间窗口中它接收到的应用层吞吐量信息。如果其性能显著地低于源速率，那么和在父节点选择算法中描述的一样，它选择一个新的父节点。当一个节点加入广播或需要做出父节点更换时，它探测所知道节点的一个随机子集。探测偏向于还没有被探测的或具有低时延的成员。

　　图 2.13 所示为 ESM 任务的一个例子。终端接收方可扮演父节点或子节点的角色。父节点实施成员关系和复制过程。子节点是这样的接收方，它们直接从父节点得到数据。有一台中心控制服务器和一台中心数据服务器驻留在同一根的源中。任何接收方都可扮演父节点的角色，将数据转发给其子节点。每个客户端有两条连接：一条控制连接和一条数据连接。

　　ESM 的一个优势是它解决 IP 组播的部署问题。但是，在终端主机处进行组播的方法会诱发一些性能损失。一般而言，终端主机并不像路由器那样处理路由信息。另外，带宽的限制和使用单播连接将消息从主机转发到主机的需要，以及由此传输过程增加的端到端时延，都对这种方法要付出的代价有所贡献。这些原因使端系统组播比起 IP 组播来要低效。

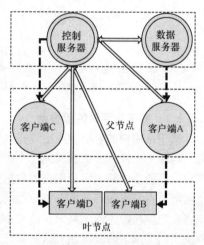

图 2.13　ESM 例子

　　由佛罗里达中心大学（University of Central Florida）提出的 ZigZag[62] 改进了 NICE 协议。树组织结构非常接近 NICE 所提出的结构。结构构建和维护的算法非常类似于 NICE，且所有 NICE 结构的性质仍然有效。ZigZag 将接收方组织成集群的一个层次结构，并依据称为 C-规则的一个规则集，在这个层次结构之上构建组播树（见图 2.14）。一个集群有一个头（负责监测集群的成员关系）和一个副头（负责将内容传输给集群成员）。因此，头的失效不会影响其他成员的服务连续性，或在副头离开的情况下，头仍然是工作的，并可快速地指定一个新的副头。而在 NICE 中，所有数据都是由集群领导（CL）转发的；而 ZigZag 中，负责数据转发的节点是副头。ZigZag 协议控制额外负担是较低的。在最坏情况下，一个接收方需要与 O（$\log N$）个其他接收方交换控制信息。平均而言，它至多与常数个其他接收方通信。ZigZag 最适用于流化应用，例如单个媒体服务器广播一个长期实况运动赛事到许多客户端，每个客户端在系统中都会停留足够长的时段。因为 ZigZag 的焦点是单个源的媒体流化，所以它不适合于媒体流化应用（其中存在多个源）。ZigZag 的主要缺陷是，在加入过程中，它不考虑对等端的上载带宽容量。同样，因为 ZigZag 在对等端间构造单棵树连接，所以它有单棵树模型的通用问题，例如不使用叶子节点的上载带宽，对内部节点的故障是脆弱的。

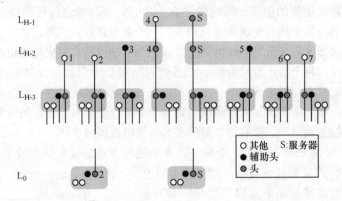

图 2.14　在 ZigZag 中对等端的管理组织结构

（取自 Tran, D. A. 等，ZIGZAG：An efficient peer-to-peer scheme for media streaming（ZIGZAG：媒体流化的一种高效对等方案）. Proc. IEEE INFOCOM, 2, pp. 1283-1292, 2003, 获得许可）

2.5.2.3　基于多棵树的重叠网

基于单棵树的解决方案也许是最自然的方法，它们不要求复杂的视频编码算法。但是，与基于单棵树方法相关的一个担忧是节点失效，特别是在树中较高层的那些节点的失效，可能会中断到大量用户的数据交付，并极可能导致不佳的临时性能问题。如果一个内部节点没有服务其所有子节点所需的计算资源或带宽资源，则在其子树中的对等端将在数据接收中遇到高时延或将不会接收到流。丢失的数据量依系统不同而不同，并取决于所采纳的修复机制。这些系统似乎没有非常好地利用所有可用对等端的资源，特别是可用带宽。例如，在系统中占对等端大部分的叶子节点，它们并不贡献其上载带宽，这极大地降低了对等端带宽利用效率。作为对这些担忧的响应，研究人员深入探究了数据交付的比较灵活（弹性的）结构。特别地，受到欢迎的一种方法是基于多棵树的方法[54]。

在基于多棵树的方法中（见图 2.15），一种重叠网构造机制将参与对等端组织到多棵树。每个对等端依据其接入链路带宽，确定要加入的树的合适数量。每个对等端仅被放置在一棵树中作为中间节点，作为其他参与树中的叶子节点。当一个对等端加入系统时，它连续启动节点，在期望数量的树中识别确定一个父节点。在基于多棵树的 P2P 实况流化系统中，视频被编码为多条子流，且每条子流是在一棵树上交付的。由一个对等端接收的质量，取决于它所接收的子流数[61]。为了在不同树间保持内部节点的节点规模（population），一个新节点被添加作为具有最少内部节点数的树的一个内部节点。为了维护较矮的树，一个新的内部节点被放置为这样一个节点的子节点，它可容纳一个新子节点或有作为一个叶子节点的子节点，并且具有最低深度。在后一种情形中，新节点替换叶子节点，且被分离的叶子节点应该以类似于一个新的叶子节点的方式，重新加入树。当一棵树的一个内部节点离开时，它的每个子节点和根在这些节点处的子树中的节点都从原始树中分离，因此应该重新加入树。在这样一棵分隔子树中的对等端最初要等待子树的根重新加入树作为一个内部节点。如果根在某个时间段之后不能加入子树，那么在一棵分隔子树中的个体对等端以相同位置作为一个叶子节点或内部节点独立地重新加入树。内容分发是一种简单的推送机制，其中在每棵树中的内部节点简单地将相应描述的任意接收到的报文转发到它的所有子节点。因此，基于树的 P2P 流化方法的主要部件是树构造算法[65]。

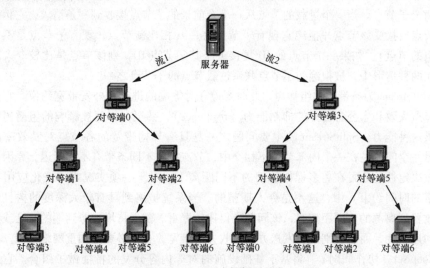

图 2.15　基于多棵树的流化

多棵树解决方案有两项主要优势。第一，如果一个对等端失效或离开，其所有子节点就丢失了从那个对等端交付的子流，但它们仍然能够接收在其他树上交付的子流。由于这个原因，在出现一条子流丢失的情况下，其所有子节点也将接收视频流。第二，一个对等端在不同树中扮演不同角色，作为一个内部节点和作为一个叶子节点。一个内部节点的上载带宽可被利用上载在那棵树上交付的子流。同时，为了提供高的带宽利用率，具有高上载带宽的一个对等端可在几棵树中提供子流[61]。

如果对等端不是太频繁地变化的话，那么多棵树流化系统就几乎不需要额外负担，原因是在不需要额外消息的情况下，报文从节点到节点进行转发。但是，在高振荡的环境中，树一定会被不断地破坏和重建。这个过程要求相当的控制消息额外负担。因此，各节点必须以如下时间缓冲数据，这个时间是为避免报文丢失、修复树所需要的时间[63,66]。

2.5.3　基于多棵树的实况流化系统

今天构建于多棵树概念上的应用很少。例子有 SplitStream 和 CoopNet。

SplitStream[67] 是由微软研究中心于 2003 年提出的一种多棵树流化系统。该项技术的设计是为了克服在传统基于树的组播系统中固有的不稳定转发负担。SplitStream 的主要思路是将流分割成不一样的独立条带，并使用一个独立的树组播每个条带。为了确保转发负载可分散到所有参与对等端间，以如下方式构造条带树的一个森林，其中一个节点至多为一个条带树的一个内部节点，在所有其他树中是一个叶子节点。这样的一个树集合被称作内部节点不相交的。图 2.16 形象地说明了 SplitStream 如何在参与对等端间平衡转发负载。在这个例子中，原始内容被分割成两个条带，并在独立的树中进行组播。除了源外的每个对等端接收两个条带，仅在一棵树中是一个内部节点，并将条带转发到两个子节点。当一个过载的节点从一个有前景的子节点接收到一条请求，它拒绝这个子节点或接受该节点并拒绝它现有子节点之一（相比新节点，现有子节点是不太令人期望的节点）。如果一个节点的 ID 更接近于其父节点 ID，则该节点是比较令人期望的。在两种情形中，被拒绝的子节点联系过载节点的子节点之一。

SplitStream 为条带构建组播树，此时要遵守对等端的进入和外发带宽约束。它提供针对节点失效和未公告离开的抑制能力（resilience），甚至在修复被影响的组播树时也能提供这种能力。SplitStream 的主要问题之一是具有异构带宽的各节点对其效率的影响。另一个问题是在一个内部节点不相交中，节点接收不同条带有不同延迟，原因是各节点被决定性地放置在离多棵树的根的不同距离上。对于一项实况媒体流化应用（涉及严格的时间约束）中，这不是令人期望的。当系统扩展到具有较大深度的树且当节点被放置到离源的不同距离时，该问题变得比较严重。前者将增加源到端的时延或中断媒体的连续性，而后者则浪费发送方和接收方的带宽，且不必要地加重网络负担。

CoopNet（协作联网）[68] 将基于基础设施的对等内容分发的特征做了组合。它采用多描述编码实施媒体数据分层处理，之后将不同层中媒体数据沿不同的树路径进行传输。一个资源丰富的服务器在构造和管理分发树中扮演一个中心角色，而转发媒体数据流的带宽仍然由对等端的分布式集合贡献（见图 2.17）。系统构建跨源和所有接收方的多棵分发树。当一个节点希望加入时，它联系中心服务器，该服务器以每棵树中的一个

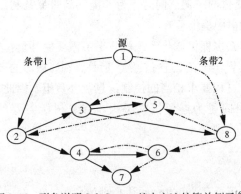

图 2.16　形象说明 SplitStream 基本方法的简单例子[67]
（原始内容被分割成两个条带。为每个条带构造一棵独立的组播树，从而使一个对等端为一棵树中的一个内部节点、另一棵树中的一个叶子节点）

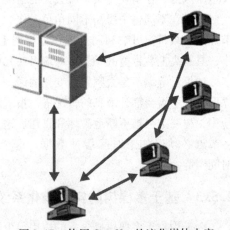

图 2.17　使用 CoopNet 的流化媒体内容

指定父节点做出应答。当一个节点绅士般地离开时，它通知中心服务器，该服务器将为离开节点的子节点寻找一个新的父节点，并将其新的父节点的身份通知子节点。CoopNet支持实况流化和点播流化服务。CoopNet 方法是不错的，其中一个低质量内容表示要优先于内容丢失或延迟质量的内部表示。但是，因为中心服务器需要维护所有分发树的全部知识，所以它在服务器上施加繁重的控制额外负担。因此，其扩展性是不太好的。另一个问题是中心服务器会构造一个单点故障。[4]

2.5.3.1　基于网状网的重叠网

为了对抗对等端动态性，许多最新的 P2P 流化系统使用基于网状网的流化方法。在基于网状网的方法中，参与对等端形成一个随机连接的重叠网或一个网状网。在这些重叠网中，来自一个源的原始媒体内容被分布在不同对等端间。每个节点知道系统中其他所有节点。结果是，每个节点与网络中非常大量的其他节点（邻居）维持连接。每个对等端与一个邻居集合交换数据。如果一个邻居离开，对等端仍然能够从其他邻居处下载视频。同时，对等端将其他对等端添加到其邻居集合之中。不像基于网状网系统中的单棵树系统的是，每个对等端从多个供应对等端处接收数据。因此，对于对等端动态性，基于网状网的流化系统是鲁棒的。基于网状网的 P2P 实况流化系统中的最大挑战是邻居关系形成和数据调度[61]。

在到达时，网络中的一个对等端联系一个启动节点（跟踪器），接收可能作为父节点的一个对等端集合。这种方法非常类似于 BitTorrent（见图 2.18）。这种群集内容分发的主要优势是随着组尺寸增加，其有效地利用参与对等端外发带宽的能力[65]。跟踪器提供一个对等端列表，其中包含可用活跃对等端一个随机集合的信息。使用这个列表，对等端尝试发起对等连接，且如果成功的话，它就开始与其邻居交换视频内容。为处理不可预料的对等端离开，对等端定期地交换保活消息。同时，取决于系统的对等端建立策略，不仅作为对等端离开而且当要取得较好的流化性能时，一个对等端要连接到新的邻居。

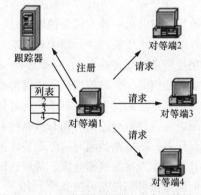

图 2.18　从跟踪器服务器处检索对等端列表
（取自 Liu, Y. 等，Journal of Peer- to- Peer Networking and Applications（对等端联网和应用杂志），1 (1)，pp. 18-28，2008）

在基于网状网的系统中，由于网状网拓扑，视频流的概念不再有效。在基于网状网的系统中，基本数据单位是一个视频块。多媒体服务器将媒体内容分成小时间间隔的小媒体块，每个块有一个唯一的序列号，用作一个序列标识符。之后，通过网状网，将每个块传播到所有对等端（见图 2.19）。因为为到达一个对等端，各块可能取不同路径，所以它们可能以一个非序列的顺序到达目的地。为处理这个问题，正常情况下，接收到的块被缓冲到内存，在将它们交付到其媒体播放器之前进行序列化重排，这样可确保连续的回放[61]。

　　在基于网状网系统中，数据交换设计有三种主要风格：推送、拉取和混合推拉（见图2.20）。在一个网状网-推送系统中，一个对等端积极地将一个接收到的块推送到还没有得到该块的邻居。在一个基于网状网的系统中，没有清晰定义的父子关系。一个对等端也许会盲目地将一个块推送到已经有该块的一个对等端。也许会发生这样的情况，两个对等端将相同的块推送到同一个对等端。在冗余的推送中，将浪费对等端-上载带宽。为解决那个问题，在邻居之间要仔细地计划块推送调度，且在邻居到达和离开时需要重构块推送调度。

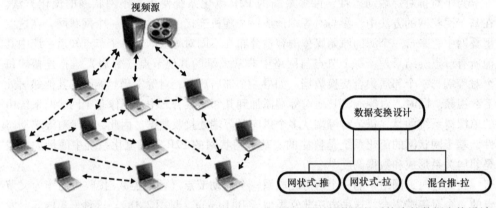

图2.19　P2P实况视频流化　　　　图2.20　网状网的系统中的数据交换设计

　　数据交付的另一种方法是拉取方法。拉取方法的主要思路是每个对等端显式地从其他对等端处请求所需的块。每个对等端有一个邻居集合，且它周期性地与其邻居交换数据可用性信息（缓冲映射）。一个缓冲映射包含在一个对等端缓冲中当前可用的块的序列号。无论何时一个对等端从其他对等端处接收到这样的信息，它就学习到还没有接收的块的信息。之后，它从拥有该块的邻居集合中的对等端处请求缺失的块。避免了冗余性，原因是仅当节点还没有拥有数据时它才拉取数据。此外，因为任意块都可能存在于多个合作方，所以重叠网对故障是鲁棒的；一个节点的离开，简单地意味着其合作方将使用其他合作方接收数据分段。最后，随机化合作伙伴关系蕴涵着如下意义，即在对等端之间的潜在可用带宽可被完全利用[69]。拉取技术的一项劣势是频繁的缓冲映射交换和拉取请求，在检索一个块时，会产生更大的信令额外负担，并引入附加的时延。

　　在无结构重叠网（本质上是鲁棒的）中的拉取模式，在具有高振荡率的P2P环境中可工作良好，而推送模式可有效地降低在用户节点处观察到的累积延迟。纯粹的拉取方法不能满足时延敏感应用的需要，原因是存在逐跳累积的惊人延迟。另外，需要在每个节点处的强缓冲容量，来存储交换的数据。混合推-拉[70]流化可极大地降低延迟，并继承纯粹拉取方法的多数良好特征（例如简单性和鲁棒性）。作为一次启动，每个节点使用拉取方法，在此之后，在没有来自邻居的显式请求时，一旦报文到达，每个节点将一个块中继给其邻居。流化报文被分类为拉取报文和推送报文。仅当报文被请求时，一个节点的拉取报文才由一个邻居交付，而推送报文则是当一个邻居接收到该报文时，由之进行中继。当每个节点刚刚加入时，初始时它工作在纯粹拉取模式下。在此之后，基于来自每个邻居的流量，在每个时间间隔结束时，节点将据此订阅源自其邻居的推送报文。采用一种简单的轮盘赌轮式选择方案，将下一时间间隔中的推送报文分配给每个邻居。一个邻居的选择概率等于在前一时间间隔中源自那个邻居的流量百分比。同时，由网络链路不可靠或邻居失效引入的丢失报文，也将从邻居处拉取，其中也使用轮盘赌方案从邻居中选择每条报文的供应方。因此，接收到的多数报文将来自第二个时间间隔的推送报文。

2.5.4　流行的基于网状网的实况流化系统

研究人员为各种基于网状网的 P2P 流化开发了几项应用。AnySee 是一项基于推送的流化应用，而 CoolStreaming、Chainsaw、PPLive、PPStream 和 SopCast 是基于拉取的流化应用例子。GridMedia 和 PRIME 是基于称为推-拉方法的混合方案开发的应用。

AnySee[71] 是一个基于网状网推送的流化系统，其中基于资源的局部性和时延指派各项资源。AnySee 的基本工作流如下：最初情况下，构造一个基于网状网的重叠网。具有唯一标识符的每个对等端，首先连接启动对等端，选择一个或几个对等端来构造逻辑链路。因此每个对等端维护逻辑邻居的一个组群。采用一种基于位置检测器的算法，将重叠网与基础物理拓扑进行匹配。最初情况下，所有流化路径都由单个重叠网管理器管理，它处理对等端的加入/离开操作。重叠网间优化管理器为每个端的对等端，探索合适的路径，构建备份链路，并切断具有低 QoS 的路径。管理器维护网络中所有对等端的两个活跃流化路径集合，包括当前流化路径和提前计算的备份路径。因此，当一个对等端失效或自私地离开网络时，从备份集合中选择一条新路径，替换中断的链路，由此恢复了网络的连通性。一个 AnySee 节点的系统图如图 2.21 所示。这种机制是有利的，原因是不会因为一个对等端的离开而使邻接的对等端为请求所淹没；相反，重叠网管理器仅需要查看备份集合来提供一条丢失的链路，由此高效地替换一个对等端。因此，AnySee 非常快速地恢复了网络的连通性[72]，原因是对缺失对等端的后代对等端的恢复计划是提前实施的。主节点管理器分配有限的资源，缓冲管理器管理并调度媒体数据的传输。主节点管理器的目标是确定一个对等端应该有的请求数量。视频被分割成块，每个块有 1s 的固定播放时间。对等端从源或对等端处获取块，并将块缓存在本

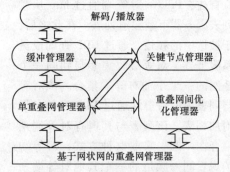

图 2.21　一个 AnySee 节点的系统图

（取自 Liao, X. 等，AnySee: Peer-to-peer live streaming（AnySee: 对等实况流化）. Proc. IEEE INFOCOM, Barcelona, Spain, 2006，获得许可）

地内存之中。AnySee 的弱点是媒体质量不能得到保障，原因是随机选择的对等端的一个群组可能没有提供期望媒体质量的足够资源。

Chainsaw[73]是一个基于网状网拉取的系统，它不依赖于一个严格的网络结构。在这种方案中，对等端的邻居将新报文通知对等端，且为了检索一条报文，必须显式地从一个邻居请求它。采取这种方式，可去除重复数据，且一个对等端可确保它接收到所有报文。每个对等端维护一个关注窗口，该窗口是在当前时间对等端感兴趣要获取的序列号范围。它也维护一个窗口的可用性，并将窗口可用性信息通知它的邻居们，窗口可用性指它希望向其邻居们上载的报文范围。典型情况下，窗口可用性将大于关注窗口。对于每个邻居，一个对等端创建期望报文的一个列表，即对等端想要的一个报文列表，该表处在邻居的窗口可用性之中。之后，为从列表中选择一条或多条报文，它将应用某种策略，并通过一条请求消息而请求报文。一个对等端跟踪它已经从每个邻居请求了哪些报文的信息，并确保它没有从多个邻居处请求同一条报文。它也限制带有一个给定邻居的外发报文数，以便确保请求被分散到所有邻居上。节点们跟踪来自其邻居们的请求，并在带宽允许时发送相应报文。系统没有提供增强一种公平资源贡献的机制，原因是Chainsaw 允许对等端定义它们自己的最大上载带宽，它不能防止搭便车[74]。由于每个报文的通告，Chainsaw 可能潜在地诱发高的网络和 CPU 额外负担。

PPLive 是一个网状网拉取 P2P 流化平台，该平台分发实况内容和预录制内容。与 BitTorrent 的主要差异是，在 PPLive 中，报文必须满足回放最后期限。在 2008 年 1 月，PPLive 应用几乎提供了 500 个频道，平均每天有 1 百万个用户。据报告在 2008 年的频道数等于 1775。PPLive 平台由多个重叠网组成。单个重叠网对应于一个 PPLive 频道。在一个重叠网中的每个对等端是以偶对（IP 地址和端口号）识别的。图 2.22 给出一个 PPLive 对等端的基本动作。首先，PPLive 对等端通过 http 从频道列表服务器下载频道列表。在此之后，对于被选中的频道，通过 UDP 查询成员关系服务器，对等端收集参与到同一个重叠网的一个小的对等端集合。该对等端与列表中的对等端通过 UDP 通信，得到附加列表，该列表与其现有对等端列表聚合在一起。采取这种方式，对等端维护观看同一频道的一个其他对等端列

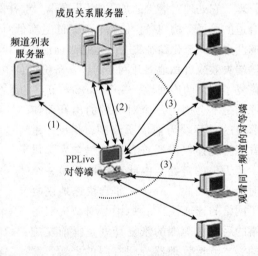

图 2.22 PPLive 基本架构

表[75]。为了放松时间要求、对节点失效具有足够的时间做出响应并平滑掉抖动，各报文要流经两个缓冲：一个由 PPLive 管理，另二个由媒体播放器管理。这种架构的缺点是长的启动时延[76]。PPStream 的工作过程非常类似于 PPLive。

DONet（或 CoolStreaming）[77]是由香港大学和 Vancouver 大学实现的另一个成功的网状网拉取 P2P 流化系统。在 DONet 中，每个节点与一个合作伙伴集合周期性地交换数据可用性信息，并从一个或多个合作伙伴处检索不存在于本地的数据，或将可用数据提

供给合作伙伴。一个节点由三个关键模块组成（见图 2.23）：一个成员关系管理器（帮助节点维护其他重叠网节点的一个部分视图）；一个合作伙伴关系管理器（建立和维护与其他节点的合作伙伴关系）；一个调度器（调度视频数据的传输）。调度器确定应该从哪个合作伙伴处得到哪个分段，并从合作伙伴处下载各分段，同时上载合作伙伴想要的分段。CoolStreaming 要求新加入的节点联系源始服务器，以便得到合作伙伴后续者的一个初始集合。每个节点也维护群组中其他参与方的一个部分子集。CoolStreaming 采用可扩展流言成员关系协议（SGAM）分发成员关系消息。一个 CoolStreaming 节点可绅士般地离开或由于崩溃而偶然性地离开。无论在哪种情形中，在一个空闲时间之后，均可容易地检测到离开，且一个受到影响的节点可快速地使用其他合作伙伴的缓冲映射信息通过重新调度做出反应。CoolStreaming 也令每

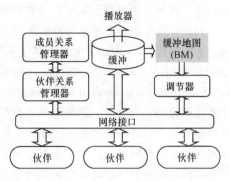

图 2.23　一个 DONet 节点的通用系统图
（取自 Zhang, X. 等，Coolstreaming/DONet：A Data-driven Overlay Network for Efficient Live Media Streaming（Coolstreaming/DONet：用于高效实况媒体流化的一个数据驱动的重叠网），IEEE INFOCOM, 2005。获得许可）

个节点周期性地与从其本地成员关系列表中随机选中的节点建立新的伙伴关系。这项操作帮助每个节点维护一个稳定数量的合作伙伴（防止出现节点离开），并探索具有较好质量的合作伙伴，例如恒定地具有较高上载带宽和更多可用分段的那些合作伙伴[54]。CoolStreaming 支持几种不同类型的媒体播放器，例如 Windows Media Player 和 Real Player。使用调度算法和一个强缓冲系统，CoolStreaming 取得平滑的视频回放和非常好的扩展性以及性能。CoolSteaming 系统的整体流化速率和回放连续性正比于在任何给定时间在线的对等端总量[78]。DONet 的劣势之一是通知对等端并之后请求分段，可能导致在交换任何数据之前的长时延。类似地，由于随机选择算法，就不能确保 QoS。而且，DONet 假定所有对等端都参与到流的复制之中；在系统中可能有自私的对等端，它们不希望共享它们的上载带宽。

　　SopCast 是一项免费的类似 BitTorrent 的 P2PTV 应用，是作为中国复旦大学的一个学生项目诞生的。SoP 是 P2P 之上流化（Streaming over P2P）的缩写。在 SopCast 中，频道可被编码为 Windows 媒体视频、Realplayer 的视频文件（RMVB）、真正的媒体（RM）、高级流化格式和 MP3。一个客户端有 TV 频道的多种选择，每种选择都形成其自己的重叠网。每个频道流化实况音频-视频馈入或依据一个预设置的日程流化循环显示的电影。观众调谐到他或她选择的频道，则 SopCast 开始其自己的操作，以便检索流。在数秒之后，一个播放器弹出，且可看到流。它也允许用户们广播他们自己的频道。SopCast 提供较低的整体帧丢失率。但是，它遇到对等端滞后问题，即观看同一频道的对等端也许是不同步的。而且，频道切换时间特别长[79]。

　　GridMedia[80]采用一种推-拉流化机制，从合作伙伴节点处获取数据。在无结构重叠

网中的拉取模式可良好地处理一个 P2P 环境中的高振荡率，而在这种环境中推送模式会降低用户侧的累积延迟。部署一个著名的汇聚点（RP）跟踪器服务器，协助重叠网的构造。作为一次启动，一个参与节点首先联系 RP，得到已经在重叠网中部分节点的一个列表，这称为一个登录过程。之后，参与节点将随机地选择这个列表中的一些节点作为它的邻居。GridMedia 主要由基于多发送方的重叠网组播协议（Multi Sender-based Overlay Multicast Protocol，MSOMP）和基于多发送方的冗余重传算法（Multi Sender-based Redundancy Retransmitting Algorithm，MSRRA）组成。MSOMP 源于流化服务器，它是在根处的一个节点。它部署一个基于网状网的两层结构，将所有对等端归组为具有从源根到每个对等端处多条不同路径的集群。之后，在每个集群中有一个或几个头，所有的头构造重叠网骨干，建立（重叠网）上层。MSOMP 为每个头提供几个父节点，以便同时接收不同的流。它利用现有的 IP 组播服务，这种服务在许多局域网（Local Area Network，LAN）中是可用的。IP 组播域（IP multi cast domain，IMD）是支持 IP 组播的任意尺寸的一个局域网。一个 IMD 可以是单台主机、一个 LAN 等。在每个 IMD 中，存在一个头对等端，它负责将流化内容传播到同一 IMD 的其他对等端。一旦头离开，将选举一个新的头，替换原始角色。MSOMP 由一条单播隧道将各 IMD 连接起来。基于 MSOMP 的 GridMedia 架构如图 2.24 所示。

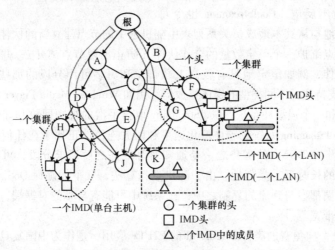

图 2.24　基于 MSOMP 的 GridMedia 架构

（取自 Zhang, M. 等，Gridmedia：A practical peer-to-peer based live video streaming system（Gridmedia：一个实际的基于对等的实况视频流化系统），IEEE 7th Workshop on Multimedia Signal Processing, pp. 287-290, 2005。获得许可）

为解决长突发报文丢失的问题，人们提出 MSRRA，通过使用接收方对等端丢失模式预测，在发送方对等端处对丢失的报文打补丁。在 MSRRA 中，每个接收方对等端同时从多个发送方处得到流化报文。每个发送方对等端传输部分流化内容。一旦在一条链路上发生拥塞，接收方将注意到这次拥塞，接下来，它通知其他发送方，它们将持续地对丢失报文的一段打补丁。MSRRA 高效地缓解了节点失效、网络拥塞和链路交换操作的影响。

PRIME[81,82]是实况内容的一种可扩展的基于推拉网状网的 P2P 流化机制。PRIME 的首要设计目标是消除带宽瓶颈和内容瓶颈。PRIME 集成了群集内容分发，它将由父节点报告的推送内容与子节点请求的拉取内容组合在一起。每个对等端同时从其所有父节点处接收内容，并将内容提供给它所有的子节点。考虑在各父节点处可用的报文，在每个对等端处的一种报文调度方案周期性地确定应该从每个父节点处请求的报文的一个有序列表。父节点简单地以所提供的顺序和由拥塞控制机制确定的速率交付每个子节点请求的报文。内容的每个分段是以两个阶段交付到各参与对等端的：差分阶段和群集阶段。在差分阶段，每个对等端从其在较高层的父节点处接收一个新分段的任意数据片。因此，一个新产生分段的各数据片是由在不同层上的对等端逐步拉取的。在那个分段的差分阶段，任意新分段的每个数据片是通过一个特定的差分子树进行差分获取的。在分段的群集阶段过程中，可用数据片是通过群集网状网在不同差分子树的对等端之间进行交换的。内容分发的这两个不同阶段的应用，得到可用资源的有效利用（为了处理可扩展性），同时也最小化内容瓶颈。PRIME 的劣势是，如果发生内容瓶颈，为了在数个群集阶段之后搜索它们所要的数据（当那些数据存在于其邻居范围内时），各节点不得不长时间等待。因此，对合理水平的流化质量是没有保障的。此外，该算法不考虑存在一次振荡时 P2P 系统的行为。

HyPO[83]是用于实况媒体流化的一个混合 P2P 重叠网。通过将在地理区域中具有类似带宽范围的各对等端组织到一个网状重叠网之中，该方案对重叠网进行优化，同时通过选择被确定为稳定的对等端，而形成一个树形重叠网。图 2.25 形象地给出 HyPO 中的一个两层网状/树形重叠网。取决于树优化机制，具有大量带宽的各对等端将处在树形重叠网媒体源节点附近，并均匀地分布在具有类似深度分支的树中。结果是，树优化降低了树的平均深度，并增强了可扩展性。HyPO 中的网状网不是一条辅助连接，原因是直到网状网成员成为一个树成员之前，网状网成员中的各对等端总是以网状风格交付

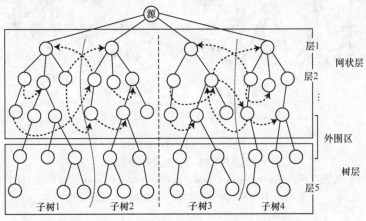

图 2.25　HyPO 中的两层网状/树形重叠网

数据的。但是，因为 HyPO 的所有过程都依赖于一个启动服务器，如果服务器失效，则发生一个不连续的时段。而且，HyPO 没有提到数据是如何在其网状重叠网中交付的[84]。

mTreebone[85]是一项协作的树-网状设计，它利用了网状网和树的结构。主要思路是识别一个稳定节点集合，构造一个基于树的骨干，称为 treebone，大部分数据都是在这个骨干上推送的。这些稳定的节点，与其他节点一起，进一步地通过一个辅助网状重叠网进行组织，这有利于树骨干处理节点动态性，并完全地利用重叠网节点之间的可用带宽。其他不稳定的节点被附接到骨干，作为外围节点。图 2.26 给出一个 mTreebone 框架。在这种方案中，仅当存在受到父节点离开或失效影响的一个孤立节点时，才触发网状连接。树骨干维护和优化仅发生在树骨干节点，对于外围对等端，没有附加的额外负担。正常情况下，由于从源出发的树骨干的数据交付路径的较佳稳定性，对于这些节点而言，流化质量是相当不错的。关键挑战是，我们需要识别稳定的重叠网节点集合，并将之定位于树中的合适位置处。这样一项要求可能与树构造中的带宽和时延优化发生冲突。当讨论稳定性时一项附加的复杂性是，这取决于人类行为，即取决于用户决定停留多长时间[69]。在 mTreebone 中没有考虑基于局部性的群集方法。另一方面，CliqueStream[86]，这是类似于 mTreebone 的一个混合重叠网，利用集群 P2P 重叠网的性质取得局部性质（见图 2.27）。CliqueStream 在每个集群中选举具有最大可用带宽的一个或多个稳定节点，并将特定的中继角色分配给它们。为维持传输效率，使用基础路由基层中的结构，由稳定节点构造出一个内容分发树，通过这些节点推送内容。之后，在一个给定集群中不太稳定的阶段参与到内容传播之中，并拉取内容，在稳定节点周围形成一个网状网。

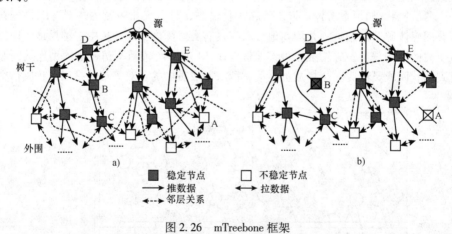

图 2.26　mTreebone 框架

a) 混合重叠网　b) 处理节点动态性

（取自 Wang, F. 等, IEEE Transactions on Parallel and Distributed Systems（IEEE 并行和分布式系统汇刊），21（3），pp. 379-392，March 2010。获得许可）

正在成熟的混合推-拉 P2P 流化重叠网，为重叠网构造的传统方式（例如树和网状网）提供了一个可行的替代方案，原因是混合设计极大地简化了重叠网构造和维护过程，同时大部分地保持了其效率并取得对负载的细粒度控制。

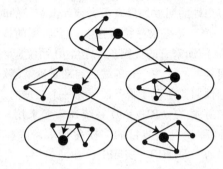

图 2.27　CliqueStream 中的流化拓扑

（取自 Asaduzzaman, S. 等，CliqueStream：An efficient and fault-resilient live streaming network on a clustered peer-to-peer overlay（CliqueStream：在一个集群对等重叠网上的一种高效错误抑制实况流化网络）. Proc. Eighth International Conference on Peer-to-Peer Computing, pp. 269-278, 2008。获得许可）

2.6　有关视频点播流化的 P2P

现有 VoD 方案造成几个问题，例如组播的不可行性、服务器崩溃以及专用重叠网路由器的高维护和部署成本。但是，基于 P2P 的视频流化提供了 VoD 服务的一种替代架构。在一个 P2P VoD 系统中，所有对等端都是连接互联网的主机，它为请求客户端存储和流化视频。这些对等端和互联网接入的成本是由客户端承担的，而不是由 VoD 服务的提供商承担的。因为存在具有欠利用资源（例如带宽和存储）的潜在供应对等端的丰富供应，所有基于 P2P 的架构应该有显著小于传统客户端-服务器和 CDN 解决方案的成本[87]。

由于几个原因，将 P2P 实况流化技术直接应用到 VoD 流化并不是一项简单的任务。像 P2P 实况流化系统一样，P2P VoD 系统也采用流化法交付内容。但是，对等端可同时观看一个视频的不同部分，因此将相互帮助并减轻服务器负担的能力削弱了[88]。一项 VoD 能力将使用户们能够在等待少量启动时间之后观看一个视频，同时在并行地下载视频。即使较短的端到端时延使实况流化对于用户而言是更具实况性的，但因为在 VoD 流化中视频流是以前录制的，实况性也是不相关的。因此，根在视频服务器并在对等端上生成的一个矮树，在 VoD 流化中也是不太令人期望的。用户们应该能够观看在一个任意时间的视频，这点不像在实况流化中，其中用户们需要同步他们的观看时间。用户们也应该能够在视频上实施控制操作，例如快退和快进[89]。另外，对于两种类型的流化，各变量之间的关系也是不同的。例如，当一条 VoD 流的 QoS 降级时，一个对等端将可能停止观看，但对于一个实况流，因为他或她在未来没有再次观看的选择，所有对等端可能就不会停止观看，而是继续观看。因此，可以预期，如果视频流的 QoS 降低，相比于实况流化的情形，在 VoD 流化情形中将有更多的对等端离开系统。在一个 VoD 流化系统中，这就弱化了一个强失效恢复协议的重要性。该协议高效地重新连接被离开的对等端，从而在一个客户端的回放处没有丢失帧和没有长的时延。

一项 VoD 服务的另一个重要需求是扩展性。一个典型的视频流对网络和系统资源（例如服务器的磁盘 I/O）施加繁重的负担。一个 VoD 系统应该允许一个新的对等端快速地加入系统。加入时间越短，则一个对等端的启动时延就越短。对等端的加入请求在不同时间到达系统。人们预期，在不使服务器成为一个瓶颈的条件下，系统一定要将全长度的视频交付给每个对等端[90]。P2P VoD 系统通常要求用户贡献较大量的存储，因为了满足对等端对不同种类视频节目的多样化请求，这些系统要求巨量缓冲。在 PPLive 中，这个存储空间通常是 1GB。实际上，在一名用户安装 PPLive 并首次运行系统之后，他或她可在辅助存储中看到 1GB 的一个未知类型的文件[88]。

就像视频流化系统一样，P2P VoD 系统一般可分类为基于树的系统和基于网状网的系统。

2.6.1　基于树的 VoD 系统

用户们使用基于树的重叠网进行同步，并以服务器发送内容的顺序接收内容。这是与 VoD 服务施加的需求本质上的差异。基于树的系统的主要问题是为将异步用户纳入系统所需合适过程的设计。P2Cast 和 P2VoD 是基于树的 P2P VoD 系统的例子。

P2Cast[91]是 VoD 服务的一项早期打补丁方案。它的基础奠基在打补丁方案之上，这种方法是为使用原生 IP 组播支持 VoD 服务而提出的。P2Cast 解决两个主要技术问题，例如，构造一个对流化合适的应用重叠网，并在面临一个早期离开客户端时提供连续的流回放。在一个阈值内到达的客户端形成一个会话。对每个会话，服务器与 P2Cast 客户端一起，形成仅支持单播的网络之上的一棵应用层组播树。P2Cast 中的客户端可将视频流转发给其他客户端，它也缓存一个视频的开始部分并将之服务于其他客户端。每个客户端积极地将其带宽和存储空间贡献给系统，同时利用位于其他客户端处的资源。整个视频是在应用层组播树之上流化的，从而可在客户端间进行共享。对于会话中第一个客户端之后到达的客户端，由此它们缺失视频的开始分段，就可从已经缓存那个初始分段的其他客户端的服务器处检索得到。相比传统客户端-服务器单播服务，P2Cast 可服务更多的客户端。当发生父节点离开时，P2Cast 中的恢复方案让对等端直接从服务器接收数据。但是，这增加了服务器的工作负载。

P2VoD[92]是一种基于树的 P2P VoD 方案，它尝试解决快速加入的问题，相比于 P2Cast，它在没有抖动的条件下提供快速和局部化的失效恢复，有效地处理客户端的异步请求，并提供较小的控制额外负担。P2PVoD 中的每个客户端有一个可变尺寸的先进先出缓冲，用来缓存它接收视频流的最新内容。只要 P2PVoD 的现有客户端有足够的外发带宽且仍然在缓冲中持有视频文件的第一个数据块，它们就可将视频流转发给一个新的客户端。采用代次和一个缓存方案的概念来管理失效。缓冲方案允许一组客户端在不同时间到达系统，在其缓冲的前缀（prefix）中存储同一视频内容。这样的群组形成一代。当一代的一个成员离开系统时，那一代的任何其他成员在没有抖动的情况下均可向离开成员的被丢弃子节点提供视频流，前提条件是外发带宽是充足的。在 P2PVoD 中，假定一条流化连接是恒定比特率的，等于视频播放器的回放速率。VoD 中的恢复过程是比较复杂的[93]。另外，P2PVoD 没有考虑对等端的异构带宽。

缓存和中继是一种基于树的方法，其中一个 VoD 客户端普遍依赖于驻留在其父节点的缓冲中的内容。在这种方案中，路由器并不具有组播功能。因此，终端主机负责流化媒体的缓存和分配。在其中终端主机可以是客户端机器或代理，且这些系统在其本地缓存中临时性地维护被检索的媒体对象。如果后来另一个客户端请求媒体对象，则原始服务器可将请求转发给物理上较接近客户端的那些终端主机。

通过采用缓存和中继方法，oStream[94]利用终端主机的缓冲能力。该方案利用一种生成树算法，为对等端构造媒体流化的一个重叠网。oStream 降低了使用 ALM 所引入的拓扑低效，例如链路压力和延长。

称为 DirectStream[95]的一个框架支持客户端利用内部缓存的优势和带有 VCR 操作支持的 VoD 服务。DirectStream 由一台目录服务器、内容服务器和客户端组成。目录服务器作为一个中心管理节点发挥作用。它维护一个数据库，该库跟踪参与到 DirectStream 中的所有服务器和客户端，并帮助新的客户端定位所要的服务。就像在传统客户端-服务器服务模型在其存储（repository）中存储内容并在有足够带宽的情况下服务客户端的请求一样，内容服务器提供相同的功能。因此，DirectStream 中的客户端作为 P2P 节点发挥作用。一个对等端在缓存最新接收到内容的一个移动窗口，并通过连续地转发被缓存的内容而服务后来者。在其间建立一个P2P 流化重叠网的一个活跃客户端集合被称作一个集群。DirectStream 中的集群是随时间演化的，一个集群中的每个客户端共享同一条流。如图 2.28

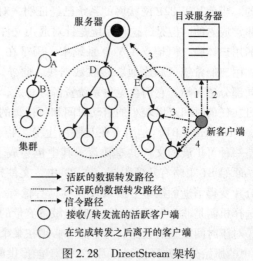

图 2.28　DirectStream 架构

(取自 A peer-to-peer on-demand streaming service and its performance evaluation（一项对等点播流化服务及其性能评估），Proc. 2003 IEEE International Conference on Multimedia and Expo（ICME 2003），July 2003。获得许可)

所示，一条新请求的服务搜索过程由四个步骤组成。第一步，新客户端向目录服务器发送一条请求，询问视频开始位置。之后目录服务器查找其数据库，并返回一个候选节点列表，包括具有可服务这条请求之内容的内容服务器和客户端。新的客户端使用 QoS 父节点选择算法，确定从哪个节点检索流。使用这个算法，一个客户端选择具有充足带宽的一个父节点。新的客户端联系被选中的候选节点，并请求转发流。在连接成功地建立之后，新客户端向目录服务器发回信号，并将其自己注册到数据库。DirectStream 显著地降低了施加到服务器上的工作负载。另一项优势是，即使参与客户端的行为是不协作的，当视频流行性增加时，它也是可规模扩展的。DirectStream 具有两项缺陷。中心化管理显示了一个单点故障。当许多不同的祖先节点失效时，一个对等端会快速地用光它的缓冲。

在基于树的 VoD 系统中，在整个重叠网络中上层的各对等端总是扮演一个重要角色。它们的离开将导致低层网络振荡。此外，每个对等端仅有一个数据提供方，在一个异构和高度动态的网络环境中，这将导致可用带宽的低效利用。同时，在基于缓存和中继的系统中，如果一个父节点跳转到视频中的另一个播放点，它开始接收媒体数据，这些数据是其子节点不感兴趣的，那些子节点需要搜索一个新的父节点。

2.6.2　基于网状网的 VoD 系统

在基于网状网的 VoD 系统中，不生成特定的拓扑。网络中的各对等端，依据设计原则，连接到几个父节点接收视频报文。基于网状网的 VoD 系统具有较低的协议额外负担，其设计是相当容易的，对较高的振荡率是更具有抑制能力的，且因此是更受人欢迎。当前基于 P2P 网状网的系统已经证明，对于少量服务器资源的大规模内容分发，是非常成熟的。但是，这种系统是针对通用文件分发设计的，且为观看媒体内容提供有限的用户体验。但是，在 VoD 系统中，困难在于如下事实，即在下载时，为了观看影片，用户们希望"顺序地"接收数据块。此外，在 VoD 服务中，用户们可能对影片的不同部分感兴趣，它们会竞争系统资源。总之，主要挑战在于系统设计，由之确保用户们可在任何时间点以较小的启动时间和可持续的回放速率开始观看一部影片[96]。

BitTorrent（BT）是用于在互联网上分发巨量内容的最成功网状网 P2P 机制之一。它是一种可扩展的文件共享协议，其中也集成了群集数据传递机制。在提供视频流化中，原始 BT 策略有几项限制。在 BT 中，文件是在空间上被分段的。虽然在最小化稀有分片变得消逝的概率方面以及提供具有稀有分片的对等端方面，BitTorrent 的默认分片选择机制是非常有效的，但在时间敏感流量的情形中，它令人沮丧地失效了。原因在于，对于时间敏感的数据，每个分片必须在某个时间限制内接收到。这项因素没有考虑 BT 中的原始分片选择机制，因此，它不能提供时间敏感的分发服务，原因是其中分片是基于其稀有性而不是其最后时限进行请求的。结果是，为了支持诸如 VoD[97] 的一项时间敏感服务，需要对当前的分片选择机制进行修改。BASS 和 BiToS 是基于 BitTorrent 的网状网 P2P VoD 系统的例子。

BitTorrent 辅助的流化系统（BASS）[98] 将当前 BitTorrent 系统扩展支持一项准 VoD 服务。因为 BASS 使用 BT 辅助进行流化，所以它利用一台外部服务器的服务，该服务器存储发布者的所有视频，并确保在没有任何质量降级的情况下，用户们可在播放率下回放视频，对 BitTorrent 的唯一修改是它不应该下载当前回放点之前的任何数据。它允许使用最稀有分片优先和以牙还牙策略。在最稀有分片优先策略中，客户端依据它所看到的可用拷贝数而请求一个分片，并选择最少公共使用的一个分片。在以牙还牙策略中，一个水蛭（下载端）回报向它发送分片的其他水蛭，方法是为它们的请求赋予较高的优先级。BASS 从媒体服务器按顺序下载分片，忽略已经由 BitTorrent 下载的分片或当前正在下载过程中且预期可在其回放最后期限到达之前完成下载的那些分片。BASS 的系统概图如图 2.29 所示。即使 BASS 大幅地降低了服务器处的负载，但系统的设计仍然是面向服务器的，因此，在服务器处的带宽需求随用户数而线性增加[96]。

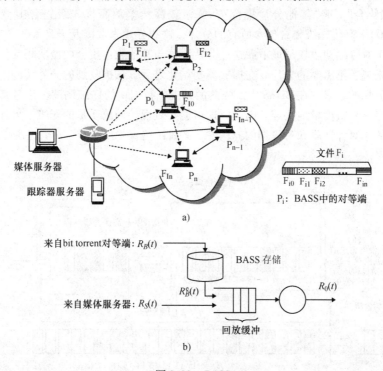

图 2.29　BASS

a）系统概图　b）客户端模型

（取自 Dana，C. 等，Bass：Bittorrent assisted streaming system for video- on- demand（Bass：Bittoreent 辅助的视频点播流化系统）。International Workshop on Multimedia Signal Processing（MMsP）. 2005 IEEE）

　　Kangaroo[99]是焦点在提供 P2P VoD 服务和实况流化内容的一个系统。Kangaroo 就像一个典型的基于网状网的 P2P 系统，这是指它由一个跟踪器协调的各对等端组成的。Kangaroo 以最小时延、网络额外负担和服务器资源处理 DVD 操作。Kangaroo 实现一种混合调度策略，它将自私（为连续回放的顺序分段下载）与利他（为改进分段多样性的本地最稀有分段）行为相组合。一个对等端由几个子部件组成，即分段调度器、对等端选择调度器和邻居关系管理器。分段调度器确定接下来应该调度哪个分段进行下载，而对等端选择调度器确定从哪些邻接对等端（们）处调度下载，邻居关系管理器不断地重新访问对等端的邻居关系，并确定哪些对等端是得到/推送数据的最佳对等端。Kangaroo 中的每个对等端通过数据连接从少量邻居处并行地下载数据。对等端也维护许多条控制连接，这些连接用户交换一个邻居关系中可用分段的信息，由此使对等端可推断要调度的分段的流行度和位置。Kangaroo 就像一个基于流言的重叠网，其中一个智能的跟踪器用来实现对等端协调。在用户类似 VCR 操作下，Kangaroo 也提供低的缓冲时间和高群集吞吐量。但是，它不考虑用户观看行为。由此，类似 VCR 的操作可能导致长的响应时间[100]。

BiToS 系统[101] 也是基于 BitTorrent 的。主要思路是将缺失数据块分成两个集合："高优先级集合" 和 "其他分片集合"，并以较高概率从高优先级集合中请求数据块（见图 2.30）。高优先级集合包含所有的分片，这些分片非常接近于要重新产生的程度。因此，一个对等端期望较早地下载这些分片，这与其他分片集合的做法相反，后者包含在较近的未来还不需要的分片。在播放器初始化之后，从接收到的分片缓冲中，播放器缓冲所需分片的请求。在 BiToS 中，强调的是视频数据块的仔细调度。错过其回放最后期限的那些分片被简单地丢弃。因此，这可能导致视频回放质量的降级。另外，由于互联网连接的非对称性质和对等端的异构性，系统不能保障所请求的分片总是及时地可用于回放的[97]。

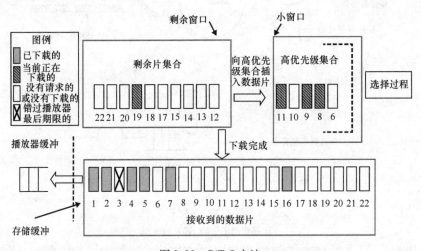

图 2.30　BiToS 方法

（取自 Vlavianos，A. 等，BiTos：Enhancing BitTorrent for Supporting Streaming Applications（BiTos：为支持流化应用而增强 BitTorrent）。Proc. IEEE Global Internet Symposium，2006，获得许可）

COCONET[102] 是将对等端组织形成一个重叠网的新颖和高效的方式，其目的是为连续回放或 VCR 操作提供流化和邻居查找支持。该方案利用一项协作的基于缓存的技术，其中每个对等端将一定量的存储贡献给系统，作为对接收视频块的报酬。系统使用这个协作缓存组织重叠网，并服务对等端请求，由此降低支持 VCR 有关操作的服务器瓶颈。在几个 P2P VoD 系统中，对等端仅基于其播放位置与邻接对等端共享视频分段。但是，在高度分散（skewed）的观看模式中，多数对等端群集在一个特定播放位置，有非常少的对等端分布于整个视频长度的不同位置。因此，对等端不能找到任何邻居或非常少的邻居来满足他们的需求。COCONET 避免了这种情况。为了寻找在影片长度的不同部分处的新供应对等端，P2P VoD 系统维护带有其可用视频分段的实况对等端的一个更新索引。不像其他 P2P VoD 系统的是，COCONET 不使用跟踪器处的索引。相反，跟踪器仅维护实况对等端的一个小型集合，当一个新对等端加入系统时，它才作为一个 RP 被查询一次。每个 COCONET 对等端，依据协作的缓存内容构建一个索引，这有助于在整个视频长度上寻找任意视频分段的任何供应对等端。为维护重叠网结构，即使在一次繁重的振荡过程中，COCONET 的控制额外负担也是较低的。COCONET 也具有较佳的负载均衡和容错性质。分布式贡献存储的缓存方案，有助于在整个重叠网上均匀地分散查询查询负载，并以一种均匀的和随机化的方式组织重叠网，这使内容分发独立于回放位置。

2.7　移动 VoD

将视频流化到移动用户，正快速地成为一项至关重要的多媒体服务。随着诸如 IEEE 802.11 和蓝牙等无线技术的出现，移动用户就能够相互直接连接，而不需要诸如互联网和基于基础设施的无线局域网的任何联网基础设施。换句话说，用户们形成一个移动自组织网络（MANET）。由于无线网络的日渐受到欢迎，移动 VoD 系统已经找到许多实际应用。例如，现在航空公司可在机场休息室提供 VoD 服务，使等待的顾客在其笔记本电脑或个人数字助理（PDA）上享受娱乐服务。大学可安装移动 VoD 系统，这使学生们可在校园内任何位置任何时间观看重要的视频讲座。在移动 VoD 系统中，用来观看视频广播的设备落在一个较宽范围的异构能力内，从功能强大的笔记本电脑到原始的 PDA 都有。移动流化中的主要问题之一是在移动设备中发现的异构性：不同的显示尺寸、计算能力、内存和媒体能力。无线带宽是有限的，而典型情况下，一个视频（的尺寸）是巨大的。配备有 802.11g 的一台视频服务器不能立刻将 36 个以上的 1.5Mbit/s MPEG1 视频流交付到其无线客户端处。但是，802.11b 仅可至多支持 7 路这样的并发视频流。通常情况下，一个 VoD 系统的负载分布是不均匀的；它仅在一个短的时间段上是繁重的。例如，在机场休息室的例子中，系统将仅在一个航班离开之前的 1 小时或 2 小时过程中具有繁重的负载。因此，系统应该能够适应到不同的负载，并对广播调度做出必要的调整，以便最小化总的带宽利用率。因为无线传输的覆盖范围是有限的，所以我们经常需要多台主机来覆盖一个足够大的服务区。由于这个原因，中间移动主机要消耗大量能量。为了节省能量，当负载轻时[103]，系统应该使用较小的总带宽。

PatchPeer[104] 是用于无线环境的一项 VoD 技术。PatchPeer 的基本思路是利用混合无线网络的独特特征（见图 2.31）来克服一个传统无线网络中与原始打补丁技术相关联的扩展性问题。图 2.32 给出 PatchPeer 中带有其邻接对等端的一个请求对等端与服务器之间的典型交互。请求对等端首先将被请求视频的标识发送到服务器。它接收最新的定期信道（正在从服务器流化视频）的开始时间。之后请求对等端从一个邻接对等端处请求一个补丁流，补充视频初始缺失的部分。如果一个邻接对等端可提供补丁流，则请求对等端从邻接对等端接收补丁流，从基站接收常规流。否则，请求对等端同时从基站接收补丁流和定期流。相比原始打补丁法，PatchPeer 的扩展是较好的，因为 PatchPeer 中的多数补丁流是由移动客户端自己提供的，使基站有更多的下行链路带宽服务更多的客户端。

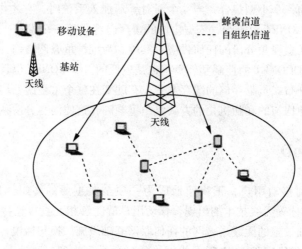

图 2.31　统一的蜂窝和自组织网络架构

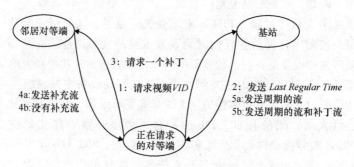

图 2.32　PatchPeer 的协作图

（取自 Do，T. T. 等，Peer-to-Peer Network Applications（对等端网络应用），

2，pp. 182-201，2009，获得许可）

　　MobiVoD[105]是一个移动 VoD 系统，它利用一种周期性广播协议取得最大可扩展性。客户端利用一种自组织网络缓存技术最小化服务时延。该系统由三个组件组成：视频服务器、客户端和本地转发器。由于无线传输的限制，一台视频服务器不能将一个视频传输到位于广大地理范围的客户端。由此，提供称为本地转发器的零星分布的静态和专用计算机，将服务中继到客户端的传输覆盖区域。这个区域称作一个本地服务区域。如果一个客户端处在一个本地转发器的服务区域，则前者从后者接收视频报文广播。服务器和本地转发器集合形成一个服务骨干。服务骨干是通过一个有线区域网络/LAN 或一个基于基础设施的无线网络互联的。一个视频被分成多个分段，每个分段在一个独立的通信信道上广播。当一个新的客户端加入系统时，直到第一个分段的下次广播之前它都等待，然后开始下载第一个分段。在播放第一个分段之后，客户端立刻切换到第二个分段广播并下载，等等，直到所有分段都下载完为止。周期性广播使系统随客户端数量的增加而可规模扩展的。但是，因为在一个新的客户端开始 VoD 服务之前它必须等待的时

长是较大的，所以 MobiVoD 采用两种缓存策略：随机缓存和主导集缓存（DSC）。随机缓存允许一个客户端以某个概率缓存第一个分段。即使一个新的客户端在其邻居关系中找到一些客户端，在随机缓存中由这些客户端保有缓存的几率也是较低的。因此作为一种替代方法，使用了 DSC，它维护客户端的一个主导集合 D_{set}。属于 D_{set} 的一个客户端缓存第一个视频分段。使用任何一个缓存方案，当一个新的客户端请求 VoD 服务时，它立刻加入当前广播，并将视频报文广播下载到一个回放缓冲。对于已经由当前广播传输过的开始部分，新客户端从一个附近的缓存下载并立刻播放。新客户端切换到回放缓冲播放视频的后面部分。MobiVoD 的焦点是流行视频，而 PatchPeer 处理具有不同流行度的视频。此外，MobiVoD 仅使用无线局域网，而 PatchPeer 运行在一个混合的无线环境中。

　　MOVi（移动机会性 VoD）[106] 是基于泛在支持 WiFi 的设备（例如智能手机和超移动（ultramobile）PC）的一项移动 P2P VoD 应用。通过利用下行链路和直接 P2P 通信的机会性混合法改进整体系统吞吐量，MOVi 解决了如下挑战，如有限的无线通信范围、用户移动性和变化的用户群密度。它利用稀疏分布的接入点、用户移动性、不稳定的信道条件和群密度，提供高比特率点播视频流化服务。MOVi 由两个逻辑组件组成：称为 MOVi 客户端（MC）的一个移动客户端节点和由整体上称为 MOVi 服务器（MS）的服务器组成的一个网络（见图 2.33）。MS 维护三个主要功能。它推导得到 MC 之间链路质量的一个连通图，基于连通图在 MC 偶对之间调度内容分段的直接传递，并在其域内

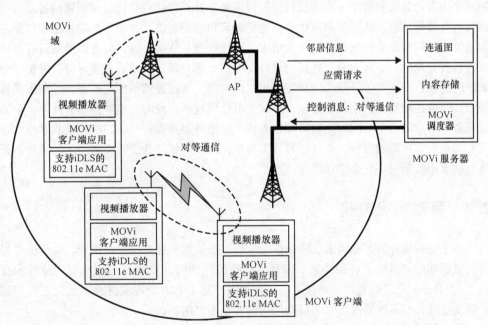

图 2.33　MOVi 架构性组件

（取自 Yoon, H. 等, On-demand video streaming in mobile opportunistic networks（移动机会性网络中的点播视频流化）. Proc. Sixth Annual IEEE International Conference on Pervasive Computing and Communications, pp. 80-89, 2008。获得许可）

跟踪所有 MC 的内容交付和缓存状态。一个 MOVi 客户端维护两个主要功能：作为一个临时缓存（帮助 MOVi 网络内部的内容扩散）和作为一个信道状态监视器（通过周期性地观察到其邻接 MC 的链路质量，并将任何变化更新到 MS）。内容被存储在一个中心库，并在分发之前分片成多个相等长度的分段。正常情况下，每个分段被映射到几个报文。在接收到来自 MC 的请求时，MS 在下行链路路径上交付内容分段，并在 MC 之间调度直接的分段交换。如果与其他 MC 的直接 P2P 通信是不可能的，那么被请求的分段从 MS 通过接入链路路径交付到 MC。一个 MC 没有哪些内容分段驻留在其邻接 MC 中的知识，它简单地等待由 MS 触发的直接通信。一旦 MC 接收到组成一个视频帧分段的所有分段，则该帧被交给媒体播放器。之后播放器解码该帧用于播放。如果在内部存在缺失的分段，还不能播放视频帧分段，则 MC 向 MS 发送直接的点播请求，恢复缺失的分段。通过评估 MC 之间的信噪比值和邻接 MC 的活跃时长，在 MOVi 中实施邻接对等端发现。相比于基于单播的视频流化，MOVi 能够将支持的并发用户数增加两倍，同时将视频启动时延降低一半。

通过利用组播 VoD 技术，P2P 移动 VoD（P2MVOD）[107]使一个移动客户端从 P2P 架构中的其他移动客户端处接收点播流化数据。P2MVOD 将视频内容分成相同尺寸的分段。之后，广播各分段，从而去除单播和组播路由协议的移动路由额外负担。将内容分段的做法，使多个客户端共享提供所有视频内容的计费能力。使用一台控制服务器，控制视频内容的分段和每个分段的交付。控制服务器并不存储或交付任何视频内容。它仅拥有各分段的信息，这些分段可由存储它们的客户端所提供。每个客户端知道控制服务器地址，并向它提交视频交付的一条请求。在接收到一条请求时，服务器搜索具有所请求内容各分段的一个客户端，并将请求转发给那个客户端。控制服务器保持并维护一个调度时间表，描述个体分段必须被发送出去的时间。通过查询调度时间表，控制服务器确定必须发送到新客户端的各分段，并搜索可提供这些分段的其他客户端。此外，就在由服务器确定的一个时间发送的可能性方面，该服务器查询这些客户端。接收客户端不需要知道各客户端的身份。相比于打补丁技术，P2MVOD 降低了两条链路上的流量，虽然当请求率较低时，它会增加流量。

2.8　移动实况流化

由于流化视频的严格需求、移动性、无线以及规模扩展支持大量用户，将媒体交付给大量移动用户提出了各种挑战。因此，实况流化到移动设备是一项具有挑战性的任务[108]。对于固定线路宽带网络接入的用户而言，基于 P2P 的准实况视频流化正变得越来越受欢迎，但多数情况下对于移动用户确实是不可用的。

在文献［109］中，给出用于移动环境的一个实时 P2P 流化系统。为了快速熟练地在对等端之间交换数据，依据对等端的临近性，将对等端归组为集群。集群也有助于对等端维护的扩展性问题。带有共享某项流化服务的三个集群的重叠网架构，如图 2.34 所示。对等端使用 RTP 相互之间交换实际媒体数据。RTP 会话被分割成满足如下条件

的许多部分流, 即允许在接收端以实时方式重新组装原始媒体会话。有一个集群头
(CL) 指派给每个集群, 它可能有一个或多个备份 CL (BCL)。使用 CL 管理集群内的
对等端, 并控制新到达的对等端。每个常规对等端实行周期性的保活消息发送, 将其存
在通知给 CL 和它从之接收到过 RTP 报文的所有其他对等端。这有助于避免不必要的数
据传输, 原因是 RTP 使用 UDP, 且发送对等端没有其他方式知道接收对等端是否仍然
处在网络之中。使用 CL 和其自己之间的往返时间值, 依据其知道的最佳局部性知识,
一个新到达的对等端选择一个合适的集群。在加入一个集群时, 一个对等端接收一个对
等端的初始列表, 从这些对等端处它可得到实际的媒体数据。相应的 CL 将加入的对等
端插入到其对等端列表。一个对等端最后选择流的源。当集群变得太大以致不能由单个
CL 处理时, 集群应该被分割成两个独立的集群。现有的 CL 将其 BCL 之一指派成为新
集群的一个新 CL, 并将许多现有对等端重定向到新的集群。当一个集群变得太小时,
必须实施两个集群的合并。流化网络中的所有对等端正形成一个非层次的网状结构。该
系统提供非常低的初始缓冲时间。

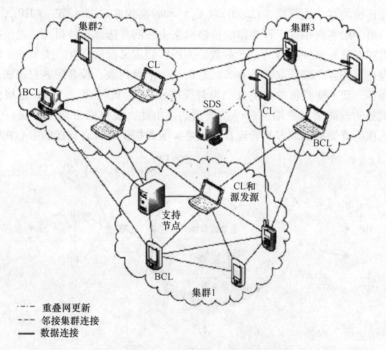

图 2.34　一个移动环境中的重叠网架构

(取自 Yoon, H. 等, On-demand video streaming in mobile opportunistic networks (移动机会性网络中的点播
视频流化), Proc. Sixth Annual IEEE International Conference on Pervasive Computing and Communications,
pp. 80-89, 2008, 获得许可)

LocalTree[110] 是一个可扩展算法, 它最小化报文传输中使用的能量。各对等端被组
织成两层: 基础层和树层。各对等端首先连接进入基础层中的一个简单的无结构网状
网。基础层为能量消耗的进一步优化提供了一个网络。在基础层中, 对等端仅利用局部

邻居信息，就是否重新广播一条报文做出独立的分布式决策。基础层网状网由树层算法进一步优化。之后，在树层中，基于节点和链路状态，识别确定相对稳定的组。之后它们被连接，遵循一种贪婪的树构造算法。采用两层操作，LocalTree 能够适应不同的网络动态性。

2.9 P2P 流化和云

云计算既指代在互联网上作为服务而交付的应用，又指代提供那些服务的数据中心中的硬件和系统软件。云计算提供不同的服务模型，作为成功端用户应用的基础。由于云所提供的弹性基础设施，它适合于交付 VoD 和实况视频流化服务。最近人们提供了媒体流化的不少方案，其中集成利用了 P2P 和云技术的优势。

在文献［111］中提出为取得高效媒体流化而合并 P2P 和云计算技术的一种流化机制。图 2.35 给出所提云-P2P 架构的一个总图。云包含多媒体流化服务器。该服务有第一层或直接连接的客户端（C_1、C_2、C_3 和 C_4）和较高层客户端（HP_{11}、HP_{12}，…）。在登录之后，第一层客户端在三种类型的价格报文中咨询并选择一种报文。通过考虑诸如抖动、延迟和带宽等三种类型的 QoS 参数，为顾客们定义价格报文。类似地，较高层客户端为所有连接的客户端获取带有 QoS 状态的一个信息列表。较高层客户端联系第一层或较高层顾客，而不联系流的提供方。为对等端（P_{111}、P_{112}、P_{121}，…）连接到希望免费提供其服务的较高层客户端，是存在选项的。由此，流化网络被组织成一个 P2P 树重叠网。为在所有类型的顾客间管理合同策略，服务提供商具有直接的中心式管理。

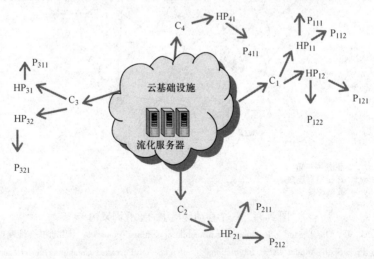

图 2.35 P2P 流化云架构

AngelCast[112] 是一项基于云的实况流加速服务，它具有优化的多树构造，该构造将 P2P 与云技术组合起来。在基于 P2P 的实况流化系统中，播放速率受到客户端上载带宽的约束。通常情况下，上载带宽要低于参与对等端的下载带宽。这限制了交付流的质量。因此，为了在不牺牲被交付流质量的情况下利用 P2P 架构，内容提供商使用附加的资源补偿通过客户端可得到的那些资源。在 AngelCast 中，确保一个内容提供商的客户端将能够以期望的速率在无中断的情况下，下载流，同时极大地利用 P2P 交付的优势。通过利用云中称为 angels 的专用服务器，AngelCast 可做到这点。angels 可补偿（supplement）平均客户端上载容量和期望流比特率之间的差距。Angels 仅下载最小部分的流，这使它们可完全地利用它们的上载带宽。

图 2.36 给出 AngelCast 的架构性单元。注册器收集有关客户端的信息，做出快速的成员关系管理决策，这可确保平滑的流化。当一个新节点加入流时，它联系注册器，并将自己的可用上载带宽通知给注册器。注册器使用表示流化树的一个数据结构，并在每棵树中将新客户端指派给一个父节点。注册器也确定在每棵树中新节点可容纳多少个未来子节点。内容提供商联系注册器，登记（enroll）它们的流。注册器使用剖面图制作者（profiler）来估计客户端的上行链路容量。会计（Accountant）使用客户端上行链路容量与流播放比特率之间的估计差距，为内容提供商给出它将需要多少个 angels 的一个估计。利用 angels 的服务改进 QoS。AngelCast 确保任何父节点至少有两个子节点（例外是在第二层到最后一层中的节点），确保所有树有一个对数量级的深度。

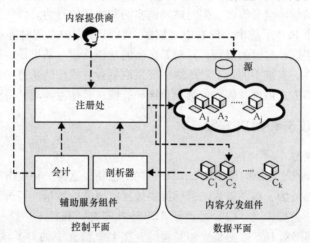

图 2.36　AngelCast 的架构性单元

（取自 Sweha，r. 等，AngelCast：Cloud-based Peer-assisted live Streaming using optimized Multi-tree Construction（AngelCast：使用优化多树构造的、基于云的对等端辅助实况流化），Proc. ACM Multimedia Systems（MMSys），2012，获得许可）

2.10　P2P 视频流化中的安全

P2P 网络的开放和匿名特征，使之成为攻击者散布恶意内容的一个理想媒介。结果，P2P 系统的广泛扩散和不受限制的部署，暴露了许多安全弱点。在一个 P2P 环境中，所有对等端的协作，对于系统的正确运行是非常重要的。每个对等端都在吸收网络带宽。如果太多的用户访问相同的网络资源，会用光网络带宽，导致一次 DoS。一个恶意节点将连续地发出查询（在网络上具有高的存活时间值），由此产生巨量网络流量，使网络对其他诚实的对等端是不可用的。提供一项资源的对等端可能会下线，而此时其他伙伴对等端正从该对等端处下载。一个恶意对等端也许仅简单地将一条查询路由到一个不存在的对等端或具有长延迟的不可靠对等端。

就安全而言（securitywise），相比其他 P2P 应用来说，P2P 流化系统是更具挑战的，原因是它们对 QoS 振荡更加脆弱。实况流化协议对时延和时延抖动是最敏感的。如果一名用户没有及时地接收报文，他或她对交付质量的不满会增加，并完全离开系统。由此，连接到那台机器的各对等端也会受到影响。即使微小的质量变化也会导致观看体验丧失吸引力，并使用户放弃该服务。P2P 流化对于在传输层和网络层的报文修改和威胁是脆弱的。聪明的攻击者会有选择地破坏一个流会话应该提供的保障，使一些频道不可用，或在特定位置的广播不可用[113]。

典型情况下，传统的安全机制防护资源不受恶意用户的攻击，方法是仅将访问限制到被授权的用户。但是，P2P 系统中的问题与可信赖性（trustworthiness）而不是安全更相关的。因此，对维护 P2P 系统的信任机制存在需求。信任管理是一种成功的方法，它有助于维护系统的整体信誉等级，同时鼓励诚实的和协作的行为。信任管理的灵感是这样的，因为在一个 P2P 系统中，没有中心权威可认证并防护恶意对等端的动作，所以就由对等端担负起保护自己的责任，并对其自己的动作负责。结果是，为了确定信息和发送方的可信赖性，系统中的每个对等端需要采取某种方式评估从另一对等端接收到的信息。这可以许多方式做到，例如依赖于直接经验或从其他对等端处得到信誉信息[114]。

2.10.1 常见攻击和解决方案

2.10.1.1 DoS 攻击

DoS 攻击减少或终止总的可用（capable）网络活动。这样一种攻击的目标是耗光被攻击目标处的关键资源，削弱被攻击目标提供或接收服务的容量。可被耗光的资源包括目标的下行带宽、上行带宽、CPU 处理或 TCP 连接资源。相比于广泛使用的文件共享网络，P2P 流化网络对 DoS 攻击是更加脆弱的。在 P2P 流化中的 DoS 攻击有几个原因。视频流化要求高带宽。因此，一定量的数据丢失可能使整个流变得无用。因为流化应用要求它们的应用以一种及时的方式进行交付，所以错失最后期限的数据是无用的。通常一个流化网络由有限数量的数据源组成。因此，数据源的失效可能使整个流化系统崩溃[115]。例如，针对其对等端，恶意节点发送过量的请求或重复报文。由此，一个公平的节点将被无用消息或太多的请求所洪泛冲击，导致它不能处理。结果是，为流化会话带来贡献的能力被破坏。采用这种方式，系统的资源以攻击者侧相对较小的付出而耗光了。

Ripple 流[115]是一个 DoS 抑制的框架，它利用一个信用系统，允许对等端评估其他对等端的行为。依据一个信用受约束的对等端选择机制，组织重叠网。对等端相互共享信用信息。具有高可信度的对等端被放置在重叠网结构的中心部分。具有低可靠性的恶意节点被推送到网络的周边。信用越高，一个对等端距离数据源越近。系统中的信用管理组件将一个用户的行为转换为其信用值。在 Ripple 流中，当一个新对等端 A 加入重叠网时，它将首先从一个启动机制中得到具有中等信用的一个对等端列表。在加入重叠网之后，通过履行其职责，A 积累信用。这些信用相关的操作由包括在 Ripple 流中的信用组件加以处理。同时，依据一些重叠网优化原则，A 也尝试寻找可提供较好服务的上行对等端。如果 A 发现其他对等端的恶意行为，则它从这些对等端断开，并将其发现报告给信用系统。基于 Ripple 流重叠网的一个例子如图 2.37 所示。Ripple 流采用信用系统取得 DoS 抑制能力，且在攻击过程中，Ripple 系统使重叠网得以稳定，并相当地改进了流化质量。

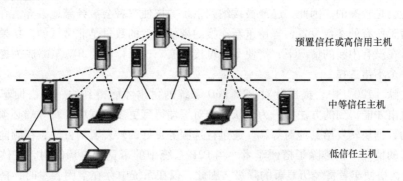

预置信任或高信用主机

中等信任主机

低信任主机

图 2.37　基于 Ripple 流重叠网的例子

2.10.1.2　搭便车

消耗由其他节点提供的服务但自己不向 P2P 网络贡献服务的节点，被称作搭便车者。在 P2P 网络中，搭便车是人们熟悉的一个问题。一个搭便车者消耗的资源比它们贡献的资源要多。在 P2P 流化的情形中，一个搭便车者是这样一个对等端，它下载数据，但作为回报，它上载少量数据或不上载数据。上载的负担在不自私的对等端身上，它们的数量太少，以致不能以一种令人满意的 QoS 为所有对等端提供数据。在实况流化和 VoD 中，对等端要求一个最小的下载速度以维持回放。因此，搭便车是非常有害的，原因是不自私的对等端也许单独不能为所有对等端提供足够的下载速度。

在文献［116］中给出文件共享应用中搭便车技术的一种分类。各方案被分类为基于金钱的、基于互惠的和基于信誉的方法。基于金钱的方法向对等端收取其所接收服务的费用。因为这些服务仍然是非常低成本的，所以这种方法也被称作基于微支付的解决方案。文献［117］中提出的技术是基于金钱方法的一个例子。主要劣势是，所提解决方案要求某个中心式的权威监测每个对等端的平衡和交易。这可能导致扩展性和单点故障问题。在基于互惠的方法中，一个对等端监测其他对等端的行为，并评估它们的贡献等级。著名的 P2P 应用 BitTorrent 实现一种基于互惠的方法，即依据一个对等端的上载速度调整它的下载速度。基于互惠的方法面临几个实现问题，例如由对等端发布的虚假服务。因为一个对等端自己提供贡献等级信息，信用度是存在问题的。在基于信誉的方法中，具有良好信誉的对等端被提供较佳的服务。在来自其他对等端反馈的基础上，这些方法构造有关一个对等端的信誉信息。基于信誉的方法存储和管理长期对等端历史。XRep[118]是自治信誉系统的一个例子。在 XRep 中通过一种分布式算法取得信誉共享，采用这种算法，在开始下载之前，资源请求者可评估由一个参与者提供的一项资源的一致性。

在文献［119］中，提出在一个 P2P 流化系统中限制搭便车者数量的两种策略：阻塞并丢弃（BD）和阻塞并等待（BW）策略。采用 BD 策略，如果重叠网中空闲上载容量小于流化速率，则希望加入流化会话的搭便车者就被阻塞。在 BW 策略中，如果重叠网没有足够的可用上载容量，则阻塞搭便车者。如果没有足够的容量服务所有对等端，则相同的用户会被临时性地断开，并不得不等待重新连接。在 BD 策略下，阻塞和丢弃概率可能会是较高的。因此，已经被接纳到系统的搭便车者会被频繁地丢弃。在 BW 策略下，对于所有的参数设置，等待重新连接的搭便车者的数量是非常低的。结果，以高的概率，在没有中断的情况下，搭便车者可接收流。这个特征使 BW 策略成为控制搭便车者的一个不错选择。

在文献［120］中，提出针对 P2P VoD 系统的付出才能得到的一种搭便车抑制机制。在付出才能得到的方法中，为了从一个对等端得到更多数据块，对等端必须将从之接收到的数据块转发给其他对等端。通过首选服务良好的转发者的方法，在倾向良好行为对等端的情况下，排除了搭便车者。当 P2P 系统中的带宽变得稀缺时，在体验到的 QoS 方面，搭便车者将经历显著的降级。因此，仅在系统中存在空闲容量时，搭便车者才能得到视频数据。

在文献［121］中，提出针对对等媒体流化系统的一种基于排序（rank）的对等端选择机制。通过服务区分，该机制为协作提供激励。系统的贡献者在灵活性和对等端选择方面得到报偿，从而可提供高质量的流化会话。搭便车者在对等端选择方面被赋予有限的选择，因此接收低质量的流化。一名用户的贡献被转换为一个分值，之后这个分值被映射到一个排序，在对等端选择方面，排序提供灵活性。通过将其资源贡献给其他对等端，协作用户得到较高的排序，并最终接收高质量流化。搭便车者在对等端选择方面具有有限的选择，因此接收低质量流化。为容忍报文丢失，激励机制降低了一次流化会话过程中所要求的数据冗余。

在文献［122］中提出 P2P 实况媒体流化的一种基于支付的激励机制。在一个基于支付的系统中，P2P 网络被看作一个市场。每个重叠网节点扮演消费者和提供者的双重角色。消费者尝试以最小价格从服务提供商处购买最佳可能的服务，而提供商们战略性地在一次价格博弈中确定他们相应的价格，目的是长时间上最大化他们的经济收入。通过将数据转发给对等端，一个对等端赢得点分。数据流化被分成固定长度的时段，在这些时段过程中，各对等端以类似第一价格拍卖的过程使用它们的点分相互竞争下一时段的良好的数据提供方。一旦一个对等端找到一个理想的父节点，它参与到对那个父节点的竞争。如果它获胜，它变成那个父节点的一个子节点；否则，它得到获胜者对等端的一个列表，从这个列表中，它尝试寻找一个新的最佳父节点。它再次参与到对那个新父节点的竞争，并继续这个过程，直到它赢得一个父节点或没有父节点可选为止。在后一种情形中，它尝试以一种尽力而为的方式寻找一个父节点。

2.10.1.3　污染攻击

　　在一个 P2P 实况视频流化系统中，一个污染者可引入损坏的数据块。明显的是，一名攻击者可加入一个当前视频频道，并与观看该频道的其他对等端创建伙伴关系。之后，攻击者向其伙伴宣称它有当前视频流的大量数据块。当邻居们请求通告的数据块时，攻击者发送伪造的污染的数据块，而不是合法的数据块。每个接收者将它从攻击者接收的被污染的数据块与从它的其他邻居处接收到的其他数据块一起混到其回放流之中。被污染的数据块损害了接收者处所生成视频的质量。由一个无猜疑的对等端接收到的被污染数据块，不仅影响该单个对等端，而且因为该对等端也将数据块转发给其他对等端，且接下来那些对等端将数据块转发给更多的对等端，等等，被污染的内容可潜在地扩散到 P2P 网络的大部区域。如果被污染数据量是非常重要的，那么用户们也许最终就会不满意，并完全地停止使用该系统[123]。图 2.38 给出这样一个 P2P 网络[124]，其中一个污染者将伪造的数据块发送给其他对等端，不诚实地将这些数据块标记为合法的。这些被损坏的数据块通过 P2P 网络得以传播。内容污染攻击可严重地影响 P2P 实况视频流化系统中的 QoS。在文献中，有人提出在 P2P 文件共享应用中管理污染攻击的解决方案。但是，可用于对抗 P2P 流化应用中污染攻击的方案几乎没有。

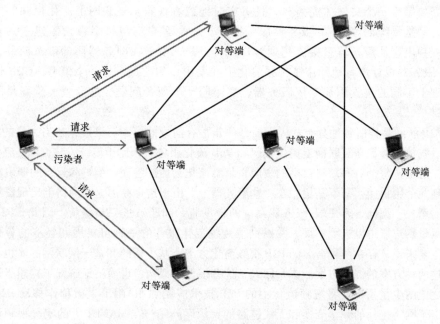

图 2.38　一个 P2P 实况视频流化系统中的污染攻击

　　在文献［125］中，针对基于网络编码的 P2P 流化网络，介绍了所谓恶意节点识别方案的一种轻量不可否认协议。采用网络编码技术，而不是单纯中继它们接收到的信息报文，一个网络的各节点将取几个报文，并将它们组合在一起进行传输。但是，网络编码的"组合"特性使之对于污染攻击为脆弱的。MIS 采用检测恶意节点存在的一种方法。通过检查解码结果是否匹配视频流的特定格式，每个解码节点检测被损坏的数据块。具有一个不可靠解码结果的任意节点将向服务器发送一条提醒，触发识别恶意节点的过程。之后，服务器依据原始数据块计算一个校验和，并将之分发到使用流化重叠网的各节点。校验和可帮助节点们检测哪个邻居向它发送过一个损坏的数据块。MIS 的准确性基于这样的条件，即当报告一个可疑的节点发送了一个损坏的数据块时，没有节点会撒谎，为向服务器展示被报告节点实际上发送过那个数据块，与被损坏数据块关联的证据是必要的。使用不可否认传输协议做到这点。MIS 具有良好的计算效率和管理巨量被损坏数据块和恶意节点的能力。但是，当检测到一次攻击时，这种方案要求将多个校验和发送到所有对等端，这会诱发大量通信额外负担。在文献［126］中，提出一种信任管理系统，该系统识别攻击者，并将它们排除，使之不能参与进一步的多媒体数据共享，以便阻止在 P2P 实况流化中的污染攻击。

2.11　小结

IP 上的话音（VoIP）应用最近在互联网上吸引了大量用户。采用流化，一名用户不需要等待一个文件才能播放，且可实时地观看视频。互联网上流化视频的基本解决方案是传统的客户端-服务器服务模型。一个客户端与一个视频源建立一条连接，视频内容从服务器直接流化到客户端。但是，由于在服务器侧的带宽瓶颈，客户端-服务器设计严苛地约束了视频流化中并发用户的数量。另一个模型，CDN 通过在物理上不同的位置添加专用服务器，克服同一个瓶颈问题。这导致代价高昂的部署和维护。

P2P 联网是构造各种分布式应用的一种非常有前景的模型。最近，相当大量的 P2P 流化系统被部署，在互联网上提供实况和 VoD 流化服务。相比于传统方法，P2P 流化的主要优势是，每个对等端将自己的资源贡献给流化会话。管理、维护和运营的职责因此分散到几个用户间，而不是集中在一些服务器上。由于这个原因，在网络上出现资源量方面的增长。据此，客户端-服务器系统的常见瓶颈问题被进一步缓解。因此，P2P 架构以巨量用户群得以极大扩展，并提供了传统流化服务的一种可扩展和经济的替代方法。主要来说，存在两种著名的 P2P 视频流化方案：基于树的和基于网状网的。也正在出现这两种方案的混合方案。本章回顾了这些模型的架构，也简洁地解释了构建于这些方法之上的少量系统。将视频流化中的 P2P 技术应用到 MANET 上被称作移动 P2P 流化。由于网络拓扑的频繁变换和无线链路的灵敏度问题，在 MANET 上的实况视频流化问题仍然是一项真实存在的挑战。最近人们提出集成 P2P 和云技术优势的一些媒体流化方案。安全对基于 P2P 的流化应用具有重要影响。媒体流化本质上更容易受到攻击，原因是在重叠网中监测参与对等端是非常困难的。该网络由数千个节点组成，但并不是所有节点都是可被信任的。安全形成一个流化系统中最重要的问题之一。本章也回顾了各种安全问题以及防御这种攻击的机制。

参 考 文 献

1. INTERNAP: The next big wave in convergence (Building the right foundation for Internet TV). *Streaming Media Magazine*. Retrieved May 5, 2010 from www.internap.com.

2. Kozamernik, F. *Streaming Media Over the Internet: An Overview of Delivery Technologies*. Retrieved May 23, 2010 from www.ebu.ch/trev_index-xz.html.

3. Wiggins, R. W. Overview of streaming audio and video. *Building a Community Information Network: A Guidebook*, 1–10. Retrieved February 2, 2010 from www-personal.umich.edu/~csev/citoolkit/content/book/chapter8.pdf, 1999.

4. Okuda, M. Enabling large-scale peer-to-peer stored video streaming service with QoS support. Unpublished doctoral dissertation, University of Pittsburgh, 2006.

5. Peng, G. *CDN: Content distribution network*. Retrieved May 28, 2010 from http://arxiv.org/abs/cs.NI/0411069, 2004.

6. Ho, K. M., K. T. Lo, and J. Feng. Multimedia Streaming on the Internet: Compression, QoS Control/Monitor, Streaming Protocols, Media Synchronization. In Furht. B (Eds), *Encyclopedia of Multimedia Second Edition*. USA: Springer, 2008.

7. Beggs, J., and D. Thede. *Designing Web Audio*. USA: O'Reilly Media, 2001.

8. Telecom, ATIS Telecom Glossary 2007, American National Standard for Telecommunications. Retrieved June 1, 2010 from http://www.atis.org, 2007.

9. Dutson, B. *The European Streaming Industry: Clearing the Barriers to Growth*. Retrieved 12, May 2010 from http://www.streamingmedia.com/.

10. Apostolopoulos, J., W. Tan, and S. Wee. *Video Streaming: Concepts, Algorithms, and Systems*. (HPL-2002-260). California: Hewlett-Packard Laboratories, September 2002.

11. Wu, D., Y. T. Hou, W. Zhu, Y. Zhang, and J. M. Peha. Streaming video over the internet: Approaches and directions. *IEEE Transactions on Circuits and Systems for Video Technology*, vol. 11(3), pp. 282–300, 2001.

12. Wang, Y., Y. Wenger, J. Wen, and A. Katsa. Error resilient video coding techniques: Real-time communications over unreliable networks. *IEEE Signal Processing Magazine*, vol. 17(4), pp. 61–82, July 2000.

13. Rabinovich, M., and O. Spatscheck. *Web Caching and Replication*. USA: Addison-Wesley Longman Publishing Co., 2002.

14. Bekker, H., and E. Verharen. *State-of-the-art research into streaming media caching and replication techniques*. Retrieved 17, April 2010 from https://doc.novay.nl/dsweb/.

15. Baentsch, M., L. Baum, G. Molter, S. Rothkugel, and P. Sturm. *Caching and replication in the World Wide Web or a European perspective on WWW-connectivity*. Retrieved 12, May 2010 from http://research.cs.ncl.ac.uk.

16. Pathan, M., and R. Buyya. *A Taxonomy and Survey of Content Delivery Networks*. (GRIDS-TR-2007-4). Grid Computing and Distributed Systems Laboratory, The University of Melbourne, Australia, February 2007.

17. Lazar, I. and W. Terrill. Exploring content delivery networking. *IT Professional*, vol. 3(4), pp. 47–49, 2001.

18. Dilley, J., B. Maggs, J. Parikh, H. Prokop, R. Sitaraman, and B. Weihl. Globally distributed content delivery. *IEEE Internet Computing*, vol. 6(5), pp. 50–58, September 2002.

19. Huang, C., J. Li, and K. Ross. Can internet video-on-demand be profitable? *ACM SIGCOMM Computer Communication Review*, vol. 37(4), pp. 133–144, October 2007.

20. Kalva, H., and B. Furht. Techniques for Improving the Capacity of Video-on-Demand Systems. In *29th Annual Hawaii International Conference on System Sciences (HICSS-29)*, pp. 308–315, USA: IEEE Computer Society, 1996.

21. Zhang, X., and H. Hassanein. Video-on-demand streaming on the Internet: A survey. In *25th Biennial Symposium on Communications*, pp. 88–89, USA: IEEE Press, doi:10.1109/BSC.2010.5472998, 2010.

22. Aggarwal, C. C., J. L. Wolf, and P. S. Yu. On Optimal Batching Policies for Video-on-Demand Storage

Servers. In *International Conference on Multimedia Computing and Systems (ICMCS '96)*, pp. 253–258, USA: IEEE Computer Society, 1996.

23. Hua, K. A., Y. Cai, and S. Sheu. Patching: A multicast technique for true video-on-demand services. In *ACM Multimedia International Conference*, pp. 191–200, USA: ACM, 1998.

24. Hu, A. Video-on-demand broadcasting protocols: A comprehensive study. In *Infocom 2001*, pp. 508–517, USA: IEEE Press, 2001.

25. Viswanathan, S., and T. Imiehnski. Metropolitan area video-on-demand service using pyramid broadcasting. *Multimedia Systems*, 4(4), pp. 197–208, 1996.

26. Hua, K., A., and S. Sheu. Skyscraper broadcasting: A new broadcasting scheme for metropolitan video-on-demand systems. *ACM SIGCOMM Computer Communication Review*, 27(4), pp. 89–100, 1997.

27. Juhn, L. S., and L. M. Tseng. Harmonic broadcasting for video-on-demand service. *IEEE Transactions on Broadcasting*, 43(3), pp. 268–271, 1997.

28. Paris, J. F., S. W. Carter, and A. Long. Hybrid broadcasting protocol for video on demand. In *Multimedia Computing and Networking Conference (MMCN'99). San Jose*, pp. 317–326, 1999.

29. Paris, J. F. A simple low-bandwidth broadcasting protocol for video-on-demand. In *8th Int'l Conference on Computer Communications and Networks (IC3N'99), Boston-Natick, MA*, pp. 118–123, USA: IEEE Press, 1999.

30. Eager, D., M. Vernon, and J. Zahorjan. Bandwidth skimming: A technique for cost-effective video-on-demand. In *Multimedia Computing and Networking (MMCN)*, 2000.

31. Banerjee, S., and B. Bhattacharjee. *A comparative study of application layer multicast protocols.* Retrieved 8 April 2010 from http://citeseerx.ist.psu.edu/, 2001.

32. Banerjee, S., C. Kommareddy, B. Bhattacharjee, and S. Khuller. Construction of an Efficient Overlay Multicast Infrastructure for Real-time Applications. In *IEEE Infocom 2003, San Francisco.* pp. 1521–1531, USA: IEEE Press, 2003.

33. Moen, D. M. *Overview of Overlay Multicast Protocols*, Retrieved 11 April 2010 from http://bacon.gmu.edu/XOM/pdfs/Multicast%20Overview.pdf, 2004.

34. Xiao, Z., and F. Ye. *New Insights on Internet Streaming and IPTV.* In *2008 International Conference on Content-Based Image and Video Retrieval (CIVR'08)*, Canada, pp. 645–654, USA: ACM, 2008.

35. Hei, X., Y. Liu, and K. W. Ross. IPTV over P2P streaming networks: The Mesh-Pull Approach. *IEEE Communications Magazine*, vol. 46(2), pp. 86–92, 2008.

36. Yiding, H., H., Nanyang, W. Juan, and L. Jian. *Applications and Development Prospects of IPTV.* International Conference on Measuring Technology and Mechatronics Automation, China, USA: IEEE Computer Society, pp. 687–689, 2010.

37. Xiao, Y., X., Du, J., Zhang, F., Hu, and S. Guizani. Internet Protocol Television (IPTV): The killer application for the next-generation internet. *IEEE Communications Magazine*, vol. 45(11), pp. 126–137, November 2007.

38. Shihab, E., L. Cai, F. Wan, and A. Gulliver. Wireless mesh networks for in-home IPTV distribution. *IEEE Network*, vol. 22(1), pp. 52–57, January 2008.

39. Chen, Y., Y. Huang, R. Jana, H. Jiang, and Z. Xiao. *When is P2P Technology Beneficial for IPTV Services?* 17th International workshop on Network and Operating Champaign, IL, USA, 2007.

40. Cisco Systems, Cisco Report on the Exabyte Era. Retrieved 17, April 2010 from www.hbtf.org/files/cisco_ExabyteEra.pdf, 2008.

41. Abboud, O., K. Pussep, A. Kovacevic, K. Mohr, S. Kaune, and R. Steinmetz. Enabling Resilient P2P video streaming—Survey and analysis, *Multimedia Systems*, vol. 17(3), pp. 177–197, June 2011.

42. Gao, W., H. Longshe, and F. Qiang. Recent advances in peer-to-peer media streaming system. *Journal of China Communications*, pp. 52–57, October 2006.

43. Deshpande H., M. Bawa, and H. Garcia-Molina. Streaming live media over peer-to-peer network, Technical report, Stanford University, 2001.

44. Aberer, K., and M. Hauswirth. An overview on peer-to-peer information systems. *Proc. Workshop on Distributed Data and Structures*, pp. 171–188, March, 2002.

45. Li, X. and J. Wu. Searching techniques in peer-to-peer networks. Edited by J. Wu, *Handbook of Theoretical*

and Algorithmic Aspects of AdHoc, Sensor, and Peer-to-Peer Networks, Boston: Auerbach Publications, 2005.

46. Tewari, S., Performance Study of Peer-to-Peer File Sharing, Doctoral Dissertation, University of California at Los Angeles, 2007.

47. Kim, A., and L. Hoffman. Pricing Napster and other Internet peer-to-peer applications, Technical report, George Washington University, 2002.

48. Stoica, I., R., Morris, D. Karger, Kaashoek, and H. Balakrishnan. Chord: A scalable peer-to-peer lookup service for internet applications. *Proc. SIGCOMM*, 2001.

49. Rowston, A., and P. Druschel. Pastry: Scalable, distributed object location and routing for large-scale peer-to-peer systems. *Proc. IFIP/ACM*, Middleware, Heidelberg, Germany, 2001.

50. Ratnasamy, S., P. Francis, M. Handley, and R. Karp. A scalable content-addressable network, *Proc. SIGCOMM*, 2001.

51. Pyun, Y. J., and D. S. Reeves. Constructing a balanced, (log(N)/1oglog(N))-diameter super-peer topology for scalable P2P systems. *Proc. Fourth International Conference on Peer-to-Peer Computing (P2P2004)*, IEEE Computer Society, August 2004, pp. 210–218, 2001.

52. Seet, C., C. Lau, W. Hsu, and B. Lee. A Mobile System of Super-Peers Using City Buses. *Proc. 3rd Int'l Conf. on Pervasive Computing and Communications Workshops*, IEEE Computer Society, USA, pp. 80–85, 2005.

53. Meddour, D., M. Mushtaq, and T. Ahmed. Open Issues in P2P Multimedia Streaming, *MULTICOMM 2006 Proceedings*, pp. 43–48, 2006.

54. Liu, J., S. G. Rao, B. Li, and H. Zhang. Opportunities and challenges of peer-to-peer internet video broadcast. *Proc. IEEE*, vol. 96(1), pp. 11–24, 2008.

55. Hoong, P., K. and H. Matsuo. A two-layer super-peer based p2p live media streaming system. *Journal of Convergence Information Technology*, vol. 2(3), pp. 47–57, 2007.

56. Magharei, N. and R. Rejaie. Understanding Mesh based Peer-to-Peer Streaming. *Proc. International Workshop on Network and Operating Systems Support for Digital Audio and Video (NOSSDAV '06)*, Newport, Rhode Island, USA, 2006.

57. Silverston, T., O. Fourmaux, A. Botta, A. Dainotti, and A. P. G. Ventre. Traffic analysis of peer-to-peer iptv communities. *Computer Networks*, vol. 53(4), pp. 470–484, 2009.

58. Tran, D. A., K. A. Hua, and T. T. Do. A peer-to-peer architecture for media streaming. *IEEE Journal on Selected Areas in Communications*, vol. 22(1), pp. 121–133, 2004.

59. Marfia G., G. Pau, P. Di Rico, and M. Gerla. P2P Streaming Systems: A Survey and Experiments. *Proc. 3rd STMicroelectronics STreaming Day (STreaming Day'07)*, Genoa, Italy, 2007.

60. Chu, Y., S. G. Rao, S. Seshan, and H. Zhang. Enabling conferencing applications on the internet using an overlay multicast architecture. *Proc. ACM SIGCOMM*, 2001.

61. Chen, C. W., Z. Li, and S. Lian. *Intelligent Multimedia Communication: Techniques and Applications*, Berlin, Heidelberg: Springer, pp. 195–215, 2010.

62. Tran, D. A., K. Hua, and T. Do. ZIGZAG: An efficient peer-to-peer scheme for media streaming. *Proc. IEEE INFOCOM*, vol. 2, pp. 1283–1292, 2003.

63. Banerjee, S., B. Bhattacharjee, and C. Kommareddy. Scalable application layer multicast. *Proc. ACM SIGCOMM Conf.*, New York: ACM Press, 2002.

64. Chu, Y., S. Rao, and H. Zhang. A Case for End System Multicast. *Proc. ACM Sigmetrics*, International Conference on Measurement and Modeling of Computer Systems, 2000.

65. Magharei, N., R. Rejaie, and G. Yang. *Mesh or Multiple-Tree: A Comparative Study of Live P2P Streaming Approaches*. 26th IEEE International Conference on Computer Communications-INFOCOM2007, pp. 1424–1432, 2007.

66. Yang, F., X. Dai, and X. Ru-zhi. *The Common Problems on the Peer-to-Peer Multicast Overlay Networks*. 2008 International Conference on Computer Science and Software Engineering, pp. 98–101, 2008.

67. Castro, M., P. Druschel, A. M. Kermarrec, A. Nandi, A. Rowstron, and A. Singh. SplitStream: High-bandwidth multicast in cooperative environments. *Proc. 19th ACM Symposium on Operating Systems Principles*, New York: ACM Press, pp. 298–313, 2003.

68. Padmanabhan, V., H. Wang, P. Chou, and K. Sripanidkulchai. Distributing streaming media content using cooperative networking. *Proc. ACM/IEEE NOSSDAV.*

69. Liu, Y., Y. Guo, and C. Liang. Video streaming systems. *Journal of Peer-to-Peer Networking and Applications*, vol. 1(1), pp. 18–28, 2008.

70. Zhang, M., J. Luo, L. Zhao, and S. Yang. A peer-to-peer network for live media streaming: Using a push-pull approach. *Proc 13th Annual ACM International Conference on Multimedia*, 2005.

71. Liao, X., H. Jin, Y. Liu, L. M. Ni, and D. Deng. AnySee: Peer-to-peer live streaming. *Proc. IEEE INFOCOM*, Barcelona, Spain, 2006.

72. Ghoshal, J., L. Xu, B. Ramamurthy, and M. Wang. *Network Architectures for Live Peer-to-Peer Media Streaming.* University of Nebraska-Lincoln CSE Technical reports, TR-UNL-CSE-2007-020, 2007.

73. Pai, V., K. Tamilmani, V. Sambamurthy, K. Kumar, and A. B. Mohr. Chainsaw: Eliminating trees from overlay multicast. *Proc. 4th Int. Workshop Peer-to-Peer Systems (IPTPS)*, February 2005.

74. Shah, P., J. Rasheed, and J. Paris. *Performance study of unstructured P2P overlay streaming systems.* 17th International Conference on Computer Communications and Networks, ICCCN 2008, pp. 608–613, August 3–7, 2008.

75. Spoto, S., R. Gaeta, and M. Grangetto. *Analysis of PPLive through active and passive measurements.* IEEE International Symposium on Parallel and Distributed Processing, Rome, Italy, pp. 1–7, 2009.

76. Chen, Y., C. Chen, and C. Li. *A Measurement Study of Cache Rejection in P2P Live Streaming System.* 28th International Conference on Distributed Computing Systems Workshops, IEEE Computer Society, 2008.

77. Zhang, X., J. Liu, B. Li, Y. Yum. *Coolstreaming/DONet: A Data-Driven Overlay Network for Efficient Live Media Streaming.* IEEE INFOCOM, 2005.

78. Venot, S., and L. Yan. *Peer-to-peer media streaming application survey.* International Conference on Mobile Ubiquitous Computing, Systems, Services and Technologies, IEEE Computer Society, pp. 139–148, 2007.

79. Fallica, B., L. Yue, A. Fernando, R. Kuipers, E. Kooij, and P. Van Mieghem. Assessing the quality of experience of SopCast. *Int. J. Internet Protocol Technology*, vol. 4(1), pp. 11–23, 2009.

80. Zhang, M., Y. Tang, L. Zhao, J. G. Luo, and S. Q. Yang. *Gridmedia: A practical peer-to-peer based live video streaming system.* IEEE 7th Workshop on Multimedia Signal Processing, pp. 287–290, 2005.

81. Magharei, N., Y. Guo, and R. Rejaie. *Issues in offering live P2P streaming service to residential users.* IEEE CCNC, 2007.

82. Magharei, N., and R. Rejaie. PRIME: Peer-to-peer receiver-driven mesh-based streaming. *IEEE/ACM Transactions on Networking*, vol. 17(4), pp. 1052–1065, 2009.

83. Byun, H., and M. Lee. *HyPO: A Peer-to-Peer Based Hybrid Overlay Structure.* IEEE ICACT 2009, Feb. 2009.

84. Awiphan, S., S. Zhou, and J. Katto. Two-layer mesh/tree overlay structure for live video streaming in P2P networks. *Proc. 7th IEEE Consumer Communications and Networking Conference (CCNC)*, pp. 1–5, 2010.

85. Wang, F., Y. Xiong, and J. Liu. mTreebone: A collaborative tree-mesh overlay network for multicast video streaming. *IEEE Transactions on Parallel and Distributed Systems*, vol. 21(3), pp. 379–392, March 2010.

86. Asaduzzaman, S., Y. Qiao, and G., Bochmann. CliqueStream: An efficient and fault-resilient live streaming network on a clustered peer-to-peer overlay. *Proc. Eighth International Conference on Peer-to-Peer Computing*, pp. 269–278, 2008.

87. Liuy, Z., Y. Sheny, S. Panwary, K. W. Rossz, and Y. Wang. *Efficient Substream Encoding and Transmission for P2P Video on Demand.* Packet Video 2007, pp. 143–152, 2007.

88. Huang, Y., T. Z. J. Fu, D. Chiu, J. C. S. Lui, and C. Huang. *Challenges, design and analysis of a large-scale P2P-VoD system*, SIGCOMM'08, USA, August 17–22, 2008.

89. Annapureddy, S., C. Gkantsidis, P. R. Rodriguez, and L. Massoulie. *Providing video-on-demand using peer-to-peer networks.* Microsoft Research Technical Report, MSR-TR-2005-147, October 2005.

90. Do, T. T., K. A. Hua, and M. A. Tantaoui. Robust video-on-demand streaming in peer-to-peer environ-

ments. *Computer Communication*, vol. 31(3), pp. 506–519, 2008.

91. Guo, Y., K. Suh, J. Kurose, and D. Towsley. P2cast: Peer-to-peer patching scheme for VoD service. *Proc. 12th World Wide Web Conference (WWW-03)*, 2003.

92. Do, T. T., K. A. Hua, and M. A. Tantaoui. *P2VoD: Providing fault tolerant video-on-demand streaming in peer-to-peer environment*. IEEE International Conference on Communications, Paris, France, pp. 1467–1472, 2004.

93. Roh, J.-H., and S.-H. Jin. *Video-on-Demand Streaming in P2P Environment*. IEEE International Symposium on Consumer Electronics (ISCE 2007), pp. 1–5, 2007.

94. Cui, Y., B. Li, and K. Nahrstedt. *IEEE Journal on Selected Areas in Communications*, vol. 22(1), pp. 91–106, 2004.

95. Suh, K., Y. Guo, J. Kurose, and D. Towsley. A peer-to-peer on-demand streaming service and its performance evaluation. *Proc. 2003 IEEE International Conference on Multimedia and Expo (ICME 2003)*, July 2003.

96. Guha, S., S. Annapureddy, C. Gkantsidis, D. Gunawardena, and P. Rodriguez. Is high-quality VoD feasible using P2P swarming? *Proc. WWW*, pp. 903–911, 2007.

97. Pandey, R. R., and K. K, Patil. Study of BitTorrent based Video on Demand Systems. *International Journal of Computer Applications*, vol. 1(11), pp. 29–33, 2010.

98. Dana, C., D. Li, D. Harrison, and C. Chuah. *Bass: Bittorrent assisted streaming system for video-on-demand*. International Workshop on Multimedia Signal Processing (MMsP) IEEE Press, 2005.

99. Yang, X., M. Gjoka, P. Chhabra, A. Markopoulou, and P. Rodriguez. Kangaroo: Video Seeking in P2P Systems. *Proc. IPTPS*, 2009.

100. Xu, T., W. Wang, B. Ye, W. Li, S. Lu, and Y. Gao. Prediction-based Prefetching to Support VCR-like Operations in Gossip-based P2P VoD Systems. *Proc. IEEE ICPADS'09*, Shenzhen, China, 2009.

101. Vlavianos, A., M. Iliofotou, and M. Faloutsos. BiTos: Enhancing BitTorrent for Supporting Streaming Applications. *Proc. IEEE Global Internet Symposium*, 2006.

102. Bhattacharya, Z. Yang, and D. Panuse. *COCONET: Co-operative Cache Driven Overlay NETwork for P2P VoD Streaming*. QSHINE, pp. 52–68, 2009.

103. Regant, Y., S. Hung, and H. F. Ting. An optimal broadcasting protocol for mobile video-on-demand. *Proc. Thirteenth Australasian Symposium on Theory of Computing*, vol. 65, 2007.

104. Do, T. T., K. A. Hua, N. Jiang, and F. Liu. PatchPeer: A scalable video-on-demand streaming system in hybrid wireless mobile peer-to-peer networks. *Peer-to-Peer Network Applications*, vol. 2, pp. 182–201, 2009.

105. Tran, D. A., L. Minh, and K. A. Hua. *Proc. 2004 IEEE International Conference on Mobile Data Management*, pp. 212–223, 2004.

106. Yoon, H., J. Kim, F. Tan, and R. Hsieh. On-Demand Video Streaming in Mobile Opportunistic Networks. *Proc. Sixth Annual IEEE International Conference on Pervasive Computing and Communications*, pp. 80–89, 2008.

107. Sato, K., M. Katsumoto, and T. Miki. *P2MVOD: Peer-to-peer mobile video-on-demand*. Sixth Annual IEEE International Conference on Pervasive Computing and Communications, pp. 80–89, 2008.

108. Noh, J., M. Makar, and B. Girod. Streaming to Mobile Users in a Peer-to-Peer Network. *Proc. 5th International ICST Mobile Multimedia Communications Conference*, 2009.

109. Peltotalo, J., J. Harju, L. Vaatamoinen, I. Bouazizi, and I. D. D. Curcio. RTSP-based Mobile Peer-to-Peer Streaming System. *International Journal of Digital Multimedia Broadcasting*, vol. 2010, Article ID 470813, 15 pages, 2010.

110. Zhang, B., S. G. Chan, G. Cheung, and E. Y. Chang. LocalTree: An Efficient Algorithm for Mobile Peer-to-Peer Live Streaming. *Proc. IEEE International Conference on Communications (ICC2011)*, pp. 1–5, 2011.

111. Trajkovska, I., J. Salvachua, and A. M. Velasco. A novel P2P and cloud computing hybrid architecture for multimedia streaming with QoS cost functions. *Proc. MM'10 International Conference on Multimedia*, 2010.

112. Sweha, R., V. Ishakian, and A. Bestavros. AngelCast: Cloud-based Peer-Assisted Live Streaming Using Optimized Multi-Tree Construction. *Proc. ACM Multimedia Systems (MMSys)*, 2012.

113. Gheorghe, G., R. Lo Cigno, and A. Montresor. Security and Privacy Issues in P2P Streaming Systems: A survey. *Journal of Peer-to-Peer Networking and Applications*, pp. 1–17, 2010.

114. Ding, C., C. Yueguo, and C. Weiwei. *A Survey Study on Trust Management in P2P Systems*. Available: http://citeseerx.ist.psu.edu/viewdoc/summary?doi = 10.1.1.137.997, 2004.

115. Wang, W., Y. Xiong, and Q. Zhang. *Ripple-Stream: Safeguarding P2P Streaming against DoS Attacks*. IEEE International Conference on Multimedia and Expo, pp. 1417–1420, 2006.

116. Karakaya, M., I. Korpeoglu, and O. Ulusoy. Free riding in peer-to-peer networks. *IEEE Internet Computing*, vol. 13(2), pp. 92–98, 2009.

117. Vishnumurthy, V., S. Chandrakumar, and E. G. Sirer. KARMA: a secure economic framework for P2P resource sharing. *Proc. Workshop on the Economics of Peer-to-Peer Systems*, 2003.

118. Damiani, E., S. De Capitani Di Vimercati, S. Paraboschi, P. Samarati, and F. Violante. A reputation-based approach for choosing reliable resources in peer-to-peer networks. *Proc. 9th ACM Conference on Computer and Communications Security*, pp. 207–216, New York: ACM Press, 2002.

119. Chatzidrossos, I., and V. Fodor. On the effect of free-riders in P2P streaming systems. *Proc. International Workshop on QoS in Multiservice IP Networks*, 2008.

120. Mol, J., J. Pouwelse, M. Meulpolder, D. Epema, and H. Sips. Give-to-Get: Free-riding-resilient video-on-demand in P2P systems. *Proc. SPIE, Multimedia Computing and Networking Conference*, vol. 6818, 2008.

121. Habib and J. Chuang. Incentive mechanism for peer-to-peer media streaming. *Proc. International Workshop on Quality of Service*, 2004.

122. Tan, G., and S. A. Jarvis. A payment-based incentive and service differentiation mechanism for peer-to-peer streaming broadcast. *Proc. the 14th International Workshop on Quality of Service*, 2006.

123. Dhungel, P., X. Hei, K. W. Ross, and N. Saxena. The pollution attack in P2P live video streaming: Measurement results and defenses. *Proc. Peer-to-Peer Streaming and IP-TV workshop (P2P-TV'07)*, 2007.

124. Seedorf, J. *Security issues for P2P-based voice and video streaming applications*. iNetSec 2009 Open Research Problems in Network Security, vol. 309, IFIP Advances in Information and Communication Technology, Boston: Springer, pp. 95–110, 2009.

125. Wang, Q., L. Vu, K. Nahrstedt, and H. Khurana. Identifying malicious nodes in network-coding-based peer-to-peer streaming networks. *Proc. IEEE Mini INFOCOM'10*, 2010.

126. Hu, B., and H. V. Zhao. Pollution-resistant peer-to-peer live streaming using trust management. *Proc. 16th IEEE International Conference on Image Processing*, pp. 3057–3060, 2009.

第 3 章　蜂窝网络上的 P2P 流化：问题、挑战和机遇

3.1　引言

对等（P2P）网络正以极大的速度发生爆炸式影响，其目的是克服传统客户端/服务器架构的大部分主要限制。在一个 P2P 系统中，称为对等端的逻辑上连接的用户，在物理网络之上形成一个应用层重叠网络。P2P 系统的一些著名特点是扩展性、动态性、自组织、用户驱动和去中心化控制。在 P2P 网络上的媒体内容共享是有前景的，这缘于 P2P 系统的分布式特征。

随着越来越多地提供受人欢迎的应用和服务，相反，我们却正越来越少地以有线方式连接到网络。第四代（4G）移动技术目的是以更快的速度满足支持数据应用的日益增长的需求。由 Cisco 公司实施的预测[1]表明，在第一条短消息服务（SMS）发送之后的 20 年，即到 2012 ~ 2013 年，每月的移动视频流量将超过 1EB（10^{18}B）。另一方面，在 2004 年在线万维网达到相同的里程碑，在第一封电子邮件发送之后超过了 30 年。这个数字表明，在近期的未来，无线视频内容的巨大影响。通过运行在 P2P 网络之上，诸如实况视频流化、互联网收音机（radio）和视频会议等应用得以扩散。使蜂窝用户能够使用这些 P2P 特征仍然处在中间过渡状态，原因是由无线信道异构性、移动性和时变容量导致的限制。另外，相比互联网链路，蜂窝链路是昂贵的和不够用的，且似是而非的现实是对等端是随机散开的，这导致在一个提供商网络内通过多条链路的不必要流量。

流化源通常位于互联网上。一个主要挑战是设计将流化内容有效地在对等端间传播的一种方案。对于蜂窝对等端，所有流化内容都通过基站，这带来了拥塞问题，且系统受限于基站的容量。非常常见的情况是，智能手机和便签机（tablets）都装备多个无线接口：提供互联网接入的一个蜂窝载波和处于自组织模式的一个无线局域网（WLAN）。后者提供了在一个免费组内资源的几率性（opportunistic）使用。蜂窝对等端可协作节省昂贵的无线带宽并避免在基站处的拥塞。延长的观看时间要求蜂窝流化系统是能量高效的。

对等端选择策略允许请求对等端从潜在的发送者中选择发送对等端。如果发送对等端是随机选择的，则重叠网络会展示出鲁棒性。但是，那会导致相当的流量流经基础物理网络。在视频流化情形中，由于大体量的数据传输，选择具有附近邻域的邻居们是更重要的。对等端选择策略是步向一个高效蜂窝 P2P 系统的主要挑战之一。

一个文件共享应用不需要满足任何时间约束或顺序性要求；仅有下载整个文件的总

时间是重要的。另一方面，实况流化是时延敏感的；用户们需要及时地下载某个范围内的分段。在被调度回放时间之后到达的一个分段是无用的。因此，满足时间约束对于流化服务是至关重要的。两类流化应用是实况流化和视频点播（VoD）。在一个实况流化应用中，一个源渐进地产生内容的新分段。因此内容是以实时方式传播的，缓冲尺寸是相对较小的，且回放是松散地在所有对等端间同步的。时延和抖动可能是实况流化内容处于卡滞状态；但是，为了克服这个问题，回放可跳过内容。在无线信道上流化的目标是增强用户感知的质量，并同时节省稀缺的无线带宽。这项工作的范围，限制运行在蜂窝设备上用户驱动 P2P 实况流化应用。基站不知道这样的应用，并不会广播内容。

对于手持设备（从智能手机、ePad、游戏控制台，到移动媒体播放器）的爆炸性数量增长，设计蜂窝网络之上的一个 P2P 流化系统是一项重要考虑，特别在下一代融合网络的语境中更是如此。在这项工作中，我们提供了无线 P2P 流化领域中最近进展的一个全面概述。我们给出在无线设备上支持 P2P 流化的架构、协议和问题。3.2 节详细地描述构造高效重叠网的机制。3.3 节形象地展示通过对等端间协作的蜂窝带宽节省技术。3.4 节给出在无线 P2P 流化系统中对等端选择的本质和策略。3.5 节讨论实现一个无线流化系统的各种问题。3.6 节以在蜂窝网络上支持 P2P 流化的未来方向，对我们的工作做个小结。

3.2 设计高效重叠网络

在一个 P2P 系统中，用户（对等端）在物理网络之上形成一个应用层重叠网。基于重叠网形成技术，P2P 系统被分类为无结构 P2P 系统（例如 Gnutella[2] 和 KaZaA[3]）和有结构的 P2P 系统（例如 Chord[4]、Pastry[4] 和基于内容的网络[6]）。文献 [2] 和 [3] 中的无结构查找协议有约束地洪泛查询，因此产生相当的消息额外负担，并减少搜索准确度。文献 [4-6] 中的有结构查找协议使用一种分布式哈希表（Distributed Hash Table，DHT）构造一个重叠网，由此改进搜索效率和准确度。

在一个 P2P 网络上流化，依赖于重叠网，且由于物理和重叠网之间的不匹配，产生带宽使用方面的一些损伤。P2P 流化系统需要连续地向对等端提供当前内容。因为每单位时间的内容量（magnitude）和在整体系统上播放相同内容的特点，高效的重叠网构造是实现一个蜂窝流化系统的关键。一个高效重叠网的几项重要特征是扩展性、临近感知性和低的维护额外负担。下面，我们将讨论几个高效的重叠网系统。

3.2.1 临近感知拓扑构造

几名研究人员给出拓扑感知的集群方案，其中对等端依据一个网络度量（例如延迟或往返时间[7-8]）而言的临近性，将对等端分隔到各组。采取这种方式，属于同一个组的对等端是相互靠近的。

3.2.1.1 基于网络度量的集群

文献 [7] 中提出的方法利用由边界网关协议（Border Gateway Protocol，BGP）路由表快照推导得到的信息，而文献［8］中的方法利用地标节点测量临近性。文献［9］的作者提出名为 mOverlay 的一种拓扑感知重叠网。在 mOverlay 中，具有靠近临近性的对等端使用一个动态地标过程形成一个组。不像文献［8］的是，mOverlay 不要求地标节点的任何额外部署；相反，mOverlay 内的各组作为加入对等端的地标节点。一个加入对等端首先联系一个任意组的一个对等端。之后该对等端测量与那个组的距离。那个组也提供来自其他组的临近性信息。之后，该对等端加入具有最近距离的组。在引导一个加入节点寻找其最近的现有集群方面，存在额外负担。

3.2.1.2　基于网络前缀的集群

Huang 等[10]提出一种 P2P 方案，其中各对等端依据他们的网络前缀分隔（divisions），形成集群。这种做法将网络分成多个网络感知的集群，并帮助对等端首先在附近对等端中搜索文件。每个集群中的一个超级对等端维护共享文件的索引和对等端的位置。启动对等端维护一个最新的集群路由表，引导要加入网络的新对等端到合适的集群。启动对等端要求来自一台 BGP 路由器的路由信息，来更新集群路由表。作者们采用通过 WiFi 连接的对等端实施了仿真。但是，属于同一集群和具有相同网络前缀分隔的各对等端可能是相互距离较远的，更别提满足 WiFi 通信距离了。匿名路由器（可检测它们的存在，但不是它们的地址）的存在，也导致扭曲的和失真的推断拓扑[13]。

3.2.1.3　基站感知的集群

文献［11］中的工作，依据无线用户们的 WiMAX 基站，而对它们进行划分。来自同一基站的对等端形成一个利用 WiFi 连通性的本地网状网，且基站构造一个基于 DHT 的重叠网。对等端首先搜索本地网状网内的内容，之后如有需要，就在基于 DHT 的系统上搜索。结果表明，这种方法可极大地降低物理网络中的查找消息数。但是，基站参与到 P2P 系统是不现实的。这种方法也要求物理层的知识，因此不适合于应用驱动的 P2P 系统。

3.2.1.4　依赖物理层的临近性

Wang 和 Ji[12]基于 Chord 提出针对移动自组织网络的一种拓扑感知的 P2P 协议，其中物理上靠近的节点得到临近的 ID，其中利用了节点的位置信息。进入的节点广播加入现有无线 P2P 网络的请求。任何节点，在接收到要进入应用的请求时，从所接收信号的能量水平计算相对距离。由接收到的能量强度和 id 空间空闲（margin）信息，要进入的节点得到临近物理上靠近节点的一个节点 id。这种方法仅适用于无基础设施的无线网络，在设计中没有考虑互联网网关。设备发现的开销不应该大于临近感知通信得到的益处。

3.2.1.5　基于地理位置的临近性

Canali 等[13]针对无线网状网提出名为 MeshChord 的一种位置感知的重叠网。为获得位置感知能力，该算法将临近的 id 指派给物理上靠近的对等端。但是，这种方法要求位置信息，可使用到全球定位系统接收器。由于隐私和安全原因，要发布地理位置，用户们也可能不会感觉舒服。基于 DHT 的 P2P 系统 "GeoRoy"[14]是 Viceroy[15]的一个位置感知变种。GeoRoy 基于一个两层架构，其中网状网路由器（超级对等端）形成基于

DHT 的高层，且移动网状网客户端（叶子对等端）向系统提供内容。在高层中使用 DHT，有助于对低层用户们所提供内容进行索引。由此，超级对等端仅提供由叶子对等端所持有资源的一个分布式目录，而叶子对等端在超级对等端的辅助下发布和请求资源。在 GeoRoy[14] 和 MeshChord[12] 中是从地理信息中计算对等端 id 的。但是，MeshChord 是构建于 Chord 之上的，而 GeoRoy 是构建于 Viceroy 之上的。地理感知哈希功能的使用，降低了重叠网和基础网络之间的不匹配，因此就跳距离而言，使资源查找更加高效。

3.2.2　层次化的重叠网构造

通过利用超级对等端，层次化的 DHT 系统改进了查找性能。但是，超级对等端间的负载均衡是层次化 DHT 系统的至关重要的问题。此外，如果一个超级对等端失效，则这样一个系统必须避免常规对等端的隔离。

3.2.2.1　基于超级对等端的层次结构

P2P 系统本质上展示了异构性，且确实存在功能更加强大和稳定的"超级对等端"。Joung 和 Wang[16] 提出一个两层的层次结构 Chord，名为 Chord^2，其中超级对等端和常规对等端加入到两个独立层中。其中的动机是降低基于 DHT 的 P2P 系统的维护开销。形成外层的常规对等端，仅实施其后继链接的周期性维护。如果由于对等端加入/离开过程，检测到一次变化，则这些对等端通知超级对等端。超级对等端仅将 finger 表更新通知发送给负责的常规对等端。采取这种方式，Chord^2 避免了常规对等端进行的 finger 表周期性刷新，并降低了维护开销。在文献［17］中，网络被分成几个组。每个组由一个稳定的对等端和几个不稳定的对等端（非常频繁地加入/离开）。一个稳定的对等端在 ID 字段左侧得到较高比特，涵盖整个 ID 空间，并在路由和复制中扮演一个比较重要的角色。不稳定的对等端在 ID 字段左侧得到具有较低比特的一个节点 ID，这使其 ID 区域尽可能小。不稳定的对等端仅协助可靠的对等端。作者们声称，这样一个系统最小化了维护的额外负担。超级对等端应该均匀地分布在整个重叠网络上，并满足诸如负载均衡、自适应于对等端振荡和利用对等端异构性等一些其他性质。

3.2.2.2　基于 DHT 的层次结构

Zoels 等[18] 针对具有不相交组的两层 DHT 系统，提出一种负载均衡算法。为取得每个超级对等端的一个均衡负载，一种分布式负载均衡算法确定要加入的对等端将连接哪个超级对等端。这样一种负载均衡方法可产生重叠网的物理层和逻辑层之间的不匹配。

3.2.3　基于 DHT 的邻居感知重叠网

在基于 DHT 的 P2P 系统 "eQuus"[19] 中，就临近度量而言距离上靠近的各对等端，被归组到同一个团。这样一个系统的启动对等端，在其路由表中维护每个团中一个节点的地址。要加入的节点联系一个任意的启动节点，确定最近的团。启动节点以每个团的一个节点的地址做出应答。要加入的节点需要联系所有这些节点，来确定临近性。但是，当底层节点以一种不平衡的方式群集时，这样一个系统不能平衡负载。Crammer 和

Fuhrmann[20]提出基于 Chord 的一个拓扑感知 DHT 系统。在这个方案中，ID 指派被松弛处理，且依据自组织网络中物理临近性选择逻辑后继。但是，对于大型网络，发现物理上在附近的邻居们的做法是代价高昂的，且经常看来是不现实的。

3.2.4　一个应用驱动的高效重叠网系统例子

在文献 ［21］中，我们提出名为蜂窝 Chord（C-Chord）的一种高效重叠网络，它将蜂窝用户以一种拓扑感知的方式集成到 P2P 网络之中。层次化的重叠网系统"C-Chord"概念上将稳定的有线对等端和无线对等端做出区分。稳定的互联网对等端形成大型的主 Chord（m-Chord）；相反，蜂窝用户们形成几个（等于基站数量）辅助 Chord（a-Chord）。在同一个基站下的蜂窝对等端属于一个特定的 a-Chord。基站不参与 Chord 的任何部分；蜂窝用户们仅利用基站的唯一数值标识符（Cell-ID）形成 a-Chord。a-Chord 将物理上靠近的蜂窝对等端组织在一起。Cell-ID 作为同一接入点下各对等端的一个汇聚点。图 3.1 所示为 C-Chord 系统中物理网络和逻辑网络之间的关系。这里，m-Chord 由四个有线连接的对等端组成，且每个 a-Chord 由两个蜂窝用户组成。在同一基站下的蜂窝对等端属于一个特定的 a-Chord。基站不参与 Chord 的任何部分。蜂窝用户可在互联网对等端和蜂窝对等端之间选择。蜂窝网络的用户们可以较快的速率从稳定

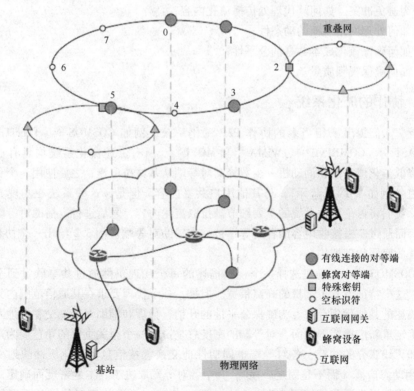

图 3.1　C-Chord 系统中物理网络和逻辑网络之间的关系
（出于图片清晰性考虑，仅给出特殊关键地方和网络的部分组成）

的互联网对等端处下载多样化的内容，或从同一基站下的对等端处下载社交内容，避免了互联网数据损伤。我们所提出的系统以路由表中较少的表项数，针对蜂窝用户，降低了路由信息的高管理开销。

3.3　蜂窝网络之上的协作流化

因为无线手持设备的快速增长，存在当移动用户在附近物理邻域中时的许多重要场景，这些用户要及时地观看相同的媒体内容，例如一个流行电视竞赛节目、竞选夜晚结果和音乐会的实况流化。实现 P2P 流化应用完全是用户驱动的，互联网服务提供商（ISP）/移动运营商的协作是不可行的。即，基站不知道运行在移动设备商的应用，并且它不广播内容。蜂窝信道在数量上是受限的，是昂贵的；多媒体流化要求巨量带宽，且不能扩展到许多用户。为避免在基站处的瓶颈，并降低流化成本，少数无线对等端可从互联网对等端处下载内容，之后通过广播与其他无线对等端共享内容。为在蜂窝设备商实现这样的协作，我们需要解决如下问题：

1）如何以一种分布式方式选择代理；
2）如何在附近范围找到辅助的对等端；
3）为避免冲突，如何从代理处传播流化内容；
4）如何处理网络规模的动态性；
5）如何确保流化成本共享的公平性；
6）如何确保视频质量。

3.3.1　协作的流化系统

最近，人们提出了相当多的协作 P2P 流化系统，例如 COSMOS[22]、LocalTree[23]、CHUMCAST[24]、COMBINE[25]、WiMA[26] 和 MOVi[27]。所有上述流化系统均具有通过协作共享降低流化成本的相同动机。少数蜂窝对等端从基站拉取流，之后使用一个免费的广播信道（例如 WiFi 或蓝牙），与其他用户共享内容。但是，这些系统在实现方面存在区别；我们将讨论这种系统的重要细节。拉取流化内容、之后进行广播的对等端被称为代理，而通过广播接收内容的各对等端被称作辅助对等端。图 3.2 给出一个协作 P2P 流化系统的底层物理架构。

在 COSMOS[22] 中，随机选择一个视频描述的每个代理仍然通过共享欣赏到全质量的视频。这个特征节省了宝贵的蜂窝带宽。但是，一个代理要求在其通信范围内具有其他视频描述的其他代理存在。为确保公平性的开销，代理和辅助对等端交替性地互换角色。在确定重新广播范围方面，对等端的密度总是扮演一个至关重要的角色。为避免报文重复和无线媒介的冲突，各对等端也周期性地交换邻接信息和流化缓冲映射。COSMOS 利用动态广播（而不是固定广播），其中各对等端取决于其本地密度而确定广播范围，由此降低了洪泛和信道冗余度。在 LocalTree[23] 中，少数蜂窝对等端从互联网下载流化内容，之后在 WiFi 连接的无结构网状网之上多跳距离处重新分发内容。每个对等端获取其邻居的接收报文状态。为避免冲突，各对等端在重新广播之前，以正比于每个邻居接收报文的值而进行等待。具有每个邻居最小接收报文值的对等端是最先被选中进行重新广播的。一个对等端每进行一次重播，它也将离开时间（TTL）减"1"。在这样一个系统中的对等端，也以从 TTL 字段得到的跳数计算离开拉取方的距离。经历稳定跳数的任何对等端，可加入构造一棵树，目的是进一步降低电池消耗。TTL 确定树的深度。基站-网状结构证明了针对对等端连接失效的抑制能力。通过降低

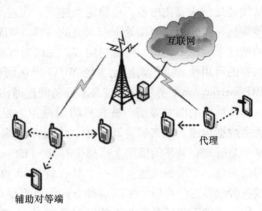

图 3.2　蜂窝对等端共享流化成本
的协作 P2P 流化系统

重播范围并在基站-网状重叠网之上构造稳定的树，所提方面最小化了电池消耗。与基站具有较佳连接的对等端可以一种更加能量优化的方式从互联网对等端处获取内容。CHUMCAST[24] 也遵循一种协作流化方法，其中附近的无线对等端形成利用一个 WLAN 的一个群组。每个对等端顺次扮演代理的角色，并采用一种广播技术分发内容。

CHUM 网络中的代理周期性地传输服务信标。信标包含其自己的 id 和群组 id，以及一些其他信息。到达的无线对等端传输加入请求和信标对等端之 id 的信息。任何群组成员，在接收到加入请求时，比较 id，且如果不匹配的话，则丢弃该请求。仅有信标对等端找到匹配，并接受加入请求。每个无线对等端从互联网中的一个有线连接的对等端（CHUMCAST 服务器）处得到支持，并将一跳邻接的无线对等端的信息上载到它的支持服务器。代理的服务器（活跃服务器）从其他支持的有线连接对等端处收集成员关系信息，并选择一个重播对等端集合。活跃服务器也调度下一个代理，并将所有成员关系和拓扑信息交付到那个代理的服务器。CHUM 网络中的无线对等端依赖于 CHUM-CAST 服务器。作者们没有提到这样一个服务器角色的任何激励措施。如果这些服务器是常见的有线连接对等端（在一个 P2P 网络中看来是比较合理的），那么 CHUMCAST 服务器的失效将严重地影响 CHUM 网络性能。

在如何形成一个协作群组方面，COMBINE[25] 与其他协作流化系统存在差异。在 COMBINE 中，一个请求者（称为"发起者"）从其附近区域识别出一个协作者集合，并以一种能量高效的方式形成一个协作组。为加入群组，每个潜在的成员周期性地醒来，广播一条短消息，并在其他时间将其 WLAN 卡保持在低能量模式。为发现这样一条消息，发起者总是保持其 WLAN 卡处于打开状态。该消息包含下载的成本（以金钱和电池能量来描述）和相应的潜在成员的期望 WWAN 速度。之后基于接收到的消息，发起者选择一个协作者集合。WiMA[26] 建议，具有较大能力的无线对等端作为代理。但是，WiMA 没有描述为从无线对等端中选择代理如何做出比较。为寻找到达的对等端，每个代理周期性地广播一条心跳（HB）报文。要加入的对等端，在接收到 HB 报文时，

从代理处请求流化内容。在稳定条件下，代理简单地将内容广播到辅助对等端。辅助对等端从一些其他对等端处下载缺失的内容。WiMA 也没有描述在不存在另一个代理冲突的情况下，一个代理如何交付内容。无线对等端的流化质量严重地依赖于在代理中流化内容的可用性。协作式流化系统 MOVi[27] 在回程（back-haul）网络处部署一台中心式 MOViserver。该服务器管理被共享设备的连通图，跟踪媒体分段，也调度各代理将流化内容传播到辅助对等端。被共享的用户作为媒体内容的缓存，且在 MOViserver 控制下负责数据传递。在文献［28］中，无线对等端基于它们的 id 相互竞争成为一个代理。每个对等端在共享的链路上广播带有其 id 的一条特殊"hello"消息，声明作为一个代理的角色。如果他或她从另一个具有较低 id 的对等端处听到一条"hello"消息，则该接收者放弃它的声明。采取这种方式，具有最低 id 的对等端成为代理。代理也可将一个数据块的下载任务指派给辅助对等端[29]。辅助对等端周期性地监测其互联网接入链路带宽，估计在最后期限内被指派数据块下载概率，并将概率报告给代理。代理识别具有低成功下载概率的数据块，并将该数据块的下载任务重新指派给具有良好互联网连接的其他对等端。在文献［28-29］中的协作流化系统区别于其他系统，其中辅助对等端也通过互联网接入链路下载内容。作者们建议，在网状网接入点（MAP）处部署缓存[30]，该点具有到互联网的固有网关。客户端在其自己内部并与被缓存的 MAP 一起形成一个 P2P 网络，在一个 P2P 跟踪器的辅助下下载/共享内容。但是，这种场景要求 ISP 协作，这在 P2P 网络的语境下是最不可能的。缓存放置问题是一个活跃的研究领域。

3.3.1.1　恢复缺失数据块的反馈机制

在一个协作流化系统中的组播利用一个共享无线信道的固有广播特征。具有讽刺意味的是，在确保质量的同时，这同一种物理性质对集成一种反馈机制施加了一项挑战。反馈机制可能会使发送者不堪重负，特别在一个密集网络中更是如此。另外，在没有合适的反馈方法情况下，要估计最优的传输速率也是困难的。

通过声称反馈机制对确保质量是至关重要的，同时在无线信道上进行组播，则我们就恰好打开了一个潘多拉魔盒。在一种传统的自动重发请求（ARQ）错误控制方法中，接收者将一条确认（ACK）发送给发送者，通知它接收到一个正确的帧。

如果没有接收到 ACK，则发送者重传相应的帧。当在无线信道之上以组播实现传统的 ARQ 方法时，每个接收者为处理 ACK，就要求高带宽和过量的协调。这导致反馈爆炸问题。这个问题的一种替代方案是实现否定 ACK（NACK），其中仅在接收到一条错误的帧时，一个接收者才向发送者发送 NACK 反馈。即使采用基于 NACK 的一种协议，如果发送者需要识别没有接收到一条正确帧的接收者，也要消耗大量的带宽并诱发额外负担。规避这些劣势并提供可扩展性的一种方式是组合使用 NACK 消息。还有，发送者必须将发送者的数量计数与 NACK 消息进行折衷处理，且不能确定传输的合适速率。

在无线组播方法中，发送者不得不以最差条件环境下接收者可承受的最低速率进行传输。采用这种方式，由于延长的信道占用，就浪费了宝贵的容量。Piamrat 等[31] 提出一种动态的速率自适应机制，其中基于接收者的体验质量（QoE）反馈，发送者调整组播速率。如果接收者经历较低的 QoE，则发送者就降低组播传输速率。另一方面，如果接收者经历较高的 QoE，则发送者就增加组播传输速率。采用这种方式，发送者以比最差信道条件的接收者的最低即时可承受速率要高的一个速率进行传输。

对于像基于用户数据报协议（UDP）流化等实时应用，相比提供正确报文到达的硬核（hard-core）保障而言，实时交付要重要。只要取得用户满意的要求水平，相比等待重传而言，允许一些错误报文就是比较令人接受的。选择多个发送者，是反馈机制和质量保障解决方案的一种可行替代方案。

3.3.2 P2P 概念影响运营商的多媒体系统

在今天的蜂窝网络中多媒体广播/组播服务（MBMS）能够将丰富的多媒体内容广播到大量移动对等端。但是，因为无线链路的时变特性导致最优速率选择是具有挑战性的，所以报文丢失是不可避免的。重传请求的个体反馈机制是不可扩展的，并可能压垮多媒体服务器。

基于诸如 802.11 的辅助无线接口，移动用户们可形成 P2P 网络，并修复报文丢失。在 PatchPeer[32] 中，具有组播能力的基站，将 VoD 交付到一组移动用户。有缺失部分的任何用户，采用单播方法从邻接用户处下载剩下的部分。选择一个合适的邻接对等端是具有挑战性的；从位于多跳距离的一个对等端处下载可能导致时延。在文献［33］中，基站以数据块方式将多媒体内容广播到移动用户。为修复报文丢失，将移动用户们分成几个集群。连通的主导集算法在蜂窝用户间确定主导者。将主导者选作集群头，其他用户加入其邻接主导者之一。正常的用户等待在"0"和"0.005"秒之间的一个随机时间，之后将报文发送到其主导者。该方案假定，一个主导者在整个网络上识别丢失的报文，并与其他主导者协作，触发修复过程。之后每个主导者采用一种随机线性网络编码技术对它的所有报文编码，之后在其邻居关系周边广播那个编过码的报文。因此所提出的方法降低了基站下行链路信道的负担。

移动视频广播服务可利用从基站到可变信道质量的分散移动用户的多条传输，来确保视频质量。Hua 等[34] 提出使用具有不同覆盖范围的不同信道，广播视频的不同层。基础层在整个蜂窝上广播，维持所有观众的最低质量。视频的其他层，是随着增强层的增加而降低覆盖范围的方式进行广播的。为了进一步改进所感知的视频质量，接收到增强层的移动用户们，通过自组织链路，将那些层转发到具有较弱信道条件的用户。从平均蜂窝数据速率中选择本地广播者（broadcaster）。

3.4 对等端选择策略

P2P 流化系统在本质上是动态的，并展示出带宽方面的异构性。在这样一个系统中的一个接收对等端，依赖于多个发送对等端，获得最佳可能的流化质量。接收者维护潜在发送者的一个联系列表，它从中选择一个活跃集合进行流化。这个过程被称作对等选择机制。接收者首先基于一些应用层性质（例如贡献水平、伙伴关系主动度（willingness）、上载带宽和能量水平），对潜在发送者排序。从潜在发送者中进行的合适对等端选择，扮演了一个重要角色，特别对于无线网络更是如此。

3.4.1 有关的对等端选择模块

3.4.1.1 拓扑感知的对等端选择

在文献［35］中，依据如下三种方法之一，接收者寻找活跃对等端的一个最优集合：随机、端到端或拓扑感知。在随机方法中，接收者几乎不能从所有连接的对等端的汇聚速率中得到最小速率要求，原因是对等端的低可用性和共享路径上的拥塞。在端到端方法中，基于个体端到端期望带宽和可用信息，一个接收者进行对等端选择，不考虑共享的分段。在拓扑感知的方法中，接收者选择对等端，以便最大化在接收者处的期望汇聚速率。因为考虑了共享路径，所以拓扑感知的对等端选择技术性能最好。这种方案应用到大规模 P2P 网络，没有解决无线相关的问题。在文献［36］中，作者们解决的是当多个节点尝试同时访问同一文件时在共享的无线信道上冲突增加的问题。他们也提出一种协作的 P2P 文件传输协议，该协议通过在下载路径上具有最小干扰的潜在下载对等端，而增加汇聚吞吐量。但是，这个协议基于当前负载和下载路径上的干扰，在某个时间为单个接收者选择潜在的下载对等端。Li 等[37]也强调了从所发现的潜在发送者对等端重选择合适对等端的重要性。在他们所提出的算法中，发送者的候选者们依据几个因素（例如能量、链路质量、运动、逗留时间和安全性）发送一个评估分。在对候选者排序之前，接收者对等端等待一个时段，等待来自几个候选者的评估分。但是，评估分是重复地在时变无线环境中变化的，且获取评估分所付出的代价多数情况下是不值得的。

3.4.1.2 负载感知的对等端选择

Zhang 等[38]声称，由于负载不匹配，局部感知的对等端选择方法，在 3G 蜂窝网络上会降低移动 P2P 网络的性能。当一个蜂窝对等端从同一基站选择多个对等端作为合作伙伴时，底层流量仍然通过网关 GPRS 支持节点传输，导致两跳代价高昂的蜂窝信道开销。选择这样的一个局部对等端也会导致蜂窝基站间的负载变化。作者们建议，一个对等端应该从具有最低流量负载和较好上载带宽的蜂窝中选择一个合作伙伴。作者们没有提到对等端选择模块如何收集一个基站的流量负载。

如在文献［35-37］中提出的对等端选择方法，为单个接收对等端选择最佳的潜在发送者。仅在接收者侧进行的对等关系决策，总是次优的，原因是特定的接收者没有考虑其他接收者的最优性。因此一个高效的对等端选择模块应该考虑如下场景，即多个请求对等端从多个潜在发送者处下载内容。稳定婚配（SM）算法和博弈论是对这样一个问题建模的强力候选，其中多个对等端涉及其自己的自私利益。

3.4.1.3 匹配算法的对等端选择

SM 算法通过由男人向女人求婚的一个序列找到男人和女人之间的一个稳定婚配。男人和女人都有一个首选列表。一个稳定的指派称作最优的，此时不存在这样的男人／

女人偶对，其中两者会有动机与他人私奔。Gale 和 Shapley[39] 首先引入了这个算法，后来 Gusfield 和 Irving[40] 将该算法扩展到许多变形。我们的工作[41] 依据 SM 问题，给出蜂窝对等端的一个对等端选择模块，它从所发现的潜在发送者中选择合适的候选。在那个对等端选择问题中，一个男人类比于请求对等端，一个女人类比于潜在的发送者。当一个男人向一个女人求婚时，请求对等端将请求发送到潜在的发送者。我们给出求解该问题的一种替代启发式算法。这个解决方案为蜂窝用户们从互联网对等端以较快的速率或从同一个基站下的其他蜂窝用户（避免了互联网数据损伤）处下载内容的选择。结果表明，由于潜在发送者间智能选择对等端，流化质量得以改进。

3.4.1.4　协作的对等端选择

一台多只手的赌博机可被看作具有多个操纵杆的一台带槽机器。当拉起时，每个操纵杆赢得一个报酬。一名赌徒的目标是最大化从顺序性操纵杆拉起中赢得报酬的总和。赌徒需要探索所有操纵杆以获得与每个操纵杆相关联的报酬值，但同时不应该通过探索损失太多报酬。不停歇的赌博算法是多只手赌博机问题的一个扩展。文献［42］中的工作提出一种多发送者选择方案，在多跳无线网络的语境中以数据速率和能量消耗方面改进性能。

发送者选择过程依据的是不停歇赌博算法，其中潜在发送者的状态（活跃的或不活跃的）是以一种分布式和协作的方式确定的。操纵杆等价于一个发送者，且拉取操纵杆等价于将发送者的状态设置为活跃的。由于无线信道的时变特性，当与每个发送者相关联的报酬独立于发送者选择过程而改变时，这种结构是不停歇的。对等端选择对网络整体吞吐量和流量分布具有至关重要的影响。Gurses 和 Kim[43] 提出一种对等端选择方案，该方案尝试最大化无线自组织网络的整体吞吐量。通过控制 MAC 层参数，该方案也将最优速率分配给接收对等端。对于真实世界的 P2P 应用而言，底层参数的这种控制是不可能的。

3.4.1.5　博弈论法的对等端选择

博弈论分析决策者（"局中人"）的态度，其合理的决策是相互影响的。局中人相互作用，并通过其决策形成联盟而得到（经常是冲突的）报酬。在文献［44］中，作者们提出一个对等端选择过程，其中对等端进行一次战略性的博弈，确定父-子关系。每个父节点与其子节点形成一个联盟。联盟的每个组合提供一个特定的值。当一个对等端加入一个联盟，它为现有的联盟带来一个附加值，并得到其效用份额。通过尝试加入提供较高效用的一个联盟，每个局中人尝试最大化其效用份额。当联盟 SM 没有哪个成员有动机离开时，形成一个稳定的联盟。通常一个子节点接受一个以上的父节点，直到满足其进入的流量需求为止才不接受父节点。具有较高外发带宽的任何对等端从一个联盟得到较少效用，这会促使那个对等端与更多的父节点形成联盟关系。采取这种方式，高外发带宽的对等端就可容忍对等端失效，且系统对对等端的动态性就会不太敏感。

3.4.2　对等关系建立过程的 ISP 协作和相关风险

最近，有些研究人员建议，ISP 和 P2P 应用提供商可针对对等关系建立决策进行协作。在文献［45］中，Aggarwal 等提出安装称为 Oracle 的一个 ISP 拥有的设施，在局部感知的对等关系建立决策上协助一个对等客户端。P2P 用户们向 Oracle 提供可能对等端的一个列表。基于 BGP 信息，Oracle 为客户端排序候选对等端。对等关系建立决策的这种引导降低了跨域流量。来自不同 ISP 的 Oracle 交换信息，以便使对等端排序更加高效[46]。图 3.3 表明 ISP 控制的 Oracle 可协助对等端门选择合适的合作伙伴。Xie 和 Yang[47] 提出将 iTracker 引入到 ISP，实施与 Oracle[45,46]类似的功能。iTracker 从 P2P 提供商（应用跟踪器）和 ISP 处收集信息，并基于距离、负载或对等端的带宽异构性提供对等端关系建立决策。在文献［48］中，应用跟踪器从 ISP 报告的端到端路径使用率信息中向客户端提供对等关系建立指令。

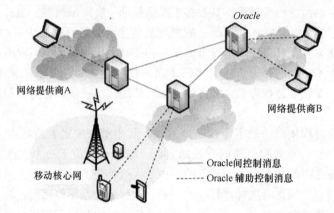

图 3.3　ISP 控制的 Oracle 为对等端关系建立决策提供辅助
（出于简单性考虑，我们仅给出对等端与 Oracle 之间以及 Oracle 本身之间的逻辑连接）

应用跟踪器的目标是平衡 P2P 流量，方法是通过最优伙伴选择而最小化最大链路利用率。一个内容分发网络（CDN）将客户端连接到低延迟副本服务器（位于 ISP 内）。对等端可利用由 CDN 收集的信息来选择合作伙伴。例如，靠近同一台服务器的对等端相互选择作为合作伙伴，以便降低不希望的流量流动[49]。CDN-辅助的对等端选择消除了对诸如 Oracle 等附加实体的需要。在文献［50］中，Kaya 等宣布由 P2P 提供商和 ISP 之间协作导致的潜在风险。作者们强调 ISP 拥有的 Oracle 应该避免 ISP 间对等关系建立决策，原因是对于 ISP 间链路，各 ISP 具有冲突的首选喜好。为确保多个 ISP 间的公平性，需要由一个第三方监测的一个中心式 Oracle。

3.4.3　对等端选择模块的设计准则

为设计一个高效的对等端选择模块，我们提出如下建议：

1）对等端选择应该利用基础网络条件。但是，推断拓扑所支付的价格不应该超过由之获得的收益。

2）对等端选择技术应该经受住对等端振荡率，所有时间都会有对等端加入/离开系统。

3）通过选择具有较好负载分布的潜在发送者，接收者应该体验到改进的流化质量。

4）当协作流化不可能时，一个蜂窝接收者应该首选一个有线连接的发送者而不是一个蜂窝发送者，当避免两跳无线通信时可节省无线带宽。

5）当一个蜂窝接收者找到具有接近数据速率的一个以上的蜂窝发送者时，具有较佳能量状态的一个发送者是比较合适的。

6）P2P 流化总是用户驱动的；仅对基于 CDN 的流化系统，ISP 协作才是可能的。

3.5 关于实现蜂窝 P2P 流化系统的其他问题

3.5.1 用于蜂窝对等端的 P2PSIP

会话初始协议（Session Initiation Protocol，SIP）是建立、修改和终止一个多媒体会话的一种信令协议。一台专用的代理服务器维护注册信息，并提供 SIP 消息路由功能。作为一个基于文本的应用层协议，SIP 吸引了研究人员们探索其在 P2P 应用中的用法。Li 和 Wang[51] 提出一种 P2P 文件共享应用，其中使用 SIP 作为蜂窝网络的一种控制协议。为满足蜂窝 P2P 应用的需要，该项工作也提出对 SIP 的几项修改。但是，SIP 要求服务中心式的架构，并显示出在 NAT/防火墙穿越方面的困难。P2P SIP（P2PSIP）克服了中心式 SIP 代理服务器的限制，并允许以一种分布式方式发现对等端和资源。Davies 和 Gardner[52] 提出一种基于 P2P 的框架，在没有一台中心化 SIP 服务器的情况下，该框架定位移动设备，并在这些设备之间发起流化服务。几个互联网对等端作为虚拟交换机，并在移动设备之间协调各条连接。依据移动设备的 id，分配一台特定移动设备的负责互联网对等端。文献 [53] 中的工作测量一个基于 Chord 的 P2PSIP 重叠网中移动电话设备的性能。作者们得出结论，在不存在损伤（impairments）的情况下，移动对等端的内容和 CPU 是可持续工作的。但是，在传统 Chord 中的消息额外负担增加了无线网络额外负担和电池消耗，由此降低了移动对等端的性能。Wu 和 Womack[54] 强调，由于有限的电池寿命和移动性能力，对于蜂窝对等端而言，维护重叠网是具有挑战的。该项工作提出一种移动发起的连通性检查，由于降低的蜂窝传播负载和减少的唤醒时长，该检查展示出功效。

3.5.2 由 NAT 和防火墙施加的障碍

预期下一代蜂窝网络会向客户端提供基于全 IP 的移动宽带接入。一般而言，移动网络运营商（MNO）部署各种类型的中间设备，例如网络地址转换（NAT）和防火墙。一个 NAT 隐藏在其后的海量用户，并为他们提供互联网接入，即使采用有限的公开 IP 地址空间时也是如此。通过将移动用户隔离于互联网上的额外活动，防火墙对移动用户进行保护。但是，位于 NAT 背后的蜂窝对等端应该拥有向其他对等端发起连接并接受由其他对等端发起的连接的能力。图 3.4 形象地说明了对于笔记本电脑主机而言，一个

NAT 如何看起来像一个黑盒，并禁止智能手机接收 P2P 内容。

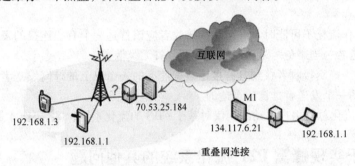

图 3.4　笔记本电脑不能寻址智能电话的 NAT IP 地址

在互联网中正被标准化的几项 NAT 穿越方案是由工程任务组进行的，例如 NAT 的会话穿越工具（STUN）[55]、使用中继绕过 NAT 的穿越（TURN）[56]和交互式连通性建立（ICE）[57]。文献［58］中的工作研究了 NAT 设备，预测其端口分配方法。作者们声称，在不做修改的情况下，蜂窝对等端可利用现有的 NAT 穿越技术。例如，利用 STUN，一个网络客户端可获取其外部地址和端口信息。Skype 是一个基于 P2P 的互联网电话系统，它采用 STUN 或一种非常类似的方法解决 NAT 穿越问题。P2PSIP 也可利用现有NAT 穿越方案。文献［59］中的工作将 P2PSIP 的呼叫建立时延和连接建立时延与传统的中心式面向 SIP 的重叠网相应指标做了比较。

Wang 等[60]开发了一个工具，该工具由运行在每个移动设备上的客户端软件和位于互联网上的一台专用服务器组成。他们发现，对于诸如电池耗尽和服务拒绝等攻击，运营商的防火墙仍然是脆弱的，原因是在移动应用开发商和蜂窝网络运营商之间缺乏协作。

由中间设备设置的空闲 TCP 连接超时，对于运行 P2P 应用的移动设备而言看来也是一个问题[60]。智能手机的多数用户驱动应用（例如 SMS 和基于推送的电子邮件）要求偶尔空闲的连接以便节省电池能量。实况流化应用要求与互联网对等端的长寿（long-lived）连接，当运行这种应用的对等端相互间共享内容时，在网络运营商看来这些对等端是空闲的。NAT 设备和防火墙大胆地为空闲 TCP 连接设置超时，以便回收由不活跃连接所持有的资源。进行重新连接的额外无线电活动加剧了移动设备上的能量消耗。

3.5.3　版权和法律问题

由于端用户对具有版权材料的频繁共享，P2P 服务和应用面临法律挑战。早期 P2P系统 Napster 是构建于单台服务器跟踪器系统之上的，该系统向对等端们提供内容查找服务。最后，Napster 面临违反版权的起诉，并结束其运行[61]。如今的真实世界 P2P 流化系统，例如 PPLive[62]、SopCast[63]和 Coolstreaming/DONet[64]，仅利用"跟踪器"连接共享常见媒体内容的对等端。对等端自己利用流言或基于 DHT 的查询，进行流化数据块发现。就是否维持这样一个"跟踪器"处理侵权，是存在争议的。

3.5.4　WiFi 热点的机会性使用

智能手机通常具有多个接入接口，并可在 WiFi 热点处访问互联网，由此就卸载了基站的流量负载。在文献 [65] 中，作者们给出有关通过 WiFi 热点 3G 移动流量卸载的试验结果。由统计分析，作者们宣称，WiFi 热点连接可卸载总移动数据的大约 65%，并节省 55% 的电池能量。Collins 等[66]针对从家庭到公共场所（例如大学和商业园区、运动综合场地和娱乐公园）的移动设备，重复进行了基于 WLAN 的普遍覆盖试验。

除了 WiFi 热点的快速增长之外，当与蜂窝网络的大面积覆盖区相比，其覆盖区域仍然是非常有限的。此外，许多 WiFi 热点提供商仅允许他们的用户使用有限数量的应用，并禁止用户得到丰富的多媒体内容。连接超时和频繁的重连接认证也阻碍播放实况流化媒体。

3.5.5　可伸缩视频编码

处理异构性和抖动的两个主要可伸缩视频编码是媒体描述编码（MDC）和分层编码（LC）。在目标为最终重构的视频质量方面，MDC 中的每个描述都贡献不同的增量。采用 MDC，每个对等端都依据其带宽和设备能力，调整回放用的描述数量。在 LC 中，视频被编码成一个基本层和多个增强层。基本层确保观众所感知的最低视频质量。随着增强层数量的增加，观众体验到改进的视频质量。MDC 或 LC 的实现为蜂窝设备上的实况流化赋予真实性。

3.5.6　解码器兼容性和屏幕分辨率异构性

来自不同网络（例如 WiFi、ADSL、WiMAX 和蜂窝网络）的 P2P 用户们会有解码器和图像分辨率限制。文献 [67] 中的工作提出一种内容管理系统，该系统向来自不同网络的对等端提供适配功能。所提出的架构引入两个媒体感知网络单元（MANE）：在扩展家庭环境边缘处的一个无缝家庭媒体网关（sHMG）和在蜂窝接入网络边缘处的一个无缝网络媒体网关（sNMG）。终端感知的内容适配

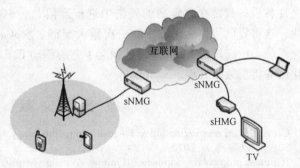

图 3.5　用于解码和图像分辨率兼容性的 MANE

和内容保护现在被分配到所部署的媒体网关。图 3.5 给出所提出带有 MANE 的架构。

3.6　小结

P2P 实况流化正成为用户们极其喜欢的娱乐方式，这些用户通过有线连接宽带接

入或 WiFi 接入连接到一个有线的骨干网在互联网上娱乐。这项功能对于移动用户仍然是不可用的，虽然他们具有到互联网的接入。蜂窝信道在数量上是有限的，且代价高昂的。因为每单位时间的内容量和通过整个系统而播放相同内容的特点，拓扑感知的重叠网构建是一个高效 P2P 流化系统的关键。一个高效重叠网的几项重要特征是扩展性、临近感知性和低维护额外负担。从潜在发送者中进行的合适对等端选择也为 P2P 流化扮演了一个重要角色。对等端选择模块应该是应用驱动的。一个良好的对等端选择模块与其他对等端交互进行对等关系决策，增加了系统吞吐量，并改进个体用户体验。对于蜂窝对等端，所有的流化内容都通过基站，这带来了拥塞问题，且系统受限于基站的容量。一个协作的流化系统节省了昂贵的无线带宽并避免了在基站处的拥塞。

从社交网络观点看，一个移动流化系统的影响是巨大的。在没有一台商用服务器的帮助下，使用最少的资源，某个人可以是一个广播员，且甚至构建他或她自己的 TV 站。想象一下，您正在家里在您的平板电脑上在线欣赏一部影片，且您希望与您的家庭分享这部影片。与大家聚在小型屏幕周围的做法不同，您可通过即可利用 P2P 流化协议使用一台支持 WiFi 的 TV 分享内容。在我们如今生活的世界上，人们希望任何时间、任何地方都可享受娱乐活动。无论您在一个机场、体育馆、购物中心、地铁站、交通拥堵或任何其他人群密集的地方，您都不会错失任何广播的 TV 节目。社交和团体网络展示了高度的局部特征。在一列长途旅行的列车中，大量人们也许对观看相同的实况内容感兴趣（例如一项奥林匹克赛事报道）。多玩家游戏和临近性视频广告也可从移动 P2P 流化概念中受益。便签机使用的增长增强了消费者对蜂窝 P2P 流化服务的需求。认识到这种影响，业界正在研究临近性感知的 P2P 应用。下一步是步向手持设备上的实况 P2P 流化服务。Qualcomm 的最近创新"Flashlinq"技术允许各设备直接在运营商的频谱中进行通信[68]。3GPP 也正在研究 D2D 通信的标准化，这将提供协作流化方法的一次重大突破。SopCast，这是互联网上的一个 P2P 流化系统，已经针对 Android 设备发起了它的移动 P2P 流化系统[63]。其他类似的在线流化服务将会紧跟其后。

参 考 文 献

1. Cisco, "Visual networking index: Forecast and methodology: Global mobile date traffic update, 2011–2016," *White Paper*, 2012.
2. "Gnutella protocol development." [Online]. Available: http://rfc-gnutella.sourceforge.net/index.html/.
3. "KaZaA." [Online]. Available: http://www.kazaa.com.
4. I. Stoica, R. Morris, D. Karger, M. F. Kaashoek, and H. Balakrishnan, "Chord: A scalable peer-to-peer lookup service for internet applications," in *Proc. (SIGCOMM) Conf. on Applications, technologies, architectures, and protocols for computer communications*, 2001, pp. 149–160.
5. A. I. T. Rowstron and P. Druschel, "Pastry: Scalable, decentralized object location, and routing for large-scale Peer-to-Peer systems," in *Proc. of the IFIP/ACM International Conference on Distributed Systems Platforms Heidelberg*, 2001, pp. 329–350.
6. S. Ratnasamy, P. Francis, M. Handley, R. Karp, and S. Shenker, "A scalable content addressable network," in *Proc. (SIGCOMM) Conf. on Applications, Technologies, Architectures, and Protocols for Computer*

Communications. ACM, 2001, pp. 161–172.

7. B. Krishnamurthy and J. Wang, "On network-aware clustering of web clients," in *Proc. of the conference on Applications, Technologies, Architectures, and Protocols for Computer Communication (SIGCOMM)*, 2000, pp. 97–110.

8. Ratnasamy, M. Handley, R. Karp, and S. Shenker, "Topologically-aware overlay construction and server selection," in *IEEE Joint Conference of the Computer and Communications Societies (INFOCOM)*, vol. 3, 2002, pp. 1190–1199.

9. X. Y. Zhang, Q. Zhang, Z. Zhang, G. Song, and W. Zhu, "A construction of locality aware overlay network: mOverlay and its performance," *IEEE Journal of Selected Areas in Communications*, vol. 22, no. 1, pp. 18–28, Jan. 2004.

10. C.-M. Huang, T.-H. Hsu, and M.-F. Hsu, "Network-aware P2P file sharing over the wireless mobile networks," *IEEE Journal of Selected Areas in Communications*, vol. 25, no. 1, pp. 204–210, Jan. 2007.

11. J. Li, L. Huang, W. Jia, M. Xiao, and P. Du, "An efficient implementation of file sharing systems on the basis of WiMAX and Wi-Fi," in *Proc. IEEE International Conference on Mobile Ad hoc and Sensor Systems*, Oct. 2006, pp. 819–824.

12. S. Wang and H. Ji, "Realization of topology awareness in peer-to-peer wireless network," in *International Conference on Wireless Communications, Networking and Mobile Computing*, Sept. 2009, pp. 1–4.

13. C. Canali, M. E. Renda, P. Santi, and S. Burresi. "Enabling efficient peer-to-peer resource sharing in wireless mesh networks," *IEEE Transactions on Mobile Computing*, vol. 9, no. 3, pp. 333–347, Mar. 2010.

14. L. Galluccio, G. Morabito, S. Palazzo, M. Pellegrini, M. E. Renda, and P. Santi, "Georoy: A location-aware enhancement to Viceroy peer-to-peer algorithm," *Elsevier*, vol. 51, no. 8, pp. 1998–2014, June 2007.

15. D. Malkhi, M. Naor, and D. Ratajczak, "Viceroy: A scalable and dynamic emulation of the butterfly," in *Proceedings of the Symposium on Principles of Distributed Computing*. ACM, 2002, pp. 183–192.

16. Y.-J. Joung and J.-C. Wang, "Chord2: A two-layer chord for reducing maintenance overhead via heterogeneity," *Computer Networks*, vol. 51, no. 3, pp. 712–731, 2007.

17. K. Kim and D. Park, "Mobile NodeID based P2P algorithm for the heterogeneous network," in *International Conference on Embedded Software and Systems*, 2005, pp. 1–8.

18. S. Zoels, Z. Despotovic, and W. Kellerer, "Load balancing in a hierarchical DHT-basedP2P system," in *International Conference on Collaborative Computing: Networking, Applications and Worksharing (CollaborateCom)*, 2007, pp. 353–361.

19. T. Locher, S. Schmid, and R. Wattenhofer, "eQuus: A provably robust and locality aware peer-to-peer system," in *IEEE International Conference on Peer-to-Peer Computing*, Sept. 2006, pp. 3–11.

20. C. Cramer and T. Fuhrmann, "Proximity neighbor selection for a DHT in wireless multihop networks," in *IEEE International Conference on Peer-to-Peer Computing*, 2005, pp. 3–10.

21. M. Zulhasnine, C. Huang, and A. Srinivasan, "Topology-aware integration of cellular users into the P2P system," in *IEEE Vehicular Technology Conference Fall (VTC) Fall*, 2011, pp. 1–5.

22. M.-F. Leung and S. H. G. Chan, "Broadcast-based peer-to-peer collaborative video streaming among mobiles," *IEEE Transactions on Broadcasting*, vol. 53, no. 1, pp. 350–361, March 2007.

23. B. Zhang, S. G. Chan, G. Cheung, and E. Y. Chang, "LocalTree: An efficient algorithm for mobile peer-to-peer live streaming," in *IEEE International Conference on Communications (ICC)*, June 2011, pp. 1–5.

24. S.-S. Kang and M. W. Mutka, "A mobile peer-to-peer approach for multimedia content sharing using 3G/WLAN dual mode channels," *Wireless Communications and Mobile Computing*, vol. 5, no. 6, pp. 633–645, 2005.

25. G. Ananthanarayanan, V. N. Padmanabhan, L. Ravindranath, and C. A. Thekkath, "COMBINE: Leveraging the power of wireless peers through collaborative downloading," in *Proc. of the International Conference on Mobile Systems, Applications and Services (MobiSys)*, 2007, pp. 286–298.

26. W. Jiang, X. Liao, H. Jin, and Z. Yuan, "WiMA: A novel wireless multicast agent mechanism for live streaming system," in *International Conference on Convergence Information Technology*, 2007, pp. 2467–2472.

27. H. Yoon, J. Kim, F. Tan, and R. Hsieh, "On-demand video streaming in mobile opportunistic networks," in *IEEE International Conference on Pervasive Computing and Communications (PerCom)*, March 2008, pp. 80–89.

28. M. Stiemerling and S. Kiesel, "A system for peer-to-peer video streaming in resource constrained mobile environments," in *Proc. of ACM Workshop on User-Provided Networking: Challenges and Opportunities (U-NET)*, 2009, pp. 25–30.

29. M. Stiemerling and S. Kiesel, "Cooperative P2P video streaming for mobile peers," in *Proc. of International Conference on Computer Communications and Networks (ICCCN)*, Aug. 2010, pp. 1–7.

30. Y. Zhu, W. Zeng, H. Liu, Y. Guo, and S. Mathur, "Supporting video streaming services in infrastructure wireless mesh networks: Architecture and protocols," in *IEEE International Conference on Communications (ICC)*, 2008, pp. 1850–1855.

31. K. Piamrat, A. Ksentini, J. M. Bonnin, and C. Viho, "Q-DRAM: QoE-based dynamic rate adaptation mechanism for multicast in wireless networks," in *IEEE Global Telecommunications Conference (GLOBECOM)*, 2009, pp. 1–6.

32. T. Do, K. Hua, N. Jiang, and F. Liu, "PatchPeer: A scalable video-on-demand streaming system in hybrid wireless mobile peer-to-peer networks," *Peer-to-Peer Networking and Applications*, vol. 2, no. 3, pp. 182–201, 2009.

33. Y. Liu, B. Guo, C. Zhou, and Y. Cheng, "A CDS based cooperative information repair protocol with network coding in wireless networks," in *IEEE Global Telecommunications Conference (GLOBECOM)*, Dec. 2010, pp. 1–5.

34. S. Hua, Y. Guo, Y. Liu, H. Liu, and S. S. Panwar, "Scalable video multicast in hybrid3g/ad-hoc networks," *IEEE Trans. Multimedia*, vol. 13, no. 2, pp. 402–413, April 2011.

35. M. Hefeeda, A. Habib, B. Botev, D. Xu, and B. Bhargava, "PROMISE: peer-to-peer media streaming using collect cast," in *Proc. ACM International Conference on Multimedia*. ACM, 2003, pp. 45–54.

36. S. M. ElRakabawy and C. Lindemann, "Peer-to-peer file transfer in wireless mesh networks," in *Proc. Wireless on Demand Network System and Services (WONS)*, 2007, pp. 114–121.

37. X. Li, H. Ji, R. Zheng, Y. Li, and F. R. Yu, "A novel team-centric peer selection scheme for distributed wireless P2P networks," in *IEEE (WCNC)*, 2009, pp. 1–5.

38. Y. Zhang, X. Zhou, F. Bai, and J. Song, "Peer selection for load balancing in 3Gcellular networks," in *International Conference on Information Science and Engineering (ICISE)*, Dec. 2010, pp. 2227–2230.

39. D. Gale and L. S. Shapley, "College admissions and the stability of marriage," *The American Mathematical Monthly*, vol. 69, no. 1, pp. 9–15, 1962.

40. D. Gusfield and R. W. Irving, *The stable marriage problem: structure and algorithms*. Cambridge, Mass.: MIT Press, 1989.

41. M. Zulhasnine, C. Huang, and A. Srinivasan, "Towards an effective integration of cellular users to the structured peer-to-peer network," *Peer-to-Peer Networking and Applications*, vol. 5, no. 2, pp. 178–192, 2012.

42. P. Si, F. R. Yu, H. Ji, and V. C. M. Leung, "Distributed multisource transmission in wireless mobile peer-to-peer networks: A restless-bandit approach," *IEEE Transactions on Vehicular Technology*, vol. 59, no. 1, pp. 420–430, Jan. 2010.

43. E. Gurses and A. N. Kim, "Maximum utility peer selection for P2P streaming in wireless ad hoc networks," in *IEEE GLOBECOM*, 2008, pp. 1–5.

44. M. K. H. Yeung and Y.-K. Kwok, "On game theoretic peer selection for resilient peer-to-peer media streaming," *IEEE Transactions on Parallel and Distributed Systems*, vol. 20, no. 10, pp. 1512–1525, Oct. 2009.

45. V. Aggarwal, A. Feldmann, and C. Scheideler, "Can ISPs and P2P users cooperate for improved performance?" *ACM SIGCOMM Computer Communication Review*, vol. 37, no. 3, July 2007.

46. Z. Dulinski, M. Kantor, W. Krzysztofek, R. Stankiewicz, and P. Cholda, Optimal choice of peers based on BGP information," in *IEEE International Conference on Communications (ICC)*, May 2010, pp. 1–6.

47. H. Xie, Y. R. Yang, A. Krishnamurthy, Y. G. Liu, and A. Silberschatz, "P4P: Provider portal for applications," in *ACM SIGCOMM Computer Communication Review*, 2008, pp. 351–362.

48. C. Wang, N. Wang, M. Howarth, and G. Pavlou, "An adaptive peer selection scheme with dynamic

network condition awareness," in *IEEE International Conference on Communication (ICC)*, 2009, pp. 1–5.

49. D. R. Choffnes and F. E. Bustamante, "Taming the torrent: A practical approach to reducing cross-ISP traffic in peer-to-peer systems," *ACM SIGCOMM Computer Communication Review*, pp. 363–374, 2008.

50. A. O. Kaya, M. Chiang, and W. Trappe, "P2P-ISP cooperation: Risks and mitigation in multiple-ISP networks," in *IEEE Global Telecommunications Conference (GLOBECOM)*, 2009, pp. 1–8.

51. L. Li and X. Wang, "P2P file-sharing application on mobile phones based on SIP," in *International Conference on Innovations in Information Technology*, 2007, pp. 601–605.

52. S. E. Davies and S. Gardner, "A novel and non SIP-based framework for initiating a multimedia session between mobile devices," in *International Conference on Internet Multimedia Services Architecture and Applications (IMSAA)*, 2008, pp. 1–6.

53. J. Mänpää and J. J. Bolonio, "Performance of REsource LOcation; Discovery (RELOAD) on mobile phones," in *IEEE Wireless Communications and Networking Conference (WCNC)*, 2010, pp. 1–6.

54. W. Wu and J. Womack, "Efficient connectivity maintenance for mobile cellular peers in a P2PSIP-based overlay network," in *IEEE Consumer Communications and Networking Conference (CCNC)*, Jan. 2011, pp. 252–256.

55. J. Rosenberg, "Interactive connectivity establishment (ICE): A protocol for network address translator (NAT) traversal for offer/answer protocols," IETF, Internet Draft work in progress, Tech. Rep., Feb. 2010.

56. R. M. J. R. P. Matthews, "Traversal using relays around NAT (TURN): Relay extensions to session traversal utilities for NAT (STUN)," IETF, Internet Draft work in progress, Tech. Rep., Feb. 2010.

57. P. M. J. Rosenberg, R. Mahy, and D. Wing, "Session traversal utilities for NAT (STUN)," RFC 5389, IETF, Tech. Rep., 2009.

58. L. Makinen and J. K. Nurminen, "Measurements on the feasibility of TCP NAT traversal in cellular networks," in *Next Generation Internet Networks (NGI)*, 28–30, 2008, pp. 261–267.

59. J. Maenpaa, V. Andersson, G. Camarillo, and A. Keranen, "Impact of network address translator traversal on delays in peer-to-peer session initiation protocol," in *IEEE Global Telecommunications Conference (GLOBECOM)*, Dec. 2010, pp. 1–6.

60. Z. Wang, Z. Qian, Q. Xu, Z. Mao, and M. Zhang, "An untold story of middle boxes in cellular networks," *ACM SIGCOMM Computer Communication Review*, vol. 41, no. 4, pp. 374–385, Aug. 2011.

61. "A & M Records, Inc. v. Napster," vol. 239 F.3d 1004 (9th Cir.), 2001.

62. "PPLive." [Online]. Available at http://www.pplive.com/.

63. "SopCast." [Online]. Available at http://www.sopcast.com/.

64. X. Zhang, J. Liu, B. Li, and Y. S. P. Yum, "CoolStreaming/DONet: A data-driven overlay network for peer-to-peer live media streaming," in *INFOCOM*, vol. 3, March 2005, pp. 2102–2111.

65. K. Lee, I. Rhee, J. Lee, S. Chong, and Y. Yi, "Mobile data offloading: How much can WiFi deliver?" in *International Conference on emerging Networking EXperiments and Technologies (CoNEXT)*. ACM, 2010, pp. 1–12.

66. K. Collins, S. Mangold, and G. M. Muntean, "Supporting mobile devices with wireless LAN/MAN in large controlled environments," *IEEE Commun. Mag.*, vol. 48, no. 12, pp. 36–43, 2010.

67. L. Garcia, L. Arnaiz, F. Alvarez, J. M. Menendez, and K. Gruneberg, "Protected seamless content delivery in P2P wireless and wired networks," *IEEE Wireless Communications*, vol. 16, no. 5, pp. 50–57, Oct. 2009.

68. Qualcomm, "Flashlinq," *GSMA Mobile World Congress*, 2012.

第4章 未来互联网中的对等视频点播

4.1 背景

您已经注意到最近互联网流化增长有多快了吗？对于那些还没有注意到的人们而言，这是一项令人惊奇的统计。如果您刚刚连接到互联网并发送邮件、阅读新闻、聊天、观看 YouTube 视频，并与社交网络（例如 Facebook 和 twitter）上的电子伙伴交谈，就准备大吃一惊吧。互联网流量总量相比仅仅 5 年以前的量，增加了 8 倍。且没有迹象表明这种爆炸性的增加很快就将结束。对于比较技术偏向性的家伙而言，来自 CISCO 的可视网络指数（VNI）[1] 预测应该是足够说明问题的。VNI 表明，在接下来的 5 年间，互联网流量将继续增长 4 倍。VNI 进一步推断另一个迷人的数字：互联网视频会占到整个消费者互联网流量的 40%，到 2015 年底可能达到惊人的 62%。

让我们问一下自己，视频流量的这种海啸式增长的原因是什么？作为视频流量的这种汹涌增长的主要原因，我们当然可将焦点锁定在接入和核心网络技术的巨大改进以及光纤通信网络的部署。宽带接入网络方面的技术进步及其大规模部署正以令人惊异的步伐成为有前景的数据交付技术。即使最简单的互联网用户们也可见证这点。问一下十年前使用互联网的任何一个人。连接到互联网的令人痛苦的缓慢拨号日子当然结束了，拨号调制解调器也几乎绝迹了——也许我们子孙们将在博物馆或文档馆就了解这些物件而欣喜。与令人吃惊的缓慢互联网的早期日子不同，如今的互联网用户们不再将自己受限于仅进行网页浏览和文本/图像数据传递。相反，他们通常享受和分享各种多媒体服务，其中包括音频和视频流化。随着交付多媒体内容的资源和技术继续朝 40/100GB 网络演进[2]，多媒体内容分发技术也需要显著地发生演化。这个必要性来自满足用户们（他们订购了这些服务）体验质量（QoE）需求的巨大压力。您们中的许多人也许听到过术语"服务质量"（可简单地写成"QoS"）。QoE 是用于多媒体内容分发的一个类似术语。假定您就是一名用户。那么，回答如下问题：何时您希望在您所选择的设备（选择范围从一台个人计算机到一台笔记本、到一部智能手机或一台便签式设备）上观看一个视频内容，软件或应用有多快才能调入视频？当您观看视频时，播放是平滑的还是在播放时会中断？在后一情形中，视频卡滞有多频繁？在结束时，您对这项服务可用性的体验有多满意或愉快？QoE 对这种满意程度赋予一个度量。随着多媒体业以数百万无线和移动设备及大量应用继续增长，满足多数客户——更别提所有客户端——的 QoE，正变得如此困难。

为了赶上多媒体应用的增长，在过去数年间出现了多种服务架构。考虑苹果的 iCloud 或谷歌的云技术作为比较复杂的分布式方法。但是，迄今为止，最有前景的多媒体服务架构之一是对等端辅助的内容分发技术。谁或什么是一个对等端？让我们尝试从我们的真实世界经历进行解释。典型情况下，一个对等端是一个朋友或一位同事，他帮助我们完成某项任务，理解了吗？我们可在联网语境中扩展"对等端们"这个概念。"对等端们"指用户节点（例如计算机、笔记本和智能手机），帮助另一个用户节点完成某个共同任务。现在，在联网概念中什么是共同任务？这取决于应用特征。一个非常流行和常见的对等端辅助的应用是在不需要有任何中心式服务器的情况下共享文件。我们中的许多人已经熟悉 BitTorrent[3]文件共享协议。例如，"μTorrent"是今天可用于在对等端间传递文件的最流行 BitTorrent 应用。参见如图 4.1 所示的一个范例场景，其中显示使用"μTorrent"程序从许多种子/对等端如何下载一个 Ubuntu 发布版。注意，"μTorrent"程序将连接的主机分为两个类型，即种子（具有完全内容的主机）和对等端（仅具有内容的一部分的主机）。在这幅图中，该用户被连接到 880 个用户中的 36 个种子。值得指出的是，在本章中，我们将种子也称作对等端。BitTorrent 当然受到家庭用户的欢迎，且经常由于法律问题（包括侵犯版权）处在法律执行者的侦查活动焦点。但是，BitTorrent 是一项基本的对等端辅助技术。如果我们进一步研究，我们可找到更复杂的对等端辅助的多媒体交付技术，包括视频点播（VoD）系统[4]，其中许多对等端通过向其他用户提供视频数据块（这些对等端已经下载了的），帮助内容源（减轻负载）。

图 4.1　使用"μTorrent"的文件下载例子

（"μTorrent"是 P2P 客户端使用 BitTorrent 协议的最流行客户端之一）

　　虽然在当前互联网环境下设计对等端辅助的 VoD 仍然是一项具有挑战的问题，但从未来互联网的语境角度想象一下这些挑战会带来什么。全球网络创新环境（GENI）[5]和未来互联网设计（FIND）[6]是由美国国家科学基金会（NSF）发起的两个项目，它们的重点是解决跨层互联网设计、网络虚拟化、光电路动态交换、服务发现和组合、服务管理、流量以及路由工程等方面的需求，还有步向未来互联网的许多其他方向的需求。同时，欧洲提出他们自己的项目。初始动议的欧洲版本，是在第 7 框架计划（FP7）内实施的，被赋予一个有趣的名字"FIRE"，代表未来互联网研究和试验[7]。在远东，日本通过日本国家信息和通信技术研究所[8]（National Institute of Information and Communications Technology）发起新一代网络架构，其中主要焦点放到到 2015 年产生未来互联网概念和技术上面。所以，迄今为止，我们有来自美国、欧洲和日本的不同未来互联网概念。就展望实际的未来互联网将像什么以及这种新的范型将拥有什么样的前景方面，这些项目侧重于不同的设计考虑和目标。除了它们的差异外，所有项目都有一个共同点：它们都隐含着如下含义，即现有互联网架构不再能够处理海量的多媒体流量。当前随着人们要求他们将流量卸载到当前互联网框架的最优点处，网络运营商们在处理多媒体流量增长方面处境艰难。例如，在移动网络的情形中，最优流量卸载点是无线接入网络和基站。因此，运营商们需要确保网络中的这种实体不被奇大的数据流量所压垮。由此，未来互联网倡议简单地表明了，只要涉及下一代多媒体流量处理，当前互联网的生命线就结束了。

作为一项多媒体分发技术，实况视频流化目标在于为端用户提供实时信息馈入（feeds），例如电视新闻和体育频道、实况赛事等。从基于客户端/服务器解决方案到 P2P 技术的不同范型，可被用来将多媒体内容分发到用户处。客户端/服务器解决方案可使用单播或组播模式。在单播模式中，服务器将内容分别分发到每个用户。这消耗了大量带宽，并导致服务器处的瓶颈。作为这个问题的一种解决方法，组播解决方案提供了同时将相同内容分发到多个用户的做法。虽然组播解决方案拥有无穷的前景，但它要求特殊的路由器（支持组播）将内容交付给目标用户。但是，这要求以支持组播的路由器替换所有传统的路由器，且这似乎远远不是现在我们所能做的。另一方面，P2P 解决方案可容易地进行实况视频流化。一个 P2P 实况视频流化程序的商用例子如图 4.2 所示，称为"SopCast"。在"SopCast"中，通过相互协作，许多用户能够观看某个实况视频节目。这种协作是这样发生的，用户们将已经接收到的视频分片或数据块共享。通过这样做，就可能一定程度地降低主服务器上的流化负载。但是，值得指出的是，这项技术的主要挑战是提出这样的一个系统，它可确保所有对等端成功地接收被流化的内容，并以平滑的方式播放之。

另一方面，VoD 流化（恰好是对多媒体流化的最大贡献者之一）在互联网用户间是比较受欢迎的，原因是它提供了用户交互式设施（功能）。用户交互式选项包括暂停视频，跳到内容的不同节，进行回退/前进操作，慢动作地观看内容等。事实上，YouTube[9] 是 VoD 流化的一个著名例子，其中互联网用户可在任何时间观看他们喜欢的一部视频的任何部分，如图 4.3 所示。对于实况视频流化之上比较复杂的交互式功能，不能使用组播，原因是用户们可能要观看一个视频的不同部分。在传统 VoD 技术中，服务器将视频的不同数据块发送到各客户，但就带宽成本而言，这是一个代价高昂的过程。从未来互联网观点看，重要的是设计一项比较廉价的和可靠的 VoD 技术，需要对之进行仔细设计，以便取得低成本、还不错的 QoE 和高可扩展性。事实上，要交付 VoD 内容，存在许多策略。第一项技术由传统的客户端/服务器架构组成，其中单台服务器将视频发送到其观众。第二项技术是内容分发网络（CDN）范型，目标是避免在那台服务器附近的瓶颈，方法是在不同区域的服务器中存留重复的内容。其他方法是将 P2P

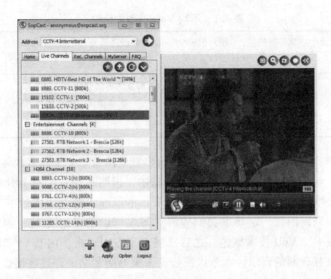

图 4.2　称为 SopCast 的一个流行视频流化应用例子，可用于在互联网上观看 TV 频道

图 4.3　YouTube 上的交互式视频流化

重叠网用于 VoD 流化。在 P2P VoD 策略中，客户端侧资源被最佳地用于与其他用户或对等端的上载和共享视频内容，且这种做法去除了对一台中心式内容服务器的需要。同样，为提供更大的灵活性和可靠性，将 P2P VoD 方法与 CDN 范型组合使用，是可能的。但是，注意，最廉价的 VoD 解决方案是基于 P2P 的，原因是它使用已经存在于对等端处的客户端侧资源。为快速地比较这些不同的 VoD 范型，请参见表 4.1。

表 4.1 不同 VoD 范型的比较

范　型	需要中心服务器吗?	用户扩展性	性能改进需要基础设施改变吗?	成　本
客户端/服务器	√	低	是	相对较高
CDN	√	每服务器是低的	可能需要复制的内容服务器、宽带接入、路由器等	相对较高
P2P	×	高	否	相对较低

本章后面内容的结构如下。首先,我们给出互联网流量突发和多媒体技术演化的最近趋势。接着,给出几种未来互联网倡议的综述,指明不管它们具有什么样不同的愿景,它们都是要取得一个共同的目标。接下来,本章深入探讨了传统的 P2P VoD 方法是否适合未来互联网倡议。这要求我们理解对等端辅助的 VoD 系统,因此,在接下来的一节给出最新 P2P VoD 技术概述。之后描述未来方向,指步向基于 P2P 的 VoD 如何改进以处理未来互联网的需求。本章以终告、未来导则和结语评述收尾。

4.2　互联网流量突发的最近趋势

让我们尝试确定互联网中流量增长最近趋势背后的主要原因。宽带用户数量的增长当然是一项主要贡献因素。这些日子里每个人都希望进入数字世界——打个比喻说就是,每个人都希望被"连接"。由此,网络空间人口的增长意味着在数字流量方面将出现增长。每用户带宽方面的改进也对整体流量增长有所贡献。例如,让我们考虑日本的情况。在这个岛国,非对称数字用户线路用户数开始显著减少,原因是他们倾向于被吸引到一种更快速和带宽更密集的光纤到家庭方式,这常被称作 FTTH 连接。现在日本的 FTTH 用户已超过 1600 万[10]。每用户增长带宽的这种趋势自然地导致视频相关服务(例如 YouTube)的使用增长。每视频内容的平均数据尺寸也正在增长,原因是每用户增长的带宽支持高分辨(HD)视频的方便传输,快速地实现从传统的 480p 标准清晰度技术的迁移。有关 HD 视频的这种讨论将我们带入 HD 电视(HDTV)。观看电视占据您最喜欢消磨时间的一部分还是您偶尔地希望观看体育频道或新闻?无论在哪种情形中,您都将发现平面屏幕液晶显示电视设备正快速替代其比较陈旧的电视设备——笨重的阴极射线管监视器电视。电视的分辨率最近增长得如此之大,且通过付费频道和视频点播流化在 HDTV 上电视节目的数字传输,正在提供不错的观看质量。随着先进的超 HD 电视(UHDTV)的呼啸出现,这项技术正变得更加复杂。一些人也许称之为超高清。这项技术是由日本 NHK 科学与技术研究实验室开发的,相比当前 1080p HDTV 格式,它可产生 16 倍的较高分辨。UHDTV 技术将在水平和垂直方向由 4 倍的像素点组成(相比在 1080p HDTV 中 1920×1080 像素,这是令人惊异的 7680×4320 像素,如图 4.4 所示)。如果您是一名音乐爱好者,并喜欢环绕声音系统,则这项技术将向您提供不可思议的东西:它支持基于 22 名讲话人的环绕声音。考虑到最近趋势,预期在 2016～2020 年间家庭用户将可使用 UHDTV。同时,诸如这些音频和视频内容的高存储需求及其有效的分发机制等技术因素正在被进行全面研究。

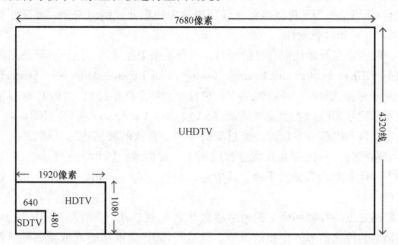

图 4-4 视频分辨率发展趋势（注意到从 SDTV 到 HDTV 再到 UHDTV 技术的巨大跨度）

想象一下，为处理 UHDTV 视频，将需要多少带宽。对于实时 UHDTV 质量视频传输，会消耗 70Gbit/s 以上的带宽。因此，在即将到来的十几年，UHDTV 技术的演化主导持续的互联网流量增长。即使对于一名过度乐观主义者，要假定现有互联网和基于互联网协议（IP）的技术可处理这项极大的压力，也是困难的。

4.3 未来互联网倡议：一个目标，不同愿景

在本节，让我们回顾一下为有利于未来互联网而最近引入的一些重要概念。这将帮助读者们了解未来互联网的特定需求。

自从互联网的概念在 20 世纪 70 年代成为现实以来，互联网实际上确实存活了近 40 年。在互联网通信中引起非凡增长的最初概念现在看来是非常有限的；我们不再受限于仅仅将我们的计算机连接到互联网并共享一些文件。我们不再将我们自己限制在仅仅坐在一台有线连接的工作站前，并仅满足于为获取新闻和信息而冲浪互联网或与我们的朋友和同事聊天。基于文本/图像浏览的老派互联网服务概念不再能够满足当前的用户需求，这些需求展示出对多媒体服务的高要求。这实际上使我们考虑这样的问题，即互联网如何经过努力才能吸纳来自各种联网的和移动的用户及应用的高强度压力（更别提它们日渐增长的数量了）、最新商务模型、最新的联网器件和设备等。最近，研究人员们已经认识到指出目前盛行的互联网架构的有限性并以一种未来的互联网架构替换它的重要性。

为完成这个目标，人们提出许多研究项目，来设计和开发未来互联网。想到的第一项著名的未来互联网倡议是 FIND[6]。FIND 是由美国 NSF 展望规划的，其焦点在于形成网络架构、安全、高级无线和光学性质、经济学原则，以及广义地说，指在从现在开始

的 20 年内有效地构造一个全球网络的各种方式。值得提到的第二个项目是 GENI 计划[5]。发起 GENI，是为了提供当前互联网中缺失的单元，例如安全、可靠性、可演变性（evolvability）和可管理性。

同时，欧洲正在开始他们自己的项目，来开发未来互联网。欧洲方面著名的未来互联网倡议是 FIREworks（Future Internet Research and Experimentation——Strategy Works，未来互联网研究和试验——战略性工作）项目[7]和第 7 框架计划（FP7）欧洲领导的可演化未来互联网（EIFFEL）[11]支持活动（SA）。NanoDataCenter 项目（NaDa）[12]提供了下一代数据驻留和内容分发范型。通过支持一种分布式的驻留边缘基础设施，NaDa 架构目标锁定在支持下一代交互式服务和应用上。类似地，P2P 下一代集成项目[13]预期构造一种下一代 P2P 内容分发平台，其中将高水平（high- profile）学术界和工业界的角色都结合在一起。

在互联网之上的智能网络上的网络感知 P2P- 电视应用（NAPA- WINE TV）服务[14]为对等端辅助的流化带来一个新的维度。通过利用 IP 组播功能或依赖一种纯粹的 P2P 方法，可提供 NAPA- WINE TV 服务。NAPA- WINE 电视的概念说明了 P2P 方法被成功地用来克服有关单点故障的 IP 组播功能限制，并可潜在地在全球规模上提供一种可扩展的基础设施。最近开始出现了几个 P2P- TV 系统，最新一代可提供高质量 TV（P2P- HQTV）系统。这些系统提供服务的泛在访问。但是，同时它们正在为网络承载商带来担忧，原因是其流量的潜在失控增长。

VITAL++[15]项目目标在于将最佳的类似互联网多媒体子系统（IMS）控制平面功能与 P2P 技术组合并进行试验，以期提出一种新的通信范型。在这个主导思路下，为 VITAL++建立了具有分布式测试站点（集成了 IMS 技术）的一个泛欧测试床。这样做，就可能使用 P2P 方法测试参考内容应用和服务，以便确定哪种优化算法可以最佳方式满足 P2P 用户服务质量需求来分配网络资源。注意，这些不同的项目都有一个共同目标，即针对未来开发互联网。但是，虽然它们都在追求其共同目标，但其实现策略未必是相同的。换句话说，这些项目间设计目标方面的差异是非常明显的。事实上，就这个问题而言，甚至在互联网工程任务组（IETF）工作组间，设计目标方面的类似差异也可见到。例如，一个 IETF 组提出低额外时延背景传输协议，目标是最小化由复杂的联网应用导致的附加延迟。另一方面，另一个 IETF 组为识别、标记和管理拥塞事件而针对大量（bulk）流量引入区分服务（Diffserv）码点，原因是将 P2P 流量置于 Diffserv 框架之下。此外，为在网络运营商的昂贵链路上在一个可接受水平上管理 P2P 流量总量，形成两个 IETF 组。它们被称作在路上解耦应用数据（DECADE）[16]和应用层流量优化（ALTO）[17]工作组。DECADE 识别出采用当前的互联网缓存（例如 P2P 和 web 缓存）问题，尝试针对可靠的资源访问而在网络内提供足够的存储能力。但是，DECADE 不能显式地支持个体 P2P 应用协议或用户对内容提供商缓存的访问。另一方面，ALTO 提出一种简单但有效的方式向 P2P 应用提供网络信息。这有助于 P2P 应用降低与测量拓扑信息相关联的额外负担（例如路径性能度量指标计算）。另外，与采用随机初始对等端选择不同的是，通过引入 ALTO 服务，也可完成针对 P2P 应用而采用流量局部化方法。

在下一节，我们描述许多有关 P2P VoD 的现有工作，它们可适合前述的未来互联网架构。

4.4　现有的 P2P VoD 方案：它们适合未来互联网倡议吗

为了满足未来互联网的需求，在最近的文献中出现了几项研究工作，目标是将 P2P 策略与服务器-客户端流化架构组合在一起。VoD 的 BitTorrent 辅助流化系统（BASS）是这样的一个例子[18]。BASS 由一台外部媒体服务器和一个修改的 BitTorrent[3] 协议组成。BASS 中的对等端们不能下载当前播放时间之前的内容。相反，它们从媒体服务器顺序地接收数据块。此外，它们不会要求得到已经下载过的或当前正在由 BitTorrent 下载的数据块。但是，BASS 框架不适合支持大的对等端群。换句话说，它是不可扩展的，且不能适合未来互联网意图。

为解决与 BASS 有关的扩展性问题，人们提出了 BitTorrent 流化（BiToS）[19] 框架。针对流化点播视频，BiToS 不考虑任何外部的媒体服务器。与使用"最稀有的优先"策略不同，BiToS 采用基于丢弃的缺失数据块（即不能满足其回放时间的数据块）的一种选择机制。但是，当对等端们不能下载越来越多的数据块时，BiToS 展示出不佳的性能。换句话说，缺失数据块率越高，则在 BiToS 对等端处视频回放中断机会就变得越多。

Annapureddy 等[20] 在他们的一项工作中为 P2P VoD 流化提出一种完全不同的方法。他们工作的焦点是，通过网络编码的集成分段调度，在对等端辅助的 VoD 系统中提供小的启动时延。采用这种方式，他们说明了高度利用可用的资源是可能的。但是，从实践考虑看，这种方法不适合未来互联网 VoD 环境，原因是对等端门不能足够快递共享实时信息。为克服这个问题，适合未来互联网需求的一种调度机制就是起核心作用的，该机制能够指令涉及到的对等端们在实时流化中相互帮助。在这种意向下，就需要人们提出在基于 P2P 网状重叠网之上具有用户可扩展特征的 VoD 调度方案，其中要考虑到未来互联网需求。

4.5　对等端辅助 VoD 系统概述

随着宽带接入技术的进步，最近时间，以交互式点播视频流化服务出现的多媒体内容分发得到了极大的欢迎（例如 YouTube[9]）。在传统客户端/服务器范型中，在接收到用户要观看视频的请求时，中心式实体/服务器将视频交付给用户。如下给出客户端/服务器风格的 VoD 方法的两项显著的缺陷：

1. 扩展性：系统不能支持内容订购群体的增长；
2. 有限的流化速率：服务器的带宽是受限的。因此，如果许多人都在观看视频，则用户们不能享受到良好的流化速率。

为克服这些缺陷，对等端辅助的视频流化成为 VoD 提供方面基于服务器的视频流化的一种有吸引力的替代方法。通过将全球用户锁定在连接到异构网络的做法，这种方法已经看来会是未来互联网的一项技术。从广播商/内容提供上视角看，P2P 方法提供了附加的激励，原因是在不需要投入额外资源的情况下，它可服务大量对等端（相比传统的基于客户端/服务器方法要多得多的用户）。如果我们考虑用户观点，则他们也体验到多媒体内容改进的交付速率。同时，用户们也可将其已经接收到的内容上载到其他对等端，由此参与到 VoD 流化过程，即使没有任何额外功能或资源时也可这样做。

在未来互联网中使用对等端辅助的 VoD，意味着什么呢？隐含意义是重大的，且不可低估的，原因是这将在不必放置附加内容服务器的情况下，允许对现有互联网基础设施做最小的改变。此外，未来互联网中有效的对等端辅助 VoD 方法也可帮助克服带宽/处理负载瓶颈、缓解启动时延、降低端到端延迟，且同时提高视频回放速率。

我们可广义地将现有对等端辅助的 VoD 系统分成两类，即基于树的和基于网状网的系统。在基于树的 VoD 系统中，每个节点遵循一个树形结构从一个源或父节点接收数据。基于树的对等端辅助 VoD 系统不适合未来互联网环境。背后的原因是，人们预计树的各节点（即对等端们）是频繁变化的，导致频繁的树重构事件。结果是，子节点不能得到视频流化馈入，且它们需要等待树进行重构。另一方面，在基于网状网的重叠网中，一个新的对等端（刚刚加入重叠网）联系跟踪器，接收当前活跃对等端的一个列表，这些对等端能够对视频流化有所贡献。在接收到活跃的对等端列表之后，新的对等端向列表中的其他对等端开始发送请求，请求得到必要的视频数据块。同样，值得指出的是，在任意时刻一个对等端连接到活跃对等端的一个小集合，且允许它仅与那些对等端交换视频数据块和控制消息。在图 4.5 中，给出基于网状网的对等端辅助 VoD 策略的整体架构。相比于基于树的对等端辅助 VoD 网络，基于网状网的对等端辅助 VoD 网络对节点失效是更具抑制能力的。背后的原因是，相比基于树的重构，可远较容易地处理前述基于网状网基础设施中发生的变化。

多数流行的对等端辅助 VoD 流化策略遵循一个相当原始的假设：一名用户选择一部视频，开始从头观看这部视频，并继续观看直到结束。这个假设是不现实的，原因是它没有考虑用户交互事件。如果用户希望暂停视频或从头开始重放，会发生什么情况呢？如果用户烦了一部视频的当前场景并希望采用快进而跳过这个场景时，该怎么办呢？为保持系统设计是简单的，前述的假定本质上是做了简化处理的。这牺牲了实践方面：由于缺少时间或兴趣，与连续地播放视频内容的做法不同，VoD 用户经常习惯于跳到一个比较有趣的场景。这种现象（与对等端协助的 VoD 应用频繁的用户交互），为以"查找定位时延"表示的视频回放连续性提出一项重大挑战。查找定位时延指自对一个视频分段的请求以来直到分段变得可用时所需的时间。在没有任何中断情况下观看视频，为确保一个几乎为零的查找定位时延，每个视频分段需要在分段回放之前由对等端进行预取。这样就改进了回放的连续性。不幸的是，如前所述，多数传统的对等端辅助 VoD 系统，基于他们极其简单化的假设，即用户们在没有任何交互式"查找定位"操作的情况下顺序地观看视频，这样它们以一种顺序化的方式进行视频的"预取"。这就

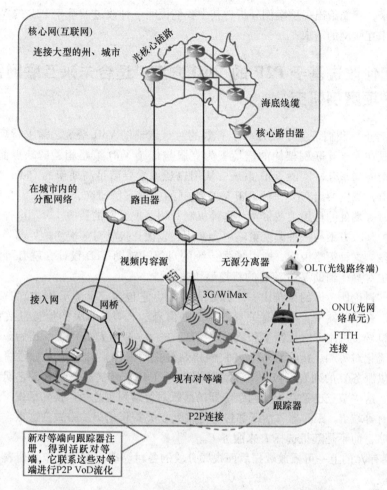

图 4.5　VoD 流化过程之对等端辅助网状架构的概图

解释了您们中的多数人在某个时间点尝试随机地跳转到一部 YouTube 视频的另一节时，会被停止一会儿的情况。为了克服这个问题，就有必要形成一种策略，该策略能够预取随机的视频分段。为做到这点，在下一节，在一个网状-P2P VoD 环境中在对等端处前瞻地得到合适视频分段的一种预取方案，将作为一项案例研究进行讲述。

　　对等端辅助 VoD 系统的设计目标之一是最大化所有对等端的汇聚吞吐量。但在文献中还没有很好地研究 P2P 应用中的吞吐量最大化问题，所以通过尝试最大化吞吐量，一个对等端可能会接收到重复的报文（即相同视频分段或数据块），原因是它从多个源得到（视频）流。为克服这个问题，对等端所能做的就是与源节点（们）协商，并请求特定的数据块。在大型的和异构的环境（在未来互联网中极可能存在这种情况）中，传统的策略也倾向于出现网络资源的低效利用。结果，这些策略就不能最大化汇聚吞吐量。因此，就要求改进的对等端辅助 VoD 策略适应未来互联网范围。

接下来，我们给出一项案例分析，其中我们说明一种改进的基于 P2P 的 VoD 方案，来处理未来互联网的需求。

4.6 如何改进基于 P2P 的 VoD 方案：适合未来互联网需要的一项案例研究

到此为止，我们证实了设计一个有效的对等端辅助 VoD 系统之需求背后的原因，这种系统是在未来互联网架构的语境下为克服与传统 VoD 策略相关的缺点而提出的。通过设计面向未来互联网的 VoD 系统，从用户观点看要满足高期望的 QoE，就是可能的。在本节，我们给出有关一种 P2P VoD 机制的一项案例研究，通过考虑在源节点和所有活跃对等端处的可用上载带宽，这种机制利用了重叠网的资源[4,21]。这种机制也将一种高效的预取方案与一种调度策略组合使用，以便在接收对等端终端处前瞻地得到合适视频分段。这种策略说明，通过增强传统的对等端辅助 VoD 设计，就有可能处理未来互联网中对等端辅助 VoD 流化的新趋势和挑战。

我们的讨论所考虑的系统由一个跟踪器组成，它包含 P2P 重叠网中现有对等端的一个列表。在跟踪器中，维护有关对等端们的信息。对等端有关的信息包括它们的 IP 地址、端口号、可用上载比特率和数据块位图。令 S、R 和 P 分别表示初始源对等端或初始内容流化对等端、接收对等端（它们要观看视频内容）和被选中对等端（为接收对等端提供服务）的列表。当一个新对等端出现在 P2P 网状重叠网时，它期望由其他节点服务，这些节点已经在重叠网跟踪器的活跃对等端列表之中。换句话说，新对等端成为接收对等端 R。跟踪器将活跃邻接对等端列表 P 提供给 R。为做到这点，跟踪器遵循如下策略，而不是随机选择 P 来服务 R。

1）拥有 R 的上一可播放数据后面视频分段的各对等端，被选中作为列表 P 中的潜在对等端。

2）跟踪器进一步过滤潜在的 P，方法是在其他当前被服务的邻居列表中，仅选择具有足够上载容量和相对低出现率的对等端。为做到这点，系统依据参与对等端的可用资源，将负载分配到各参与对等端。

3）如果 P 足以以多媒体内容服务 R，则在 R 的邻居列表中忽略 S。仅在临界（critical）条件下，才在 R 的邻居列表中包括 S。例如，当没有对等端可构成列表 P 来服务 R 时或当即使所有服务对等端都没有包含所要的视频内容时，S 被包括在 R 的邻接对等端列表之中。

4）如果 P 不足以重复地服务 R 时，那么可考虑随机等段来构造 P。

既然我们已经解释了对等端选择策略，那么让我们接着讨论对等端的运行阶段。对等端们运行在两个阶段：预取阶段和调度阶段。预取阶段是在 R 的终端中实现的。另一方面，调度阶段是在 P 中的每个对等端中实现的。在下面描述这两个阶段中使用的算法。

预取阶段进一步分成两个步骤。在第一个预取步骤中，R 向 P 中的每个对等端请求特定的带宽槽。值得指出的是，每个带宽槽足以传递目标视频的单个数据块。为高效地利用可用带宽，由 R 请求的带宽槽数被设置为直接正比于 P 中每个对等端的上载容量。这不允许超过 P 中每个对等端处可用的所需数据块最大数量。与发送特定带宽槽的请求一起，R 将其自己的卡滞时间（TTF）信息传输给 P。参数 TTF 表示视频回放进入卡滞状态的剩余时间。图 4.6 通过一个例子说明了这点，其中 P 中的一个对等端利用接收到的 TTF 值，在调度过程之中对请求进行优先级排序。

图 4.6　显示 TTF 参数概念的例子

现在，我们讨论调度阶段，它是在 P 中的每个对等端处实现的。P 中每个对等端的可用上载带宽被指派给当前请求的 R。依据如下算法，实施带宽指派。

1）在（$TTF < TTF_{th}$）时，P 中的每个对等端将其可用上载带宽至多 $K\%$ 分配给 R，其中 TTF_{th} 是预定义的阈值。以最小可能的 TTF 值，将最高优先级指派给 R。这种基于优先级指派的目标是确保在 R 处的平滑回放，避免视频流化的卡滞现象。

2）具有相对较高上载容量的 R 被指派较多的带宽槽。这样做是为了确保具有较高上载容量的一个给定 R，被 P 中的对等端指派较多的带宽，从而 R 就能够尽可能快地填充它的视频数据块，以便利用其自己的上载容量将内容服务其他请求对等端。

3）刚加入重叠网且还没有接收任何视频数据块的 R，被假定具有零值 TTF。通过这样做，系统为新对等端设置最高的优先级。同样，这最小化了在 R 处播放视频的启动时延。

遵循调度过程，P 中的每个对等端将特定数量的带宽槽传输给每个请求的 R。结果，就触发了预取的第二个阶段，它允许 R 确定所请求的视频数据块，可从 P 中的对等端处加以请求。

如果您仔细地进行了阅读，那么现在您应该认识到，在这项案例研究中强调的工作主要目标是确保平滑的视频回放。为满足这个目标，如下执行预取的第二步骤：当 R 向 P 中的对等端请求视频数据块时，为数据块赋予优先级，这些数据块在回放时间之后出现，该时间具有一个最大间隔等于一个可调时间窗口 T。在 T 内请求的所有数据块都被 P 中的对等端服务之后，R 对 VoD 流化的质量做出一个假定，即至少在下一个 T 上不会降级。从这个时间点开始，R 不需要顺序地请求数据块。之后，R 可随机地在 P 中请求它的上行链路对等端，从而增加重叠网中数据块的多样性。

接下来，我们比较详细地描述跟踪器选择对等端的能力。在这项案例研究中对等端辅助的 VoD 方案假定，跟踪器具有网络拓扑信息。换句话说，认为跟踪器具有有关不同网络域的知识。做出另一个重要假定：跟踪器可获取不同网络域上链路拥塞的信息。

从网络提供商和运营商的角度看，这实际上是可能的，条件是他们在网络的不同点部署监测代理，并允许跟踪器接收有关网络配置和流量动态性方面的信息。基于域的局部化指明要选择附近的对等端，它们属于相同的域。注意选择一个附近的对等端并不总是一个最优决策。作为这种情形的一个例子，考虑到一个附近对等端的链路正经历拥塞的简单场景。这意味着在选择对等端时也应该考虑到链路拥塞。

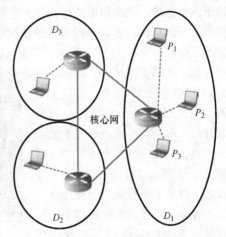

图 4.7　针对对等端选择，基于域的局部化和拥塞感知策略的比较例子

在图 4.7 中，有两个详细说明的案例供您仔细考虑。在这幅图的场景中，有三个域，即 D_1、D_2 和 D_3。对等端 P_1、P_2 和 P_3 属于 D_1。令 $d_{i,j}$ 表示两个邻接对等端 P_i 和 P_j 之间的端到端传播时延。在这个例子中，让我们考虑（$d_{2,3} < d_{2,1}$）。当 P_2 搜索它的邻接对等端时，基于域的局部化方案，会将之指派给 P_1 或 P_3。但是，当在 P_2 和 P_3 之间的链路存在拥塞时，在对等端选择方案中应该感知到拥塞，这需要基于网络域和链路拥塞来选择 P_1。

4.7　小结

在本章，我们的焦点是在未来互联网上具有多媒体内容有效 P2P 流化的重要性方面。为了为对等端辅助的 VoD 用户确保高的 QoE，本质上要保障短的启动时延、平滑的视频回放和扩展性。在本章，我们指出，所涉及对等端的上载带宽利用率会以一种显著的方式影响这几个方面，且在未来互联网架构中这将仍然是一项关键问题。我们给出一项案例研究，说明这个问题是如何通过以下几种方式加以处理的：为得到必要的视频数据块而设计一种有效的预取机制、指派上载带宽的一种高效的调度算法以及选择最合适对等端（以最佳可能的方式服务请求对等端）的一种高效对等端选择策略。同时，我们突出了将预取和调度机制与基于域的和拥塞感知的对等端策略集成在一起的重要性。即使当系统运行在最差情形（即服务潜在可能的对等端瞬态群集（flash crowd of peers））的场景下时，诸如上面这些策略的组合策略也展示出令人鼓舞的性能。同样，采用这种方式，如果为 P2P VoD 流设计了一种合适的调度方案，则由许多传统 P2P 解决方案使用的内容复制策略就不再需要了。

提示感兴趣的读者（或这个领域的潜在研究人员）要注意的一点是：在未来互联网中对等端辅助的 VoD 系统可能面临进一步的挑战。一个关键点是移动性；可预料到在未来互联网中大量用户是移动的。同样有趣的是，研究对等端的移动性对对等端的选择以及 VoD 用户的 QoE 的影响。另一个要注意的点是有关对等端的自私行为。在当前互联网环境中，通过拒绝成为参与 VoD 流化中的上行链路节点，具有低带宽资源的对等端可能不会有所贡献。必须承认的是，未来互联网会改进核心网络中的带宽约束，且 FTTH 解决方案会解决最后一英里的接入带宽限制。但是，预期移动用户会形成下一代互联网用户的绝大部分，且它们未必具有作为内容流化实体的处理能力或时间。它们是否可被用来作为有利于 VoD 服务的非自私对等端也仍然要拭目以待。

参 考 文 献

1. CISCO, "CISCO Visual Networking Index: Forecast and Methodology, 2010–2015," published in June 1, 2011. Available online at http://www.cisco.com/en/US/solutions/collateral/ns341/ns525/ns537/ns705/ns827/white_paper_c11-481360.pdf.

2. A. Weissberger, "ComSocSCV Meeting Report: 40/100 Gigabit Ethernet—Market Needs, Applications, and Standards," October, 2011. Available online at http://community.comsoc.org/blogs/ajwdct/comsocscv-meeting-report-40100-gigabit-ethernet-%E2%80%93-market-needs-applications-and-standar.

3. B. Cohen, "The BitTorrent Protocol Specification," Jan. 2008. Available online at http://www.bittorrent.org/beps/bep_0003.html.

4. M. Fouda, T. Taleb, M. Guizani, Y. Nemoto, and N. Kato, "On Supporting P2P-based VoD Services over Mesh Overlay Networks," in *Proc. IEEE GLOBECOM'09*, Hawaii, USA, December 2009.

5. J. B. Evans and D. E. Ackers, "Overview of GENI and Future Internet in the U.S." May 22, 2007. Available online at http://www.geni.net.

6. NSF NeTS FIND Initiative. Available online at http://www.nets-find.net.

7. CORDIS, "Future Internet Research and Experimentation: An Overview of the European FIRE Initiative and Its Projects," September 1, 2008. Available online at http://cordis.europa.eu/fp7/ict/fire.

8. T. Aoyama, "A New Generation Network: Beyond the Internet and NGN," *IEEE Communications Magazine,* vol. 47, no. 5, May 2009, pp. 82–87.

9. YouTube, Available online at http://www.youtube.com.

10. S. Namiki, T. Kurosu, K. Tanizawa, J. Kurumida, T. Hasama, H. Ishikawa, T. Nakatogawa, M. Nakamura, and K. Oyamada, "Ultrahigh-Definition Video Transmission and Extremely Green Optical Networks for Future,"*IEEE Journal of Selected Topics in Quantum Electronics*, vol. 17, no. 2, March–April 2011, pp. 446–457.

11. EIFFEL Support Action, Dec. 2006. Available online at http://www.fp7-eiffel.eu.

12. NanoDataCenter (NaDa) Project. Available online at http://www.nanodatacenters.eu.

13. The P2P-Next project. Available online at http://www.p2p-next.org.

14. The NAPA-WINE TV Services, 2007. Available online at http://napa-wine.eu/cgi-bin/twiki/view/Public.

15. ICT-VITAL++ Project—Embedding P2P Technology in Next Generation Networks: A New Communication Paradigm and Experimentation Infrastructure. Available online at http://www.ict-vitalpp.upatras.gr.

16. DECADE Working Group Charter. Available online at http://trac.tools.ietf.org/bof/trac/wiki/decade.

17. Application-Layer Traffic Optimization (ALTO) Working Group. Available online at http://www.ietf.org/html.charters/alto-charter.html.

18. C. Dana, D. Li, D. Harrison, and C. Chuah, "BASS: BitTorrent assisted streaming system for video-on-demand," in *Proc. International Workshop on Multimedia Signal Processing (MMSP)*, Shanghai, China, November 2005.

19. A. Vlavianos, M. Iliofotou, and M. Faloutsos, "BiToS: Enhancing BitTorrent for supporting streaming applications," in *Proc. IEEE Global Internet*, Barcelona, Spain, April 2006.

20. S. Annapureddy, S. Guha, C. Gkantsidis, D. Gunawardena, and P. Rodriguez, "Exploring VoD in P2P Swarming Systems," in *Proc. IEEE INFOCOM'07*, Alaska, USA, May 2007.

21. M. M. Fouda, Z. M. Fadlullah, M. Guizani, and N. Kato, "Provisioning P2P-based VoD Streaming for Future Internet," *Journal of Mobile Networks and Applications (MONET)*, Aug. 18, 2011.

第 5 章　IPTV 联网概述

5.1　引言

在 30 多年以前，来自军队和教育环境的联网专家们引入了传输控制协议（TCP）/ 互联网协议（IP），诞生了规避任意单点故障的报文交换网络，这种故障在诸如公众交换电话网（Public Swiched Telephone Networks，PSTN）中是普遍存在的。这种新网络类型的设计由一个且仅由一个概念所主导：尽力而为数据交付。采用这种方法，意味着网络将尽其所能传递数据，但就所能给予的是没有保障的，且诸如 HTTP 和电子邮件等这种方案的早期应用也不需要更多的东西。但在过去的最近时间，人们开发了各种其他应用，它们的使用变得（或正逐渐变得）非常流行，诸如 IP 电视（IPTV），这是计算机网络中的最新热点话题。

IPTV 是具有极大期望的一项服务。它正茁壮成长要替换以前各种方法的 TV 广播（例如无线空中传播（OTA）、有线或卫星 TV 分配），利用的是报文交换互联网基础设施。为了成功，它也提供各种新服务，例如针对分配式 TV 媒体的视频点播（VoD）和视频盒带录制形式的功能，还有与高速率数据冲浪和 IP 上的话音（VoIP）流量一起共存的能力，这就是所谓的三重播放服务。但是，高度不适应网络缺陷的 IPTV 流，在网络架构的所有独立分层中都施加极大的要求。如此，网络必须推进一项高带宽的物理基础设施，使之能够允许多个标准清晰度（SD）或甚至高清晰度（HD）频道的传输。即使如此，也必须实现比尽力而为或服务质量（QoS）要好的一项服务，以支持优先级并确保 IPTV 报文的及时交付。同时，不同的现有标准需要融合，以便支持 IPTV 服务在不同类型设备中被使用，这些设备有 TV 机顶盒（STB）、家庭计算机或甚至 3G 和将出现的 4G 移动智能手机。

虽然存在 IPTV 的不同解释，但它们都包含一个共同点。如在文献 [1] 中所述，IPTV 被定义为"由一个典型承载商或一个互联网服务提供商（ISP）在 IP 上分发电视内容的另一种方法"。将 IPTV 与在空中、有线或卫星上的常见 TV 广播机制做出区分的是对无限数量服务的支持。

从头说起，IPTV 是一项交互式技术。通过允许观众依据标题或演员名搜索内容、改变和控制视频回放的摄像机角度、检索体育赛事中的统计信息（例如运动员表现）、使用画中画功能（在不需要离开节目的情况下支持"频道冲浪"）和娱乐节目中的实时参与，IPTV 提供了观看体验的个性化。此外，IPTV 提供数字视频录制（DVR）功能，具有暂停、快进和快退的能力（不仅是录制的内容，而且对当前播放的（实况）多媒体内容也可做到），还有将同时录制多个频道的商品化服务能力。

　　IPTV 的另一项重要功能是 VoD。VoD 允许一名顾客浏览一部在线节目或影片目录，并在接收到请求时，观看预告片，之后选择特定内容进行回放。此外，这项特征为顾客提供了类似 DVD 的大量功能集合，例如暂停和跳到下一影片节段的能力。但是，IPTV 的最大优势是这样的事实，即它能无缝地支持与其他服务的集成和融合。如此，它提供了使用具有显示呼叫者 ID 的 VoIP 通信、任何时间和任何地点访问多媒体内容、在所有类型设备（个人计算机（PC）、电视机和蜂窝电话）上以及使用这些设备进行 DVR 和 VoD 功能操作的能力。但是，因为带宽是一项受限资源且 IP 基础设施是基于尽力而为交付方法的，所以就带来需要满足的某些繁重需求，从而使这种高度不具弹性（inelastic）的流量得到有保障的质量，和 IPTV 像预期的那样发挥作用。这是运营商需要做工作的地方，即针对未来验证其基础设施和交付平台能够支持所有新的分发机制而没有质量损失，同时在跨多个平台时可管理复杂的计费和内容调度操作并保障内容的安全。

　　在本章中，在提供 IPTV 的详细背景、IPTV 市场快速增长和识别 IPTV 需求方面，进行了研究工作。因为 IP 可以并将被用来在所有类型的网络（固网和无线网）上交付视频，所以 IPTV 解决方案在本章做了微观详细的讨论。通过评估这些网络的性能，我们讨论可能使 IPTV 质量恶化或限制其部署的问题。最后，我们尝试解决部署一个无问题的 IPTV 网络是否可行的问题，并解释这项技术的未来是什么。

5.2　蓬勃发展的 IPTV

　　在过去数年间，IPTV 从作为一项新服务出现，到成为计算机和通信网络的最热门话题之一，有多种原因。开始之初，它作为一项技术，它为电信公司（或 telcos）精细化其经济状况提供了方法，即进入一个新的娱乐平台。同时，作为一项基础设施，分别为交付服务以及制作和支持内容而形成新的制造商/提供商就是必不可少的。具体而言，除了电信公司外，也需要组播和 VoD 内容的提供商以及电子节目指南（EPG）数据提供商。同时，制造头端和接入系统、IPTV 软件平台和 STB 的新公司，以及测量设备和 IPTV 网络监测设备的制造商们都是主要的参与方。除了前面提到的主要局中人外，还有大量观众，他们在等待在简单的 TV 分配中目前没有实现的那些服务出现。这些论点导致了 IPTV 市场的指数性增长，为之赋予一个非常有前景的市场。

　　虽然这个蒸蒸日上的市场开始时步履缓慢，但在 2005 年获得了 430 万用户，在 2010 年拥有了 4000 万以上的用户。目前，它拥有的全球市场约为 7000 万用户，这个数字预测在 2014 年会达到或超过 1 亿 1000 万指标，相当于复合年增长率为 26%[2-4]。

　　如图 5.1 所示，最高的增长率是在欧洲地区出现的，比如法国、意大利和西班牙对于 IPTV 部署的一个值得称道的数据，以及来自斯堪的纳维亚地区各国家的非常强势的具有竞争力的服务出品。此外还有其他中东国家采用 IPTV 技术的激增。同时，亚洲地区紧随其后，并预期在不久的将来在 IPTV 数量上会超越欧洲，原因是中国和印度将最终将是全球最大的市场。

同样重要的是，全球 IPTV 服务收入在恒定地增长，在 2011 年底已经超过 180 亿欧元，并预测在2014 年会超过 350 亿欧元，产生 28% 的复合年增长率。由于亚洲地区的低平均价格，欧洲和北美正在产生这项收入中的最大份额。

基于这些当前报告和预测报告，不管横扫世界范围几个国家的经济衰退如何，IPTV 竞争市场正在出现日渐激烈的竞争，并取得了恒定的年增长。因为 IPTV 正在快速发展，所以其市场为欧

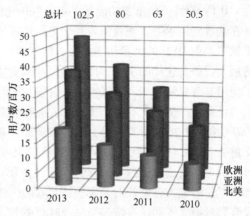

图 5.1　按地区划分的 IPTV 用户数

洲、亚洲和北美的 IPTV 运营商建立具有高收入的一种新的服务平台提供了切实的机会。

5.3　IPTV 架构

虽然 IPTV 提供了各种功能特征，但为了确保其可靠的服务交付，它也对物理和网络基础设施施加了巨大的需求。下面各节给出 IPTV 服务特征的概述，这些特征如可用媒体编码格式、协议和接入网络，这些可保障其预期的性能。

5.3.1　媒体编码和压缩

因为 IPTV 是作为有线、卫星或 OTA TV 广播的一项竞争技术提供的，所以它也应该保持内容质量方面这些技术的特征。但是，非压缩视频的传输存在一个主要问题：过度带宽的问题。非压缩格式的一部视频将要求 270Mbit/s，而 1920×1080 分辨率、16 位颜色深度的颜色空间和帧率为 25 帧/s 的一部全 HD 内容将要求大约 3Gbit/s，其中包括多通道音频和穿越互联网所需的协议额外负担。这些数据速率量确定了非压缩数据传输是不合适的，以及压缩的卓越用途。

在针对所有用途而对视频压缩标准化的工作中，ISO 创建了运动图像专家组（Moving Pictures Expert Group，MPEG）技术。MPEG 将视频处理为运动图像，并尝试利用图像之间的冗余取得高的压缩因子。具体而言，这种类型的编码，也称作时间-冗余或帧间压缩，使用一个序列中前面的帧和后面的帧来压缩当前帧。因此，解码器将差异添加到前面的图像以产生新的图像。在这种方案中，定义了三种类型的帧，即内部帧（I-帧）、双向帧（B-帧）和预测帧（P-帧）。I-帧是完全编码的，并被处理为压缩过程的参考帧。在 B-帧中，过去的图像和未来的图像都被用作压缩中的参考图像。在这些帧中，仅有发生移动的帧的运动部分才被编码。最后，P-帧参照最近的前面的 I-帧或 P-帧进行编码。因此，就像 I-帧一样，P-帧也可用作 B-帧和未来 P-帧的一个预测参考

帧。图 5.2 所示为一个物体在其新位置的预测，方法是使用运动向量移动前面图像中的像素。通过将预测的图像与实际图像比较，去除任何预测误差。编码器发送运动向量和误差。解码器以向量移动前面的图像，并加上误差，产生新的图像。典型情况下，每隔15-18 个帧，就编码一个参考 I- 帧，接下来是 B- 帧和 P- 帧。一个参考帧和连续的 B- 帧和 P- 帧构成的这个序列，形成一个一个图像组（GOP）。

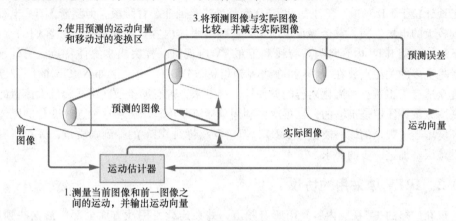

图 5.2 图像运动预测

MPEG-1，是发布的第一个视频压缩标准，提供只有 1.5Mbit/s 下 352×240 像素分辨率且仅有立体声音频，而其接下来的标准 MPEG-2 设计用来支持各种应用和服务，它们要求变比特率、分辨率和质量方面的支持。

另外，它规范了一种传输流（TS），这是用于音频、视频和数据的一种通信协议。MPEG-TS 为传输 MPEG 视频与其他流复用提供了一种特殊格式，专门设计用来在不可靠传输媒介上以实时方式将数据交付到这样一台设备，假定该设备会从传输开始之后的某个点读取数据，这就像互联网流化视频和数字视频广播（DVB）中的情形一样。因为其具有的功能特征，MPEG-2 成为一个国际上共识的标准和多数数字电视和 DVD 格式的核心。

但是，为了在报文交换式网络上支持 HD 或 full- HD 内容，人们也期望甚至具有进一步的压缩能力，这会维持视频的质量。H. 264 项目组创建了这样一个标准，能够比以前的标准以相当低的比特率提供良好的视频质量。在一个给定速率下，H. 264 提供好得多的质量，而在一个特定质量下，它要求的比特率大约为 MPEG-2 所需的 50%。此外，H. 264 提供了比 MPEG-2 好的运动预测，方法是集成了可变宏块尺寸调整，并支持多种去块（deblocking）滤波器，相比 MPEG-2，给出较少的瑕疵。最后，相比 MPEG-2，它提供了比较容易的报文化处理，和 4096×2304 的最大分辨率。但是，和预料的一样，它也有一些极大的劣势。H. 264 极大地增加了计算需求。在一台平常的 PC 上的 HD 解码是难以实时完成的，而实时编码甚至是不可能的。另外，其复杂性注定了编码器和解码器的设计和优化是困难的和代价高昂的。但是，在一般情况下，国际共同体正迁移到这个标准，特别对于全 HD 格式（例如蓝光）更是如此。

有望成为 HD IPTV 视频交付标准的另一种编码算法是视频编解码 1（Video Codec 1，VC-1），它是对 Windows Media Video 9（WMV-9）的增强。如在文献［5］中所述，VC-1 特别针对高分辨高比特率内容进行了优化。VC-1 提供了 H. 264 高比特率和分辨率相当水平的质量，但它缺乏在低分辨率处维持低比特率的能力。

IPTV 内容的演进不可否认地会吸引观众。由 OTA 和 IPTV 广播所提供的 SD 内容正稳定地让位于 HD 频道。不止如此，3D 素材处于其商业孕育阶段，但随着 3DTV 电视机得到较大的市场份额，它会逐步地增长。这些新媒体内容正快速地受到顾客们的欢迎，接下来，预期 IPTV 内容将与其有线和卫星 TV 电视机一样突出多媒体特点。另外，消费者将更多的关注点放在 VOD 和在线视频租赁（iVOD）上。诸如 NetFlix 的服务已经使观众适应了租赁点播流化内容的方便性。接下来，曾有助于使网络缓解巨大流量的组播联网方案，注定是不够的，且再次要利用单播流量传输。虽然这种连续变化的媒体内容环境增强了观众的体验质量（QoE），但它也威胁到 IPTV 的端到端质量，并对所有基础设施层施加进一步的要求。

5.3.2　IPTV 中采用的协议

现在广播的 TV 视频内容复用所有频道，并在连续可用性方面全部广播这些频道。如果所有频道都以单播方式广播到每个用户，即使采用 H. 264 或 VC-1 压缩方案，带宽需求也仍然是过高的。因此，诸如 MPEG 视频的高带宽应用，仅使用 IP 组播，就可同时发送到一个以上的接收者。对于同时将单个数据流交付到多个用户，IP 组播是一项带宽保守的技术[6]。所有的替代方法都要求源发送一份以上的数据复本。一些替代方法甚至要求源向每个接收者发送一份独立的复本。互联网号码分配局控制 IP 组播地址的指派，是在 224. 0. 0. 0 ～ 239. 255. 255. 255 之间分配的。

5.3.2.1　IGMP

因为组播基于一个组的概念，表示对接收一个特定数据流感兴趣，必须建立这个组播组的一个成员关系。对于 IP 网络，这种成员关系是由互联网组管理协议（IGMP）提供的。IGMP 是 IP 组播规范的一个不可分割部分，运行在网络层之上。它动态地在一个特定的局域网（LAN）上将个体主机注册到一个组播组。各主机识别组成员关系，并表明他们对加入一个组表示兴趣，方法是发送称为成员关系报告的 IGMP 消息到其本地组播路由器。各路由器侦听 IGMP 消息，并周期性地发出成员关系查询，以发现在一个特定子网上哪些组是活跃的还是不活跃的。这些查询核验一个特定子网的至少一台主机仍然关注于接收那个组的组播流。在 IGMP 版本 1 中，在三次连续 IGMP 查询没有应答之后，路由器就使那个组超时，方法是终止转发目标为那个组的流量。在其第二个开发版本中，各主机可积极地与本地组播路由器通信，表明它们要离开组的意图。在此之后，路由器发送一个组查询，来确定是否还有其他主机对组播数据有兴趣。在没有响应的情形中，这个组就被做超时处理。采用这种方法，很快就终止了不必要的流量，这样就降低了整体延迟。

因为 IGMP 消息是作为组播报文传输的，所以它们与层 2 的组播流量是不可区分的。出于这个原因，交换机要检查在主机和路由器之间发送的 IGMP 报文中一些层 3 信息。这个过程被称作 IGMP 侦听。当交换机侦听一个组播组的一条 IGMP 主机报告时，它将主机的端口号添加到关联的组播表表项，且当听到一条 IGMP 离开组消息时，它从表中去除该端口。IGMP 窃听要求每条组播报文都被过滤查找控制信息，这经常使交换机的性能成为瓶颈。由于这点原因，通常情况下，IGMP 侦听用于高端交换机上，其上带有集成电路，可在硬件中实施 IGMP 检查。

5.3.2.2　传递协议

为交付 IPTV 服务的视频内容，必须实现一种传递协议，原因是 IGMP 自己并不作为一种传输协议。实时应用（例如商业实况视频分发）并不（和不应该）像在 TCP 所用的那样利用一种重发机制。由此，在多数情形中，使用用户数据报协议（UDP），这有点藐视如下风险，即由于报文丢失，音频和视频广播面临内容降级时存在的风险。为了缓解这些风险，在一些情形中，IPTV 利用实时传输协议（RTP）和实时传输控制协议（RTCP），后者是依赖于 UDP 及其相关控制协议的一种传递协议。RTP 可提供非弹性实时流的数据传递，而 RTCP 可提供被传递数据上的一种反馈机制，这样就支持报文丢失检测和其他时延测量。也应该指出的是，对于以前提到的 IPTV 中的 DVR 和 VoD 的点播功能，可使用实时流化协议（RTSP）。RTSP[7] 是在流化媒体系统中找到广泛用途的一种协议，方法是允许客户端以一种遥控方式控制流化媒体服务器，发出诸如"播放"和"暂停"等命令，并给出对服务器文件基于时间的访问选择。

5.3.2.3　组播路由和转发

最后，一个组播网络要求一种路由协议，才能建立内容源子网和包含组播组成员的每个子网之间的转发路径。可完成这项工作的通常方式是采用协议无关组播（PIM）。如其名字所蕴含的，PIM 是 IP 路由协议无关的。因此，它可利用无论哪种单播路由协议来扩散单播路由表，包括增强的内部网关路由协议、开放最短路径优先、边界网关协议或静态路由，且它使用这种路由信息实施组播转发功能。PIM 支持两种特定模式：密集模式（PIM-DM）和稀疏模式（PIM-SM），这取决于为将组播流量分发给每个组播组将需要网络中的多少台路由器[8]。具体而言，在 PIM-DM 中，假定当一个源开始发送时，所有下游系统都想接收组播数据报；因此，初始情况下，组播数据报被洪泛到网络的所有区域。如果网络的一些区域没有组成员，则通过发起剪枝状态，PIM-DM 将转发分支剪除。结果是，PIM-DM 主要是针对组播 LAN 应用设计的，而 PIM-SM 是针对广域域间网络设计的。

在单播路由中，流量是沿从源到目的地的单一路径通过网络路由的，仅关注目的地地址，与此不同的是，在组播路由中，源将流量发送到由一个组成员关系表示的一个任意主机组。如此，路由器必须确定哪个方向是上游，指向源的，以及哪个方向是下游。因为可能存在多条下行路径，所以路由器必须复制报文，并将所有流量仅向下沿着合适的下行路径（未必是全部路径）转发。这个过程被称为反向路径转发（RPF）。在 RPF 中，当一条组播报文到达路由器时，路由器使用已有的单播路由表进行一次检查，确定上游和下游邻居，并仅当报文是在其上游接口上接收到时才转发报文。RPF 确保组播分发是无环路的。

　　使用上述协议，设计用来交付一项组播服务（例如 IPTV）的一个网络拓扑如图 5.3 所示。明显的是，所使用的协议数量和联网基础设施机制会插入一系列进一步的时延，这必须保持在严格的限制之下，以便确保其与一种传统分发时延相当的水平。

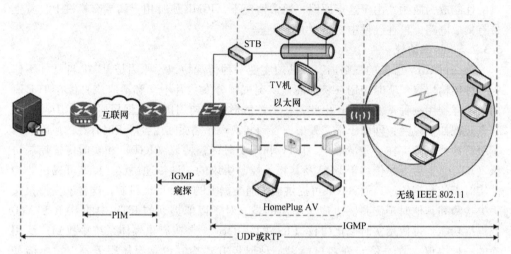

图 5.3　IPTV 样例网络模型

5.4　标准化的场景

　　虽然合适的技术必须到位，特别对于 IPTV 运营商而言的一项关键成功因素，是不仅依赖于技术作为一名创新者，而且要支持跨平台可移植性和统一的用户界面标准，以改进用户友好性。虽然在这个阶段还没有确定的标准，但在过去数年间，朝着 IPTV 标准化人们做了大量工作。正在被处理的 IPTV 技术领域包括服务和功能需求、架构（NGN 和非-NGN）、QoS/QoE、流量管理机制、性能监测、安全方面、端系统和家庭联网、中间件、元数据、应用和内容平台，以及协议和控制平面方面。

　　步向 IPTV 标准化的最重要工作如下[9,10]：

　　1）DVB IPI：IP 网络之上的 DVB[11] 提供了一个技术规范集，也称作 DVB-IPTV 手册，内容涵盖在基于 IP 的网络上交付基于 DVB MPEG-2 的服务。由 DVB-IPTV 手册规范的主要功能是针对实况媒体广播服务和内容点播（CoD）服务的在 IP 网络之上基于 DVB MPEG-2 TS 服务的交付、针对 IP 之上基于 MPEG-2 的音频/视频传输的服务发现和选择机制、为控制 CoD 服务而使用命令和控制应用层协议实时流化协议（RTSP），以及针对流化媒体的应用层前向纠错（AL-FEC）保护和通过一种重传机制提供对抗报文丢失的保护的两种可选协议。由于运营商需要部署 IPTV 服务（取决于当前市场需求和商务模型）的灵活性事实，人们考虑到一个小型的面向服务的概要集合就足以应对低成本和差异性服务，它们不需要全部实现 DVB-IPTV 手册。出于这个原因，技术规范

ETSI TS102 826[12]定义了 4 种面向服务的概要：

①　处理现有实况 TV 服务 IPTV 部署的基本概要；

②　实况媒体广播概要，建立在组播传输上承载的实况 IPTV 服务；

③　CoD 概要，建立在单播传输上承载的点播 IPTV 服务；

④　内容下载概要，建立可用于下载的内容服务。

2）ITU-T FG IPTV：国际电信联盟——电信标准分部（ITU-T）形成了焦点组（FG）IPTV[13]，目的是为了协调全球 IPTV 标准的开发，其中考虑到 ITU-T 各研究组（SG）的工作。FG IPTV 的主要目标是定义 IPTV，现有标准化活动和正在进行工作的协调、互操作性和差异分析，以及新标准开发的一致性。FG IPTV 在 2007 年 12 月结束，建立了全球标准联盟（IPTV-GSI）工作组，通过有关的 SG，在全球规模上使各标准一致，并与其他标准化开发组织协调。特别地，SG13（未来网络，包括移动和下一代网络）正在研究有关 IPTV 架构设计问题的细节，SG16（多媒体编码、系统和应用）主要将焦点放在 IPTV 终端设备基本模型和组播功能支持上面，而 SG12（性能、QoS 和 QoE）正在努力工作，主要目标是完成 IPTV QoE 的新建议标准。

3）ETSI TISPAN IPTV：高级网络的电信和互联网融合服务及协议（TISPAN）IPTV 是欧洲电信标准组织（ETSI）内的标准组，处理有关 IPTV 架构的几项规范。TISPAN 为基于 IP 多媒体子系统（IMS）和非基于 IMS 的 IPTV 服务，定义客户网络设备的功能架构和参考点。ETSI TISPAN 在 NGN 架构框架内的 NGN 发行版 1（NGN R1）中采用了 IMS 概念，但完全没有处理 IPTV。在 TISPAN NGN R2 中，使用 IMS 支持 IPTV 服务，且几项规范处理 IPTV 有关的服务需求[14]以及采用非 IMS IPTV 子系统[15]和基于 IMS 的 IPTV[16]的架构。就如何满足那些需求方面，形成两种哲学理念。第一种理念，即专用的 IPTV，是调整现有互联网工程任务组协议使之适用于 NGN 环境，第二种理念，即基于 IMS 的 IPTV，被设计利用 3GPP IMS 的优势来提供 IPTV 服务。在发行版 3（R3）中，这两个规范族支持所描述的新功能（像访问第三方内容、P2P 分发），以及将被逐步添加的更多功能。在文献［17］中讨论 R3-专用 IPTV 规范，在文献［16］中讨论基于 IMS 的 IPTV 规范。

4）ATIS IIF：在 2005 年 7 月，电信业解决方案联盟（ATIS）发起 IPTV 互操作论坛（IIF），开发标准和规范，支持 IPTV 系统和服务的互操作性、互联和实现，其中包括 VoD 和交互式 TV 服务。IIF 内的工作范围包括如下领域[18]：

①　协调与 IPTV 技术有关的标准活动；

②　开发自洽的 ATIS 标准，例如互操作需求、规范、指南和技术报告；

③　提供互操作活动的一个聚合点；

④　为部署在一项可管理 IP 和/或 NGN 基础设施上的 IPTV 系统/服务的标准和其他文档开发，提供一个聚合点。

IIF 委员会有 5 个（子）委员会组成：

①　架构；

②　IPTV 安全解决方案；

③ QoS 度量；

④ IIF 测试和互操作性；

⑤ 元数据和事务交付。

5）3GPP MBMS：第三代伙伴项目（3GPP）确定了多媒体广播/组播服务（MBMS）规范[19]，主要是定义在 3G 网络上交付和控制组播和广播创新服务的一种高效方式。

6）OMA BCAST：开放移动联盟（OMA）是与移动 IPTV 有关的标准化组织，它引入了移动广播服务使能器（enabler）的概念，处理与移动 IPTV 有关的 ITU-T FG IPTV 需求。

因为在这个阶段没有单一确定的标准，所以将所有这些不同的倡议捆绑到一起形成一个灵活的架构，是一项真正的挑战，要使 IPTV 成功地到达其市场预期，必须要解决这项挑战。IPTV 标准化组织的另一个必备条件是，开发如下标准，即确保将娱乐视频和相关服务安全和可靠地交付到用户的标准。要了解主要标准组织（包括 ITU-T IPTV FG、ETSI TISPAN、DVB、ATIS、开放 IPTV 联盟和中国通信标准协会）中有关 IPTV 安全的已发布规范和正在进行活动的完备综述，请读者参见文献［20］。如在 Lu 等[20] 的工作中所述，在朝向构建广播 IPTV 数据所需的可信环境努力过程中，IPTV 标准必须主要与两种不同种类的安全相一致，即机密性和完整性。

1）机密性指对内容访问的控制和授权。对 IPTV 的非授权访问会导致内容偷窃或过度拥塞，后者将导致合法用户的拒绝服务（DoS）。有线网络和无线网络都面临安全威胁和攻击，包括窃听、会话劫持、消息重放和 DoS，对于无线连接，是更易受到影响的，原因是这些连接缺乏有线网络的物理基础设施所提供的固有安全性[21]。

2）完整性如今被称作数字版权管理，是规则的一种形式（限制非法的免费内容再分发），或规则的修改，就违反了版权法。不遵守这项安全措施，将最终导致内容分发商不乐意与明显不可靠的电信运营商合作。

5.5　有线和无线 IPTV 网络

5.5.1　有线 IPTV 网络

随着 IPTV 要求高数据速率，可被利用的有线分发网络是非对称数字用户线路 2 +（ADSL2 +）、甚高速度数字用户线（VDSL）和光纤网络的变种。

IPTV 接入网络的一个理想选择将是光纤到驻地（FTTP）。FTTP 利用光纤通信，其中一根光纤直接连接到客户的端设备。依据光纤终结到哪里，可进一步将 FTTP 分类：

1）光纤到家（FTTH）是光纤通信交付的一种形式，其中光信号到达端用户的生活或办公空间。

2）光纤到楼（FTTB）是这样一种光纤通信交付形式，其中光信号到达私有财产（包括用户或用户群的家庭或公司）。与 FTTH 相反，在到达家庭之前光纤就终结了，从那个点扩展到用户空间的路径是在光纤之外的一种物理媒介即铜线上传输信号的。

虽然 FTTH 和 FTTB 可为 IPTV 提供巨大优势，但为使 IPTV 正常运行，迁移到这二者却不是必须的。为进一步降低成本，可使用另一种技术。光纤到节点（FTTN），也称作光纤到机柜，是这样一种光纤结构，其中光纤连接到服务一个区的一个机柜，这个区通常在半径上小于 1500m，且明显地可包含数百名客户。这项技术可支持当前宽带技术的最大限度利用，且其可用性正在增长。

宽带互联网连接的另一种——且当前是最常见的——方法是 ADSL。在其当前实现 ADSL2＋中，它可提供高达 24Mbit/s 的数据速率。ADSL2＋的最大理论吞吐量足以携带一个 HD 频道和两个 SDTV 频道，且仍然为话音和高速数据连接保留有空间。

最后，具有 IPTV 所期望特征的一种接入网络是甚高比特率数字用户线（VDSL）。就像 ADSL 一样，VDSL 也利用已经在 PSTN 中安装的双绞线对电缆。VDSL2（ITU 建议标准 G.993.2）规范了 8 种概要，处理各种应用，包括在 100m 长链路上高达 100Mbit/s 对称传输（使用 30MHz 的带宽）和非对称操作，在从 1km 到 3km 长的链路上的下行速率在 10～40Mbit/s 范围（使用 8.5MHz 的带宽）。明显的是，VDSL2 的部署与 FTTN 一起，将使 VDSL2 节点的位置比较靠近用户。因此，运营商将能够提升容量，足以支持到一个家庭的多条 HDTV 流，而不必像在 FTTH 中一样以光纤替换整个铜线基础设施。但是，这不是 VDSL2 作为一个 IPTV 接入网络的唯一优势。VDSL2 标准的一个非常重要方面是它使用以太网作为最后一英里的复用技术。结果是，接入结构可被简化为一个端到端的以太网络，它是用虚拟 LAN（VLAN）作为跨整个接入网络的服务交付机制[22]。

当前，光纤和 VDSL 正渗透到世界范围的市场，为 IPTV 的部署和进一步增长产生了具有稳固基础的接入网络。

5.5.2　无线 IPTV 网络

为了提供任何地点、任何时间的互联网连接，无线技术已经被证明是家庭联网和业界联网成功中的一项关键组成。像 IEEE 802.11（其标准为 802.11a/b/g/e/n）、IEEE 802.16（微波接入的世界范围互操作性，WiMAX）和 3GPP 长期演进（LTE）等这些无线通信技术，可使客户不需要对其家庭重新布线的情况下，享受 IPTV 服务。

IEEE 802.11 协议已经成为无线 LAN（WLAN）的主导标准，主要是因为这些协议提供了诸如互操作性、移动性、灵活性和成本有效的部署等各项优势。IEEE 802.11 标准包括 IEEE 802.11b，规范了高达 11Mbit/s 数据速率的操作[23]；IEEE 802.11g[24] 和 802.11a[24] 标准，增强了高达 54Mbit/s 数据速率的操作（分别在 2.4GHz 和 5GHz 频带上）；和最近标准化的 IEEE 802.11n[25]，增加了可达 540Mbit/s 以上的操作。此外，已经开发和标准化了 IEEE 802.11e 标准[26]，目标是为各种无线应用提供 QoS 支持。虽然它减小了时延和抖动，但它仍然不保障 IPTV 数据将总是以一种及时的方式到达。同样，要有效地工作的话，使用 802.11e 的网络必须将其 QoS 需求从源传播到目的地，且这种传播取决于符合 802.11e 的所有网络部件。如此，IEEE 正在研究 802.11 已确立标准的修订，其中规范了进一步的补充内容。IEEE 802.11ac[27] 和 802.11ad[28] 任务组的目标是可提供超过 1Gbit/s 数据速率（分别在 5GHz 和 60-GHz 频道上）的标准，而 IEEE

802.11aa 任务组[30]正研究标准增强版，可鲁棒地和可靠地支持传输音频视频流，同时支持其他类型流量的得体地和公平地共存。在文献［31］中可找到 IEEE 802.11 标准（当前有效的和正在开发的修订稿）的比较详细分析。因此，明显的是，清晰地将目标锁定为交付高质量 IPTV 内容的无线联网结构是人们的主要关注点。

提供高容量宽带无线连接的接入网络中最后一英里，也可利用基于 IEEE 802.16 标准的 WiMAX 技术，该种标准包括物理（PHY）层和媒介访问控制（MAC）层规范，涵盖了各种现有协议栈的不同频率范围[32]。第一个 IEEE 802.16 a/d/e 标准的理论覆盖半径可达 50km，通过支持点到多点或网状模式拓扑，数据速率高达 75Mb/s。IEEE 802.16 标准定义了 5 种数据交付服务，即无请求的授权服务（unsolicited grant service）、实时可变速率（RT-VR）、非实时可变速率（NRT-VR）、尽力而为（BE）和扩展的实时可变速率（ERT-VR）。（后者是在 IEEE 802.16e 中引入的[33]）。rtPS 和扩展的 rtPS 服务是设计用来支持实时服务流的，这些流产生实时数据服务（要求有保障的数据速率和时延，例如 MPEG 视频和 VoIP）的可变尺寸数据报文。最新的 IEEE 802.16-2009[34]以及 802.16 j/h/m[35-37]标准，提供增强的数据速率（目标是提供高达 1Gbit/s 的峰值吞吐量），这将支持一种改善的用户体验和多媒体服务。特别地，IEEE 802.16m 高级空中接口提供了一种比较灵活的和高效的 QoS 框架，支持正在成熟的和发生演化的移动互联网应用，方法是引入一项新的调度服务、自适应授权和查询（aGP）服务、快速接入、延迟的带宽请求和优先级控制的接入[38]。依据上面提到的，WiMAX 看了具有支持 IPTV 非弹性视频所需要的必备 QoS 特征。甚至更重要的是，它可将 IPTV 服务提供给固定站和移动无线站，这对 TV 频道广播的任何时间-任何地点接入的实现具有极大贡献[39,40]。

追求提供移动互联的一项技术是 LTE。基于 LTU 无线电接入技术（基于 3GPP LTE 发布版 8[41]）的移动宽带系统的部署，目前处于一个范围广泛的规模，并提供高的数据速率（下行链路高达 100Mbit/s，上行链路高达 50Mb/s）。同时，LTE 高级版（LTE-Advanced）（3GPP 发行版 10）正主要在网络运营商和设备厂商之间密切伙伴关系下进行开发[42]。LTE 规范采取不同载体（bearer）方式支持多项 QoS 需求，这些载体是报文数据网络网关和用户终端之间建立的报文流，每种载体都与一种 QoS 相关联。广义而言，基于载体提供的 QoS 特征，载体被分成两类：有保障的比特率（GBR）和非-GBR。在一项特定客户端应用和一项服务之间流动的流量可被区分为独立的服务数据流（SDF）。被映射到同一载体的各 SDF 接收相同的 QoS 处理。一个载体被指派一个标量值，称作一个 QoS 分类标识符（QCI），它规定该类所属的载体。除了 QCI 之外，存在与 LTE 载体相关的几个 QoS 属性，例如分配和保留优先级、最大比特率（MBR）和聚合 MBR（AMBR）[43]。总之，LTE 网络具有支持大量移动设备的 IPTV 分发的必要特征和 QoS 属性。

5.5.3 家庭内联网

除了在 IPTV 分发中使用的接入网外，现在正变得甚至更加常见的情况是，端用户们将到达客户端设备的 IPTV 流量通过有线、无线和甚至电力线通信 Pouerline Communication，（PLC）分发到其他家庭内位置。一个典型的 WLAN 组成为：一个接入点（AP）通过无线链路连接到部署在至多 100m 范围内的许多站。在家庭联络中使用的最广泛部署技术是 IEEE 802. 11。这项技术，作为一种频繁使用的家庭联网方法已经达到成熟，它能够以大约 54Mbit/s 的数据速率交付流量，这对快速以太网互联中的绝大多数应用是足够使用的了。此外，新的 802. 11n 协议规范可达到 540Mbit/s，这对于甚至需求更高点应用而言，可确保了带宽富裕度。出于这些原因，看来高速 IEEE 802. 11n 作为接入网可以足够的带宽容易地覆盖一个典型的家庭，以便支持视频、游戏、数据和话音应用，由此提供 IPTV 服务。但是，低于最优状态就可轻易地将数据速率减少到不可使用的值。此外，在一名无线用户和一台 AP 之间经常出现的不良连接，导致严重的报文丢失和非常低的抖动水平，通常情况下这甚至不适合 VoIP 应用，原因在于这些标准主要是为提供互联网访问和网络文件传输而设计的。IEEE 802. 11e 规范增强了传统 802. 11 的 QoS，方法是为流量类型引入优先级，来克服实时流量的某些 QoS 问题。为了支持有优先级的 QoS，通过定义 4 种接入类型（Access Category，AC）即话音、视频、尽力而为和背景，采用增强型分布式信道访问（Enhanced Distributed Channel Access，EDCA）。每种 AC 由一组接入参数的特定值表征，这些参数统计上使信道访问为一种 AC 优先于另一种 AC 所用。虽然它减少了时延和抖动，但 IEEE 802. 11e 仍然不能保障 IPTV 数据将总是能到达和以一种及时的方式到达。同样，从实际角度看，使用 IEEE 802. 11e 的网络必须将其 QoS 需求从源传播到目的地，且这种传播取决于符合 802. 11e 的所有网络部件。此外，迄今为止在市场上可购买到的无线适配器中广泛实现的唯一 QoS 机制是，称作 Wi- Fi 多媒体（WMM）[44] 的流量优先级处理。WMM 是 Wi- Fi 认证项目的组成部分，该项目实现 802. 11e 标准的一个子集，并提供流量优先级处理的方法，目的是满足 Wi- Fi 网络 QoS 解决方案的最紧迫需要。所定义的 IEEE 802. 11e 接纳控制规程也被包括在 WMM 规范[45] 之中，是基于 EDCA 方法的。但是，在当前商用的 AP 中接纳控制并没有被完全实现[46]。WMM 的另一项劣势是，利用一个 Wi- Fi 网络中的功能，它要求 AP 和运行应用（对 QoS 有需要）的客户端都是针对 WMM 经 Wi- Fi 认证的，并具有支持 WMM 的设备[47]。此外，仅当使用支持 WMM 的应用时，支持 WMM 的设备才可利用其 QoS 功能，并将合适的优先级水平指派给它们所产生的流量连续流。

　　家庭内网络的主要特征包括小的网络尺寸、短的站间距离和如下事实，即所有网络设备属于并由同一属主管理。家庭联络技术的另一种有线连接类型是 PLC，它利用现有电力供应网络为建筑物内联网和最后一英里接入提供各种宽带服务。这种类型的网络被看作最广泛可用的有线连接媒介，原因是电力线存在于几乎每座居民楼或工业大楼，这使安装比较容易和不太昂贵[48]。但是电力线经常遇到高噪声等级、多径衰落和来自各种仪器的干扰。特别地，HomePlug 电力线联盟最初开发了 HomePlug 1.0 标准[49]，它支持高达 14Mbit/s 的速率，且具有高的市场渗透率[50]。最新的 PLC 标准是 HomePlug AV（HPAV）[51]，并可提供高达 200Mb/s 的较高数据速率。虽然早期采用的产品通常低于快速以太网联网速度，但最新开发的产品能够在家庭和小型办公室环境中安装的主电线之上交付从每秒数 Mbit 到每秒数百 Mbit 的速率。最近，IEEE 和 ITU- T 分别宣布了

1901[52]和 G. hn[53] PLC 标准。这两个标准确定了 MAC 层和 PHY 层规范，并提供主要问题和限制（例如 PLC 设备间的互操作性）的解决方案。虽然 PLC 提供了一种有前景的解决方案（由于部署的方便性和已有的基础设施），但似乎 PLC 实现并不总是 IPTV 服务家庭内分发的一项良好选择[54]。因此，需要对 IEEE 1901 和 ITU-T G. hn 标准的高质量视频分发能力进行完备的性能分析。

5.6　测量 IPTV 的性能

5.6.1　网络性能度量指标

5.6.1.1　报文丢失

由于 IP 网络的基础设施是独立于应用需求的一个尽力而为交付平台，报文和数据是容易遇到丢失的。如果网络不能正确地传输数据，接下来它会丢弃它们，将正确地处理丢失报文的副作用留给应用处理[55]。

报文丢失的来源汇总如下：

1）模拟和电磁干扰，例如脉冲噪声，通常是由外部因素（包括在网络设备临近范围的电子设备）和天气条件导致的。这些干扰超过物理层纠错方案的纠正能力，导致报文丢失。

2）带宽方面的短期临时变化，通常源于设备对配置选择的容错能力。QoS 约束涉及定义带宽限制，如果没有正确地处理的话，将导致报文丢失。流量的突发特征可能超过输入缓冲和报文处理能力，导致报文丢失或报文接收得太迟以致没有任何用途。

3）设备问题、故障和不兼容性（包括不良的光纤连接或网络媒介）以及标准化的硬件（与其他厂商的模型不是完全互操作的）。因为不同设备器件的执行是不同的，来自一个设备的一条"恒定比特速率"（CBR）流，对于另一台设备可能不足以是 CBR 的，由于在非常短的时间上超过报文缓冲而导致丢包的可能性。在从以太网到异步传递模式（ATM）的模式（ADSL 环境中的一种典型场景）转换期间，这种现象是非常常见的。

与后面要讨论的其他度量指标相比，在长期时段上测量丢失并分析平均情况是不合适的。举个例子，通常在 10-50ms 突发中发生的一次脉冲噪声将作为一次 0.001% 报文丢失而隐藏在 1h 的采样之中。从网络监测的角度看，这个隐藏的值不要求任何关注，且被看作一次良好的测量。但是，事实上，端用户也许遇到一次不太令人期望的观看体验。如此，报文丢失测量，特别是由运营商进行的所获测量的分析，应该在一个时间段上发生时长和发生频率这两个方面进行实施。

对于 IPTV 服务的非弹性特征，报文丢失是一个主要问题。因为 IPTV 部署通过 UDP 传输报文是非常普遍的，所以不提供对报文丢失的任何保护。音频流的报文丢失可展示为漏失、尖叫噪声、音量中的变化、所谓的啸叫或跳音。对于视频流，影响是变化的，取决于被影响的视频帧。如在 5.3.1 节解释的，I 帧作为一个 GOP 中所有帧的一个参考帧。结果是，一个 I 帧的部分或全部丢失会传播，并持续影响整个 GOP，典型时长为 0.5-1s。类似地，因为 P 帧和 B 帧可由其他帧引用，所以丢失问题也会持续，但通常是较低的程度并具有较短的时长。MPEG-4 压缩（现在甚至更频繁地用于交付 HD 内容）的比较灵活的图像间预测会使这种效应变差。一般来说，像 10^{-4}（每分钟一条报文）一样低的报文丢失被看作是观察不到的，按照 DVB 标准，每小时一条丢失报文（或 2×10^{-6}）是基线。报文丢失效应导致被观看内容的轻微的马赛克、数帧时长的块状像素（blocked pixel）、帧的不必要拉长或重复（卡顿（stuttering））和帧静止；在最坏情形中，它可导致 STB 崩溃或重启。

另外，在频带改变过程中，可能发生报文丢失。在将图像呈现给观众之前，直到下一参考帧到达，MPEG 解码器不得不等待。在这个帧处的报文丢失，导致在下一完整帧到达之前解码器的等待，这显著地增加了切换时延。电信公司可使 GOP 时间较短，原因是至多为 2s 间隔。但是，为改进传送的较短 GOP 将直接导致较高的带宽需求。因此，在一个短的切换时延和较高比特率的附加开销之间不得不做出折衷。

5.6.1.2　单向传播时延

单向传播时延是一条报文从源传播到目的地所花费的时间，这是因为它要通过媒介进行传播[55]。

在基于报文的网络中，通过在被测网络间发送一条精确打上时间戳的报文，测量单向传播时延。为得到一个准确的单向传播时延测量，报文被打上承载服务的报文相同的帧属性，例如 VLAN、QoS 和目的地地址。通过发起探测，实施打时间戳操作。

影响这些单向测量的分辨率和准确度的两个关键因素：测量设备参考时钟之间的同步误差和测量设备自身的固有误差。这两个误差必须被最小化，以便提供一个有意义的单向时延测量——如果误差接近于哪怕是 1ms 的 1/10，准确度也将不足以可靠地检测 SL 性能问题。

5.6.1.3　报文延迟变化

由于在时间上单向传播时延不是恒定值的事实，跨一个网络的报文延迟是变化的。测量这个变化率的度量指标称作报文时延变化（PDV）或"抖动"[56]。抖动是这样计算的，一条流中连续报文之间端到端时延的差值，其中忽略可能丢失了的报文。

因为以太网帧是以变化的速率（由网络状况确定）到达 STB 的，所以就要求进行缓冲，帮助平滑掉时延变化。基于缓冲的尺寸，存在使缓冲上溢或下溢的交付状况，这导致所感知视频的降级。类似地，在知道一台特定 STB 特征的情况下，在注意到一次显著的视频降级之前，服务提供商也许能够刻画 IPTV 网络所支持的最大抖动。当在客户端侧监测或分析视频 QoS 时，这个值将是一个决定性因素。

当出现一次缓冲溢出时，导致的 PDV 对视频内容的影响，类似于由轻微报文丢失展示出的影响。具体而言，所观看内容区的马赛克和其他可看到的扭曲（例如水平线或垂直线）是典型情况。在缓冲下溢的情形中，帧停滞是最常遇到的问题。在两种情形中，频道变更时间也受到影响。

5.6.1.4 乱序和重排序的报文

因为 IP 报文要穿过许多异构的网络类型和在动态拓扑上传输，它们不会一定以一个恒定的速率到达其目的地，由此到达时会乱序。因为在将报文提供给解码器之前，不是所有的设备都支持报文重排序，所以乱序报文可导致类似于报文丢失导致的类似扭曲。

5.6.2 QoE 度量

5.6.2.1 MOS 和 R-因子

E-模型是另一个排序（rating）系统，它基于报文丢失、抖动和时延给出质量的一个客观测量。E-模型将结果报告为 R-值。下面是平均意见得分（Mean Opinion Score，MOS）和 E-模型质量排序的一个近似关系。

E-模型[57]被设计为基于一系列损伤（例如报文丢失、抖动和时延）而量化质量的一种客观方法。它是一个计算模型，对于传输规划人员是有用的，有助于确保用户们将对端到端传输质量表示满意。该模型的主要输出是传输质量的一个标量排序。这个模型的一个主要特征是使用传输损伤因素，这些因素反映了现代信号处理设备的影响。在第一步中采用 E-模型的任何计算结果都是传输排序因子 R，组合了与所考虑连接有关的所有传输参数。

这个排序因子 R 定义为

$$R = R_0 - I_s - I_d - I_e + A \qquad (5.1)$$

式中 R_0 ——原理上的基本信噪比，包括噪声源（例如电路噪声和室内噪声）；

I_s ——与话音信号或多或少同时发生的所有损伤的组合；

I_d ——由时延导致的损伤；

I_e ——设备损伤因子代表由低比特率编解码导致的损伤；

A ——优势因子，允许当存在对用户有利的其他优势时，对损伤因子的补偿。

项 R_0 以及 I_s 和 I_d 值可进一步划分为更具体的损伤值。

MOS 是一项主观测量指标，依据用户反馈，排序所感知到的音频/视频质量。在 MOS 中，将所显示的视频序列在 1（非常差）到 5（极好）的尺度上排序，用户们确定视频质量。取多个用户平均的均值，由此计算 MOS。如此，MOS 提供了端用户体验质量的一个数值。MOS 与网络交付话音评估所用的 QoE 是同义的，对于视频流这种方式也是继续可用的。使用如图 5.4 所示的图形，将这个 QoE 指标与 R 值度量联系起来。

依据以前的研究[58,59]，多媒体 QoE 倾向于具有 "好的" 质量。"可接受的" 或 "差" 级别，是对某些级别的时延、抖动和报文丢失值时用户的主观感觉。如此，MOS 可被赋予函数 MOS = f {时延，抖动，丢失}，将 QoE 映射到不同分辨率的 QoS 等级。结果，为评估一个网络的性能，定义了由 27 个网络条件组成的一个集合，每个条件表示为如下的一个三元组：< [GGG]，[GGA]，[GGP]，…，[PPP] >。当比较 MOS 时，考虑到某些视频类型本质上要比其他视频类型产生较高的质量等级，是非常重要

的。例如，比起常规的 SDTV，HDTV
交付较高的分辨率和图像尺寸；因此，
在保持所以其他因素相同的条件下，
对于以 SD 交付的相同序列，一个 HD
视频流的 MOS 将是较高的。等价地说，
在大型 TV 屏幕上交付的多媒体内容，
默认条件下，将比在移动或手持设备
（例如平板电脑）上显示的相同内容，
取得较高的 MOS。结果是，当比较这
些不同类型的视频服务时，仅仅依赖
于绝对的 MOS 可能会误导，原因是基
于对媒介所感知能力的部分情况，观
众倾向于形成质量期望。如在文献

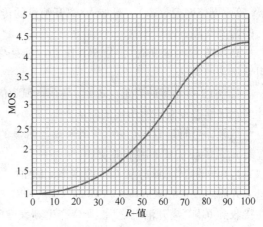

图 5.4　MOS 和 R-值的关系

[60] 中所述，在一部蜂窝手持机上观看的一部视频，当看到很少或几乎没有质量降级
时，会得到 3.1 的绝对 MOS，而对于一个 HDTV 视频序列，3.1 的 MOS 值将表明存在严
重的损伤。

5.6.2.2　MDI

　　在 SLA 监视和网络监测中找到频繁使用的另一个 QoE 测量指标是媒体交付指数
（MDI）。MDI 被动地和主动地监测音频/视频 IP 流，并提供抖动和丢失指示。以 MDI =
{DF；MLR} 的形式表示，其中 DF 表示时延因子，MLR 表示媒体丢失率。时延因子是
以毫秒表示的一个时间值，表明为归一化抖动（normalize jitter）缓冲必须能够包含这
么多毫秒时间的数据量，是在特定的常规间隔上计算的。据此，MDI 表示在那个时间帧
中所丢失的报文数。

　　相比于 MOS 和 R-值，MDI 是电信运营商或服务提供商角度看的一个 QoE 度量，由
此它涉及到他们可控制的特征。

5.6.3　IGMP 和 IPTV 服务特定的度量指标

　　处理频道改变的性能指示器是极大影响用户感知 QoE 的那些指标。本质上，IPTV
不能取得由 OTA 和有线 TV 广播所支持的瞬间频道改变。为了解释这点，不得不分析当
改变到一个新频道时所发生的过程。

　　在 IP 组播中，每个 TV 频道被指派一个组播地址。当一名端用户希望观看一个频道
时，发送一条请求，请求加入相应的组播组。通常情况下，属于被请求组播组的最近路
由器复制并转发视频流到端用户。结果是，就产生切换时延，原因是频道改变信息不得
不向上游穿行，在最坏情形的场景中要通过整个网络到头端[61]。

　　频道切换可被分解为几个部分：

　　1）远端控制请求的处理时延（d_1），这是远端控制请求和加入消息的传输之间的
时间间隔；

2）网络时延（d_2），是加入/离开消息的传输和被请求频道的第一个视频帧接收之间的时间间隔；

3）STB 层时延（d_3），是 STB IP 协议栈处理到达报文并将内容交付到 MPEG 解码器引擎所需的时间；

4）STB 抖动缓冲时延（d_4），是在将视频信号转发到解码器函数之前，STB 抖动缓冲到达满状态设置点时所需的时间。

结果，总时延 $D = d_1 + d_2 + d_3 + d_4$。明显的是，$d_1$、$d_3$ 和 d_4 都依赖于 STB 的设计，仅有 d_2 是依赖于 IP 网络的时延。

当用户将当前频道从 Ch1 改变到 Ch2 时，STB 产生频道 Ch1 的一条 IGMP 离开消息，并将之发送到家庭网关（Home Gate，HG，也许是一台服务器、交换机或路由器）。在接收到 IGMP 离开消息之后，HG 产生到家庭网络的一条 IGMP 组特定查询消息，目的是查看是否有任何主机与离开消息中的组有成员关系。所发送的组特定查询消息将其最大响应时间设置为上次成员查询间隔。如果在最近一次查询的响应时间超期之后没有接收到报告，则 HG 假定该组没有了本地成员，接下来就停止转发对应于该组的组播流，并向其上面的路由器发送那个组的 IGMP 离开消息。在 STB 向 HG 发送 IGMP 离开消息之后，那么它发送新频道的一条 IGMP 加入消息。HG 接收到该消息，如果没有其他本地主机有那个特定组的成员关系，HG 就向上级的路由器发送 IGMP 加入消息。最后一跳路由器（Last-hop Router LHR）（是连接到 HG 的第一台路由器），接收到加入消息，并将 PIM 加入消息发送到接入网络中的其他组播路由器。之后，对应于所选中新频道的组的组播流，就可通过几台路由器和 HG 传输，并到达 STB。结果，在网络相关的时延中，频道切换时间是 IGMP 离开处理时间、IGMP 加入处理时间、PIM 处理时间、从 FHR 到 LHR 的组播流转发时间、从 LHR 到 HG 的组播流转发时间以及从 HG 到 IP STB 的组播流转发时间之和。频道改变和 IGMP 查询的整个过程如图 5.5 所示。"离开过程"不仅产生频道改变时间的时延而且导致带宽的大量增加。如前所述，虽然 IGMP 离开报文是在一个特定时间点发送的，为使组播流停止要过去一段附加时间。当频道被顺序地改变时，带宽增加，且甚至可能到达网络的（带宽）限制，这将导致严重的报文丢失。

为从频带改变的角度测量网络性能，定义了如下度量指标：

1）加入和离开时延：加入时延定义为从发出 IGMP 加入请求，到组播报文流中第一条报文到达之间消逝的时间。如果当发出 IGMP 离开请求的时间到来时没有报文到达，则称加入操作失败。

离开时延被定义为从发出 IGMP 离开请求到接收到组播报文流中最后一条报文时的逝去时间。称离开操作是失败的，如果没有报文可被称为最后一条报文，即当再次加入频道时，报文流没有停止且仍然在到达。

2）频道和链路带宽：通过检测在"切换"间隔期间接收到的报文/字节数量，确定频道带宽。类似地，在发出 IGMP 加入请求的时间对总链路带宽进行采样。

应该指出的是，对检查和检测如图 5.6 所示的多个组播频道是否在同时被接收（重叠的频道），链路带宽是有用的。当一条 IGMP 离开请求失效或在使用的交换机被误配

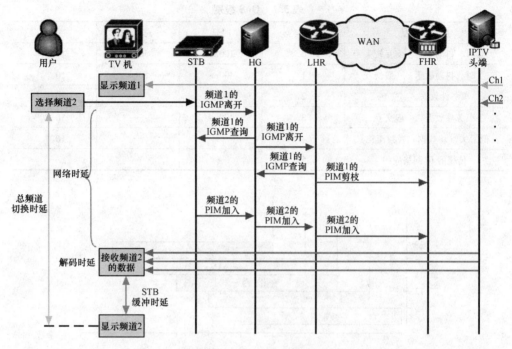

图 5.5　"切换"IGMP 查询

置并将不想要的组播流量转发到探测器（probe）时，会发生这种情况。

5.6.4　IPTV 服务的质量裕度

　　从上面对 QoS/QoE 度量指标的描述，明显的是，IPTV 质量并不是均等地受它们所影响的。结果是，定义其容忍裕度和准确的需求是一项非常困难的任务。虽然人们标准化了 QoS 类[62]，但 IPTV 由几项不同服务组成，如前所述，从简单的流化视频到交互式应用，种类较多。如此，迄今为止还没有标准化，考虑到的是超过这样的准确限制，IPTV 服务质量就是不可接受的。除了在前一节和表 5.1 给出的解释外，IPTV 可被描述为是非常需要带宽的、对报文丢失是非常敏感的，且简单地说对延迟和抖动是敏感的。

　　依据文献［63］，可推导得到 QoS/QoE 度量指标的一些裕度。如此，延迟应该保持小于 200ms，而可能以较大程度恶化视频质量的 PDV 或抖动应该保持在 50ms 以下。对视频质量具有最大影响到 IPTV 报文丢失应该保持在 10^{-4} 以下。为进一步具体化，当在突发中注定要发生丢失时，IPTV 视频的带宽流应该与丢失率容忍度相关。来自文献［63］的数据，给出比特率从 3Mb/s 到 5Mb/s 的流的报文丢失率值。如在同一份报告中确定的，每单个错误的最大时长不应该超过 16ms。

　　为"切换"功能建立令人满意的性能裕度，是比较困难的，这在前一节做了解释。在文献［64-66］中提出了降低"切换"时延的方法。在文献［63］中，可接受时延时间在 500ms 和小于 2s 之间，而在文献［61］中，所测量的频道切换时间是 2.1s。

表 5.1　QoS 级别

服务特征	QoS 类	时延	抖动	丢失
实时、抖动敏感、交互较多	0	100ms	50ms	10^{-4}
实时、抖动敏感、一般交互	1	400ms	50ms	10^{-3}
事务性数据、高交互	2	100ms	—	10^{-3}
事务性数据，一般交互	3	400ms	—	10^{-3}
低丢失（块数据、视频流化）	4	1s	—	10^{-4}
传统的 IP 网络应用	5	—	—	—

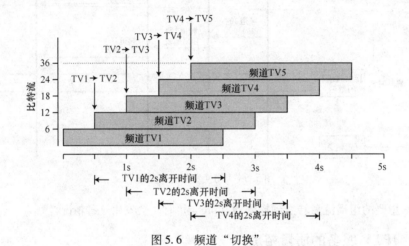

图 5.6　频道"切换"

　　一般而言，小于 1s 的时间可被安全地称为令人满意的[67]，而大于 2s 的值似乎超过了端用户所简单称之的烦人等级[68]。甚至在特定情形中，1s 的频道改变时延也被用户看作是无意义的，因为他的或她的期望是由传统 TV 广播所形成的。结果，目前还没有有关频道切换时间和用户体验（QoE）（如采用 MOS 表示的情形）之间的显式关系，但针对其评估仅给出了近似的准则[61]。依据测量设备厂商[69]（提供的数据），在表 5.2 中给出不同 QoE 类的加入和离开时间。

表 5.2　切换加入和离开体验裕度

体验	加入时延	离开时延
相当好	50	250
良好	150	750
正常	300	1500
不佳	500	2500
差	1000	5000

　　最后，对于 MDI QoE 度量，大于 0 的任何 MLR 都意味着，报文丢失了或是以乱序

交付的，而 DF 的一个可接受裕度在 9ms ~ 50ms。这两个值之间的差可归咎于商用 STB
的处理能力和整体质量的广泛差异（broad difference），原因是在出现扭曲之前，DF 必
须依据 STB 可处理的最大抖动量进行微调[70]。

5.6.5　直接、主动和被动测量

直接、主动和被动测量已经成为多数 ISP 网络的共同实践，且测量数据集
（collection）为研究网络路径中端到端性能瓶颈和理解互联网流量特征提供了方法[71]。
特别对于 IPTV 的非弹性特征，流量测量和监测可提供所需要的信息，目的是评估在交
付这项服务中网络的性能，IPTV 对通过相同媒介交付的其他服务的影响，以及端用户
可享受到的体验期望水平。不仅如此，每种类型的测量都特别适合于不同类型的网络，
从而当实施测量时保持流量和网络特征不受影响。

5.6.5.1　直接测量

直接测量基于设备维护其自身性能信息的能力。所存储的性能统计信息可使用诸如
简单网络管理协议（SNMP）的一种机制进行收集，这种协议从一个管理信息库中抽取
性能统计信息。存在的极大数量的 MIB，相比比例性的性能信息，可支持还要多得多，
这使直接测量成为最佳性能监测来源之一。但是，存储这种信息所要求的容量和速率限
制，以及低效的 SNMP 查询机制，注定它们（直接测量）是性能最差的。

5.6.5.2　被动测量

当流量通过时，被动测量方法使用设置检查这些流量。这是如下做到的，通过使用
特殊用途的设备或等价的软件实现，其中支持远程监测（RMON）、MRTG 和 Netflow 的
设备是这样的一些方法。被动测量在同一报文上使用多种测量来推断流量性能。

因为被动测量可在单个网元（例如一台路由器或一个网络接口）上监测性能，所
以它们可收集网络管理的必不可少的测量数据，例如链路利用率、路由器负载、错误和
队列丢弃。但是，它们也有限制：

1）因为要收集报文，从而才可做出性能计算，所以数据量是相当大，对于高净荷
流量可达到巨大的尺寸；

2）为能够针对端到端性能使用被动测量，需要知道路径的先验知识；

3）因为被动测量也许涉及到检查穿过一个网络的所有报文，所以可能出现安全隐
含问题（implication）。

应该指出的是，通过在时间间隔处收集数据即报文采样，可缓解所收集大数据量的
问题。但是，这种类型的监测要求非常高精度的时钟同步，从而使没有时间偏差。虽然
技术上是可行的，但时间同步要求附加的硬件或软件安装，例如使用专用的网络时间协
议服务器、支持全球定位系统的系统或专用的工程化算法。还有，作为减少被动测量的
大数据量的一种方法的报文采样，不是非常高效的，原因是已知流量是动态振荡的和不
可预测的，特别在互联网环境中更是如此。

5.6.5.3　主动测量

出于测量目的，主动测量方法要求将测试报文插入到网络之中。因为所产生的流量

将穿越同一网络基础设施，最终设施将受到它的影响，真实的流量也将受到相同的影响。将人工的（模拟的）报文引入到网络，提供了对流量参数特征绝对控制的优势。如此，可调整各参数，使流量具有准确的相同体量、产生间隔、采样频率、调度、报文尺寸和类型。但是，当报文被插入到网络中时，主动测量确实产生额外流量。如果额外产生的流量太高，就会出现问题，这注定所得到的测量数据是不准确的。为避免像那样的现象出现，可约束流量频率生成，以便不会冲破特定的网络相关边界。

如前所述，主动测量的最重要问题是同步。但是，多数流量监测和监控系统，在其探针上都实现了专用的同步方法，可保持测量准确度在毫秒量级。

特别对于非弹性 IPTV 组播流量的监测，人们常优先使用主动测量。被动测量需要捕获所有类型的报文（包括不需要监测的报文），与此不同的是，主动测量可产生仅反映被研究应用服务数据的流量，在这种情形中，应用是 IPTV。由被动测量所展示出的大量报文的过度捕获，可造成测量仪器和网络设备中央处理单元（CPU）的额外使用，导致网络性能恶化或甚至网络没有反应。可能导致的不必要时延高度影响要求最小时延的 IPTV 流量。同样，由各厂商推出的新型探测设备，使真实数据流被包括在所产生的流量连续流中，从而可得到混合测量，这验证了模拟数据和真实数据都同样受到网络状态的影响。

但是，值得指出的是，主动测量有其自身的限制：

1）采用主动测量，我们做到：仅能测量当所产生报文穿越网络时，网络如何影响所产生的报文。但是，要确定特定网络设备或接口自己如何流量，是不可能的。例如，采用被动测量或直接测量，就容易收集链路利用率、服务器响应、路由器负载、错误和队列丢弃，采用主动测量就不能完成这些数据的收集。如此，合适的是声称：主动测量最适合于路径分段，而其他类型的测量则更适合于网络中的特定点。

2）最后，主动测量的流量生成可在如下情形中导致后续问题，即所产生数据影响真实的数据传输，当我们达到带宽限制时是容易发生这种情况的。这注定了主动流量测量仅对具有容量富裕的网络是理想的，从而这种情况下，人工数据不会影响网络性能。

5.7 网络的性能评估

但人们期望从提供 IPTV 的网络中得到什么呢？当然是流畅的性能体验，当前的有线接入网络可容易地调整 IPTV 服务所需的 QoS 水平，以便满足 QoE 方面的观众观看体验。随着光纤价格的下降，VDSL、FTTN 和 FTTH 技术正在逐渐接近端客户，带来了理想水平的网络性能。可存在大量测量会话，即使在真实网络中也是如此，它们利用主动性能测量来验证可取得的 QoS/QoE 水平，此时 IPTV 服务在大量端用户量级上和采用各种可用的视频编解码标准进行组播。在文献 [72] 中给出这样的一个样例网络，使用与穿越网络的真实 IPTV 媒体相同的属性产生 MPEG-2 TS IPTV 流量。前述网络的等价接入网络（进行工程化用来分发 IPTV 内容）可容易地针对组成三重播放捆绑式的所有服务（见表 5.3），维持接近零报文丢失和非常低的时延和抖动水平。即使对于 HD 内容交付，所实施的测量会话也展示出相同的结果：零报文丢失、555 ~ 675μs 的均值时延和 112～131μs 的均值抖动。结果是，这样的接入网络可向一名高要求观看观众交付的 QoE 是有非常高水准的。诸如 R 值的 QoE 度量指标是标称性的（nominal），为所有类型的频道都产生一个整体上都"相当好的"QoS 表（给出不同 QoS 水平中所花费时间量的一个表，以完整测试时段的百分比表示），如图 5.7 所示。以 0% 出现的饼形分片（例如"不佳"和"差"）表示小于 0.05 的一个百分比。相反，具有绝对零值的 QoS 类将不被显示在饼图上。

表 5.3　IPTV 和 VoIP 时延和抖动结果

度量指标	时延/μs	抖动/μs	时延/μs	抖动/μs
最小	471～586	0～58	188～312	0
均值	554～667	111～125	214～333	1～17
中值	548～662	73～126	208～330	1～2
最大	719～8185	232～3125	285～470	17～169

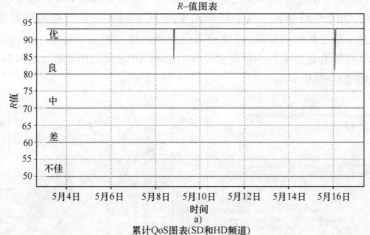

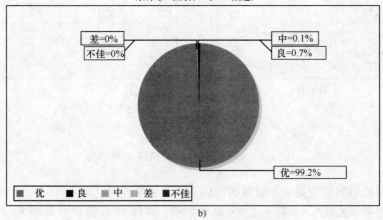

图 5.7　a）R 值图表 b）累积的 QoS 图表

如前所述，IPTV 是高度不适应网络弱点的，且这种弱点的一个共同点通常是端用户的家庭网络。拥有使用极多种类网络技术的能力，到达客户端设备的 IPTV 内容，通常是通过一个家庭内网络分发到其他家庭内位置的，其中利用以太网、无线甚至是PLC。虽然这些网络非常适合于尽力而为互联网接入，它们是否支持 IPTV 内容的交付，针对"三重播放"服务可取得何种程度以及何种 QoS 和 QoE 的整体水平，需要进一步的验证。分析和比较网络技术的一个主要方面是确定可取得的最大容量。在针对家庭网络检测而进行的测量会话中，以太网展示出 97Mbit/s 的一个恒定容量，而具有标称速度 200Mbit/s 的 HomePlug AV 网络不能达到以太网容量值，在 43 ~ 49Mbit/s 范围内振荡。应该指出的是，在测试网络容量的真实情况中，包括路由器、交换机、计算机和家庭电器在内的其他设备被连接到主网络，这是一个家庭网络内常见情形，虽然可取得最大容量，但会出现恶化现象。据此，在 IEEE 802.11g 和 IEEE 802.11n 标准中的无线网络容量具有最大的振荡，原因是在测试设施内离 AP 的距离是变化的。如此，IEEE 802.11g 无线网络的容量从 7Mb/s 变化到 14Mb/s，而 IEEE 802.11n 的容量在 11Mb/s 和 85Mb/s 之间，如图 5.8a 所示，其中还给出施压于（stressing）其他网络类型时所得到的容量。注意，最左侧的值是离 AP 比较远处得到的值（具有 70dBm 的信标强度），而最右侧的和较高的值是位于同一房间内当客户端和 AP 之间的距离在 2m 和 3m 之间时得到的值（信标强度 40dBm）。

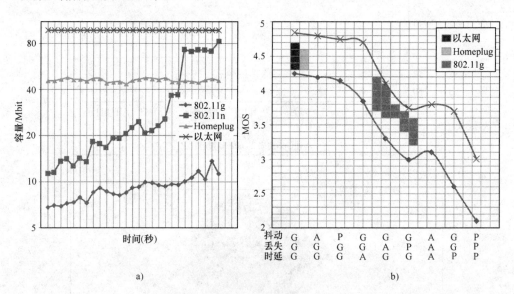

图 5.8　a）网络容量 b）整体 MOS 表

在采用被动测量会话中，监测 MPEG-4 H.264 编解码（第 10 部分：AVC）流量，并给出性能值，见表 5.4。基于这些 QoS 性能值，整体 MOS 值如图 5.8b 所示，图中还给出了 5.6.2.1 节定义的上边界和下边界。

表 5.4　家庭联网 QoS 结果

度 量 指 标	时延/ms	抖动/ms	报文丢失（%）
以太网	均值：1.5~2.79	均值：1.35~1.45	均值：10^{-6}
	最大值：3.21~9.77	最大值：3.2~4.13	最大值：10^{-5}
家庭电力插座接入（Home plug）	均值：2.86~3.12	均值：1.68~2.32	均值：10^{-5}
	最大值：12.52~14.3	最大值：3.25~4.69	最大值：10^{-4}
802.11g	均值：2.1~3.3	均值：1.72~2.89	均值：0.13
	最大值：220~348	最大值：21.5~23.96	最大值：1.7

从网络性能参数过渡到 QoE 特定的度量指标（像 IGMP 加入和离开时延），是 IPTV 开始出现时的固有缺陷。在光纤接入网络上进行的一系列主动测量会话之上，这个大数量是就 6 条 IPTV 频道有关的"切换"加入和离开时延而言的，每个频道的平均数据速率在 6.2 和 6.8Mbit/s 之间。加入和离开时延的示意性图表如图 5.9 所示。

应该指出的是，为了规避可能的 QoE 降级问题，对网络研究进行了工程化处理。如此，在接入网络交换机上实现了快速离开操作。对原 IGMP 的这项重要的添加功能（包括在 RFC2236 的第 2 版中），使交换机可从转发表项中去除一个接口，而不需要之前向接口发出组特定的查询。依据原 IGMP 版本，当激活 IGMP 侦听的一台交换机接收到一条 IP 组特定的 IGMP 离开消息时，它在接收到离开消息的接口上发出一条组特定查询，以便确定在附接到那个接口上是否存在任何其他主机对该 MAC 组播组表示关注。如果在查询响应间隔内没有接收到一条 IGMP 加入消息且没有对应于 MAC 组的其他 IP 组对那个 MAC 组的组播内容表示关注，那么该接口就从层 2 转发表的（MAC-组，VLAN）的端口列表中清除。但是，在 RFC2236 的第 2 版中，做出了快速离开的这项重要添加功能。采用在 VLAN 上激活快速离开的方法，在接收到 IGMP 离开消息时，就立刻从层 2 表项的端口列表中清除一个接口，除非一台组播路由器正在那个特定端口上进行学习。快速离开处理的做法，确保在一个交换式网络上所有主机的最优带宽管理，即使当同时使用多个组播组时也是如此。但是，这项 IGMP 功能仅可使用在 VLAN 中，其中准确地说只有一台主机连接到每个接口，这正是被研究网络中出现的情况。如在图 5.9a 中观察到的，期望的切换离开时间确实保持在非常低的水平。在多数情形中，切换离开时延在 100ms 左右，在 50ms 附近的非常低的值是频繁出现的。像 10ms 这么低的值，虽然罕见，但仍然存在于测量样本之中，这说明快速离开 IGMP 侦听实现如何在减少切换离开时延方面扮演一个重要角色。同时，也存在离开失效的孤立情形，相比于总的切换测量会话，仍然是非常稀少的。

虽然切换离开时间对于频道离开体验而言足够低，以致多数情况下可称为"相当不错的"，但就频道加入时延而言，就不能得到相同结论。由图 5.9b 可明显看出，加入时间频繁地超过 150ms，得到整体上为"良好"水平的体验。应该指出的是，IPTV 的媒体编码方案进一步恶化了切换时间，原因是在第一个 I-帧到达解码器之前，在切换加入之后引入了更多的时延。

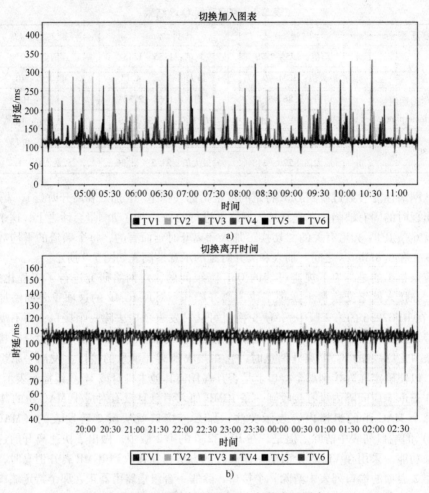

图 5.9　a）切换加入图表 b）切换离开图表

在所观察到离开失效的情况下，链路峰值带宽，说明了 5.6.3 节描述的情况。这样一种情形如图 5.10 所示。在容量富裕的网络中，在一次离开失效之后如图 5.10b 所示链路带宽的这种增长，也许会影响 QoS 性能度量指标，但将不会高度影响 IPTV QoE。相比较而言，在这种增长占据所有网络容量的情形中，在诸如 802.11g 的家庭网络容易出现一些问题，将开始发生报文丢失，这极大地影响观众的 QoE。此外，STB 和 CPE（特别是低端模型）不能处理高带宽增长。在有大量带有优先级的报文穿越这些设备时，出现高的 CPU 利用率，导致报文被延迟或丢弃，甚至停滞并在处理这些报文的设备上崩溃，这极大地恶化了预计的视频内容的体验质量。

与切换加入和离开时延有关的累积 MOS 如图 5.11 所示。和预料的一样，切换离开时延在多数情况下是"相当不错的"，有非常少量的由 IGMP 离开失效导致的"差"体验，这是不太频繁发生的。据此，对端用户而言，切换加入时延多数情况下被限制在一

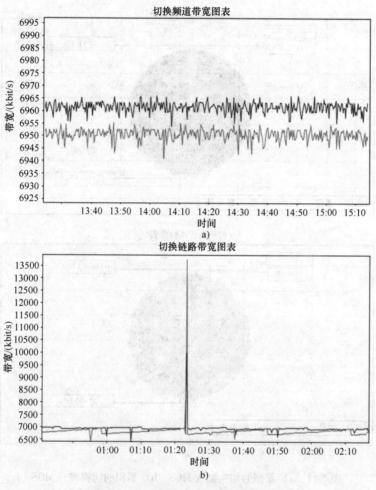

图 5.10　a）频带带宽　b）切换链路带宽

种"不错的"整体体验。结果，总体切换体验（加入和离开）应该被认为处于"不错"和"相当好"的水平之间，但总体而言一定不是"相当好"，相当好是期望从具有与此相同 QoS 性能的一个网络得到的体验。因此，要进一步减少切换时间，并使它们与传统 TV 广播的低切换时间更相当，就必须要存在其他机制。

　　包括文献［64］在内的工作为大量减少切换加入时间提供了一种方法，其中为在当前时间播放的频道创建临近组播频道组，并提前将它们的内容组播给 HG。为做到这点，当 STB 发送一条 IGMP 加入请求时，HG 也发送临近频道组的一条加入请求；因此，当频道改变到属于临近频道组的一个频道时，STB 就以得到极大改进的时延加入。由于缺乏严格的容量限制，像前面提到的这样的机制可充分地在网络中加以实现。像所述的那样在一条链路上组播一系列频道，要消耗可用带宽并导致 QoE 降级问题。为从缺乏大量容量的网络取得较佳的切换体验，利用了其他算法，如文献［73］中讨论的算法。这项工作对提前

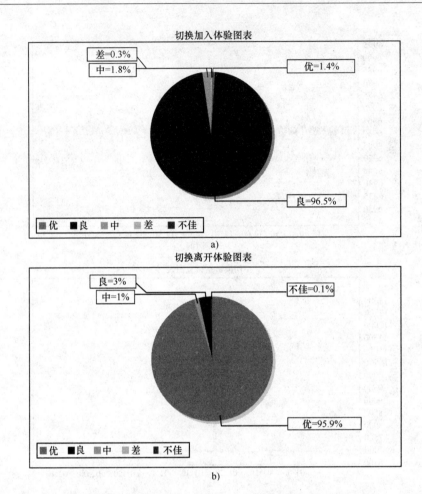

图 5-11　a) 累积的切换加入 MOS　b) 累积的切换离开 MOS

加入频道的用户切换行为进行了建模，该频道是极可能接下来会被选中的频道。不仅如此，像这样的机制能够确定应该提前加入的最高效频道数，方法是采用一个半马尔科夫过程估计期望的频道切换时间和期望带宽使用率。如此，一个频道切换时间得到改善，同时维持最小的带宽使用率，这也许对一个特定的网络架构是具有极大重要性的。

明显的是，当前网络基础设施能够向观众提供高水平的 IPTV QoE。诸如将 IPTV 内容重新发布到其他家庭内位置的脆弱点和如次优切换时延的固有 IPTV 问题，通过仔细地部署家庭内网络和利用当前网络技术以及特殊机制加以规避，以便成功地交付相当于和优于传统 OTA、卫星和有线 TV 的一项服务。

5.8　小结

在有线和无线接入网络中，本章给出了可演化的 IPTV 方法、其服务及其关键功能的综述。在 IPTV 对网络性能和能力具有要求的同时，如安全、QoS 和 QoE 等开放问题仍需要解决，还有最终需要融合的标准化过程，都正在快速地为用户和电信公司所关注。随着 IPTV 锁定要提供交互式的和个性化的服务，它可能成为其客户们新一波的家庭娱乐。这是因为 IPTV 为电信公司提供了一种新的架构，在这个架构上电信公司可构建新的服务平台，并提供可精化其经济状态的创新应用。利用可确保特殊的 IPTV 流量交付的现有网络架构和采用如 IMS 架构性框架的最新网络基础设施，电信公司可为端用户提供体验具备全部潜能的 IPTV 服务的能力。在获得上述体验的情况下，无论 IPTV 将在通过 PC 和 STB 的 TV 设备上交付还是在 4G 无线移动设备上交互，是一项独立服务还是包括在一个三重播放捆绑服务之中，没有疑问的是，它将具有永远改变视频内容在日常生活中被消费方式的能力。

参 考 文 献

1. Palmer, S. *Television Disrupted: The Transition from Network to Networked TV*. Focal Press, 2006.
2. Multimedia Research Group. "Semiannual IPTV Global Forecast Report 2010–2014," Multimedia Research Group (MRG), Tech. Rep., Jun. 2010.
3. Companies and Markets. "Global IPTV Market Forecast to 2014," Global Market Report, Feb. 2011.
4. B. Forum. "IPTV Q4 2010," Broadband Forum, Tech. Rep., Jan. 2011.
5. Loomis, J., and M. Wasson. "VC-1 Technical Overview," Online Article, Oct. 2006.
6. Williamson, B. "Developing IP Multicast Networks," Cisco Press, 2000.
7. Schulzrinne, H., A. Rao, and R. Lanphier. "Real time streaming protocol (RTSP)," *IETF RFC 2326*, Apr. 1998.
8. Estrin, D. et al. "Protocol independent multicast-sparse mode (pim-sm)," *IETF RFC 2362*, Jun. 1998.
9. Maisonneuve, J., M. Deschanel, J. Heiles, W. Li, H. Liu, R. Sharpe, and Y. Wu. "An overview of IPTV standards development,"*IEEE Transactions on Broadcasting*, vol. 55, no. 2, pp. 315 –328, Jun. 2009.
10. Mikoczy, E., D. Sivchenko, B. Xu, and J. Moreno. "IPTV systems, standards and architectures—Part II: IPTV services over IMS: Architecture and standardization," *IEEE Communications Magazine*, vol. 46, no. 5, pp. 128–135, May 2008.
11. ETSI TS 102 034 V1.2.1 tech. spec., "DVB: Transport of MPEG 2 Based DVB Services over IP-Based Networks," Sep. 2006.
12. ETSI TS102 826, tech. spec., "Digital Video Broadcasting (DVB); DVB-IPTV Profiles for TS 102 034," Nov. 2009.
13. ITU-T FOCUS GROUP ON IPTV, wkg. doc. IPTV-DOC-0084, "IPTV Architecture," 4th FG IPTV mtg., Bled, Slovenia, 2007.
14. ETSI TS 181 016 V3.3.1, tech. spec., "TISPAN; Service Layer Requirements to Integrate NGN Services and IPTV," Jul. 2009.
15. ETSI TS 02049 V0.0.8, tech. spec., "TISPAN; IPTV Architecture: Dedicated Subsystem for IPTV Functions in NGN," Sep. 2007.
16. ETSI TS 182 027 V3.5.1, tech. spec., "TISPAN; IPTV Architecture; IPTV Functions Supported by the IMS Subsystem," Mar. 2011.
17. ETSI TS 182 028 V3.3.1, tech. spec., "TISPAN; NGN integrated IPTV Subsystem Architecture," Oct. 2010.
18. ATIS IPTV High Level Architecture Standard (ATIS-0800007), "ATIS IPTV Interoperability Forum (IIF)," 2007.
19. 3GPP TS 23.246 V8.0.0, tech. spec., "Multimedia Broadcast/Multicast Service (MBMS); Architecture and Functional Description," rel. 8, Sep. 2007.
20. Lu, T., F. Xie, Y. Peng, and J. Xie. "Analysis of security standardization for IPTV," in Advanced

Computer Control (ICACC), 2011 3rd International Conference on, Jan. 2011, pp. 219–223.

21. Johnston, D., and J. Walker. "Overview of IEEE 802.16 security," *IEEE Security Privacy*, vol. 2, no. 3, pp. 40–48, May–Jun. 2004.

22. Eriksson, P.-E., and B. Odenhammar. "VDSL2: Next important broadband technology," *Eriksson Review*, Apr. 2006.

23. "IEEE Std 802.11b Part 11: Wireless LAN Medium Access Control (MAC) and Physical Layer (PHY) Specifications: Higher-Speed Physical Layer Extension in the 2.4 GHz Band," IEEE Std 802.11b-1999, 2000.

24. "IEEE 802.11g-2003 Part 11: Wireless LAN Medium Access Control (MAC) and Physical Layer (PHY) Specifications: Further Higher Data Rate Extension in the 2.4 GHz Band," IEEE 802.11g-2003, 2003.

25. "IEEE 802.11g-2003 Part 11: Wireless LAN Medium Access Control (MAC) and Physical Layer (PHY) Specifications: Further Higher Data Rate Extension in the 5 GHz Band," IEEE Std 802.11a-1999, 1999.

26. "IEEE 802.11n-2009, ŞPart 11: Wireless LAN Medium Access Control (MAC) and Physical Layer (PHY) Specifications Amendment 5: Enhancements for Higher Throughput," IEEE 802.11n-2009, Oct. 2009.

27. "IEEE 802.11e-2005 Part 11: Wireless LAN Medium Access Control (MAC) and Physical Layer (PHY) Specifications Amendment 8: Medium Access Control (MAC) Quality of Service Enhancements," IEEE 802.11e-2005, 2005.

28. "IEEE 802.11ac/D2.0 Draft Standard Part 11: Wireless LAN Medium Access Control (MAC) and Physical Layer (PHY) Specifications Amendment: Enhancements for Very High Throughput for Operation in Bands Below 6GHz," IEEE 802.11ac/D2.0, Jan. 2012.

29. "IEEE 802.11ad/D7.0 Draft Standard Part 11: Wireless LAN Medium Access Control (MAC) and Physical Layer (PHY) Specifications Amendment 3: Enhancements for Very High Throughput in the 60 GHz Band," IEEE 802.11ad/D7.0, Apr. 2012.

30. "IEEE 802.11aa/D9.0 Draft Standard Part 11: Wireless LAN Medium Access Control (MAC) and Physical Layer (PHY) Specifications Amendment 3: MAC Enhancements for Robust Audio Video Streaming," IEEE 802.11aa/D9.0, Jan. 2012.

31. Hiertz, G., D. Denteneer, L. Stibor, Y. Zang, X. Costa, and B. Walke. "The IEEE 802.11 universe," *IEEE Communications Magazine*, vol. 48, no. 1, pp. 62–70, Jan. 2010.

32. Ahson, S., and M. Ilyas. "WiMAX Technologies, Performance Analysis and QoS." Taylor and Francis, 2008.

33. "IEEE Standard for Local and Metropolitan Area Networks Part 16: Air Interface for Fixed and Mobile Broadband Wireless Access Systems Amendment 2: Physical and Medium Access Control Layers for Combined Fixed and Mobile Operation in Licensed Bands and Corrigendum 1," IEEE Std 802.16e-2005 and IEEE Std 802.16-2004/Cor 1-2005 (Amendment and Corrigendum to IEEE Std802.16-2004), pp. 1–822, 2006.

34. "IEEE Standard for Local and metropolitan area networks Part 16: Air Interface for Broadband Wireless Access Systems," IEEE Std802.16-2009 (Revision of IEEE Std 802.16 - 2004), pp. C1–2004, 2009.

35. "IEEE Standard for Local and metropolitan area networks Part 16: Air Interface for Broadband Wireless Access Systems Amendment1: Multiple Relay Specification," IEEE Std 802.16j-2009 (Amendment to IEEE Std 802.16-2009), pp. C1–290, 12 2009.

36. "IEEE Standard for Local and metropolitan area networks Part 16: Air Interface for Broadband Wireless Access Systems Amendment 2: Improved Coexistence Mechanisms for License-Exempt Operation," IEEE Std 802.16h-2010 (Amendment to IEEE Std 802.16-2009), pp. 1–223, 30 2010.

37. "IEEE Standard for Local and metropolitan area networks Part 16: Air Interface for Broadband Wireless Access Systems Amendment 3: Advanced Air Interface," IEEE Std 802.16m-2011(Amendment to IEEE Std 802.16-2009), pp. 1–1112, 5 2011.

38. Alasti, M.,B. Neekzad, J. Hui, and R. Vannithamby. "Quality of service in WiMAX and LTE networks [topics in wireless communications]," *IEEE Communications Magazine*, vol. 48, no. 5, pp. 104–111, May 2010.

39. She, J., F. Hou, P.-H. Ho, and L.-L. Xie. "IPTV over WiMAX: Key success factors, challenges, and solu-

tions [advances in mobile multimedia]," *IEEE Communications Magazine*, vol. 45, no. 8, pp. 87–93, Aug. 2007.

40. Oyman, O., J. Foerster, Y.-J. Tcha, and S.-C. Lee. "Toward enhanced mobile video services over WiMAX and LTE [WiMAX/LTE update]," *IEEE Communications Magazine*, vol. 48, no. 8, pp. 68–76, Aug. 2010.

41. Sesia, S., I. Toufik, and M. Baker. "LTE, The UMTS Long Term Evolution: From Theory to Practice," Wiley, 2009.

42. "3GPP LTE - 23.303 v8.31 (release 8)," http://www.3gpp.org.

43. H. Ekstrom. "QoS control in the 3GPP evolved packet system," *IEEE Communications Magazine*, vol. 47, no. 2, pp. 76–83, Feb. 2009.

44. "Wi-Fi certified for WMM," http://www.wi-fi.org, 2008.

45. "Wi-Fi Alliance WMM (including WMMTM Power Save) Specification," version 1.1, 2003.

46. Spenst, A., K. Andler, and T. Herfet. "A post-admission control approach in wireless home networks," *IEEE Transactionson Broadcasting*, vol. 55, no. 2, pp. 451–459, Jun. 2009.

47. "Wi-Fi Alliance/Wi-Fi Certified for WMM: Support for Multimedia Applications with Quality of Service in Wi-Fi Networks," White Paper, Sep. 2004.

48. Galli, S., and O. Logvinov. "Recent developments in the standardization of power line communications within the IEEE," *IEEE Communications Magazine*, vol. 46, no. 7, pp. 64–71, July 2008.

49. HomePlug Powerline Alliance, "HomePlug 1.0 specification," Jun. 2001.

50. Lee, M. K., R. E. Newman, H. A. Latchman, S. Katar, and L. Yonge. "HomePlug 1.0 powerline communication LANs: Protocol description and performance results," *International Journal of Communication Systems*, vol. 16, issue 5, pp. 447–473, 2003.

51. HomePlug Powerline Alliance, "HomePlug AV Specification," 2005.

52. "IEEE Standard for Broadband over Power Line Networks: Medium Access Control and Physical Layer Specifications," IEEE Std1901-2010, pp. 1–1586, 30 2010.

53. Oksman, V., and S. Galli. "G.hn: The new ITU-T home networking standard," *IEEE Communications Magazine*, vol. 47, no. 10, pp.138–145, Oct. 2009.

54. Luby, M., M. Watson, T. Gasiba, and T. Stockhammer. "High-Quality Video Distribution using Power Line Communication and Application Layer Forward Error Correction," in IEEE International Symposium on Power Line Communications and Its Applications (ISPLC'07), Mar. 2007, pp. 431–436.

55. Almes, G., S. Kalidindi, and M. Zekauskas. "A One-Way Packet Loss Metric for IPPM," IETF RFC 2680, Sep. 1999.

56. Demichelis C., and P. Chimento. "IP Packet Delay Variation Metric for IP Performance Metrics (IPPM)," RFC 3393, Nov. 2002.

57. ITU-T. "The e-model, a computational model for use in transmission planning," ITU-T G.107 Recommendation, May 2000.

58. Calyam, P., M. Sridharan, W. Mandrawa, and P. Schopis. "Performance measurement and analysis of h.323 traffic," in *Passive and Active Measurement Workshop*, vol. 3015, 2004, pp. 137–146.

59. Takahashi, A., D. Hands, and V. Barriac. "Standardization activities in the ITU for a QoE assessment of IPTV," *IEEE Communications Magazine*, vol. 46, no. 2, 2008, pp. 78–84.

60. Telchemy Incorporated. "Understanding IP Video Quality Metrics," http://www.telchemy.com/appnotes/Understanding, Feb. 2008.

61. Luo, X., Y. Jin, Q. Zeng, W. Sun, and W. Hu. "Channel Zapping in IP over Optical Two-Layer Multicasting for Large Scale Video Delivery," in *6th International Conference on Information, Communications and Signal Processing*, Dec. 2007, pp. 1–4.

62. ITU-T Recommendation. "Network Performance Objectives for IP-Based Services," ITU-T Y.1541 Recommendation, Feb. 2003.

63. D. Forum. "Triple-Play Services Quality of Experience (QoE) Requirements," Technical Report TR-126, Dec. 2006.

64. Cho, C., I. Han, Y. Jun, and H. Lee. "Improvement of channel zapping time in iptv services using the adjacent groups join-leave method," in *The 6th International Conference on Advanced Communication*

Technology, vol. 2, 2004, pp. 971–975.

65. Joo, H., H. Song, D.-B. Lee, and I. Lee. "An effective iptv channel control algorithm considering channel zapping time and network utilization," *IEEE Transactions on Broadcasting,* vol. 54, no. 2, pp. 208–216, Jun. 2008.

66. Jennehag, U., T. Zhang, and S. Pettersson. "Improving transmission efficiency in h.264 based IPTV systems," *IEEE Transactions on Broadcasting,* vol. 53, no. 1, pp. 69–78, Mar. 2007.

67. Kozamernik, F., and L. Vermaele. "Will Broadband TV shape the future of broadcasting?" EBU Technical Review, Apr. 2005.

68. Fuchs, H., and N. Farber. "Optimizing channel change time in IPTV applications," in *IEEE International Symposium on Broadband Multimedia Systems and Broadcasting,* 31 2008–April 2 2008, pp. 1–8.

69. Prosilient Technologies AB, "PT-Analyzer Technical Manual," 2006.

70. Agilent Technologies Inc. "IPTV QoE: Understanding and interpreting MDI values," Tech. Rep., Sep. 2008.

71. Calyam, P., D. Krymskiy, M. Sridharan, and P. Schopis. "Active and passive measurements on campus, regional and national network backbone paths," in *Proceedings on 14th International Conference on Computer Communications and Networks* (ICCCN 2005), Oct. 2005, pp. 537–542.

72. Baltoglou, G., E. Karapistoli, and P. Chatzimisios. "Real-world IPTV network measurements," in *2011 IEEE Symposium on Computers and Communications (ISCC),* 28 2011–July 1 2011, pp. 830 –835.

73. Lee, C. Y., C. K. Hong, and K. Y. Lee. "Reducing Channel Zapping Time in IPTV Based on User's Channel Selection Behaviors," *IEEE Transactions on Broadcasting,* vol. 56, no. 3, pp. 321–330, Sep. 2010.

网络中的安保和安全

网络中的安全保护和安全

第6章 SQL 注入综览：当前网络和未来网络中的弱点、攻击和应对措施

6.1 引言

在近年来，万维网（WWW）见证了许多在线 web 应用的快速增长，它们是为满足各种用途而开发的。如今，几乎与计算机技术相关的每个人都是以某种方式连接在线的。为服务这样巨大数量的用户，在全球的不同地方在 web 应用数据库中存储了极大量的数据。时不时地，针对各种任务（例如更新数据、发出查询、抽取数据等），用户们需要通过用户界面与后台数据库交互。对于所有这些操作，接口扮演了一个至关重要的角色，其质量对数据库中所存储数据的安全具有极大影响。一项不太安全的 web 应用设计会允许对后台数据库进行具有针对性的注入和恶意更新。这种趋势可能造成巨大损害并使非授权用户偷窃被信任用户的敏感数据。在最坏情形中，攻击者会得到 web 应用的全部控制，并完全破坏或损坏系统。一般来说，这是通过对在线 web 应用数据库的结构化查询语言（Structured Query Language，SQL）注入攻击成功做到的。在本章，我们将回顾大量著名的和新出现的 SQL 注入攻击（SQL Injection Attack，SQLIA）、弱点和防御技术。我们以如下方式讲述这个专题，即这项工作将有益于一般读者和本领域中关注其未来研究工作的研究人员。

SQL 注入是一项 web 应用中注入或攻击的一种类型，其中攻击者向 web form 的一个用户输入框（box）提供 SQL 代码，以便获取非授权和不受限制的访问。攻击者的输入被转换为一条 SQL 查询，其中查询形成一个 SQL 代码[1,2]。事实上，依据开放 web 应用安全项目（OWASP）[3]，SQL 注入被归类为 2010 年 web 应用所经历弱点的前 10 位。

SQL 注入弱点（SQL Injection Vulnerability，SQLIV）是黑客们探索的开放后门之一。因此，它们构成 web 应用内容的一项严重威胁。SQLIV 的主要根源和基础是非常简单和好理解的：用户输入的不充分验证[1]。为缓解这些弱点，人们提出许多防御技术，例如人工方法、自动方法、安全编码实践、静态分析和使用 prepared statements。虽然所提出的方法一定程度上达到了它们的目标，但 web 应用中的 SQLIV 仍然是应用开发人员间的一个重大担忧。

与上述内容有关的是，本项工作的主要目标是给出各种 SQLIV、攻击及其防御技术的一项详细概述。除了给出我们从研究中的发现外，我们也提到对抗 SQLIA 措施的未来期望和可能发展。本项研究的主要目标是从所有必要的角度解决问题，从而使该项工作可供研究人员和实践人员参考。

虽然有关 SQL 注入存在一些以前的研究工作，但它们主要有如下限制：

1）不是最新的：电子商务的增长几乎与使用 SQL 注入、目标锁定在 web 应用的警戒威胁是并行发展的。因此，一些以前文献的相关性和准确性现在是存在问题的。时间过去得越久，攻击的种类演化出来的就越多，并对以前提供的信息施加较弱的信心。因此，我们认为应该向研究共同体提供带有严格分析的最新信息。

2）缺乏实践：在几乎所有以前的工作中，就在实践中使用的 web 应用安全培训指南的讨论，是极度缺乏的。有时，在理论和实践之间存在巨大的差距。因此，在我们的工作中，我们提到实践使用和对付 SQLIA 应该知道的工具。在我们分析过的以前工作中多数情况下缺少（如果不是所有的话）有关这些工具的信息。

6.2　下一代网络和安全

虽然存在相当大量的研究工作，正在进行下一代网络（Next-Generation Network，NGN）的边界和标准的定义，但一个合适的边界还没有最后定稿。使用 NGN 来标记电信和接入网络中的架构性演化。该术语也被用来表示使用宽带切换到较高的网络速度，从公众交换电话网迁移到互联网协议（IP）网络，和在单一网络上服务的较大程度集成，并经常代表一个愿景和一个市场概念。NGN 也被定义为"宽带可管理 IP 网络"[4]。当围绕 IP 建设 NGN 时，有时也使用 IP 地址。

从一个比较技术的角度看，NGN 由国际电信联盟定义为"基于报文的网络，能够提供包括电信服务在内的服务，并能够利用多项宽带的、支持 QoS 的传输技术，其中服务相关的功能是独立于传输相关的低层技术的"。NGN 为用户提供到不同服务提供商的访问，并支持"广义的移动性，支持将服务一致性地和泛在地提供给用户"[5]。

6.2.1　安全担忧

从安全角度研究 NGN，则要陈述任何声明都是非常具有挑战性的。但是，毫无疑问的是，在一个集成的服务网络中，将总是存在主要的安全担忧。在新的基于 IP 的NGN 中，相比以往，从内外两方面暴露在不同类型的威胁和攻击之下，都存在高的几率。日渐依赖于信息的消费者对攻击是脆弱的。IP 上的话音（VoIP）服务可以是一个NGN 环境中可能安全问题的一个具体例子。事实上，可从任何访问点获得到话音网络的访问（特别是在支持 VoIP 服务的同一网络中存在无线接入点时情况更是如此）。一旦获得（通过 SQLIA）访问，则普遍存在可用于截获基于 IP 流量的网络嗅探工具[4]。此外，在早期阶段时，NGN 是没有任何坚实背景的；因此，我们可预料到更多的威胁。可容易地利用漏洞。记住这点，作为一条警告，应该发起面向安全的合适感知的运动。在遭到任何数据破坏的情形中，都应该有策略可以应对。目前正在探索的是 NGN 的防火墙。

6.2.2　近些年来的 SQLIA

当受害者主要是高调的行业时，媒体过度地宣传了数据破坏的影响。可在 Zone-H

（www. zone- h. org）、BBC 和通过一些其他网站及渠道找到有关受害者的信息。Zone-H 报告了 2000 年发生的大量案件，其中使用了 SQLIA 方法。下面是过去 3 年间的一些案件（其中使用了 SQL 注入）：

1）各站点遇到海量 *web* 攻击：2011 年 4 月 1 日，报告称"数十万个网站看来被海量网络攻击攻破"。这些网站的重定向是由 SQLIA 实施的。专家确认，这是迄今所见到的最成功的 SQLIA。

2）在海量网站攻击之后开始清空：2011 年 4 月 4 日，报告称发生了针对数百个或数千个网站的海量攻击。SQL 注入是所用攻击方法之一。

3）索尼游戏站（*PlayStation*）被黑：通过使用简单的 SQL 注入，在冲击索尼游戏站网络的第三次重大攻击过程中泄露 7700 万用户的详细信息。这是在 2011 年 6 月的新闻中报道的。一份 LulzSec 新闻稿称"SonyPictures. com 为非常简单的 SQL 注入占据了，就我们目前所知，这是最原始和常见的弱点之一。从单个注入，我们评估所有事物。您为什么如此信任这样一家公司，这家公司对这些简单的攻击是敞开大门的?"

4）*Lulz* 黑客群使用 SQL 注入：在极其大量的攻击中，这个著名的黑客群使用 SQL 注入。

5）诺基亚的开发人员网络被黑（2011 年 8 月 29 日）：成员们的详细信息是通过 SQL 注入被偷窃的。声称"包含开发人员论坛成员电子邮件地址的一个数据库表被访问，其中利用的是电子公告版软件中的漏洞获取的，该弱点允许 SQL 注入攻击"。

6）土耳其网络骇客攻击著名（*big name*）网站（2011 年 9 月 5 日）：根据一次访谈，Turkguvenligi 披露，它是由称之为 SQL 注入的一种非常成熟的攻击方法访问了这些文件。

7）皇家海军网站受到罗马尼亚黑客攻击（2010 年 11 月 8 日）：黑客获得网站的访问权，使用的是称为 SQL 注入的一种常见攻击方法。

8）美国人"偷窃一亿三千万个卡号"（2009 年 9 月 18 日）：Gonzalez 先生，这名攻击者使用称为"SQL 注入攻击"的一种技术访问数据库并偷窃信息，美国司法部（DoJ）声称。

9）RockYou 发生的 SQLIV 导致以纯文本形式存储的 3200 万个口令泄露。

10）最近，黑客们访问了"PlentyOfFish. com"的数据库，这是一家在线婚介网站，泄露了近 3000 万名用户（的信息）。在 2005 年，有人从 CardSystem 的数据库中偷窃 263000 个信用卡号。超过 4000 万个信用卡号被泄露。这是通过 SQLIA 被盗窃的。该公司的资产最后被另一家公司收购。

6.3　SQL 注入和新的互联网技术

随着人们引入许多新的互联网技术，我们必须小心在未来网络中 SQLIA 的可能用途。事实上，令人警惕的情况是，攻击的类型正变得更加秘密和模糊，但同时，黑客们的目标却更加集中了[6]。在本节，我们将讨论与 SQL 注入有关的那些新互联网技术中的一些技术。

6.3.1　泛在计算

计算的这个后桌面模型源自人机交互。它被用作日常人类生活中计算技术和设备使用的一个标签[7]。比较形式化地说，这项技术被定义为"适合人类环境的机器，而不是强制人类进入机器的环境"[4]。通过各种设备处理信息，成为日常生活的组成部分。这项技术也被称作泛在计算（Ubicomp）、物理计算或基于重点的环绕智能。

随着许多设备正被混装在一起，如下情况就存在高的几率，即如果一种设备被攻破或注入，其他设备也将是脆弱的。应该提到的是，在这种技术设备和日常人类生活混合在一起的特定环境中，总是存在安全隐患和数据泄露。在这种范型内对象间的紧密交互，使应用一些安全概念和约束方法非常困难。由于默认的内置信任和相互熟知，将容易出现信任的滥用。SQLIA、反向工程以及类似情况将是日常生活的组成部分，且攻击类型不必是像完成黑客的工作那样复杂的或精心准备的。这简单的是因为从不同角度看，环境将是脆弱的。

基于信誉的系统一直被看作在电子设备间构建信任的一种方式。但是，其合适的实现却总是具备挑战的。因此，安全担忧总处于一个两难境地。为在这个人机交互领域内目标为私有数据的威胁，找到一个充分的解决方案，对在这方面研究进一步投资仍然存在紧迫的需求。

6.3.2　云计算

图灵奖获得者 John McCarthy，这名计算机科学家，在 1960 年声称"计算总有一天会组织为公共事业"。这是云计算概念的一项预测。云计算是目标为将计算交付为一项服务（即"计算服务"而不是一项特定产品）的最新技术。顾客们与"云"中的资源交互，并基于资源使用情况为信息技术（IT）服务付费。它也被称作互联网上可扩展 IT 资源的交付，这与本地（例如在一个学院或大学网络上）持有和操作那些资源形成对比。主要因为其益处（低成本、灵活性、巨大存储等），许多巨型公司开始探索这项技术。分析人员预期，在 2~5 年内云计算将被主流公司采用[8]。

另一方面，与这项快速增长技术相关联，即存在大量的安全担忧和风险。某人正在控制您的数据，某人正在管理您的应用以及云的周边是不同的，这样的事实是值得被考虑的一项真正担忧。云计算提出了有关数据隐私、认证、安全、数据完整性、知识产权管理、审计跟踪等[8]方面的重大担忧。SQLIA 和针对云数据库的类似攻击使云数据库变得脆弱，并导致网络空间犯罪，对属于某个其他人（服务提供商）的数据进行收割。依据 Bloomberg 新闻[9]，索尼游戏站网络（Sony PlayStation Network）是通过亚马逊 web 服务云被黑的。图 6.1 所示为云环境中的可能弱点。事实上，如果对于 SQL 注入，应用是脆弱的，那么一名特定租户就可通过不同方式容易地访问属于另一名客户的数据。在这种场景中，我们可简单地识别出一些可能的数据泄露和弱点：

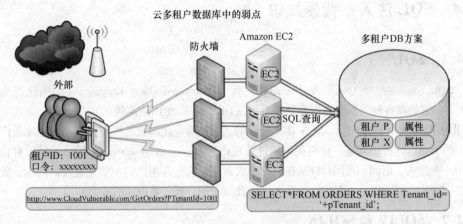

图 6.1　云环境中的弱点

1）ID 的随机篡改：一名租户或黑客可简单地采用这种模式尝试不同 ID，从数据库中检索（选择）一名不同用户的数据；

2）在用户界面的输入框中的恶意输入代码。

多数世界上的敏感数据都存储在数据库系统（Oracle、Miscrosoft SQL Server、IBM DB2、Sybase 等）之中，这使这些存储日渐成为罪犯们最喜欢的目标。这就解释了为什么诸如 SQL 注入的外部攻击在 2008 年增加了 134%，从每天平均数千次攻击一下子跳到每天几十万次攻击，这是依据 IBM 最近公开的一份报告的数据[10]。

6.3.3　物联网

这个术语是 1999 年 Kevin Ashton 首次使用的。该术语指在一个类似互联网的结构中唯一可识别物体（或事物）及其虚拟表示[7]。泛在计算（或 Ubicomp）和物联网（IoT）考虑相同的环境。当从一种概念性方法看问题时，这项技术被称作 Ubicomp，但当意指可识别事物时，那么它就是 IoT。在这种环境中与安全相关方面而言，存在与泛在计算中类似的担忧。

6.3.4　新互联网技术的共同点

我们处在 IT 时代，几乎每个人都是在线连接的或不可避免地访问某种 web 技术。具体而言，我们都将我们的数据存储在地球的某处。几乎每项 web 应用都与一个数据库交互。Martin G. Nystrom 在其书籍《SQL Injection Defenses（SQL 注入防御措施）》中声称"在应用从用户接收输入并对输入完成一些事情的每个地方，就存在攻击者提供恶意输入的机会"。如果情况是这样的话，则我们对 SQLIA 都是脆弱的，不是吗？

在作了这些讨论之后，让我们透彻地看看 SQLIA 实际上是关于什么的。

6.4　SQL 注入：背景知识

6.4.1　SQL

　　SQL（发音为"S-Q-L"或"sequel"）代表 Structured Query Language（结构化查询语言）[11]。它是在各种关系型数据库管理系统（DBMS）中使用的高级语言[11]。SQL 最初是在 20 世纪 70 年代由 Edgar F. Codd 在 IBM 开发的。它是商业化的且是所有关系型数据库最广泛使用的语言。这种语言是一种声明型的计算机语言（declarative computer language），有包括语句、表达式、谓词、查询和判断在内的组成单元。它允许用户们主要完成数据插入、数据更新、查询、删除以及更多的其他功能（由此赋予用户操作数据库的能力）[12,13]。

6.4.2　SQLIV 和 SQLIA

　　在任何系统中的弱点被定义为存在于系统中的缺陷、漏洞、弱点或瑕疵，可由一名非授权用户利用，目的是得到所存数据的非限制访问。一般而言，攻击指通过别有用心的机制，对一项应用或系统的一次非法访问。SQLIA 是攻击的一种类型[14]，其中一名攻击者（一名别有用心的（crafted）用户）添加恶意的关键字或运算符到一条 SQL 查询（例如 SQL 恶意代码语句），之后将之注入到一项 web 应用的一个用户输入框。这就允许攻击者可对存储在后台数据库中的数据进行非法和不受限制的访问。图 6.2 所示为一项 web 应用中正常的用户输入过程，该过程是自解释的。图 6.3 所示为在一项 web 应用中如何处理一个恶意输入的例子。在这种情形中，恶意输入是经过审慎形成的 SQL 查询，该查询通过了系统的验证方法。在本章中为了更深入地探索这个领域，我们全面深入研究 SQLIV 和 SQLIA。

6.4.3　SQL 注入是一项威胁

　　注入一项 web 应用是非法访问数据库中所存数据的同义词。数据有时可能是机密的并具有高价值的，像一家银行的财务秘密或财务事务的列表或某种信息系统的秘密信息。一名别有用心的用户对这些数据的非授权访问，可对其机密性、完整性和权威性施加威胁。结果是，在为其用户提供合适的服务方面，系统会承受严重损失，或甚至面临完全的破坏。有时这样一种类型的系统崩溃可能威胁一家公司、银行或工业企业的存在。如果这种情形是针对一家医院的信息系统，则可能泄露病人的私人信息，这会威胁到他们的名誉或成为一起诽谤案件。攻击者们甚至可使用这种类型的攻击得到与一个国家的安全有关的机密信息。因此，在许多情形中，SQL 注入可能是非常危险的，这取决于发起攻击的平台以及它成功将伪造用户注入到目标系统的位置。

6.4.4　web 编程语言中的弱点类型

　　对于 SQL 注入，可被利用的弱点有各种类型。在本节，我们给出在 web 编程语

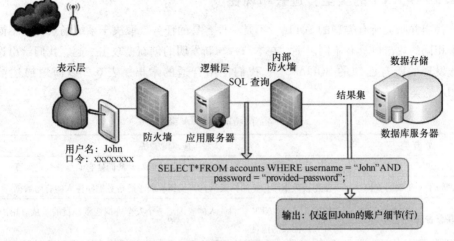

图 6.2 一项 web 应用中的正常用户输入过程

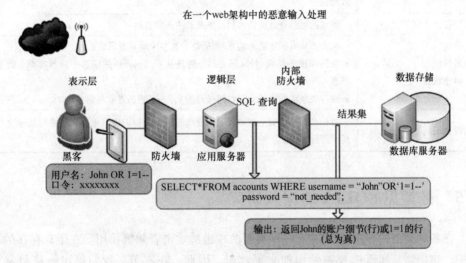

图 6.3 一项 web 应用中的恶意输入过程

言[15]中找到的最常见安全弱点，通过这些弱点通常可发起 SQLIA 攻击。在表 6.1 中我们简略给出主要类型的弱点。

表 6.1 简略的弱点类型

弱点类型	基本思路
类型 I	在进行 web 应用开发时在编程语言中作为输入的可接受数据类型间没有明显差异
类型 II	直到运行时阶段之前，延迟操作分析，此时考虑的是当前变量而不是源代码表达式
类型 III	在设计中类型规格的较弱关注：一个数字可被用作一个字符串，或反之
类型 IV	用户输入的核验不是良定的或净化的。输入没有被正确地检查

6.4.5 SQLIA 的类型：过去和现在

找出并归类所有类型的 SQLIA，不是一件容易的任务。取决于系统场景，在不同情形中相同的攻击可具有不同名字。在本节，与新发明的创新型攻击一起，我们给出迄今为止发现的所有已知的 SQLIA[1,16]。我们使用合适的术语，表 6.2 以简短描述给出 SQLIA 的类型。

表 6.2　简略的 SQLIA 类型

攻 击 类 型	应 对 方 法
重言式	SQL 注入代码被注入到一个或多个条件语句，从而使它们总被判定为真
逻辑上不正确的查询	使用被数据库拒绝的错误消息，找到有利于后台数据库注入的有用数据
联合查询	使用关键字 UNION，将注入的查询与一个安全查询连接，目的是从应用中得到有关其他表的信息
存储过程	许多数据库有内置的存储过程。使用恶意 SQL 注入代码，攻击者执行这些内置函数
捎带的查询	附加的恶意查询被插入到一条原始注入的查询
推断 ● 盲目注入 ● 时序攻击	攻击者从有关数据库的真/假问题的答案中推导逻辑结论 ● 在询问服务器真/假问题之后，通过从页（page）的应答中进行推断，收集信息 ● 通过观察数据库的响应时间（行为），一名攻击者收集信息
改变编码	目标是避免由安全防御代码和自动的防御机制识别出来。它通常与其他攻击技术组合使用。

6.5　最常见 SQLIA 的深入研究

在各种类型的 SQLI 攻击中，一些类型的攻击被攻击者频繁使用。在所有存在的攻击中，迫切地是知道被普遍使用的主要攻击。因此，在本节，我们给出一些最常见 SQLIA 的深入描述。在合适的情况下，我们以简单例子解释这些主要攻击中的每种攻击。

6.5.1　重言式

SQL 注入代码被注入到一条或多条条件语句，从而使它总是被判断为真。在这项技术下，我们有攻击的如下类型和场景。

6.5.1.1　字符串 SQL 注入

这种类型的注入也被称作一种 AND/OR 攻击[17,18]。攻击者输入 SQL 令牌（tokens）或字符串到一个条件查询语句（总是判断为一条真语句）。这种类型攻击令人感兴趣的问题是，在成功时，它并不仅返回一个表中的一行，相反它导致查询锁定的数据库表中的所有行都被返回。这种类型攻击背后的目标可包括如下内容：

1）旁路认证；

2）识别可被注入的各参数；

3）抽取数据[1]。

场景

● 正常语句：SELECT * FROM users WHERE name = 'Lucia01'

● 输入：Lucia01 输出：仅有 Lucia 的各行

● 注入语句：SELECT * FROM users WHERE name = 'Lucia01' OR '1' = '1'

输入：'Lucia' OR '1' = '1'

输出：这将返回 Lucia01 的行，或对一等于一的所有行返回满足要求的行。因此，将返回所有的行。

6.5.1.2　数值型 SQL 注入

这种类型的注入与前面讨论的类型是准类似的。主要区别是，这里使用的是数值而不是字符串。因此，攻击者将向一个条件查询语句输入数值，使该语句总被判断为一条真语句。

场景

● 正常语句：SELECT * FROM users WHERE id = '101'

● 输入：101 输出：仅是 id '101' 的各行。

● 注入语句：SELECT * FROM users WHERE id = '101' OR '1' = '1'。

● 输入：'101' 或 '1' = '1'

● 输出：这将返回 '101' id 的各行或一等一的各行（所有行）

注意：别有用心的用户可以是更具体的，方法是添加 ORDER BY 子句，以便准确地得到他或她希望即刻得到的东西。恶意输入看起来就像：101 OR 1 = 1 ORDER BY salary desc；

6.5.1.3　注释攻击

这种类型的攻击利用 SQL 所允许的行内注释[19]：恶意代码和注释出现在 WHERE 子句中 "—" 之后。关键点是在注释字符之后的所有东西都将被忽略。注释攻击可与字符串或数值 SQL 注入组合使用，从而它执行起来就像一个重言式，总是判定为一条真语句。

场景

● 用户输入：'user1 OR '1' = '—'。

● 产生的 SQL 查询：SELECT username, password FROM clients WHERE username = 'user1 OR '1' = '1— 'AND password = ' whatever'。

在这种情形中，不仅 WHERE 语句由（OR 1 = 1）转换为一个重言式，而且口令部分也被完全忽略；因此将仅检查用户名不符[1,19]。

6.5.2　推断

一名攻击者从有关数据的一个真/假问题的答案中推导出逻辑结论。通过一次成功的推断，伪装的用户可改变数据库的行为。

6.5.2.1 盲 SQL 注入

在这种类型的攻击中，利用后台数据库的有用信息是通过如下方法收集的：在询问服务器一些真/假问题之后，从页（page）的应答中推断中收集。它非常类似于一条正常的 SQL 注入[17,18]。但是，当攻击者尝试利用一个应用时，并不会得到一条有用的错误消息，相反他们会得到由开发人员指定的一个通用页面。这使利用一种潜在的 SQLIA 更加困难，但不是不可能的。利用 SQL 语句，通过询问一系列真和假问题，一名攻击者仍然可访问敏感数据。

场景

http：//victim/listproducts. asp？cat = books

SELECT * *from PRODUCTS WHERE category =* '*books*'

http：//victim/listproducts. asp？cat = books' or '1' = '1.

SELECT * *from PRODUCTS WHERE category =* '*books' or '1' = '1*'

6.5.2.2 时序攻击

通过观察数据库的响应时间（行为），一名攻击者可收集信息。这里，主要关心的是观察响应时间，这将帮助攻击者明智地确定合适的注入方法。

6.5.2.3 数据库后门

数据库不仅用作数据存储，而且也使恶意活动像一个触发器（trigger）。在这种情形中，一名攻击者可设置一个触发器，目的是得到用户输入，并将之定向到他或她的电子邮件（比如）。

场景

101；CREATE TRIGGER myBackDoor BEFORE INSERT ON employee FOR EACH ROW BEGIN

UPDATE employee SET email = '*hacker@ me. com*' *WHERE userid = NEW. userid.*

6.5.2.4 命令 SQL 注入

这种注入的目的是将黑客指定的命令注入到脆弱的应用中并加以执行。执行不期望系统命令的应用就像被攻击者控制的一个伪系统外壳。缺乏正确的输入数据验证（表（forms）、cookies、HTTP 头等）是被攻击者利用的主要弱点，藉此进行一次成功的注入。它与代码注入的区别在于，攻击者将他或她自己的代码添加到现有代码中。因此，在不执行系统命令的条件下，扩展了应用的默认功能。当一名攻击者尝试通过一个脆弱的应用执行系统级命令时，就发生了一次操作系统（OS）命令注入攻击。认为应用对 OS 命令注入攻击是脆弱的，如果这些应用在一条系统级命令中利用用户输入。

6.6 所使用的 web 应用安全培训指南

在本节，我们讨论一些现有的 web 应用安全指南，针对分析各种机制，我们在线或离线使用过这些指南。这些指南有意地包括了用户可发现和利用的弱点。

　　OWASP 是一个 501c3 非盈利全球慈善组织，焦点是改进应用软件的安全性[20]。指南是以 Java 语言编写的。这个指南包括 10 项最常见的 web 应用弱点：

1）注入瑕疵；

2）交叉站点脚本（XSS）；

3）被攻破的认证和会话管理；

4）不安全的直接对象引用；

5）交叉站点请求伪造（CSRF）；

6）安全性错误配置；

7）不安全的密码学存储；

8）在约束 URL 访问方面的失效；

9）不充分的传输层保护；

10）无效的重定向和转发。

　　另外，它们提供提示、防护、解决方案和 Java 选项。每年他们都给出前 10 项 web 应用弱点。该项目的源代码和 LiveCD 是免费的，并几乎可为每名用户访问。虽然它提供深入的实践，但缺乏对专题的解释，这留给用户自己学习。它将焦点更多地方在动手操作方面而不是教学方面。因为是完全面向 Java 的，它不关心使用其他语言（例如 PHP 或 RoR（Ruby on Rails））构造的应用。图 6.4 给出一个 OWASP 环境。

　　渗透测试演练系统 DVWACDamn Vulnerable Web Application[21] 是使用 PHP/MySQL 构造的另一个实践工具。它是安全专业人员和 Web 开发人员的一项辅助，他们可在一个合法的实践环境中测试并试验他们的技巧和工具。除此之外，它是在安全 web 开发上培训/教授用户（即学生、教师、研究人员和安全专业人员）的一种方便的方法。源代码和 LiveCD 是可免费得到的。这项指南涵盖如下话题：暴力、命令执行、CSRF、文件内含（file inclusion）、SQL 注入（盲目的）、上载、反射式 XSS 和存储式 XSS。相比于 OWASP，它是不太全

图 6.4　OWASP 环境/接口

的，且仅涵盖一些专题。在这项指南中，不仅就直接与专题有关的讨论而且就指南、提示和解决方案方面也都缺乏足够的信息。用户们仅可通过提供的一些互联网链接/源找到有关专题的信息。图 6.5 给出 DVWA 环境。

　　Web Security Dojo 是一个"Web 应用安全渗透测试的免费开源自包含的训练环境。工具＋目标＝训练学校"[22]。VmWare 映像是免费提供的。用户们可下载它，并以他们自己的步调将之安装在一个虚拟机中，带有完整的文档。所提供的一些自带目标是 DVWA、REST Demos 和 JSON demos。它们也提供 WebGoat、Hackme CasinoVulnerable ap-

plication、Insecure Web App 和比如
burp suite 的一些工具。它是一个非常
高效的实践环境；但是，对于一名安
全实践的初学者而言，看来它是稍稍
有点高级的一个工具。图 6.6 给出
Web Security Dojo 的环境。

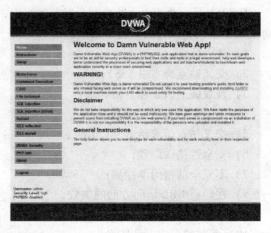

　　Daffodil 也是为学习目的而设计的
一个开源 web 应用项目[23]。它类似于
OWASP 和 DVWA。它包含精选 web 应
用弱点方面的练习和答案。这项指南
也缺乏合适的专题讨论。用户不得不
查找其他来源，寻找出有关所选实践
的更多信息。它应该制作得更加用户

图 6.5　DVWA 环境

友好的，从而使初学者（即自学的实践人员）可操作，而没有从这里和那里寻找信息
的很多麻烦。图 6.7 给出 Daffodil 教学单元的一个截图。

图 6.6　Web Security Dojo 环境

　　为了使读者更好地理解这个专题，下面我们讨论所有这些培训指南。事实上，对于
我们的工作，我们已经使用了所有这些指南，是与我们对各种方法的文献综述、问题定
义、可能的解决方案、分析和比较一起使用的。

　　Pangolin（自动化的 SQL 注入测试工具）是由 NOSEC 开发的对数据库安全进行渗
透测试的工具。其主要目标是检测并利用 web 应用上的现存 SQLIV。一旦找到一个或
多个弱点，pen 测试器就可选择地实施如下操作：实施一个扩展的后台数据库管理系
统指纹；检索 DBMS 会话用户和数据库；枚举用户、口令哈希、优先权和数据库；导
出（dump）整个或一个用户特定的 DBMS 表/列；运行他或她自己的 SQL 语句；读取
在文件系统上的特定文件；以及其他更多操作[24]。图 6.8 给出 Pangolin 工作界面的一

个截图。

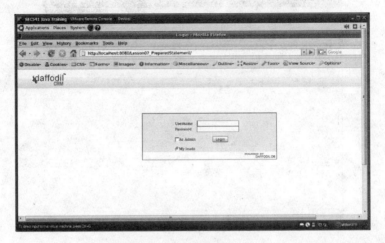

图 6.7　Daffodil 教学单元

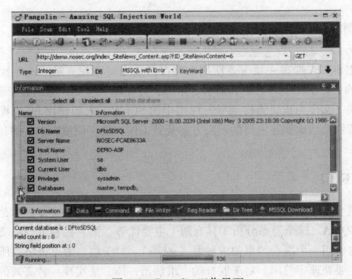

图 6.8　Pangolin 工作界面

　　aidSQL 是用于测试 web 应用中弱点的一个 PHP 应用。它是一个模块化应用，这意味着某个人可针对 SQL 注入检测和利用开发他或她自己独特的插件（plugins）[25]。

　　Safe3SI 是一个非常高效的渗透测试工具，它也是弱点检测和利用过程自动化（见图 6.9）。它也允许接管数据库服务器。这个工具配备有一个强大的检测引擎、终极渗透测试器的许多附加经典功能，以及非常广泛的各种开关（switch），涉及从数据库中数据获取之上的数据库指纹，到访问底层文件系统，并通过带外连接执行 OS 上的命令[26]。

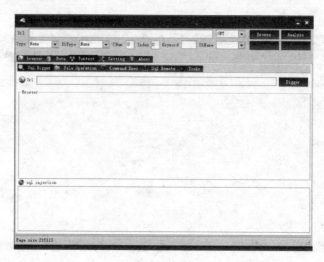

图 6.9 Safe3SI

6.7 检测 SQL 注入

为了防止 SQLIA 损害一项 web 应用,存在两项主要考虑:第一,对检测并准确地识别 SQLIA 的一种机制,存在巨大需求;第二,为保障一项 web 应用的安全,SQLIV 的知识是必须的。迄今为止,为检测 web 应用中的 SQLIV,人们使用和/或提出许多种框架。下面,我们简洁地描述主要的解决方案及其工作方法,使读者们了解每项工作背后的核心思想。

6.7.1 SAFILI

为了检测 SQLIV,Fu 等[27]提出一种静态分析框架。SAFELI 框架目标是识别编译时间过程中的 SQLIA。这个静态分析工具有两个主要优势:第一,它进行一项白盒静态分析。第二,它使用一个混合约束的求解器(solver)。对于白盒静态分析,所提方法考虑字节码,并主要处理字符串。对于混合约束求解器,该方法实现一种高效的字符串分析工具,它能够处理布尔、整数和字符串变量。是在 ASP. NET web 应用上实现这个框架的,它能够检测被黑盒弱点扫描器忽略的弱点。这种方法论是处理字符串约束的一种高效近似机制。但是,这种方法仅针对 ASP. NET 弱点。

6.7.2 Thomas 等的方案

Thomas 等[28]提出去除 SQLIV 的一种自动的准备好的断言产生(prepared statement generation)算法。他们使用四个开源项目实现他们的研究工作:

1)Net- trust;

2)ITrust;

3）WebGoat；

4）Roller。

依据试验结果，他们的准备好的语句代码能够成功地替换四个开源项目中 94% 的 SQLIV。但是，该试验是仅使用 Java 对有限数量的项目进行的。因此，将相同方法和工具广泛地应用于不同设置，仍然是要深入研究的一个开放的研究问题。

6.7.3   Ruse 等的方法

在文献［29］中，Ruse 等提出一项技术，它使用自动测试案例生成来检测 SQLIV。这个框架背后的主要思想是基于产生一个特定的模型，该模型自动地处理 SQL 查询。另外，该方法识别子查询之间的关系（依赖性）。基于这些结果，表明该方法论能够专用于识别因果集，并分别得到 85% 和 69% 的减少，同时对一些样例进行了试验。此外，它不会产生任何假阳性或假阴性，且它能够检测注入的真实原因。不管该项技术所宣称的和明显的效率为何，这项工作的主要缺陷是，它没有对一个真实的现存数据库上的真正查询进行测试。

6.7.4   Haixia 和 Zhihong 的数据库安全测试方案

在文献［13］中，Haixia 和 Zhihong 为 web 应用提出安全的数据库测试设计。他们提出三个方面：第一，检测 SQL 注入的可能输入点；第二，自动地产生测试案例；第三，通过运行测试案例，对一项应用进行一次仿真攻击，找到数据库弱点。表明了所提方法论是高效的，因为它能准确地和及时地检测 SQL 注入的输入点，这点和作者们预料的一样。但是，在分析该方案之后，我们发现该方法不是一个完备的解决方案，相反，它需要在两个主要方面进行特别的改进：检测能力和攻击规则库的开发。

6.7.5   Roichman 和 Gudes 的精细粒度访问控制方案

在文献［30］中，为了保障 web 应用数据库的安全，Roichman 和 Gudes 提出对 web 数据库使用精细粒度访问控制。他们依据精细粒度访问控制机制，开发了一种新方法。通过内置的数据库访问控制，监控和检测对数据库的访问。这种方法是高效的，在于如下事实，即数据库的安全和访问控制是从应用层转移到数据库层来的。这是 SQL 会话可跟踪性弱点的一种解决方案。除此之外，这是可适用于几乎所有数据库应用的一个框架。因此，它显著地减少了针对数据库应用后台的攻击的风险。

6.7.6   Shin 等的方法

在文献［31］中，Shin 等提出 SQLUnitGen，这是基于静态分析的一个工具，该工具使识别输入篡改弱点的测试自动化。他们应用了 SQLUnitGen 工具，并与一个静态分析工具 FindBugs 进行了比较。所提出的机制被证明是高效的（483 个攻击测试案例），这是考虑到如下事实，即在试验中假阳性是完全不存在的。但是，对于不同场景，注意到少量的假阴性。另外发现，由于一些缺陷，"对其他应用"可能发生比较大比率的假阴性。因此，作者们谈到将集中去除那些显著的假阴性，并进一步改进方法以便处理输入篡改弱点，以此作为他们的未来工作。

6.7.7 SQL-IDS 方法

Kemalis 和 Tzouramanis[32] 提出使用一种新颖的基于规范的方法论，检测 SQLIV 的利用问题。所提出的查询特定的检测，允许系统以可忽略的计算额外负担实施焦点性分析，而不产生假阳性或假阴性。在实践中这种新方法是非常高效的；但是，它要求在一个共享的和灵活的基准环境下进行更多的试验并与已存在的检测方法进行比较。

6.8 SQL 注入应对措施：检测和防御技术

在前一节，我们讨论了仅处理 SQL 注入检测的各种方案。在成功地检测到任何弱点或利用弱点的任何种类的攻击之后，可应用其他方案来修复系统。在通常情形中，主要存在两种类型的方案：一些是针对防御的，其他一些是一旦系统在攻击之下用于修复系统的。在 SQL 注入的情形中，用于防御 SQL 注入的那些方案，也可在早期阶段治愈系统（或应用）。因此，简单说来，我们称这些方案为应对措施。一种强壮的应对措施可去除或至少可阻塞一个系统中所有存在的弱点，并因此它可保护系统免受利用这些弱点的各种类型的攻击。一旦一个系统处在攻击之下，修复系统包括一些其他技术，如重启系统、重新组织系统中的各种单元等，这不是我们当前研究的专题。因为那些机制主要处理其他方面如网络设置、数据库重新排列、重新组织以及利用重新安装系统（或应用）的白板式方法，所以修复系统与我们的综述是不相关的。在我们分析可用步骤和指导原则（攻击之后的场景）之后，我们发现，一旦发起了针对系统的攻击，它们与系统的管理和治理策略设置是更相关的，且系统会受到损害。

在本节，我们列出许多应对措施，在运行系统之前和运行过程之中可利用这些措施。应该指出，这些方案不仅可检测 SQL 注入，而且采取必要的措施，从而使弱点不被流氓实体所利用。因此，这些方案从前一节中所提到方案的位置点后延在这里讨论，它们不仅仅是检测 SQL 注入，而不比这做得更多。下面，我们也给出简短描述，并从至关重要的须知角度分析每种方案。表6.3 给出迄今知道的针对 SQL 注入的应对措施的汇总。

表 6.3   SQL 注入应对措施

应 对 措 施	概　　述
SQL-IDS[32]	检测恶意入侵的一种基于规范的方法
准备好的断言[28]	它是一个固定的查询"模板"，是预定义的，为输入数据提供类型特定的位置保留符
AMNESIA[12]	这种方案识别不合法的查询（在查询执行之前进行），使用运行时监测法，将动态产生的查询与静态构造的模型进行比较

（续）

应 对 措 施	概　　述
SQLrand[33]	一个强随机整数被插入到 SQL 关键字之中
SQL DOM[17]	对一个数据库纲要是强类型的类集合被用来产生 SQL 语句，而不是字符串操作
使用存储过程的 SQLIA 防御[18,34]	静态分析和运行时监测的组合
SQLGuard[35]	在运行时，比较在用户输入之前和之后的 SQL 语句剖析树。必须修改 web 脚本
CANDID[36]	基于在非攻击后续输入之上运行的评估运行，猜测编程人员所设想的查询结构
SQLIPA[37]	使用用户名和口令哈希值，改进认证过程的安全性
SQLCHECK[38]	在用户输入的开始和结束处插入一个键。无效的语法 forms 是攻击。键长度是一个主要问题
DIWeDa[39]	检测在 web 数据库应用中各种类型的入侵
人工方法[12]	应用防御性编程和代码评审机制
自动化的方法[12]	实现静态分析 FindBugs 和 web 弱点扫描框架

现在，让我们看看这些方案实际上是关于什么的。本节中的剩下内容将分析涵盖在不同类型应对措施下的各个方面。

6.8.1　AMNESIA

在文献［12］中，Junjin 提出 AMNESIA 方法用于跟踪 SQL 输入流和产生攻击输入，JCrasher 用于产生测试案例，SQLInjectionGen 用于识别热点。试验是在运行在 MySQL11v5.0.21 上的两项 web 应用上实施的。依据在这两个数据库上的三次尝试，发现 SQLInjectionGen 在一次尝试中仅给出两次假阴性。考虑到所提框架的重点是攻击输入准确度，它是非常高效的。除此之外，攻击输入与方法参数是合适匹配的。比前面所有优势还好的是，所提方法没有假阳性，仅有少量假阴性。这种方法的唯一劣势是，它涉及使用不同工具的许多步骤。

6.8.2　SQLrand 方案

在文献［33］中，Boyd 和 Keromytis 提出 SQLrand 方法（该方法使用随机化的 SQL 查询语言，目标为一项特定的通用网关接口应用）。对于实现，他们在 web 服务器（客户端）和 SQL 服务器之间使用一台概念验证的代理服务器；他们将从客户端接收到的查询去随机化，并将请求发送到服务器。这种去随机化框架有两项主要优势，即可移植性（可用于广泛的 DBMS）和安全性（数据库内容是高度被保护的）。所提方案具有不错的性能：在每条查询上施加的最大延迟是 6.5ms。因此，考虑到得到的性能和针对注入查询的防御，该方法是高效的。但是，这是一次概念证明；在目标为更多的 DBMS 后台使用 SQLrand 构建工具方面，它仍然需要进一步的测试和来自编程人员的支持。

6.8.3　SQL DOM 方案

McClure 和 Krüger[17]提出 SQL DOM（对一个数据库纲要为强类型的一个类集合）框架。从面向对象编程语言的角度，他们密切地考虑了访问关系型数据库时的现有缺陷。他们主要聚焦于识别通过调用层接口与数据库交互中的障碍。SQL DOM 对象模型是通过为通信建立一个安全环境（即通过对象操作创建 SQL 语句）克服这些问题的建议解决方案。就编译时间过程中的错误检测、可靠性、可测试性和可维护性等方面，这种方法的定性评估表明了许多优势和益处。虽然这种方法是高效的，但可采用更先进的和最新的工具（例如 CodeSmith[40]）进一步改进。

6.8.4　使用存储过程的 SQLIA 防护

存储过程是数据库中的子例程，应用可用之进行调用[18]。在这些存储过程中的防护是采用静态分析和运行时分析的组合方法加以实现的。通过一个存储过程剖析器，取得命令识别所用的静态分析，运行时分析使用针对输入识别的一个 SQLChecker。Huang 等在文献［34］中提出静态分析和运行时监测的一种混合方法，来增强潜在弱点的安全性。采用静态分析和运行时检查的 web 应用安全（WebSSARI）在 SourceForge. net 的 230 个开源应用上进行了使用和实现。该方法是有效的；但是，它不能去除 SQLIV。它仅能列出以明文或密文（white or black）表示的输入。

6.8.5　剖析树验证方法

Buehrer 等[35]采用剖析树框架。他们比较了在运行时一个特定语句及其原始语句的剖析树。除非存在一次匹配，否则他们停止语句的执行。在一项学生 web 应用上使用 SQLGuard 测试了这种方法。虽然这种方法是高效的，但它有两项主要缺陷，即附加的额外计算负担和仅列出输入（密文或明文）。

6.8.6　动态候选评估方法

在文献［36］中，Bisht 等提出动态发现意图的候选者评估（CANDID）。它是 SQLIA 自动防御的动态候选者评估方法。这个框架动态地从每个 SQL 查询位置抽取查询结构，这些结构是开发人员（编程人员）想要的结构。因此，它解决手工修改应用来创建准备语句的问题。虽然证明了这个工具对一些情形是高效的，但在许多其他情形中它失效了。例如，当处理外部函数和当应用在一个错误等级时，该工具是低效的。除此之外，由于方案有限的能力，有时它也会失效。

6.8.7　Ali 等的方案

Ali 等[37]采用哈希值方法，进一步改进用户认证机制。他们使用用户名和口令哈希值。开发了用于认证的 SQL 注入防护器（SQLIPA）原型，来测试该框架。首次产生一个特定的用户账户时，在运行时创建并计算用户名和口令哈希值。哈希值被存储在用户账户表中。虽然所提框架在一些样例数据上进行了测试，并具有 1.3ms 的额外开销，但为了降低额外时间，仍然需要进一步的改进。它也要求采用较大量的数据进行测试。

6.8.8　SQLCHECKER 方法

Su 和 Wassermann[38]在一个实时环境中采用 SQLCHECK 实现了他们的算法。它检查输入查询是否与程序人员定义的期望查询一致。为用户输入定界，应用了一个秘密密钥[1]。SQLCHECK 的分析表明没有假阳性或假阴性。同样，额外运行时速率是非常低的，并可使用不同语言在许多其他 web 应用中直接加以实现。它是一种非常高效的方法；但是，一旦一名攻击者发现密钥，则它就变成脆弱的。此外，它也需要采用在线 web 应用进行测试。

6.8.9　DIWeDa 方法

Roichman 和 Gudes[39]为后台数据库提出入侵检测系统。他们使用检测 web 数据库中的入侵（DIWeDa），这是一个原型，在会话层工作而不是在 SQL 语句或事务阶段工作，检测 web 应用中的入侵。DIWeDa 以在一个会话中发出的 SQL 查询集合来剖析（profile）不同角色的正常行为，之后将一个会话与剖面（profile）进行比较，来识别入侵[39]。所提框架是高效的，且也能够识别 SQL 注入和商务逻辑违规。但是，对于 0.07 的阈值，发现真阳性率（TPR）为 92.5%，假阳性率（FPR）为 5%。因此，存在对准确度改善的极大需求（TPR 增加，FPR 减少）。它也需要针对新的 web 攻击类型进行测试。

6.8.10　人工方法

Junjin[12]强调使用人工方法防止 SQLI 输入篡改缺陷。在人工方法中，应用的是防御性编程和代码评审。在防御性编程中，实现一个输入过滤器，使用户们不能输入恶意关键字或字符。通过使用白名单或黑名单，可做到这点。就代码评审[41]而言，在检测缺陷方面这是一种低成本机制；但是，这要求有关 SQLIA 的较深知识。

6.8.11　自动化的方法

除了使用人工方法之外，Junjin[12]也重点突出了自动化方法的使用。作者指出，两种主要方案是静态分析 FindBug 和 web 弱点扫描。静态分析 FindBugs 方法检测有关 SQLIA 的缺陷，并当一条 SQL 查询变换不定时，给出警告。但是，对于 web 弱点扫描，它使用软件代理进行爬取，扫描 web 应用，并通过观察它们对攻击的行为来检测弱点。

6.9　比较性分析

就哪种方案或方法是最好的给出一个清晰的判断，将是困难的，因为每种方案或方法都对特定类型的设置（即系统）具有证明了的益处。因此，在本节，我们写下各种方法如何防御已确定的 SQLIA。表 6.4 给出各方案及其针对各种 SQLIA 的防御能力的一张图表。这个表给出 SQL 注入防御技术和攻击类型的比较性分析。虽然许多方法被确定为检测或防御技术，但仅有其中一些在实践中进行了实现。因此，这种比较不是基于经验性体验的，相反，这是一种比较性评估。

表 6.4　各种方案和 SQLIA

方案	重言式	逻辑上不正确的查询	联合查询	存储过程	捎带的查询	推断	改变编码
AMNESIA[12]	√	√	√	×	√	√	√
SQLrand[33]	√	×	√	×	√	√	×
SQLDOM[17]	√	√	√	×	√	√	×
WebSSARI[18,34]	√	√	√	√	√	√	√
SQLGuard[35]	√	√	√	√	√	√	√
CANDID[36]	√	×	×	×	×	×	×
SQLIPA[37]	√	×	×	×	×	×	×
SQLCHECK[38]	√	√	√	×	√	√	√
DIWeDa[39]	×	×	×	×	×	×	×
自动化的方法[12]	√	√	√	×	√	√	×

在表 6.5 中，我们提到处理 SQL 注入的主要方法，并依据其特征对它们进行分类。

表 6.5　各种方法及任务类型

方　法	目　标	
	检　测	防　御
SQL-IDS[32]	是	是
AMNESIA[12]	是	是
SQLrand[33]	是	是
SQL DOM[17]	是	是
WebSSARI[18,34]	是	是
SQLGuard[35]	是	否
CANDID[36]	是	否
SQLIPA[37]	是	否
SQLCHECK[38]	是	否
DIWeDa[39]	是	否

6.10　小结

虽然在许多交互式 web 应用中识别并实现了许多种方法和框架，但安全仍然是一个主要问题。SQL 注入猖獗，成为目标为后台数据库的在线商务的 10 大弱点和威胁之一。在本章，我们回顾了最流行的现有 SQL 注入有关的问题。我们深入考察了针对未来联网技术时 SQLIA 的可能性。为建设 NGN，和许多其他问题一样，这个特定领域也必须给予适当的关注。否则，会出现一种新的系统，但一个老问题可能仍然是一个重大的或甚至是更复杂的威胁。

本项研究的主要发现可汇总如下：

1）有关各种类型 SQLIA、弱点、检测和防御技术的详细综述报告。

2）基于技术的性能和实践方面，对技术的评估。

3）通过提供最近的和最新的案例和信息，了解 SQL 注入威胁的信息。

4）深究 "web 应用安全培训指南"，训练安全实践人员处理 SQLIA。

这项研究的发现可用于渗透测试目的，保护学术领域或工业界领域的数据。我们的研究成果可有助于：

1）使用所提到的工具，度量 web 应用的安全等级。

2）发现/检测在线应用的弱点。

3）针对使用所提安全编码方法，保护各项应用。

4）使用所提到的指南，培训安全实践人员处理 SQL 注入。

5）针对未来的下一代和正在出现的网络及概念，深入研究 SQLIA 的威胁。

我们认为本项工作对于该专题的一般读者和实践人员都是有用的。现实情况是，黑客们是非常具有创新性的，且随着时间的推移，会发起新的攻击，这将需要新的解决方案。

参 考 文 献

1. Halfond, W.G., Viegas, J., and Orso, A., A Classification of SQL-Injection Attacks and Countermeasures. In *Proc. of the Intl. Symposium on Secure Software Engineering*, Mar. (2006).

2. Tajpour, A., Masrom, M., Heydari, M.Z., and Ibrahim, S., SQL injection detection and prevention tools assessment. *Proc. 3rd IEEE International Conference on Computer Science and Information Technology (ICCSIT'10)*, 9–11 July (2010), 518–522.

3. http://www.owasp.org/index.php/Top_10_2010-A1-Injection, retrieved on 13/01/2010.

4. http://en.wikipedia.org/wiki/Ubiquitous_computing#cite_note-0.

5. ITU-T Recommendation Y.2001, approved in December 2004, available at http://www.itu.int/rec/T-RECY. 2001-200412-I/en.

6. The Secure Online Business Handbook: a practical guide to risk management and business continuity (4th Edition), by Jonathan Reuvid, Kogan Page, United Kingdom, 2006.

7. Pathan, A.-S.K., "On the Boundaries of Trust and Security in Computing and Communications Systems" International Journal of Trust Management in Comp. and Commun., Vol. x, No. x, (To be published).

8. Seven things you should know about Cloud Computing, Educause 2009. Available at: http://www.educause.edu/Resources/7ThingsYouShouldKnowAboutCloud/176856.

9. Playstation hack came from Amazon EC2, by Carl, Available at: http://www.kitguru.net/channel/carl/playstation-hack-came-from-amazon-ec2/.

10. IBM Global Technology Services, "IBM Internet Security Systems X-Force® 2008 Trend and Risk Report," January 2009.

11. Foundations of security: what every programmer needs to know, by Neil Daswani, Christoph Kern, and

Anita Kesavan, Apress, NY, USA, 2007.

12. Junjin, M., An Approach for SQL Injection Vulnerability Detection. *Proc. of the 6th International Conference on Information Technology*: New Generations, Las Vegas, Nevada, April (2009), 1411–1414.

13. Haixia, Y. and Zhihong, N., A database security testing scheme of web application. *Proc. of 4th International Conference on Computer Science and Education 2009* (ICCSE '09), 25–28 July (2009), 953–955.

14. Kindy, D.A. and Pathan, A.-S.K., A Survey on SQL Injection: Vulnerabilities, Attacks, and Prevention Techniques. (Poster) *Proceedings of The 15th IEEE Symposium on Consumer Electronics (IEEE ISCE 2011)*, June 14–17, Singapore (2011), 468–471.

15. Seixas, N., Fonseca, J., Vieira, M., and Madeira, H., Looking at Web Security Vulnerabilities from the Programming Language Perspective: A Field Study. *Proc. of 20th International Symposium on Software Reliability Engineering 2009 (ISSRE '09)*, 16–19 Nov. (2009) 129–135.

16. Tajpour, A., JorJor Zade Shooshtari, M., Evaluation of SQL Injection Detection and Prevention Techniques. *Proc. of 2010 Second International Conference on Computational Intelligence, Communication Systems and Networks (CICSyN'10)*, 28–30 July (2010), 216–221.

17. McClure, R.A. and Krüger, I.H., SQL DOM: Compile time checking of dynamic SQL statements. *27th International Conference on Software Engineering (ICSE 2005)*, 15–21 May (2005), 88–96.

18. Amirtahmasebi, K., Jalalinia, S.R., and Khadem, S., A survey of SQL injection defense mechanisms. *International Conference for Internet Technology and Secured Transactions (ICITST 2009)*, 9–12 Nov. (2009), 1–8.

19. Luong, V., Intrusion Detection And Prevention System: SQL-Injection Attacks. Master's Projects. Paper 16. (2010), available at: http://scholarworks.sjsu.edu/etd_projects/16.

20. http://www.owasp.org/index.php/Main_Page, retrieved on 31/01/2011.

21. http://www.dvwa.co.uk, retrieved on 31/01/2011.

22. http://www.mavensecurity.com/web_security_dojo/, retrieved on 31/01/2011.

23. http://crm.daffodilsw.com/article/call-centre-crm.html, retrieved on 04/06/2011.

24. http://www.nosec.org/en/productservice/pangolin.

25. http://code.google.com/p/aidsql.

26. http://code.google.com/p/safe3si.

27. Fu, X., Lu, X., Peltsverger, B., Chen, S., Qian, K., and Tao, L., A Static Analysis Framework for Detecting SQL Injection Vulnerabilities. *Proc. 31st Annual International Computer Software and Applications Conference 2007* (COMPSAC 2007), 24–27 July (2007), 87–96.

28. Thomas, S., Williams, L., and Xie, T., On automated prepared statement generation to remove SQL injection vulnerabilities. *Information and Software Technology*, Volume 51 Issue 3, March (2009), 589–598.

29. Ruse, M., Sarkar, T., and Basu. S., Analysis & Detection of SQL Injection Vulnerabilities via Automatic Test Case Generation of Programs. *Proc. 10th Annual International Symposium on Applications and the Internet* (2010), 31–37.

30. Roichman, A., Gudes, E., Fine-grained Access Control to Web Databases. *Proceedings of 12th SACMAT Symposium*, France (2007).

31. Shin, Y., Williams, L., and Xie, T., SQLUnitGen: Test Case Generation for SQL Injection Detection. North Carolina State University, Raleigh Technical report, NCSU CSC TR 2006-21 (2006).

32. Kemalis, K. and T. Tzouramanis. SQL-IDS: A Specification-based Approach for SQLinjection Detection. SAC'08. Fortaleza, Ceará, Brazil, ACM (2008), 2153–2158.

33. Boyd S.W. and Keromytis, A.D., SQLrand: Preventing SQL Injection Attacks. *Proceedings of the 2nd Applied Cryptography and Network Security (ACNS'04) Conference*, June (2004), 292–302.

34. Huang, Y.-W., Yu, F., Hang, C., Tsai, C.-H., Lee, D.-T., and Kuo, S.-Y., Securing Web Application Code by Static Analysis and Runtime Protection. *Proc. of 13th International Conference on World Wide Web*, New York, (2004), 40–52.

35. Buehrer, G., Weide, B.W., and Sivilotti, P.A.G., Using Parse Tree Validation to Prevent SQL Injection Attacks. *Proc. of 5th International Workshop on Software Engineering and Middleware*, Lisbon, Portugal

(2005), 106–113.

36. Bisht, P., Madhusudan, P., and Venkatakrishnan, V.N., CANDID: Dynamic Candidate Evaluations for Automatic Prevention of SQL Injection Attacks. *ACM Transactions on Information and System Security*, Volume 13 Issue 2, (2010), doi.10.1145/1698750.1698754.

37. Ali, S., Shahzad, S.K., and Javed, H., SQLIPA: An Authentication Mechanism Against SQL Injection. *European Journal of Scientific Research*, Vol. 38, No. 4 (2009), 604–611.

38. Su, Z. and Wassermann, G., The essence of command injection attacks in web applications. In *ACM Symposium on Principles of Programming Languages (POPL'2006)*, January (2006).

39. Roichman, A., and Gudes, E., DIWeDa–Detecting Intrusions in Web Databases. Atluri, V. (ed.) DAS–2008. LNCS, vol. 5094, Springer, Heidelberg (2008), 313–329.

40. http://www.codesmithtools.com.

41. Baker, R.A., Code Reviews Enhance Software Quality. In *Proceedings of the 19th international conference on Software engineering (ICSE'97)*, Boston, MA, USA (1997), 570–571.

第7章 无线网络安全综述

7.1 引言

　　无线通信是通信业增长最快的部门。在各地区广泛部署了无线技术和应用。在在过去十几年来，无许可证的工业、科学和医疗（ISM）频带中无线局域网（Wireless Local Area Network，WLAN）成功部署以及在有许可证频带中蜂窝无线电话网络的成功部署，已经证明了无线技术和应用的广泛使用。许多无线应用和技术正在开发和部署。无线网络由各种设备组成，它们在不需要一种有导线介质的情况下就可通信。一般而言，可基于网络的结构，将无线网络分为两种不同类型：基于基础设施的无线网络和无基础设施的无线网络[1]。

　　一个基于基础设施的无线网络有一个中心单元，各客户端站通过它进行相互通信。蜂窝电话系统（诸如全球移动通信系统（Global System for Mobile communications，GSM）或码分多址（Code-Division Multiple Access，CDMA））和处于接入点（Access Point，AP）模式的 IEEE 802.11 WLAN 以及微波接入的 IEEE 802.16 全球互操作性（Worldwide Interoperability for Microwave Access，WiMAX）是基于基础设施无线网络的一些例子。GSM、CDMA 及其变种是最广泛部署的蜂窝通信技术，这些技术使移动通信成为可能。GSM 和 CDMA 使用基站，移动电话通过基站相互进行通信。一般而言，蜂窝无线网络覆盖一个广阔的区域，被称作无线广域网。类似地，WiMAX 网络也有中心式基站，当无线客户端相互通信时，它们使用基站。WiMAX 的覆盖区域比较接近城域，并被称作无线城域网（Wireless Metropolitan Area Network，WMAN）。处于基础设施模式的WLAN 使用中心式无线 AP，通过 AP，各无线客户端站相互通信。因为基于基础设施的无线网络中的中心式基站或 AP，多数情况下是静态的且成本高昂，所以这样的网络都要求严肃和仔细的拓扑设计，以获取较好的性能和覆盖范围。

　　一个无基础设施的无线网络不包含任何中心式基础设施，因此无线客户端站是直接以对等方式相互通信的。这些类型的网络也称作无线自组织网络。无线自组织网络的网络拓扑是动态的和不断变化的，且参与的无线站在线地适应拓扑中的变化[2,3]。

　　在基于中心式基础设施的无线网络和无基础设施的无线网络之下的无线网络子类如图 7.1 所示。蜂窝网络是用于话音通信的，但也可承载数据。另一方面，WiMAX 是用于一个较大覆盖区域的最后一英里互联网交付的。WLAN 用于较小区域内的数据通信，典型地用于办公室和驻地用途。但是，Wi-Fi 之上的话音（voice-over-Wi-Fi）也是WLAN 的组成部分。最新的进展已经表明，基于基础设施的无线网络支持话音和数据通信。

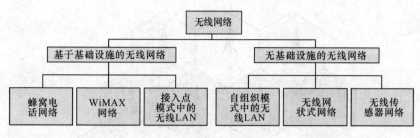

图 7.1　无线网络的分类

　　基于基础设施的无线网络需要固定的基础设施，例如蜂窝电话网络和 WiMAX 网络中的基站，或 WLAN 中的 WAP，以便有利于移动用户间的通信。静态设备作为这些种类无线网络的一个骨干。移动用户通过无线链路连接到这种设备，并可在一个基站的覆盖范围内移动到任何地方。通过使用切换功能，它们也可从一个基站的覆盖区域移动到另一个基站的覆盖区域。例如，一个蜂窝电话系统由服务一个区域（称为一个蜂窝[1]）的一个固定基站组成，且每个蜂窝可处理许多移动用户。在通信时，移动用户可在一个基站的覆盖区域内移动，并通过使用漫游功能从一个基站移动到另一个基站。为覆盖一个大型区域和大数量的用户，就需要多个基站，且各基站通过一条可靠的有线或无线链路相互连接，以便提供无缝的无线服务。为了提供不间断的服务，互联链路应该就如下方面是鲁棒的：可靠性、效率、容错、传输范围等[4,7]。

7.2　蜂窝电话网络

　　蜂窝通信已经成为我们日常生活的一个重要组成部分。目前，几乎有 23 亿用户订购了电话业务。Gartner 预测，到 2013 年，随着蜂窝电话网络提供移动通信，在互联网浏览方面，诸如个人数字助理的移动设备将超过个人计算机。蜂窝电话通信使用一个基站覆盖称为蜂窝（cell）的一个特定区域[1]。移动用户连接到他们的基站，相互进行通信。他们在通信过程中可在一个蜂窝内移动，并可使用切换技术在不中断通信的条件下从一个蜂窝移动到另一个蜂窝。无线系统容易受到其他用户的干扰，这些用户们共享相同的频率进行通信。为避免蜂窝之间的干扰，邻接蜂窝使用不同频率，如图 7.2 所示。

　　蜂窝网络自 20 世纪 80 年代以来就商用了。日本在 1979 年实现了蜂窝电话系统，并成为部署蜂窝电话网络的第一个国家。欧洲各国于 1982 年实现了北欧移动电话。美国在 1983 年部署先进移动电话系统（Advanced Mobile Phone System，AMPS）作为第一个蜂窝电话网络[4]。

　　存在不同代次的蜂窝电话系统[1,4]。第一代（1G）无线电话网络是已经商用的第一种蜂窝网络。一个 1G 网络能够以大约 9.6kbit/s 的最大速度传输话音。1G 电话网络使用模拟调制传输话音，并被看作模拟电信网络。

　　1G 蜂窝系统有一些限制，例如不佳的话音质量、不支持加密、频谱的低效使用和差的干扰处理技术。个人通信业务引入数字调制的概念，其中话音被转换为数字编码，

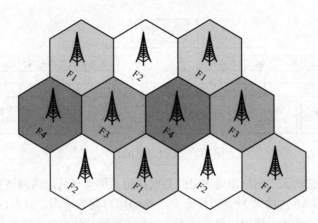

图 7.2　在蜂窝电话网络中采用不同频率的蜂窝

并成为第二代（2G）蜂窝电话系统。2G 是数字的，解决了 1G 的一些限制，并使用不同的信号表示和传输技术进行部署。

在美国，CDMA、北美时分多址（TDMA）和数字-AMPS（D-AMPS）已经部署为 2G 蜂窝网络。在欧洲，部署了基于时分复用的 GSM，而在日本，部署了个人数字蜂窝。基于 GSM 的蜂窝系统成为世界上最广泛采用的 2G 技术。

2G 的主要焦点是话音通信，虽然它可作为 1G 的几项限制的补救措施。对数据通信以及话音通信业务的积极研究，得到正被部署的 2G 上的数据服务，并称为 2.5G。在美国 1xEV-DO 和 1xEV-DV 是作为 2.5G 部署的。1xEV-DV 将单个射频信道用于数据和话音，而 1xEV-DO 为数据和话音使用独立的信道。

高速电路交换式数据（HSCSD）、通用报文无线业务（GPRS）和 GSM 演进的增强数据速率（EDGE）已经在欧洲得以部署。HSCSD 是在 GSM 上首次尝试以高速度数据通信提供数据，速度高达 115kbit/s。

但是，这项技术不能支持数据的大型突发。GPRS 可支持大型突发数据传递，它有一个服务 GPRS 支持节点（SGSN）（支持安全移动性和访问控制）和一个网关 GPRS 支持节点（GGSN）（连接到外部报文交换网络）。EDGE 提供高达 384kbit/s 的数据速率。蜂窝数字报文数据检测空闲话音信道，并在不干扰话音通信的条件下使用它们传递数据。

开发第三代（3G）蜂窝系统的目标是，提供快速互联网连接、增强的话音通信、视频电话等。美国的 CDMA2000、欧洲的 WCDMA 和中国的 TD-CDMA 是作为 3G 蜂窝网络部署的。这个过程是在 1992 年开始的，并产生一种新的网络基础设施，称作国际移动电信 2000（IMT-2000）。IMT-2000 目标如下[5,6]：

1）在一个广域覆盖区之上提供范围广泛的服务；

2）提供可能的最佳服务质量（QoS）；

3）处理各种移动用户和端站；

4）在不同网络间接纳服务的准备提供；

5）提供一个开放的架构和一个模块化的结构。

3G 已经部署到多数国家，并正用于主要的通信网络。服务提供商已经开始部署第四代（4G）蜂窝通信系统，提供高达 20Mbit/s 的数据速率，并支持在运动车辆中速度高达 250km/h 的移动通信。

4G 目标是集成高 QoS 和移动性，其中一台移动用户终端将总是选择可用的最佳可能的接入。4G 也将目标锁定在采用 IPv6 地址方案使用移动互联网协议（IP），其中每台移动设备将有其自己的全球唯一 IP 地址。

重要的是理解蜂窝网络的架构，观察其有关的安全问题。一个蜂窝网络有两个主要组成部分[7]：

1）无线接入网（RAN）；

2）核心网（CN）。

移动用户通过 RAN 以无线方式接入到蜂窝网络，如图 7.3 所示。RAN 被连接到 CN。CN 通过网关连接到互联网，移动用户通过网关可接收多媒体服务。CN 也被连接到一个公众交换电话网（PSTN）。一个 PSTN 是一个电路交换电话公众电话网络，用之将呼叫交付到陆地线路电话。它使用称作 7 号信令（SS7）的信令协议集，该协议集是由国际电信联盟（ITU）定义的。SS7 提供电话功能。CN 为移动用户和陆地线路电话用户间的通信提供接口。

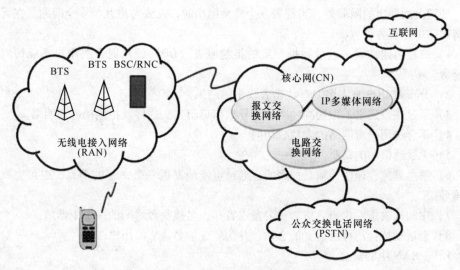

图 7.3　蜂窝电话网络架构

RAN 由现有 GPRS、GSM 或 CDMA 蜂窝电话网络组成，其中无线网络控制器或基站连接器（在 RAN 和 CN 之间提供交互）被连接到报文交换 CN。

CN 由电路交换网络、报文交换网络和 IP 多媒体网络组成。高端网络服务器有利于 CN（的功能），并提供如下几项功能，如通过归属地寄存器维护用户信息、拜访地寄存器维护用户的临时数据、移动交换中心（MSC）在 RAN 和 CN 间接口，以及网关交换中心将呼叫路由到移动用户的实际位置[8]。

每名用户被永久地指派到一个归属网络，也被附属于它可漫游到其上的一个拜访网络。归属网络负责维护用户概要和当前位置。拜访网络是一名移动用户当前漫游到的网络。重要的是指出，拜访网络代表归属网络向移动用户提供所有功能。

诸如 DNS、动态主机配置协议（DHCP）和 RADIUS 服务器等基于 IP 的服务器与网关交互通信，并为移动用户提供从互联网获取服务时所需的控制和管理功能。

7.2.1　蜂窝网络中的安全问题

多种实体被集成到蜂窝电话网络，支持这些服务的基础设施是巨量的和复杂的。在一个电话网络中 IP 多媒体互联网连接到 CN，为网络提供安全带来一项巨大挑战。一般而言，相比有线网络，无线网络具有许多限制[6,7]：

1）无线电信号通过一个开放无线访问介质（例如空气）传输；

2）有限的带宽为许多移动用户共享；

3）无线网络中的移动性使系统更加复杂；

4）运行在有限时间电池上的移动站，导致无线系统中的能源问题；

5）小型移动设备具有有限的处理能力；

6）移动用户的不可靠网络连接。

处理上面列出的限制外，当部署一个蜂窝网络时，需要考虑几个安全问题。在无线蜂窝网络中存在各种攻击：

1）通过向网络发送过量数据导致的拒绝服务（DOS），从而合法用户不能访问网络资源。

2）分布式 DOS 是多名 DoS 攻击者攻击的结果

3）通过在信道之上发送高功率信号导致信道阻塞，这样就拒绝接入到网络。

4）不合法用户对网络的未授权访问。

5）无线通信中的窃听。

6）消息重放：即使传输是加密的，通过重复地发送一条加密的消息，也可完成消息重放。

7）中间人攻击：攻击者作为一名发送者和一名接收者之间的一个中继站。

8）会话劫持：劫持已建立的会话，并伪装成一名合法的用户。

7.2.1.1　RAN 中的安全

在 RAN 中，通过一个基站，移动用户相互以无线方式通信。拥有一个无线发送器/接收器的攻击者可容易地捕获空中传输的无线电信号。在 1G 和 2G 系统中，没有加密机制可将话音隐藏于一名恶意用户，且在对抗窃听移动用户和基站之间会话方面没有保护机制。因为在 1G 和 2G 蜂窝电话系统中缺乏安全准备，攻击者不仅可享受无线服务（在不支付任何服务使用费的条件下），而且可通过一个假基站引诱移动用户，从而获得秘密信息。3G 蜂窝系统有安全预备措施防御这些类型的攻击。它有带完整性密钥（IK）的一种加密机制来加密通话，因此，攻击者不能改变移动用户和基站之间的通话。3G 也改进了无线电网络安全。但是，当从 RAN 发送大量请求到拜访 MSC 时，它仍然不能防御 DOS 攻击，这种情况下 MSC 需要通过一个认证过程验证每条请求。因为过度的请求和认证，MSC 就不能服务合法的用户。

7.2.1.2　CN 中的安全

CN 安全处理服务节点处的安全问题以及服务节点之间有导线线路信令消息的安全问题。为使用移动应用部分（Mobile Application Part，MAP）协议的服务，提供保护。为 MAP 协议提供安全性，当 MAP 运行在 SS7 协议栈上时，采用 MAP 安全（MAPSec），而当 MAP 运行在 IP 之上时，采用 IPSec。对所有类型的信令消息，3G 也是缺乏安全性的。但是，在文献 [9] 中提出的端到端安全性（EndSec）协议可防止信令的错误路由。

通过一台移动设备的互联网连接，为蜂窝网络安全性引入最大的威胁。在互联网上可能发生的任何攻击，现在可通过位于 CN 和互联网之间的网关进入到 CN。这种情况的一个例子是对 E-911 服务的攻击[10]。短消息和话音通话仍然使用相同的信道，导致二者之间的冲突和碰撞。预防整个 CN（PSTN、电路和报文交换网络服务的服务器们）免受来自互联网链路的攻击，是一项重要考虑。因为 PSTN 使用 SS7 协议（没有任何认证机制），并以明文传输话音消息，所以攻击者可容易地引入虚假消息或受到 DOS 攻击。在保障 PSTN 安全方面，仅有有限的研究工作在进行[11]。

如上所述，蜂窝网络有许多新服务，安全架构需要为所有这些服务提供安全性。

7.2.1.3　蜂窝网络安全架构

一个蜂窝网络安全架构由五个功能集组成，如图 7.4 所示。

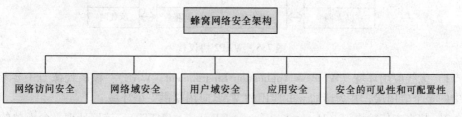

图 7.4　蜂窝网络安全架构

网络接入安全性负责提供用户和移动设备的认证、机密性和完整性。它使移动用户安全地访问蜂窝网络服务。国际移动设备标识符和秘密加密密钥（CK）被用来提供设备和用户的机密性。使用一个秘密密钥的挑战响应方法，被用来取得认证（能力）。值得指出的是，认证和密钥协议（Authentication and Key Agreement）提供用户和网络的相互认证。使用一个 CK 和一个 IK（用户和网络达成一致），直到其时间超期之前，都一直这样做。在一个蜂窝网络中的完整性保护是必要的，原因是一个移动站和一个网络之间的控制信令通信是敏感的。一种完整性算法和 IK 提供完整性服务。

网络域安全性使服务提供商中节点可安全地交换信令数据，并防御对有线网络的攻击。

用户域安全性使移动站可安全地连接到基站，并防御外部攻击。

　　应用安全性针对不同应用，为用户域的用户和服务提供商域的服务之间消息的交换，提供安全机制。

　　安全的可视化和可配置能力特征允许用户们查询他们可看到哪些安全功能和他们可使用哪些功能。

7.2.1.4　无线应用协议

　　蜂窝网络通过 CN 被连接到互联网，使用无线应用协议（Wireless Application Protocol，WAP）[12] 为移动用户提供互联网访问。因此，重要的是理解通过 CN 访问互联网所使用协议的安全机制。WAP 是一个开放规范协议，这意味着它独立于基础网络。它是平台独立的和技术独立的，因此可谓使用 WCDMA、CDMA 2000、UMTS 或诸如 Windows CE、PALM OS 等任何操作系统的用户提供互联网接入服务。在 1998 年发布了 WAP 第 1 版（WAP1）。WAP1 考虑到一台无线移动设备具有有限的功率和其他资源，且具有有限的安全功能，由此在与服务器通信时通过其他网关进行通信。在 2002 年发布了 WAP 的第 2 版（WAP2）。它假定移动设备是功能强大的。它具有较好的安全功能，并允许移动用户与服务器直接通信。

　　WAP2 协议栈/层如图 7.5 所示，下面简短地加以讨论：

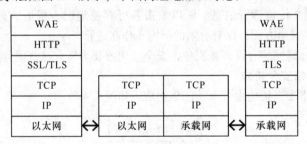

图 7.5　WAP2 协议栈

　　1）无线应用环境（Wireless Application Environment，WAE）：该层就像 OSI 参考模型中的一个应用层，并为诸如 web 应用的 WAP 应用提供一个环境。

　　2）超文本传输协议（Hyper Text Transfer Protocol，HTTP）：该层处理平台无关的协议，用于传输 web 内容/页面。

　　3）传输层安全（Transport Layer Security，TLS）：这是第四层（从底部开始算起）协议，它提供诸如机密性、完整性和认证等安全功能。在 WAP2 中使用的 TLS 被称作概要 TLS，它由一个加密和认证套件、由识别进行恢复的会话套件和打隧道能力组成。

　　4）传输控制协议（Transport Control Protocol，TCP）：这是第三层（从底部开始算起）协议，是标准的可靠 TCP。

　　5）因特网协议（Internet Protocol，IP）：这是第二层（从底部开始算起）协议，负责在一个网络中路由数据。

　　6）承载协议：这是最底层的协议，可由蜂窝电话网络中使用的任何无线技术（例如 CDMA、GSM、WCDMA 等）所用。

总之，协议的多个层次堆叠加密的多个层次的做法，解决了现有 3G 无线蜂窝网络中的安全问题，这会消耗更多的功率并引入高的传输延迟。在 4G 中，仅有一层负责使用层间安全对数据加密[13]，这降低了通信时延。

7.3 微波接入的全球互操作性

WiMAX[14]是一种 WMAN，可提供高达 75Mbit/s 的数据传递速率或半径大约为 50km（30mile）的一个区域，是 4G 无线通信技术的组成部分。WiMAX 是于 2001 年 12 月作为一个 IEEE 802.16 标准发布的。IEEE 802.16 使用三个主要频带：10 ~ 66GHz（有许可证频带）、2 ~ 11GHz（有许可证频带）和 2 ~ 11GHz（无许可证频带）。

WiMAX 仍然在安全方面存在一些缺点，原因是设计人员集成使用了现有标准——线缆之上数据服务接口规范（DOCSIS），该规范是用在线缆通信之中的[15]。在不同 IEEE 802.16 标准间，802.16a/d 标准利用公开密钥加密密钥（是在连接建立时间交换的），且基站使用基于 56 位数据加密标准的数字证书认证客户端[15]。但是，针对数据伪造，它没有提供足够的保护。IEEE 802.16e 实现了基于高级加密标准（AES）的一种 128 位加密密钥模式，消除存在于 802.16a/d 中的瑕疵。采用客户端到基站和基站到客户端认证方法[15]，缓解了使用流氓基站发起的中间人攻击。

7.4 无线局域网

在过去十年来，WLAN 的成功部署源自诸如灵活性、扩展性、移动性和无须导线等优势，这些是有导线网络所缺乏的[16]。在农村地区，无线网络是容易安装的，由于物理障碍物，在这些区域有线网络基础设施是难以或不可能安装的。无线网络是容易扩展的、灵活的和美观的，原因是无线设备主要是用射频（RF）或红外频率进行通信。

WLAN 中的主要标准是 IEEE 802.11，也被称作 Wi-Fi，即 1999 年 IEEE 标准化的 WLAN。在 1971 年夏威夷大学的一名研究人员测试了无线通信。WLAN 的最新标准是 IEEE 802.11-2007。IEEE 802.11 WLAN 可被配置运行在基础设施（AP）模式或自组织模式。

7.4.1 AP 模式中的 WLAN

AP 模式中的 WLAN 由无线客户端站（STA）和一个 AP 组成，其中客户端配备有无线适配器，这允许在其他无线站间的无线通信。在这种情形中，AP 就像一个有线网络中的一台常规交换机或路由器那样为无线客户端站提供交换或路由功能。在 AP 模式的 WLAN 中，所有通信都要通过一台 AP，这意味着无线客户端不能直接相互通信。

一个 WLAN 的基本结构被称作基本服务集（BSS），如图 7.6 所示，其中网络由一个 AP 和几台无线设备组成。为了形成一个无线网络，AP 不断地广播它的服务集标识符（SSID），这是无线网络的逻辑名。这使无线客户端站能够定位并加入无线网络。一个 AP 的传输范围所覆盖的区域被称作基本服务区。

运行在 AP 模式中的一个 WLAN 通过一台 AP 被连接到一个有线网络。因此，AP 是无线客户端站加入一个有线网络的一台网关。一个例子如图 7.6 所示，其中 AP 通过一台交换机被连接到一个有线网络。

为支持漫游，各 BSS 可被组合形成一个扩展服务集（ESS）。在 ESS 中，各 AP 被连接到单一骨干系统，为无线客户端站（STA）提供漫游（从一个 BSS 移动到另一个 BSS），如图 7.7 所示。

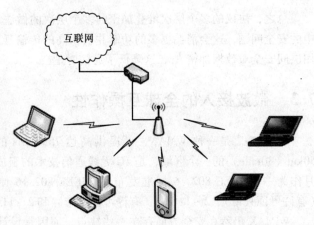

图 7.6　AP 模式中的 WLAN（也称作 BSS）

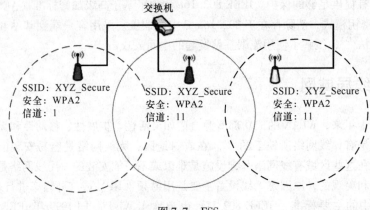

图 7.7　ESS

为了避免干扰，各 WAP 应该以如下方式配置，即它们以不重叠的邻接信道进行传输，如图 7.7 和图 7.8 所示。如果多个 AP 在同一信道中重叠传输范围，则 WLAN 的性能将显著降级[16]。

信道占用信息，以及 MAC 地址、接收信号强度指示、厂商信息、网络类型（基础设施或自组织）、私有/安全模式、扫描时间等，均可使用免费工具（例如 inSSIDer[17]）容易地得到，如图 7.9 所示。inSSIDer 是一个免费软件无线审计工具，与许多厂商的无线适配器兼容。可从 MetaGeek 网站[18]下载之。

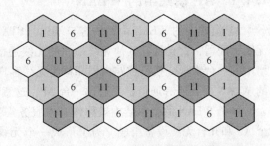

图 7.8　多个 AP 的 WLAN 信道指派

使用 idSSIDer 的结果,网络管理员可改变一个 WAP 或客户端的朝向或位置,以便增加信号强度。此外,人们可改变安全特征,以便保障无线网路和无线传输所用信道的安全,从而在一个无线网络中具有最低的干扰。

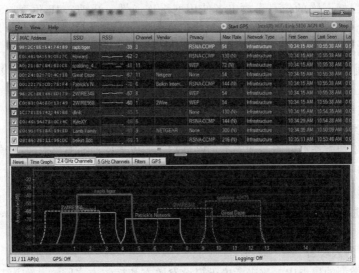

图 7.9 多个 AP 的 WLAN 信道指派

7.4.2 自组织模式中的 WLAN

如图 7.10 所示,当无线设备直接相互通信而不使用中心式 AP 时,WLAN 配置被称作一个独立 BSS(IBSS)。

应该配置自组织无线节点(例如计算机)之一,为无线组织联网提供 SSID。

7.4.3 WLAN 中的安全攻击

如在其他无线网络中一样,用来将数据从一个源传递到一个目的地的介质是 RF 信号。一个 WLAN 中的 RF 信号也是免费可用的,因此如果没有正确地配置保障传输的安全,则 WLAN 就容易受到攻击。AP 的典型发送功率落在 50 ~ 100mW 范围[美国联邦通信委员会(FCC)最大许可范围是 4W],且 AP 的范围大约为 300 ~ 1800ft $\ominus$[19]。

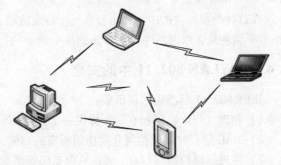

图 7.10 自组织模式中的 WLAN:IBSS

$\ominus$ 英尺,1ft = 0.3048m。

在 WLAN 和手持设备的成功部署之后，无线应用和设备成指数性增长，这就产生了网络中主要的与安全有关的问题。下面是无线网络中最常见攻击类型的列表[16,17]。

7.4.3.1　网络流量分析

为找到目标网络的信息，攻击者使用网络连通性、活动、AP 位置、SSID 等统计信息。

7.4.3.2　被动窃听

攻击者们窃听在网络之上传输的报文，并抽取网络信息。带有不加密设置的网络是这种类型攻击的受害者。攻击者使用抽取的信息来攻击网络。

7.4.3.3　主动窃听

在这种类型的攻击中，攻击者尝试将一条完整的报文注入到数据流中，以改变报文中的数据。不加密类型网络和加密类型网络都可能成为这种类型攻击的受害者。

7.4.3.4　非授权访问或 War- Xing

非授权访问攻击可以是使用非授权登录的仅针对免费互联网访问[20,21]。有关无线网络的信息可通过 War- Xing（wardriving、warwalking、warcycling、warflying 等）得到[20]。

7.4.3.5　中间人攻击

在这种类型的攻击中，攻击者位于拟设发送方和接收方之间，并作为一个中继站。攻击者（中继站）操控并伪装是拟设的发送方。

7.4.3.6　会话劫持

在这种类型的攻击中，攻击者劫持一个授权的会话，并伪装为一个拟设的发送方。

7.4.3.7　重放攻击和流氓 AP

在重放攻击中，攻击者几次发送一条合法的报文或在发送之前改变报文的内容。在这种类型的攻击中，攻击者使用一种特定类型的软件设置一个无线设备为 AP（称为流氓 AP），并诱导合法用户以便得到秘密信息。通过在 AP 和网络设备之间施加相互认证，就可解决流氓 AP 和重放攻击。

7.4.3.8　DoS 攻击

在这种类型的攻击中，攻击者在一个特定信道上连续地发送噪声，以便破坏网络性能。RF 阻塞是无线网络中 DoS 攻击的一个例子[16,22]。

7.4.4　WLAN 802. 11 中的安全

IEEE 802. 11 标准由三层组成：

1）物理（PHY）层：它负责提供一个接口，与上面的 MAC 层交换帧。

2）MAC 层：它提供控制介质访问所需的功能，并允许将帧可靠地传递给高层。

3）逻辑链路控制（LLC）层：它向高层提供面向连接的服务。它也提供编址和通过 LLC 的数据链路控制。

7.4.4.1　802. 11 认证

在任何数据传输之前，无线客户端都必须被认证和关联。在 WLAN 中，有两种类型的认证，即开放认证和共享密钥认证[16,23]。开放认证实际上根本没有认证。在开放认证系统中，任何客户端均可被认证和关联。在共享密钥认证中，当客户端希望连接到 AP 时，它向 AP 发送一条请求。一旦 AP 接收到一条请求，它就以非加密文本发送一条报文作为一条挑战消息。之后客户端使用一个预共享的密钥对这条消息加密，并将消息发回到 AP。AP 解密消息，并将之与以前作为一个挑战发送的消息比较。如果两个文本匹配，则客户端将被认证；否则，将拒绝连接。在实际数据传输中，在预共享和开放认证中可使用有线等价隐私能力（WEP）。值得指出的是，开放密钥认证是比预共享密钥安全的，原因是后者没有一条挑战响应，且不会将 WEP 密钥暴露给流量侦听器[24]。

7.4.4.2　有线等价隐私性

设计 WEP，目标是提供有线网络中存在的安全等级。对于 WLAN，要取得三个目标：信息的机密性、可用性和完整性[16,23]。但是，已经证明 WEP 是可被攻破的，因此现在由于许多原因被认为是不安全的；尽管如此，它仍被用来提供通用安全性，而不是将网络留在不安全状态。WEP 仅在无线客户端站和 AP 之间提供加密。当数据在有线网络上传输时，它是未加密的。

如图 7.11 所示，WEP 使用流加密 RC4（Ron 代码 4）进行加密。RC4 需要一个初始向量（IV）作为一个种子，该种子与共享的 WEP 密钥一起被用来加密和解密报文。由要传输的报文，计算得到一个校验和（循环冗余校验），并附接在净荷上。在净荷和 RC4 流（由共享密钥和 IV 产生）之间实施一个异或（XOR）运算，产生一条加密的报文。未加密的 IV 被附加在一条加密报文之后，在无线网络之上传输组合的报文。在接收端，为解密报文，发生反向过程。

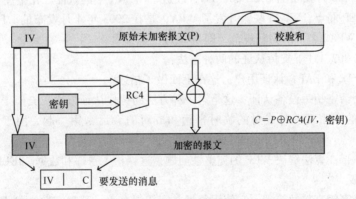

图 7.11　WEP 报文加密

IV 是 40 位长，在 WEP 中密钥长度是 40 位，在 WEP2 中是 104 位。使用免费得到的工具，任何人都可攻破一个 WLAN 中使用的 WEP 安全（措施）。在收集足够数量的报文（20，000-100，000 个报文）之后，人们可使用诸如 BackTrack、Russix 和 Aircrack-ng[17]等免费可用的工具容易地破解 WEP 密钥。

当一个 WEP 密钥是数学上固定的，如果使用同一 IV 加密两条不同报文，当您有 C_1、C_2 和 P_1[17,22,23] 时，您就可知道 P_2，即

$$C_1 XOR C_2 = P_1 XOR P_2 ^{\ominus}$$

因为 WEP 中的许多弱点，所以 WLAN 被设计带有 Wi-Fi 保护的访问（WPA）安全模式。

7.4.4.3　IEEE 802.1x：在 LAN 上可扩展的认证协议

IEEE 802.1x 是基于端口的认证，它认证 IEEE 802 网络中的用户。可扩展认证协议（EAP）允许在其上实现任何加密方案，这为安全设计模块添加了灵活性。远程认证拨入用户服务（RADIUS）服务器被用于 802.1x 框架中的认证，为网络客户端提供认证、授权和计费（AAA）服务，如图 7.12 所示[17,22-25]。802.1x 框架定义了三个实体/端口，即请求者（希望被认证的客户端 STA）、认证者（将请求者连接到有线网络的 AP）和认证服务器（基于请求者的机密信息，实施请求者的认证过程）[22,23]。

认证的服务器　　　　　　AP(认证器)　　　　　　　　　　请求者(STA)
(RADIUS)

图 7.12　802.1x 认证

7.4.4.4　IEEE 802.11i 标准

在 2004 年 6 月发布的 IEEE 802.11i，改进了 WLAN 中的认证、完整性和数据传递。为了去掉 WEP 弱点，Wi-Fi 联盟开发了 WPA，是在 2003 年 4 月发布的。厂商或 Wi-Fi 联盟实现了 WPA2 名下的完整规范，即 802.11i[16,17,22,23]。

在 IEEE 802.11i 下支持认证的两种方法：

1）802.1x 和 EAP，认证用户：这在上面做了描述。

2）每会话密钥每设备认证：这是第一种方法的替代认证方法。类似于 WEP，共享密钥称作组的主密钥，与成对的临时密钥和成对的会话密钥一起，用于认证和数据加密。

使用 Michael 算法解决 WEP 的完整性问题，这保护了首部和数据。IEEE 802.11i 规范了三个协议[16,23]：

1）临时密钥完整性管理：它使用每报文密钥混合法、消息完整性检查和一种重新确定密钥（rekeying）机制，提供了一种短期的解决方案，这修复了所有 WEP 弱点。

2）无线鲁棒的认证协议：引入该协议，是为了在 AES 的 WLAN 偏移码本模式中得到 AES 的优势。

$\ominus$　译者注：原书误为 $C_1 \times ORC_2 = P_1 \times ORP_1$，这里已做改正。

3）采用加密块链式消息认证码协议的防御法[26]：它使用 AES 进行加密，并要求硬件升级，支持新的加密算法。它被认为是在 802.11i 下保障无线数据传递的最佳解决方案。

鲁棒的安全/安全性网络（RSN）是 IEEE 802.11i 的组成部分，通过在无线网络间广播一条 RSN 信息元素消息，提供在一个 AP 和无线客户端之间创建一条安全通信信道的机制。

7.4.5　最佳实践

不存在可完全保障一个无线网络安全的单一解决方案。因此，我们需要遵循最佳实践[16,17,22,23]，如下给出：

1）定义、增强并监测一项无线安全策略：该策略应该涵盖所有无线服务和用户，例如 Wi-Fi 和蓝牙服务及用户。

2）为收集有关所有 WAP 和 Wi-Fi 设备的信息，总是实施一项站点调研，这有助于消除流氓 AP 和非授权用户。

3）针对安全性，配置 AP 和用户站：

——在家庭网络中在定期基础上改变 WEP 密钥，以便削弱被攻击的机会。

——配置 AP，使之停止广播其 SSID，隐藏您的网络。

——关闭"自组织"模式操作。

——与 WEP 和 SSID 隐藏一起，实施各层的安全方案，例如 MAC 地址过滤和协议过滤。

——部署一个无线入侵检测系统，识别或记录威胁和攻击。以及时的方式分析日志并解决事故。

——就无线设备和用途方面，以详细的规程定义和开发机构范围的策略。

——为系统管理员和用户，实施定期的安全常识和培训会议，使他们知道计算机网络和无线安全方面的最新进展。培训用户，使他们不对社会工程或钓鱼电子邮件做出响应。

——定义可接受的加密和认证协议：

① 尽可能地实施 WPA 或 WPA2。

② 以至少 128 位密钥使用强加密（建议 WPA、AES）。

③ 关闭"开放"认证。

④ 为无线通信部署一个层-3 虚拟专网。

——DHCP：使用静态 IP 地址，而不是 DHCP。因为 DHCP 自动地向任何人（授权的或没有授权的）提供一个 IP 地址，并方便对您的无线网络的访问，这就对网络产生了来自非授权用户的一个巨大威胁。

——规划 AP 覆盖区域，面向窗口向外辐射，但不要超过窗口。

——为无线设备使用定向天线，以便较好地包含和控制 RF 阵列，由此防止非授权访问。

——使用远程认证拨入用户服务，该服务可被内嵌于一台 AP 或通过一台独立的服务器提供。RADIUS 是一个附加的认证步骤。将这台认证服务器与一个用户数据库接口，以便确保请求用户被授权。

——对所有无线用户，强制周期性的（每隔 15min 左右）重新认证。

——实施物理安全控制：因为无线设备的小尺寸和可携带性，它们就容易失窃或丢失，所以建议实施强物理安全控制（例如保安、视频摄像头和锁），防止设备失窃和非授权访问。

——为通过丢失或失窃设备下保障无线网络的安全，实施设备独立的认证。

7.4.6　针对网络访问而携带认证的协议

针对网络访问而携带认证的协议（Protocol for Carrying Authentication for Network Access，PANA）是在基于 IP 的网络之上，在 WLAN 客户端和 AAA 服务器之间通过改进的授权，增强无线安全机制的最新建议[27]。换句话说，PANA 携带 EAP，在接入网络和无线客户端之间实施认证。在成功的 PANA 认证之后，客户端被授权从网络接收一项 IP 转发服务。

PANA 是网络层协议，意图是在如下情况下与一个 PANA 认证代理（PAA）认证 PaC（PANA 客户端），其中在 PAA 和 PaC 之间以前不存在信任。PANA 由四部分组成，即称为 PaC（PANA 客户端）的一个无线客户端；一个增强点，是实施入和出流量过滤器的物理点；一个 PAA，代表网络上的访问权威；和 AAA 服务器。

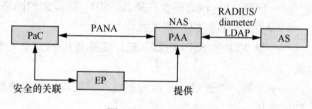

图 7.13　PANA 框架

使用一个初始序列号和 PAA 与 PaC 之间基于 cookie 的认证，PANA 可提供防御 DoS 攻击的一种机制[27,28]。PANA 框架如图 7.13 所示。

7.5　无线个域网

7.5.1　IEEE 802.15：PAN

个域网（Personal Area Network，PAN）跨越在个人端（例如一个家庭或一个办公室）内的一个小型区域[29]。多数情况下，它们是通过使用对等基础或主从基础形成的。蓝牙、ZigBee 和超宽带（UWB）网络是 PAN 的一些例子。

7.5.2　蓝牙网络安全

蓝牙是无线 PAN 的一个例子，其中客户端使用一个配对过程在两个设备之间建立加密和认证。蓝牙运行在一个 ISM 无线电频带中。关联过程大约花费至多 4s。在配对时，蓝牙设备形成一个主/从型的结构，并使用主设备的 48 位硬件地址、共享的 128 位随机数和多达 128 位的一个用户指定的个人识别号（PIN）。一些蓝牙设备仅允许 1~4 个数字的 PIN。硬件地址和随机数是使用纯文本交换的，且一个用户指定的 PIN 是以类似于口令的方式由用户输入的。假定蓝牙网络是安全的；不幸的是，通过嗅探一个 PIN 的报文（当使用 1 个数字到 4 个数字的 PIN 时），就有可能攻破一个蓝牙网络[30]。利用厂商特定的瑕疵（例如允许任何配对的缺省设置），攻击者就可利用蓝牙设备。为了保护蓝牙网络，用户们需要改变缺省设置，并选择强壮的 PIN。

7.5.3　IEEE 802.15.4：ZigBee 安全

为在 ZigBee 网络中提供安全[31]，要在 IEEE 802.15.4AES-128 算法上进行构建。ZigBee 运行在 ISM 无线电频带，其数据传输速率从 20kbit/s 变化到 900kbit/s。两台设备花费大约 30ms 才能关联。为提供网络安全，ZigBee 运行在两种不同安全模式，即驻地模式和商用模式。

在驻地模式中，为整个 PAN 和所有应用，所有用户都使用一个预部署的密钥。驻地模式安全保护 PAN 不受外部窃听者的干扰；但是，它不能在攻击来自同一 PAN 内的用户时提供安全。在商用模式中，使用在一个信任中心中的协调器节点，预共享两个主密钥，在驻地模式之上提供额外的安全。这种方法是代价高昂的，原因是基础设施需要有一个中心式协调器节点，使信任中心为每条链路存储会话。

7.5.4　UWB 安全

UWB 无线电使用低发送功率；结果是，它们有一个小的覆盖区域。为了攻击这种类型的网络，攻击者应该足够接近 UWB 网络。美国的 FCC 授权在 3.1-10.6GHz 范围中 UWB 的无许可证使用。在 UWB 网络中不存在标准的安全模式。依据 WiMedia[32]，存在三个等级的链路层安全：

1）安全等级 0，其中通信是完全不加密的；

2）安全等级 1，对于加密链路具有采用 AES-128 的加密通信，对于非加密链路有不加密的通信；

3）安全等级 2，其中所有通信都必须采用 AES-128 进行加密。

7.6　移动设备安全的最佳实践

本节给出通常意义下保障无线或移动设备安全的最佳实践。要保护无线网络和移动设备/用户，没有完美方法，因此建议使用多项技术和最佳实践。

7.6.1　设备选择

当谈到安全时，所有设备在设计上都没有平等地加以处理。对于用户而言，应该基于安全需求来选择无线移动设备。移动设备中的无线安全配置是高度依赖于在这些设备上可用的安全功能的。例如，iPod 就没有 BlackBerry 设备那样安全，原因是 iPod 是为不关注于安全的一般用户制造的，BlackBerry 设备是为需要较高级别安全的企业用户设计的。

7.6.2　支持加密

加密支持移动设备中的强安全功能，这为所有用户提供网络安全是必须的。一般而言，许多组织机构并不通过政策对移动设备和用户增强或强制加密。

7.6.3　针对认证进行无线网络的配置

移动设备安全的最佳实践是激活设备认证，从而丢失的设备不能由找到或偷窃一台设备的任何人容易地进行访问。由 Credent 技术公司于 2008 年 9 月发布的调查结果表明，在一个 6 个月的时段上，多于 31,000 名旅客将他们的移动设备丢在一辆出租车里。这个问题的事实是，这些设备是太容易丢失了，如果没有激活认证，它们就可被用来进入网络。

7.6.4　激活和利用远程清除能力

在丢失或失窃的情形中，支持远程访问禁止设备并清除数据，是最佳实践。具备远程清除能力时，用户或网络管理员将能够删除被偷或丢失设备中的数据，以便保护这些设备免受恶意使用。此外，网络管理员应该能够并可以采取必要措施，清除无线/移动设备。

7.6.5　限制第三方应用

存在几项应用可用于智能手机。这些应用提供许多功能，但也可能容易地提供后门或安全漏洞，这是组织机构隐私和安全的最大威胁。应该有政策和建议来控制非签名第三方应用的安装，以便防止攻击者获得无线/移动设备的控制。

7.6.6　实施防火墙策略

建议为来自智能手机的流量设置防火墙策略，以便提供到网络和到移动设备的安全。

7.6.7　实施入侵防御软件

最新的智能手机（例如 iPhone）上运行 Metasploits 工具是可行的，原因是智能手机的功能足够强大，可以运行这样的软件。黑客或攻击者们可利用智能手机攻击网络系统。入侵防御系统可检查通过移动设备的流量，并保护系统。

7.6.8　蓝牙策略

在 Wi-Fi 设备和智能手机上存在的蓝牙能力，是容易使用创建 PAN 的。黑客们可利用蓝牙默认的"总是打开"配置总能可发现设置，来发起攻击。最佳实践是，当蓝牙不活跃地传输信息时就禁止蓝牙，并将蓝牙设备切换到隐藏模式。这种类型的配置应该是策略的组成部分，在组织机构内限制无线网络和移动设备的暴露状态。

7.7　小结

本章给出无线话音和数据通信网络中与安全功能和问题有关概念的概述。与有线网络相比较，给出了无线网络为什么比较脆弱和有多脆弱的讨论。在一个无线蜂窝网络内不同系统的组合使之变得复杂，并增加了弱点和漏洞。攻击者们可利用网络中任何部分中存在的弱点，并可得到网络的接入。给出了保障一个无线蜂窝网络安全的协议和实践。为了保障一个 WiMAX 网络的安全，实现基于 AES 的一个 128 位加密密钥模式的 IEEE 802.16e 标准，被用来消除存在于较陈旧 WiMAX IEEE 802.16a/d 标准中的瑕疵。在 IEEE 802.11 中，WEP 是用来保护 WLAN 的一种陈旧安全模式。它是不安全的，但它仍然得到广泛使用，因为它向网络提供至少一个等级的安全。WLAN 中的最新进展已经改进了它的安全方案。IEEE 802.11i 假定是一种安全的解决方案，它修正了在其先驱 WEP 中发现的多数安全漏洞。为不同协议提出的一项最新 PANA 框架，被用作无线客户端和无线网络接入权威之间的一个安全消息传递系统。为保护网络，可在 PAN（包括蓝牙、ZigBee 和 UWB 网络）中实施不同安全方案。此外，给出了保障不同无线网络和设备的最佳实践和建议。

无论在哪里部署无线网络，安全弱点将总是存在的。仅当使用最佳实践、正确的政策和标准时，才可缓解安全攻击和弱点。我们讨论了一些重要的和最好的实践，可针对改进移动和无线安全加以实施。只要存在攻击或得到无线网络非授权访问的方式，无线安全就将继续是研究专题。

参 考 文 献

1. Goldsmith, A. *Wireless Communications*. Cambridge University Press, New York, 2005.
2. Rawat, D. B., D. C. Popescu, G. Yan, and S. Olariu. "Enhancing VANET performance by joint adaptation of transmission power and contention window Size." *IEEE Transactions on Parallel and Distributed Systems*, vol. 22, no. 9, pp. 1528–1535, September 2011.
3. Rawat, D. B., B. B. Bista, G. Yan, and M. C. Weigle. "Securing Vehicular Ad-Hoc Networks Against Malicious Drivers: A Probabilistic Approach." *Proceedings of the International Conference on Complex, Intelligent, and Software Intensive Systems* (CISIS), pp. 146–151, Seoul, Korea, June 2011.
4. Lee, W. *Wireless and Cellular Telecommunications*. McGraw-Hill Press, New York, 2005.
5. Balderas-Contreras, T., and R. A. Cumplido-Parra. Security Architecture in UMTS Third Generation Cellular Networks, Coordinación de Ciencias Computacionales INAOE, Technical Report No. CCC-04-002 27, 2004.
6. Gardezi, A. I. *Security In Wireless Cellular Networks*. http://www.cs.wustl.edu/~jain/cse574-06/ftp/cellular_security/index.html, accessed December 10, 2011.
7. Yang, H., F. Ricciato, S. Lu, and L. Zhang. "Securing a wireless world." *Proceedings of the IEEE*, vol. 94, no. 2, 2006.
8. 3GPP, A guide to 3rd generation security. Technical Standard 3GPP TR 33.900 V1.2.0, 3G Partnership Project, January 2001.

9. Kotapati, K., P. Liu, and T. F. La Porta. "EndSec: An end-to-end message security protocol for mobile telecommunication networks." *Proceedings of the 2008 International Symposium on a World of Wireless, Mobile and Multimedia Networks*, 2008.

10. Moore, D., V. Paxson, S. Savage, C. Shannon, S. Staniford, and N. Weaver. "Inside the slammer worm." *IEEE Security and Privacy*, vol. 1, no. 4, pp. 33–39, 2003.

11. Moore, T., T. Kosloff, J. Keller, G. Manes, and S. Shenoi. "Signaling System 7 (SS7) Network Security." *Proceedings of the IEEE 45th Midwest Symposium on Circuits and Systems*, August 2002.

12. Mann, S., and S. Sbihli. *The Wireless Application Protocol (WAP): A Wiley Tech Brief*. John Wiley Press, Hoboken, NJ, 2002.

13. Carneiro, G. "Cross-layer design in 4G wireless terminals." *IEEE Wireless Communications*, vol. 11, issue 2, 2004.

14. Pareek, D. *WiMAX: Taking Wireless to the MAX*. John Wiley Press, Hoboken, NJ, 2006.

15. Johnston D., and J. Walker. "Overview of IEEE 802.16 security." *IEEE Security and Privacy Magazine*, vol. 02, issue 3, pp. 40–48, June 2004.

16. Roshan, P., and J. Leary. *802.11 Wireless LAN Fundamentals*, CISCO, 2009.

17. Rawat, D. B. et al. Comprehensive ComTIA Security+ Lab Manual, 2012, in preparation.

18. inSSIDer Software URL. http://www.metageek.net/products/inssider/, accessed December 2011.

19. Arbaugh, W. A. "Wireless security is different." *Computer*, vol. 36, issue 8, pp. 99–101, August 2003.

20. Hurley, C., and F. Thornton. *WarDriving: Drive, Detect, Defend: A Guide to Wireless Security*. Syngress Publishing Press, Rockland, MA, 2004.

21. Potter, B. C. "Wireless security's future." *IEEE Security and Privacy Magazine*, vol. 1, issue 4, pp. 68–72, Aug. 2003.

22. Welch, D., and S. Lathrop. "Wireless security threat taxonomy." *Proceedings of the IEEE Information Assurance Workshop 2003*, pp. 76–83, June 2003.

23. Earle, A. E. *Wireless Security Handbook*. Auerbach Publications, Boca Raton, FL, 2005.

24. http://www.cs.wustl.edu/~jain/cse574-06/ftp/wireless_security/index.html-startawisp

25. RFC for RADIUS server URL: http://www.ietf.org/rfc/rfc2865.txt.

26. RFC for CCMP, http://www.ietf.org/rfc/rfc3610.txt.

27. Protocol for Carrying Authentication for Network Access (PANA) RFCURL. http://tools.ietf.org/html/rfc5191, accessed December 2011.

28. RFC for PANA Threat Analysis and Security Requirements, URL http://www.armware.dk/RFC/rfc/rfc4016.html.

29. Surhone, L. M., M. T. Timpledon, and S. Marseken. *Personal Area Network*. Betascript Publishers, Beau Bassing, Mauritius, 2010.

30. Shaked, Y., and A. Wool. "Cracking the bluetooth PIN." *Proceedings of the 3rd International Conference on Mobile Systems, Applications, and Services*, pp. 39–50, 2005.

31. Elahi, A., and A. Gschwender. *ZigBee Wireless Sensor and Control Network*. Pearson Education, Boston, 2009.

32. ECMA International URL, http://www.ecma-international.org, accessed December 2011.

第8章 移动自组织网络中的安全和访问控制

8.1 引言

在几种关键性任务组织机构（例如军队、银行、灾难管理和车辆网络）中部署移动自组织网络（Mobile ad hoc network，MANET），强调了需要增强合适的安全政策来控制网络资源的非授权访问。由于各种安全需求，这正变得复杂起来。在传统网络中使用的安全技术（防火墙、入侵检测系统、访问控制列表等）不能满足 MANET 中的安全需求。由于 MANET 运行的不可控介质特征、MANET 动态变化的拓扑和缺乏中心式管理，MANET 中的安全性是一项主要挑战。此外，在一个 MANET 中连接的不同节点可具有不同角色；因此，需要采用基于角色的访问控制（RBAC）。为保护 MANET 中的网络资源不被非授权访问，就需要实施安全和访问控制。这仍然处在一个早期阶段。

本章将焦点主要放在 MANET 的如下领域：

1）安全威胁；

2）安全应对措施；

3）访问控制。

无线技术方面的进展——例如蓝牙和 IEEE 802.11——导致形成 MANET，其中潜在的移动用户到达无线电链路的公共边缘，并为进行通信而参与建立网络拓扑。MANET 中的各节点是移动的，并通过直接的无线链路或多跳路由在无线电范围内相互通信。一个 MANET 是以任意和临时的网络拓扑形式组织的无线移动节点组成的一个网络。由此移动节点（例如个人数字助理、笔记本、移动手机和手持无线电设备）可在区域中互联，而不需要一个预存在的通信基础设施，或当这种基础设施的使用要求无线扩展时也可这样做。在 MANET 中，各节点可与在其无线电范围内的所有其他节点直接通信，而不在直接通信范围内的节点可使用中间节点（们）而相互通信。一个 MANET 有许多安全漏洞（在接下来的各节讨论），这些漏洞对研究人员形成挑战。本章主要将焦点放在MANET 中的安全和访问控制上。因为就确保 MANET 中的整体基于策略的访问控制方面几乎没有开展多少研究工作，所以有必要引起注意。在本章中讨论了访问控制机制的不同方面。

本章如下组织。在 8.1 节，讨论了 MANET 概述和基本路由协议，接着是 MANET 的安全需要。之后，8.2 节将焦点放在 MANET 特定的安全漏洞、威胁和不同类型的攻击上。在 8.3 节讨论安全应对措施和安全的路由协议。本节也解释了针对特定攻击的防御战略。8.4 节将焦点放在 MANET 中不同资源之上的访问控制机制上。也讨论了在最近几年人们提出的不同访问控制框架。在 8.5 节给出结论。在 8.6 节，讨论了开放挑战和未来趋势。

8.1.1　MANET 概述

　　一个 MANET 是一个无线网络，它由以网状式的网络链路连接在一起的两个或多个节点。这个网络是自动建立和配置自己的。在没有任何固定基础设施的条件下，自组织网络（图 8.1）连接移动设备（网络节点）（例如移动电话、个人数字助理、笔记本和无线接入点）。在数据到达它们的目的地之前，是从节点传送到节点的，由此增加了数据负载，相比带有一个联系的中心点的分布式网络中的情况，这是比较有优势的。在 MANET 中，网络资源要求网络节点的有效协作，以便优化时间、能量和数据速率。人们已经设计了特殊的路由协议，确保网络不断地适应于各节点的移动性。换句话说，一个 MANET 是一种自组织多跳网络。图 8.1 是由不同移动设备形成的一个典型 MANET 的一个例子。点式线代表相互在无线电范围中的设备之间的无线链路。

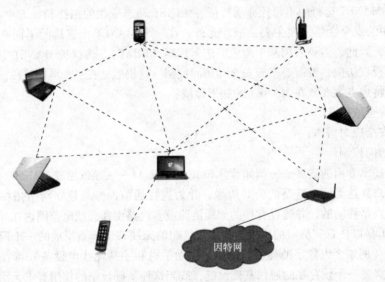

图 8.1　一个典型 MANET 例子

　　由于 MANET 的无线和分布式特征，它们对系统安全设计人员施加了一项巨大的挑战。在过去数年间，MANET 中的安全问题吸引了许多关注。许多研究工作将焦点放在特定安全领域，例如保障路由协议安全、建立信任基础设施、入侵检测和响应方面。从安全设计观点看，MANET 主要特点之一是缺乏一个清晰的防御边界。在有线网络的情形中，使用专用路由器，它为设备实施路由功能；在 MANET 中，每个移动节点作为一台路由器，并为其他节点转发报文。同样真实的是，网络用户和攻击者均可访问无线信道。不存在良定的系统，通过这样的系统应该可监测来自不同节点的流量，或可实施访问控制机制。结果是，没有防御边界可隔离内部网络和外部网络。因此，典型情况下，都假定现有的自组织路由协议（例如动态源路由（DSR）[1] 和自组织应需距离矢量（AODV）[2]）和无线介质访问控制协议（例如 IEEE 802.11）是可信任的。结果，作为一台路由器的一名攻击者可中断网络运行。

8.1.2　MANET 的基本路由协议

为在一个 MANET 中提供实际的数据传输，使用特殊的路由协议，由之确定从源到目的地节点的一条路径。这些协议的另一项额外要求是一个小型的路由表，当节点出现、消失或移动时，必须持续地更新该表。定位一条路由的时间和消息数量应该最小。由于 MANET 中的这些约束，不使用传统上使用的路由算法。MANET 中路由的主要约束如下：

1）各节点没有有关网络拓扑的历史知识；

2）没有中心实例来存储路由信息；

3）节点的移动性以及与移动性关联的连续的拓扑变化；

4）变化的传输线路度量（例如由干扰导致的）；

5）各节点有限的资源（例如系统性能和能量消耗）。

在一个 MANET 中针对报文的路由存在 70 项以上相互竞争的设计。路由协议的分类可以有四类[3]：单播路由（数据传输的目的地是单个节点）、组播路由（目的地是多个节点）、地理广播（geocast）路由（目标是一个给定地理区域中的所有节点）和广播转发（目标是发送器范围中的所有节点）。依据路由的技术方法，协议可被分为如下各类：

1）基于位置的路由方法。基于位置的路由技术使用有关各节点的准确位置的地理信息。接收器通过一个全球定位系统使用这个信息。依据这个位置信息，确定源和目的地节点之间的最短或最佳路径。基于定位的路由协议的一个例子是位置辅助的路由协议[4]。

2）基于拓扑的路由方法。基于拓扑的路由依据的是有关每个节点的邻居关系的逻辑信息。邻接的各节点可相互通信。通常情况下，通过发送所谓的 HELLO 报文，得到拓扑信息。取决于拓扑数据构造的时间关系，可形成预测式的或反应式的路由策略。这种类型路由协议的例子有邻居关系发现协议和优化的链路状态路由（OLSR）协议[5]。

3）预测式过程。即使在需要路径传递用户数据之前，预测路由过程也可确定两个节点之间的路径。之后将发送用户数据，所以没有必要等待确定到目的地节点的路径。但是，在未来可能并不需要所有节点对之间的路径。但是，为确定这种路径的控制报文，就浪费了相当的带宽。这种类型协议的一个例子是 OLSR 协议[5]。

4）反应式过程。相比于预测式协议，仅当要传递数据时，反应式路由技术才确定两个节点之间的路径。第一条报文发送时有一个时延。节点等待控制报文被接收，之后它确定路由。这表明对节点的能耗有一个正面影响。AODV 路由方法[2]是这种类型协议的一个例子。

5）混合方法。通过在一个新路由协议中组合两种方法的优势，混合方法是预测式和反应式路由技术的混合法。例如，在一个受限区域中可本地使用一个预测式过程，而更远的区域则使用一个反应式过程。这就降低了在整个网络之上一个纯预测式过程所发送控制报文对网络的负载。区（zone）路由协议[6]是实现这种方法的一个路由协议。

8.1.3   MANET 中的安全需要

相比于传统的有线网络，MANET 比较容易遇到恶意行为。因此，在一个自组织网络中的安全性是一个主要担忧。1996 年，互联网工程任务组设立一个 MANET 工作组，目标是在静态和动态拓扑内标准化适合无线路由应用的 IP 路由协议功能[7]。MANET 的可能应用包括在战场上士兵中继态势感知的信息、在一次会议中商务相关人员共享信息、参会者使用笔记本计算机参与一次交互式会议以及在一次火灾、飓风或地震之后紧急救灾人员的协调工作。其他可能应用是个人区域和家庭联网、基于位置的服务和传感器网络。

MANET 具有如下典型特征：

1）节点之间无线链路的不可靠性。因为无线节点的有限能源供给和节点的移动性，在自组织网络中移动节点之间的无线链路，对通信参与者而言是不连续的。

2）恒定变化的拓扑。由于节点的连续运动，MANET 的拓扑是恒定在发生变化的：在自组织网络中，各节点可不断地移入和移出其他节点的无线电范围，且路由信息在所有时间都将在变化（由于节点的运动）。

3）针对 MANET 的有目标的攻击。在一个静态配置的无线路由协议中安全特征缺乏集成，并且不是针对自组织环境的。因为自组织网络中的拓扑是恒定地发生变化的，所以每对邻接节点就有必要集成到路由问题中，以便防御某种潜在的攻击，这种攻击尝试利用静态配置路由协议中的弱点。

对于有线和无线网络通信而言，安全性是一项基本服务。MANET 的成功强烈依赖于它们的安全性是否是可信赖的。但是，在取得安全性目标方面（例如机密性、认证、完整性、可用性、访问控制和不可否认性），MANET 的特点带来了挑战和机会。

8.2   MANET 中的安全漏洞

MANET 中的弱点包括如下方面：

1）节点可能被捕获和攻破。攻击者可能访问一个合法节点，并使用网络的资源。

2）各算法都假定是协作的，但一些节点并不遵守这些规则。一个节点可能并不将数据报文转发到下一跳节点，或一个节点可能无限期地持有介质访问（权）。

3）路由机制是容易受到攻击的。恶意节点可通告不存在的路由，并为邻接节点产生一个假象（false impress）。

4）公开密钥可被恶意地替换。因为不存在被信任的中心权威，所以就难以管理密钥。

5）一些密钥可被破解。因为由于节点的限制和能源约束，MANET 节点不能担负较多的计算能力，所以密钥都是简单的和容易破解的。

6）被信任的服务器可落在恶意一方的控制之下。这就是为什么信任管理在 MANET 中是一个至关重要的问题。

　　一个自组织网络没有任何预定义的基础设施（例如中心式服务器），且所有网络服务都是在运行时动态配置和建立的。因此，明显的是，在缺乏基础设施支持的情况下，一个自组织网络中的安全性就成为一个固有的弱点。由于如下原因，要在自组织联网内取得安全性是有挑战性的：

　　1）动态拓扑。

　　2）一个自组织网络的网络拓扑是非常动态的，原因是节点的移动性或节点的成员关系是非常随机的和快速的。这就强调了对动态安全解决方案的需要。

　　3）脆弱的无线链路。

　　4）被动/主动链路攻击，例如窃听、欺骗、拒绝服务（DoS）、伪装和冒充等都是可能的。

　　5）在危险环境中的漫游。

　　6）任何恶意的或行为不当的节点都会产生敌意的攻击，或使所有其他节点不能提供任何服务。

　　在一个动态环境内可访问一个共同的无线电链路的各节点，可容易地参与建立自组织基础设施。但是，节点间的安全通信要求采用安全的链路进行通信。在建立一条安全通信链路之前，节点应该能够识别另一个节点。结果，一个节点需要向另一节点提供其身份和相关联的证书。但是，交付的身份和证书需要被认证和保护，从而被交付身份和证书的真实性和完整性不为接收方节点所质疑。每个节点都需要确保对于接收方节点而言所交付的身份和证书没有被破解。因此，为保障自组织联网的安全而提供安全架构，就是必不可少的。

　　上述问题导致一个隐私问题。一般而言，一个移动节点使用各种类型的身份，从链路层到用户/应用层都有。同样，在一个移动环境中，常见情况是，从隐私角度出发，一个移动节点并不准备向另一个移动节点揭示其身份或证书。任何被攻破的身份都使一名攻击者构成对一名用户的设备的隐私威胁。不幸的是，当前的移动标准[8]不提供任何位置隐私；在许多情形中，为产生通信连接，揭示身份是不可避免的。因此，为控制自组织联网的使用，就要求一种无缝的隐私保护。

　　MANET 的成功强烈依赖于它们的安全是否可被信任。取得安全目标（例如机密性、真实性、完整性、可用性、访问控制和不可否认性）仍然是摆在面前的挑战之一。存在各种各样的攻击，它们将目标锁定在 MANET 的弱点方面。例如，路由消息是移动网络通信的一个必不可少组件，因为每条报文需要快速地通过中间节点传递，其中报文必须从源传递到目的地。通过不遵守路由协议的规范，恶意路由攻击可将目标锁定在路由发现或维护阶段。也有将目标锁定在某些特定路由协议（例如 DSR 或 AODV）的攻击。最近记录到黑洞（或污水池（sinkhole））[3]、拜占庭[9]和虫洞[10]攻击。当前，路由中的安全是 MANET 中主要研究领域之一。

8.2.1　路由协议中的潜在威胁和漏洞

　　与 MANET 中的节点有关的威胁来源有两个。第一个是外部攻击，其中没有经过认证的攻击者可重放陈旧的路由信息或注入虚假的路由信息，将网络分隔或增加网络负载。第二个是内部攻击，来自于网络内不被攻破的节点。因为被攻破的节点可以是认证过的，所以内部攻击通常是相当难以检测的，且可能产生严重的损害。虽然在 MANET 中被动（窃听）攻击也是可能的，但通过使用密码学机制，可容易地控制它们。危害更大的主动攻击，是不能通过仅应用密码学机制进行防御的。针对 MANET 路由协议的剥削利用法可被分类为修改、伪造、打隧道攻击、DoS 攻击、不可见节点攻击、Sybil 攻击、火速攻击（rushing attack）和不协作。

8.2.1.1　修改

通过改变路由信息，一名攻击者可导致网络流量被丢弃、被重定向到一个不同的目的地或走一条长的路由到目的地，这就增加了通信时延[3]。

使用 AODV 作为一个例子，一个恶意节点可增加一条接收路由请求报文（RREQ）中的 broadcast_id，从而使伪造的 RREQ 消息是可接受的，或减少 hop_cnt 来更新其他节点的反向路由表。在如图 8.2 所示的网络中，一个恶意节点 M 可增加它被包括在从源节点 S 到目的地节点 D 的一条新建路由上的机会，方法是不断地向 A 通告一条到 D 的比 B 通告的路由更短的一条路由。

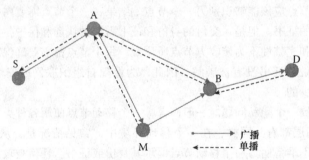

图 8.2　采用修改法的重定向

8.2.1.2　伪造

伪造指通过产生假的路由消息而实施的攻击。这种攻击是通过发送一条虚假的路由错误消息发起的。这是一种主动攻击，其中数据报文是由恶意节点伪造或改变的。在图 8.2 中，S 通过节点 A 和 B 到 D 的一条路由。通过不断地向 A 发送路由错误消息欺骗 B，指明 B 和 D 之间的一条断开的链路，一个恶意节点 M 可发起一次 DoS 攻击。A 接收到欺骗的路由错误消息，认为该消息来自 B。A 从其路由表中删除 D 的表项，并将路由错误消息转发给上游节点，之后该上游节点也删除它的路由表项。如果无论何时从 S 到 D 建立一条路由时，M 都能听到并广播欺骗的路由错误消息，则它就可成功地防止 S 和 D 之间的通信。

8.2.1.3　打隧道攻击

打隧道攻击也称作虫洞攻击。在一次打隧道攻击中，一名攻击者在网络中的一个点接收报文，将它们"打隧道"到网络中的另一个点，之后从那个点将这些报文重放到网络。它被称作打隧道攻击，原因是共谋的恶意节点们是通过一条专网连接被连接到一起的，这条连接在较高层是不可见的。在图 8.3 中，M 接收 RREQ，并将之以隧道方式传输到 N。当 N 接收到 RREQ，它将 RREQ 转发到 D，就好像该 RREQ 已经传输通过 S、M 和 N 一样。N 也将 RREQ 以隧道方式传回到 M。采取这种方法，M 和 N 错误地宣称在它们之间的一条路径，并愚弄 S 选择通过 M 和 N 的路径。

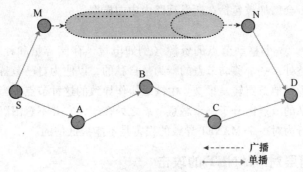

图 8.3　打隧道攻击

8.2.1.4　DoS 攻击

DoS 攻击是这样的一种攻击，其中一个恶意节点洪泛无关数据，消耗网络带宽或消耗一个特定节点的资源（例如电量、存储容量或计算资源）。对于固定基础设施网络，通过使用轮转调度就可控制 DoS 攻击；但对于 MANET，这种方法必须被扩展以适应缺乏基础设施的情况，这就要求使用密码学攻击识别邻居节点，代价是非常高的。

8.2.1.5　不可见节点的攻击

当一个中间节点 M 没有将其 IP 地址附加在安全路由协议（SRP）首部的路由记录字段时，发生这种攻击（见 8.3.1.1 节）。在 SRP 中，目的地节点使用累积的路由记录，在源节点和自己之间建立一条路径。

8.2.1.6　Sybil 攻击

Sybil 攻击指出于恶意意图代表多个实体[3]。如果恶意节点们共谋并共享它们的秘密

密钥，就可做到这点。如图 8.4 所示，A 被连接到 B、C 和恶意节点 M_1。如果 M_1 代表其他节点 M_2、M_3 和 M_4（例如通过使用它们的秘密密钥），这就使 A 认为它有六个邻居，而不是三个。在 MANET 中，其功能发挥正常是依赖于对每个节点的信任的，则 Sybil 攻击是非常有害的。通过"同时在一个以上的节点"的做法，Sybil 攻击就破坏了地理和多路径路由协议。在使用多路径路由的一个 MANET 中，选择包含一个恶意节点（例如 M_1）的一条路径的可能将得以极大提高。

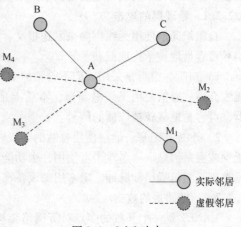

图 8.4　Sybil 攻击

8.2.1.7 火速攻击

一般而言，在路由发现的过程中，

仅处理第一条 RREQ。如果由一名攻击者转发的 RREQ 是第一个到达目的地的，那么所发现的路由将包括经攻击者的一跳。因此，相比合法节点，可更快速地转发路由请求报文的一名攻击者，会增加被包括在所发现路由中的概率。

8.2.1.8 非协作

在 MANET 中，一个移动节点的资源（例如电量、存储容量和计算资源）是受限的。为得到最大益处，一个移动节点的行为是自私的，以便为自己节省能量；它可能不参与路由或不会为其他节点转发报文。由缺乏协作导致的这种节点不当行为被称作节点自私性。一个自私的节点区分于一个恶意节点之处在于，它并不意图以主动攻击损害其他节点，但自私行为对一个 MANET 导致的损害是不能被低估的。

8.2.2 在不同层对 MANET 的攻击

可以许多不同方式对一个自组织网络中的攻击进行分类。

1）主动和被动攻击。一次被动攻击得到在网络中通信的数据，而不会中断通信，而一次主动攻击涉及到信息中断（interruption）、修改或伪造，由此会中断一个 MANET 的正常功能。窃听、流量分析和监测是被动攻击。主动攻击是干扰（jamming）、欺骗、篡改、重放和 DoS。

2）内部和外部攻击。内部攻击是在自组织网络周边内的一个节点实施的，方法是攻破这个节点。外部攻击是由网络外的一个代理实施的。

3）隐秘攻击和非隐秘攻击。一些攻击者尝试隐藏它们的存在和动作。这些是隐秘攻击。攻击者的动作被揭示的攻击被归类为非隐秘的。

4）密码学相关和非密码学相关的攻击。在一个自组织网络中的不同节点以加密形式交换消息，所以一个密码学区域的（例如 RSA、E1Gamal 和 SHA）攻击是密码学式的攻击。涉及纯文本的攻击是非密码学的攻击。

8.2.2.1 物理层的攻击

自组织通信使用无线广播来发送报文。从一种无线介质嗅探报文是容易的。无线电信号可容易地被干扰或截获。

1）窃听。窃听是采用人们不希望的节点截获消息。MANET 中的移动主机共享一个无线介质。通信使用无线电频谱，本质上是广播的。使用调谐到合适频率的一个接收器，可容易地截获被广播的信号。

2）干扰和阻塞。通过使用合适的无线电频率信号可阻塞或干扰该信号的方法，可干预或阻塞消息。一名攻击者使用一个功能强大的发送器。这种形式的信号阻塞的最常见类型是随机噪声和脉冲。阻塞用的设备在市场上是可购买到的。

8.2.2.2 链路层的攻击

MANET 是一个开放的多点对等网络架构。具体而言，邻居间的一跳连通性是由链路层协议维护的，且网络层协议将连通性扩展到网络中的其他节点。攻击者们可利用该层协议的协作。无线介质访问控制协议不得不在共同的传输介质上协作。因为一个令牌传递总线介质访问控制协议不适合于控制一个无线电信道，所以 IEEE 802.11 协议专用于无线局域网（LAN）。通过在一个不定的时间，保持无线介质在忙状态（通过持有令牌），任何节点可进行分布式 DoS 攻击。

8.2.2.3　网络层的攻击

在一条潜在多跳的无线链路之上移动主机间的连通性，严重地依赖于所有网络节点间的协作反应。目标锁定为网络层的各种攻击已经被确定为当前的研究工作。通过攻击路由协议，攻击者们可截获网络流量，将自己注入到源和目的地之间的路径之中，由此控制网络流量。流量报文遵循一条非最优路径，这就导致严重的时延。另外，报文可被转发到一条不存在的路径并造成丢失。攻击者们可造成路由循环，引入严重的网络拥塞和信道冲突到某些区域。多个共谋的攻击者甚至可使一个源节点不能找到去往目的地的任何路由，导致网络发生分隔，这就触发过度的网络控制流量，并进一步加剧网络拥塞和性能降级。存在目标锁定在路由发现或维护阶段的恶意路由攻击，这些攻击不遵守路由协议的规范。路由消息洪泛攻击（例如 HELLO 洪泛、RREQ 洪泛、确认洪泛、路由表溢出、路由缓存毒化和路由环路）是目标锁定在路由发现阶段的路由攻击的简单例子。预测式路由算法（例如目的地序列的距离向量协议[11]和 OLSR 协议[5]）尝试在需要路由之前发现路由信息，而反应式算法[11]（例如 DSR 和 AODV）仅当在需要路由时才产生路由。由此，相比应需方案，预测式算法的性能较差，原因是它们不能处理 MANET 的动态性，且明显的是，预测式算法要求多条代价高昂的广播。预测式算法对于路由表溢出攻击是比较脆弱的。下面列出这样的一些攻击。

8.2.2.4　较高层的攻击

为提供端到端的连通性，较高层（传输层和应用层）形成自组织网络。传输层中非常常见的攻击是 SYN 洪泛和会话劫持。采用恶意程序或否认，MANET 节点中的应用可攻击网络。SYN 洪泛攻击是一种 DoS 攻击。攻击者发起与一个受害者节点的大量传输控制协议（TCP）连接，但从来就不完成握手以便完全地打开连接。对于使用 TCP 通信的两个节点，它们必须首先使用三次握手建立一条 TCP 连接。在握手过程中交换的三条消息，使两个节点学习到另一个节点准备好了进行通信，并就会话所用的初始序列号达成一致。

8.3　安全应对措施

在 MANET 中，所有联网功能（例如路由和报文转发）都是由节点自己以一种自组织方式进行的。出于这个原因，这样的网络就增加了弱点，保障一个 MANET 的安全是非常具有挑战性的。下面的属性是与 MANET 有关的重要问题，特别对于那些安全敏感的应用尤其如此：

1）可用性确保网络服务的可生存性（DoS 攻击除外）。

2）机密性确保某些信息不会泄露给非授权实体。

3）完整性保障正被传递的一条消息不会被破解。

4）真实性使一个节点确保它正与之通信的对等节点的身份。

5）不可抵赖性确保一条消息的源不能否定它发送过消息。

因为自组织的特点，要在 MANET 中取得上述安全目标是极端困难的。MANET 不得不面对的威胁可被分为两个等级：对基本机制的攻击和对安全机制的攻击。

8.3.1　MANET 的不同安全协议

针对自组织网络的路由协议，可实施多种攻击，这在前面一节进行了讨论。路由是自组织网络的一项重要资源。为了保障路由的安全，人们提出了许多有关现有路由协议的修改建议。在这些修改建议中，SRP 和 MANET 的认证路由（ARAN）是经详细讨论的。其他几个协议，例如 ARIADNE 和 SEAD 是最近针对自组织路由而开发的安全算法。

8.3.1.1　SRP

Papadimitratos 和 Haas[12] 提出 SRP，作为现有应需路由协议的一种扩展。SRP 强调，在存在恶意节点的情况下，以一种及时的方式获取正确的拓扑信息。它引入了一组功能，例如要求可验证的查询到达目的地、在查询传播路由的反方向上查询响应的后续可验证返回、双识别符的查询/应答识别、源和目的地节点的应答保护以及约束查询传播。所提方案的唯一假定是，在发起查询的节点和目的地之间存在一个安全关联。可采用其他通信端的公开密钥的知识，发起信任关系。这两个节点可协商一个共享的秘密密钥（KS，T），之后，使用秘密密钥，验证参与通信的节点确实是被信任的节点。由源节点 S 发起的路由请求报文包含一对标识符：一个查询序列号和一个随机查询标识符。源和目的地以及唯一的（就一对端节点而言）查询标识符，与 KS，T 一起，是计算消息认证码（MAC）的输入。所穿越中间结点的身份是在路由查询报文中累积得到的。中间结点中继路由请求，并维护有关被中继查询的有限量的状态信息，从而丢弃以前看到的路由请求。当路由请求到达目的地 T 时，T 通过计算 MAC 并将它们与包含在路由请求报文中的 MAC 进行比较，验证请求的完整性和真实性。如果路由请求是有效的，则 T 构造路由应答，计算涵盖路由应答内容的一个 MAC，并在相应请求报文中累积路由的反向路径之上，将报文返回给 S。目的地响应是同一查询的一条或多条请求报文做出的，从而它以尽可能多样的拓扑提供给源。查询节点将验证应答，并更新它的拓扑。SRP 处理非共谋的恶意节点，这些节点可修改、重放、欺骗和伪造路由报文。但是，SRP 遇到缺乏路由维护消息验证的问题：路由错误消息是没有验证过的。但是，通过沿被报告为中断的路由前缀对错误报文进行源路由，源节点就可验证，所提供路由错误反馈指的就是实际路由，且不是由这样一个节点产生的，该节点甚至不是路由的组成部分；即，一个恶意节点仅能损害它所属的路由。SRP 对虫洞攻击也是不能免疫的：两个共谋的恶意节点可误导一条专网连接上的路由报文，并改变一个忠厚（benign）节点可收集的网络拓扑图景。

8.3.1.2　ARAN

Sanzgiri 等[10] 提出一种安全的 MANET 路由协议（ARAN），它可在一个特定 MANET 环境中检测和防御第三方和对等端的恶意动作。ARAN 引入认证、消息完整性和不可否认性。它利用密码学证书，并要求使用一个被信任的证书服务器，所有有效的节点都知道该服务器的公开密钥。

路由发现报文（RDP）包括报文类型标识符（RDP）、D 的 IP 地址（IP_D）、S 的证书（$Cert_S$）、一个随机数（N_S）和当前时间（t），都采用 S 的私有密钥签名（K_{S-}）。每次 S 实施路由发现时，它都单调地增加随机值（nonce）。

当 S 的邻居 B 接收到该报文时，它验证签名，建立到源的一条反向路径，并前向广播该消息：

$$[[RDP,IP_D,Cert_S,N_S,t]K_{S-},Cert_S]K_{B-},Cert_B$$

B 的签名可防御欺骗攻击，该攻击可改变路由或形成环路。B 的邻居 C 接收报文，验证签名，通过记录由之接收到 RDP 的邻居而建立一条反向路径，并前向广播该消息。

$$[[RDP,IP_D,Cert_S,N_S,t]K_{S-},Cert_S]K_{C-},Cert_C$$

沿路径的每个节点验证前一节点的签名，去除前一节点的证书和签名，记录前一节点的 IP 地址，对消息的原始内容进行签名，附加其自己的证书，并前向广播消息。最后，该消息由目的地 D 接收到，针对一个源和一个给定随机数而接收到的第一条 RDP，D 做出应答。就接收到的第一条 RDP 沿从源而来的最短路径传播，是没有保障的。目的地沿到源的反向路径，单播回应一条路由应答（REP）。令接收到由 D 发送的 REP 的第一个节点为节点 C。D 将向 C 发送如下消息：

$$[REP,IP_S,Cert_D,N_S,t]K_{D-},Cert_D$$

REP 包括一个报文类型标识符（REP）、S 的 IP 地址（IP_S）、属于 D 的证书（$Cert_D$）、随机数（N_S）和由 S 发出时所关联的时间戳（t）。D 也使用其私有密钥（K_{D-}）对 REP 签名。

接收到 REP 的各节点将报文转发回到前驱（predecessor），各节点是从该前驱接收到原始 RDP 的。沿反向路径回到源的每个节点对 REP 签名，并在转发 REP 之前附加其自己的证书。令 C 到源的下一跳是节点 B。C 将如下消息发送到 B：

$$[[REP,IP_S,Cert_D,N_S,t]K_{D-},Cert_D]K_{C-},Cert_C$$

B 验证 C 的签名，去除签名，之后在将如下 RDP 消息单播到 S 之前对消息的内容进行签名：

$$[[REP,IP_S,Cert_D,N_S,t]K_{D-},Cert_D]K_{B-},Cert_B$$

当 REP 被返回到源时，每个节点都检查前一跳的随机数和签名。这避免了如下攻击，其中恶意节点通过伪装和重放 D 的消息而发起路由。当源接收到 REP 时，它验证目的地的签名和由目的地返回的随机数。

8.3.2　针对特定攻击的防御

针对不同的攻击，人们提供了不同的防御机制。因为在前面一节讨论了不同的攻击，这里讨论那些攻击的安全战略。依据安全措施适合的不同网络层，讨论这些安全措施。

8.3.2.1　物理层中的安全

扩频技术，例如调频（FHSS）或直接序列（DSSS），为攻击者们检测或干扰信号造成困难。它以随机方式改变频率，这使信号捕获变得困难。也可部署定向天线，这由于如下事实，即可将通信技术设计成在空间中扩散信号能量。

在 FHSS 中，由射频的一个似乎随机的序列调制信号，射频在固定间隔从一个频率进行跳转。接收器使用与发送器同步的相同扩频码，其中以信号的原始形式重新组合扩频信号。当发送器和接收器被正确地同步后，在一个频道（lane）内传输数据。但是，信号看来是这样的时段，对窃听者而言是不可理解的脉冲噪声。同时，当信号被扩散到几个频率上时，干扰被最小化。

之后同样的是，在原始信号中的每个数据比特（bit），使用一个扩散码，由发送信号中的多个 bit 加以表示。扩散码将信号扩散到一个比较宽的频道上，其宽度正比于所使用的 bit 数。接收者可使用扩散码信号来恢复原始数据。

对于被发送信号中的一个 4bit，0110 的第 1 个 bit 被发送，作为扩散码的第 1 个 4bit 的一个 0。第 2 个 bit1 作为 0110（的第 2 位）发送。这是信号（music）的扩散码的 4s 的逐 bit 补码。接下来，每个输入 bit 与差分码的异或或它的四个组成部分联系起来。

采用 FHSS 和 DSSS，外来者要尝试截获无线电信号都是困难的。要正确地读取信号，间谍必须知道频率、应用技术和码调制。扩频技术不能工作的性质，与其他困难一起添加到间谍头上（即困难重重）。扩频技术最小化了干扰无线电和其他电磁设备的风险。除了扩频技术的能力外，当调频模式或扩散码不知道时，当然这些也是窃听者面对的困难。

8.3.2.2　链路层的安全

邻居们应该监测每个节点的不当行为，以便识别它是否正在扰乱网络的协作特征。虽然要防止自私性仍然是一个开放问题，但人们提出了一些方案，例如 ERA-802.11，其中提出了检测算法。通过在数据链路层的加密，可防止流量分析。IEEE 802.11 无线 LAN 标准中定义的有线等价隐私（WEP）加密方案，使用链路加密来隐藏端到端流量的流（flow）信息。但是，由于其弱点，WEP 已经受到广泛批评。在最近的研究中，人们提出了一些安全的链路层协议，例如链路层安全协议。

8.3.2.3　网络层中的安全

一般而言，一种认证和完整性机制，不管是逐跳的还是端到端的方法，都被用来确保路由信息的正确性。例如，数字签名、单向哈希函数、哈希链、MAC 和哈希 MAC 被广泛用于这个用途。IPsec 和 ESP 是用于互联网中网络层上的安全协议标准，在某些情况下也可用在 MANET 中，提供网络层数据报文认证和一定程度的机密性；此外，设计了一些协议来防御自私的节点，这些节点意图节省资源，并避免网络协作。在最近的文章中，人们提出了 MANET 中的一些 SRP。在下面各节概述那些防御技术。Sanzgiri 等[10]描述了一种 SRP。在这方面，Ning 等[22]描述了 AODV 路由协议的攻击和应对措施。

8.3.2.4　较高层中的安全

会话劫持利用了如下事实，即在会话建立时，多数通信是得到保护的（通过提供证书），但之后的通信过程却得不到保护。在 TCP 会话劫持攻击中，攻击者伪造（spoof）受害者的 IP 地址，确定由锁定目标所期望的正确的序列号，之后对受害者实施一次 DoS 攻击。因此，攻击者伪装成受害者节点，并继续与锁定目标进行会话。Sundaresan 等[23]给出许多协议，例如 TCP 反馈、TCP 显式失效通知、特定（ad hoc）TCP 和一个自组织网络中用于传输层的特定（ad hoc）传输协议，但这些协议在设计时没有哪个是考虑到安全的。安全套接字层扩展和传输层安全是针对 SYN 洪泛和会话劫持而提出的解决方案。在节点中，病毒、木马和剥削利用（exploit）可保持运行。之后应该自私的节点可拒绝任何操作。因此，为解决这些种类的攻击，人们开发了针对 MANET 的入侵检测系统。最近，Cheng 和 Tseng[13]正在开发自组织网络的一个更高级的入侵检测系统。

8.4　MANET 中的访问控制

在 MANET 中增强安全政策处于襁褓阶段。2004 年 Chadha 等[14]提出采用基于政策的行政手段管理自组织网络的一个框架。为确保合作和协同，人们提出了 MANET 通信中信任的概念。在自组织网络中使用 RBAC 模型是一项最新趋势[15]。在 2009 年，Alicherry 等[16]提出一个框架，在网络资源（例如一项服务）上实施访问控制机制。Maity 等[17]提出 MANET 中访问控制的一个框架。

8.4.1　MANET 中的访问控制挑战

用在传统的带结构的网络中的安全技术（防火墙、入侵检测系统、访问控制列表等）是不能满足 MANET 的安全需求的。在十年多的时间里，MANET 中的各种安全问题是由研究人员提出的。Avramovic[18]首先提出基于政策的路由概念。

Jin 和 Ahn[19]展示了在自组织网络中使用 RBAC 模型。但是，这项工作没有将焦点放在角色信息将如何传播到整个网络。Alicherry 等[16]提出在网络资源（例如一项服务）上实现访问控制机制的一个框架。但是，他们没有考虑访问控制机制对路由方案的影响。

研究人员所关心的在一个自组织网络中的不同资源是物理介质、组管理、协作和角色。

8.4.1.1　物理介质上的访问控制

在自组织网络中，来自活跃节点的访问的协调是由介质访问控制协议控制的。这些协议值得引起大量关注，因为无线通信信道本质上容易出现错误和独特的问题，例如隐藏终端问题、暴露终端问题和信号衰落效应。

8.4.1.2　对组成员管理和接纳的访问控制

组成员管理是任何网络中的一项重要资源。在自组织网络中，在拓扑的恒定变化下，维护组成员关系和对组成员关系的合适访问控制是一项重大挑战。组成员关系是由互补的两种技术加以控制的。一种技术是接纳控制，另一种技术是安全的组通信。在一个自组织网络中的接纳控制，将焦点放在密码学技术上，实施安全的组接纳。目标是，一定阈值数量的组成员，就一个可能成员的接纳方面做出协同决策，并为之提供一个签名的组成员关系证书。在这些签名方案中，要描述纯（RSA 或 DSA）签名、可记账的子组多签名扫描。那么同样的是，MANET 中的认证可以是中心式的或去中心式的。Chen 等[20]做了 MANET 中接纳控制的另一项尝试。他们引入一种基于公开密钥基础设施的密钥管理协议。密钥管理协议确保 MANET 环境中的安全接纳控制。通过将认证器的职责指派到多个证书权威（CA）（是从具有最高信任等级的用户池中选择的），就取得了安全性。在这种方法中，不要求进行 CA 的人工选择。维护一个证书图，代表参与者间的朋友关系。这种方法类似于人类社交网络，其中良好（即非恶意的）用户期望比不良（即恶意的）用户有更多朋友。一个 MANET 中这些良好用户的最值得信赖的子集由最大团表示，并被选择作为这个组的认证器（authenticator）。

8.4.1.3　对协作的访问控制

在 MANET 中，诸如报文转发和路由的基本联网功能，是由网络中所有存在的节点实施的。没有理由假定各节点将相互协作，原因是网络操作要消耗能量，这是 MANET 中的一种特别稀有资源。一种新类型的节点不当行为是由缺乏协作导致的，并被称作节点自私性。一个自私的节点区别于一个恶意的节点，因为它并不以主动攻击的方式伤害其他节点，但简单地不与网络协作方面进行协作，为其自己的通信节省电池寿命。但是，由自私行为导致的伤害是不能被低估的。报文转发功能、信任和组密钥管理是协作的三项重要资源。

1）通过在一个 MANET 中转发报文来协作，增强一个节点的各种机制可被分为两类：一种是基于货币的（Nuglets 和 Sprite），另一种使用一项本地监测技术（Watchdog、Confidant 和 CORE）。实现基于货币的系统是简单的，但可依赖于一种防破坏硬件，且建立交换虚拟货币的一种方式是困难的，这使在一个实际系统中使用它们成为不现实的。基于本地监测的协作安全方案，为自私问题提供了一种比较合适的解决方案。每个节点监测其本地邻居，为每个邻居评估一个度量，该度量是直接与节点的行为相关的。主要缺陷是与这样一种机制的缺乏相关的，即安全地识别网络中的各节点：任何自私的节点可规避协作增强机制，并通过改变其身份而消除其不良名誉。

2）信任建立方案被归组为两个组，这依据的是信任评估使用的证据类型。这两个被研究的组是基于证书的模型和基于名誉的信任模型。

3）组密钥管理是协作的另一个重要方面。组密钥管理协议的最普遍被接受的分类，是指分为三种方法：中心式的、去中心式的和分布式的。中心式方法仅使用一台服务器。这台服务器负责组密钥的产生、分发和更新。明显的是，这种方法是不可扩展的。去中心式方法将组播组分成一个预先固定数量的子组。每个子组共享由一个本地控制器管理的一个本地会话密钥。当一个成员加入或离开组时，仅有所关注的子组才更新其本地密钥。在分布式方法（也称作密钥管理方法）中，所有组成员协作并产生流量加密密钥，在它们之间建立安全的通信。相比于中心式方法，密钥一致性方法去除了网络中的瓶颈，但扩展性较差，原因是流量加密密钥是由所有组成员的贡献组成的，并需要更多的计算处理。

8.4.1.4　RBAC

设计 RBAC 的目的，是为向用户指派和管理许可提供一种方式。但是，其中心式架构和预配置需求，使之不适合 MANET。Barka 和 Gadallah[15] 提出针对 MANET 的一种基于角色的协议。这个框架将焦点放在基于节点证书对 MANET 组播组的控制访问上，以及基于不同节点的访问等级在组内交换信息的控制访问上。出于这个目的，他们利用 RBAC 模型的特点开发一种安全的组播协议。这个协议基于 AODV 协议[2] 的组播特征上，并在这些组内对组播组的控制访问成员关系和数据方面进行了增强。该框架尝试在一个自组织移动环境中保障不同组的成员之间的安全通信。他们的方法将焦点放在层次化的组织结构（例如在军事环境中）上，其中高级军衔继承指派给其下级的许可权。因此，它可控制到某个组播组的访问，并依据成员关系角色特权，确保组的合适成员可访问合适的数据。

8.4.2　针对 MANET 提出的访问控制框架

为确保 MANET 的安全，研究人员们提出了许多访问控制框架。Alicherry 和 Keromytis[21] 提出的 DIPLOMA 是 MANET 中访问控制实现的一个新颖框架，它使用缺省拒绝的范型。Maity 等[17]也提出另外一个这样的架构。在本节讨论在 MANET 中增强访问控制的通用框架。

这些框架确保 MANET 中每个节点的网络访问控制。激励研究人员们确保 MANET 中访问控制的主要原因是中间节点的可靠性。为确保由一个特定节点发送的报文可到达其目的地，中间节点应该是可信的和可靠的。为增强政策和安全访问控制机制，应该克服几项挑战。

这种访问控制架构（见图 8.5）在 MANET 中的分布式节点上实施全局政策。在各节点进入网络之前，一个中心权威配置这些节点。未被配置的节点被看作访客节点。全局政策是由中心权威设置的。通过以一种分布式方式实施访问控制机制，设计这些框架反映自组织网络上的全局政策。这就为在组织机构的自组织网络上开发基于政策的安全管理框架提供了动机。这个框架考虑两个不同实体：离线中心权威和无结构的自组织网络。中心权威负责认证和政策管理，而自组织网络是协作节点的一个集合。一个或多个节点被选作一个政策实施节点或组头。一个组头负责以一种分布式方式将政策规则实施到 MANET 节点。因此，这是在 MANET 中实施安全访问控制的一种新颖方法。为采用由管理人员设置的政策保障 MANET 的安全，在框架中实现 RBAC 支持的和基于信任的机制。需要克服许多研究挑战。在不同区段（spectra，领域）的这些研究挑战映射到三个大类：访问控制建模、政策实施和信任增强。在 MANET 中建议的访问控制，具有最小的功耗和被信任的通信，这确保 MANET 的安全最小化主动攻击和被动攻击的影响，采用的方法是识别和避免自私的和恶意的节点。

这样的一个框架的另一个例子是由 Alicherry 和 Keromytis[21] 提出的 DIPLOMA。在这个框架中，预定义组头，组头可能有一个或多个。它们被称作组控制器（GC），所有组节点都信任组头。在 MANET 中，一个 GC 具有将资源指派给节点的权威性。这种资源分配被表示为一个证书（能力），称作政策令牌，且它可被用来表示一个节点被允许访问的服务和带宽。它们由 GC 以密码学方式签名，可由 MANET 中的任意节点验证。当

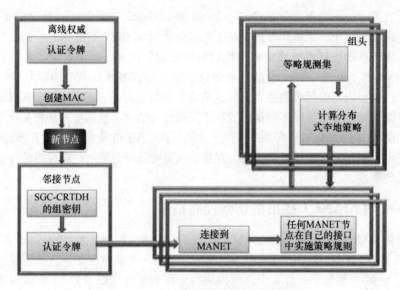

图 8.5　MANET 中访问控制的框架

一个节点（发起者）使用指派给发起者的政策令牌从另一个 MANET 节点（响应者）请求一项服务时，响应者可向发起者反向提供一项能力。这被称作一项网络能力，是基于指派给响应者的资源政策及其动态状况（例如利用率水平）产生的。图 8.6 所示为该系统的一个简略概图。

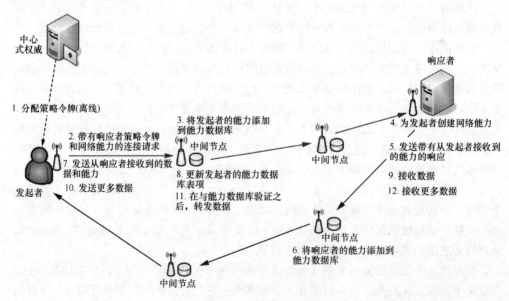

图 8.6　DIPLOMA 框架

（取自 M. Alicherry 和 A. D. Keromytis. DIPLOMA: Distributed Policy Enforcement Architecture for MANETs, in International Conference on Network and System Security, Citeseer, 2010，获得许可）

在一个发起者和一个响应者之间路径中的所有节点（即中继报文的节点），增强并遵守由政策令牌中 GC 和网络能力中响应者规定的（encode）资源分配。

8.5　小结

本章讲解了自组织网络中不同资源的安全机制。在协作分析、信任、基于策略的路由、路由战略、联盟形成算法、RBAC 和防火墙分布方面，仍然存在丰富的研究领域。但是，仍然需要取得在网络管理下使用各机制的更真实表示。确实，这些实现的几项限制源自于初步假设（例如同构网络），虽然考虑异构网络会是更真实的。在最新研究工作中广泛使用确定战略和协作的博弈论方法。就从头开始设计分布式访问控制策略实现的最终目标而言，所提的多数解决方案不能完全地确保访问控制。本章强调需要一种安全架构，该架构在自组织网络中实现访问控制机制。

8.6　开放挑战和未来趋势

对 MANET 的研究仍然处在襁褓阶段。现有研究工作一般都基于一种特定的攻击。在所针对的攻击存在情况下，它们可工作良好。研究工作仍然在进行，并将导致发现新的威胁和产生新的应对措施。在如下领域中人们的研究兴趣正在增长，如基于信任的鲁棒的密钥管理协议、一种基础安保的交付和不同层上数据的安全性。研究的未来方向也许是密码学方式的解决方案。密码学是基础的安全技术，几乎用于安全的所有方面。密码学系统的强度取决于密钥的良好管理。公开密钥密码学方法基于 CA 中心实体，该实体并不总是可用于纯 MANET。一些研究文章将焦点放在通过一个中心式系统将密钥分发到网络的几个或所有实体上，而一些则建议一种全分布式的信任模型——采用相当不错的隐私性（Pretty Good Privacy，PGP）的风格。对称密码学具有计算上的效率，但遇到对密钥一致性或密钥分发的潜在攻击。人们设计了许多复杂的交互或密钥分发协议，但对于 MANET，它们受到一个节点的资源、网络拓扑和有限的动态带宽的约束。在 MANET 中高效的密钥一致性和分发是正在进行研究的一个领域。许多最新的研究将焦点放在防御入侵检测的方法上。一个令人感兴趣的问题是基于信任构建一个系统，其中安全实现的水平取决于信任的水平。在未来研究中应该完成实现一个基于信任的安全系统及其与传统方法的集成。因为多数攻击是不可预测的，一种面向抑制的安全解决方案将是更有用的，这取决于一种多篱笆的安全解决方案。基于密码学的方法提供了解决方案的一个子集。其他解决方案是未来的研究领域。基于信任的安全、基于策略的安全、安全的路由和 RBAC 是步向 MANET 安全的非密码学方法。为加强策略和安全访问控制机制，如下挑战仍然是研究人员们的关注点。

1）在一个自组织网络中寻找一条安全的路由。在一个自组织网络中，人们提出了相当多的路由协议。DSR、OLSR 协议和临时有序的路由算法是自组织网络中广泛使用的路由协议。但是，这些路由协议几乎没有考虑信道和中间节点的安全或可靠性。中间节点可能是恶意的或自私的。因此，路由协议应该与一个自组织网络的安全访问控制是兼容的。应该以如下方式选择路由，即访问控制违规的范围（scope）在任何情况下都将不会发生。存在验证路由协议的这样一个领域，它采用形式化方法或基于数学图论的方法。

2）以安全性寻找具有优先级的节点。一般而言，一个自组织网络为所有节点赋予相同的重要性。不存在基于安全设置优先级的选项。信任、角色、连通性和行为应该是为节点设置优先级的重要关注点。依据节点的优先级，可在网络中指派不同的角色。

3）在一个网络中控制接纳。对于自组织网络，不存在确定的和标准的接纳控制机制。已经有 WEP 和基于 Wi-Fi 保护访问的认证。但是，联系点仅是网络的单个点。如果那个节点变成恶意的或由攻击者攻破，那么整个认证方案将失效。使用一个安全组密钥的基于离线证书的认证是一种比较明智的选择。但是，那个领域仍然处在未成熟状态。

4）对一个自组织网络中的 RBAC 建模。对 RBAC 建模是一个研究问题。用户节点及其角色，在每个网络都是不同的。但是，角色的临时特征和空间特征对研究人员而言是重大挑战。

5）对一个自组织网络的策略规范进行建模。针对一个自组织网络，应该确定访问控制策略。因为拓扑是恒定地在发生变化的，且节点的信任价值经常就任何其他节点而言发生变化，所以简单策略是不适合的。

6）策略代数和策略分发。规则集组合成整体访问控制。但是，那些规则应该是完备的、合理的、无冲突的和无二义性的。规则整体（collection）必须与全局策略一致。因此，策略规则的适当分发引起无穷的研究兴趣。

7）在 MANET 中为访问控制寻找安全度量指标。测量一个自组织网络的安全性仍然是一项艰巨的任务。非常少的研究工作将目标锁定在构造（frame）安全性的合适评估上。因此，寻找考虑到一个自组织网络中所有方面的一个良好安全度量指标，将是一项巨大贡献。

参 考 文 献

1. D.B. Johnson, D.A. Maltz, and J. Broch. DSR: The dynamic source routing protocol for multi-hop wireless ad hoc networks, *Ad hoc Networking*, 5:139–172, 2001.
2. C.E. Perkins, E.M. Belding-Royer, and S. Das. Ad hoc on demand distance vector (AODV) routing (RFC 3561), IETF MANET Working Group, 2003.
3. Y.C. Hu and A. Perrig. A survey of secure wireless ad hoc routing, *IEEE Security and Privacy Magazine*, 2:28–39, 2004.
4. Y.B. Ko and N.H. Vaidya. Location-aided routing (LAR) in mobile ad hoc networks, *Wireless Networks*, 6(4):307–321, 2000.
5. T. Clausen and P. Jacquet. *RFC3626: Optimized Link State Routing Protocol (OLSR)*. RFC Editor United States, 2003.
6. Z.J. Haas, M.R. Pearlman, and P. Samar. The zone routing protocol (ZRP) for ad hoc networks, INTERNET-DRAFT, IETF, 2002.
7. Mobile ad-hoc networks (MANET), 2012, [Online], available at http://datatracker.ietf.org/wg/manet/charter/.

8. 3G Security: Security Architecture. 3GPP TS, 33.102, V3.6.0, October 2000.

9. B. Awerbuch, D. Holmer, C. Nita-Rotaru, and H. Rubens. An on-demand secure routing protocol resilient to byzantine failures, in *Proceedings of the 1st ACM Workshop on Wireless Security, ACM*, 2002, pp. 21–30.

10. K. Sanzgiri, B. Dahill, B.N. Levine, C. Shields, and E.M. Belding-Royer. A secure routing protocol for ad hoc networks, 2002.

11. C.E. Perkins. Ad hoc networking: an introduction. Ad hoc Networking, pp. 1–28, Addison-Wesley Longman Publishing Co. Inc., 2008.

12. P. Papadimitratos and Z.J. Haas. Secure routing for mobile ad hoc networks. In SCS Communication Networks and Distributed Systems Modeling and Simulation Conference (CNDS 2002), volume 31, pp. 193–204. San Antonio, TX, 2002.

13. B.C. Cheng and R.Y. Tseng. A context adaptive intrusion detection system for MANET. Computer Communications, 2010.

14. R. Chadha, H. Cheng, Y.H. Cheng, J. Chiang, A. Ghetie, G. Levin, and H. Tanna. Policy-based mobile ad hoc network management, 2004.

15. E.E. Barka and Y. Gadallah. A role-based protocol for secure multicast communications in mobile ad hoc networks, in *Proceedings of the 6th International Wireless Communications and Mobile Computing Conference on ZZZ, ACM*, 2010, pp. 701–705.

16. M. Alicherry, A.D. Keromytis, and A. Stavrou. Deny-by-default distributed security policy enforcement in mobile ad hoc networks, *Security and Privacy in Communication Networks*, 2009, pp. 41–50.

17. S. Maity, P. Bera, and S. K. Ghosh. An access control framework for semi-infrastructured ad hoc networks, in Computer Technology and Development (ICCTD), 2010 2nd International Conference, IEEE, 2010, pp. 708–712.

18. Z. Avramovic. Policy based routing in the defense information system network, in Military Communications Conference, 1992, MILCOM '92, Conference Record, Communications—Fusing Command, Control and Intelligence, IEEE, 3, 11–14, 1992, pp. 1210–1214.

19. J. Jin and G.J. Ahn. Role-based access management for ad-hoc collaborative sharing, in *Proceedings of the Eleventh ACM Symposium on Access Control Models and Technologies, ACM*, 2006, p. 209.

20. Q. Chen, Z.M. Fadlullah, X. Lin, and N. Kato. A clique-based secure admission control scheme for mobile ad hoc networks (MANETs), *Journal of Network and Computer Applications*, 34(6):1827–1835, 2011.

21. M. Alicherry and A.D. Keromytis. DIPLOMA: Distributed Policy Enforcement Architecture for MANETs, in International Conference on Network and System Security, Citeseer, 2010.

22. P. Ning and K. Sun. How to misuse AODV: A case study of insider attacks against mobile ad-hoc routing protocols. *Ad Hoc Networks*, 3(6):795–819, 2005.

23. K. Sundaresan, V. Anantharaman, H.Y. Hsieh, and R. Sivakumar. ATP: A reliable transport protocol for ad hoc networks, *IEEE transactions on mobile computing*, 588–603, 2005.

第 9 章 针对海港应用，融合网络之安保和资源管理的框架设计

9.1 引言

作为世界经济快速增长的结果，针对企业和个人的具有基础重要性的许多复杂操作之组织和利用，经历了由网络服务（NS）的泛在特性点燃的一次革命。除此之外，丰富的创新服务集合现在通过互联网均可访问，由此支持新的商务和组织范型，包括软件即服务的利用、采用云计算设施的数据存储和同步，或与第三方的复杂实时交互（例如国家或国际权威机构、公共安全组织和其他承包商[1]）。

从这个角度看，一个海港是最复杂和分布式的工业基础设施之一。据此，可通过利用最先进的网络和电信技术，它可相当地改进其内部设置[2]。因此，标准（进口）关税（入港舰队的管理或搬运货物的统筹协调）的实施可通过通信服务得以相当简化或优化。事实上，数据通信是海港相关运作的一个有关组成，因为数据通信也在保障一个安全的工作环境视角来看扮演了一个不可或缺的角色。总之，出于如下目标，在一个海港内实施信息交换：

1）在雇员间（特别在户外作业时）支持音频/视频交互；

2）保障海量数据的正确交付（例如就运作的状态和货物的放置方面，捕获商务的一次实时快照）；

3）提供远程应用和机械以及卫星办公室或资产的访问和控制；

4）通过互联网连通性，增强与第三方实体（例如顾客或商务伙伴）的协作，这也是从交付具有附加值服务的角度而言的；

5）实施目标为降低运营成本的动作（例如通过在全 IP 平台之上服务融合的治理管制）；和

6）利用分布式的安保框架［例如通过无线传感器网（WSN）或射频识别（RFID）或通过使用网络的刺激事件作为周边环境的一次固有探测］。

但是，上面提到的每项功能都需要底部网络基础设施存在特定功能。例如，互联网电话需要一些实施保障，这通常是通过某种服务质量（QoS）机制在数据承载商内实施的。同时，处理所需信号的特定机制［例如，会话初始协议（SIP）］也应该就位[3]。同样，由于在移动时也需要服务是可用的需求，导致附加的技术约束。具体而言，这反映了采用无线接入的情况，无线接入的行为是不同于有线接入的。总之，网络基础设施必须仔细地进行设计，以便在不忽略安全和服务可用性的核心前提条件下（有时定义为承载商级别的需求），交付一项给定的服务。

这可能带来高度削弱的（如在 RFC1726 中所用的情况，表示由不同技术上分割部分组成的一个互联网带来的风险）网络场景，其中必须采用不同的自组织基础设施，并正确地加以统一以便避免隔离。将这种方法推到极致，每种特定服务可通过一个不同网络进行交付，该网络可能是由一个给定提供商管理（或拥有）的。在许多海港中，可能的情况是，蜂窝接入网络由一个移动承载运营商提供，广域网（WAN）连接由一个互联网服务提供商（例如，通过暗光纤）提供，而卫星备份由另一个不同方承担。即使专业化是有益的，但这样一种碎片化的场景也具有几项缺点；例如，货币支出和运营开支可能变得容忍的，不同的技术可能要求各种专业化技能，且服务集成可能需要另外的设备（例如应用层网关）。除此之外，作为比较复杂设计的一个后果，需要合并不同的技术解决方案，要取得扩展性、容错或体验质量（QoE）方面令人满意的程度，是不可能的。

但是，研究人员们和业界开发商数年来已经研究了各种机制，来集成异构网络或避免性能降级。简括地说，相关的工作已经投入到合并由不同技术组成的通信系统，这些技术也可支持不同服务模型或协议架构。一个范型化的例子是如下场景，它由通过无线环路（例如 IEEE 802.11 或卫星链路）连接的有线骨干组成，而流行的解决方案是采用代理或中介实体的方案，例如性能增强代理和中间设备。但是，通过网络而运行的设备或仪器的日渐差异化，与确保端到端透明性（例如通过避免 L4 语义断裂或推动 IPv6 的采用）的需求一起作用，使针对不同服务共存而设计解决方案，成为必须追求的下一步目标。

为达到这个目标，融合网络（CN）[4-6] 是最有希望工程化范型之一，实际上可支持下一代服务，这些服务也要求宽带、移动性和多媒体支持。简短地说，在 CN 中，在支持具有不同需求的各种服务方面，特别就带宽资源和实时约束而言，整体部署是足够"灵活的"。因此，一个海港是 CN 的一个绝佳舞台，原因是 CN 的特点是非常有挑战性的：

1）一个海港的通信必须是以一种在线基础上可扩展的和可配置的（例如当新船舶或货车到达一个海港时，资源准备提供应该是以运行时方式可调整的）；

2）在应用（例如传感器驱动的命令和告警、数据、多媒体内容交付和有实时需求的流量[7]）和物理技术（例如有线的（wired）、通用报文无线服务（GPRS）/统一移动电信系统（UMTS）/长期演进（LTE）、IEEE 802.11、卫星备份链路和自组织无线网络）方面，总体基础设施本质上是混合态的。

不仅如此，海港相关的运营经常是通过移动设备或资源受限的终端进行的。最后，为向这样一个场景提供合适的重叠网[8]，采用一个全 IP 核心将加速与不同子系统和服务提供商的集成，以及它们与其他网络的融合（例如在国家层次或洲际层次）。

本章从这个角度给出这样一种新颖框架的设计，该框架用于在海港相关环境中采用的联网基础设施的资源和安保管理。这样一个框架是在意大利国家项目内开发的，目标是推进应用到海港基础设施的最新信息和通信技术。

本章的贡献有两点：

1）引入一个统一的分层模型，在部署在海港内的网络基础设施中实现不同职责；

2）给出用于资源和安保管理意图的两个实体的设计。就作者们所知，这是处理 CN 和面向海港应用的第一项研究工作。

本章后面部分如下组织：通过强调设计选择，9.2 节介绍整体框架的参考场景和分层系统架构。9.3 节分析系统建模所采用的数学背景，用以确定利用安保和资源管理有关的合适决策。9.4 节勾勒出性能评估，证明所提方法的有效性。9.5 节结束本章。

9.2　在海港环境中 CN 框架的设计

为了描述所提框架的开发，我们介绍一种参考场景，该场景足够通用以刻画海港运营的成功利用所需的最重要服务。图 9.1 所示为不同接入网络（用于自组织用途）的典型互联。

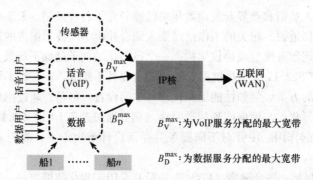

图 9.1　为安保和资源管理目的，开发所提融合框架所用的参考网络架构

IP 核心网络。该网络负责所有周边接入网络间的数据传输。假定它是全 IP（即它仅在网络层实现 IPv4 或 IPv6）的，这与传输和核心网安装整体部署中已经发生的情况相同[9]。但是，可通过合适的打隧道机制（例如基于通用路由封装的那些机制），可使用其他协议。

传感器。正是由网络负责从分布于海港各处的传感器收集信息的。换句话说，它代表这样的基础设施的组成部分，该设施收集和分配属于安保操作的数据。它也可以是 WSN 和有线骨干（例如从固定 RFID 门收集的汇点）的复杂复合体。不仅如此，通过一个一个专用接入网或本身实现这样一项服务（即通过自组织和协作机制），传感器或汇点可被连接到 IP 核心。那么，所收集的值可通过 IP 核心路由到远端设施（例如通过互联网）或到本地实体（例如用于挖掘和处理操作）。

话音。为在海港工作人员间交付实施通信服务提供基础设施。我们假定基于话音的通话是最普遍被采用的；即，它提供某种 IP 之上话音（VoIP）支持。类似于基础设施的传感器部分，它也可以是有线网络和无线网络间复杂互联的结果（例如，确保移动端点的 VoIP 的室外覆盖）。IP 核心支持周边节点到达其他对等端，并确保到互联网的路由能力以及所需信令流的交换。

数据。它实现块式数据传递服务，例如用于同步数据库或提供互联网连通性（例如网页浏览和文件传输操作）。同样，它也可作为一个通用服务提供者，方法是允许其他基础设施到达 IP 核心或访问系统的其他部分。例如，当新船只到达海港并需要网络连通性时，情况就是这样。我们指出，这样的第三方实体也可被路由到特定的服务网络（例如为了拥有专用于采用安保操作的一个独特网络，将内部传感器合并到传感器部分内）。

广域网（WAN）。它代表到互联网或一个 WAN 的一条通信路径。例如，通过国家专用基础设施，一个海港可被连接到其他海港。另外，常见的情况是，海港的一个特定部分是远程操控的或在一个 365/24 监测领域下。这可能是如下情形，一艘船只要求连通性与船主的总部同步数据或一些有危险货物的连续监控。依据其至关重要性，WAN连通性（至少对于重要使命的通信而言）可通过使用合适的备份（例如通过一条地球同步卫星链路）[10]得以进一步增强。结果是，整体技术池的异构性进一步增加。

出于简单性目的，我们假定不同网络是分隔的或以所提供功能而言是被归组形成一个一致的功能集的。但是，在真实的或非常复杂的部署中，这是不可能的。例如，不同服务可通过一般 IP 网络实现，之后通过合适地叠加到一个多目标承载商提供服务。例如，一个无线网络可被分隔来用作一个 VoIP 接入点并用作通用数据传输。此外，也随着移动平台中服务融合的日渐增加，对于即将到来的后第三代电话框架而言，这是一种合理的配置[11]。当服务在相同物理网络之上融合时，必须存在保障正确需求（例如带宽和抖动）的合适机制。在这种情形中，所采用的基础设施必须支持诸如多协议标记交换（MPLS）、资源预留协议、流量工程机制或应用层资源管理技术[12]等技术。我们指出，所引入的服务是一个 CN 内部署于一个海港中最重要的和被采用的。但是，其他可能的网络可能就绪，同样从增加基础设施冗余性的角度来看，物理上解耦各项服务，使之符合一些安全和隐私规章制度。

9.2.1　框架的设计：参考分层架构

正如所讨论的，一个海港环境给出一个二维异构空间：

1）技术上的，这主要由于用于确保必要物理覆盖区域的不同介质；

2）功能上的，这是支持特定运营所需的许多服务的结果。另外，通过利用不同的重叠网架构，各项服务可共存。因此，为更好地组织该框架，并具有整体 CN 部署的独特的和一致的抽象，引入了一种合适的协议功能性架构。图 9.2 所示为参考的分层模型，强调该架构的两个主要功能（即资源管理和安保机制），这是本章的主要贡献。

具体而言，为处理海港需求的多侧面特点，假定框架是在整体网络部署的一个合适抽象之上发挥作用的。拥有管理资源和识别不当行为（为安保目的）的一种网络无关的方法角度看，这是不可区分的。针对这个目标，我们在两个主域内分割分层的架构，它们属于不同空间，我们分别将之定义为物理的和逻辑的。物理空间代表绑定于一项特定技术的所有协议和实体。因此，属于这个领域的所有组件都必须被看作是高度技术相关的。结果，它们降低了软件组件的可重用性，且同样使算法不足够通用而对其他海港而言也是简单的和适用的。当对 CN 工程化时，最后两个性质是"良好实践"，原因是

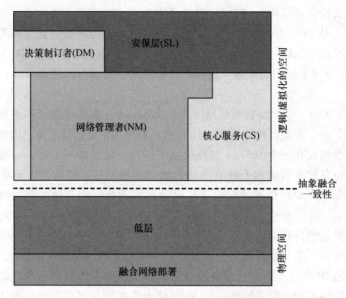

图 9.2　所建议框架的参考分层架构

（依据一个协议栈内标准的数据过滤，制定不同实体间交互的规则）

应该尽可能接近具体设备和机制来处理复杂性[6]。出于这样的原因，我们引入较高级的组件集合对功能进行抽象。换句话说，我们通过抽象利用融合。即使这种选择有利于资源管理和安保算法的开发，同样通过使物理空间比较容易进行建模的方法，这也要求开发合适的软件组件和协议实体。例如，可这样得到"虚拟化"，将高层描述性量（例如带宽）映射到底层网络内的有效的预留或资源分配[13]。

　　定义这样一个虚拟化层的精确工程化超出了本章的范围。相反，我们的目标是表明，通过合适的建模和施加非常宽松的功能需求，一个 CN 如何采用尖端的功能进行增强。从这个角度看，我们将一个宏层内的所有必需的抽象特征进行归组，定义为核心服务（CS）。后者负责将高层（即在抽象的网络模型中发挥作用的各层）产生的刺激事件映射到协议栈的网络相关部分。更具体而言，这个层必须提供诸如授权认证和计费、QoS、管理以及面向服务架构（像环境或合适网络重叠网的形成，例如，通过使用对等通信范型）的生成等功能。CS 也应该与一个合适的数据库交互，使人们可捕获被管理网络的配置和策略。可如下完成这样的任务，通过合适的扩展标记语言（XML）纲要和通过特定机制（例如 web 服务、简单对象访问协议）和发现方法论（像通用描述发现和集成及通用即插即用[14]）的数据交换。

　　在协议栈顶部，放置了安保层（SL）。基本而言，是功能实体来负责评估由 CS 和网络管理器（NM）收集的刺激，以便揭示可能导致安保风险的可能行为。例如，通过观察描述性的参数（例如用户数和与标准流量概要中的偏差），就能够产生告警，例如支持或启动目标为公众保护和灾难恢复（PPDR）[15]的一项操作。另外，该层也可直接与 NM 和 CS 交互，触发网络上的具体动作，以便支持前述的 PPDR 操作。由该框架支持的可能自动处理的职责目标锁定在如下方面：

1）为 VoIP 通信预留带宽，确保援救活动过程中的通信。我们指出，可以在海港基础设施的不同部分（例如在 IP 核心、数据接入网络或在到公共互联网的一条路由中）完成这项操作。这也突出了为什么有一个合适的统一抽象是有益的。

2）在从远端传感器接收到告警时，为评估一些资产的状态，保障一种合适的数据同步。

此外，在传感器间预留额外带宽也是可能的，这是为了避免由于不当功能或高流量负载（由用户对安保临界现象做出的响应所触发）导致的瓶颈或过度时延。

在由框架实现的高层逻辑内加入 CN，从这个观点看，一个非常关键的组件是 NM。简短地说，即它负责在物理网络之上提供另一种（且可能更薄的）抽象层。它可直接地与 CS 交互或为直接管理网络输出一个附加的应用编程接口（API）集合（参见（例如）为 VoIP 信道实施预留或为数据库同步提供带宽的情形）。不仅如此，它可被用来计算合适的度量指标，它们在负责评估性能优化或酿成告警而馈入逻辑方面是有用的。作为一个范例，通过与一个探针集合交互（例如通过使用 NetFlow、简单网络管理协议或如 nTop 的开源工具）[16]，NM 可估计网络状态。除此之外，通过与 SIP 节点（或专用 VoIP 呼叫管理器）交互，它可估计活跃呼叫数和其他参数（例如呼叫的时长）。NM 也可查询动态主机配置协议服务器（如果存在的话），估计活跃网络节点的数量和在一个给定时间帧内节点数量的变化情况。这样的操作是网络相关量的例子，通过合适的软件代理或模块可将这些量"输入"（ported）到一个抽象域。这也解释了为什么需要 CN，原因是它们并发地服务许多服务；因此，所需信息是不太分散的或没有扩散到许多运营商。

这样的值可被进一步细化，以便为 SL 实施计算提供所需的信息。相反，如果 SL 需要改变底层网络中的某个数据，它可使用由 NM 提供的 API（NM 可利用从抽象层到较低层的合适转换）或通过依赖于 CS。

最后，决策者（DM）是一个软件模块，它包括实施资源优化或通过使用合适的算法而辅助安保操作等所需的所有逻辑。它可由 SL 触发（例如针对异常做出反应），或它可与 NM 交互，调整策略以维持合适程度的 QoS 或 QoE[17]。作为一个可能的用例，我们提到为保障话音呼叫连续性所需资源分配策略的计算。为达此目标，如前所述，它可与 CS 直接交互。作为最后的一条注解，我们指出，DM 是概念上的一个独立实体，但它可合并到其他提到的模块内，以简化整体实现。

9.3　安保代理和 NM 的开发

在本节，在基于海港的环境中为所采用的一个 CN 添加功能，我们讨论组成集成框架的两层的开发。详细地说，我们决定工程化实现 SL 和 DM 的功能，采用可预测网络的相关参数的行为的非线性模块。假定这样的量是以合适组件的形式存在的，如 9.2.1 节所解释的。

简短地说，这样的模块允许人们，从对一个真实系统的过去观察所收集的真实数据集开始，得到系统本身未来行为的实时真实预测。预测一下人们感兴趣参数的未来值的可能性，可用作不同目的。从 SL 的角度看，它允许提前认识到可能的风险和系统的人们不希望的或危险的行为。从 DM 角度看，它支持采用合适的策略，以便在潜在灾难实际发生之前避免它们；一般而言，为满足需要，在考虑近期未来趋势的情况下，它支持共享资源的分配。

9.3.1 节给出有关非线性回归算法（SL 将使用）的基本数学背景。9.3.2 节讨论在 DM 内实现的可能带宽分配策略。

9.3.1 部署于海港中 CN 安保管理的预测模型

为介绍在 SL 中实现的各模型，让我们考虑一个通用的离散时间动态系统，即这样一个系统，其变化情况是在固定时长 Δt，一个有限或无限数量的时间阶段（在后文中以下标 $t = 0, 1, \cdots$ 表示）之上观察到的（且可能加以控制的）。

在基于数据预测一个离散时间动态系统问题的一个非常通用的形式化表述中，存在对应于变量 $x_t \in \mathscr{R}^n$（对于 $t = 0, 1, \cdots$）（描述系统在时间阶段 t 的状态）的一个度量集合，还有一个相应的"输出"值集合 $s_t \in \mathscr{R}$，代表我们希望预测的量。在许多情形中，这样的量仅是当前时间阶段下一个阶段处状态变量的值（即其未来值）。

采用一种非常通用的方式，我们可将在时间阶段 t 处系统的输出看作具有未知概率分布的一个随机变量。那么，在时间阶段 t，定义：

- 过去状态观察量的向量：$x^{(t-1)} = [x_0, x_1, \cdots, x_{t-1}]$
- 过去输出的向量：$s^{(t-1)} = [s_0, s_1, \cdots, s_{t-1}]$

如前所述，目标是找到能够捕获系统的过去观察量和未来输出的函数关系的一个模型。定义 $\tilde{s}_t$ 为在阶段 t 处由系统估计的输出值，并考虑后者是在具有一个预设（pre-fixed）结构的函数类 γ 内选择的。

这使人们可写出：

$$\tilde{s}_t = \gamma(x^{(t-1)}, s^{(t-1)}) \tag{9.1}$$

那么，一个"好"模型 γ 的目标变为，相应于过去观察值 $x^{(t-1)}$ 和 $s^{(t-1)}$，使 $\tilde{s}_t$ 尽可能地接近于在阶段 t 处实际系统的"真实"输出 s_t。这种方法的一个问题是，一般而言，该模型需要一个有限长度的输入向量，而依据定义，向量 $x^{(t-1)} = [x_0, x_1, \cdots, x_{t-1}]$ 和 $s^{(t-1)} = [s_0, s_1, \cdots, s_{t-1}]$ 是随 t 而增长的。

那么，我们可得到模型的一个有限维输入，方法是定义一个函数 φ，它将过去观察值映射到固定维的一个向量，常称为退化子（regressor）。

一般而言，我们需要引入的另一个假设是，真实系统的输出仅取决于有限数量的过去值。这种假设，常称为衰减记忆假设，不是一个实际的限制，因为它实际上陈述的是仅有系统的最近过去才影响未来输出值。这个假定允许人们将退化子定义为有限数量 q 个过去观察值的一个函数。

选择一个良好的退化子函数，存在各种可能性。特别地，一种非常直接的方式是考虑过去输出观察值自己的集合；例如，我们以这样的方式定义一个退化子：

$$\varphi(x^{(t-1)}, s^{(t-1)}) = [s_{(t-q)}, s_{(t-q+1)}, \cdots, s_{t-1}] \tag{9.2}$$

另一种可能性也是利用信息集合中状态变量的过去测量得到的值：

$$\varphi(x^{(t-1)}, s^{(t-1)}) = [x_{(t-q)}, x_{(t-q+1)}, \cdots, x_{t-1}, s_{(t-q)}, s_{(t-q+1)}, \cdots, s_{t-1}] \tag{9.3}$$

两种方法都有优点和缺点。例如，在式（9.2）表示的情形中，得到的模型是较低维的，因此从计算角度看是比较简单的和更具可管理性的。

但是，在由非常复杂的动态性所表征的一个系统中，得到的退化子是不足够丰富的。在这种情形中，式（9.3）中给出的方法将是更可取的，这是由于预测可依据的较大量信息产生的。

一般而言，一旦定义了退化子，则我们可写出在阶段 t 处预测的系统输出：

$$\tilde{s}_t = \gamma(\varphi_t) \tag{9.4}$$

注意，退化子的定义具有将输入-输出映射形式上独立于实际时间阶段 t 的效果。这意味着，所有的测量结果，即使是在不同时间测量的，也可添加到输入-输出对的同一信息集合，所有测量都对得到一个满意的预测有所贡献。明显的是，我们必须假定系统是充分的时间不变的，即其行为并不完全地随时间而变化（在变化的情形中，一个新模型将必须建立，以便适应变化了的设置）。

就函数类而言（我们寻找的一个合适的模型 γ，被用于时间序列和复杂系统的输出预测），在该领域内发表的文献中非线性模型得到欢迎，从实践和理论角度看，如今证明是一个比较成熟的方法。

事实上，成功应用到不同领域（例如工程、人工智能和优化（要了解有关神经网络的不错综述，参见（例如）文献[18]））重要问题的许多例子，以及大量理论结果，已经证明了这种模型（神经网络和径向基函数网络是流行的实例）计算上是可管理的（可行的），这是就非线性函数复杂类逼近的经典线性函数而言的，特别在由高维输入变量表征的语境下更是如此（见（例如）文献[19]以及其中的文献）。

这是由于在考虑参数情况下的较高灵活性（非线性地作用于输出）产生的，这允许就具有相同数量参数的线性结构得到较好的近似。

定义上述种类的非线性架构的一种非常通用的方式是，考虑这样一族函数，它们依赖于由 p 个参数组成的有限集合 α（$\alpha \in \Lambda \subset R^p$），可为在该族本身内部得到最佳模型的目标而"进行调整"。

特别地，构造这种架构的标准可能方法是，利用 K 个固定基函数的线性组合：

$$\gamma(\varphi, \alpha) = \sum_{i=1}^{K} c_i \psi(\varphi, w_i) + c_0, \qquad c_0, c_i \in R, w_i \in R^r \tag{9.5}$$

其中 $\alpha = [c_0, c_1, \cdots, c_K, w_1, \cdots, w_K]^T$ 和 $p = K(r+1)$。

如上所述，径向基函数网络和一个隐藏层前馈神经网络是非线性结构的流行例子，可采用前述结构得到。特别地，后者对应于实际上被选择实施 9.2.1 节所述 SL 功能的近似函数类。

这样的非常流行的架构，已被应用到许多不同语境，被定义为具有如下结构的非线性映射：

$$\gamma(\varphi,\alpha) = \sum_{i=1}^{K} c_i \sigma\left(\sum_{j=1}^{d} a_{ij}\varphi_j + b_i \right) + c_0 \tag{9.6}$$

其中 σ 典型地被称作"激励函数"。

在这项工作的测试中采用的这种函数具有著名的双曲正切形式：

$$\sigma(z) = \frac{e^z - e^{-z}}{e^z + e^{-z}} \tag{9.7}$$

项 c_0 常表示偏差，但它确保当输入等于 0 时，输出未必为 0。这种类型的非线性模型被证明具有通用近似性质，即在任意准确度内能够逼近任何充分良态函数的性能。此外，在许多情形中，以要调整的参数数量度量的网络复杂性，不随输入向量维度而指数增长（一般而言，对线性结构该论断是不真的）[19]。这使具有一个隐层的前向神经网络成为建模复杂动态变化（表征海港相关操作所采用的一个 CN）的一个绝佳候选。

一旦选中系统输出预测使用的逼近函数类，在这种函数类内，就出现了寻找最佳元素（即参数 α 的相应值）的问题，最佳指的是以最准确的方式逼近系统的行为。

典型情况下，这可通过参数 α 的向量的最优化过程得到，在神经网络用语中被称作训练。

具体而言，一项开销是依据测量的可用数据、各参数的一个给定值、网络输出和真实观察到的输出值之间的差（以神经网络术语来说即，目标）加以定义的。

典型情况下，这样的开销具有均方误差（MSE）的形式。考虑由 L 个输入-输出对 $[\varphi_i, s_i]$，$i = 1, \cdots, L$ 组成的可用信息集合，其中依据某个任意准则，指派下标 i（即如前所述，忽略这样的特定时间阶段，此处实际上测量了一个输入-输入对）。那么，训练网络所需要最小化的开销，假定具有这样的形式：

$$\text{MSE}(\alpha) = \frac{1}{L} \sum_{i=1}^{L} \left[s_i - \gamma(\varphi_i,\alpha) \right]^2 \tag{9.8}$$

最小化均方误差（MSE）的参数向量对应于这样的神经网络，该网络将实际用于实时阶段的输出预测。为得到这样的一个最优向量，采用任何非线性规划技术，求解最优化问题都是可能的。但是，一些这样的技术已经针对神经网络训练进行了特定的裁剪。（例如）对于后向传播或 Levenberg-Marquardt 算法[20]就是这种情形。来自学习理论的经典结果，保障这个过程在如下意义上是一致的，即随着输入-输入对的数量 L 增长到无穷，所得到的神经网络在整个输入空间上比较好地逼近系统行为。

9.3.2 针对海港 CN 中的带宽分配策略，采用 DM 法

如前所述，DM 不仅有在紧急情况下设置规范策略的角色（还有别的角色）。事实上，即使在概念上假定它为 NM 组成部分的情况下，它仍然是一个"智能的"实体，依据于方便性，其功能可在 NM 和 SL 之间共享。

那么，在非至关重要的情况下，DM 可动态地调整网络参数以优化其性能。出于简洁性考虑，我们定义一个范例场景，解释如何使用 DM。另外，9.4 节给出通过一个仿

真活动产生的数值结果。参考场景是如图 9.1 所示的一个场景。具体而言，让我们假定我们希望预留带宽 $B_V^{\max}(t)$ 和 $B_D^{\max}(t)$，分别是在阶段 t 处在 CN 内为话音和数据服务分配的资源份额。

通过保障总资源（定义为 B^{tot}）在 IP 核心网络内被预留，以便前述两项服务被高效地共享，目标是满足这两项服务的带宽需求并确保由于安保原因的可能优先级得以遵守，这样可自适应地实施设置。在一个更具结构的场景中，角色（actor）的范围及其有关参数是比较稳定的，则可利用神经网络在一个长的阶段水平线上提前找到能够优化性能的管理策略（见（例如）文献 [21]）。在我们的海港场景中，我们仍然可利用 9.3.1 节所述 SL 中的神经模型，这使人们可预测在近期未来时间阶段中话音和数据带宽的请求，以便通过 DM 实现有效的策略。

具体而言，定义 $B_V^*(t)$ 和 $B_D^*(t)$ 分别为在时间阶段 t 处对话音和数据的带宽请求的预测。此外，定义 p_V 和 p_D 为在话音和数据之间可用带宽的默认标准共享比例。注意 p_V 和 p_D 位于 0 和 1 之间，且满足 $p_V + p_D = 1$。

在时间阶段 t 开始处，话音和数据的带宽分配的一种可能策略，可由如下算法描述：

● 如果阶段 t 的预测请求（即阶段 t 和 $t+1$ 之间时间间隔长度为 Δt）超过总可用带宽（即如果 $B_V^*(t) + B_D^*(t) > B^{\text{tot}}$），则为带宽设施标准共享比例：

$$B_V^{\max}(t) = p_V B^{\text{tot}}, \ B_D^{\max}(t) = p_D B^{\text{tot}}$$

● 如果 $B_V^*(t) + B_D^*(t) \leqslant B^{\text{tot}}$，策略是以如下方式共享带宽，反比于在阶段 $t-1$ 由一种给定服务请求的带宽值与阶段 t 的预测带宽值之间的相对距离。

更形式化地说，我们定义

$$\Delta B_V(t) = \frac{\left| B_V(t-1) - B_V^*(t) \right|}{B_V(t-1)} \tag{9.9}$$

$$\Delta B_D(t) = \frac{\left| B_D(t-1) - B_D^*(t) \right|}{B_D(t-1)} \tag{9.10}$$

在这些量的基础上，采用如下分隔法：

$$p_V'(t) = \frac{\Delta B_V(t)}{\Delta B_V(t) + \Delta B_D(t)} \text{和} p_D'(t) = \frac{\Delta B_D(t)}{\Delta B_V(t) + \Delta B_D(t)}$$

注意约束条件 $p_V'(t) + p_D'(t) = 1$ 得以满足。

那么修改带宽的这种共享比例，以便考虑标准的默认共享比例，由此得到如下方式的确定带宽共享比例：

$$B_V^{\max}(t) = \frac{(p_V'(t) + p_V)}{2} B^{\text{tot}} \tag{9.11}$$

$$B_D^{\max}(t) = \frac{(p_D'(t) + p_D)}{2} B^{\text{tot}} \tag{9.12}$$

这种策略的目标是确保专用于一种给定服务的带宽总是足以满足预测的请求，同时还考虑到对应于参数 p_V 和 p_D 的标准优先级。如有必要，则可能改变这些参数以便加强以一种"软"方式的优先级,遵循来自 SL 的告警以及由 NM 设置的策略。表 9.1 给出这种策略的一种可能方案。

表 9.1　通过部署于海港中的 CN 实施面向安保的操作,在 NS 和 SL 之间的交互例子

被检测异常的类型	SL 动作	NS 动作
在容器周围感知到的单个告警	展示出的(revealed)告警	通过网络转发的告警
在容器周围感知到的多个告警	展示出的告警。 在周围可能发生的安保风险	通过网络转发的告警。为支持 PPRD 操作(如果需要),为 VoIP 通信预留带宽
VoIP 呼叫的突然增加	可能正在发生安保灾难	通过网络转发告警。为处理可能的紧急通信,进一步为 VoIP 通信预留带宽
在网络内的突然流量降低(话音和数据)	一些接入网络和 IP 核心网可能功能不正常	在网络之上实施诊断测试

9.4　性能评估

　　为了测试所提方法的有效性,通过基于如图 9.1 所示的融合场景,实现一个特定的软件仿真器,实施一次仿真活动。仿真器取场景的一些参数作为输入(例如可用总带宽、群集在网络上的用户数、平均到达间隔时间和呼叫时长、数据连接和在码头上停靠的船只),并在一个期望的时间阶段水平线上,产生船只到达、呼叫和数据连接。同时,它在 SL 的核心实现预测算法和由 NS 计算得到的策略,相应地和动态地改变带宽分配。除此之外,假定整个基础设施是全 IP 部署的(即对于所有基础部署,存在一个独特的网络层)。软件实现假定,NS 和 SL 组件直接与 CN 的 IP 核心部分交互,CN 通过所讨论的分层架构发回所需的描述参数。但是,这样的一个需求可能太严格了。事实上,典型情况下,一个海港部署是高度混合有大量接入网络的,它们可能没有同样的需求(例如就 QoS 支持、访问控制功能而言,以及更重要的是,精细力度性能指示器的可用性方面)。例如,一个成本有效的、商用现货 IEEE 802.11 接入点很少提供内置的流量管理服务或精细粒度的流量统计(例如在介质访问控制层实现的那些统计)。即使 IEEE 802.11e 可处理这种情况,由于稀疏扩散性和遗留服务的有关群集,也不太可能将之部署。同样,为了将成本拉平,则可能以一种非实时方式仅将粗粒度流量规范发回一个请求者。因此,该模型假定,在关注的接入网临近放置合适的探针,以便合适地采集所建议框架使用的信息,这里采用合适的收集方法并由 CS 加以处理。无论如何,最优的情况将使这样一种监测设施原生地集成在 NM 内,这是非常复杂的 CN 的一个合理的中期需求。此外,我们假定,可部署合适的重叠网,以克服在特定网络骨干的低层中 QoS 支持的缺乏问题。这是一项合理的需求,可通过在应用层使用资源管理的成熟算法加以利用(见(例如)文献 [22] 和其中的参考文献)。

就用例方面，我们将焦点放在最常用服务中的两项服务上（即 VoIP 通信和块式数据传输[23,24]）。出于探索所提方案的正确行为，我们施加这样的约束，即该框架可管理 IP 内核内固定量的带宽。在我们的场景中，B^{tot} 设置为 100Mbit/s。那么，这样一种资源在话音和数据服务间共享，即如下约束成立：

$$B_V^{max} + B_D^{max} = B^{tot} \tag{9.13}$$

其中 B_V^{max} 和 B_D^{max} 分别是指派给话音和数据服务的资源总量。我们指出，在这个场景中，我们没有假定属于传感器的数据会竞争资源（式（9.8）中描述），即对在 IP 核心网内这种关键性传输的合适预留是离线计算的（即通过合适的 MPLS 重叠网或其他流量工程机制）。

就场景的易变性而言，特别是连接到海港网络的新实体方面，我们假定到达的船只动态地请求加入 CN。从这个角度来说，每艘船在 IP 核心网内占有逐渐增多的资源，当船只离开时结束占有资源。为表示一个真实的行为，我们将新船只的流量建模为在新船只加入海港环境中时出现数据突发的突然增加，以此反映同步数据库的需要（例如上载/下载过程）和交换合适的文档（例如船只的货单）。时间水平线被离散化为固定大小的等时间间隔（即 $\Delta t = 10s$）。

为产生 VoIP 流量负载，我们采用具有平均 120 个呼叫/小时的一个泊松分布[25]。我们假定，50% 的呼叫发生在海港的两个端点内，而其他 50% 由与一个远程对等端的通话组成（因此占有的利用率也在 WAN 链路内）。通话长度是随机选择的，选择具有 5min 平均时长的一个 gamma 分布。为对带宽占有情况进行建模，采用这样的一个值，该值是在范围从 56～256kbit/s 的一个均匀分布随机采样得到的。这样的一种选择已被实施，较佳地捕获如今在互联网电话客户端接口和仪器中采用功能和编解码的混合情况。同样，它可有助于考虑编解码的高变化性，编解码可依据可用带宽做出伸缩变化[26]。具体而言，采用 56kbit/s，我们表示一种高质量自适应话音编码[26]，而采用 256kbit/s，我们也希望对低分辨率视频呼叫或由现代服务提供的其他功能用途（例如桌面式或幻灯片共享）进行建模。

就数据流量的表征而言，已经采用一种类似方法进行建模。我们使用一种传输层连接颗粒度的度量。依据具有平均 240 条连接/h 的一个泊松分布，产生新的请求数量。通过使用具有均值为 15min 的一个 gamma 分布，随机选择时长。每条连接的带宽占有是随机从范围从 56kbit/s 到 512kbit/s 的一个均匀分布抽取的。

最后，一个泊松过程（得到平均每 5h 一条新船只请求加入驻留的（hosting）CN）也约束了新船只的到达和离开。我们指出，这种情况如何区别于集中到海港的船只总量的。连接到海港通信基础设施所用时间，是随机从范围为 12～18h 的一个均匀分布选择的。

图 9.3 给出在 NS 所用参数的一个 12 小时长水平线（等于 Δt 的 4320 个时间步）上的变化趋势，NS 要重构 CN 的状态并将环境的合适知识（信息）提供给 SL 和 DM。具体而言：

1）$N_V(t)$ 是 t 处 VoIP 呼叫的总数；

2）$B_V(t)$ 是上述话音呼叫所需的总带宽；

3）$N_D(t)$ 是传输层数据连接总数；

4）$B_D(t)$ 是传输数据（由上述传输连接产生的）所用的总带宽。

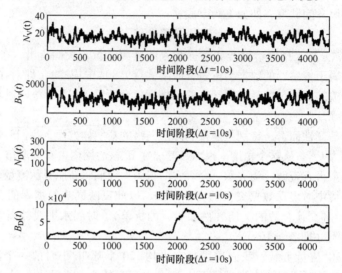

图 9.3 采用 NS 组件的各参数的变化情况

参见图 9.3，我们强调，各参数是由 NS 每隔 Δt 计算得到的。那么，这种知识由在框架内实现的预测模型所用（见 9.3 节的解释）。特别地，使用有趣的参数训练神经组件（即它们组成退化子）。为达此目标，我们使用在 30 以前的时间步中收集的值，相当于跨越 5 分钟时长的一个退化子。为训练神经网络，我们采用从 CN 的一整天观察中收集的数据（即相当于 $L = 8610$ 个输入-输出对）。在采用这样一个数据集最小化 MSE 之后，DM 就使用得到的神经模型，预测前述参数的变化情况。9.4.1 节和 9.4.2 节分别介绍如何针对安保目的和资源分配目的而使用这样的模型。

9.4.1 异常检测

如前所述，通过使用 CN 本身作为一个固有的传感器网络，使用 SL 增强海港的整体安保水平。明显的是，SL 可使用 9.3.1 节给出的相同技术来评估由一个标准 WSN 采集的数据或通过一个汇点从周边 RFID-标记的环境中收集的数据。但是，这样一种情形超出了本项工作的范围。相反，从揭示潜在有风险的行为角度出发，我们关注于利用一个 CN 提供的丰富服务集。除此之外，使用一个 CN 存在另一项益处，这使人们可集中一个独特基础物理部署内的所有知识，由此增加了拥有描述性量或控制可用数据流的机会（经常情况下，这是不可行的，原因是不同服务提供商通常并不披露其基础设施的诊断数据或使用情况的统计信息）。

作为证明所提机制效率的一个例子，图 9.4 处理由 SL 揭示的一种可能异常情况。具体而言，SL 利用话音通信总量［即 $N_V(t)$］及其平均时长的一次降低中的一个未被观察到的行为。这是灾难（例如地震或机械失事）出现时的一种典型行为，其中许多用户同时打电话，广播一次灾难或请求帮助/干预。

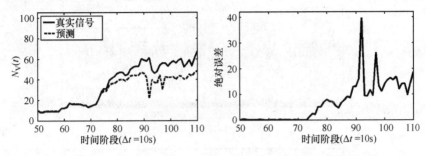

图 9.4　在监察 VoIP 通信数量的行为方面检测到的异常

　　该图清晰地表明，直到发生时间阶段 75 之前，预测都是非常准确的和非常接近真实（就正常情况而言）行为的。但是，当"异常"发生时，偏差增加。结果，我们可使用实际值和预测值之间的一个阈值，来揭示异常。为降低可能的虚警，应该仔细地选择这样一个值。例如，SL 可了解从 $t=80$（即在小于 1min 的一个时间帧中）开始的异常情况。但是，直到 $t=90$ 之前都等待可能更好，这可避免由于与标准行为的限定偏差导致的可能不当解释。还有，依据采样间隔 Δt 的大小，系统做出响应所需时间也是变化的。注意，Δt 的过度降低意味着退化子的尺寸增加，这反映到一个模型中就是更大的计算量需求，可能导致模型准确度的降低。在任何情形中，都应该以如下方式选择正确的时间间隔 Δt，即在可被认为是可接受的一个时间内检测到异常，这取决于码头的实际情况和在环境中实施的安保关键活动的水平。

9.4.2　DM 的角色

　　如在 9.3.2 节所解释的，DM 也可与 NM 一起使用，以便利用 CN 内的最优带宽分配。在本节，我们引入一种仿真性分析，表明在一个 CN 内使用这种自动化过程的有用性。参考场景与图 9.1 中描述的相同，并在 9.4 节做了解释。在这个被仿真的场景中，总体可管理资源 B^{tot} 被设置等于 25Mbit/s。同样，系统的变化情况以时间步长 $\Delta t=300s$ 进行采样。结果，DM 每隔 5min 计算带宽共享情况。用来构造退化子的过去观察数量被选择等于 6，由此对应于 1h 长的观察。为更好地评估长期行为，在一条 10 天长的水平线上完成仿真，这相当于 2880 个时间阶段。用来分隔资源的算法，是在 9.3.2 节中给出的算法，其中 $p_V=p_D=0.5$。

　　图 9.5 画出在由 1500 个阶段组成的一个窗口上得到的结果。该图形象地说明了（特别是）资源请求的趋势 [即 $B_V(t)$ 和 $B_D(t)$] 以及由 DM 指派的最大量 [即 $B_V^{max}(t)$ 和 $B_D^{max}(t)$]。我们指出，通过利用高层服务（例如由 DM 和 CS 提供的那些服务），DM 实际上将能够与基础 CN 相互作用。

　　如图 9.5 所示，最大指派带宽的变化情况遵循这样一种高效方式，其中各请求需要利用这两项服务。事实上，$B_V^{max}(t)$ 和 $B_D^{max}(t)$ 总是足以满足请求的峰值，但当需要避免资源损害（trashing）或威胁到其他竞争服务时就立刻减少。

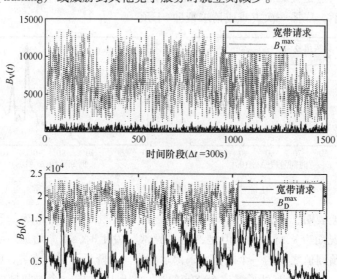

图 9.5 依据 SL 和 NM 的特定请求，由 DM 在话音和
数据流量之间实施的动态带宽分配

9.5 结论和未来工作

在本章，为支持面向海港应用而部署的 CN 中，提出安保和资源管理的一个新颖框架。具体而言，我们引入一种分层架构，在一方面这有助于增强 NS 的抽象等级，另一方面提供了一个合适的场所，以便针对可能的故障或灾难事件的诊断而开发非线性回归算法。同样，我们表明了，为支持 PPDR 操作，如何使用它来实施资源优化。为证明所提方法的有效性以及在一个典型 CN 中的可实施性，我们给出通过一个特定的软件仿真器得到的数值结果。

未来工作的目标是移植这个框架到一个真实的 CN 部署上（至少在一个原型水平），同时也考虑到量化故障容忍度和硬件需求。不仅如此，这种一种集成方法的采用，可更好地明晰 CN（当注入到一个复杂的组织结构中时）的功能需求，由此为开发下一代服务，这反映在其被采用的真实进展方面，并表示了潜在标准化工作的一项输入（就像所需的管理和控制接口）。

致 谢

这项工作得到项目 Industria 2015——SlimPort 的支持，并得到意大利工业发展部的资助。

参 考 文 献

1. L. Caviglione, R. Podestà, "Evolution of peer-to-peer and cloud architectures to support next-generation services," in A. Prasad, J. Buford, V. Gurbani, Eds., *Advances in Next Generation Services and Service Architectures*, River Publishers, Denmark, 2010, ISBN: 978-87-92329-55-4.

2. O. Podevins, "Sea port system and the inland terminals network in the enlarged European Union," International Symposium on Logistics and Industrial Informatics (LINDI2007), pp. 151–155, Wildau, Germany, September 2007.

3. L. Caviglione, "Enabling cooperation of consumer devices through peer-to-peer overlays," *IEEE Transactions on Consumer Electronics, IEEE*, 55(2), pp. 414–421, May 2009.

4. J. Yelmo, R. Trapero, J. del Alamo, "Identity management and web services as service ecosystem drivers in converged networks," *IEEE Communications Magazine*, 47(3), pp. 174–180, March 2009.

5. S. Chatterjee, S., B. Tulu, T. Abhichandani, L. Haiqing, "SIP-based enterprise converged networks for voice/video-over-IP: Implementation and evaluation of components," *IEEE Journal on Selected Areas in Communications*, 23(10), pp. 1921–1933, October 2005.

6. S. Ou, K. Yang, H.-H. Chen, "Integrated dynamic bandwidth allocation in converged passive optical networks and IEEE 802.16 networks," *IEEE Systems Journal*, 4(4), pp. 467–476, December 2010.

7. A. Alessandri, C. Cervellera, M. Cuneo, M. Gaggero, G. Soncin, "Modeling and feedback control for resource allocation and performance analysis in container terminals," *IEEE Transactions on Intelligent Transportation Systems*, 9(4), pp. 601–614, 2008.

8. L. Caviglione, F. Davoli, "Using P2P overlays to provide QoS in service-oriented wireless networks," *IEEE Wireless Communications Magazine*, Special Issue on Service-Oriented Broadband Wireless Network Architecture, IEEE, 16(4), pp. 32–38, August 2009.

9. M. Tatipamula, F. Le Faucheur, T. Otani, H. Esaki, "Implementation of IPv6 services over a GMPLS-based IP/optical network," *IEEE Communications Magazine*, 43(5), pp. 114–122, May 2005.

10. L. Franck, R. Suffritti, "Multiple alert message encapsulation over satellite," Wireless Communication, Vehicular Technology, 1st International Conference on Information Theory and Aerospace and Electronic Systems Technology, (Wireless VITAE 2009). pp. 540–543, Princeton, New Jersey, USA, May 2009.

11. L. Caviglione, S. Oechsner, T. Hoßfeld, K. Tutschku, F.-U. Andersen, "Using Kademlia for the configuration of B3G radio access nodes," 3rd IEEE International Workshop on Mobile Peer-to-Peer Computing (MP2P'06), Pisa, Italy, pp. 141–145, March 2006.

12. L. A. DaSilva, "Pricing for QoS-enabled networks: A survey," *IEEE Communications Surveys and Tutorials*, 3(2), pp. 2–8, second quarter 2000.

13. K. Shiomoto, T. Miyamura, A. Masuda, "Resource management of multi-layer networks for network virtualization," Telecommunications: The Infrastructure for the 21st Century (WTC), pp. 1–3, September 2010.

14. E. Thomas, *Service-Oriented Architecture: Concepts, Technology and Design*, Prentice Hall, 2005, ISBN 0-131-85858-0, Upper Saddler River, NJ, USA.

15. L. Caviglione, "Introducing emergent technologies in tactical and disaster recovery networks," *International Journal of Communication Systems*, Wiley, 19(9), pp. 1045–1062, November 2006.

16. L. Deri, F. Fusco, J. Gasparakis, "Towards monitoring programmability in future Internet: Challenges and solutions," in L. Salgarelli, G. Bianchi, N. Blefari-Melazzi, Eds., *Trustworthy Internet*, Springer, Milan, pp. 249–259, 2011.

17. S. Jelassi, G. Rubino, H. Melvin, H. Youssef, G. Pujolle, "Quality of experience of VoIP Service: A survey of assessment approaches and open issues," *IEEE Communications Surveys and Tutorials*, (99), pp. 491–513, Vol. 14, No. 2, 2012.

18. S. Haykin, *Neural Networks: A Comprehensive Foundation*, Prentice Hall, 1999, Upper Saddler River, NJ, USA.

19. R. Zoppoli, T. Parisini, M. Sanguineti, "Approximating networks and extended Ritz method for the solution of functional optimization problems," *Journal of Optimization Theory and Applications*, 112, pp. 403–439, 2002.

20. M.T. Hagan, M. Menhaj, "Training feedforward networks with the Marquardt algorithm," *IEEE Transactions on Neural Networks*, 5, pp. 989–993, 1994.

21. C. Cervellera, M. Muselli, "Efficient sampling in approximate dynamic programming algorithms," *Computational Optimization and Applications*, 38(3), pp. 417–443, 2007.

22. L. Caviglione, C. Cervellera, "Design of a peer-to-peer system for optimized content replication," *Computer Communications Journal*, Elsevier, 30(16), pp. 3107–3116, November 2007.

23. K. Forward, *Recent Developments in Port Information Technology*, Digital Ship Ltd., London, 2003.

24. L. Faulkner, B. Kritzstein, P. Brian, J. Zimmerman, "Security infrastructure for commercial and military ports", IEEE OCEANS 2011, pp. 1–6, Santander, Spain, September 2011.

25. K. Singh, H. Schulzrinne, "Failover, load sharing and server architecture in SIP telephony," Computer Communications, Elsevier, 5(30), pp. 927–942, March 2007.

26. S. Baset, H. Schulzrinne, "An analysis of the Skype peer-to-peer Internet telephony protocol," in *Proceedings of the 25th IEEE International Conference on Computer Communications* (INFOCOM 2006), pp. 1–11, April 2006.

网络管理和流量工程

第 10 章 尺度不变量网络流量的小波 q-Fisher 信息

10.1 引言

对于计算机网络设计、性能评估、网络仿真、容量规划和网络算法设计等许多方面而言，计算机网络流量性质的研究都是重要的。在最初计算机网络流量建模时，流量本身被认为是马尔科夫的，原因是较老的电话网络流量可由这个模型合适地加以描述；由此，毫不令人惊奇的是，认为网络流量的特征类似于电话网络的那些特征。由于马尔科夫是短时相关（SRD）的，所以马尔科夫模型允许对性能问题的直接计算；此外，由于计算的方便性和无记忆性，它们变得非常流行。当 Leland 等[1]基于高分辨率网络测量的详细研究，发现网络流量不遵循马尔科夫模型，而是可采用自相似或分形随机过程更合适的建模时，采用马尔科夫模型对计算机网络流量的建模活动就结束了。后来的研究不仅验证了这项发现，而且在其他网络配置（configurations）中发现了自相似特征[2,3]。网络流量的自相似特征表明，计算机网络流量在不同的观察尺度上的行为是"统计上"类似的。事实上，在小规模局域网以及高层次的观察中，都观察到了持续性行为。这项发现与马尔科夫模型普遍观察到的特征是不同的，在后者中，在大规模上，流量看起来规约为白噪声。网络流量的自相似特征意味着，基于马尔科夫模型的数值结果需要进行彻底的修正。后来，许多作者报告说，当将流量考虑为一个自相似过程时，诸如时延、报文丢失率和抖动等许多互联网服务质量（QoS）指标会增加。因此，明显的是，对流过一个网络的流量进行表征是必要的；基于所观察到的特点，就要求为将网络的 QoS 维持在可接受水平下而专门设计的动作。从原理上说，流量的表征是通过估计确定其行为的参数进行的。Hurst 参数（或自相似参数）提供了自相似过程的一种完备表征；但是，由于所观察流量的复杂特征，如今清楚的是，要求采用互补技术（complementary technique）[4-6]。自相似过程是与长记忆、分形和多分形过程有关的，且在科技文献中可常发现它们宣称流量是自相似的、分形的或多分形的。自相似过程与长记忆、分形、$1/f$ 和多分形过程属于伸缩或尺度不变信号类。尺度信号（scaling signal）的理论对于发生于科技的各领域中的许多现象的研究是相关的。生理学的一些方面（例如心率变化[7]）就适合以尺度信号建模，且尺度信号的参数确定心脏和被研究个体的许多性质[7]。从人类和动物得到的脑电图（EEG）信号也适合由尺度信号进行描述[8]，而且它们也对流过计算机通信的流量[2,9,10]、物理中的湍流、在电子器件中观察到的噪声[11]以及在经济学[3]和财务中观察到的时间序列等进行建模。人们提出许多技术和方法论来分析这些过程[12-14]；但是，对于在数据中观察到的丰富复杂性集合，这些都显示出其有限性[5,15]。此外，许多论文都得出这样的结论，即没有哪项单一分析技术足以提供尺度参数的高效和可靠估计[12]。因此，当前工作集中在开发尖端的技术，它们对在研究之下的数据中内嵌的趋势、水平偏移（level-shift）和缺失值是鲁棒的。这些现象学的存在极大地影响估计过程，并可能导致现象的错误解释[7,12]。在这个语境中，使用基于小波的熵来尝试研究基础过程复杂性的最新结果，提供了令人感兴趣的替代方法。事实上，已经表明（例如），小波 Tsallis q-熵就像一个 sum-cosh 窗口[6]那样起作用，且这种行为可被用来检测所研究尺度信号中内嵌的多个均值水平偏移以及尺寸信号的分类（稳态的或非稳态的）[15]。本章给出基于小波信息工具的新颖技术，用于检测内嵌于尺度信号中水平偏移的重要问题。这个问题被认为具有足够的重要性，原因是它影响尺度参数 α 的估计[16,17]。因此本章定义了小波 q-Fisher 信息的概念，并针对尺度信号分析提供了其性质的透彻研究。针对这些过程构造了尝试描述尺度信号复杂性的信息平面。事实上，本章证明了小波 q-Fisher 信息给出与尺度信号关联的复杂性的可行解释；基于此，可将水平偏移检测能力与之连接起来。大量试验研究验证了理论发现，并使人们可研究在尺度信号内参数 q 对小波 Fisher 信息行为和水平偏移检测能力的影响。参数 q 允许进一步的灵活性，并可自适应于研究下数据的特征。在极限 $q{\to}1$ 中，它规约为标准小波 Fisher 信息，如 Ramirez-Pacheco 等[18]的工作所定义的那样。

本章的后面部分如下组织：在 10.2 节，以充分的细节研究了尺度信号的性质和定义，探讨了它们的小波分析。同样，回顾了分形布朗运动（fBm）、分形高斯噪声（fGn）和离散纯幂律（PPL）信号的一些重要结果。10.3 节推导尺度信号的小波 q-Fisher 信息，并研究其性质。在本节，就 q-分析方面，给出小波 q-Fisher 信息的一般化处理。10.4 节详细描述水平偏移检测问题，并给出将小波 q-Fisher 信息应用到这个问题得到的一些结果。10.6 节得出本章的结论。

10.2 尺度过程的小波分析

10.2.1 尺度过程

参数为 α 的尺度过程，也称作 $1/f^{\alpha}$ 或幂律过程，在科学文献中被广泛应用和研究，原因是它们对这些领域中的各种现象[9,10]进行了建模。这些过程可足以由参数 α 表征，该参数称作尺度指数，确定了这些过程的许多性质。在科学文献中人们提出了各种定义；一些定义基于它们的特点，例如自相似性或长记忆，其他定义则基于它们的功率谱密度（PSD）。在本节，一个尺度过程是一个随机过程，其关联的 PSD 性状就像在一个频率范围中的幂律[2,19]，即

$$S(f) \sim c_{\mathrm{f}}|f|^{-\alpha}, f \in (f_{\mathrm{a}}, f_{\mathrm{b}}) \tag{10.1}$$

式中 c_{f} 是一个常数，$\alpha \in R$ 是尺度指数；f_{a}、f_{b} 是下界和上界频率，在其间幂律尺度成立。依据 f_{a}、f_{b} 和 α，确定了几个特定的尺度过程和性状。与 α 无关，当 $f_{\mathrm{a}}{\to}\infty$ 和 $f_{\mathrm{a}} > f_{\mathrm{b}} \gg 0$ 时，分别观察到局部周期性和低通幂律性状。当考虑尺度指数 α 时，当 $0 < \alpha < 1$ 和 $f_{\mathrm{a}} > f_{\mathrm{b}}{\to}0$ 时，观察到长记忆性状。对所有 f，在所有尺度指数范围内，观察到自相似特

征（就膨胀下的分布不变量而言）。尺度指数 α 不仅确定尺度过程的稳态和非稳态条件，而且确定其样本路径实现的平滑性。尺度指数 α 越大，则其样本路径越平滑。事实上，只要 $\alpha \in (-1, 1)$，尺度过程就是稳态的（或对于较小的 f 和 $\alpha \in (0, 1)$ 是长记忆稳态的），当 $\alpha \in (1, 3)$ 时是非稳态的。一些变换可使一个稳态过程看起来是非稳态的，反之亦然。在 $\alpha \in (-1, 3)$ 范围外，可确定几个其他过程；例如，在 Serinaldi[12] 的工作中定义的所谓扩展 fBm 和 fGn 给出标准 fBm 和 fGn 信号的一般化处理。也可采用指数 α 量化尺度过程的存留状态，且在这个框架内，只要 $\alpha < 0$，尺度过程就拥有负存留状态，当 $0 < \alpha < 1$ 时，拥有弱的长期存留状态，而当 $\alpha > 1$ 时，拥有正的强长期存留状态。尺度信号包括一个巨大的著名随机信号族，例如 fBm 和 fGn[20]、PPL 过程[19] 和多分形过程[2]。fBm，$B_H(t)$ 由一族具有稳态增量的高斯、自相似过程组成；由于高斯性，它可由其自协方差序列（ACVS）表征，如下给定

$$\mathbb{E}\, B_H(t) B_H(s) = R_{BH} = \frac{\sigma^2}{2} \{ |t|^{2H} + |s|^{2H} - |t-s|^{2H} \} \tag{10.2}$$

其中 $0 < H < 1$ 是 Hurst 指数。fBm 是非稳态的，如此，在其上不能定义谱；但是，当 $f \to 0$ 时，fBm 拥有形式为 $S_{fBm}(f) \sim c|f|^{-(2H+1)}$ 的一个平均谱，这意味着 $\alpha = 2H + 1$[21]。在文献中非常频繁地应用 fBm；但是，正是其相关过程 fGn 得到广泛的卓越地位，这是由于其实现的稳态性导致的。通过对一个 fBm 过程采样并计算 $G_{H,\delta}(t) = 1/\delta \{ B_H(t+\delta) - B_H(t), \delta \in Z_+ \}$（即对 fBm 微分）形式的增量，得到 fGn，$G_{H,\delta}(t)$，是一个著名的高斯过程。这个过程的 ACVS 如下给定

$$\mathbb{E}\, G_{H,\delta}(t) G_{H,\delta}(t+\tau) = \frac{\sigma^2}{2} \{ |\tau+\delta|^{2H} + |\tau-\delta|^{2H} - 2|\tau|^{2H} \} \tag{10.3}$$

其中 $H \in (0,1)$ 是 Hurst 指数。fGn 的关联 PSD 如下给定[19]

$$S_{fGn}(f) = 4\sigma_X^2 C_H \sin^2(\pi f) \sum_{j=-\infty}^{\infty} \frac{1}{|f+j|^{2H+1}} \qquad |f| \leqslant \frac{1}{2} \tag{10.4}$$

式中　σ_X 是过程方差；C_H 是一个常数。

　　fGn 是稳态的，且对于足够大的 τ，在 $1/2 < H < 1$ 的约束条件下，拥有长记忆或长范围相关性（LRD）。与 fGn 信号关联的尺度指数 α 由 $\alpha = 2H - 1$，而其 PSD，由式（10.4）给定，对于 $f \to 0$，其性状渐近地逼近 $S_{fGn}(f) \sim c|f|^{-2(H+1)}$。人们关注的另一个尺度过程是离散 PPL 过程族，定义为这样的过程，对于 $|f| \leqslant 1$，其 PSD 的性状为 $S_X(f) = C_s|f|^{-\alpha}$，其中 $\alpha \in \mathbb{R}$ 且 C_s 代表一个常数。当幂律参数 $\alpha < 1$ 时，PPL 信号是稳态的，当 $\alpha > 1$ 时，是非稳态的。如在 Percival[19] 的工作中所述，这些过程的特征以及 fBm/fGn 的那些特征是类似的；但是，当 $\alpha > 1$ 时，fBm 和 PPL 之间的差异是比较明显的。事实上，相比 fBm/fGn，对于 PPL，要区分稳态/非稳态是远较困难的。图 10.1 给出 fGn、fBm 和 PPL 过程的一些实现。PPL 信号的尺度指数 α 与关联 fGn 和 fBm 的尺度指数相同。注意，fGn 样本路径的特点与 fBm 的那些特点是非常不同的。在 PPL 过程的情形中，这个差异不是如此明显；事实上，当尺度指数逼近界 $\alpha = 1$ 时，分类就变得复杂了。欲了解有关尺度过程的性质、估计器和分析技术的更多信息，请参考文献 [2,

9，10，12，13，19，22]。

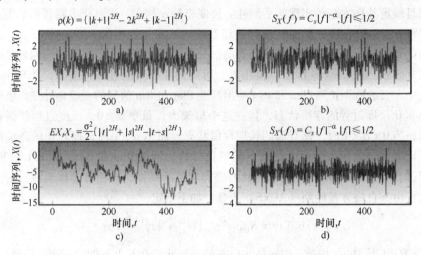

图 10.1　一些尺度过程的样本路径实现

a）$\alpha = -0.1$ 的 fGn　b）$\alpha = -0.1$ 的 PPL 过程　c）$\alpha = 1.9$ 的 fBm 信号　d）$\alpha = 1.9$ 的 PPL 过程

10. 2. 2　尺度信号的小波分析

小波和小波变换被应用于几乎所有科学领域中确定性和随机信号的分析[5,23,24]。相比于信号分析的标准技术，人们广泛报道了小波分析的优势，证明了其用于非稳态信号分析的潜力。小波分析，将时间尺度域中的一个信号 X_t 使用一个分析的或小波基 $\psi_o(t)$ 加以表示。出于我们的目的，$\psi_o(t) \in L_1 \cap L_2$ 和偏移的、膨胀的 $\psi_o(t)$ 族形成 $L_2(R)$ 的一个正交基。另外，尺度过程上期望平均能量的有限性（$\mathbb{E}\int |X(u)|^2\mathrm{d}u < \infty$），使人们将之表示为如下形式的一个线性组合

$$X_t = \sum_{j=1}^{L}\sum_{k=-\infty}^{\infty} d_x(j,k)\psi_{j,k}(t) \tag{10.5}$$

式中　$d_x(j,k)$ 是 X_t 的离散小波变换（DWT），且 $\{\psi_{j,k} = 2^{-j/2}\psi_o(2^{-j}t-k), j,k \in \mathbb{Z}\}$ 是 $\psi_o(t)$ 膨胀的（阶为 j）和偏移的（阶为 k）变体族。式（10.5）中的系数 $d_x(j, k)$（由 DWT 得到），代表了针对每个 j 的一个随机过程，以及针对固定 j 和 k 的一个随机变量，如此，可在其上实施许多统计分析。式（10.5）代表信号 X_t，为 L 个细节信号的一个线性组合，是利用 DWT 得到的。DWT 与多分辨率信号表示的理论有关，其中各信号（或过程）可基于添加到低频近似信号的细节信号数，在不同分辨率上加以表示。细节随机信号（$d_x(j, k)$）是通过将信号 X_t 投影到小波空间 W_j 得到的，而近似系数（$a_x(j, k)$）是通过将 X_t 投影到相关近似空间 V_j 得到的。在尺度过程的研究中，小波分析主要应用于小波方差的估计方面[4,5]。一个随机过程的小波方差或谱涉及到计算每个尺度处小波系数的方差。小波方差不仅支持针对尺度指数 α 提出估计过程，而且支持计

算与尺度信号关联的熵。小波谱也被用于检测互联网流量中内嵌的非稳态性[5]。对于稳态零均值过程，小波谱如下给定

$$\mathbb{E}\, d_X^2(j,k) = \int_{-\infty}^{\infty} S_X(2^{-j}f)\, |\psi(f)|^2 \mathrm{d}f \tag{10.6}$$

式中　$\psi(f) = \psi(t)\mathrm{e}^{-\mathrm{j}2\pi ft}$ 是 $\psi_o(t)$ 的傅里叶积分；$S_X(\cdot)$ 是 X_t 的 PSD。

表 10.1 汇总了一些标准尺度过程的小波谱。欲了解有关尺度过程的分析、估计和合成的更多细节，请参见 Abry 和 Veitch[25] 和 Bardet[26] 的工作，以及其中的参考文献。

表 10.1　与不同类型尺度过程关联的小波谱或小波方差

尺度过程的类型	关联的小波谱或方差
长记忆过程	$\mathbb{E}\, d_X^2(j,k) \sim 2^{j\alpha} C(\psi, \alpha),\ C(\psi, \alpha) = c_\gamma \int |f|^{-\alpha} |\psi(f)|^2 \mathrm{d}f$
自相似过程	$\mathbb{E}\, d_X^2(j,k) = 2^{j(2H+1)} \mathbb{E}\, d_X^2(0,k)$
Hsssi 过程	$\mathrm{Var} d_X^2(j,k) = 2^{j(2H+1)} \mathrm{Var} d_X(0,0)$
离散 PPL 过程	$\mathbb{E}\, d_X^2(j,k) = C 2^{j\alpha}$

注意：$E(\cdot)$、$\mathrm{Var}(\cdot)$ 和 $\psi(\cdot)$ 分别代表期望、方差和傅里叶积分算子.

10.3　$1/f^\alpha$ 信号的小波 q-Fisher 信息

10.3.1　时域 Fisher 信息度量

Fisher 信息度量（FIM）最近应用到复杂信号的分析和处理[27-29]。在 Martin 等的工作[27]中，FIM 被应用来检测记录在人类和海龟所记录 EEG 信号中的癫痫发作；后来，Martin 等[28] 报告，FIM 可被用来检测许多非线性模型（例如物流地图和 Lorenz 模型等）中的动态变化。Telesca 等的工作[29] 报告将 FIM 应用于地电信号的分析方面。最近，Fisher 信息被广泛用于量子机械系统，研究单粒子系统[30]，也用于原子和中子系统的环境中[31]。FIM 也与香农熵功率组合使用，构造所谓的 Fisher-Shannon 信息平面/乘积（product）（FSIP）[32]。在那项工作中，FSIP 被确定为非稳态信号分析的一种可行方法。令 X_t 为具有关联概率密度 $f_X(x)$ 的一个信号。信号 X_t 的 Fisher 信息（在时域中）定义为

$$I_X = \int \left(\frac{\partial}{\partial x} f_X(x) \right)^2 \frac{\mathrm{d}x}{f_X(x)} \tag{10.7}$$

Fisher 信息 I_X 是一个非负的量，为平滑信号产生较大的（可能是无限的）值，为随机无序（disordered）数据产生较小的值。据此，对于窄的概率密度，Fisher 信息是较大的，对于宽（平）的概率密度，是较小的[33]。Fisher 信息也是一个波形振荡程度的度量；高度振荡的函数具有较大的 Fisher 信息[30]。Fisher 信息多数情况下被用于稳态信号的环境中，对于某个概率质量函数（pmf）$\{p_k\}_{k=0}^{L}$，使用式（10.7）的一个离散形式：

$$I_X = \sum_{k=1}^{L} \left\{ \frac{(p_{k+1} - p_k)^2}{p_k} \right\} \tag{10.8}$$

以类似实时计算的方式，可在滑动窗口计算式（10.8）。在这种情形中，Fisher 信息常被称作 FIM。在文献中已经定义了 Fisher 信息的广义化。事实上，Plastino 等[8] 将一个 pmf 的 q-Fisher 信息定义为

$$I_q = \sum_{j} \left\{ p_{j+1} - p_j \right\}^2 p_j^{q-2} \tag{10.9}$$

参数 q 提供了进一步的分析灵活性，并可突出内嵌于所研究信号中的非稳态性。在这个语境下，q-Fisher 信息同样是与随机信号关联复杂性的一个描述量，并可得到较高的值。

10.3.2　小波 q-Fisher 信息

本节定义小波域中 Fisher 信息的一个广义形式，为这个量推导一个封闭形式的表达式，并探讨了将小波 Fisher 信息用于尺度分析的可能性。令 $\{X_t, \ t \in \mathbb{R}\}$ 为满足式（10.1）的一个实数值尺度过程，采用 DWT$\{d_x(j,k), (j,k) \in Z^2\}$ 和关联的小波谱 $\mathbb{E} |d_X(j, \ k)|^2 \sim c_X 2^{j\alpha}$（$c_X$ 是一个常数，$\mathbb{E}$ 是期望算子）[5]。由尺度信号的小波谱得到的一个 pmf 由下面的表达式给定[6]

$$p_j \equiv \frac{1/N_j \sum_k \mathbb{E} d_X^2(j,k)}{\sum_{i=1}^{M} \left\{ 1/N_i \sum_k \mathbb{E} d_X^2(j,k) \right\}} = 2^{(j-1)\alpha} \frac{1-2^{\alpha}}{1-2^{\alpha M}} \tag{10.10}$$

式中　$N_j(N_i)$ 表示在尺度 $j(i)$ 处的小波系数数量；$M = \log_2(N)$；$N \in \mathbb{Z}_+$ 是数据的长度，$j = 1, 2, \cdots, M$。将式（10.10）代入式（10.9），得到一个尺度信号的小波 q-Fisher 信息，如下给定：

$$I_q = (1 - 2^{\alpha}) \left\{ \frac{1-2^{\alpha}}{1-2^{\alpha M}} \right\}^q \left\{ \frac{1-2^{\alpha q(M-1)}}{1-2^{\alpha q}} \right\}$$

$$= 2^{\alpha(1-\frac{q}{2})+2} \left\{ \sinh_{1-v_1}^2 (u_2) \right\} \left\{ \frac{\sinh_{1-\frac{v_2}{M-1}}^q (u_2)}{\sinh_{1-v_1} (u_1)} \right\} \tag{10.11}$$

$$\times \left\{ \frac{\sinh_{1-v_1} (u_1)}{\sinh_{1-v_2}^q (u_2)} \right\} \left\{ \frac{P_{num}}{P_{den}} \right\} \tag{10.12}$$

其中 P_{num} 和 P_{den} 由如下多项式表达式给定：

$$P_{num} = 2\cosh_{1-\frac{v_1}{(M-2)}}(u_1(M-2)) + 2\cosh_{1-\frac{v_1}{(M-4)}}(u_1(M-4))$$

$$+ 2\cosh_{1-\frac{v_1}{(M-6)}}(u_1(M-6)) + \cdots \tag{10.13}$$

$$P_{den} = 2\cosh_{1-\frac{v_2}{(M-1)}}(u_2(M-1)) + 2\cosh_{1-\frac{v_2}{(M-3)}}(u_2(M-3))$$

$$+ 2\cosh_{1-\frac{v_2}{(M-5)}}(u_2(M-5)) + \cdots \tag{10.14}$$

其中 $u_1 = \alpha q ln_q(2)/2$，$u_2 = qu_1$，$v_1 = 2(1-q)/(\alpha q)$ 和 $v_2 = qv_1$。式（10.12）到式（10.18）涉及到使用 q-分析[34]，其中 $\sinh_q(x) \equiv \{e_q^x - e_q^{\Theta_q x}\}/2$ 和 $\cosh_q(x) \equiv \{e_q^x + e_q^{\Theta_q x}\}/2$ 分别表示 q-sinh 和 q-cosh 函数。$e_q^x \equiv \{1 + (1-q)x\}^{1/(1-q)}$ 和 $\Theta_q x \equiv (-x)/\{1 + (1-q)x\}$ 分别表示 q-指数和 q-差分函数。式（10.12）使人们将小波 q-Fisher 信息的结果与标准

小波 FIM 的结果关联起来。事实上，在 $q\to1$ 的极限情形中，小波 q-Fisher 信息被证明了就是标准小波 Fisher 信息，其中下式成立：

$$I_1 = \frac{(2^{\alpha}-1)^2(1-2^{\alpha(M-1)})}{1-2^{\alpha M}} \tag{10.15}$$

$$= 2^{\frac{\alpha}{2}+2}\sinh^2\left(\frac{\alpha\ln2}{2}\right)\cdot\left\{\frac{P_{\text{num}}^{M}(2\cosh(\alpha\ln2/2))}{P_{\text{den}}^{M+1}(2\cosh(\alpha\ln2/2))}\right\} \tag{10.16}$$

其中 P_{num}^{M} 和 P_{den}^{M+1} 表示参数为 $2\cosh(\alpha\ln2/2)$ 的多项式，如下给定

$$P_{\text{num}}^{M}(.) = (2\cosh u)^M - \frac{2(M-3)}{2!}2\cosh u^{M-2}$$

$$+ \frac{3(M-4)(M-5)}{3!}(2\cosh u)^{M-5} - \cdots \tag{10.17}$$

$$P_{\text{den}}^{M+1}(.) = (2\cosh u)^{M+1} - \frac{(M-2)}{1!}2\cosh u^{M-1}$$

$$+ \frac{(M-3)(M-4)}{2!}(2\cosh u)^{M-3} - \cdots \tag{10.18}$$

其中 $u = \alpha\ln2/2$。一个有意思的问题是，q 如何影响小波 q-Fisher 信息的性状。为回答这个问题，图 10.2 给出 $q\in(0,1)$ 时的小波 q-Fisher 信息。注意，当 q 逼近 1 时，小波 q-Fisher 信息得到非稳态信号的较高值（$\alpha>1$）。因此，如果信号是平滑的或有窄的概率密度，那么就极可能有一个较大的小波 q-Fisher 值。同样要指出，只要 $q\in(0,1)$，Fisher 信息的形式类似于标准小波 Fisher 信息的形式[18]（对于高的振荡数据，值较大，

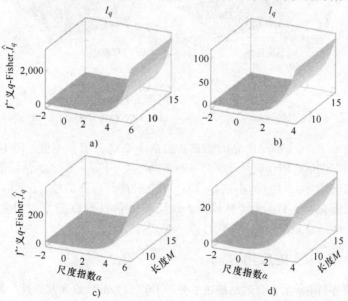

图 10.2　$1/f^{\alpha}$ 信号的小波 q-Fisher 信息

a）$q=0.2$ 时的 Fisher 信息　b）$q=0.4$　c）$q=0.6$ 时的 Fisher 信息　d）$q=0.8$

对于平滑的信号，值较小）。对于 $q \in (0, 1)$ 的情形，小波 q-Fisher 的行为类似于图 10.3 左上部图的行为。事实上，当 $q = 2$ 时，小波 q-Fisher 信息相对于 $\alpha = 0$ 是对称的。只要 $q > 2$，小波 q-Fisher 信息的形为就相反了，即在这种情形中，高的振荡函数或具有窄的概率密度的函数，就给出较小的 Fisher 信息值，而平滑的和扁平的概率密度的函数，就给出较大的值。与 $q > 1$ 的情形不同，$q > 2$ 的情形减小了小波 q-Fisher 信息的变化范围；因此，内嵌于一个信号中非稳态的检测是比较困难的。基于小波 q-Fisher 信息的这种行为，明显的是 $q \in (0, 1)$ 的值适合于检测内嵌于数据中的非稳态性。

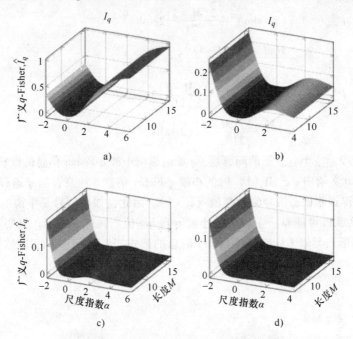

图 10.3　$1/f^{\alpha}$ 信号的小波 q-Fisher 信息

a) $q = 2.5$ 时的 Fisher 信息　b) $q = 3$　c) $q = 3.5$ 时的 Fisher 信息　d) $q = 4$

在这种情形中，q-Fisher 信息的值显著地高于非稳态信号的值。图 10.4 给出 $\alpha \in (-4, 4)$ 和固定长度 $M = 16$ 时尺度信号的理论小波 q-Fisher 信息。依据图 10.4，对于 $q < 1$，非稳态信号（$\alpha \geqslant 1$）的小波 q-Fisher 信息较高，稳态信号（$\alpha < 1$）的较低。结果，对相关尺度信号，Fisher 信息较高，对反相关信息则较低[18]。对完全随机信号（$\alpha = 1$），Fisher 信息是最小的（$I_q = 0$）。

10.3.3　小波 FIM 的应用

因为小波 q-Fisher 信息合适地描述了分形 $1/f^{\alpha}$ 信号的特点和复杂性，所以可这用这个基于复杂性的框架识别出多项应用。事实上，依据小波 q-Fisher 信息对非稳态信号取得较大值、对稳态信号取得较小值（对于 $q \in (0, 1)$ 的情形）的事实，小波 q-Fisher 信息的一个潜在应用领域是将分形信号分类为噪声和运动。将 $1/f^{\alpha}$ 信号分类为运动或

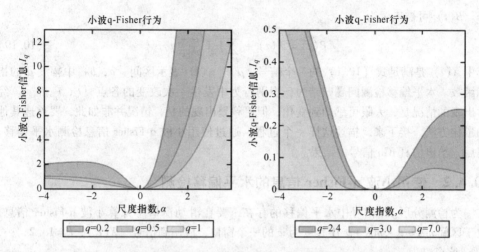

图 10.4　尺度信号的小波 q-Fisher 信息

（对于 $\alpha > 0$（或 $-\infty < \alpha < 0$）的信号，小波 q-Fisher 信息指数增加（或减少），
对于 $\alpha = 0$ 的尺度信号，则最小）

噪声，在尺度信号分析中仍然是一个重要的、吸引人的和未解问题[7,35,36]，原因是信号的特征确定了估计器的选择、量化子的形状（例如第 q 阶矩）和相关函数的特征[37]。小波 q-Fisher 信息的另一个潜在应用，与信号的分类有关，是用在尺度参数的盲估计方面[38]。盲估计指独立于信号类型（稳态的或非稳态的）对 α 的估计。小波 q-Fisher 信息也可用于检测内嵌于 $1/f^{\alpha}$ 信号中均值的结构性突变。均值的结构性突变极大地影响尺度参数的估计，导致 α 的有偏估计，结果是现象的误解释。事实上，在 Stoev 等[5] 的工作中，证明了在存在单个水平偏移的情况下，著名的 Abry-Veitch 估计器过度估计了尺度指数 α，得到值 $H = (\alpha + 1)/2 > 1$，这从原理上说，在理论上是不允许的。在下面，本节集中讨论内嵌于合成稳态 fGn 信号中均值的结构性突变的检测，其中使用小波 q-Fisher 信息。本节研究 fGn 的反相关和相关形式以及研究在检测这些信号中均值的单个结构性突变中小波 q-Fisher 信息的能力。

10.4　使用小波 q-Fisher 信息的水平偏移检测

10.4.1　水平偏移检测问题

均值（水平偏移）中结构性突变的检测和定位一直都被认为是科学和工程的许多领域中的一个重要研究问题[16,17]。在互联网流量分析框架中，水平偏移的检测、定位和缓解极大地改进了估计过程。事实上，存在内嵌于一个稳态 fGn 中单个水平偏移，导致一个估计的 $H > 1$[5]。这接下来导致所研究现象的误解释，同样导致第 q 阶矩的不当构造。令 $B(t)$，$t \in R$ 是在时刻 $\{t_1, t_{1+L}, \ldots, t_i, t_{i+L}\}$ 存在水平偏移的一个 $1/f$ 信

号。$B(t)$ 可被表示为

$$B(t) = X(t) + \sum_{j=1}^{j=\infty} \mu_j 1_{[t_j,t_{j+L}]}(t) \tag{10.19}$$

其中 $X(t)$ 是满足式（10.1）的一个信号，$\mu_j 1_{[a,b]}(t)$ 表示区间 $[a,b]$ 中幅度 μ_j 的指标函数。水平偏移检测问题归结为，识别行为中发生一次改变的各点 $\{t_j, t_{j+1}\}_{j \in J}$。经常出现的情况是，人眼可感知到变化，但更频繁出现的是，情况并非如此，要首选其他的量化方法。接下来，描述这样一个过程，通过使用小波 q-Fisher 信息检测水平偏移；之后，给出仿真 fGn 信号的结果。

10.4.2　使用小波 q-Fisher 信息的水平偏移检测

为检测分形 $1/f$ 信号中水平偏移的存在，要在滑动窗口中计算小波 q-Fisher 信息。位于区间 $m\Delta \leqslant t_k < m\Delta + w$ 中长度为 w 的一个窗口，应用到信号 $\{X(t_k), k = 1, 2, \cdots, N\}$，该窗口为

$$X(m;w,\Delta) = X(t_k) \prod \left(\frac{t - m\Delta}{w} - \frac{1}{2} \right) \tag{10.20}$$

其中 $m = 0, 1, 2, \cdots, m_{\max}$，$\Delta$ 是滑动因子，$\prod(.)$ 是著名的矩形函数。注意，式（10.20）表示 $X(t_k)$ 的一个子集；因此，通过从 0 到 $m_{\max}$ 改变 m，并计算每个窗口上的小波 q-Fisher 信息，就得到小波 FIM 的时间变化情况。假定在时刻 m（对于滑动因子 Δ）的小波 q-Fisher 信息表示为 $I_x(m)$。那么特点的一个平面图

$$\{(w + m\Delta, I_x(m))\}|_{m=0}^{m_{\max}} : = I_X \tag{10.21}$$

表示这样的时间变化情况。在 Stoev 等[5] 的工作中，证明了在一个稳态分形信号中一次突变（sudden jump）将导致估计的 $\hat{H} > 1$。因此水平偏移导致所观察的信号成为非稳态的。在小波 q-Fisher 信息框架中，这种突变将导致其值突然增加［依据在 $q \in (0, 1)$ 时研究得到的性状］。因此，在式（10.21）的图形中一次突变增加，可被认为在信号中发生单次水平偏移的指示。这些理论发现，通过使用带有水平偏移的合成尺度信号，进行了试验测试。合成信号对应于使用循环嵌入算法[39,40]（也称作 Davies 和 Harte 算法）产生的 fGn 信号。

10.5　结果和讨论

图 10.5 针对 Hurst 指数（exponet）$H = 0.7$ 的一个相关 fGn 信号和位于 $t_b = 8192$ 处的单个结构性端点，给出了小波 q-Fisher 信息的水平偏移检测能力。信号的长度是 $N = 2^{14}$ 个点，在中间存在断点，幅度为 $\sqrt{\sigma_X^2}$，其中 σ_X^2 是 fGn 方差。顶部图显示该信号，还有添加到其结构的水平偏移（白色）仅是出于形象图示的目的。重要的是指出，被考虑和研究的水平偏移的幅度是微弱的；但是，小波 q-Fisher 信息合适地检测到它的位置。因此内嵌于 fGn 信号中单个水平偏移的存在，是通过在滑动窗口中计算的小波 q-Fisher 信息值中的一次突然增加（体现为一个脉冲）检测到的。

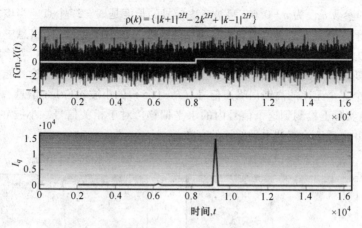

图 10.5   内嵌于参数为 $H = 0.7$ 的一个 fGn 信号中单个
结构性突变（在 $t_b = 8192$）的检测

在图 10.5 中，小波 q-Fisher 信息是采用 $q = 0.6$ 计算的。Hurst 指数 $H = 0.7$ 意味着所研究的信号是 LRD 稳态的。图 10.6 显示当考虑反相关 fGn 信号时小波 q-Fisher 信息的水平偏移检测能力。反相关信号具有这样的性质，即较高值可能后跟有较低值，反之亦然。注意，对于这些类型的信号，小波 q-Fisher 信息实际上检测并定位内嵌于信号结构中的水平偏移。因此，与反相关 fGn 信号的类型（$H < 0.5$）无关，小波 q-Fisher 信息适于检测幅值大于 $\sqrt{\sigma_X^2/2}$ 的微弱水平偏移。在图 10.6 中实施的这项分析，是在长度为 $W = 2^{11}$ 的滑动窗口中以步长 $\Delta = 90$ 进行的。

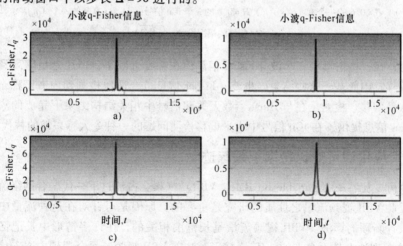

图 10.6   反相关 fGn 信号的小波 q-Fisher 信息

a) 参数为 $H = 0.1$ 的一个 fGn 信号的小波 q-Fisher 信息   b) $H = 0.2$ c) $H = 0.3$ d) $H = 0.4$

（水平偏移的幅度设为 $\sqrt{\sigma_X^2/2}$）

Fisher 的参数 q 设为 $q=0.6$，且被考虑信号的长度是 $N=2^{14}$ 个点。当增加 $q\to1$ 时，得到类似结果。事实上，通过增加水平偏移的幅度，在小波 q-Fisher 信息中可观察到更好的检测能力；但是，一个较高的水平偏移也可由人眼检测到。图 10.7 给出针对具有长记忆和高斯白噪声的相关 fGn 信号，小波 q-Fisher 信息的水平偏移检测能力。左上部图形显示一个完全无序的高斯白噪声信号（$H=0.5$）的小波 q-Fisher 信息。注意，小波 q-Fisher 信息实际上检测到这个信号内的水平偏移。对于相关信号，小波 q-Fisher 信息性能不错，并合适地检测到水平偏移的存在。

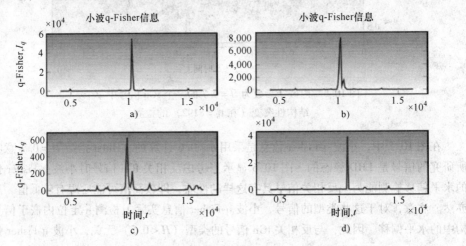

图 10.7　高斯白噪声和相关 fGn 信号的小波 q-Fisher 信息
a) 一个高斯白噪声信号（$H=0.5$）的小波 q-Fisher 信息
b) $H=0.6$ 的一个 fGn 信号　c) $H=0.8$ 的一个 fGn 信号　d) $H=0.9$ 的一个 fGn 信号
（水平偏移的幅度设为 $\sqrt{\sigma_X^2/2}$）

但是，在一些情形中，小波 q-Fisher 信息值在幅度上减小，但还是足够高到被认为是水平偏移。因此基于这些结果，小波 q-Fisher 信息可合适地检测到内嵌于稳态 fGn 信号中的水平偏移。检测是在与 Hurst 参数无关和信号中相关结构结果下完成的。因此小波 q-Fisher 信息提供了在 fGn 信号中水平偏移检测问题的一种令人感兴趣的替代方法。

10.5.1　应用到可变比特率视频踪迹

预期可变比特率（Variable Bit Rate，VBR）视频会占流过下一代融合网络流量的大部分。因此 VBR 视频流量之性质的研究是重要的，原因是可针对在这种流量中观察到的特点设计新颖的算法。VBR 视频流量是长范围相关的，在许多情形中长记忆参数是 $H>1$，这在理论上是不允许的。$H>1$ 情形意味着 VBR 视频流量会遇到内嵌于信号内的水平偏移或非稳态性。在这个语境中，我们将小波 q-Fisher 信息应用到一个大型的 VBR 视频踪迹集合，发现许多踪迹在其小波 q-Fisher 信息中显示多个脉冲形的尖峰。图 10.8 所示为一个 H.263 编码视频信号的小波 q-Fisher 信息。注意，这个 VBR 视频信号给出多个脉冲形的尖峰，这表明在 VBR 视频信号中内嵌水平偏移。这个结果也解释了为什么基于小波的估计器显示一个 $H>1$ 的长记忆指数估计。

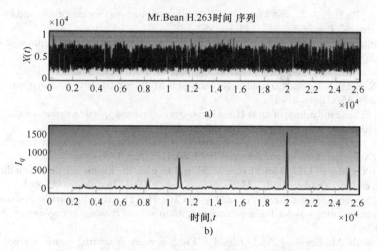

图 10.8　一个 H.263 编码的视频信号的小波 q-Fisher 信息
a）电影"憨豆先生"以比特表示的时间序列（帧尺寸）
b）$q=0.8$ 时电影"憨豆先生"的相应小波 q-Fisher 信息

10.6　小结

在本章，介绍了小波 q-Fisher 信息的概念。针对尺度信号形成这个量（quantifier）的一个封闭形式表达式，并研究在参数 α 的一个范围中和各种 q 值时它的性质和性状。通过对仿真的 fGn 信号的试验研究证明了，小波 q-Fisher 信息不仅提供了这些信号复杂性的合适描述，而且使人们检测内嵌于这些信号之结构中均值中的结构性突变。事实上，小波 q-Fisher 信息使人们可有效地并及时地检测内嵌于反相关和相关 fGn 信号中的结构性突变。

参 考 文 献

1. Leland, W. E., Taqqu, M. S., Willinger, W., and Wilson, D. V.: "On the self-similar nature of Ethernet traffic (extended version)", *IEEE/ACM Transactions on Networking*, 1994, **2**, (1), pp. 1–15.
2. Lee, I. W. C., and Fapojuwo, A. O.: "Stochastic processes for computer network traffic modelling", *Computer Communication*, 2005, **29**, pp. 1–23.
3. Beran, J.: "Statistical methods for data with long-range dependence", *Statistical Science*, 1992, **7**, pp. 404–416.
4. Shen, H., Zhu, Z., and Lee, T. M. C.: "Robust estimation of the self-similarity parameter in network traffic using wavelet transform", *Signal Processing*, 2007, **87**, (9), pp. 2111–2124.
5. Stoev, S., Taqqu, M. S., Park, C., and Marron, J. S.: "On the wavelet spectrum diagnostic for Hurst parameter estimation in the analysis of Internet traffic", *Computer Networks*, 2005, **48**, (3), pp. 423–445.
6. Ramírez-Pacheco, J., and Torres-Román, D.: "Cosh window behaviour of wavelet Tsallis q-entropies in $1/f^\alpha$ signals", *Electronics Letters*, 2011, **47**, (3), pp. 186–187.

7. Eke, A., Hermán, P., Bassingthwaighte, J. B., Raymond, G., Percival, D. B., Cannon, M., Balla, I., and Ikrényi, C.: "Physiological time series: distinguishing fractal noises and motions", *Pflugers Archiv*, 2000, **439**, (4), pp. 403–415.

8. Plastino, A., Plastino, A. R., and Miller, H. G.: "Tsallis nonextensive thermostatistics and Fisher's information measure", *Physica A*, 1997, **235**, pp. 557–588.

9. Samorodnitsky, G., and Taqqu, M. S.: *Stable Non-Gaussian Random Processes*, Chapman & Hall, New, York, USA, 1994.

10. Beran, J.: *Statistics for Long-Memory Processes*, Chapman & Hall, New, York, USA, 1994.

11. Mandal, S., Arfin, S. K., and Sarpeshkar, R.: "Sub-pHz MOSFET 1/f noise measurements," *Electronics Letters*, 2009, **45**, (1), pp. 81–82.

12. Serinaldi, F.: "Use and misuse of some Hurst Parameter estimators applied to stationary and nonstationary financial time series", *Physica A*, 2010, **389**, pp. 2770–2781.

13. Malamud, B. D., and Turcotte, D. L.: "Self-affine time series: measures of weak and strong persistence", *Journal of Statistical Planning and Inference*, 1999, **80**, (1–2), pp. 173–196.

14. Gallant, J. C., Moore, I. D., Hutchinson, M. F., and Gessler, P.: "Estimating the fractal dimension of profiles: a comparison of methods", *Mathematical Geology*, 1994, **26**, (4), pp. 455–481.

15. Ramírez Pacheco, J., Torres Román, D., and Toral Cruz, H.: "Distinguishing stationary/nonstationary scaling processes using wavelet Tsallis q-entropies", *Mathematical Problems in Engineering*, 2012, **2012**, pp. 1–18.

16. Rea, W., Reale, M., Brown, J., and Oxley, L.: "Long-memory or shifting means in geophysical time series", *Mathematics and Computers in Simulation*, 2011, **81**, (7), pp. 1441–1453.

17. Cappelli, C., Penny, R. N., Rea, W. S., and Reale, M.: "Detecting multiple mean breaks at unknown points in official time series", *Mathematics and Computers in Simulation*, 2008, **78**, (2–3), pp. 351–356.

18. Ramírez-Pacheco, J., Torres-Román, D., Rizo-Dominguez, L., Trejo- Sanchez, J., and Manzano-Pinzon, F.: "Wavelet Fisher's information measure of $1/f^\alpha$ signals", *Entropy*, 2011, **13**, pp. 1648–1663.

19. Percival, D. B.: "Stochastic models and statistical analysis of clock noise", *Metrologia*, 2003, **40**, (3), pp. S289–S304.

20. Mandelbrot, B. B., and Van Ness, J. W.: "Fractional Brownian motions, fractional noises and applications", *SIAM Review*, 1968, **10**, pp. 422–437.

21. Flandrin, P.: "Wavelet analysis and synthesis of fractional Brownian motion", *IEEE Transactions on Information Theory*, 1992, **38**, (2), pp. 910–917.

22. Lowen, S. B., and Teich, M. C.: "Estimation and simulation of fractal stochastic point processes", *Fractals*, 1995, **3**, (1), pp. 183–210.

23. Hudgins, L., Friehe, C. A., and Mayer, M. E.: "Wavelet transforms and atmospheric turbulence", *Physical Review Letters*, 1993, **71**, (20), pp. 3279–3282.

24. Cohen, A., and Kovacevic, A. J.: "Wavelets: the mathematical background", *Proceedings of the IEEE*, 1996, **84**, (4), pp. 514–522.

25. Abry, P., and Veitch, D.: "Wavelet analysis of long-range dependent traffic", *IEEE Transactions on Information Theory*, 1998, **44**, (1), pp. 2–15.

26. Bardet, J. M.: "Statistical study of the wavelet analysis of fractional Brownian motion", *IEEE Transactions on Information Theory*, 2002, **48**, (4), pp. 991–999.

27. Martin, M. T., Pennini, F., and Plastino, A.: "Fisher's information and the analysis of complex signals", *Physical Letters A*, 1999, **256**, pp. 173–180.

28. Martin, M. T., Perez, J., and Plastino, A.: "Fisher information and non-linear dynamics", *Physica A*, 2001, **291**, pp. 523–532.

29. Telesca, L., Lapenna, V., and Lovallo, M.: "Fisher information measure of geoelectrical signals", *Physica A*, 2005, **351**, pp. 637–644.

30. Romera, E., Sánchez-Moreno, P., and Dehesa, J. S.: "The Fisher information of single particle systems with central potential", *Chemical Physics Letters*, 2005, **414**, pp. 468–472.

31. Luo, S.: "Quantum Fisher information and uncertainty relation", *Letters in Mathematical Physics*, 2000, **53**, pp. 243–251.

32. Vignat, C., and Bercher, J. F.: "Analysis of signals in the Fisher–Shannon information plane", *Physical Letters A*, 2003, **312**, pp. 27 33.

33. Frieden, B. R., and Hughes, R. J.: "$1/f$ noise derived from extremized physical information", *Physical Review E*, 1994, **49**, pp. 2644–2649.
34. Borges, E. P.: "A possible deformed algebra and calculus inspired in nonextensive thermostatistics", *Physica A*, 2004, **340**, pp. 95–101.
35. Eke, A., Hermán, P., Kocsis, L., and Kozak, L. R.: "Fractal characterization of complexity in temporal physiological signals", *Physiological Measurement*, **23**, 2002, R1–38.
36. Deligneres, D., Ramdani, S., Lemoine, L., Torre, K., Fortes, M., and Ninot, G.: "Fractal analyses of short time series: A re-assessment of classical methods", *Journal of Mathematical Psychology*, 2006, **50**, pp. 525–544.
37. Castiglioni, P., Parato, G., Civijian, A., Quintin, L., and Di Rienzo, M.: "Local scale exponents of blood pressure and heart rate variability by detrended fluctuation analysis: Effects of posture, exercise and aging", *IEEE Transactions on Biomedical Engineering*, 2009, **56**, (3), pp. 675–684.
38. Esposti, F., Ferrario, M., and Signorini, M. G.: "A blind method for the estimation of the Hurst exponent in time series: Theory and methods", *Chaos*, 2008, **18**, (3), 033126-033126-8.
39. Davies, R. B., and Harte, R. S.: "Tests for Hurst effect", *Biometrika*, 1987, **74**, pp. 95–101.
40. Cannon, M. J., Percival, D. B., Caccia, D. C., Raymond, G. M., and Bassingthwaighte, J. B.: "Evaluating scaled windowed variance for estimating the Hurst coefficient of time series", *Physica A*, 1996, **241**, pp. 606–626.

第 11 章　针对异常检测，采用熵空间表征断续流层次的流量行为

11.1　引言

　　针对联网基础设施而直接实施的网络空间攻击，正变得越来越普遍。在最近些年，攻击的数量和复杂性急剧增长。同时，网络安全威胁的浪涛有可能极大地影响生产率，中断商务和运营，并导致信息和经济损失。

　　典型的周边防御，例如防火墙、常规的网络入侵检测系统（Network Intrusion Detection System，NIDS）、应用代理和虚拟专用网服务器，已经成为一项安全基础设施的重要组成部分。但是，它们不提供针对复杂攻击的足够的防护水平。除此之外，网络具有动态行为，需要针对动态行为推导更精巧的和复杂的安全规程；当不同网络分段采用不同协议和服务运行时，这点得到强调。此外，当引入一项新服务或用户数量发生变化时，网络动态状况被改变，且这产生安全任务需要适应的修改，目的是保护网络。为克服这些限制，一种有前景的方法利用熵得到流量的结构和组成的知识，这是通过行为性的流量概要汇总得到的。这种方法正被建议用作新一代 NIDS 开发中流量表征的一个良好候选。在 NIDS 设计中如今的一些重大挑战是取得复杂攻击检测中的灵敏度、成功地得到早期检测以及最小化假阳性和假阴性率，等等。

　　在本章中，为检测流量踪迹中的异常，我们给出基于信息论的方法论，并给出决策过程的熵空间和模式识别（Pattern Recognition，PR）技术。我们引入过量点（excess point）方法论和熵空间技术，通过使用概率密度函数（Probability Density Function，PDF）估计，这两者帮助我们表征特殊功能特征。在一些情形中，使用一个高斯分布，证明它在距离描述上接近于熵空间中的一个中心参考点，这使我们可对一个流量踪迹中的不同时间槽的异常进行分类。

11.2　背景

　　在本节，我们回顾入侵检测系统（Intrusion Detection System，IDS）、熵、主成分分析（Principal Component Analysis，PCA）和 PR 的基本概念，这些与我们要提出的方法有关。

11.2.1　入侵检测系统

　　针对主机或网络发起的攻击被确定为入侵。在文献［1］中定义的对一台主机或网

络的一次入侵为，一次非授权的尝试或获得访问、修改、产生不可用或破坏一个系统上的信息或系统本身。被认为是入侵者的个人包括没有使用资源合法授权的那些人和滥用其权力（内部人士）的那些人[2]。Heady 等[3]也将入侵定义为尝试破解一个计算资源的机密性、完整性或可用性的任何动作集合。在本章通篇，我们将互换地使用术语"入侵"和"攻击"。在本章中使用的入侵检测和 IDS 的定义如下：入侵检测是识别破解一个计算资源或信息的机密性、完整性或可用性的一次尝试这样的问题。IDS 是一个计算机系统（可能是硬件和软件的组合），自动化地执行入侵检测过程。注意，一般而言，入侵检测与对入侵检测的响应是解耦的（隔离开的）。典型情况下，当识别出一次攻击或潜在的攻击条件时，一个 IDS 提醒信息技术（IT）管理人员。之后 IT 管理人员采取必要的和合适的动作，最小化（首选避免）任何实际的损害。基本上来说，IDS 可分为两种：主机 IDS（HIDS）和 NIDS。一个 HIDS 运行在系统中的各设备或主机上，仅监测和分析那台设备上流入流出的所有流量；在本章中不讨论这样的系统。另一方面，NIDS 传感器典型地被连接到一个网络，这里使用放置在具有战略位置的交换式接口分析器连接或分支（taps），该位置具有监测一个网络上所有流量的能力，传感器所处位置使它们可监测它们所保护网络中对任何主机发起的攻击。当发生入侵活动时，NIDS 产生一次告警，使网络管理人员知道网络可能处在攻击之下。一个被动的 NIDS 在这样的情况下不是预测式的，即一旦监测到入侵，它自己不会采取任何动作防止入侵发生。一个反应式系统，也称作一个入侵防御系统（IPS），对威胁自动做出响应，例如在路由器和防火墙上动态地重新配置访问控制列表、关闭网络连接、杀死进程和重置传输控制协议（TCP）连接。一些人认为入侵防御技术是入侵检测技术的一个逻辑扩展[4,5]。NIDS 在任何企业的多层深度防御战略中都扮演一个基础角色，因为除防火墙和密码学（方法）外，它们还由第三安全层构成。就实现采用的检测技术而言，NIDS 可被分为两个子类，即基于不当使用的 NIDS（优势也称作基于签名的 NIDS（S-NIDS））和基于行为的 NIDS（也称作基于异常的 NIDS（A-NIDS））。S-NIDS 依赖于模式匹配技术；它们监测报文，并将之与称作签名的预配置和预确定的攻击模式比较[6]。依据文献 [7]，基于为检测破坏性事件要检查的信息，这些签名可被分为两个主要类：基于内容的签名和基于语境的签名。基于内容的签名由报文净荷中包含的数据所触发，而基于语境的签名则由包含于报文首部中的数据所触发。这些签名依据著名的弱点，例如由常见弱点和漏洞[8]发布的那些弱点。就优势而言，这些系统在检测已知的攻击方面是非常准确的，并倾向于产生很少的假阳性（即在一个事件为合法时，不正确地将之标记为恶意的）。基于签名的 IDS 解决方案，有两个重要的缺陷。第一个缺陷，在新发现的威胁和应用到 NIDS 中检测威胁的签名之间存在滞后。在这个滞后时间，NIDS 将不能识别该威胁。第二个缺陷，在大型网络上，通过网络传输的数据量是大量的，S-NIDS 有性能和扩展性问题。多数广泛部署的 NIDS 都是基于签名的；一个例子是 Snort[9]，这是一个开源的 NIDS 或 IPS，能够实施实时的流量分析，检测可能的攻击、缓冲上溢实例、诡秘的端口扫描等。对于基于异常的系统而言，它们必须创建一个概要，该概要基于在一个训练时段过程中采集的信息，描述某些流量特征的正常行为。之后这些概要被用作定义正常活动的基线。如果任何网络活动偏离这个基线太远，例如，当发生一次攻击时，那么该活动就产生一次告警。没有落在这个正常使用边界内的任何事件，都被标记为一次异常，该异常可能与以此可能的入侵尝试有关。异常是数据中的一个模式，它不符合期望的行为，也称作外部事件、例外、独特和意外事件[10]。基于异常的系统优于基于签名的系统，在于可从攻击出现的时刻即检测从来没见到过的攻击（零日攻击）的能力。不仅如此，如果概要没有仔细地定义，将有许多虚警，且检测系统将遭遇降级的性能。在研究共同体内周知的另一个限制是得到高质量训练数据的困难性。传统的基于异常的系统使用一种体积法（volumetric approach）检测异常，方法是监测网络中的总流量。但是，体积入侵检测已经变得不太有效，原因是攻击的行为模式发生了演化；通过低速率感染技术，这些攻击尝试避免被检测到。通过引入基于鲁棒流量特征（可感知低速率攻击[11]）的解决方案，解决了这个问题。流量特征是从报文首部、净荷或二者的组合中抽取得到的。Lakhina 等[12]将一种信息论分析法应用到 IP 地址和服务端口的特征分布上，其中使用熵来量化那些流量分布中的变化。基于异常的系统的一些例子包括网络流量异常检测器（NETAD)[13]、异常检测的学习规则（LERAD)[14]和基于净荷的异常检测器（PAYL)[15]。

使用各种技术，例如人工智能[16]、机器学习[17]、统计信号处理[18]和信息论[19]，处理网络异常检测。一个恶意活动具有与一个合法活动相区别的行为模式。例如，扫描是一名入侵者经常用来从锁定目标处采集知识的一个典型过程。这些探测对一名合法用户是不正常的，且会改变网络流量的自然多样性。使用信息论度量指标检测恶意流量的特定类型，例如端口扫描攻击、分布式拒绝服务（DDoS）攻击和网络蠕虫。

11.2.1.1　流量剖析的数据准备

受监督的检测，从训练数据构造正常行为的规格，且明显的是，检测的有效性极度依赖于训练数据的质量和完备性。因此，施加于一个训练数据集上的一条要求是，它应该是不含攻击的，即它不应该包含恶意活动，恶意活动将诱导得到的模型将恶意活动看作正常的。可人工实施训练数据的清洗过程；但是，对于大量的原始流量数据而言，这种耗时的方法会是不可行的。另外，这个清洗过程不得不周期性地实施，原因是为适应于网络的变化，系统需要被周期性地更新。人工检察可辅助于 S-NIDS，后者可预处理训练集，以便发现已知的攻击（例如 web 扫描和老旧的被利用弱点）。

11.2.2　熵

熵的概念为各学科所使用，其中之一是物理学。从数学角度看，熵度量一个 PDF 的集中程度，从而当 PDF 不集中的情况下，熵就较大。因此熵与方差具有类似的角色。但是，相比于方差，熵完全独立于期望值和样本空间上任何标准结构[20]。普遍情况下，有必要以事件的复杂性、无序、随机性、多样性或不确定性来描述事件；正是在这些情形中，熵才成为在数据中量化这些属性类型的一个基础工具。Shannon[21]在 1948 年的一篇著名论文中，提出度量熵的一种数学工具，这是信息论的起源。在信息论中，熵是度量一个数据集的信息内容或等价地，度量一个随机变量不确定性的一个函数。

考虑一个离散随机变量 X，它从势为 M 的一个符号系统 $\chi = \{x_1, \cdots, x_M\}$ 取值，其中一个实现表示为 x_k。令 $p_x(x_k)$ 表示 X 的离散 PDF 或概率质量函数，从而 $p_x(x_k)$ 是实现 x_k 发生的概率。一个随机变量 X 的香农熵由其期望信息量加以定义：

$$H(X) = E[I_X] = - \sum_{k=1}^{M} p_x(x_k) \log_2 p_x(x_k) \tag{11.1}$$

式中　$I_X = -\log_2 p_x(x_k)$ 是一个特定实现 x_k 的信息量。

因为我们使用基为 2 的对数，熵具有比特的单元个数（自然对数给出 nats，基 10 对数给出 bans）。在本章中，使用基为 2 的对数，且 $0\log_2 0$ 定义为 0。熵得到其最小值 $H = 0$，当在一个样本空间中的所有实现都相同时，即状态是单纯的，对某个 $k = 1, \cdots, M$，此时 $p_x(x_k) = 1$。另一方面，最大值 $H = \log_2 M$ 与这样的实现有关，这些实现相对于一个全随机状态是等可能的，即 $p_x(x_k) = 1/M, \forall k$。

概率分布 $p_x(x_k) = p_k$ 可由大小为 N 的一个训练数据集中的相对频率加以近似。这些是概率的最原始（naive）经验频率估计，表示为 $\hat{p}_k = n_k/N$，其中 n_k 统计每个 x_k 出现在数据集中的次数。将式（11.1）中的 $\hat{p}_k$ 替换概率 p_k，可估计一个数据集的香农熵如下：

$$\hat{H}(X) = - \sum_{k=1}^{M} \hat{p}_k \log_2 \hat{p}_k = - \sum_{k=1}^{M} \frac{n_k}{N} \log_2 \left(\frac{n_k}{N} \right) \tag{11.2}$$

针对小的数据集[22]，熵估计器低估了实际的熵，但在流量分析中使用的数据集足够大，从而使一个小的偏差在极限过程中消失。

针对异常检测和防御，人们对熵进行了大量研究[12,23-25]。研究人员们提出使用熵作为汇总流量分布的一种简洁方式，这里是针对不同应用的，特别是在异常检测和在细粒度的流量分析和分类方面。就异常检测而言，将熵用于跟踪流量分布中的变化，提供了两项重要优势。第一，使用熵，可增加揭示异常事件（可能没有像体量异常（volume anomalies）那样显著）的检测灵敏度。第二，使用这样的流量特征，提供了对异常事件本质的附加诊断信息（例如在蠕虫、DDoS 攻击和扫描间做出区分），这仅从基于体积的异常检测中是得不到的[26]。当一次攻击发生时，对网络流量可能产生某种不正常的影响（非法流量）；另一方面，如果数据流是合法的，则对流量就没有不正常的影响（合法流量）。熵度量使人们可识别与这两种类型的流量有关的概率密度之间距离和散度的变化。熵度量可被用来检测被监测流量中的这种异常；例如，在图 11.1 和图 11.2 中给出了 IP 源地址（srcIP）、IP 目的地地址（dstIP）、源端口（srcPrt）和目的端口（dstPrt）等流量特征的熵。这些熵值是从被监测报文中得到的，是时间的一个函数。在这两幅图中，引入 Blaster 蠕虫攻击，且那些熵值是 Blaster 传播的结果。这项分析是在报文级做出的，即一种混杂方法，其中从穿越路由器（此处发生监测）的每条报文中抽取流量特征。监测是在每个时槽为 60s 的固定时槽处进行的，或每个时槽对应于 1min 的被监测流量。在图 11.1 中，人们可看到，在前 70min，熵值在正常或典型水平内变化并具有正常的随机性；在第 70min 之后，当引入 Blaster 蠕虫时，对于 srcIP 和 dstIP 特征，熵水平在一个非常短的时间内开始显著增加。在 Blaster 蠕虫传播试验中，可看到在持续这种攻击的 38 分钟期间有两点。第一，依据特定流量特征的熵值稳定到一个高值或低值，在这样的值中几乎没有随机性；第二，对应于源（端口或地址）和目的地的特征的熵具有负线性相关关系，与正常流量的符号不同。这些效应也是由蠕虫动态性导致的，即 srcIP 的变化较小，但高变化的 dstIP 是尝试感染计算机。

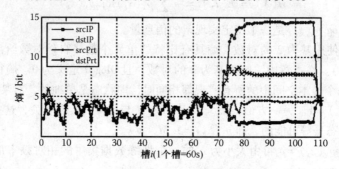

图 11.1　一次 Blaster 蠕虫攻击之流量特征的熵

　　图 11.2 给出对应于图 11.1 的时间槽 1 ~ 10 流量的四个特征的熵值。对图 11.1 的这个细部视图允许识别出基于熵的流量分析之另一个有意义性质，它是不容易观察到的。在时间槽 3 和 4，在对应于 srcIP 和 dstIP 的特征中可检测到一个异常行为，因为存在负线性相关关系；即当一个的值增加时，另一个的值就减少，反之亦然。在这样的时间槽中对流量报文的更密切考察，发现对监测网络的代理服务器的各端口，存在一次定向的扫描攻击。这个扫描攻击的令人感兴趣的点是，存在这样的一次攻击，它处在正常熵水平内，且熵水平不应该看作检测异常的唯一常规做法。

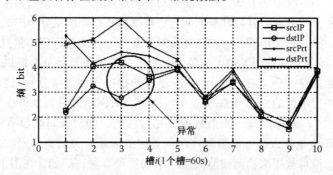

图 11.2　流量特征的熵：图 11.1 之时间槽 1 ~ 10 的细部视图

　　图 11.3 所示为作为时间的一个函数的流量。流量是以每个时间槽的报文数（即每分钟的报文数）为单位测量的。从流量总量的角度看，可观察到，可检测到 Blaster 蠕虫攻击，但由如图 11.2 所示熵值的负线性相关检测到的攻击，则是检测不到的（时间槽 3 和 4），原因是在这种时间槽中的流量总量处在正常水平内。

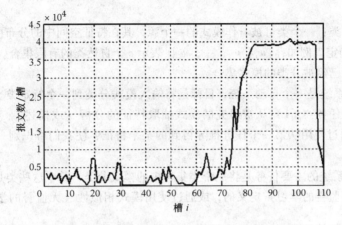

图 11.3　进行 Blaster 攻击试验的网络的流量总量

11.2.3　模式识别

网络入侵检测（NID）本质上是一个 PR 问题，其中网络流量模式可被分类为正常的或异常的。本节给出 PR 基本概念的简短介绍。欲了解一个比较详细的讨论，参见（例如）文献 [27-29]。

PR 是机器学习（或人工智能）的科学学科，目标是将数据（模式）分类为许多种类或类[30]。为理解 PR 是如何工作的，就需要描述一些重要概念。

模式：是一个给定对象、观察或数据项的表示。模式的例子有心电图中一个电压信号、一幅二维（2D）图像中一个像素、不同人的指纹和一个流量流族的测量数据。

特征：是从模式的测量数据中得到的数据或属性集合。对于它们的进一步表征，这些特征是有用的。

特征选择：是确定哪个特征集合最适合描述模式的集合，其中依据的是其相关性。通过选择原始变量的一个子集，特征选择降低了维度。

特征抽取：是在一个给定特征集合中降低冗余数据量的一个过程；为得到它的约简过的特征表示，这样的一个集合应该进行变换。这是通过维度降低做到的，其中将 p 维向量（线性或非线性）投影到 d 维向量（$d < p$）。

特征向量：是一个给定特征集合的简化特征（characteristic）表示。它存储这些特征的相关数据，有助于进一步分类。为做到容易管理，这些相关数据可表示为式（11.3）所示的一种向量形式：

$$x = [x_1, x_2, \cdots, x_p]^{\mathrm{T}} \tag{11.3}$$

其中 T 表示转置，x_i 是一个对象各特征的测量数据。每个特征向量都唯一地识别单个模式。

特征空间：是这样的一个给定空间，其中每个模式是空间中的一个点。每个特征向量表示为这种空间上的一个坐标。由此，每个轴代表每个特征，维数 p 应该等于所用特征的数量。

类标签或类：一个类可被看作模式的一个源，其在特征空间中的分布由特定于该类的一个 PDF 确定。例如，$\{w_1, w_2, \cdots, w_c\}$ 表示 c 个自然类的有限集合。

训练集是已经被分类的模式集合。

一个 PR 系统是一个自动系统，目标是将输入模式分类到一个特定类。它的执行分为两个连续的任务：（1）从被研究的模式抽取特征的分析（或描述），和（2）分类（或识别），通过使用从第一个任务推导得到的某个特征，使我们可识别一个对象（或一个模式）[30]。

一个 PR 系统的主要任务是将一个类集合中的模式分类，其中这些类是由设计一个系统的人（有监督的学习）定义的，或通过使用模式相似性（无监督的学习）学习得到并指派的。

在这项工作中，特别地，实现一种统计的 PR 方法。通过使用这种方法，每个模式由一个 p-空间中的特征或测量数据的一个集合表示。一个充分的特征选择支持建立不相交的区域。由此，每个类可准确地作为一个不同的类而加以区分。这种不相交的区域是通过使用训练集合得到的，且每个不相交的区域代表每个类。通过使用统计方法，每个决策区域是由属于每个类的模式的 PDF 确定的。

11.2.4　主成分分析

PCA 是一种特征向量方法，设计用来对高维数据中的线性变化进行建模。PCA 实施降维，方法是将原始 p 维数据投影到 d 维线性子空间（$d < p$）（通过实施各因素之间的协方差分析生成 [31，32]）。PCA 的目标是降低数据的维度，同时尽可能多地保持存在于原始数据集合中的变化（variation）。在模式分类任务中，依据某个最优化准则，可通过原特征空间到一个较低维特征空间的映射，取得显著的性能提升。在我们所提的架构中，入侵检测流量模式的分类，是通过测量得到的特征或从流族中抽取得到的特征实施的；这个信息被传递到由 PCA 实施的一个特征选择阶段。基于上述内容，就有可能在降维空间上构造更有效的数据分析：分类、分族（clustering）和 PR。

PCA 问题可如下描述：令 $X \in \mathbb{R}^{p \times N}$ 是 p 个相关变量上 N 次观察结果的原始数据，即 $X = [x_1, x_2, \cdots, x_p]$，其中 $x_i = [x_{1i}, x_{2i}, \cdots, x_{pi}]^T$，$i = 1, 2, \cdots, N$，应该被变换到 p 个无关变量的 $Y = [y_1, y_2, \cdots, y_p] \in \mathbb{R}^{p \times N}$，这些变量依据其方差进行降序排列。随机向量 X 的协方差矩阵形式化地定义为 $cov[X] = \sum_X = E[(X - \mu)(X - \mu)^T] \in \mathbb{R}^{p \times p}$，其中 $\mu = E[X]$。令 $\{v_i \in \mathbb{R}^{p \times 1} : i = 1, 2, \cdots, p\}$ 表示 $\sum_X$ 的特征向量，并令 $\{\lambda_i \in \mathbb{R} : i = 1, 2, \cdots, p:\}$ 表示以降序排列的相应特征值。此外，令 $V = [v_1, v_2, \cdots, v_p]$ 为由特征向量构造的 $p \times p$ 正交矩阵，且 $\Lambda = \text{diag}\{\lambda_1, \lambda_2, \cdots, \lambda_p\}$ 为由特征值构造的 $p \times p$ 对角矩阵。主分量是具有 d 个最大特征值的特征向量，即 $[\sum_X v_i = \lambda_i v_i] \in \mathbb{R}^{p \times d}$，对于 $i = 1, 2, \cdots, d$。最后，Y 由最优加权变量 $[x_{1i}, x_{2i}, \cdots, x_{pi}]$ 的线性组合给定：

$$Y = \sum_{i=1}^{N} (x_{1i}v_1 + x_{2i}v_2 + \cdots + x_{pi}v_p) = VX \qquad (11.4)$$

11.3　熵空间方法

为了利用熵空间方法（Methord of Entropy Spaces，MES），人们需要产生作为输入的流层次网络流量，并实施数据的抽象，以便得到点云数据的三维（3D）表示。所产生的 3D 空间中每个点的坐标，表示针对一个给定族密钥，流族的三个特征的原始熵估计。在典型流量下这种产生的 3D 空间，被用来定义网络流量的一个行为概要。

需要为 MES 的应用产生的输入，是以一个踪迹（trace）χ 的定义开始的。在希望应用异常检测的网络中捕获报文，就得到一个流量踪迹，之后这样一个踪迹被分成 m 个不重叠的流量槽（最大时间时长为 t_d，单位是 s，这是依据灵敏度分析采用经验方式选择的）。在任何时槽 i，产生 K_i 个报文流。要产生的流是在一个五元组下定义的，且流间间隙为 60s。一个五元组是报文形成的流（stream），这些报文具有相同的 4 个流字段和协议，即相同的源和目的地 IP 地址、相同的源和目的端口号和相同的协议[33]。这四个流 r 字段如下标记：$r = 1$ 用于源 IP 地址（srcIP），$r = 2$ 用于目的地 IP（dstIP），$r = 3$ 用于源端口（srcPrt），而 $r = 4$ 用于目的端口（dstPrt）。在此之后，流集合就针对每个槽 i 聚集；换句话说，人们需要修正一个 r-字段，现在名为聚集键（CK-r）对于一个给定的 i-槽，每个聚集是这样形成的，即包含在相同 r-字段（但不管其他 r 字段）下的流。作为一个例子，对于 CK-$r = 1$ 或 CK srcIP，对拥有相同源 IP 地址（不管其他 r 字段（$r = 2$，3，4）的值）的所有流形成每个聚集。这些字段表示为自由维度。在这个例子中，清楚的是，流聚集的全部数量取决于符号系统的势 $|\mathbb{A}_i^{r=1}|$，其中 $\mathbb{A}_i^{r=1}$ 是在时间槽 i 内在流量踪迹中给出的 IP 源地址集合。

取上述的例子，属于 CK srcIP 的每条 j 聚集流的熵估计被表示为一个 3D 欧式点，表示为 $(\hat{H}_{srcPrt}, \hat{H}_{dstPrt}, \hat{H}_{dstIP})_j$，其中 $\hat{H}_{srcPrt}$、$\hat{H}_{dstPrt}$ 和 $\hat{H}_{dstIP}$ 是使用式（11.1）或式（11.2）计算的聚集流之自由维度的相应熵估计，且 $j = 1$，2，$\cdots$，$\mathbb{A}_i^{r=1}$。为每个槽 i 在 3D 空间中产生的点数，依赖于在这个槽中捕获到的报文数，因此依赖于集合的势 $|\mathbb{A}_i^{r=1}|$。由此，在一个槽 i 中数据点集合由 $(\hat{H}_{srcPrt}, \hat{H}_{dstPrt}, \hat{H}_{dstIP})_1$、$(\hat{H}_{srcPrt}, \hat{H}_{dstPrt}, \hat{H}_{dstIP})_2$，$\cdots$，$(\hat{H}_{srcPrt}, \hat{H}_{dstPrt}, \hat{H}_{dstIP})|\mathbb{A}_i^{r=1}|$ 给定。人们可重复这个过程，为流量踪迹的每个时间槽 m 得到自由维度的熵点，以便产生 CK srcIP 的熵空间。之后，人们可使用一个散点图画出那些点，形成一个点云数据。为得到其他三个 CK 的三个熵空间，重复一个类似过程。在本章中，分析将集中在 CK srcIP 的研究上。

图 11.1 给出三个流量踪迹的 CK srcIP 熵空间。各踪迹是从一个校园 LAN 捕获得到的。图 11.4a 给出在典型工作时间过程中 8 小时的典型 TCP 流量；为一周中的其他天得到类似模式。图 11.4b 和 11.4c 分别给出在流量捕获的 30 分钟过程中 Blaster 和 Sasser 蠕虫的行为。图 11.4a 表明，虽然典型流量倾向于是集中的，但 Blaster 和 Sasser 流量的

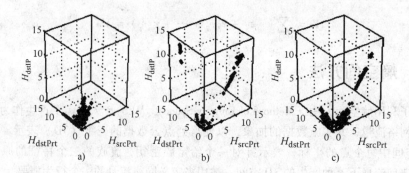

图 11.4　　CK srcIP 的熵空间

a）典型流量　b）Blaster 蠕虫传播　c）Sasser 蠕虫传播

行为倾向于增加它们的熵值，并将点扩散在熵空间上。此外，在自由维度的熵之间存在正相关的模式，特别是 Blaster 蠕虫的 H_{dstIP} 和 H_{srcIP} 以及 Sasser 蠕虫的 H_{dstIP} 和 H_{dstPrt}。

　　在图 11.1 和图 11.2 中，讨论了负线性相关性，因为它对一些类型的攻击（例如扫描攻击）具有敏感性。通过使用熵空间，可清晰地观察并捕获到这种异常行为，这从图 11.5 可看出，在这种空间中点模式组织结构不同于一个正常流量熵空间的点模式结构。在图 11.5 中也可看到，在这种空间中的熵值是较大的。如图 11.5 所示的熵空间对应于这样一个数据集，它不同于在前面的图中给出的 Blaster 和 Sasser 攻击的那些数据集。该数据集来自 CAIDA 项目，并仅包含由 Witty 蠕虫传播所产生的流量，该流量是在互联网的骨干捕获得到的。在图 11.5b 中，通过 srcPrt 和 dstIP 特征的相关系数，可看到这样的线性依赖关系。我们发现，聚集流的熵估计展示出线性相关性（这点可从散点图看出），且依赖于网络行为。在其他流量数据集中已经观察到这种线性化行为，这确认了它对不同攻击的敏感性。因此，基于相关性系数和协方差的一个检测工具可被应用到在时间槽层次的流量数据集，并检测这样的趋势。

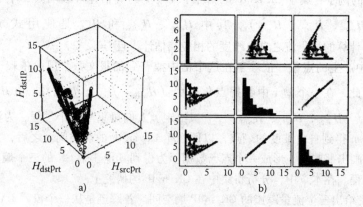

图 11.5　　CK srcIP 的熵空间

a）Witty 蠕虫流量　b）Witty 蠕虫传播的平面图矩阵

一旦人们有了熵空间，那么人们可看到这些是由向量 $X^p \in \mathbb{R}^3$ 表示的。因为信息量是巨大的，所以需要应用一个降维过程。在这种情形中，如在 11.2 节介绍的，将 PCA 应用到这个向量，降低它的维度，并产生一个新向量 z-得分（z-score）$Z^r \in \mathbb{R}^k$，$k \leqslant 3$。为得到准确的分析估计，诸如核密度估计（KDE）的工具是有用的。通过使用一个有 200 个点的高斯核，将这种分析应用到 PCA-1 上槽层次的数据点上，其中采用 $h = 1.06\sigma J^{1/5}$ 的一个带宽、Silverman 准则，J 是观察结果的数量，σ 是观察集合的标准方差。KDE 表明，流量槽在其 PDF 中具有高斯双模态（gaussian bimodality）。每个模式分别被标记为主模式和远模式（far mode），如图 11.6 所示。

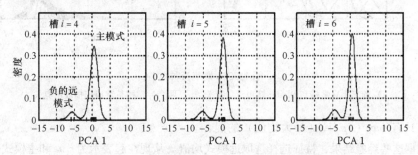

图 11.6　PCA-1 的密度估计给出流量槽的双模态

对于 PCA-1，经验上得到的均值在 PCA-1 的 4.3（正的远模式）和 −4.2（负的远模式）个单位间。负的远模式是最频繁的。在所研究的攻击情形中，远模式给出具有异常流量的槽上的异常值。例如，在 Blaster 蠕虫的情形中，三个第 1 槽分别给出 −9、−11 和 −13 PCA-1 单位的值（图 11.7a），这些值被分类为一个异常，原因是每个值都小于均值和阈值（−4.2）。因此，这种异常行为可在一个早期阶段被容易地检测到。因为其敏感行为而被使用的第二项特征是主模式的标准方差。在典型情况中经验上得到的标准方差是 1.5 个单位。那么，采用主模式的标准方差，显示异常行为。例如，在 Sasser 蠕虫的情形中，在异常槽上主模式的标准方差平均减少到 0.4 个单位。在其他测试中，这次检测一项扫描攻击，在两个异常流量槽上标准方差显示 0.7 和 0.4 个单位。在这种情形中，图 11.7b 在槽 2 和 3 中给出一个类似异常的密度。

不仅如此，KDE 仅提供密度分布形状，而不是其参数。因此，就需要抽取这些参数（远模式的均值和主模式的标准方差）的一项技术。因为这些参数可用在 A-NIDS 中，所以是重要的。高斯混合模型（GMM）是用来抽取分布的这些参数的方法［34］。可在 MATLAB® 的统计工具箱中找到一个 GMM 实现。gmdistribution.fit 形成数据分组，之后将它们拟合到由 K 个分量组成的一个 GMM。通过使用期望最大算法，这个函数实施 GMM 的最大似然估计。这个算法返回参数 $\theta_k = [\pi_k,\ \mu_k,\ \sigma_k]_{k=1}^K$，其中 K 是在 KDE 下 PCA-1 的估计 PDF 的模式数量，π_k 是混合比例，而 μ_k 和 σ_k 分别是均值和标准方差，它们与主模式和远模式有关的必要信息相关。

在针对 CK srcIP 分析的 PCA-1 中，我们得到混合向量 θ_k。由 θ_k，可在一个 i 槽上，识别确定主模式和远模式。主模式对应于 k 混合，它有 $\max(\pi_k)$（最大比例）。远模式

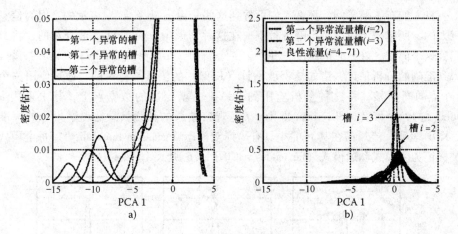

图 11.7　聚集流异常

a) 前三个异常槽与 Blaster 蠕虫流量有关　b) 两个异常槽与端口扫描攻击有关

对应于具有 max $(|\mu_k|)$（最大均值）的混合。

依据这些经验结果，特征选择选取远模式均值（从现在起表示为 r_1）和主模式的标准方差（表示为 r_2）作为最合适的特征集合。上述特征的行为使人们可建立这样的理念，即它们是识别异常和典型流量的不错参数。在本文档中描述的试验支持前述的假定。

一旦通过使用 KDE 处理了 PCA 的结果，则人们需要在典型条件下完成一项流量分析，一般情况下，这表明了特征 r_1 的行为遵循一个三模态（trimodal）分布（相对应正值，该分布更普遍地倾向于负值）和中心为 0 的一个余数模式（residual mode），如图 11.8a 所示。描述这种行为的模式是首先采用 KDE 观察到的；接下来，通过 GMM 得到其分布参数。

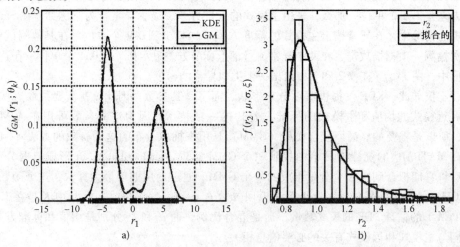

图 11.8　将分布拟合到聚集流中所选中的特征

a) 通过使用 GMM，拟合特征　b) 通过使用一个 GEV 分布，拟合特征曲线基于 GMM 的特征 r_1 的这样一个概率模型如下：

$$f_{\text{GM}}(r_1;\theta_k) = \sum_{k=1}^{3} \pi_k \mathcal{N}(r_1 \mid \mu_k, \sigma_k^2) = \sum_{k=1}^{3} \frac{\pi_k}{\sqrt{2\pi}\sigma_k} e^{\frac{(r_1-\mu_k)^2}{2\sigma_k^2}} \qquad (11.5)$$

式中　μ_k 和 σ_k 分别是第 k 个分量的均值和标准方差，且 π_k 是混合比例。

三个分量形成一个三分量向量 $\theta_k = [\pi_k, \mu_k, \sigma_k]_{k=1}^{3}$。$\mathcal{N}(r_1 \mid \mu_k, \sigma_k^2)$ 表示一个高斯多变量（multivariate）分布。这个混合的拟合值见表 11.1。

表 11.1　混合的拟合参数

参数	$k=1$	$k=2$	$k=3$
混合（π_k）	0.3946	0.5740	0.0314
均值（μ_k）	4.3239	−4.1988	0.0980
方差（σ_k^2）	1.6378	1.3208	0.7546

在特征 r_2 的情形中，对典型流量踪迹集合的分析表明，其行为遵循一个广义极值（GEV）分布，具有如下剖面（profile）行为模型：

$$f(r_2;\mu,\sigma,\xi) = \frac{1}{\sigma}\left[1+\xi*\left(\frac{r_2-\mu}{\sigma}\right)\right]^{-1/\xi-1} * \left\{-\left[1+\xi*\left(\frac{r_2-\mu}{\sigma}\right)\right]^{-1/\xi}\right\} \qquad (11.6)$$

满足 $1+\xi*(x_2-\mu/\sigma)>0$，其中 $\mu \in \mathbb{R}$ 是定位参数，$\sigma>0$ 是尺度参数，且 $\xi \in \mathbb{R}$ 是形状参数。

式（11.6）（描述 r_2 的行为）的拟合参数是 $\xi=0.2228$、$\sigma=0.1221$ 和 $\mu=0.9079$。采用这些值得到的形状如图 11.8b 所示。

11.3.1　过量点方法

在本节，我们描述过量点方法，其中使用这种方法产生 3D 熵空间，来确定异常的存在，方法是在 3D 空间中检测这种点所在的区域。这种方法是上面所述方法的一种替代方法。开始时，它产生熵空间，这像在应用 MES 的前面小节中所述那样产生该空间。过量点方法是这样构成的，为无重大影响的流量找到一个质心，之后通过测算正常流量到那个质心的距离而表征它。在正常流量表征之后，异常流量是这样检测的，通过取异常点到无害质心（以前找到的（超过针对无害流量找到的一个最大距离））的距离。之后，找到一个 PDF，方法是为无害流量和异常流量到无害质心的距离而使用 KDE，利用这个距离，人们可得到一个决策区域，该区域将确定一个给定窗口是否可宣称有一个正常的或一个异常的行为。描述过量点方法的步骤如下：

1) 人们必须选择一个日期数 D，在其间将采集网络分段中的互联网踪迹（要分析的），使之具有正常行为或网络的可靠信息。在这方面需要做出折衷，因为拥有大量信息（许多天的收集数据）将有找到网络的一个更准确整体行为的效果，但要分析这些流量也将是耗时的和繁重处理的。那么同样道理，拥有少量训练日的数据导致不太准确的网络建模，但将消耗较少的内存，这有助于处理速度的提高。训练数据的建议时长是

1～2 周。

2）宣称 t_w（单位是 s）的一个窗口时间。这个时长将是在每个踪迹中用来捕获报文的基本时段。就像在天数一样，在选择窗口尺寸方面一定存在一个折衷，因为它必须足够大以便收集有关踪迹的足够信息，而且它应该充分小以便当一次异常出现在正在分析的网络分段中时具有一个较快速响应。在这个时间窗口中捕获的数据将构成 IDS 的实际训练数据。在这种方法中，使用 60s 的一个窗口尺寸。

3）来自 D 天的流量将在时间窗口内进行捕获，每个时间窗口的时长为 t_w（单位是 s）。将得到总共 Q 个时间窗口，包含了在 D 天上的流量。之后，应用一个数据挖掘过程，抽取在每个时间窗口中有关报文首部的信息。虽然有其他参数可被用来进行一个不同的分析，在这个系统中，将被使用的特征则将是有关计算机信息（IP）和服务信息（端口）的那些参数。

4）使用在本节中描述的方法，必须为每个 CK 和在 D 天中得到的每个窗口（从中采集数据，例如在 $D=5$ 天时如图 11.9 所示的那些）找到熵空间。

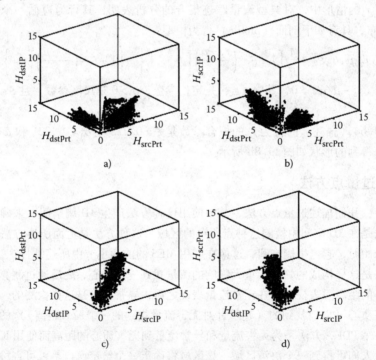

图 11.9　四个聚集键的熵空间

a）源 IP 熵空间　b）目的地 IP 熵空间　c）源 TCP 端口熵空间　d）目的 TCP 端口熵空间

5）下一步是，从捕获的数据中找到无害的或参考质心 $c^r=(x_{cn},y_{cn},z_{cn})$。无害质心由有代表性的点组成，这些点有助于将一个无害流量与一个恶意流量区分开。为得到捕获数据的质心，提出一种基于"桶" b_j 的方法。

6）该方法将由每个聚集键组成的整个熵空间 H_i^r 分成边长度为 s 个熵单位（依据对

数基，单位可以是不同的）的 m 个较小的立方体（桶）。s 值必须在某个范围内选择，因为它必须足够小以便保留踪迹的行为特点，且它必须足够大以便达到一个合适的质心。一旦选中一个边长 s，则桶数（每个熵空间将被分在其间）如下给定

$$m = \left(\left\lceil \frac{\max\{x_c\}}{s} \right\rceil \right) \cdot \left(\left\lceil \frac{\max\{y_c\}}{s} \right\rceil \right) \cdot \left(\left\lceil \frac{\max\{x_c\}}{s} \right\rceil \right) \tag{11.7}$$

7）在选中 s 之后，从落在每个所找到的立方体桶之体积内的所有点，得到一个平均。每个桶的平均将作为那个桶的一个代表点，即

$$(x_b, y_b, z_b) = \frac{1}{J} \sum_{u=1}^{J} (x_u, y_u, z_u) \quad b = 1, 2, \cdots, m$$

其中 J 是落在体积内的总点数。

8）一旦得到所有桶（空间被分隔成的）的代表性点（m），则必须找到所有这些代表性点的一个平均，且它将成为第 i 个窗口的质心（c_i^r）：

$$c_i^r = (x_i, y_i, z_i) = \frac{1}{m} \sum_{b=1}^{m} (x_b, y_b, z_b), \quad i = 1, 2, \cdots, Q \tag{11.8}$$

最后，通过计算所以窗口的 Q 个质心，找到无害质心：

$$c^r = (x_{cn}, y_{cn}, z_{cn}) = \frac{1}{Q} \sum_{i=1}^{Q} c_i^r \tag{11.9}$$

必须针对每个聚集键（key）找到质心。在图 11.10a 和图 11.10b 中，可看到，由一次 Blaster 蠕虫攻击得到的熵空间是容易区分于无害流量熵空间的，原因是存在许多过量点。

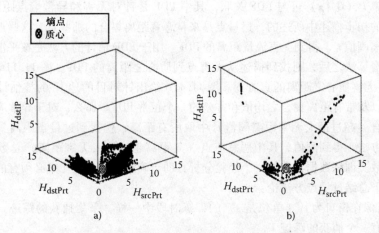

图 11.10　Blaster 蠕虫攻击的熵空间识别

a）srcIP 的无害流量熵空间　b）srcIP 的 Blaster 蠕虫攻击流量熵空间

使用这个过程（使用桶）寻找无害质心的原因是从这样的事实得到的，即在被分析网络内流量的正常行为反映了许多熵点，这些点非常接近于空间边界。将许多点采集到特定区域，具有将质心拉近那个区域的效应，结果是，找到的质心将不是熵点整体范围的一个良好代表。采用这个过程，可找到一个质心，它在每个维度都比较接近空间点

范围中点。

9）一旦为每个聚集键找到无害质心，则可找到在每个熵空间中所有点 $p = 1$，2，$\cdots$，P 到无害质心的欧式距离 δ_p。那么就得到无害点到无害质心距离的集合 $D_b = \{\delta_{b1}, \delta_{b2}, \cdots, \delta_{bP}\}$。

10）在过量点方法中的下一步是，得到从异常点到无害质心的异常流量距离。采用与无害流量使用的相同方法，为已知为异常的流量踪迹得到熵点。那么，恶意距离集合 $D_m = \{\delta_{m1}, \delta_{m2}, \ldots, \delta_{mT}\}$ 对应于 T 个异常点到无害质心的距离。

11）找到无害和异常流量熵点的距离集合之后，我们使用贝叶斯决策论的元素（element），提供一个贝叶斯分类器，采用该分类器，一个流量踪迹可被分类为具有正常的或异常的行为。之后使用贝叶斯决策论的规则，这在文献［29-31］中做了比较详细的解释。

12）在这种方法论中，存在定义为 $C_i (i = 1, 2)$ 的两个类，分别对应于无害类和异常类。在一个输入熵点 (x_p, y_p, z_p)、其到无害熵点的距离为 x，到达点的先验概率是 $p(x)$ 和 $p(C_i)$ 的事件时，应用贝叶斯分类器规则如下：

$$\text{如果 } P(C_1 \mid x) > P(C_2 \mid x)，\text{则 } x \rightarrow C_1 \tag{11.10}$$

$$\text{如果 } P(C_1 \mid x) < P(C_2 \mid x)，\text{则 } x \rightarrow C_2 \tag{11.11}$$

通过使用贝叶斯规则，我们得到如下的后验概率和决策：

$$\text{如果 } P(x \mid C_1) P(C_1) > P(x \mid C_2) P(C_2)，\text{则 } x \rightarrow C_1 \tag{11.12}$$

$$\text{如果 } P(x \mid C_1) P(C_1) < P(x \mid C_2) P(C_2)，\text{则 } x \rightarrow C_2 \tag{11.13}$$

那么，概率 $P(C_i \mid x)$ 可与 PDF 关联，其中 PDF 是针对无害和异常熵点距离得到的。如在方法的初步描述中所述的，过量点是来自恶意距离集合的那些点，这些点超过了最大无害距离阈值 t_h。得到无害流量距离的 PDF。用于 PDF 估计的方法是核平滑算法。在应用核平滑算法之后，则找到描述从无害点到质心之距离的 PDF。图 11.11a 给出正常点到 srcIP 无害质心之距离的直方图。图 11.11b 给出针对目的地 IP 的核估计找到的一个 PDF，以及带有距离集合之均值和方差的一个正常 PDF。那么，对于异常流量，通过从恶意集合（超过最大无害距离阈值）中取所有距离，就找到过量点距离集合。采用似然比率方法，得到阈值，其中恶意节点（其距离超过最大无害距离）总数除以恶意节点的总数。训练数据集合的一个经验分析有助于确定这个似然比率必须有的值。

可如下总结过量点方法论：

1）就像在窗口为 t_w（单位是 s）的训练时段中一样，采集捕获的踪迹。对于每个窗口，将有一个捕获的踪迹 Y。

2）检索有关踪迹报文首部特征的信息。

3）使用所描述的相同方法论，针对每个聚集键，得到当前窗口的熵空间。

4）针对每个聚集键，找到一个新的距离集合（熵空间的每个点到无害质心的距离）。

5）通过使用贝叶斯决策规则，考虑在训练阶段找到的各 PDF，可将集合 Y 中的每个点分类为无害的或恶意的。

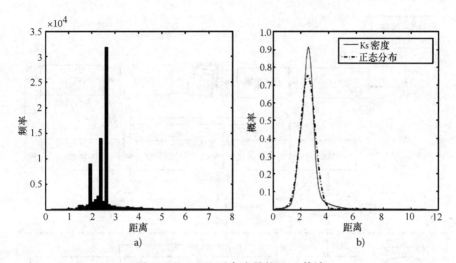

图 11.11   srcIP 无害流量的 PDF 估计

a）srcIP 到无害质心之距离的直方图   b）srcIP 到无害质心之距离的 PDF

11.4 基于 MES 的 A-NIDS 架构

在本节，我们描述我们的基于异常的 NID 架构的总体设计。同时给出一些测试结果，其中使用 11.3 节描述的方法论，检测 Blaster 和 Sasser 攻击。这个框架（见图 11.12）实现基于熵空间的行为剖面图。这个架构可被分为两层。第一层基于选中的特征 r_1 和 r_2，实施训练功能，这些特征的相应行为剖面的参数是通过使用概率技术由转换的数据采用 PCA 得到的，其模型是在式（11.5）和式（11.6）规定的。第二层实施在一个 i 流量槽中聚集流上的实际测量。这个过程将聚集流转换为特征空间中的一个 2D 点。如果特征测量偏离于典型的流量剖面，那么这整个流量槽就被标记为异常的。形成训练层框架的每个块可描述如下：

1）预处理：在这个阶段，净化每个典型的流量踪迹。实施这种处理，目的是清除重复的或误捕获的报文。依据协议（TCP、用户数据报协议和互联网控制消息协议），对踪迹实施过滤。

2）流产生器：在每个训练流量槽上，依据五元组定义，产生各个流。

3）流聚集：对于一个给定的 CK-r，对所产生的流进行聚集。聚集流的数量将取决于固定 r 字段符号系统的势，即 A_i^r。

4）熵量化：对于每个聚集流，估计自由维度的原始熵。结果被表示为一个 3D 空间中的点云。

5）降维：通过使用 PCA，变换一个流量槽中熵点集合。第一个主分量行为具有这样的性质，它捕获了由非法活动导致的流量模式中的变化。

6）特征选择：通过识别 KDE 中混合数 $\mathbb{K}$ 的一个过程，得到第一个主分量的两个选

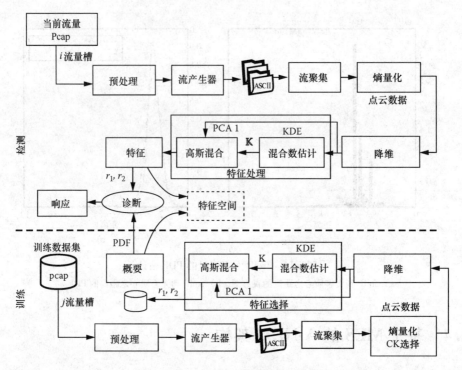

图 11.12   A-NIDS 建议的块图结构

中的特征，其相应的密度参数是使用 GMM 估计的。

7）剖面：在这个过程下训练数据集的分析，产生具有特征各值的新数据；这些数据采用式（11.5）和式（11.6）中描述的模型进行拟合。采用这种方法，表征流量的典型行为。

在检测层，过程类似于训练层的过程；换句话说，它实施的功能与在训练层中从预处理直到特征选择的功能一样，唯一的区别是不产生一个剖面。与此不同，从每个正被监测的流量槽，和在传递上述列出的阶段之后，抽取 r_1 和 r_2 特征，并与由训练层提供的参考剖面进行比较。在这种特征和得到的剖面之间找到一个差异，即找到特征偏差的情形中，向网络管理员标识出一次异常，从而可对之进行进一步分析，就可能的入侵，可做出决策。过量点方法可被集成在 A-NIDS 架构内，作为一种替代的或备份的诊断工具，这可在检测层提供响应。过量点方法的使用，可帮助降低信息处理（需求），原因是点云数据是用来实施这种方法论避免使用降维法的那些数据。

图 11.13a 给出由 Blaster 产生的两种流量：正常流量和异常流量。前者被分组为三个不同的区域，后者仅被分组为两个区域。它可帮助应用有监督的分类技术，方法是将分隔它们的相应类。在图 11.13b 中，在正常流量和由 Blaster 蠕虫产生的异常流量这两种情形上，给出特征 r_1 的流量分布。

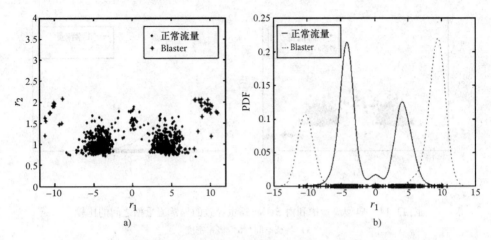

图 11.13　典型流量槽和由 Blaster 蠕虫导致的异常流量槽之间的比较
a）特征空间　b）各 PDF

11.4.1　测试结果

在本节，在 PCA 方法论的帮助下，我们给出这样的结果，说明我们如何可降低熵空间的维度，且仍然基于一个新的 2D 特征空间能够检测异常。我们也说明了在这种特征空间中点的特征可由各高斯 PDF 的混合来表征。

图 11.13a 给出特征空间中的点，这是针对两种类型的流量（正常的和异常的）应用 PCA 之后得到的。每个时间槽产生所示的几个点。在 2D 图形中不集中的各点是由 Blaster 蠕虫攻击产生的那些点。正常流量被分组到三个不同区域，而异常流量仅被分组到两个区域。这两个区域是明显地相互有区别的；它可有助于应用有监督的分类技术，方法是分隔它们相应的类。

在图 11.13b 中可看到，相对于典型流量，r_1 的模型在由 Blaster 蠕虫导致的流量性质给出一个显著的差异。在特征空间中数据点的凸边界的极点（顶点），包含正常流量的类。那么，可这样设计一个分类器，其中考虑属于典型流量类之边界外部的数据实例。

在 Sasser 蠕虫的情形中，流量槽被分组到如图 11.14a 所示的一个区域。在图 11.14b 中，给出正常流量和由 Sasser 蠕虫产生的异常流量之间的差异，该差异是第一个主分量中方差的减少量，是由特征 r_2 捕获到的。

11.4.2　过量点结果

使用桶方法，在桶边长 $s = 1.5$ 比特时，找到过量点方法的无害质心，对于熵空间中质心的位置，这给出不错的结果。在表 11.2 中给出 Blaster 和 Sasser 蠕虫的似然比率（在其中找到过量点），其中零均值指对于一个给定的聚集键找不到过量点。

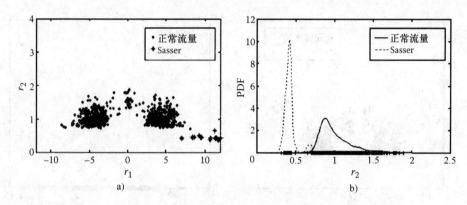

图 11.14　典型流量槽和由 Sasser 蠕虫导致的异常流量槽之间的比较

a）特征空间　b）概率密度

表 11.2　**Blaster 和 Sasser 蠕虫的似然比率**

攻击	srcIP	srcPrt	dstIP	dstPrt
Blaster	0.01	0.00046	0	0.000911
Sasser	0.0034	0.000325	0.0018	0.000454

在图 11.15 中，给出了为一个 Blaster 蠕虫攻击的所有参数找到的 PDF 之结果，而在图 11.16 中，给出一个 Sasser 蠕虫攻击的所有参数的结果。如在图 11.15 中看到的，对于四个聚集键中的三个（dstIP 作为一个例外情况，即对于这个参数没有过量点），存在一次 Blaster 攻击的清晰检测，因为 PDF 是容易加以区分的。在图 11.16 中，对于四个聚集键，在两个 PDF 间存在明显的差异；因此，检测到这次攻击。采用核平滑方法找到的 PDF 拟合，就像已经长时间研究的那样，可由无害流量和异常流量的一个正态分布加以替换，以此来简化分析，且对于那种类型的分布，误差的概率是非常稳定的。在考虑到在两类流量行为之间完成有效地识别出差异这样的目标时，可使用正态分布。

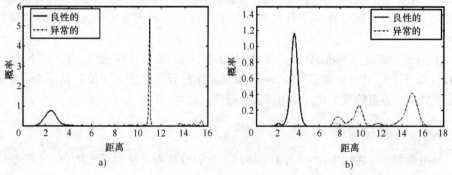

图 11.15　针对过量点方法，一次 Blaster 蠕虫攻击的概率比较

a）CK srcIP 的 PDF 比较　b）CK srcPrt 的 PDF 比较

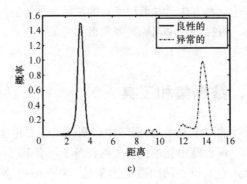

c)

图 11.15　针对过量点方法，一次 Blaster 蠕虫攻击的概率比较（续）

c）CK dstPrt 的 PDF 比较

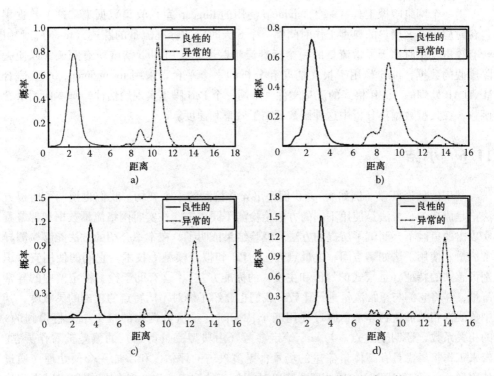

图 11.16　针对过量点方法，一次 Sasserr 蠕虫攻击的概率比较

a）CK srcIP 的 PDF 比较　　b）CK dstIP 的 PDF 比较

c）CK srcPrt 的 PDF 比较　　d）CK dstPrt 的 PDF 比较

如果攻击具有 Blaster 和 Sasser 蠕虫的相同特征，则过量点方法实施得不错，其中 IP 源和目的地地址在熵空间中产生高的熵变率。过量点方法论对于其他类型的攻击低效的原因是，一些类型的攻击展示出这样一个行为，得到的熵点非常接近于无害质心；因此，位于边界（由无害行为提供的）外的异常点的量（即过量点），在一些情形中是

非常小的或为零，且采用这种方法，对那种流量的剖析是不可能的。对于其他攻击，由流量数据集得到的质心，可接近于由训练数据集得到的无害质心，这确认了在对异常做出决策的同时，需要组合使用检测工具。

11.5　试验平台、数据集和工具

在一个分为四个子网的一个 C 类 IP 网络中，测试了蠕虫传播。有 100 台主机，主要运行 Windows XP SP2。两台路由器连接各子网，各子网有 10 台以太网交换机和 18 台 IEEE 802.11b/g 无线接入点。核心网的数据速率是 100Mbit/s。网络的一个分区（sector）是有意留作处于脆弱状态，有 10 台没有打补丁的 Windows XP 站。在试验中，在脆弱分区，释放 Blaster 和 Sasser 蠕虫。

由一个网络嗅探工具（基于 tcpdump 使用的 libpcap 库）收集数据集。这个数据集包含对应于一名用户的典型工作时间中一个 6 天时段的标准流量的踪迹（trace），和组合有攻击发生时那天异常流量的一个标准流量踪迹。使用 plab 清洗所有踪迹，以便去除虚假的数据，plab 是用于报文捕获和分析的一个平台。采用 ipsumdump，产生适合 MATLAB 处理的 ASCII 格式的流量文件。采用一个 Perl 脚本实现熵估计，脚本使用哈希函数，在大型数据集分析中这种函数证明了效率和速度。

11.6　小结

基于信息论概念（例如熵），我们提出异常检测的一个架构。我们也说明了所提方法论是成功的，方法是使用不同的方法论检测不同攻击。在实时网络流量数据和部署真实攻击的负载下，测试了所提的方法。经验结果证明了，在本章介绍的方法能够检测异常流量。使用了诸如熵空间、过量点方法、PR 和拟合模型等技术。它们的使用支持识别可感知的特征（远模式的均值和主模式的标准方差），这有助于检测特定槽中的异常流量，并将它们与正常流量进行比较。我们也介绍了熵对不同特点的攻击的灵敏度，其中负线性相关捕获到异常；通过使用四个特征间（是从数据集的报文中分析得到的）的相关系数，证明了这点。与一个给定参考（由典型流量得到）的偏差被看作异常。未来工作将考虑具有高体量流量的场景，更多攻击的评估，和添加一个预处理（通过使用像 Snort 的 S-NIDS）。预处理意味着过滤著名的攻击，以一种较好的方式以得到代表正常流量的特征。

11.7　未来研究

在本章中给出的结果引导我们考虑要追求的几项工作，作为与网络中异常检测领域有关的未来研究领域。例如，就熵空间而言，我们可看到这些需要通过使用向量空间而加以形式化地定义，且一旦具有这样的基础，熵空间可被看作由两个区域组成：无害区域和异常区域。为了拥有一个决策过程，可应用来自信息和通信理论的最大似然和最大先验概率论。

感兴趣的另一个领域将是通过流量报文到达间隔表征的异常检测。由联网观点看，当存在一个异常时，诸如重尾、自相似、长范围相关和 alpha 稳定性等流量特点就会发生变化，可使用信息论的度量指标跟踪变化量，并确定异常是否存在。

另一个重要观点是，为处理无害流量的变化特点，参考必须有的自适应性和动态性，原因是应用和新用户要在天的基础上添加到网络。一些结果，虽然在本书中介绍有点重复，但可看作离散时间序列的乘积，这些序列需要采用数字滤波器处理，以便产生可感知异常的一个响应。这些滤波器必须适用于网络条件的变化，并需要依据动态过程而随时间变化，该过程指导参数如何必须在不同时间进行设置。

致　谢

我们感谢 CONACyT 通过项目 Investigación Básica SEP-CONACyT CB-2011-01 "Modelos y algoritmos basados en Entropía para la Detección y Prevención de Intrusiones de Red"（基于熵的模型和算法的网络入侵检测和预防）的资助。如果没有这样的资助，将不可能有本章和这里给出的结果。

参 考 文 献

1. Canavan, J. E., *Fundamentals of Network Security*, Artech House, Norwood, Massachusetts, USA, 2001, 194.
2. Mukherjee, B., Heberlein, T. L. and Levitt, K. N., Network intrusion detection, *IEEE Network*, 8 (3), 26–41, May/June 1994.
3. Heady, R., Luger, G., Maccabe, A. and Servilla, M., The Architecture of a Network Level Intrusion Detection System, Technical Report CS90-20, Department of Computer Science, University of New Mexico, August 1990.
4. Furnell, S. M., Katsikas, S., Lopez, J. and Patel, A., *Securing Information and Communications Systems: Principles, Technologies, and Applications (Information Security & Privacy)*, Artech House, Norwood, Massachusetts, USA, 2008, 166.
5. Solomon, G. and Chapple, M., *Information Security Illuminated*, Jones and Bartlett Learning, Sudbury, Massachusetts, USA, 2005, 327.
6. Whitman, M. E. and Mattord, H. J., *Principles of Information Security*, Fourth Edition, Course Technology, Cengage Learning, Boston, Massachusetts, USA, 2012, 305.
7. Malik, S., *Network Security Principles and Practices*, Cisco Press, Indianapolis, Indiana, USA, 2002, 420.
8. Common Vulnerabilities and Exposures. CVE is a dictionary of publicly known information security vulnerabilities and exposures. Available at http://cve.mitre.org/.
9. Snort: The De Facto Standard for Intrusion Detection and Prevention. Available at http://www.source fire.com/security-technologies/open-source/snort.
10. Chandola, V., Banerjee, A. and Kumar, V., Anomaly detection: A survey, *ACM Computing Surveys*, 41 (3), 2009, article 15.
11. Thatte, G., Mitra, U. and Heidemann, J., Detection of low-rate attacks in computer networks, in Proceedings of the 11th IEEE Global Internet Symposium, Phoenix, AZ, USA, IEEE, April 2008, 1–6.
12. Lakhina, A., Crovella, M. and Diot, C., Mining anomalies using traffic feature distributions, in ACM SIGCOMM, 2005, 217–228.
13. Mahoney, M., Network traffic anomaly detection based on packet bytes, in *Proceedings of the ACM*

SIGSAC, 2003.

14. Mahoney, M. and Chan, P. K., Learning nonstationary models of normal network traffic for detecting novel attacks, in Proceedings of the SIGKDD, 2002.

15. Wang, K. and Stolfo, S., Anomalous payload-based network intrusion detection, *Recent Advances in Intrusion Detection. Lecture Notes in Computer Science*, Jonsson, E., Valdes, A. and Almgren, M. (Springer Eds.), Berlin, Germany, 2004, 203–222.

16. Karim, A., Computational intelligence for network intrusion detection: Recent contributions, in CIS 2005, Part I, LNAI 3801, Hao, Y. et al. (Eds.), Springer-Verlag, Berlin, 2005, 170–175.

17. Tsai, C., Hsu, Y., Lin, C., and Lin, W., Intrusion detection by machine learning: A review, *Expert Systems with Applications, Elsevier*, 36 (10), 2009, 11994–12000.

18. Thottan, M. and Ji, C., Anomaly detection in IP networks, *IEEE Transactions on Signal Processing*, 51 (5), 2003, 2191–2204.

19. Celenk, M., Conley, T., Willis, J. and Graham, J., Predictive network detection and visualization, *IEEE Transactions on Information Forensics and Security*, 5 (2), 2010, 287–299.

20. Toft, J., Minimization under entropy conditions, with applications in lower bound problems, *Journal of Mathematical Physics*, 45 (8), August 2004.

21. Shannon, C., A mathematical theory of communication. *Bell System Technical Journal*, 27, 1948, 379–423 and 623–656.

22. Paninski, L., Estimation of entropy and mutual information, *Neural Computation*, 15, 2003, 1191–1253.

23. Gu, Y., McCallum, A., and Towsley, D., Detecting anomalies in network traffic using maximum entropy estimation, in Proceedings of the 5th ACM SIGCOMM Conference on Internet Measurement (IMC'05), ACM, New York, 2005, 1–6.

24. Wagner, A. and Plattner, B., Entropy based worm and anomaly detection in fast IP networks, in Proceedings of the 14th IEEE International Workshop on Enabling Tech.: Infrastructure for Collaborative Enterprise, 2005, 172–177.

25. Xu, K., Zhang, Z. and Bhattacharyya, S., Internet traffic behavior profiling for network security monitoring. *Transactions on Networking, IEEE/ACM*, 16 (3), 2008, 1241–1252.

26. Lall, A., Sekar, V., Ogihara, M., Xu, J. and Zhangz, H., Data streaming algorithms for estimating entropy of network traffic, in International Conference on Measurement and Modeling of Computer Systems, Saint Malo, France, 2006.

27. Marques de Sa, J. P., *Pattern Recognition: Concepts, Methods and Application*, Springer, Berlin, Germany, 2001.

28. Bishop, C. M., *Pattern Recognition and Machine Learning*, Springer Science + Business Media, Berlin, Germany, LLC, 2006.

29. Duda, R. O., Hart, P. E. and Stork, D. G., *Pattern Classification*, 2nd edition, Wiley, New York, 2001.

30. Kpalma, K. and Ronsin, J., An overview of advances of pattern recognition systems in computer vision. *Vision Systems: Segmentation and Pattern Recognition*, Obinata, G. and Dutta, A. (Eds.), I-Tech, Vienna, Austria, June 2007, 546.

31. He, X., Yan, S., Hu, Y., Niyogi, P. and Jiang Zhang, H., Face recognition using Laplacianfaces. *IEEE Transactions on Pattern Analysis and Machine Intelligence*, 27 (3), 2005, 328–340.

32. Härdle, W. and Hlávka, Z., *Multivariate Statistics: Exercises and Solutions*, Springer Science + Business Media, LLC, Berlin, Germany, 2007, ISBN 978-0-387-70784-6.

33. Barakat, C., Thiran, P., Iannaccone G., Diot, C. and Owezarski, P., Modeling Internet backbone traffic at the flow level. *IEEE Transactions on Signal Processing, Special Issue on Networking*, 51 (8), August 2003.

34. McLachlan, G. J. and Peel, D., *Finite Mixture Models*, Wiley Interscience Publication, USA, 2000.

第 12 章　网络管理系统：进展、趋势和系统未来

12.1　引言

12.1.1　概述

网络管理是如今网络主管和经理们要面对的最重要任务之一。它确保网络资源的有效利用和运行在其上的服务的平滑操作运行。随着网络指数性的增长，网络管理已经成为检测网络中的故障、维持服务水平协议（Service-Level Agreement，SLA）和确保服务可靠性所不可缺少的。"由此网络管理包括处理一个网络的运行、维护和管理之所有活动和工具"[1]。

12.1.2　NMS 协议

网络管理协议是管理器和代理用来相互通信的语言。它们定义在管理实体和被管理实体之间请求和响应消息的格式和消息结构。

12.1.2.1　SNMP

简单网络管理协议（Simple Network Management Protocol，SNMP）是网络管理最普遍使用的协议之一。该协议是由互联网工程任务组（Internet Engin Task Force，IETF）设计和标准化的。SNMP 是由管理器和代理组成的一个管理模型。要被监测和管理的网络设备称作被管对象。设备可以是一台路由器、交换机、集线器或甚至台式机。代理是一个小型软件程序，它驻留在被管对象上。代理提供管理器和被管对象之间的一个接口[2]。代理将管理信息存储在称作管理信息库（Managed Information Base，MIB）的一个虚拟信息数据库之中。管理器是从各代理收集信息并对之进行处理的组件。管理器有时也指网络管理系统本身，原因是它向设备发出请求、返回消息，且由此管理流。

SNMP 是控制管理器和代理之间通信的协议。一台被管设备的每个特性称作一个 MIB 对象。因此，对象由一个或多个变量组成。SNMP 使用如下消息集合进行通信[3]：

1）"Get"由管理器使用，检索一个特定变量的值。

2）"GetNext"用来从代理的列表上检索下一个变量的值。

3）"Set"由网络管理系统使用，改变一个特定变量的值。

4）"GetResponse"是作为对一条"Get"或"GetNext"请求的响应，由代理向管理器发送的消息。它返回所要变量的值，或如果被请求的变量是不可管理的，则返回一条错误消息。

5）Trap（陷阱）消息是由代理向管理器发送的消息，将设备中的任何错误或故障

通知管理器[3]。陷阱是由代理产生的，不是由管理器请求的。对于缺少直接通知的情形，这些是必不可少的，直到下次由管理器查询之前，故障将保持未被诊断的状态。

不同消息的流程如图 12.1 所示。

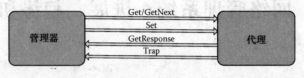

图 12.1　SNMP

12.1.2.1.1　消息结构

SNMP 消息由三部分组成[4]：

SNMP version（SNMP 版本）：这规定在用的 SNMP 版本。该字段是 4B 长的，帮助在不同版本之间维持兼容性。

Community string（团体字符串）：团体字符串用来保护驻留在被管设备上的信息。SNMP 消息中的字符串应该与配置于被管设备上的团体字符串相同。

SNMP protocol data unit（PDU，SNMP 协议数据单元）：本节包含 SNMP 编码的信息。PDU 由如下字段组成：PDU 类型、请求 ID、错误状态、错误索引、名字和对象实例的值对。

PDU 类型指明操作的类型，即 Get/Set 等。在接下来的字段中指定要求的参数，包括变量的名字和值。通过使用一个标识符，请求 ID 用来将请求消息与相应的响应联系起来。错误状态和错误 ID 字段仅适用于响应消息。如果发生一个错误，则错误状态给出一个错误类型，且错误 ID 指定相应的消息 ID。后跟的名字和值字段给出变量实例的名字及其相应的值，如图 12.2 所示。

图 12.2　SNMP 消息结构

12.1.2.1.2　SNMP 通信

图 12.3 给出一个典型的 SNMP 通信模型[4]。当 SNMP 管理器想要知道代理所驻留设备的状态时，它准备带有所请求变量之（OID）的一条 SNMP 报文。之后消息被传递到 UDP 层。接下来，UDP 层将一个 UDP 首部添加到消息，并将得到的数据报传递到 IP 层。同样，添加一个 IP 首部（包含来自管理器的 IP 和 MAC 信息），且报文被传递到网络接口层。该报文传输通过路由器和媒介，并到达代理。同样，报文以相反顺序通过这四层。响应遵循反向路径到达管理器[5]。

12.1.2.1.3　SNMP 版本

SNMP 有三个版本：SNMPv1、v2 和 v3。每个版本都是在前面版本功能上实现的。如今在不同实现中所有版本是共存的。

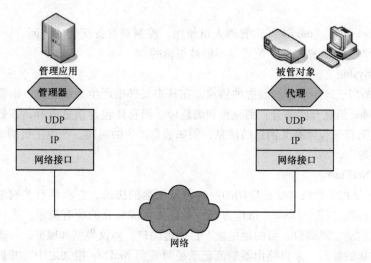

图 12.3　SNMP 通信模型

12.1.2.1.3.1　SNMPv1

最早形式的 SNMP 被称作 SNMPv1。它是该协议的最简单和最原始形式，如此，它就有某些固有的限制。SNMPv1 使用顺序检索；因此，当处理大量管理信息时，这被认为是没有效率的。对安全威胁是脆弱的，因此仅用于监测目的。因为不充分的安全功能，它在配置管理方面的用途受到限制[3]。

12.1.2.1.3.2　SNMPv2

SNMPv2 向协议添加了更多的功能。为收集较大量的管理信息，引入了一项"Get"块式操作。另外，重新定义了 PDU 格式，所以相同的 PDU 可用于不同操作。通过将陷阱的 PDU 与 get 和 set 的 PDU 相同，简化了陷阱[4]。

12.1.2.1.3.3　SNMPv3

协议的这个版本解决了较早版本中的安全缺陷。它引入 SNMP 消息的加密和 SNMP 管理器的认证[2]。作为这些措施的结果，SNMPv3 就不太容易受到安全威胁。

12.1.2.2　Netconf

Netconf 是将扩展标记语言（XML）用于被管设备配置的一种管理协议。它提供管理文件和数据库的操作，它们存储被管设备的配置细节。它以一种层次结构方式组织信息[6]。Netconf 使用 XML 编码管理操作。Netconf 提供如下操作[6]：

1）"Get-config"用于从被管设备检索一个配置文件。配置文件的源必须作为一个参数提供。如果没有指定参数，则运行配置作为一个缺省选项被检索。

2）"Get"是得到被管对象任何状态变量之值的一个通用操作。

3）"Edit-config"用于修改设备的配置。

4）"Copy-config"用于将一个文件中的配置拷贝到某个目标位置。

5）"Delete-config"用于从一个被管设备清除一个配置。但是，运行配置是不会被清除的。

6）"Lock"和"unlock"由管理人员使用，控制对设备配置的访问。一旦被锁定，则直到被管理人员解锁之前，配置是不能被编辑的。

12.1.2.3　Syslog

Syslog 是用于产生可解释日志的协议。在日志文件中产生系统消息，由管理应用加以解释。Syslog 消息有两部分：消息头和消息体。消息体包含消息内容，多数情况下是英文文本。消息头包含有关消息的信息，例如消息产生的时间、产生主机的 ID 和名字、消息严重性等[6]。

12.1.2.4　NetFlow

NetFlow 是用于计费和性能应用的一种特殊用途的协议；它收集有关网络流量的统计数据[6]。一条"流"（flow）指作为同一条连接组成部分的所有流量。表征一条流的各参数有源地址、源端口、目的地地址、目的地端口、协议类型和服务。一条流记录指为一条流收集的数据。来自路由器的流记录被封装到 NetFlow 报文之中，并被发送到一个 NetFlow 收集器，在这里存储流记录以便进一步处理和分析[6]。

图 12.4 给出 NetFlow 报文的结构[6]。

一个头由如下信息组成：

1）NetFlow 版本；

2）序列号；

3）记录数。

流记录的分析提供了有关不同用户使用网络资源的有用信息，有助于网络规划和流量分析，且也可用于识别潜在威胁。

NetFlow 也有不同版本。NetFlow5 是最普遍使用的。NetFlow9 是最新可用版本。

图 12.4　NetFlow 报文结构

12.2　网络管理系统的架构

任何网络管理系统的主要组件有网元（是被监测的设备）、代理和管理器。代理是一个小型程序，在网元上作为一个 daemon 运行。它作为被管设备和管理系统或管理器之间的一个中介。一个代理由称作管理信息库的一个概念数据库组成，用来存储管理信息。管理器或管理系统运行从代理收集信息的应用，并处理这些信息。管理器使用一种管理协议周期性地查询网络中的各代理，并请求所需的管理信息。从代里收集的信息是原始形式的。管理器在其上实施计算操作，产生有意义的报告。

各组件间的关系如图 12.5 所示。

12. 2. 1　软件探测/RMON

远程监测（RMON）设备或探针是为网络管理收集数据的监测仪器。RMON 是一种特殊的 SNMP MIB，被用来将一些管理任务委派给 RMON 探针[6]。RMON 可以是一个独立设备或软件。许多网元，例如路由器，也有如图 12.6 所示的 RMON 能力。

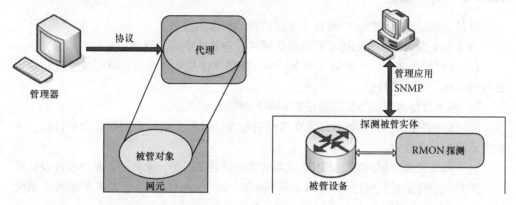

图 12.5　网络管理系统架构　　　　　　　　　图 12.6　RMON 探针

探针收集并提供有关流量分析、用户和应用的统计信息。这个信息对网络管理和流量工程是有价值的。

RMON 是针对基于流的监测、报文捕获和管理功能而设计的；例如数据分析，还有数据收集和存储。

可使用主动探针和被动探针。在主动探测中，一些网元的功能被用来将流动的流量镜像到一个端口。之后，这些数据被传递到管理应用。在被动探针中，探针被放置在两个网元之间，使用一个电或光分离器。这类似于线路的分支方法。

RMON 有两个版本：RMON-1 和 RMON-2。RMON-1 用于监测直到 OSI 模型媒介访问控制（MAC）层的流量。它由 10 个 MIB 组构成，这对网络监测是必不可少的。RMON-1 中的 MIB 组有以太网统计、历史控制、以太网历史、告警、主机、HostTopN、Matrix（矩阵）、过滤器、报文捕获和事件[6]。

RMON-2 是 RMON-1 的扩展，目标是监测网络和应用层中的流量。

12. 2. 2　收集器

收集器采集并存储数据报文流，并分析之。数据可以是被动收集的或通过使用 Net-Flow 收集的。对于 NetFlow，路由器被配置为以流记录的形式输出数据。流记录由 Net-Flow 收集器收集，并存储以便进行进一步的分析和应用。对于被动收集，所有数据通过一个接口发送到收集器。为之配置一个特殊端口。这种数据收集模式是混杂的，且更安全[6]。

收集器也可实施其他功能，例如下面这些：

1）流分析；

2）中介和存储；

3）话音分析；

4）网络行为分析。

12.2.3　硬件加速

硬件加速是使用硬件实施要快于类似软件的操作的过程。

由于如下原因[7]，人们感觉到在现代网络管理系统中需要硬件加速：

1）在目前高速下一代网络（NGN）中数据的体量是非常大的。通用计算机经常不能处理这样高体量的数据。

2）基于软件的应用不足以满足数 Gbit 网络的需求。

3）从网络设备接收到的数据需要进行后处理，以便支持针对网络管理的分析，由此要求高的计算能力。

对于网络管理应用而言，通用处理器的性能显著证明是一个瓶颈。新的硬件设计技术，例如应用特定集成电路（Application-Specific Intergrated Circuits，ASIC）和片上系统（System on Chip，SoC），为这个问题提供了解决方案[7]。

现场可编程门阵列（Field Programmable Gate Array，FPGA）是用来实现硬件加速的最常用技术之一。FPGA 是可重构的硬件芯片，可被编程来实现逻辑。因此它们可被用来开发原型系统和实现算法。硬件描述语言，例如 VHDL 和 Verilog，可被用来编程硬件。之后代码可被编译并写到 FPGA。

硬件加速提高了管理系统的速度，并改进了它们的性能，原因是高计算处理功能被指派给协处理器，而处理器可集中在核心功能上[8]。

12.2.3.1　带有可编程处理芯片的网卡

各厂商[9,10]生产出带有 FPGA 的网卡。一个可编程处理芯片的存在，使这些卡可被用来加速与网络安全有关的解决方案和报文捕获。这些卡也可被用来实现算法原型。标准服务器网络接口卡（Network Interface Card，NIC）不适合网络分析和安全应用，原因是它们不能处理大体量的数据，并可能会过载，导致报文丢弃。因此，针对高速网络而专门设计的 NIC，被用来处理以吉比特速度运行的网络。性能的差异是 NIC 用来处理数据的方法的结果。标准 NIC 逐帧地处理数据，使用 NIC 驱动和操作系统。在这种方法中CPU 消耗在高数据速率下是急剧增加的，由此吞吐量下降。专门设计的 NIC，也称作实时 NIC，通过旁路 NIC 驱动和 OS，并直接传输数据，而克服了这个限制。这些适配器能够解码数据帧并定义流（flow）[9]。

12.2.3.2　开发平台和硬件加速仪器

要求一个开发平台加速硬件加速解决方案的开发过程。这些平台帮助开发可扩展的基于 FPGA 的应用[10]。可编程卡和开发平台可有助于一个硬件加速仪器的开发，该仪器可用于网络监测应用的快速处理任务[11]。这样的仪器可以高速捕获报文，报文损失几乎为 0%。这种加速的解决方案能够在任何帧尺寸和任何线路速率处理数据。同时，它们对网络用户是完全透明的，因为所引入的延迟是最小的。这些仪器配备有专门设计的 NIC，这些 NIC 实施诸如报文过滤、报文分类、打标签和高速流分发[9]等任务。

12.3 NMS 功能和参考模型

网络管理系统的功能可由各种参考模型表征。这些模型将管理功能分成功能域。

12.3.1 FCAPS 参考模型

FCAPS 参考模型是由 IETF 提出的，也称作 OSI 开放系统架构参考模型。FCAPS 是故障、配置、计费、性能和安全的一个缩写，这些是在该模型下涵盖的管理功能。

12.3.1.1 故障管理

这项管理功能涉及在网络中检测、隔离和解决故障和异常[6]。这是概况术语，涵盖几项任务，包括但不限于如下几项[1]：

1）实时地监测网络资源和服务；

2）故障诊断，根源分析，日志生成，和防止网络中故障的先验措施；

3）维护网络故障和事件的一个数据库；

4）为防止故障先验地监测网络。

故障管理增加了网络的可靠性，方法是帮助网络管理人员及时地检测故障，并采取正确的措施。为检测故障，对网元实施偶然的轮询。轮询的频率，也称作轮询间隔，是由网络管理人员确定的。存在一个折衷，涉及将参数指定为低的轮询间隔值（确保故障的及时检测）和指定为一个较高的值（保留带宽）[1]。除了正常轮询外，代理通过产生陷阱，将异常事件通知给管理器。

一旦检测到故障，其报告也是网络管理中的一项不可缺少的元素。一些常见形式的故障报告包括文本消息、电子邮件提警、SMS 提醒、音频告警、弹出框等。各种工具的图形用户界面也使用彩色编码指示告警。绿色意味着设备处在运行状态，红色指明设备处在死机状态，黄色可能指明某个错误。

12.3.1.2 配置管理

配置管理是与监测网络组件的配置以及更新配置相关联的功能。也为进一步分析和关联到网络故障存储配置信息[12]。

配置管理增加了网络管理人员对网络的控制，原因是可跟踪任何配置中的任何变化。它也有助于保持配置最新。采用配置管理，各种组件的清单管理也是比较简单的。

配置被存储在一个中心位置的 ASCII 文件或数据库管理系统（DBMS）[1]中。

12.3.1.3 计费管理

计费管理涉及测量和规范约束网络利用。它也包括设置用户配额和按照使用情况产生计费信息。它帮助网络管理人员规范网络使用，并确保资源的最优使用。涉及到的步骤如下[1]：

1）测量资源利用率

2）分析使用模式和设置配额

3）测量使用情况并产生计费信息

12.3.1.4　性能管理

性能管理涉及测量和维护网络的性能水平[6]。为做到这点，要连续地监测各种参数或变量，并报告任何性能降级。一些网络性能变量包括网络吞吐量、链路容量利用率和响应时间。

这个过程涉及收集有关性能变量的信息、分析数据并确定阈值水平。如果变量超过定义的阈值，则产生提醒。

性能管理也涉及采取先验措施，例如观察当前的带宽利用率，以便为资源的及时规划和增强而预测未来使用[1]。

12.3.1.5　安全管理

安全管理涉及到控制对敏感网络信息的访问，并检测非授权访问。该过程涉及识别安全的资源，并匹配接入点或用户集（可访问敏感信息）。也监测对这些资源的访问，并对非授权尝试做日志记录。

使用各种安全技术保障网络的安全[1]：

1）在数据链路层完成数据的加密

2）在网络层使用报文过滤器

3）在主机层可使用用户认证和密钥认证

12.3.2　OAM&P 模型

FCAPS 模型的一种替代模型是运营、管理、维护和提供（OAM&P）模型[6]。

1）运营涵盖网络正常的按天运行所需的活动。与 OAM&P 模型的其他三项功能协调也使这项功能的一部分。

2）管理包括运营网络所需的各种支持活动，例如跟踪使用情况、维护清单记录、对用户计费等。

3）维护涵盖的功能是检测网络中的故障并修正故障以使网络发挥全部功能。

4）提供是配置各种网络组件和服务的过程。

12.3.3　性能度量指标

通过考虑某些度量指标，可评估网络管理系统的有效性。下面是评估网络可靠性的性能指标[6]：

● 可用性：这个指标测量网络在期间正确发挥作用的时间百分比。也使用可用性的一种修正计算，它考虑到计划内的死机时间。

● MTBF：故障之间的均值时间是常用的另一项性能度量。它被度量为随机网络故障之间将消逝的平均时间。它指明网络有多频繁地会面临故障，且独立于故障持续的时长。

● MTTR：修复的均值时间，指明在一次中断或失效之后，服务恢复要花费多长时间。它被度量为在发生一次故障和服务恢复之间消逝的平均时间。

这三个度量指标由下式发生相互关系：

$$可用性 = MTBF / (MTBF + MTTR)$$

12.3.4　网络管理工具

技术将几项工具添加到网络管理人员的装备库，范围从简单的设备管理器和网络分析器到应用层网络管理系统，这可辅助网络操作人员高效地管理网络。在管理组织机构网络中广泛使用的网络管理系统包括开源解决方案（例如 OpenNMS）和专用解决方案（例如 CiscoWorks）。一个特定系统的选择取决于将被网络和运行在其上之服务的特性。

12.4　NGN 管理

随着网络演进发展到下一代，网络管理也获得新的维度。NGN 涉及话音、数据、视频和增强服务的融合。所以就需要一个集成平台管理所有这些服务，即 NGN 管理（NGN Management，NGNM）

12.4.1　挑战

在 NGN 中，现有网络和新网络共存，由此使网络组成多样化了。NGN 经常由来自全球的几个服务提供商的异构网络组件组成。这些特征组合在一起使 NGN 的网络成为一项具有挑战性的任务。

12.4.2　NGN 网络场景

NGN 的特征是将网络和服务分离，将每项网络和服务看作一个独立的实体[13]。一个典型 NGN 的架构如图 12.7 所示。

服务网络负责在一个 NGN 中将服务提供给用户。它由服务用的服务器组成，例如 web 服务器、邮件服务器、代理服务器等。各服务器通过一个高速网络相互连接。一个核心网具有数据传输和与互联网接口的职责。它形成网络的骨干，并由路由器和网关组成。一个接入网络作为核心网和用户网之间的一个接口。表征一个 NGN 的不同访问介质（包括卫星、光纤、ADSL、LAN 等）是接入网络的一部分。用户网络是端用户设备组成的一个网（web），包括台式机、笔记本、移动手机、个人数字助理（PDA）等。

12.4.3　NGN 管理的特征

NGN 的管理战略不同于用于传统公众交换电话网（PSTN）和数据网的那些管理战略[14]。在下面各节中讲解 NGN 管理的一些特征。

12.4.3.1　集成管理

NGN 涉及几项新技术的混合体，例如多协议标记交换（MPLS）、自动交换光网络（ASON）等。常见实践是涉及一家以上的服务提供商，才能使这些服务可用。这就转

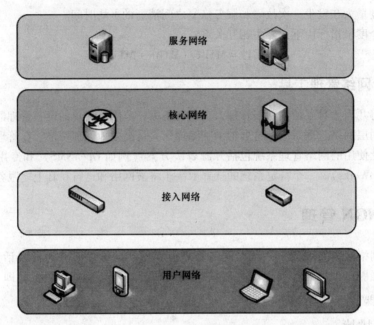

图 12.7　NGN 架构

变为网络中的异构组件和平台。对网络管理系统而言，这种异构实体的管理是一项具有挑战性的任务。要求一种集成解决方案，该方案在这些不同实体之间进行互操作处理[13]。

12.4.3.2　服务质量

在 NGN 中，话音、数据、视频和互联网服务都共同运行在同一介质上。因此，因为流体积是非常高的，所以为不同服务维持服务质量（QoS）是一项挑战。有必要实时地监测流量，且在出现拥塞的情况时，首先传输高优先级报文。同样紧迫的是监测性能参数，例如带宽使用情况、报文丢失、抖动等，并保持这些参数在被允许的阈值之下[13]。

12.4.3.3　拓扑生成

NGN 经常可由变化的拓扑和分布式的节点所表征。当新的网元加入网络时，拓扑会发生变化。这就要求网络管理系统在管理数据库中反映出变化。另外，网元的配置也会是变化的；因此，配置管理应该是动态的和无人干预的[14]。

12.4.3.4　专用的服务监测

在 NGN 中，服务和顾客体验被赋予最高优先级。服务提供商和网络管理人员期望维持 SLA，并保持宕机时间最小。因此就有必要使 NGNM 系统中的流量和服务监测是完全自动化的。流量管理和控制也应该是自动化的，且应该牵涉最少的操作人员控制[13]。

12.4.3.5　基于策略的管理

因为 NGN 架构经常是分布式的，所以也要求管理框架是去中心化的。为检测服务和应用策略，管理中心（们）也要分布在网络之上。这些中心互联协调管理活动。在分布式架构和管理观点下被采用的一种新方法，是基于策略的网络管理（Policy-base Network Management，PBNM）。这种方法提供网络的分布式控制和管理。一个 PBNM 系统的架构如图 12.8 所示。

图 12.8　PBNM 架构

一个 PBNM 系统的组件如下[13]：

1）策略决策点：这是一台策略服务器，做出策略实现决策；

2）决策实施点：这个组件与网络中的策略客户端交互；

3）策略客户端：这些客户端接收决策，通过策略实施点实现一个策略。

也使用一个策略数据库，这是一个预定义策略的库，这些策略如带宽分配、性能参数等。各组件之间的通信是通过一个策略协议（例如通用开放策略服务（COPS））协议进行的。通过分布控制，PBNM 使管理人员可自动化和简化管理过程。

12.5　认知行为分析

如今网络管理系统获得了认知能力。使用统计方法和入侵检测技术，可分析网络的行为特点。这使网络管理人员可针对任何即将发生的攻击和威胁而部署保护网络资源的机制。在下面各节中讲解未来网络管理系统要处理的一些关键领域。

12.5.1　弱点管理

弱点可被定义为一个系统、操作系统或应用中的一个漏洞或瑕疵，这会使它们容易遭受攻击。随着网络和互联网技术的扩散，弱点是以一个极大的速率在增加的。攻击者和黑客总是在留心这样的弱点，这可作为网络攻击的容易目标。弱点被利用可导致数据失窃、拒绝服务、OS 损坏和许多其他问题。因此，网络管理人员对其系统中弱点进行管理和打补丁，就是至关重要的。

弱点管理（Vulnerability Management，VM）指检测和修复网络和系统中的弱点的过程。它也包括改进网络各安全组件之间通信，以便针对可能利用这些弱点的攻击进行防御[15]。

VM 系统工作在入侵检测系统（IDS）、防火墙和防病毒系统之上的一个层次。IDS 从各种源处收集信息，并分析信息，以便检测攻击和滥用。但是，它们经常给出假阳性错误，这不是实际的攻击。防病毒系统针对已知病毒提供保护，但因为它们依赖于由厂商发布的签名，对于还没有发布更新的威胁，它们经常提供不了保护。刚刚检测到的和没有签名及可用防御机制的这种弱点，被称作"零日弱点"[15]。

常见弱点和漏洞（Common Vulnerabilities and Exposures，CVE）是一种命名惯例，开发用来标准化弱点的命名。它列出公众已知的弱点和其他信息安全漏洞的名字。在 VM 领域中另一个标准是开放弱点评估语言（OVAL）。它是为检测一个系统上是否存在弱点而开发的通用语言。这种机制涉及 OVAL 查询（以结构化查询语言（SQL））编写的，查找在 CVE 中列出的弱点。

12.5.2　自动化模糊测试

模糊测试或模糊处理是这样的过程，向网络应用提供无效输入，并针对故障而监测它们。这有助于发现弱点，因此保护网络不受黑客的攻击。在基于网络的模糊测试中，在发送到网络组件之前，使输入流发生突变。没有预料到的行为，例如崩溃，指示必须被打补丁的一个弱点。模糊处理技术正被黑客使用，扫描网络以便找到任何瑕疵，并发起攻击。黑客们使用黑盒模糊测试，即，它们随机地生成输入的各种组合。

在过去，模糊测试主要是人工的和个别的（ad hoc）。但是，如今，最普遍的模糊测试模式是自动化的模糊测试或白盒测试。这是基于系统化测试案例生成的。从一个固定输入开始，之后将约束施加到输入；使用一个约束求解器（constraint solver）产生新的输入。这样做是为了最大化代码覆盖范围。

有许多工具可用来实施网络的模糊测试。如下是其中一些：

1）Protosis：一个基于 Java 的网络模糊器，支持诸如 HTTP、SNMP、DNS 等的协议。

2）Scapy：一个基于 Python 的模糊测试工具。

12.5.3　高级的持续威胁

高级的持续威胁（Advanced persistent threat，APT）是复杂的和良好组织的攻击，其中得到网络资源的非授权访问。这种攻击的对象是针对组织机构，目标是偷窃组织机构之网络上的有价值信息。

12.5.3.1　基于缓冲上溢和文件格式弱点的攻击

缓冲上溢攻击是这样设计的，通过分配比缓冲尺寸大的数据，将一个恶意代码注入到程序。缓冲是一个固定尺寸的、连续内存块，用来存储用户输入。当用户输入的尺寸超过缓冲的尺寸时，额外数据被写到一个邻接的内存位置，这经常是代码的返回地址。攻击者们可有意地覆盖返回地址，使之指向注入的恶意代码。没有对用户输入实施自动越界检查的诸如 C/C ++ 的编程语言，经常导致这样的错误。

缓冲溢出是用来发起网络渗透攻击的最常见弱点形式。控制这种错误的一些常见策略包括如下一些[16]：

1）通过实施边界检查和使用安全的库函数（例如"strncpy"而不是"strcpy"），编写安全的代码；

2）通过使用编译器，实施数组边界检查和代码指针的完整性；

3）使用诸如 Java 等语言，编写敏感的代码。

格式字符串弱点是由函数的不正确使用导致的另一类弱点，这些函数使用格式字符串，例如 C 中的 printf 函数。攻击者们使用格式限定符（specifier）读取他们没有权限的内存区，或覆盖指令指针，以便执行恶意 shell 代码。

12.5.3.2　数字伪装和属性问题

伪装攻击是这样的攻击，其中攻击者发起攻击，并通过隐藏在网络中作为合法节点而保护自己。这种攻击经常是安全盗窃的结果，是难以检测的。黑客经常装成网络上的一个合法用户。这种攻击可能导致巨大损失，特别当一名内部攻击者实施这种攻击时尤其如此。

当黑客们偷窃密码并获得真实用户的账号或通过密钥 loggers 时，可导致这种攻击。如果用户们将他们的系统的账户留在打开状态或登录状态，则也可能发生这种攻击。

伪装检测是收集有关每名用户的信息并对用户的概要进行建模的过程[17]。概要包括登录时间、位置、会话时间、命令等。一旦对概要进行建模，则用户登录就与形成的概要进行比较。登录模式中的异常指明一次伪装攻击[18]。

另一项检测技术是在搜索命令的基础上对用户的行为概要建模。搜索概要中的异常模式表明，一名冒充人员获得了用户证书或资源的访问权限。使用的假定是，一名真实的用户知道他的资源和文件系统，并以一种目标导向的和良好定义的方式下进行搜索。另一方面，一名黑客或冒充人员则是随机搜索的。由伪装检测工具检测差异[17]。

12.5.3.3　远程访问攻击/木马

远程访问工具或木马（RAT）是不良软件（malware），通过在被影响的系统中打开后门，向攻击者提供计算机的管理权限。被影响的主机将 RAT 扩散到网络上的其他系统，由此建立起一个机朴网（botnet）。RAT 通常伪装成无害程序，例如电子邮件附件、游戏等。一旦攻击者获得网络资源的访问权，他或她会尝试恶意活动，例如访问机密信息、数据破坏或通过激活一个系统 webcam 而截获实况视频。RAT 的检测是一项具有挑战性的任务，因为它们不会出现在运行任务或服务之中。

保护

防止网络资源不受 RAT 损害而可采取的管理步骤包括如下方面：

1）在网元上阻塞不用的端口；

2）关闭不需要的服务；

3）为检测人们预料不到的模式，而监测外发数据；

4）保持防病毒和操作系统处于最新状态。

12.5.3.4 数字入侵者

通过著名的弱点，数字入侵者获得网络的访问权。通过删除日志、改变时间戳和其他技术，它们停留在网络中并隐藏他们的存在。

入侵者可导致数据失窃、数据破坏以及文件系统和操作系统的损失。他们使用复杂的加密技术偷窃和偷偷渗出数据。数据是在合法流量流（例如 HTML）内部的隐蔽信道之上发送的。利用弱点的一些常见的数字入侵者如下：

1）Poison ivy（毒漆）：这个数字入侵者属于一族不良软件（malware），以一套的形式出现。它运行在一种客户端服务器模型，并将被感染的机器转换为一台 RAT-生成和分布服务器。之后它所产生恶意二进制代码，通过被利用（exploit）和弱点而被分布到网络的其他系统上。

2）Spear phish（鱼叉钓鱼）攻击：在这种攻击中，攻击者使用来自信任源的定制电子邮件，引诱用户们披露机密信息。另外，可通过这种邮件中的附件发送木马，木马会接管系统，并使黑客实施控制和命令，发起进一步的攻击。因为这些攻击是目标导向的，在这种电子邮件中的信息体量经常较小，由此使检测变得困难。电子邮件认证技术和邮件系统的定期更新，加上用户警觉，可帮助防止由这种攻击造成的损失。

3）rootkits（根工具箱）：一个 rootkit 是一个诡秘的不良软件，它对用户隐藏进程和文件。它将特权访问赋予计算机，并使系统拥有者看不到这点。Rootkit 可存在于各种模式。用户模式 rootkits 影像单个用户的一个进程。内核模式 rootkits 的操作就像在被影响系统的内存中动态内核模块那样操作。在载入时，它可对操作系统组件（例如数据结构）和文件系统直接做出改变。检测技术包括检察文件系统查找已知 rootkits 的模式，跟踪进程所执行的指令数等。rootkits 的存在增加了执行指令数[19]。

12.5.3.5 缓解技术

网络管理人员采用各种技术保护网络免受攻击。随攻击类型的不同，缓解战略也是不同的。但是，一些常见技术如下[20]：

1）管理人员使用这样的工具，从操作系统的物理内存 dump 抽取信息，旁路 rootkits 并观察隐藏的进程和文件。

2）研究网络设备和应用的日志，可帮助管理员检测可能是一次网络攻击指示的模式。不正常的流量模式、IP 地址和非标准端口是应该仔细察看的特征。

3）对被攻破主机虚拟内存的分析，提供了有关数字入侵者通过后门所输出数据的有用数据。

4）入侵者和不良软件经常留在文件背后。这种文件的时间戳和 MD5 哈希值帮助管理员检测它们的存在。

12.6　合法截获

合法截获（LI）是依据法律截获和检测一名特定用户的通信细节的过程。被截获的用户称为 LI 主体[21]。从通信中抽取的信息可以是有关所关联位置、内容或服务的，并被称作截获相关的信息（RI）。具有请求截获信息权威的机构被称作法律实施机构（LEA）。LI 的关键需求是它应该对被截获的主体是完全透明的，IRI 应该与数据流量分离，且服务提供商仅应将被授权的信息交付给 LEA。截获可有两种类型：通信的实际内容或相关的信息即 IRI。

12.6.1　架构

图 12.9 形象地给出 LI 的广义架构。该架构清晰地从管理功能和被截获信息区分并隔离出截获功能。为防止任何对用户通信的干扰，这是至关重要的。一个 LI 系统的主要组件如下：

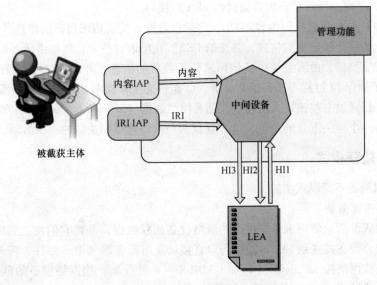

图 12.9　LI 架构

1）内容 IAP：通信内容截获接入点是截获用户内容并将之传递给中心中介设备的设备[21]。该设备可以是一台边界路由器或一个网关。

2）IRI IAP：IRI 截获接入点是将有关被截获内容的信息提供给中介设备的设备。随通信模式的不同，信息也发生变化。对于数据通信，IRI 可以是源和目的地的 IP 地址和端口。对于话音通信，IRI 经常由呼叫时间（timing）或被叫号码组成。电子邮件通信的 IRI 经常由被发送消息的首部组成[22]。

3）中心中介设备：这个组件是 LI 过程的神经中心。它控制和协调不同组件。中介设备的主要功能如下[21]：

① 将配置命令发送到截获接入点；

② 从内容 IAP 和 IRI IAP 收集截获的信息；

③ 对接收到的信息实施后处理，将之转换为 LEA 可解释的格式；

④ 过滤信息，抽取与 LEA 有关的信息；

⑤ 保护截获数据不被非授权访问。

4）管理功能：这项功能由服务提供商使用，保持对 LI 过程各种活动的控制。它被用于跟踪和检测截获、维护日志等。

5）法律实施机构：LEA 有一个收集功能或设备，从中介机构接收截获数据，存储数据，并实施操作，例如排序以在逐个案例的基础上研究信息。

由此 LEA 是一个独立实体，它仅通过称作接管接口（HI）的一个指令集合[22]与服务提供商的网络交互通信。这些 HI 如下：

1）HI1 被用来将截获命令通过管理功能从 LEA 交付给中介设备。

2）HI2 被用来将 IRI 从中介设备交付给 LEA。

3）HI3 是帮助将所截获内容交付给 LEA 的接口

LI 的过程是捕获数据即内容和 IRI，之后仅过滤有关所请求目标的信息[23]。之后信息被格式化为一个预定义的格式，并交给 LEA。几项语音技术，例如讲话者识别、性别识别和关键字扫描，由服务提供商使用来分析截获的信息，并向 LEA 提供有价值的结果[22]。为了确保 LI 过程不干扰正常流量，LI 组件完全保持与正常架构的隔离，且组件之间的交互仅通过一些预定义的接口。随着网络证据（network forensics）在如今的网络管理中扮演一个至关重要的角色，LI 现在成为与网络管理相关联的一项活动。

12.6.2　截获模式

LI 可以两种不同模式实施。

12.6.2.1　内部截获

这种模式的截获使用服务提供商的网络设备捕获数据，并将它们发送到中介设备，接下来由中介设备发送到 LEA。数据可以直接从应用服务器（电子邮件、聊天）、路由器、交换机或网络接入服务器（例如 RADIUS[23]）处收集。当网络设备的能力足以满足 LI 需求，则使用设备的内部截获功能（IIF）。IIF 利用网络设备的收集能力。但是，如果要截获的数据体量是大型的，或不存在具有 IIF 的设备，则使用外部截获功能（EIF）。在 EIF 中，通过将外部网络探针连接到设备，实施截获[22]。

12.6.2.2　外部截获

在访问目标的服务提供商的网络不可能的情形中，使用外部截获。这也由 LEA 用来秘密实施截获。其中，截获是在邻接网络或在网络连接公众网络的点处实施的。所用设备是具有截获能力的一台边界路由器。也可利用探针。对于低体量的截获，可使用开源程序监测所使用的数据路径和端口[23]。

12.6.3　话音处理

现在话音处理技术正日渐为截获机构所用，用来分析和处理截获的话音流量。这个过程涉及数据编码，它将话音信号转换为一个比特流，之后在一个数字信道上进行传输[24]。下一步是识别，使用高级技术抽取可理解的信息，这些可能是 LEA 所关注的。在识别过程中使用的一些技术如下。

12.6.3.1 讲话者识别

这项技术被用来从一个记录文档中识别讲话者。使用这种方法，可做到讲话者确认和识别。正常情况下，截获机构使用这项技术在一个话音记录的大型数据库中识别一个目标用户[25]。这种系统的结果经常是音频记录的一个列表，它以与目标讲话者的相似性顺序进行排列[24]。

在这个过程中使用的一种方法是取声学特征（例如音高，它代表讲话者的元音身份（vocal identity）[25]）的长期平均。

使用模式识别的另一种方法使用话音模式来训练系统。一旦完成训练过程，该算法可表征任何到达模式的声学性质[25]。

12.6.3.2 性别识别

这项技术帮助机构准确地预测讲话者的性别。这几乎将搜索空间减半，因此大量地节省了计算开销。因为在男性和女性之间的声带中存在生理上的差异，所以话音信号的声学特征在性别上是不同的。出于识别的目的，使用统计方法，分析话音的频谱[24]。

12.6.3.3 语言识别

这项技术识别一条话音记录的语言，从而使之可被选路到知道识别出语言的一名操作员。这项技术具有其他潜在应用，例如监测多语言话音源，识别正在使用网络基础设施的国籍等。这项技术使用话音信号的发音特征和声学特征的组合。首先，使用训练数据（是采用不同语言录制的）构造语言模型。当使用声学特征时，目标话音信号被转换为频谱，采用信道补偿技术利用统计方法抽取信息。在另一种方法中，使用一个发音识别器将话音信号转换为发音字符串，之后进行统计处理[24]。

12.6.3.4 关键字定位（keyword spotting）

这项技术帮助机构定位话音中的关键词，以便有助于检测相关信息。用户指定一个关键词列表，它作为一个输入产生一个记录列表，其中检测值等于一个预定义阈值[24]。系统考虑到了单词发音中的变化。机构可实现这样一种策略，当在截获呼叫中出现关键词检测时，产生告警，或它可存储呼叫以在一个后来的阶段进行分析。在这项技巧中使用的技术是人工神经网络。

12.6.3.5 话音转录

这项技术将截获的话音信号转换为文本，从而可作为文本文件进行处理。所产生的文本文件可使用文本挖掘工具进行分析，或归档以便以后使用。因为相比话音，文本是比较容易处理的，所以这为搜索应用和其他基于文本的处理系统使用，以便利用捕获的信息。用于这种情况的技术包括区分性训练、神经网络、信道适配技术等[24]。

12.7 无线传感器网络的管理

如今在多种多样的应用中正逐渐使用无线传感器网络（WSN），范围涉及从环境监测到家庭自动化和交通控制。应用的多样性和 WSN 的独特特征使其管理成为一项具有挑战性的任务。

12.7.1　WSN 网络架构

WSN 是由装备有传感器的小型自治设备组成的无线网络。节点也有一个微型控制器、收发两用机和一块电池。WSN 中的节点可分类如下：

1）正常节点具有收集传感器数据的功能。它们的处理能力受限于仅可与邻接节点协同。它们没有多余的存储，因为在小的间隔之后，它们将收集的数据发送到汇聚节点。

2）汇节点从正常节点接收数据，并为进一步处理而存储这些数据。它们也与应用和外界组件进行交互。

随着超大规模集成（VLSI）和其他技术方面的进展，传感器设备正以巨大数量在生产，可以极低的成本购买到非常小尺寸的传感器设备。由此，WSN 的管理是如今许多研究人员关注的一个领域。

12.7.2　管理需求

WSN 的管理不同于遗留（传统）网络，原因在于架构方面的固有差异和部署环境的不同。多数传感器网络是特定于应用的，且每个传感器节点有其内置的功能。管理解决方案应该有助于 WSN 达到其功能和目标。管理框架应该满足某些基本需求。在下面讨论这些需求中的一些需求[26]。

12.7.2.1　扩展性

WSN 展示了动态拓扑；因此，重要的是使管理结构为可扩展的。因为所有节点不是在同一时刻都活跃的，所以在不同时刻，网络处于不同状态。另外，向网络添加传感器节点，即使添加大量节点，也应该是可能的，且不影响性能[26]。

12.7.2.2　轻量（light weight）

传感器节点的特征是有限的资源，这包括电池寿命、内存、带宽等。因此管理操作和协议应该是轻的。涉及的额外负担应该最小，以便确保管理任务不会耗光有限的资源，从而减少传感器的寿命。

这可表示为

$$E_{发送} >>>> E_{处理}$$

其中 $E_{发送}$ 是发送过程所需的能量，而 $E_{处理}$ 是处理额外负担所需的能量。

12.7.2.3　安全

传感器网络经常用于军事应用，且可部署于敌对环境之中。在这样的环境中，攻击者物理上意外地碰到（overtaking）传感器节点的可能性是非常高的。在这样一种场景中整个网络的安全应该得到防护。因此，在管理结构中内置附加的安全就是不可或缺的。所以重要的是确保基站和传感器节点之间的通信保证安全和有一种鲁棒的认证机制。

12.7.3　管理框架

WSN 的管理框架不同于传统的管理系统，原因在于对安全和扩展性有增强的需要。

架构是更具演变能力的，且可以是中心式的、分布式的或层次结构式的。除了故障、配置、性能和安全管理等标准域外，WSN 管理的功能域包括一些附加的维度，例如拓扑和电源管理。

12.7.3.1　架构

依据架构，可将传感器管理系统分为如下类型[27]：

1）中心式架构。在这样一个系统中，基站实施管理器的功能。为管理网络，它从所有节点收集信息，并进行处理。因为这种方法针对管理目的而消耗节点能量和带宽的高百分比，所以对于 WSN 是不太被首选使用的。系统也不适合于通过添加更多的节点而扩展网络。在基站失效的情形中，整个系统受到影响，原因是所有的管理信息都仅位于基站处。

2）分布式架构。在这种系统中，有几个管理器分散在网络上，它们相互直接通信。每个管理器节点控制落在网络的一个子区下的各节点。这种方法克服了中心式方法的缺陷。但是，它是复杂的，因此计算上是代价高昂的。

3）层次式架构。这是最普遍被采用的管理模型，因为它组合了中心式和分布式方法的优势。一个子网络的管理器控制在其中的所有节点。接下来，管理器从一个较高层次管理器接收管理指令，同时将收集的信息传递给它。较高层管理器合并从几个管理器接收到的信息，并将这些信息传递给比它高一层的管理器，由此形成一个层次式的树结构。

一个 WSN 管理系统的通用结构如图 12.10 所示，其中使用单层的层次结构。中心管理器通常是基站或汇节点。每个族有一个子管理器，

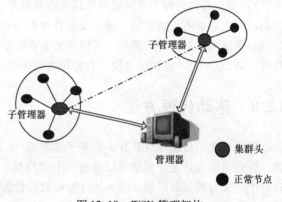

图 12.10　WSN 管理架构

它通常是族头。中心管理器将一个特定族的管理功能委派给其子管理器。由此，一个特定族的一个子管理器仅管理在那个特定族中的节点[27]。

12.7.3.2　功能域

除了在 12.3.1 节 FCAPS 模型中讨论的常规域外，在传感器网络管理中的管理域包括一些附加的域。故障、配置、计费和性能的现有功能也包括与 WSN 有关的一些更多活动。

1）拓扑管理。WSN 中管理系统的一项重要功能是拓扑和网络配置的管理。各节点必须被组织成族；选中一个族头，且它代表整个族与汇节点或管理器进行通信。在 WSN 中分族的做法，有助于保留能量和带宽，因为现在仅有少量节点与汇节点通信。管理系统也必须保持网络状态的一个记录，从而当新节点加入族或当节点从一个族移动到另一个族时，可实施重新配置。这种管理功能的一个子集是移动性管理，涉及节点从

一个族移动到另一个族时的规划和注册[27]。

2）故障管理。传感器网络通常部署在不太友好的环境中，带有有限的电池寿命。因此，因为故障频繁发生，所以故障管理是一项不可缺少的管理功能。传感器网络中的故障检测不同于传统网络，在传统网络中使用周期性的轮询检测一个节点是否正常。这样一种方法会产生高的额外负担，所以是人们不期望的。一个正常节点中的故障是由族头或其邻居检测的。如果节点周期性地向族头发送数据，则在流量模式中的任何偏差都指明一次故障。每个节点为其邻居维护一个定时器。如果长时间没有从一个邻居接收到数据，则定时器超时，有关节点故障的一条告警被发送到族头。

通过分析族头和汇节点之间的通信，中心管理器检测族头中的故障。当从族头接收到一条到汇节点的报文时，管理器中的一个定时器被重置。如果故障发生，则定时器超时。之后管理器向节点发送一条查询消息，并等待一个固定的时长。如果没有收到应答，则假定该节点失效了[27]。

传感器节点中的故障管理也可以是自诊断的和自愈的，即由其自己检测故障，在没有任何人工干预的条件下，网络实施恢复。

3）安全管理。因为传感器网络部署在开放环境中和战场中，它们容易为外人所接触到，因此对攻击是脆弱的。因此安全管理在 WSN 管理中获得极端重要性。因为从基站到节点的消息经常是广播的，所以至关重要的是传感器节点认证消息，以便验证其可信性。pTESLA 是一种认证协议，它使用密码学密钥和一个随机函数认证广播消息[27]。

12.8　移动代理方法

网络管理的传统 SNMP 方法是基于客户端-服务器模型的，其中代理作为一台服务器，管理器作为从服务器请求信息的一个客户端。但是，当应用到大型和未来网络时，这种中心式方法具有限制。因为通过轮询取得数据收集，当涉及大型网络时，就会悄悄出现延迟[28]。使用移动代理（MA）是管理大型网络的一种比较高效的方法。它节省了在管理器和静态代理之间传输管理信息中涉及的带宽。

12.8.1　简介

一个静态代理驻留在单个网络设备上，并作为管理器和 MIB 之间的一个接口。另一方面，一个 MA 和其代码一起可从一个网元移动到另一个网元，并在新设备上开始执行。通过移动比较接近数据被收集的网络设备，就降低了在传输管理信息中所涉及的带宽。这提高了性能，原因是管理信息的处理可以本地方式完成，仅有相关信息被传递到管理器。

12.8.2　架构

使用 MA 的网络管理架构如图 12.11 所示。

管理系统由一个管理代理产生器组成，它采用定制的代码生成 MA。MA 代码是这

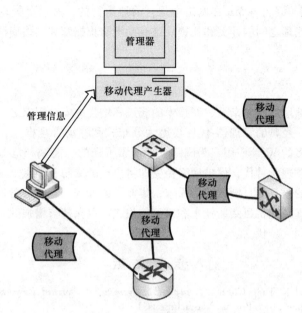

图 12.11 MA 管理架构

样产生的，使之在预定义策略的基础上，能够从一台设备迁移到另一台设备[28]。代理移动到一台网络设备，收集信息，进行本地处理，并将结果传输到一个本地管理器或中心管理器。如果要求对设备进行监测，则它会停留在同一设备上，否则它会移动到另一台设备。除了从代理得到结果并进行显示之外，管理器具有驻留和发起 MA 产生器的附加任务。在管理应用中的一个域管理器决定 MA 的旅行计划（travel plan）和它的安全策略[29]。

12.8.3 挑战

MA 技术面临几项挑战，为管治其全部潜力并使之成为分布式网络管理的事实上的方法，应该解决这些挑战[29]。在实现 MA 方法中的一些挑战如下：

1）安全性。如今的技术所面临的最重要挑战是需要增强的安全。因为各 MA 要在网络中游走（traverse），则它们容易遇到攻击，并由恶意用户捕获，恶意用户可能修改代码并导致网络活动的中断。代理包含敏感信息，例如状态和环境变量，如果被攻破，可能导致严重的安全问题。因此，如今的研究人员所面临的最大挑战是开放一个鲁棒的安全框架，保护 MA 免受威胁。为解决安全问题，网元包含一个代理服务器，在允许 MA 执行之前对之进行认证。它也验证 MA 代码不会执行任何非授权操作[29]。

2）协调。代理、网元和网络管理器之间的协调是一项具有挑战性的任务。代理的移动造成协调活动中的问题。因为代理是移动的，所以在同一时刻可能有一个以上的代理尝试到达同一个网元。但是，因为在某个时刻管理变量仅允许单次访问，这样就会产生一次冲突。因此，重要的是在网络间协调代理的运动情况。

3）资源利用。因为各 MA 在网络中是自治地运行的，所以至关重要的是管理资源的分配，以避免代理之间的冲突和死锁。这有助于防止拥塞和网络崩溃。

12.9　小结

作为网络日渐增加的复杂性、新技术的演进和增强的安全需求之结果，如今网络管理获得新的维度。经典的管理器-代理模型为分布式和移动管理框架让开了道路。NGN的引入和日渐增多的 WSN 应用，为网络管理增添了新的功能域和范型。被动网络监测现在已由先验的管理所替代，保护网络免受即将出现的威胁和弱点。为满足管理至关重要的网络和有关的服务的日渐增长的需求，集成了诸如基于策略的管理和 MA 等先进方法。未来网络管理系统将目睹新技术和模型的集成，以保持与增强的服务质量和无缝连接的渐增需求的同一步伐。

参 考 文 献

1. A. Leinwand and K. Fang Conroy, *Network Management: A Practical Perspective*. Addison-Wesley Publishing Company, Inc., Boston, Massachusetts, 1996.
2. Cisco. "Cisco CPT Configuration Guide." *CTC and Documentation Release 9.3 and Cisco IOS Release 15.1(01)SA, SNMP, pp 655–665*. July 19, 2011. http://www.cisco.com/en/US/docs/optical/cpt/r9_3/configuration/guide/cpt93_configuration.pdf.
3. Simple Network Management Protocol (SNMP). *Internetworking Technology Overview*. June 1999. http://www.pulsewan.com/data101/pdfs/snmp.pdf.
4. J. Case, M. Fedor, M. Schoffstall, and J. Davin, "A Simple Network Management Protocol." Request for Comments: 1157, Network Working Group, IETF, 1990.
5. D. Mauro and K. Schmidt, *Essential SNMP*, 2nd ed. O'Reilly Media, Inc., California, USA, 2005.
6. A. Clemm, *Network Management Fundamentals*. Cisco Press, USA, 2007.
7. Accelerating UTM with Specialized Hardware. Fortinet. http://www.fortinet.com/sites/default/files/whitepapers/Accelerating_UTM_Specialized_Hardware.pdf.
8. J. Novotny, P. Celeda, T. Dedek, and R. Krejci, *Hardware Accleration for Cyber Security*. IST-091—Information Assurance and Cyber Defence, Estonia, November 2010.
9. Napatech. Napatech White Papers. http://www.napatech.com/resources/white_papers.html.
10. Invea-Tech, NetCOPE FPGA Platform. http://www.invea-tech.com/products-and-services/netcope-fpga-platform.
11. Invea-Tech, NIC Appliance. http://www.invea-tech.com/products-and-services/nic-appliance.
12. Cisco. "Network Management System: Best Practices White Paper." http://www.cisco.com/en/US/tech/tk869/tk769/technologies_white_paper09186a00800aea9c.shtml.
13. G. Yu and D. Cao, "The Changing Faces of Network Management for Next Generation Networks." *Proceedings of the 1st International Conference on Next Generation Network*, Korea, 192–197, 2006.
14. M. Li and K. Sandrasegaran, "Network Management Challenges for Next Generation Networks." *Proceedings of the IEEE Conference on Local Computer Networks 30th Anniversary* (LCN'05), 598, 2005.
15. W. Wu, F. Yip, E. Yiu, and P. Ray, "Integrated Vulnerability Management System for Enterprise Networks." *Proceedings of The 2005 IEEE International Conference on e-Technology, e-Commerce and e-Service*, EEE '05, 698–703, 2005.
16. C. Cowan, F. Wagle, P. Calton, S. Beattie, and J. Walpole. "Buffer Overflows: Attacks and Defenses for the Vulnerability of the Decade." *Proceedings of the DARPA Information Survivability Conference and Exposition, 2000* (DISCEX'00), 119–129, 2000.
17. M. Ben Salem and S. J. Stolfo, "Masquerade Attack Detection Using a Search-Behavior Modeling

Approach." Tech report CUCS-027-09, Dept. of Computer Science, Columbia Univ., 2009.

18. R.F. Erbacher, S. Prakash, C.L. Claar, and J. Couraud, "Intrusion Detection: Detecting Masquerade Attacks Using UNIX Command Lines." Tech Rep, Utah State University.

19. P. Bravo and D.F. Garcia, "Proactive Detection of Kernel-Mode Rootkits." *Sixth International Conference on Availability, Reliability, and Security (ARES)*, 515–520, 2011.

20. E. Casey, "Investigating Sophisticated Security Breaches." *Communications of the ACM* 49, no. 2 (2006).

21. F. Baker and B. Foster, "Cisco Architecture for Lawful Intercept in IP Networks." RFC-3924, Network Working Group, Internet Society, 2004.

22. International Telecommunication Union. "Technical Aspects of Lawful Interception." ITU-T Technology Watch Report 6, 2008.

23. Aqsacomna. "Lawful Interception for IP Networks." White Paper, http://www.aqsacomna.com/us/articles/LIIPWhitePaperv21.pdf.

24. Phonexia. Phonexia White Papers. http://www.phonexia.com/download/.

25. R.V. Pawar, P.P. Kajave, and S.N. Mali, "Speaker Identification Using Neural Networks." *Proceeding of World Academy of Science, Engineering and Technology* 7, 31–35, 2005.

26. S. Duan and X. Yuan, "Exploring Hierarchy Architecture for Wireless Sensor." *Proceedings of the IFIP International Conference on Wireless and Optical Communications Networks*, IFIP 6, 6, 2006.

27. W.-B. Zhang H.-F. Xu, and P.-G. Sun, "A Network Management Architecture in Wireless Sensor Network." *Proceedings of the International Conference on Communications and Mobile Computing (CMC)*, 401–404, 2010.

28. F.L. Guo, B. Zeng, and L. Zhong Cui, "A Distributed Network Management Framework Based on Mobile Agents." *Proceedings of Third International Conference on Multimedia and Ubiquitous Engineering (MUE'09)*. 511–515, 2009.

29. M.A.M. Ibrahim, "Distributed Network Management with Secured Mobile Agent Support." *Proceedings of International Conference on Hybrid Information Technology (ICHIT)*, 244–251, 2006.

第13章 下一代融合网络中的 VoIP

13.1 引言

在电信中，有许多网络，例如公众交换电话网（PSTN）、7 号信令系统（SS7）、综合服务数字网（ISDN）、互联网协议网络（IP 网络）、无线局域网（WLAN）、全球移动通信系统（GSM）、通用报文无线业务（GPRS）、统一移动电信系统（UMTS）等。这些电信网络被设计用来提供特定的业务，最初它们是不同的，之后被融合到单一网络[1]。IP 之上的话音（IP 电话）是这种融合业务的一个明显例子[2]。为使这个融合过程形象化，就有必要理解历史的发展，这在下列事件中进行了概述[3]：自动电话交换机的引入，电信系统的数字化，集成电路交换技术和报文交换技术（VoIP 出现）和移动系统的演进发展（1G、2G、3G、4G 等等）。

在下一代网络（NGN）的概念中捕获到了技术的发展以及可提供给端用户的增强业务。这个概念概括了融合网络的进程，其中融合网络被称为多业务传输网络且是基于IP 技术的。在多业务传输网络中，报文应该在端点间透明传输，而不需要在通过一个IP 网络核心时做过度的协议转换[4]。

但是，采用这种融合法，就出现了一项新的技术挑战。在多数情形中，IP 网络提供尽力而为服务，不能保障实时多媒体应用（例如 VoIP[5]）的服务质量（QoS）。VoIP 是作为一项重要业务出现的，准备在未来替换电路交换电话业务，并通过多业务传输网络透明地承载话音报文。为取得满意的话音质量等级，VoIP 应用必须被设计为带有一些参数（话音数据长度、编码器-解码器（CODEC）类型、前向纠错（FEC）冗余的尺寸、去抖动缓冲尺寸等[6]）的可重配置能力。另一方面，在融合网络中，为保障可接受的 QoS 水平，必须考虑实现鲁棒的 QoS 机制。

13.2 电信网络

一个通信网络是终端、链路和节点的集合，它们连接在一起，支持用户通过其终端进行通信。利用终端的源和目的地，网络在两个或多个终端之间建立一条连接[1]。在这个非常通用的连接概念背后，存在着大量非常不同的现实，记住有极多种类的电信网络，例如固定电话网（PSTN、SS7、ISDN）、IP 网络、无线网络（WLAN）、移动网络（GSM、GPRS、UMTS）等。在固定电话网络中，使用的术语是"连接"，这是在物理层建立的一个直接关系。在一个 IP 网络中，使用的术语通常是"会话"，原因是正常情况下没有物理连接。另一方面，所连接的终端将不仅有固定用户，而且有移动用户，这就产生了移动网络。

13.2.1　固定电话网络

设计电话网络，是为承载话音，且终端主设备是一台简单的电话机。网络是比较复杂的，并具有智能，这是提供各种话音业务所必要的[7]。电话网络的角色是利用电路交换技术，连接两台固定终端。

通过电路交换技术的通信意味着，在整个通信会话期间，在两台或多台终端之间存在一条专用的通信路径。因此，为源和目的终端之间的信息交换，以排他方式保留资源（链路和节点）。在终端之间发生通信之前，在它们之间要建立一条电路。因此，在路径中的每对节点之间必须预留链路容量，且每个节点必须有可用的内部交换容量来处理请求的连接。各节点必须具有做出这些分配和设计通过网络的一条路由的智能。

在这项交换技术中，各节点不检查所传输信息的内容；仅在连接开始时，做出将所接收信息发送到哪里的决策，在连接过程中仍然使用决策结果。因此，由一个节点引入的时延几乎是可忽略不计的。在建立电路之后，传输时延是较小的，并在连接时长上都保持恒定。但是，就带宽利用而言，这是非常低效的。一旦建立一条电路，直到该电路被断开之前，与之关联的资源就不能用于另一条连接。因此，即使在某个点两个终端停止传输，分配给连接的资源仍然保持在用状态。

电路交换网络的最常见例子是 PSTN 和 ISDN。在 PSTN 之初，每个终端（电话机）之间需要一条物理电缆。因此，对于这种拓扑，需要大量链路，即关系数量随终端总数 n 的二次方而成比例增长［有 $n(n-1)/2$ 条链路］，例如，图 13.1 所示为一个基本的、由四部电话机组成的网络。

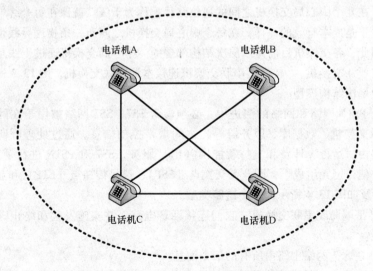

图 13.1　基本的、由四部电话机组成的网络

因为所涉及到的成本以及在每个终端之间布一条物理电缆的不可能性，开发了另一

种机制，它由一个中心式操作员（交换机）组成。采用这种中心式操作员，各终端到中心式交换局仅需要一条电缆而不是 n-1 条链路。最初，使用一名人类接线员（human switch）（见图 13.2）。

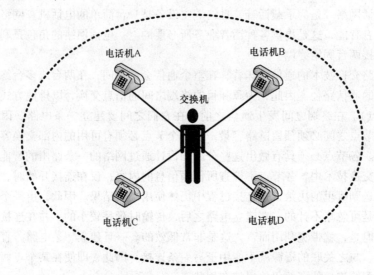

图 13.2　带有一名人类接线员的基本的、由四部电话机组成的网络

　　如今，人类接线员已经为电子交换机所替代，且电话基础设施开始时采用简单的铜导线对（本地环路），具有物理上将家庭电话机连接到中心局交换机的功能（类 5 交换机）。在中心局交换机和您的家庭之间的通信路径被称为电话线，且正常情下在本地环路上走线。在几个中心局交换机之间的通信路径被称为干线。就像在每个终端之间布一条物理导线不是成本有效的一样，在每个中心局交换机之间布一条物理导线也不是成本有效的。因此，各交换机目前是以层次结构部署的。中心局交换机通过干线互联到串联的交换机（类 4 交换机）。较高层串联交换机连接本地串联交换机。图 13.3 所示为一个典型的交换层次结构模型。

　　在讨论 PSTN 网络和网络的演进中，必须参考 SS7。SS7 网络被用于在网络的不同网元（电话交换机、数据库、服务器等）之间携带控制信息。通过处理呼叫建立、信息交换、路由、运行、计费和支持智能网（IN）服务，SS7 对 PSTN 进行了增强。SS7 网络由三个信令网元组成[8]，即业务交换点（SSP）、信号传递点（STP）和业务控制点（SCP），以及如图 13.4 所示的几个链路类型。

　　1）SSP 是端局或串联交换机，它们连接话音电路，并实施发起和终止呼叫所必要的信令功能。

　　2）STP 在 SS7 网络中路由所有的信令消息。

　　3）SCP 为在呼叫处理中使用的附加路由信息，提供访问数据库。同样，SCP 是在电话网上交付 IN 应用的关键网元。

　　所有信令网元（SSP、STP 和 SCP）形成一个专用网络，该网络完全独立于话音传输网络，即所有信令信息是在一个共同的信令平面上承载的。在链路层上，信令平面和话音电路平面是逻辑上分离的，原因是它们要利用同样的物理资源。重要的是指出，对于这个网络，信令交换独立于一条交换电路的实际建立。这种独立性使网络非常适合于新一代网络（例如 NGN[8]）的演进。

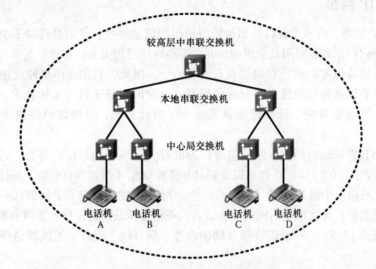

图 13.3　电路交换网络：交换机的层次结构

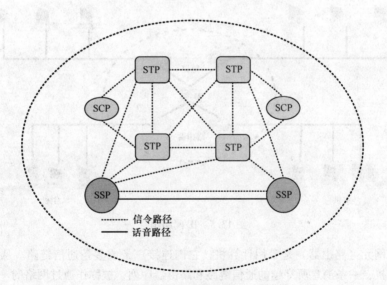

图 13.4　SS7 网络

SS7 最初是针对电话呼叫控制而设计的；但是，如今的系统包括数据库查询、事务、网络运行和 ISDN。ISDN 由数字电话、视频和数据在传统电路交换网络之上传输的通信标准集组成的。ISDN 的出现代表了标准化用户业务、用户/网络接口以及网络和互联网络能力的一项努力[8]。

在从传统话音流量迁移到 IP 网络（VoIP）的过程中，SS7 和 ISDN 扮演了一个重要角色，它推动了话音和数据网络之间的融合。

13.2.2　IP 网络

设计 IP 网络，用来承载以数据传输所给出的流量突发，原因是终端不会连续地进行传输，即它们在多数时间是空闲的，并在某些时间经历突发。在连接时长过程中，数据速率并不保持恒定，相反它们是动态变化的[7]。因此，利用专用电路（电路交换技术）传输具有这些特征的流量是资源的浪费。这种网络基于报文交换技术，且大部分智能被放在终端设备中，这种设备典型地为一台计算机，且网络仅提供尽力而为的服务[9]。

IP 网络包含拟运行用户程序（应用）的机器（主机或端系统）集合。这些主机主要是传统的台式 PC、Linux 工作站以及存储和传输信息（例如网页和电子邮件消息）的服务器。主机由一个通信子网（或仅有一个子网）连接在一起。子网的任务是从主机到主机承载消息，这就像电话网络从讲话者到听话者承载话音一样。子网由两个不同组件组成（见图 13.5）[10]：通信链路（同轴电缆、铜导线、光纤、无线频谱等）和交换网元。

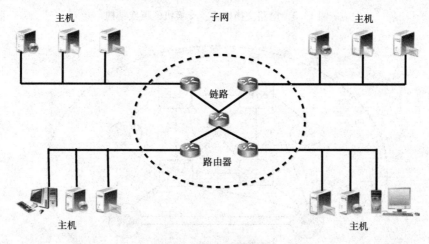

图 13.5　IP 网络组件

交换网元（路由器）是专用计算机，它们连接三条或多条通信链路。从发送主机到接收主机，一条消息所穿越的通信链路和路由器序列，被称作通过网络的一条路由或路径。

在 IP 网络中，终端将信息分割成中等尺寸的块，称作报文。这些报文可以是自治的，即由于一个首部包含源和目的地址，它们能够在网络上移动[1]。

报文被发送到第一台路由器，且路由器接收报文。它检查首部，并将报文转发到下一台合适的路由器。这项检查和重传技术被称作"存储转发"，直到报文到达其目的地之前，除非报文丢失了，在路径上的所有路由器中都要完成这项操作。在到达目的地之后，目的地终端去掉报文首部，得到由源所发出的实际数据。

在基于报文交换技术的通信过程中，源发送报文，网络将来自不同源的报文复用到相同资源，以便最优化资源使用。采用这种方式，几个通信可共享相同资源。因为资源是共享的，所以相比电路交换，报文交换技术支持传输资源的较优使用。但是，将不同连接复用到相同资源上会导致时延和报文丢失，这在电路交换技术中是不会发生的[10]。

最后，必须要指出的是，在报文交换技术中在两种运行模式之间是做出区分的：面向连接模式和无连接模式[11]。在面向连接模式中，要建立一条路径；这条路径被称作一条虚电路。在保留资源和建立路径之前，存在初始信令报文的前期交换。用户建立一条连接，使用该连接，之后释放连接。在多数情形中，报文的顺序是保持的，所以各报文以它们发送的顺序到达。

在无连接模式中，每条报文是独立处理的，不参考以前发送过的报文，且路由决策是在每个节点处做出的。每条报文携带完全的目的地址，且每条报文独立于所有其他报文而被路由通过系统。

正常情况下，当发送两条报文到相同目的地时，发送的第一条报文将是到达的第一条报文。但是，可能出现发送的第一条报文被延迟，从而第二条报文先到达。无连接模式主要由互联网协议得以广泛传播流行。IP 已经进步到了这样的点，即现在它可能支持话音和多媒体应用，但不保障 QoS，原因是它们是基于尽力而为服务的。

13.2.3　无线和移动网络

无线并不意味着移动性。存在这样的无线网络，其中通信的两端是固定的，例如无线本地环路。在电信网络的历史发展过程中，带有移动性的无线网络为网络设计人员提供了最大的挑战[12]。在本节，研究最重要的无线和移动技术。

13.2.3.1　无线局域网

随着移动通信设备数量的增长，将它们连接到外界的需求也增长了。即使最早的移动电话也具有连接到其他电话的能力。第一批便携式计算机没有这种能力，但之后不久，调制解调器成为笔记本计算机上的常见部件。为了连接到外部世界，这些计算机不得不插入一条电话线。采用到固定网络的这种有导线的连接，计算机是便携的，但不是移动的。为了取得真正的移动性，笔记本计算机需要使用无线电（或红外）信号进行通信。采用这种方式，在散步或划船时，专注的用户们可阅读和发送电子邮件。通过无线电通信的笔记本计算机组成的一个系统可被看作一个 WLAN[11]。

当前，WLAN 有许多技术和标准，但得到最广泛部署的一个特定类的标准是 IEEE 802.11 WLAN，也称作 Wi-Fi。WLAN 技术有几个 802.11 标准，包括 802.11b、802.11a、802.11g 和 802.11n。

IEEE 802.11 标准使用红外和无许可证频谱。在许多国家将这些频谱分配用于工业（I）、科学（S 和医学（M）的研究和开发（称作 ISM 频带）。IEEE 标准 PHY（物理层）提供使用 ISM 频带的几种机制，设计用来克服相同频带上来自其他源的干扰。这是必要的，因为这样一个系统的使用不需要来自政府的一个许可证，但这可能导致许多干扰源。红外频带仅指定一种类型的传播，即从一个粗糙表面反射的间接传播（称作漫射红外）[12]。

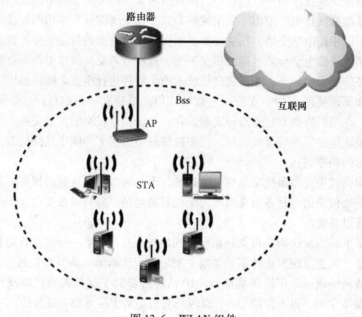

图 13.6　WLAN 组件

IEEE 802.11 定义几种设备类型，例如一个无线站（STA 是一台用户终端）、一台中心基站（称作一个接入点（AP））和基本服务集（Bss）。一个 Bss 包含一个或多个无线站和一个 AP。一个无线站可以是固定的或移动的。这就产生了 WLAN 的两种配置，基础设施 WLAN（见图 13.6）和自组织 WLAN（见图 13.7）。

在一个基础设施 WLAN 中，交换数据的两台无线站仅可通过一个 AP 进行通信。图 13.6 给出连接到一台路由器的一个 AP，路由器接下来连接到互联网。多个 AP 可被连接起来，形成一个所谓的分布系统（DS）。

在一个自组织 WLAN 中，在没有一台 AP 和到外部世界连接的条件下，两个站相互直接通信（见图 13.7）。这种网络的无线站会要求转发一条报文的能力，由此作为一个转发器。带有这种中继能力时，即使两个无线站不能相互直接接收信号的情况下，它们也能交换数据报文。

WLAN 的主要优势是其简单性、灵活性和成本有效性。在过去数年，WLAN 已经成为一项无处不在的联网技术，并已被广泛部署在世界各地。虽然多数现有 WLAN 应用是以数据为中心的，例如网页浏览、文件传输和电子邮件，但在 WLAN 上的多媒体服务存在日渐增长的需求。最近，WLAN 上的 VoIP（VoWLAN）已经开始作为一个基础设施，以成本高效的方式提供无线话音业务。但是，在 WLAN 之上支持话音流量带来重大挑战，原因是物理层和 MAC 层的性能特点要比其有导线的线路对应层差得多。因此，就系统架构、网络容量、接纳控制和 QoS 提供等方面，VoWLAN 的应用提出了几项部署问题[13]。

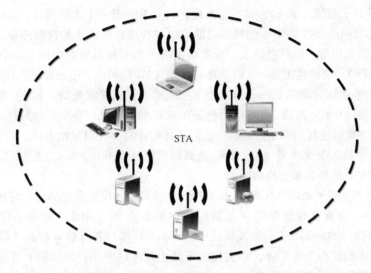

图 13.7　自组织 WLAN

13. 2. 3. 2　全球移动通信系统

这是基本的移动电话网络。其功能与固定电话网络的功能相同；但是，终端是移动的。GSM 系统由如下子系统组成（见图 13.8）[3,14,15]：

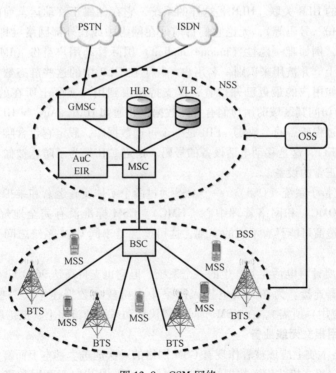

图 13.8　GSM 网络

1）移动站子系统（MSS）。基本上来说，一个 MSS 是一个人机接口，实施将用户和公众 LAN 移动网络（PLMAN）连接的功能。这些功能包括话音和数据传输、同步，信号质量的监测、均衡，短消息显示，位置更新等。为实施其所有功能，一个 MSS 包括终端设备（TE）、终端适配器（TA）、移动终端（MT）和一个用户身份模块（SIM）。

2）基站子系统（BSS）。一个 BSS 由一个或多个发送接收基站（BTS）和一个或多个基站控制器（BSC）组成。BSS 的角色是在 MSS 和 NSS 之间提供传输路径。MSS 通过一条无线电链路被连接到网络，在其中它们所在的蜂窝中有引导站 BTS。BTS 是无线电 AP，它有一个或多个接收发送器。BSC 监测和控制几个基站。BSC 的主要功能是蜂窝管理、一个 BTS 的控制和交换功能。

3）网络和交换子系统（NSS）。一个 NSS 包括交换和位置管理功能。它由移动交换中心（MSC）、位置管理数据库（包括归属位置寄存器（HLR）和拜访位置寄存器（VLR））、网关 MSC（GMSC）以及认证中心（AuC）和设备身份寄存器（EIR）组成。MSC 是网络中的核心交换实体，并实施位于其地理区域中用户的控制和连接功能。它也用作固网和移动网或移动网之间的一个网关（GW），用于被叫方位置未知的到达呼叫。从另一个网络（PSTN、ISDN 等）接收一个呼叫并将这个呼叫向事实上被叫用户位于其中的 MSC 进行路由，这样的一个 MSC 被称作 GMSC。为做到这点，它咨询位置数据库，即 HLR。即使在一次呼叫过程中（称作一次切换），用户也可能从一个蜂窝移动到另一个蜂窝，原因是无线电系统持续地跟踪用户们的位置。一名 GSM 用户正常情况下与一个特定的 HLR 关联。HLR 是这样的系统，它存储属于移动运营商的所有用户的用户数据（身份、号码等），无论它们目前处在网络中或在外部网络（即漫游）。这些数据是永久的，例如唯一隐性（unique implicit）国际移动用户身份（IMSI）号。IMSI 内嵌在 SIM 卡上，并被用来识别一名用户。除了在 HLR 中的这些静态数据外，添加了动态数据，例如用户的最近已知位置，这支持路由到用户实际上所在的 MSC。最后，是 VLR 更新与访问其区域的用户们有关的数据，并通知 HLR。AuC 与 HLR 有关，并包含移动站认证过程所需的参数集。EIR 是一个可选数据库，假定它包含唯一的国际移动设备身份（IMEI），这是移动电话设备的号码。指定 EIR 是为了防止被偷移动站的使用或阻止功能不正常的设备。

4）运营支持子系统（OSS）。一个 OSS 通过两个实体实施运营和维护功能，即运行和维护中心（OMC）和网络管理中心（NMC）。GSM 标准没有完全地规范这些网元。因此，不同制造商可能具有不同的实现，这可能会是不同 GSM 系统之间互操作性的一个问题。

GSM 是主要针对电话业务产生的一个系统，但它也支持高达 9600 bit/s 的低速数据速率调制解调器连接。为在无线电接入网络中支持较高数据速率（一些多媒体业务（例如互联网应用）所需），在 GSM 步向第三代移动系统的道路上，被扩展到 GPRS。

13.2.3.3　通用报文无线业务

GPRS 网络本质上应该被看作现有 GSM 网络的一次演进。基本上而言，它被添加到 GSM，增加了以报文模式发送数据的可能性[1]。GPRS 是步向互联网和移动蜂窝网络集成的第一步。GPRS 使用与 GSM 相同的无线电接入网络和一个不同的核心网络（CN）基础设施[14]。为了将 GPRS 集成到现有 GSM 架构之中，应该添加两个新的网络节点，如图 13.9 所示[3]：

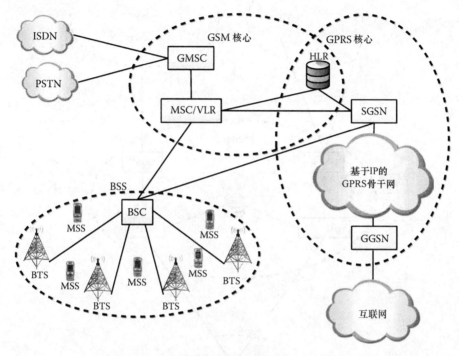

图 13.9　GPRS 网络

1）服务 GPRS 支持节点（SGSN）：一个 SGSN 在移动终端和移动网络之间传输数据。其主要任务是移动性管理、报文路由、逻辑链路管理、认证和收费功能。

2）GW GPRS 支持节点（GGSN）：一个 GGSN 是移动网络和数据网络（例如互联网）之间的一个接口。它将来自外部基于报文网络的协议数据报文（PDP）地址转换为指定用户的 GSM 地址，反之亦然。

所有 GPRS 支持节点通过一个基于 IP 的 GPRS 骨干网络加以连接。在 GPRS 的情形中，HLR 存储用户概要、当前 SGSN 地址和每个用户的 PDP 地址。MSC/VLR 扩展了附加功能，这支持 GSM 电路交换业务和 GPRS 报文交换业务之间的协调[3]。本质上而言，基于 IP 的 GPRS 骨干网有一个核心报文网络，在其上载有呼叫控制功能和 GW 功能，以便支持 VoIP 和其他多媒体业务。为 VoIP 能力提供的功能称作呼叫状态控制功能（CSCF），这是与一个电路交换环境中用于呼叫控制的功能类似的一个功能。除了通常的呼叫控制功能外，CSCF 也实施业务交换功能、地址转换功能和音码器协商功能。在这个 CN 与 PSTN、ISDN 及其他遗留网络之间的通信是由一个 GMSC 提供的[15]。

13.2.3.4　统一移动电信系统

在 UMTS 网络中，整个移动电话网逐渐演变而来。三个基本块组成 UMTS，如

图 13.10 所示[15]：

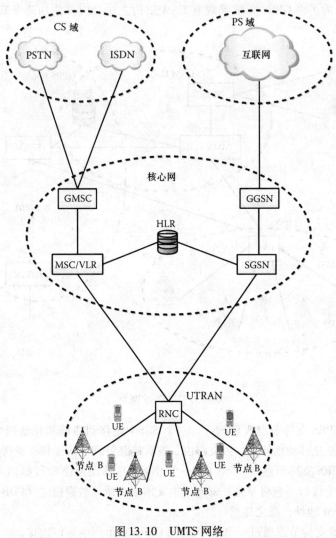

图 13.10   UMTS 网络

1）用户设备（UE）：UE 为用户访问 UMTS 业务提供了一种方式。它由移动设备（ME）和 UMTS SIM（USIM）组成。ME 实施与网络的无线电通信，并包含用于业务的各项应用。它持有用户的身份和一些订阅信息，实施认证过程，并存储认证和加密密钥。

2）UMTS 陆地无线电接入网络（UTRAN）：一个 UTRAN 实施支持与 MT 和 CN 通信的功能，并依据需要，作为一个网桥、路由器和 GW。它由一个无线电子系统集（RNS）组成，每个 RNS 包含一个无线电网络控制器（RNC）和一个或多个称作节点 B 的实体。和前面一样，节点 B 包括具有较高比特率的无线电资源（BTS 称为节点 B）。它实施信道编码和交织、速率适配、扩频、无线电资源管理操作（像在内部环路功率控制中一样）等。RNC 支持无线电接入控制、连接控制、地理定位和接入链路中继。

3）核心网（CN）：一个 CN 由电路交换域（CS）和报文交换域（PS）组成。在一些共同的网元中，CN 中的这两个域是重叠的。CS 模式是运行的 GSM 模式，PS 是由 GPRS 支持的模式。MSC/VLR 和 GMSC 为 CS 域使用，在 PS 域中，其对应实体是 SGSN 和 GGSN。最后，在 CN 中这两个域共同的实体是 HLR 和认证中心。一个 UMTS 移动（站）能够同时通过两个域通信[1]。

因为 UMTS 提供高的数据速率，所以在一个移动环境中在不同压缩和解压缩（CODEC）方案下发出 VoIP 呼叫就是可能的。这样就允许依据网络状态选择最合适的 CODEC 方法并保障某种 QoS 水平采取一种灵活的方式。

13.3　NGN：网络融合

电信技术有一个较长的历史。为了呈现未来的图景，我们需要理解带来如今技术和正在出现技术的历史发展过程。与这个历史发展过程一起，人们可能在三个关键事件间做出区分[3]：

1）自动电话交换机的引入；

2）电信系统的数字化；

3）电路交换技术和报文交换技术的集成（VoIP 出现）。

移动系统也遵循后两个事件[3]：

1）第一代（1G）移动蜂窝系统在 20 世纪 80 年代出现，并仅提供经典的模拟语音业务。

2）20 世纪 90 年代的第二代（2G）引入端到端通信链路的数字化以及其他基于 IS-DN 业务和基于调制解调器的数据业务。

3）第三代（3G）移动系统是在 21 世纪初出现的，其产生是为支持互联网连通性和报文交换业务（还支持传统的电路交换）。

4）预计未来移动网络（4G 及未来）包括异构接入技术（例如 WLAN 和 3G）和端到端 IP 连通性（即无线 IP 网络）。IP 是电信网络世界中的主导技术和（有点争议的是）所有新的和传统技术中最秘密的组成部分。

在电信世界中，在 NGN 的概念中已经捕获到了技术的发展和可提供给端用户的增强业务。这个概念并不意味着一个特定的网络，而是从当前技术和业务到支持新业务和应用的新技术的发展过程。

另一方面，在电信内固定电话网、IP 网以及无线和移动网络之间的历史上的隔离已经削弱。作为这个事实的结果，它给出了网络融合，其中融合网络被称作多业务传输网络。在这个网络中，具有不同类型终端的多种类型接入网络必须被集成，例如必须通过 GW 与遗留网络互联，如图 13.11 所示。接入网络可使用各种层 1 和层 2 协议。在多业务传输网络中，报文应该在端点之间透明地传输，而不需要过度的协议转换和适配。同样，所有终端应该使用相同的网络层协议以给出一种一致的端到端路由方法。当前，泛在的互联网协议被看作得到一个多业务传输网络的统一要素[4]。

NGN 概念概括了融合过程以及抽象和建模复杂网络与软件系统方式方面的成果。就像融合一样，NGN 是一个演进的概念，即没有单一的 NGN。该术语捕获了展示融合的一个或多个未来网络的运动或发展过程。有几项开发成果已经是 NGN 或被考虑为 NGN 的候选；最重要之一是 VoIP 的部署（包括 H. 323 和 SIP）[4]。

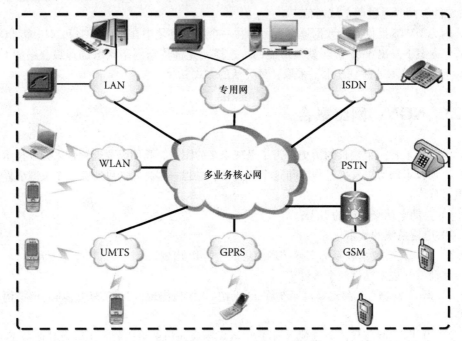

图 13. 11　多业务传输网络

13. 4　IP 上的话音（IP 电话）

VoIP 是通过使用 IP 技术在两方或多方之间话音的实时传输。VoIP 的当前实现有两种主要的架构类型，它们分别基于 H. 323[16,17] 和会话初始协议（SIP）框架[18,19]。不管它们有何不同，这两种实现的基础架构是相同的。它们由三个主要逻辑组件组成的：终端、信令服务器和 GW。它们的区别在于话音编码、传输协议、控制信令、GW 控制和呼叫管理的具体定义。

13. 4. 1　H. 323 框架

ITU-T H. 323 是在报文交换网络之上进行话音、视频和数据会议的一个协议集合，这种网络如以太局域网和互联网，它们不提供有保障的 QoS。设计 H. 323 协议栈是为在基础网络的传输层上运行的。H. 323 最初是作为由 ITU-T 发布的几项视频会议建议之一而开发的。设计 H. 323 标准，是为允许在 H. 323 网络上的客户端与其他视频会议网络上的客户端进行通信。1996 年发布了 H. 323 的第一版，是为采用以太局域网而设计的，并从其他 H. 32. x 系列建议中借鉴了多项多媒体会议特征。H. 323 是一个大型通信标准系列的组成部分，它支持在多种网络间进行视频会议。这个系列也包括 H. 320 和 H. 324，它们分别处理 ISDN 和 PSTN 通信。H. 323 被称作一个广泛的和灵活的建议。虽然 H. 323 为一个报文交换网络上两个终端之间的实时、点到点通信指定了协议，但它也包括对终端间多点会议的支持，其中不仅支持话音，而且支持视频和数据通信。这个建议描述 H. 323 架构的组件（见图 13. 12）。这包括终端、GW、网守（GK）、多点控制单元（MCU）、多点控制器（MC）和多点处理器（MP）。

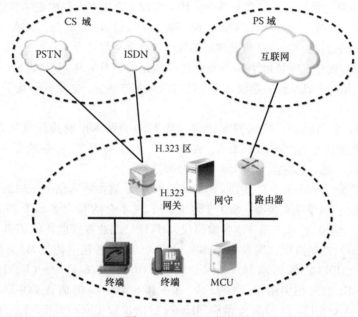

图 13. 12　H. 323 框架

1）终端：一个 H. 323 终端是网络上的一个端点，它提供与另一个 H. 323 终端、GW 或 MCU 的实时、双向通信。这种通信由两个终端之间的控制、指示、音频、运动彩色视频图像和/或数据组成。一个终端可仅提供话音、话音和数据、话音和视频，或者话音、数据和视频。

2）GW：GW 是网络上的一个 H. 323 实体，它允许 IP 网络和遗留的电路交换网络（例如 ISDN 和 PSTN）之间的相互通信。它们提供信令映射以及转码设施。例如，GW 接收来自一条 ISDN 线路的一条 H. 320 流，将之转换为一条 H. 323 流，之后将之发送到 IP 网络。

3）GK：GK 是网络上的一个 H. 323 实体，它实施到端点的 VoIP 服务的中心管理器角色。这个实体为 H. 323 终端、GW 和 MCU 提供地址转换和控制接入到网络。GK 也向终端、GW 和 MCU 提供其他服务，例如带宽管理和定位 GW。

4）MCU：MCU 是网络上的一个 H. 323 实体，它为三个或更多的终端和一个 GW 提供参与到一个多点会议的能力。它也可在一个点到点会议中连接两个终端，该会议后来可能会形成一个多点会议。MCU 由两部分组成：一个必备的 MC 和一个可选的 MP。在最简单的情形中，一个 MCU 可仅由一个 MC 组成，没有 MP。一个 MCU 也可由 GK 带入一个会议，而没有显式地由端点之一调用。

5）MC：MC 是网络上的一个 H.323 实体，它控制三个或多个终端参与到一个多点会议之中。它也可在一个点到点会议中连接两个终端，该会议后来可能会形成一个多点会议。MC 提供与所有终端协商的能力，以便取得共同的通信水平。它也可控制会议资源，例如谁在组播视频。MC 不会实施音频、视频和数据的混合或交换。

6）MP：MP 是网络上的一个 H.323 实体，它在一个多点会议中提供音频、视频和/或数据流的中心式处理。在 MC 的控制下，MP 提供媒体流的混合、交换或其他处理。取决于所支持的会议类型，MP 可处理单条媒体流或多条媒体流。

H.323 架构被分成区。每个区由所有终端集、一个 GW 和 MCU 组成，由单个 GK 管理。H.323 是一个概括性的建议，为支持实时多媒体通信，它依赖于几个其他标准和建议。

1）呼叫信令和控制：呼叫控制协议（H.225）、媒体控制协议（H.245）、安全（H.235）、数字用户信令（Q.931）、在 H.323 中支持补充业务的通用功能协议（H.450.1）和补充功能特征（H.450.2-H.450.11）。

2）H.323 附录：H.323 上的实时传真（附录 D）；复用呼叫信令传输的框架和有线协议（附录 E）；简单端点类型—SET（附录 F）；文本会话和文本 SET（附录 G）；附录 F 的安全（附录 J）；基于超文本传输协议（HTTP）的业务控制传输信道（附录 K）；激励（stimulus）控制协议（附录 L）；和信令协议的隧道传输（附录 M）。

3）音频 CODEC：脉码调制（PCM）音频 CODEC 56/64kbit/s（G.711）、48/56/64kbit/s 下 7kHz 的音频编解码（G.722）、5.3 和 6.4kbit/s 的话音 CODEC（G.723）、16kbit/s 的话音 CODEC（G.728）和 8/13kbit/s 的话音 CODEC（G.729）。

4）视频 CODEC：≥64kbit/s 的视频 CODEC（H.261）和≤64kbit/s 的视频 CODEC（H.263）。

13.4.2　SIP 框架

SIP 是作为对 ITU-T H.323 建议的反应而由 IETF 开发的。IETF 认为 H.323 对于发展 IP 电话是不充分的，原因是其命令结构是复杂的，且其架构是中心式的和巨大的（monolithic）。SIP 是一个应用层控制协议，可建立、修改和终止多媒体会话或呼叫。SIP 透明地支持名字映射和重定向服务，支持 ISDN 和智能网电话用户服务的实现。SIP 的早期实现已经处于网络承载商的 IP-Centrex 试验阶段。SIP 是作为整体 IETF 多媒体数据和控制框架的组成部分设计的，支持各种协议，例如资源预留协议（RSVP）、实时传输协议（RTP）、实时流化协议（RTSP）、会话通告协议（SAP）和会话描述协议（SDP）。SIP 建立、修改和终止多媒体会话。它可被用来要求新的成员到一个已存在的会话或创建新的会话。一个 SIP 网络中的两个主要组件是用户代理（UA）和网络服务器（注册服务器、位置服务器、代理服务器和重定向服务器），如图 13.13 所示。

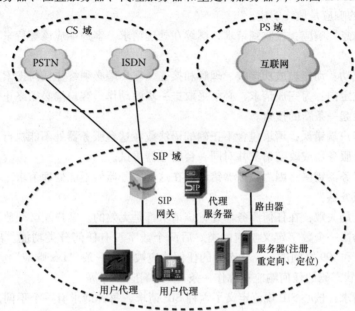

图 13.13　SIP 框架

1）UA：这是一项应用，它与用户交互，并包含一个 UA 客户端（UAC）和一个 UA 服务器（UAS）。一个 UAC 发起 SIP 请求，而一个 UAS 接收 SIP 请求并代表永恒返回响应。

2）注册服务器：这是一台 SIP 服务器，它仅接受由 UA 发出的注册请求，目的是以用户在请求中指定的联系信息更新一个位置数据库。

3）代理服务器：这样一个中介实体，通过转发 SIP 请求而作为 UA 的服务器，通过代表 UA 或代理服务器而向它们提交被转发的请求，而作为其他 SIP 服务器的客户端。

4）重定向服务器：这是一台 SIP 服务器，通过提供可到达用户的其他位置，帮助定位 UA，即它提供地址映射服务。它对目的地为一个地址（带有一个新地址列表）的一条 SIP 请求做出响应。一个重定向服务器不接受呼叫、不转发请求且不发起其自己的任何（请求或呼叫）。

SIP 协议遵循呼叫信令的一种基于 web 的方法，这与传统通信协议相反。它向一种客户端-服务器模型，其中 SIP 客户端发出请求，SIP 服务器返回一个或多条响应。信令协议构建在请求和响应的这种交换之上，它们被归组为事务。一次事务的所有消息共享一个共同的唯一标识符，并在主机的同一集合上移动（traverse）。在 SIP 中有两种类型的消息：请求和响应。它们都使用 UTF-8 编码的 ISO 10646 字符集的文本表示。消息语法遵循 HTTP/1.1，但应该指出，SIP 不是 HTTP 的一个扩展。

1）SIP 响应：在接收到一条请求时，一台服务器发出一条或几条响应。每条响应有一个码，指明事务的状态。状态码是从 100～699 的整数，被归组为六类。一条响应可以是最终的或临时性的。带有从 100~199 的一个状态码的一条响应被看作临时性的。从 200~699 的响应是最终响应。

2）1xx 信息性响应：接收到请求，继续在处理请求。客户端应该等待来自服务器的进一步响应。

3）2xx 成功：动作被成功接收、理解和接受。客户端必须终止任何搜索。

4）3xx 重定向：为完成请求，必须采取进一步的动作。客户端必须终止任何现有的搜素，但可发起一条新的搜索。

5）4xx 客户端错误：请求包含不正确的语法或在这台服务器处不能执行。客户端应用尝试另一台服务器或改变请求并对同一台服务器重试。

6）5xx 服务器错误：因为服务器错误，在这台服务器处不能处理请求。客户端应该尝试另一台服务器。

7）6xx 全局失败：在任何服务器处，该请求都是无效的。客户端必须放弃搜索。

状态码的第一个数字定义响应的类。后两个数字没有任何分类功能。出于这个原因，具有 100 和 199 之间的一个状态码的任何响应被称作一条"1xx 响应"，带有 200 和 299 之间一个状态码的任何响应被称作一条"2xx 响应"等等。

1）SIP 请求：核心 SIP 规范定义了六种 SIP 请求，每种请求有一个不同的目的。每条 SIP 请求包含称作方法的一个字段，表示其目的。

2）INVITE（邀请）：INVITE 请求邀请用户们参与到一个会话。INVITE 请求的主体包含会话的描述。值得注意的是，SIP 仅处理到用户邀请和用户对邀请的接受。所有的会话细节均有所用的 SDP 处理。因此，对于一个不同的会话描述，SIP 可要求用户们到任何类型的会话。

3）ACK：ACK 请求被用来确认接收到一条 INVITE 的最终响应。因此，发出一条INVITE 请求的一个客户端，当它接收到 INVITE 的一条最终响应时，发出一条 ACK请求。

4）CANCEL（取消）：CANCEL 请求取消进行中的事务。如果一台 SIP 服务器接收到一条 INVITE，但还没有返回一条最终响应，则在接收到一条 CANCEL 时，它将停止处理该 INVITE。但是，如果它已经返回该 INVITE 的一条最终响应，那么 CANCEL 请求对事务将没有影响。

5）BYE：BYE 请求被用来放弃会话。在两方会话中，由一方发出的放弃意味着会话中止。

6）REGISTER（注册）：用户们发送 REGISTER 请求，将它们的当前位置通知一个服务器（在这种情形中，指一台注册服务器）。

7）OPTIONS（选项）：OPTIONS 请求就一台服务器的能力而查询它，这些能力包括它所支持的方法和哪些 SDP。

SIP 独立于所处理的多媒体会话类型和用来描述会话的机制。由承载音频和视频的RTP 流组成的会话通常使用 SDP 描述，但一些类型的会话也采用其他描述协议加以描述。简言之，SIP 被用来在潜在的参与者间分发会话描述。一旦分发会话描述，则 SIP

可被用来协商和修改会话的各参数及终止会话。

13.4.3 VoIP 系统

一个基本的 VoIP 系统由三部分组成: 发送者、IP 网络和接收者, 如图 13.14 所示。

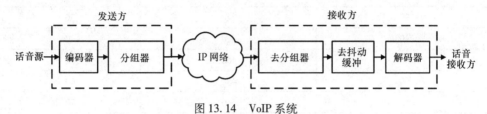

图 13.14　VoIP 系统

发送者: 第一个组件是编码器, 它周期性地采样原话音信号, 并向每个样本指定固定数量的比特, 这样就生成一条恒定比特率的流。

来自话音源的话音流首先被数字化, 并使用一种合适的编码算法 (例如 G.711、G.729 等) 进行压缩。就编码比特率 (kbit/s)、算法性时延 (ms)、复杂性和话音质量 (平均意见得分或 MOS) 等特征而言, 各种话音 CODEC 是不同的。为了简化话音 CO-DEC 的描述, 经常概括地将之分为三类: 波形编码器、参数编码器或音码器和混合编码器 (作为前两者的组合)。

典型情况下, 波形 CODEC 用于高比特率, 并得到非常良好质量的话音。参数 CO-DEC 运行在非常低的比特率, 但倾向于产生听起来像合成的话音。混合 CODEC 使用来自参数编码和波形编码的技术, 并给出中等比特率下良好质量的话音。

在压缩并编码为一种合适的格式之后, 话音帧进行报文化处理。报文化过程是这样实现的, 采集要被传输的话音数据集合, 并添加在 IP 网络间路由和处理那些话音数据所需的信息。被添加的比特称作首部, 要被交付的话音数据被称作净荷。依据 VoIP 传输效率, 可改变话音数据长度。介质访问控制 (MAC) 首部、IP 首部、用户数据报协议 (UDP) 首部、RTP 首部和帧校验序列 (FCS) 是在以太网之上传输话音数据所必要的, 而前导和报文间隔 (IPG) 应该被看作传输线路上被占用的带宽。例如, 当传输 20B 的话音数据时, 总的被占用带宽是 98 字节, 包括 IPG、前导、MAC 首部、IP 首部、UDP 首部和 FCS。因此 78 字节对应于 IP 传输的额外负担, 所以总的话音数据比率小于 25%。

一条 IP 报文的话音数据长度通常取决于所用的编码算法。在常规 VoIP 通信中, 为 G.711 经常使用 80B 的话音数据, 而为 G.729 使用 20B 的话音数据。表 13.1 给出以毫秒表示的话音数据长度和以字节表示的话音数据长度之间的关系。

IP 网络: 因为 IP 网络的共享特性, 要保障端到端的互联网应用 QoS 是困难的。因为当前的 IP 网络基于尽力而为的服务, 所以报文会经受不同的网络损伤 (例如报文丢失、时延和抖动), 这直接影响 VoIP 应用的质量。

表 13.1　VoIP 报文的话音数据长度

话音数据长度/ms	话音数据长度/B	
	G. 711	G. 729
10	80	10
20	160	20
30	240	30
40	320	40
50	400	50
60	480	60
70	560	70
80	640	80
90	720	90
100	800	100

接收者：一个去报文化器剥离报文首部，并从净荷中抽取话音样本。话音样本必须以如下方式提供给解码器，即当解码器已经完成下一个样本的直接前样本时，下一个样本就可提供被处理。这样的一个需求严苛地约束了在一个 VoIP 系统中可容忍的抖动量（在不必在样本间加入时间间隔的条件下）。当抖动导致的一个到达间隔时间（IAT）大于从一个样本重新生成波形所需的时间时，解码器没有选择，只好在没有下一个样本信息的条件下继续工作。因此，抖动的效应将体现为报文丢失率的增加。

持有排队分段的缓冲被称作去抖动缓冲。这种去抖动缓冲的采用，在接收方侧定义了抖动和报文丢失率之间的关系。因此，可被容忍的时延变化成为补充抖动的固有质量的本质描述子（descriptor）。

因此，在接收者侧的一个重要设计参数是去抖动缓冲尺寸或一个去抖动缓冲的回放时延，原因是在进一步时延（缓冲时延）和抖动（延迟到达损失）的代价下，使用去抖动缓冲补偿网络抖动。最后，对去抖动的帧进行解码，恢复原话音信号。

13.4.4　VoIP 中的 QoS

图 13.15 给出一个基本的两用户 VoIP 网络，其中端用户代表终端设备，例如基于软件的一项 VoIP 应用（softphone，软电话）或一部 IP 电话。网络是连接端用户的一个 IP 网络。

参见图 13.15，可从三个不同角度定义 QoS：端用户经历的 QoS、应用观点的 QoS 和网络观点的 QoS。

由端用户角度看，QoS 是端用户对从 VoIP 服务提供商所接受质量的感知。端用户对话音质量的感知是由主观测试和客观测试决定的，作为一些损伤（OWD、PLR、CO-DEC 类型）的一个函数。

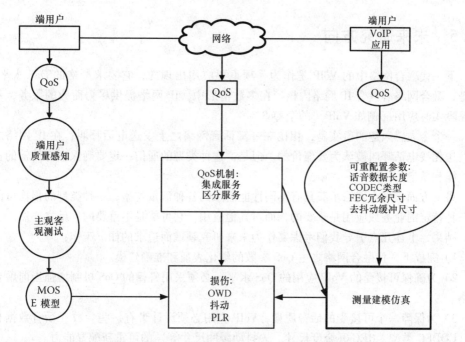

图 13.15　一个基本的两用户 VoIP 网络中的 QoS

从应用的观点看，QoS 指为满足良好的话音质量水平，应用将一些参数（话音数据长度、CODEC 类型、FEC 冗余度尺寸、去抖动缓冲尺寸等）重新配置为依据网络条件得到的值的能力。

从网络观点看，术语"QoS"指网络提供如上定义的用户感知 QoS 的能力。一种 QoS 机制具有在 IP 网络中提供资源保障和服务区分的能力。在没有一种 QoS 机制的条件下，一个 IP 网络提供尽力而为服务。有两种主要 QoS 机制可用于 IP 网络[20]：集成服务（IntServ）[21]和区分服务（DiffServ）[22]。

在尽力而为的服务中，不管流量的源为何，将所有报文都堆成一团。在 IntServ 中，个体流是端到端区分的，且应用使用 RSVP[23]请求和保留通过一个网络的资源。在 Diff-Serv 中，个体流不是端到端加以区分识别的。相反，它们被聚集成较少数量的类。此外，这些流量类被赋予每跳进行不同处理，对这些流量类没有端到端的处理。

因为 NGN 承载具有不同性能需求的各种流量类型，一种类型的损伤可能对于一个特定业务或应用是重要的，但对其他应用，它可能是不重要的，反之亦然。因此，在一个 IP 网络中实现的一种 QoS 机制必须考虑各种性能需求，并在多项损伤之间做出平衡优化。

在融合网络中，带有可重配置参数的 VoIP 应用的设计和 QoS 机制的实现，涉及流量测量、流量仿真和流量建模。

13.5   未来研究方向

下一代融合网络中的 VoIP 是作为一项重要应用出现的，它要求严格的 QoS 水平。但是，融合网络有一个 IP 网络内核。在多数情形中，IP 网络提供尽力而为的服务，不能保障实时应用（例如 VoIP）的全 QoS。

一个令人感兴趣的事实是，相比在蜂窝话音网络之上发送电话呼叫，在 IP 网络之上发送无线电话呼叫被认为要廉价的。但是，这种类型的通信一定要确保话音传输的良好性能和质量。

另一方面，融合网络承载具有不同性能需求的各种流量类型；一种类型的损伤可能对一种特定的业务或应用是重要的，而对其他应用，它可能是不重要的，反之亦然。

结果，上述几点引导我们考虑要作为未来研究领域而追求的如下工作：

1）完成下一代融合网络之主 QoS 参数的细化表征和准确建模。

2）为确保可接受的 VoIP 应用的 QoS 水平，必须采用鲁棒的 QoS 机制增强当前融合网络。

3）为保障一个可接受的话音质量，VoIP 应用必须设计带有一些参数（话音数据长度、CODEC 类型、REC 冗余度尺寸、去抖动缓冲尺寸等）的可重新配置能力。

4）为确保在 IP 之上移动话音的良好性能和质量，需要设计功能强大的移动电话和较快速的无线/移动 IP 网络。

13.6   小结

在电信中，存在对应于最初不同的各项业务的许多异构网络（PSTN、SS7、ISDN、IP 网络、WLAN、GSM、GPRS、UMTS 等），之后这些网络融合为单一网络。VoIP 是这种融合服务的一个明显例子，推动 NGN 的采用。NGN 概念并不意味着一个特定的网络，而是从当前技术和服务到支持新服务和应用的发展过程。

另一方面，在电信内，上述异构网络之间的历史隔离已经消失。作为这个事实的结果，它给出了网络的融合，其中融合网络被称作多业务传输网络。在这个多业务传输网络中，必须集成具有不同终端的多个接入网络。接入网络可使用各种层 1 和层 2 协议；但是，所有终端应该使用相同的网络层协议。当前，泛在的互联网协议被看作产生多业务传输网络的统一因素。

但是，随着这种融合，出现了一项新的技术挑战。本质上而言，融合网络有一个 IP 网络核心。IP 网络基于尽力而为服务，且它不提供 QoS 水平来满足实时应用（例如 VoIP）的需求。因此，为保障一个可接受的话音质量，VoIP 应用必须设计有一些参数的可重配置能力，且融合网络必须考虑实现鲁棒的 QoS 机制。

参 考 文 献

1. G. Fiche and G. Hébuterne, *Communicating Systems and Networks: Traffic and Performance*. London and Sterling, VA: Kogan Page Science, 2004.

2. A. F. Ibikunle, J. A. Sarumi, and E. O. Shonibare, "Comparative analysis of routing technologies in next generation converged IP network." *International Journal of Engineering and Technology* 11, no. 2 (2011): 158–169.

3. T. Janevski, *Traffic Analysis and Design of Wireless IP Networks*. Norwood, MA: Artech House, Inc., 2003.

4. H. Hanrahan, *Network Convergence: Services, Applications, Transport, and Operations Support*. England: John Wiley & Sons, Ltd., 2007.

5. J. Jo, G. Hwang, and H. Yang, "Characteristics of QoS Parameters for VoIP in the Short-Haul Internet." *Proc. International Conferences on Info-tech and Info-net (ICII), IEEE*, Beijing, China, 29 October—01 November, 2001, 498–502.

6. H. Toral, "QoS Parameters Modeling of Self-Similar VoIP Traffic and an Improvement to the E Model," Ph.D. thesis, electrical engineering, telecommunication section, CINVESTAV, Guadalajara, Jalisco, Mexico, 2010.

7. S. Kashihara, *VoIP Technologies*. Croatia: INTECH, 79–94.

8. J. Davidson, J. Peters, and B. Gracely, *Voice over IP Fundamentals*. Indianapolis, IN: Cisco Press, 2000.

9. K. I. Park, *QoS in Packet Networks*. Boston: Springer Science + Business Media, Inc., 2005.

10. J. F. Kurose and K. W. Ross, *Computer Networking: A Top-Down Approach*. Boston: Addison-Wesley, 2010.

11. A. S. Tanenbaum, *Computer Networks*. Upper Saddle River, NJ: Prentice Hall, 2003.

12. A. Ahmad, *Wireless and Mobile Data Networks*. Hoboken, NJ: John Wiley & Sons, Inc., 2005.

13. L. Cai, Y. Xiao, X. (S.) Shen, L. Cai, and J. W. Mark, "VoIP over WLAN: Voice Capacity, Admission Control, QoS, and MAC," *International Journal of Communication Systems* 19, (2006): 491–508.

14. R. Noldus, *CAMEL: Intelligent Networks for the GSM, GPRS and UMTS Network*. England: John Wiley & Sons, Ltd., 2006.

15. M. D. Yacoub, *Wireless Technology: Protocols, Standards, and Techniques*. Boca Raton, FL: CRC Press, 2002.

16. ITU-T Recommendation H.323, Packet-Based Multimedia Communications Systems, International Telecommunications Union, Geneva, Switzerland, 2007.

17. A. Sulkin, *PBX Systems for IP Telephony: Migrating Enterprise Communications*. New York: McGraw-Hill Professional, 2002.

18. J. Rosenberg, H. Schulzrinne, G. Camarillo, A. Johnston, J. Peterson, R. Sparks, M. Handley, and E. Schooler, SIP: Session Initiation Protocol (RFC 3261), Internet Engineering Task Force, 2002.

19. G. Camarillo, *SIP Demystified*. USA: McGraw-Hill Companies, Inc, 2002.

20. Z. Wang, *Internet QoS: Architectures and Mechanisms for Quality of Service*. San Francisco: Morgan Kaufmann Publishers, 2001.

21. R. Braden, D. Clark, and S. Shenker, Integrated Services in the Internet Architecture: An Overview. (RFC 1633), Internet Engineering Task Force, 1994.

22. D. Black, S. Blake, M. Carlson, E. Davies, Z. Wang, and W. Weiss, An Architecture for Differentiated Services (RFC 2475), Internet Engineering Task Force, 1998.

23. R. Braden, L. Zhang, S. Berson, S. Herzog, and S. Jamin, Resource Reservation Protocol-RSVP (RFC 2205), Internet Engineering Task Force, 1997.

第4部分

信息基础设施和云计算

第 14 章　云计算的服务质量

14.1　引言

作为分布式计算和互联网技术中重要范型之一，云计算在过去数年间得到相当的关注，其中硬件和软件是通过互联网作为一项应需服务而交付的，遵循一种简单的使用时付费的金融模型。云动力的源是其在不同层次提供服务的能力：

1）基础设施即服务（IaaS），其中云支持访问硬件资源，例如服务器和存储设备；

2）平台即服务（PaaS），其中云支持访问软件资源，例如操作系统和软件开发环境；

3）软件即服务（SaaS），其中经典的软件应用是运行在本地计算机上的，与此不同，这里是由元以远程方式提供的。

这种面向服务的多样性使云成为一项非常有前景的技术，这成为理解和探索其方法论以及其服务质量（QoS）管理准则不可或缺的。

随着云计算的快速增长，其 QoS 仍然造成重大挑战。为描述 QoS 属性，不同服务提供商和消费者已经采用各种 QoS 模型。这种多样性带来不同 QoS 描述以及（有时是）相同 QoS 因素的不同概念、规模和测量的使用。不幸的是，这些 QoS 模型中的多数模型都散落在科学文章、文献和研究团体间，没有被组合在单一源可帮助云研究人员在这个方面基于坚实的背景建立一个新的疆界。因此，以统一描述、尺度和度量指标组合所有 QoS 相关的因素的必要性就成为至关重要的。

本章组合并回顾为云创新的或改进的多数质量参数和度量指标以及在一个良好定义的本体下定义 QoS 的基本属性。本章也给出特别针对不同服务模型（SaaS、PaaS、IaaS）开发的 QoS 模型。此外，在本章中也讨论云服务中的服务选择方法、质量确保技术和服务水平协议（SLA）。

本章后面部分如下组织。首先，在 14.2 节中讨论有关提供商和消费者共同质量属性的一些背景。14.3 节给出质量参数统一描述的 QoS 本体。14.4 给出云计算的 QoS 特征。在 14.5 节，给出不同服务平台的 QoS 模型。在 14.6 节和 14.7 节给出云计算的服务选择方法、质量保障和 SLA。最后，14.8 节细化讨论 QoS 研究中的一些可能趋势，并提出在适合云计算的章中讨论的材料中形成的一些开放研究问题。在最后一节最后对这一整章做出小结。

14.2　背景

有关 QoS 模型的研究工作已经在服务计算的语境中形成以及针对云计算开发的那

些研究工作，主要在于趋向某个观点，强调提供商和消费者的共同质量属性。

人们提供了考虑到资源处理和服务提供能力的一种云服务 QoS 模型，其中考虑到对消费者和提供商共同的服务 QoS 属性[1]。

就云服务提供商而言，物理设备和虚拟资源层提供的云服务 QoS 主要将焦点放在数据中心的性能、可靠性和稳定性上；由 IaaS 提供云服务 QoS 可能强调响应时间、资源利用率、价格等。对云服务消费者而言，它们是非常重要的，例如响应时间、价格、可用性、可靠性和名誉，且它们也可由服务提供商提供。因此，考虑对提供商和消费者的云服务的 QoS，QoS 的最普遍属性如下：

1）响应时间表示云服务消费者的需求发送到云服务实现竞争的间隔。

2）成本表示当顾客使用由云服务提供商提供的服务时支付的费用，即依据使用量支付。

3）可用性表示云服务可被访问的概率。

4）可靠性给出准确地实现云服务功能的容量，以及有效和无效的时间可由一个云服务监测器获得。

5）名誉表示云服务的信誉（creditability）。名誉可被看作主观顾客排名和通告消息的信誉的客观 QoS 之和。

这个模型给出一个提供商和一个消费者之间仅开始协商 SLA 的一个不错视角。但还有更多的质量参数应该与其测量参数和如何评估它们一起进行详细考虑。同样，不同云服务平台的更深入的技术细节，特别是 QoS 模型也应该讨论。这种 QoS 特征和模型直接反映在选择方法和 SLA 处理上。因为不同服务提供商和消费者使用不同的 QoS 描述以及 QoS 通告、需求和 SLA 的不同概念、尺度和测量，所以就有必要找到一个统一的 QoS 描述。

14.3　QoS 本体

提供所有 QoS 因素的一个统一的描述、尺度和度量指标的一个本体，将解决提供商和消费者之间持有的概念的多样性。因此，可处理 QoS 因素的互操作性的这样一种本体的开发，成为极端重要。

在本节，我们给出一个一般的和灵活的 QoS 本体，以一种统一的方式表述 QoS 信息，来涵盖不同云平台（IaaS、PaaS 和 SaaS）的服务提供商和消费者的所有质量特征。

QoS 本体的开发，报告了为不同 QoS 概念（例如在 QoS 通告、QoS 需求或 SLA 中采用的 QoS 性质、度量指标和单位）施加清晰的和统一的定义的必要性。这是为什么为解决 QoS 的互操作性而需要本体的原因。QoS 本体为提供商和消费者提供一个统一的 QoS 描述。另外，它解决了语义描述和二义性问题。QoS 本体指定了如何描述服务质量信息，即它指定以一种统一的和一致的方式用来描述 QoS 因素的基本属性。

在下面小节中，QoS 本体是以两层给出的。第一层，包括在定义 QoS 因素中将使用的基本属性（例如 QoS 性质、度量指标和单位）的定义。第二层，支持层给出一些辅助方式（例如变换、值比较等），目的是支持 QoS 性质的建模。

14.3.1 QoS 本体基本层

QoS 本体基本层包括用来定义所有 QoS 因素的基本属性的定义。这种属性描述如何定义、描述和测量任何 QoS 因素。列出如下：

1) QoS 性质表示在一个给定域内一项服务的一个可测量的、非功能性的需求。一个 QoS 性质是云服务质量特征的一个属性集合，可被精化为多个层次的子特征，也称作 QoS 参数。

2) 度量指标定义每个 QoS 性质被指派一个值的方式[2]。一个度量指标的特点可以是简单的、复杂的或静态的。

3) 单位，支持各种类型的单位、其等价体和缩略语。定制的单位应该可容易地添加到 QoS 本体[3]。

4) 值类型：为指定 QoS 度量指标的值，QoS 本体应该包括各种数据类型定义，例如字符串、数值、布尔、列表等[2]。

5) 约束条件允许消费者指定所需服务质量的边界水平，即最小值或最大值。这项需求与如何在一个 QoS 性质上指定一个约束条件的问题有关。几乎现有的方法都假定简单的算子，例如 >、<、=、>=、=<，来表示 QoS 约束条件。但是，也支持与字符串、列表等的值类型有关的其他算子。

6) 必须的：这项需求允许指定哪些 QoS 性质是强制的，而其他可以是可选的[4]。

7) 聚集的：称一个质量性质是一个聚集性质，如果它由其他质量组成。例如，价格性能比率聚集了价格和性能[4]。

8) 等级指定一项服务的不同质量水平，从而用户要求可选择最合适的质量水平。这种组织方式有助于产生不同的使用模式[2]。

9) QoS 动态性：一个 QoS 性质可被指定一次（静态性质）或要求周期性地更新其可测量的值（动态性质）。

10) 有效时段：事实上，一个 QoS 性质的值不是在所有时间都固定的。因此，我们需要指定其有效时段，从而其他各方可正确地评估该性质。

11) 权重：依据不同的服务消费者或提供商，QoS 性质经常可有不同的重要等级。一个浮动的范围（[0,1]）指明优先级，即哪些性质携带较高的重要性，而其他的可能是不太重要的[2]。

12) 影响方向使系统可就一个给定的 QoS 参数估计用户满意度，方法是表示 QoS 性质值对服务质量（由消费者提供或由用户感知的）贡献的方式。一个 QoS 性质可由 5 个影响方向之一：负的、正的、接近的、准确的和无[3]。

14.3.2 QoS 本体支持层

使用前面引用的属性对 QoS 性质进行建模，需要一项具体的支持，因为相同 QoS 性质的度量指标和单位中的当前多样性、提供商和消费者之间的互相关以及 QoS 性质之间的存在相关的事实。这种支持是在归组具有相似特征的因素、值和度量单位的变换等方面中出现的。支持层定义辅助方式，以便使用前面在基本层中定义的基本属性而支持QoS 的建模，如下：

1）角色：除了提供商和消费者的服务质量评估外，其他第三方参与者，例如证书权威和安全提供商，在 QoS 信息的测量和评估过程中也应该得到支持。

2）变换：提供商和消费者可熟悉、使用或理解相同 QoS 性质的不同度量指标。因此，QoS 本体支持 QoS 度量指标以及相关度量指标的值和单位的转换和变换。

3）QoS 互相关：不仅一名服务消费者从一个服务提供商处请求 QoS，而且一个服务提供商可指定其 QoS 需求，这是为从执行提供商服务得到期望的 QoS，一名请求者必须要保障的[5]。

4）QoS 值比较：不是所有的 QoS 性质都具有比较其值的相同机制。例如，基于数值的 QoS 性质的比较是不同于基于字符串的比较的。

5）QoS 分组：允许对共享类似特征或影响的 QoS 性质分组，目的是方便整体 QoS 值的评估和计算。

6）具体的 QoS：共同的和域无关的 QoS 性质的一个最小集合，应该作为在下一节中给出的模型加以定义。

14.4　云计算的 QoS 特征

在本节，我们给出云计算的 QoS 特征以及其测量参数和评估方法。这些包括性能、透明性、信息保障、安全风险和可信性。也给出了作为仅与 SaaS 有关的特殊特征加以提供。

14.4.1　性能

就性能评估而言，考虑到了响应时间、延迟和吞吐量因素。

14.4.1.1　响应时间和延迟

在分布式计算领域中广泛采用了响应时间和延迟。将响应时间定义为作为对一个给定输入的反应，一个系统或功能单元需要花费的时间，以及将延迟定义为在一个系统中经历的时间时延的一个度量，这为云服务提供了一种直接质量度量。现在为云计算考虑响应时间的其他实例，例如响应时间的百分数。

从顾客角度看，响应时间更倾向于要求对其响应时间的一个统计约束（界）而不是一个平均的响应时间[6]。例如，一名顾客会要求其响应时间在 95% 的时间应该小于一个给定值。因此，那项研究关注于响应时间的百分数。即，执行一条服务请求的时间以时间的某个百分比小于一个预定义的值[6]。IBM 的研究人员们已经使用这个度量指标。Cisco 和 MIT 通信未来项目的科学家们将这个度量指标称作"百分数时延"[7]。

假定 $f_T(t)$ 是响应时间 T 的概率分布函数；T_D 是一个期望的目标响应时间，是基于由顾客支付的一笔费用，一名顾客向服务提供商请求并经同意的。保障 $\gamma\%$ SLA 服务的

SLA 性能度量指标如下：

$$\int_0^{T_D} f_T(t)\,dt \geqslant \gamma\% \tag{14.1}$$

即，在 $\gamma\%$ 的时间小于 T_D 情况下，一名顾客将接收到他的或她的服务。

在回答如下性能问题时，响应时间百分数的计算扮演一个关键角色：

1）对于服务请求的一个给定到达率、在 web 服务器和服务中心的服务速率下，可保障什么等级的 QoS 服务？

2）在 web 服务器和服务中心分别要求多少的最小服务速率，对于来自顾客的一个给定服务到达率，才能使一个给定百分比的响应时间得以保障？

3）当在 web 服务器和服务中心处分别给定服务速率时，要仍然保障一给定百分比响应时间下，可支持多少顾客？

14.4.1.2　吞吐量

吞吐量也被看作大范围应用的一个重要性能因素，这样的应用如内容分发网络[8,9]，其中基于平均吞吐量以及其使用率（utility）（作为处理请求的分数（吞吐量）或整体评估（加权吞吐量）来测量的），对服务部署进行优化。

MetaCDN，是一个集成的重叠网，利用云计算向互联网端用户提供内容分发服务，允许用户们直接部署文件（从其本地文件系统上载一个文件）或从一个已经公开可访问的原网站（侧载入（side-loading）文件，其中后台存储提供商拉取该文件）。考虑到不是所有提供商都支持侧载入，MetaCDN 系统可代表用户实施这项功能，接下来人工上载文件。当通过 web 门户或 web 服务访问服务时，MetaCDN 用户们被赋予许多不同的部署选项（取决于其需要），包括如下：

1）最大化覆盖和性能，其中 MetaCDN 将尽可能多的副本部署到所有存在的提供商和位置处。

2）在特定位置部署内容，其中一名用户指定区域，而 MetaCDN 以服务那些区域的提供商匹配被请求的区域。

3）成本优化的部署，其中按照用户的传输和存储预算所允许的数量，MetaCDN 就将那么多的副本部署到用户请求的位置。

4）QoS 优化的部署，其中 MetaCDN 向匹配一名用户所指定的特定 QoS 目标（例如从一个特定位置的平均吞吐量或响应时间）的提供商，进行部署，这些指标是由 MetaCDN QoS 监测器的持续探测跟踪得到的。

一旦一名用户使用上述选项进行部署，则有关部署的所有信息就被存储在 MetaCDN 数据库中，且一个公众可访问的 URL 集合（指向 MetaCDN 部署的副本）和单个 MetaCDN URL（可透明地将端用户重定向到其接入位置的最佳副本）被返回给用户。

14.4.2　透明性

人们实施了云提供商透明性的一次经验评估[10]。这项研究的目的是开发一个工具，用于通过云提供商的自服务 web 门户和 web 公关宣传来评估一个云提供商的安全、隐私和服务水平竞争力的透明性，之后通过使用该工具测量提供商有多透明，经验性地评估云服务提供商。该工具被称作云提供商透明性记分卡（CPTS）。CPTS 包括有关预评估、安全策略和规程、隐私策略和规程以及服务水平等提供方面的一节内容（section）。所开发的方法论将评估分段为四个关键域：安全、隐私、审计和服务水平协议。每个域包括一系列问题，这些问题基于云安全联盟（CSA）、NIST 和欧洲网络和信息安全局（ENISA）列出的关键领域。每个问题等于 0 = no（否）、1 = yes（是）值，每个域要求和，并依据所有得分总和得到总分。之后基于域的得分除以可能的总和，得到一个简单的等级百分数。总分也除以可能的总分，得到一个等价的百分比。这种方法论为评估者提供了一种简单方法，基于每个域和一个总分，比较云提供商之间的差异。

表 14.1 形象地给出预评估，表 14.2 给出全评估。

表 14.1　透明性工具：预评估

云提供商透明性得分卡预评估			
商务因素	1	以年表示的营业时间长度 >5？	0 =<5, 1 =>5
	2	发布安全或隐私违规？	0 = Y, 1 = N
	3	发布停机？	0 = Y, 1 = N
	4	发布数据丢失？	0 = Y, 1 = N
	5	类似的顾客？	0 = Y, 1 = N
	6	ENISA、CSA、CloudAudit、OCCI 或其他云标准组的成员？	0 = Y, 1 = N
	7	盈利的或公益性的？	0 = Y, 1 = N
		预评估总分	求和
		百分比分数	分数/7

表 14.2　透明性工具：全评估

云提供商透明性得分卡全评估		
安全	1	有安全信息的门户区？
	2	发布安全策略
	3	有关安全标准的白皮书？
	4	策略专门解决多租户问题吗？
	5	有针对问题的电子邮件或在线讨论吗？
	6	是 ISO/IEC 27000 认证的吗？
	7	COBiT 认证的吗？
	8	NIST SP800-53 安全认证的吗？
	9	提供安全专业服务（评估）吗？
	10	雇员是 CISSP、CISM 或其他安全认证的吗？
		安全小计得分

（续）

		云提供商透明性得分卡全评估
隐私	11	有隐私信息的门户区吗？
	12	发布隐私策略吗？
	13	有关于隐私标准的白皮书吗？
	14	有针对问题的电子邮件或在线讨论吗？
	15	提供隐私专业服务（评估）吗？
	16	雇员们是 CIPP 或其他隐私认证的吗？
		隐私小计得分
外部审计或认证	17	SAS 70 类型 II
	18	PCI-DSS
	19	SOX
	20	HIPAA
		审计小计得分
服务等级协议	21	他们提供一个 SLA 吗？
	22	SLA 应用到所有服务吗？
	23	99.9 = 1，99.95 = 2，99.99 = 3，99.999 = 4，100 = 5
	24	有 ITIL 认证的雇员吗？
	25	发布停机和修复吗？
		SLA 小计得分
		总分

14.4.3 信息保障

采用云计算服务的一个组织机构应该使自己确信，它将委托给云提供商的信息进行了充分保护。开发了一个信息保障框架，作为一个保障准则集合，该集合是设计用来评估采用云服务的风险并比较不同云提供商所提供服务的[11]。该框架提供了一个组织机构可询问一个云提供商的一个问题集。这些问题的目的是提供一个最小基线；因此，顾客可有在基线内没有涵盖的附加的特定需求。

信息保障框架涵盖如下安全方面：

1）人员安全；

2）供应链保障；

3）运行安全；

4）身份和访问管理；

5）资产管理；

6）数据和服务可移植性；

7）商务连续性管理；

8）物理安全；

9）环境控制；

10）法律需求。

14.4.4 安全风险

当考虑 QoS（涉及技术、政策和法律隐含意义）时，由使用云计算导致的安全益处和风险应该被看作一个必不可少的方面[2]。

应该总是在整体商务机会和风险偏好的关系中理解风险——有时风险是通过机会得以补偿的。在许多情形中，风险等级将随所考虑云架构的类型而发生大的变化。

在评估中识别出的风险被分为三类：

1）政策和组织机构的；

2）技术的；

3）法律的。

每种风险是以表的形式给出的，包括如下：

1）概率水平；

2）影响水平；

3）涉及弱点；

4）涉及被影响的资产；

5）风险等级。

政策和组织机构风险包括如下：

1）锁定（lock-in）：锁定的程度和本性能随云类型而不同。SaaS 应用锁定是锁定的最明显形式。典型情况下，SaaS 提供商开发一个定制应用，是针对其目标市场的需求裁剪的。当迁移到另一个 SaaS 提供商时，具有巨大用户基数的 SaaS 顾客可能诱发非常高的切换成本，原因是端用户收到影响（即重新培训是必要的）。在顾客开发应用与提供商的 API 直接交互的情形中（例如，为了与其他应用集成），这些也将需要重新编写，以便考虑到新提供商的 API。PaaS 锁定发生在 API 层（即平台特定的 API 调用）和组件层。例如，PaaS 提供商可提供高度有效率的后台存储库。不仅顾客必须使用提供商提供的定制 API 开发代码，而且他们必须以与后台时间库兼容的方式编码数据访问例程。这种代码将不必在 PaaS 提供商间是可移植的，即使一个看起来兼容的 API 作为数据访问模型提供，也可能是不同的。IaaS 锁定会随消费的特定基础设施服务而发生变化。例如，使用云存储的一名顾客将不会受到不兼容虚拟机格式的影响。IaaS 存储提供商所提供的存储会从简单的基于键的或基于数值的数据存储变化到测量增强的、基于文件的存储。

2）监管的缺失：监管和控制的缺失可能对组织机构的战略具有潜在的严重影响，因此会对满足其使命和目标的容量产生严重影响。控制和监管的缺失可能导致不可能遵守安全需求；缺乏数据的机密性、完整性和可用性；性能和 QoS 的恶化。

3）符合性挑战：迁移到云的某些组织机构，为取得竞争性优势或满足工业标准或规章要求，在取得认证方面做了相当大的投资。

4）作为合租活动的结果，缺乏商务声誉：资源共享意味着由一名租户实施的恶意活动，可能影响另一名租户的声誉。影响可能是服务交付中的恶化和数据损失以及组织机构声誉方面的问题。

5）云服务中止或失效：竞争性压力、一个不充分的商务战略或缺乏财务支持，可能导致一些提供商退出商务，或至少强制他们重构他们的服务提供总目录。这种威胁对云顾客的影响是容易理解的，原因是这可能导致服务交付性能和 QoS 的损失或恶化以及损失投资。外包到提供商的服务中的失效，可能对云顾客满足他/她的职责以及对他/她自己的顾客的义务造成严重影响。云提供商导致的失效也会导致顾客对其雇员的不利。

6）云提供商收购：云提供商的收购会增加一次战略迁移的可能性，并将使未签署的协议处于危险状态。这可能导致不可能遵守安全需求。

7）供应链失效：当外包某些专项任务到第三方时，云提供商的安全水平会取决于链中每一方的安全水平以及云提供商对第三方的依赖水平。链中的任何中断或破坏，或所有干系方之间缺乏职责协调可导致服务不可用，数据机密性和完整性的缺失；由不能满足顾客需求而导致的经济和声誉 1 损失；违反 SLA；以及级联式服务失效。

技术风险包括如下：

1）资源耗尽（欠提供或过提供）：从云顾客角度看，一个不良的提供商选择和缺乏供应商冗余，可能导致服务不可用、一个被攻破的访问控制系统以及经济上的和声誉上的损失。

2）隔离故障：这类风险包括隔离存储、内存、路由以及甚至共享基础设施的不同租户之间的声誉等机制的失效（例如所谓的访客跳式（guest-hopping）攻击、暴露存储于同一表中多个顾客的数据的 SQL 注入攻击以及旁道（side channel）攻击）。影响可能是云提供商及其顾客的有价值的或敏感数据的损失、声誉受损和服务中断。

3）云提供商恶意内奸：一名内奸的恶意活动会潜在地对所有类型数据、IP 和所有类型服务的机密性、完整性和可用性具有影响，因此，间接地对组织机构的声誉、顾客信任和雇员经历产生影响。在云计算的情形中，这被看作特别重要的，原因是这样的事实，即云架构需要某些角色，这些角色是极具风险的。

4）管理接口破解（基础设施的篡改、可用性）：公共云提供商的顾客管理接口是互联网可访问的，且可中介访问较大型资源集，因此就形成风险增加的态势，特别当与远程访问和网页浏览器弱点组合时情况更是如此。这包括顾客接口（控制许多虚拟机）和最重要的 CP 接口（控制整体云系统的操作）。

5）截获中转中的数据：作为一种分布式架构的云计算，意味着相比传统基础设施有更多数据在中转位置。例如，为了同步多个分布式机器映像（映像分布在多个物理机器间），数据必须在云基础设施和远端 web 客户端之间传递。

6）在云内上载或下载上的数据泄露：这种风险适用于云提供商和云顾客之间的数据传递。

7）不安全或无效的数据删除：当发出一条请求，删除一个云资源时，这未必导致数据的真正清除。在要求真正数据清除的情形中，必须遵循特定的规程，而这未必得到标准 API 的支持。如果使用有效的加密，那么风险等级可被看作是较低的。

8）分布式拒绝服务（DDoS）：这种风险直接影响一个顾客的声誉、信任和服务交付，特别在实时情况下更是如此。

9）经济上的拒绝服务（EDoS）：当一个云顾客的资源为其他各方以一种恶意方式使用且具有经济影响时，发生这种情况。EDoS 破坏经济资源；最差的场景将是顾客破产或严重的经济影响。

10）加密密钥丢失：这包括秘密密钥（SSL、文件加密、顾客隐私密钥等）或口令泄露给恶意方，那些密钥的丢失或损坏，或那些密钥非授权地用于认证和不可否认性（数字签名）。

11）实施恶意探测或扫描：恶意探测或扫描是间接威胁，并在一次黑客尝试的语境中可被用来收集信息。一种可能的影响是服务和数据之机密性、完整性和可用性的丧失。

12）破解的服务引擎：恶意探测或扫描以及网络映射，是对所关注资产的间接威胁。并在一次黑客尝试的语境中可被用来收集信息。一种可能的影响是服务和数据之机密性、完整性和可用性的丧失。一名攻击者可破解服务引擎，方法是从一台虚拟机（IaaS 云）、运行时环境（PaaS 云）、应用池（SaaS 云）内部或通过其 API 攻击破解服务引擎。攻击破解服务引擎在如下情况下有用，即避开不同顾客环境之间的隔离（越狱），并得到包含于内部的数据的访问，以一种透明的方式监测和修改其内部的信息（不需要与顾客环境内部的应用进行直接交互），或降低指派给顾客们的资源，导致拒绝服务。

13）顾客硬化规程（hardening procedure）和云环境之间的冲突：如果云提供商没有采取必要的步骤提供隔离，则顾客不能合适地保障其环境的安全就为云平台带来一个弱点。云提供商应该进一步清晰地表述他们的隔离机制，并提供最佳实践指南，协助顾客们保障其资源的安全。顾客们必须认识到，并承担他们的职责，因为出现故障的话，将使他们的数据和资源处在更大的风险下。

法律风险包括如下：

1）来自管辖权变化导致的风险：顾客数据可能处在多个管辖权中，其中一些可能是高风险的。如果数据中心位于高风险的国家，站点就可能被本地政府突袭，且数据或系统就遭受强制的披露或占有。高风险国家可包括缺乏法律规章以及具有不可预测司法框架和强制执行的那些国家、独裁监管的国家或不遵守国际协议的国家。

2）数据保护风险：顾客面临几项数据保护风险。要使云顾客实际上检查云提供商实施的数据处理并因此确保数据是以一种合法的方式被处理的，这可能是困难的。可能存在数据安全违规行为，云提供商并没有通知控制方（controller）。云顾客可能丢失对由云提供商处理的数据的控制。在数据的多次传递情形中，这个问题出现增加趋势。

3）许可风险：许可条件（例如每客户（per-seat））协议和在线许可检查，在一个云环境中可能变为不可工作的。

14.4.5　可信赖性

评估软件服务的可信赖性问题，最近作为重要质量属性之一在云语境中得到讨论[13]。

软件服务提供商的可信赖性普遍是由其声誉测量的。声誉系统不仅记录和跟踪提供商的行为，而且通过为顾客提供对市场质量的某种控制，产生良好行为的一种激励。为了使一个声誉机制是公平的和客观的，至关重要的是在公平和客观反馈的基础上计算声誉。

一个自动评分（rating）模型，基于市场科学的期望-否定理论，已经被定义，目的是克服反馈主观性问题。评分函数的目标是在没有人类干预的条件下，提供对一项被交付服务的客观反馈。反馈是一名用户对服务满意的一个度量。因此，就有必要使自动评分过程提供对应于对服务交付的满意程度或不满意程度的反馈。消费者满意是在消费者的消费前预期和消费后不一致之间进行比较的输出，其中确认的预期得到中等满意度，正向不一致（即超出）预期得到高满意度，和负向不一致（即不能履行的）预期比正向不一致更强烈地影响满意度，并导致不满意。评分是使用单一标量度量指标计算的，来量化质量感知。这个度量指标基本上是所交付服务的效用函数。效用表示服务执行质量与协议的一致性。效用函数可被看作在服务执行过程中所观察到的质量满足所达成质量水平的概率的分布函数。因此，效用函数可由质量监测结果估计得到。

声誉是在过去反馈的基础上计算的。在达成一项协议之前，它帮助消费者预测服务提供的可信性和服务提供商的可信赖性。过去反馈反映一项服务的过去行为，并给出其未来行为的一项指示；当一项服务的行为是不确定的，则反馈可以是随机分布的；它们可能遵循一个趋势（例如，增加的反馈可能反映了服务质量的改进）或当一项服务的行为中存在周期性时，它们是循环的（例如在高峰时段，质量会降低，这会导致在那些时间的低反馈）。当反馈没有给出任何趋势时，则难以预测一项服务的未来行为。但是，当反馈展示一项趋势时，声誉函数应该将之考虑在内，因为这会有助于预测未来行为。

一个反馈预报模型将服务执行质量转换为反馈，从而任何质量监测系统可由评分函数得以增强。该模型如图 14.1 所示。

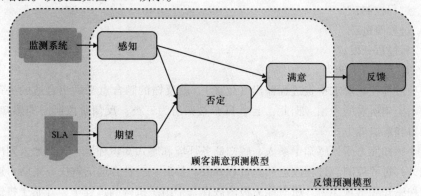

图 14.1　反馈预报模型

14.4.6　SaaS 准备就绪

在文献［14］中，也专门引入了评估 SaaS 厂商准备就绪的另一个模型。

下面的 QoS 模型将焦点放在企业软件外包（SaaS）上，目标是评估 SaaS 厂商交付服务的准确就绪情况。

基于三个准则，评估厂商准备就绪情况：

1）厂商将 SaaS 解释为颠覆性的或严谨性的创新，以及这种评估对其商务过程的隐含意义。

2）从 ASP 历史中得到的教训。

3）厂商的能力，是就强项而言的，这基于由七个基础能力组成的一个新框架：七个基础性的组织机构能力（FOC）模型。

人们开发了 FOC 模型，目标是给出一种全面的和通用的方法。它包括一个过小的但全面的组织机构能力集合，不管规模、行业、组织机构类型（例如盈利的或不盈利的）和其生命周期中的阶段（例如初创公司或一个成熟的组织机构），这些对所有组织机构都是必不可少的。此外，对每项组织机构的活动（内部的或面向市场的），都要求所有这 7 项能力，虽然依据环境不同，其相对力量会发生变化。

这个框架是基于如下组织机构的基础能力概念上的。一项组织机构的能力被定义为"一项高水平的规程（或规程集），与其实施输入流一起，赋予一个组织机构的管理以一个决策选项集合，目的是产生一种特定类型的大量输出"。这个定义适合将输入转换为大量输出所需的组织机构的规程，但就一致性地取得过程目标的能力（即维持一个可靠的过程）方面，这个定义却没有谈及。

FOC 框架将七项组织机构能力定义为对所有行业中的任何组织机构要取得坚实的表现都必不可少的，如图 14.2 所示。这些能力是

1）感知干系人；

2）感知商务环境；

3）感知知识环境；

4）过程控制；

5）过程改进；

6）新过程开发；

7）合适的解决能力。

一项过程控制要求检查过程输出（反馈），就反馈的隐含意义做出合适的决策，并在过程中实施所需的干预。据此，七个 FOC 被归组为三类：反馈阶段所需的感知能力、干预能力和解决能力。

三个感知能力指：感知干系人、感知商务环境和感知知识环境。类似地，列出三项干预能力：过程控制、过程改进和新过程开发。最后，一种合适的解决方案能力连接和桥接这种感知和干预能力。所有能力被内嵌在每个组织机构的过程中，开始于将资源输入到过程，最终是将输出分发回到干系人，同时在各子过程（在将输入转换为更有价

值的重要输出过程中需要这些子过程）中应用知识、干预和合适的解决方案。

图 14.2　FOC 模型

表 14.3 给出所用术语的定义，且在表 14.4 中定义各 FOC。

接下来，在本项研究中追求如下研究问题的答案：

1）作为一项创新，厂商对 SaaS 的看法是什么？

2）从过去 ASP 经历中，SaaS 厂商学到了什么？

3）为在 SaaS 市场中繁荣发展，厂商对所需能力的看法是什么？

表 14.3　在模型中所用术语的定义

术　　语	定　　义
组织机构	干系人间的一个临时协定，依据某些条件下的一些规则，协作实施某个过程
干系人	"可影响组织机构目标的成就或由之影响的任何团体或个人"（例如股东、雇员、顾客、供应商、共同体）
组织机构的过程	将由干系人组成的一个协作团队输入的资产和能力，转换为可重新分配到相同干系人的输出的一种机制
商务环境	所有组织机构的团队，可与组织机构交换干系人
知识环境	存在于组织机构的环境之中并可由组织机构访问的全部知识
基础能力	满足所有三个准则的一个组织机构的能力： ● 它存在（某种程度上）于每个组织机构和每个组织机构的过程之中 ● 它存在于整个组织机构的生命周期 ● 所有其他组织机构的能力都基于其上

表 14.4　各 FOC 的定义

能　　力	定　　义
感知干系人	识别干系人并从组织机构中理解和映射他们的需求及期望的能力
感知商务环境	识别、理解和映射风险与机遇（与组织机构有关）的能力

（续）

能 力	定 义
感知知识环境	为获取有关组织机构的知识，识别、理解和映射机遇的能力
合适的解决方案	就输入来源、输入的转换过程和将输出重新分配回到干系人，各干系人在解析方面达成一致的能力
过程控制	在组织机构的过程及在其每个子过程中取得和维持一个期望标准的能力
过程改进	在组织机构的过程及其每个子过程中增加单位输入所产生输出的能力
新过程开发	作为组织机构的过程或其子过程的组成部分开发新过程的能力，这些过程的每单位输入所产生输出要显著高于组织或其可访问环境中的现有过程

这些过程的详细研究为厂商在成功交付 SaaS 上准备就绪方面带来一线曙光。

14.5　云平台的 QoS 模型

为 SaaS 开发的 QoS 模型仅将焦点放在软件开发中的质量性质上，而 IaaS 和 PaaS 的其他 QoS 模型则考虑到了计算资源性能。

14.5.1　SaaS 的 QoS 模型

对于一个 SaaS 云服务模型，人们开发了一个高质量的 SaaS 云服务模型，焦点放在开发过程中的几个质量性质上[15]。这个 QoS 模型是针对高质量 SaaS 云服务开发的。这个模型仅将焦点放在开发过程中的可重用性、可用性和扩展性质量性质上。该模型为 SaaS 云服务定义了两个主要设计准则。一个准则是反映 SaaS 的固有特征。因为每个良好定义的开发过程都应该反映其计算范型的关键特征，这被看作主要准则。另一个准则是以期望的性质提升 SaaS，这被定义为，为达到高水平 QoS，任何 SaaS 应该内嵌的需求。

在表 14.5 中定义了 SaaS 的关键特征和期望性质。

表 14.5　SaaS 的特征和期望属性

特　　征	期 望 性 质
● 支持共性 ● 可通过互联网访问 ● 提供完整的功能 ● 支持多租户访问 ● 瘦客户端模型	● 高可重用性 ● 高可用性 ● 高扩展性

关键特征描述如下：

1）支持共性：作为重用方法的一种极端形式，一个 SaaS 提供共同的功能和特征，所以可潜在地由许多服务消费者重用。具有高共性的服务将产生高利润和投资回报

（ROI）。

2）通过互联网可访问：云计算的所有当前参考模型，假定部署的云服务可由消费者通过互联网访问。

3）提供完整的功能：以服务的形式，SaaS 提供某个软件的全部功能。这与混搭服务形成对比，后者仅提供整体软件功能的某部分功能。

4）支持多租户访问：部署在提供商侧的 SaaS 可由公众使用。在不需提前通知的条件下，在给定时间，许多服务消费者可访问服务。因此，SaaS 应该以这样一种方式进行设计，即支持多租户的并发访问，并以隔离方式处理他们的会话。

5）瘦客户端模型：SaaS 服务运行在提供商侧，且服务消费者使用浏览器访问计算得到的结果。此外，由运行 SaaS 产生的消费者特定的数据集，在提供商侧存储和维护。因此，将不需安装类似浏览器的用户交互工具并运行在客户端或消费者侧。

期望的性质描述如下。

1）高可重用性：服务提供商开发和部署云服务，并期望这些服务可由大量消费者重用。不太为消费者重用的服务，将失去投资的理由，由许多消费者重用的服务将在投资上回报得足够高。因此，人们高度期望云服务内嵌高水平的可重用性。

共性是可重用性的主要起作用的因素。即，具有高的共性的云服务将产生较高的可重用性。在一个共同特征内易变性是应用或消费者间的微小差异。

SaaS 中的共性：一般而言，共性表示需要一项指定功能（例如一个组件或一项服务）的潜在应用总量。为得到将在 SaaS 中实现的共同功能，定义需求相关的元素间的关系，如图 14.3 所示。

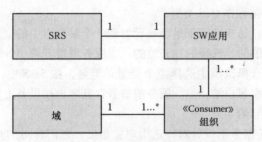

图 14.3　共性判定的准则

诸如财务和电信的域由几个组织机构组成，且一个组织机构需要一个或多个软件应用。因此，可如下计算得到一项功能的共性：

$$共性(i) = N/T \tag{14.2}$$

式中　N 是需要功能 i 的应用数量；T 是目标应用的总数。

如果域中的每项应用都需要给定的功能，则共性值将为 1。人们期望将具有高共性的功能包括在目标 SaaS 之中。该度量指标的范围在 0 和 1 之间。

SaaS 中的易变性：SaaS 中易变性的概念使用三个方面表示：持久性、易变性类型和易变性范围。在 SaaS 中，存在易变性发生的位置，称作易变点。每个易变点与可被填充的一个值集合（称作变量）关联。

——变量设置的持久性：易变性有关的元素可具有三个不同的持久性：无持久性、永久的持久性和准-永久的持久性。

一个程序中的一个变量在一个给定时间可持有一个值，当指派一个新值时，其值发生改变。因此，存储在一个变量中的值没有拟设的持久性，表示为无持久性。

一个易变点是用户设置一个有效变量的方式，且易变点中的一个变量集合是永久的，即"一旦设置就不再改变"。这种水平的持久性被称作永久的持久性。

SaaS 中的一个易变点添加了准-永久的持久性，其中一个易变点中的变量集合可随时间发生改变，但却以一种有限的方式发生改变。SaaS 是针对潜在的许多消费者的，它必须考虑消费者特定的语境和运行 SaaS 应用的环境。消费者可改变其语境，例如当前位置/时区，和使用的各种单位，例如货币。一旦设置一个变量，其值必须被存储，直到在一个会话或多个会话间设置一个新的变量时为止。因此，这个变量的持久性是准-永久的。例如，使用移动互联网设备的 SaaS 消费者经常旅行，且其位置发生改变，并由 SaaS 应用进行通知。那么，SaaS 可为新位置设置新的变量，并采用合适的移动网络协议提供服务及其关联的服务和内容。

在 SaaS 中，仅考虑第二种和第三种类型的变量持久性。

——易变性类型：内嵌于一个易变点的易变性可被分为几个类型：属性、逻辑、工作流、接口和持久性。除了这些，为 SaaS 定义了两个附加类型：语境和 QoS。易变性可发生在消费者的当前语境上，例如位置和时区，这被称作语境易变性类型。对于相同的 SaaS，不同的消费者可能要求不同水平的 QoS 属性。因此，易变性也可发生在每个消费者要求的 QoS 上，这被称作 QoS 类型。

——易变性范围：易变性范围是可被设置到一个易变点中的变量的范围。典型情况下，有三个范围：二值的、选择的和开放的。当服务消费者希望针对其需求而定制 SaaS 时，他们可在二值或选择范围中选择一个变量。但是，在 SaaS 中，开放范围有一个不同的隐含意义。因为瘦客户端特点，服务消费者在其客户端设备上实现和包含插件式对象为变量时，是有限制的。

2）高可用性：云服务不仅针对特定用户；相反，它们针对的是任何潜在的未知消费者，他们希望任何时间和任何地点使用这些服务。因此，人们高度期望的是，如果服务并不总是可用的，那么也是高度可用的。具有低可用性的服务将导致消费者的不方便和负面的商务影响，结果是，他们将遇到可靠性和声誉问题。

3）高扩展性：在云计算中，来自消费者的服务请求总量（即服务负载）是动态的和难以预测的。因此，云服务应该是高度可扩展的，即使在这样的情况下，此时请求了极高的服务触发及其关联的资源请求。在峰值请求时，将遇到低扩展性的服务，因此就消费者而言就损失了其声誉。

14.5.2　PaaS 和 IaaS 的 QoS 模型

就 IaaS 和 PaaS 而言，QoS 模型主要关注于资源的管理和性能[16]。

资源管理包括将任务动态地分配到计算资源，并要求使用一个调度器（或代理）来保障性能。通过任务的高效调度，支持 QoS；这保障了一个应用的资源需求被严格地得到支持，但资源没有过量提供和以可能的最高效方式在使用。任务序列表示为工作流、有向图，它们由前面受约束的节点组成，每个节点代表为处理一项给定任务，计算资源上一项服务的特定有序触发。

在确保资源可用性并向调度器提供反馈方面，监测工具是必不可少的。监测工具支持在任何给定资源上做出性能保障，方法是确保有问题的计算资源不被过量使用，且是在线的。性能表征为，由一个计算机系统完成的有用工作量与所用时间和资源进行比较。在发生一次资源失效而提供容错和任务迁移中，监测工具也是必不可少的。容错涉及到通过监测工具识别一次资源失效，将任务重新调度到一个替代的可用资源，而任务的状态迁移到新分配的资源，在此点任务继续执行。为使容错可正常工作，在执行中的一项任务的状态必须周期性地加以存储；这个过程被称作检查点。

云计算中的当前最新技术集中在最低层次的资源虚拟化上。支持虚拟化的主要技术是高级管理器（hypervisor），这是一个虚拟机管理器（VMM），通过模拟或硬件辅助的虚拟化，它透明地分隔一台物理上的主机服务器。这提供了一个完全的仿真硬件环境，称作一个虚拟机，其中一个寄居操作系统可以完全隔离的方式执行。利用虚拟机有几项优势。当几台服务器处于低利用状态时，硬件可被合成一体，并按需提供，赋予一个组织机构在预先硬件采购成本的降低，且当出现需求时，虚拟机可方便地从一个物理位置迁移到另一个物理位置。在可安装到虚拟机映像中软件的可用性没有这样的限制。

有五种类型的虚拟化：

1）全虚拟化涉及模拟足够的硬件，使一个未经修改的寄居操作系统以隔离方式运行，有相当高的性能损失，原因是与模拟硬件相关联的额外负担。

2）硬件辅助的虚拟化利用附加的硬件能力，以主机处理器指令集内的附加虚拟机扩展（VMX）的形式，加速和隔离语境，这些语境可在运行于不同虚拟机中的进程间切换。这增加了一台虚拟机的计算性能，因为指令可被直接传递给主机处理器，而不需要不得不以限制寄居操作系统使用与主机相同指令集的代价下进行解释和隔离。

3）部分虚拟化涉及仿真多数而不是主机的所有底层硬件，并支持资源共享但不隔离寄居操作系统实例。这种基本方法在准虚拟化（paravirtualization）、混合虚拟化和操作系统层虚拟化中采用。

4）准虚拟化模拟所有或多数硬件，方法是提供软件接口或 API，这些类似于为主机的底层硬件提供的那些 API。这些可被用来为寄居操作系统产生硬件设备驱动，取得接近主机的原生性能。这种方法的缺点是为在准虚拟化的 VMM 上运行必须修改操作系统。

5）混合虚拟化组合硬件辅助虚拟化和准虚拟化的原则，目的是得到接近寄居操作系统的原生性能，但也具有两者的劣势。虽然这些劣势使一个组织机构的当前硬件不能得到巩固加强，但它们却为产生新的基于云的系统提供了一个卓越的平台，降低了在峰值需求下所需要的物理机器数量和（由此导致）硬件运行和设置成本。多数 VMM 支持多种类型的虚拟化，所以劣势可多少得到缓解。

　　6) 操作系统层虚拟化是通过多个隔离的用户空间实例做到这点的。这种虚拟化的一项劣势是虚拟机的寄居操作系统必须与主机的操作系统相同，但访问者是以原生性能在运行的。

14.6　云中的选择方法

　　选择方法是在成本-效益分析的语境下讨论的，或仅将焦点放在成本度量指标的计算和以机会成本来估计云的价值上的。同时，这些方法不仅用于服务选择，而且基于QoS 用于服务组合和资源分配。但选择方法中的这些不同方向和目标从来就没有否认对QoS 等级的形式化需求。

14.6.1　QoS 等级的形式化

　　QoS 等级的形式化是 SLA 协商和基于 QoS 选择方法的一个主要前提条件，将不同QoS 参数处理为非功能的性质（NFP）及其在云计算环境中的增强性质[17]。

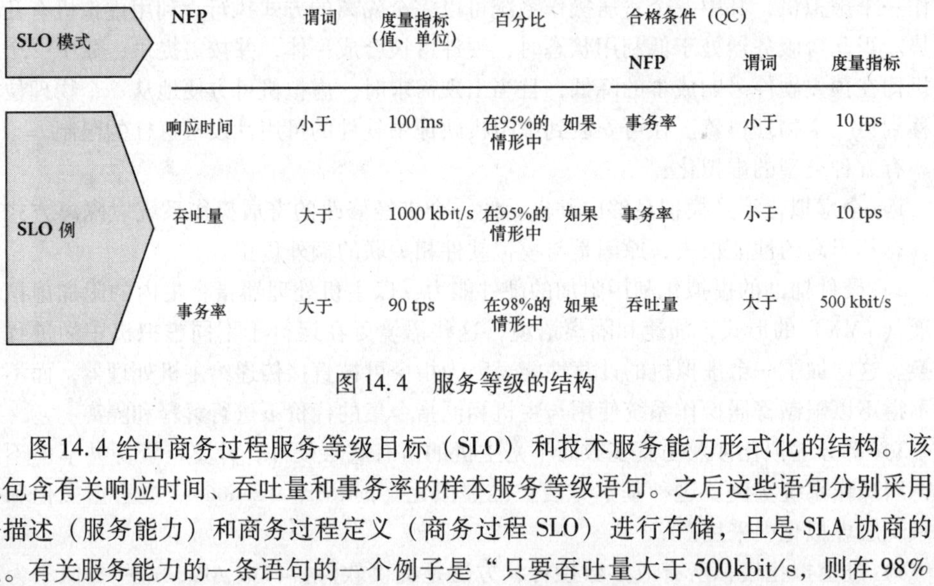

SLO 模式	NFP	谓词	度量指标（值、单位）	百分比		合格条件（QC）		
						NFP	谓词	度量指标
SLO 例	响应时间	小于	100 ms	在95%的情形中	如果	事务率	小于	10 tps
	吞吐量	大于	1000 kbit/s	在95%的情形中	如果	事务率	小于	10 tps
	事务率	大于	90 tps	在98%的情形中	如果	吞吐量	大于	500 kbit/s

图 14.4　服务等级的结构

　　图 14.4 给出商务过程服务等级目标（SLO）和技术服务能力形式化的结构。该图也包含有关响应时间、吞吐量和事务率的样本服务等级语句。之后这些语句分别采用服务描述（服务能力）和商务过程定义（商务过程 SLO）进行存储，且是 SLA 协商的起点。有关服务能力的一条语句的一个例子是"只要吞吐量大于 500kbit/s，则在 98% 的情况下，服务的事务率大于 90 个事务/s"。一个需求商务过程等级的一个例子是"在吞吐量大于 500kbit/s 时，在 97% 的情况下，过程的事务率应该大于 50 个事务/s"。

　　一个成功的服务提供有两个主要目标：提供所需的功能和提供所需的 QoS。QoS 参数是一个服务运行时有关 NFP 的组成部分。运行时有关的 NFP 是面向性能的（例如响应时间、事务率、可用性），并在运行时过程中可能发生改变——当许多用户大量并发使用时间，紧接着失效发生时的罕见使用时间（times of rare usage）。

　　性能是观测系统输出 $\omega(\delta)$，它表示在一个时间段过程中输入 $i(\delta)$ 请求总数中被成功服务的请求数（或事务数）。

$$\omega(\delta) = f(i(\delta)) \tag{14.3}$$

1）这个性能定义对应于作为 NFP 的事务率——在时段 t 过程中，系统保障处理 n 条请求。

2）可依赖性（Dependability）集成几个属性：可用性、可靠性、安保（safety）、完整性和可维护性。这些定义如下：

① 可用性描述提供一项正确（correct）服务的准备就绪状态。

② 可靠性描述服务提供的连续性。

③ 安保是这样一个属性，确保对用户和环境没有致命的后果。

④ 完整性表示对系统没有不合适的改变。

⑤ 可维护性表示一个系统可进行改变和修复

14.6.2 成本-效益分析

另一方面，成本-效益分析也在云计算服务上进行了实施。在成本-效益的语境下，就性能和资源需求方面，实施了云和网格之间的比较[18]。

就服务器驻留在一个云上而言，对于可变工作负载是有利的，原因是基础设施可以快速增加（或减少）而扩展规模。此外，成本是变化的（且总体而言，小于固定成本）。对于小型和中型应用而言，云计算是有效的。对于大型项目而言，简单的是，成本太高而不能驻留在一个云上。例如，对于 Folding@ home 项目，存储需求大约为 500TB。如果存储在 Amazon 的 S3 上，500TB 的 Folding@ home 数据每月的成本大于 ＄50000。另外，Folding@ home 数据分析要求数据访问和操作，所以从 S3 传递的进出数据的可能成本将使估计甚至更高。相比于 Folding@ home，SETI@ home 和 XtremLab 在计算基础设施上具有较小的需求。

一般而言，SETI@ home 服务器使用大约 3TB 的存储和 100Mbit/s 的带宽，并具有中等的 IO 速率。服务器大约服务 318，380 名活跃客户端。调度器和下载外发数据传递率远大于进入的数据传递速率。下载吞吐量受到 100Mbit/s 限制的约束。XtremLab 服务器使用大约 65GB 的存储，11kbit/s 的带宽，和非常轻的 IO 速率。服务器服务大约 3000 名活跃客户端。那些项目的按月资源使用情况如表 14.6 所示。

表 14.6 各项目的资源使用情况

组 件	SETI@ home 项目	XtremLab 项目
上载（结果）存储	200GB	可忽略
下载（工作单元）存储	2500GB	0.14GB
数据库存储	200GB	1GB
科学结果/数据库存储	1000GB	64GB
调度器吞吐量	6Mbit/s 外发	可忽略
上载吞吐量（峰值）	10Mbit/s 进入	9.3kbit/s
下载吞吐量（峰值）	92Mbit/s 外发	1.7kbit/s
IO 事务数	14190 万	可忽略

图 14.5a 给出 SETI@ home 在 Amazon 云上的成本。总之，要将 SET@ home 服务器驻留在云上每月的成本大约为＄7000。成本的大部分（～60%）仅是带宽一项的结果。大约25%的成本是六个实例的 CPU 时间的结果。

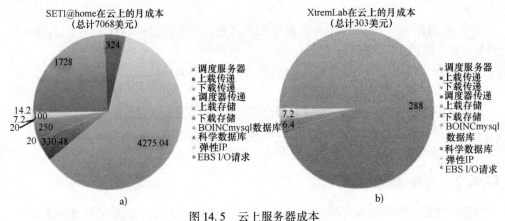

图 14.5 云上服务器成本

a）SETI@ home 服务器 b）XtremLab 服务器

不仅如此，云成本小于 SETI@ home 当前成本的60%。所以令人惊奇的是，对于甚至一个大型项目（例如 SETI@ home）而言，云也是成本有效的。但是，人们必须考虑维护的员工成本等是随项目不同的，且我们假定这些成本可由云包括在内。图 14.5b 给出 XtremLab 的成本。月成本总计为约每月＄300。95%的成本是实例的 CPU 时间的结果。云成本大约为 XtremLab 单独成本的6%。明显的是，云对较小的、带宽不太密集的项目是有利的。

已经得出结论，成本效率是随平台规模而发生变化的，其中最少量的节点足以使一个网格成为短期内成本有效的，而相同规模的云对于支持长期科学项目是比较高效的。

14.6.3 成本计算

已经通过为估计价值和确定来自云计算的效益开发一个基本框架，提出计算一项成本度量指标并估计云的价值（就机会成本而言）的方法[19]。

价值评估是估计项目和企业的价值的一项经济学科。估计云计算服务价值的方法，使用来自于市场可比较事物的相对价值评估的思想，方法是计算一个成本度量指标而不是一个价值评估度量指标，之后以机会成本估计价值。因此，人们可估价云计算服务所提供的效益要优于最佳的替代技术。

图 14.6 形象地给出我们提出的估计 IaaS 提供价值的框架。

● 步骤1：商务场景

在第一步中，为在一个特定项目的范围内评估云计算服务的使用情况，建模形成一个商务场景。决策者产生一个矩阵，其中行是可用云计算服务解决方案、列是一个场景准则集合。该矩阵可像一个检查单一样进行评估，该矩阵输出场景的最合适的云计算服务。

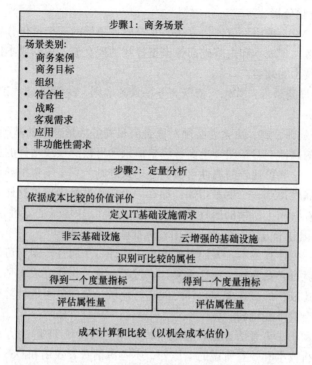

图 14.6　估计云计算价值的框架

商务案例：重要的是理解哪种应用和服务可构建在一个云计算基础设施之上。

商务目标：在云计算语境中提到的典型商务益处，对变化的、不可预测的需求行为是高度响应的（high responsiveness），和上市的较短时间。

组织机构：一个重要问题是一项云计算服务在多大程度上必须并能够集成到一个企业的组织结构，以及一个云如何被用于与商务伙伴及顾客进行通信和协作。

合法性：将个人和商务数据迁移到云中（在这里进行处理和存储）必须符合隐私法和法规制度。法律方面也可能使一项云应用代价更加高昂，原因是必须遵循不同的安全政策。

战略：为云开发一项应用或将一项现有应用迁移到云中，带来的是厂商锁定（lock-in）和依赖于尝试的定价策略的风险。

需求：在万维网上和企业网络中的服务和应用，可粗略地分为两类：分别为处理多少带有可预测需求行为的服务和必须处理未预料到的需求体量的那些服务。为适应于变化的需求体量，第一类的服务必须构建在可扩展的基础设施之上。第二类甚至更加挑战性，因为在需求中的增加和减少不能预测，且有时是在分钟内或甚至秒级内发生的。

应用：应用特定的需求由（例如）运行时环境、数据库技术、web-服务器软件和附加软件库，以及负载均衡和冗余机制组成。

非功能性需求：除了应用特定的需求外，也必须解决非功能性需求：安全、高可用性、可靠性和扩展性。

● 步骤 2：量化分析

在框架的第二步，采用价值评估方法，实施商务场景的一个量化分析。云计算服务的价值评估必须考虑到成本和由基础商务模型导致的现金流。依据成本比较，可以机会成本度量云计算技术的效益。

定义 IT 基础设施需求：首先，依据商务场景的准则，决策者必须识别 IT 基础设施的关键任务需求。

云增强的 IT 基础设施：决策者必须对适合满足商务场景准则的基础设施环境建模。

识别可比较的属性：对指明满足商务场景需求和可被测量或估计的关键属性进行识别，是有必要的。这些可比较的属性可由商务场景准则的一个子集推导得到。

基于可比较属性得到一个度量指标：那么一个成本度量指标可这样计算，将累积基础设施成本除以在时间上所用的属性单元总量。为将商务场景的定性准则映射为量化"成本"，可使用记分卡方法。由此，可由计算捕获风险因素。

评估属性量：为计算成本，人们需要测量或估计每个属性。因为可能有一个以上的相关属性，所以就有必要为每个属性重复计算过程，之后将所有成本估计的值求和。

成本计算和比较：通过在成本总计之间进行比较，最终就可能计算使用云计算服务的价值，是以机会成本度量的。

这个框架有助于决策者估计云计算成本，并将之与传统 IT 解决方案进行比较。一般而言，除了分析成本和效益所做的工作外，不考虑消费者效用和 QoS。

14.7　服务水平协议

在本节，我们给出云计算语境中有关 SLA 的概述。之后通过映射商务过程和云基础设施，讨论 SLA 形式化。在 SLA 形式化中作为提供商和消费者之间使用的重要阶段之一，对协商过程给予了特别关注。

云由所有服务的单个访问点组成，在商务契约的基础上，这些服务在世界任何地方均可访问，依据具体的 SLA，契约保障满足顾客的 QoS 需求。SLA 是在一个顾客和一个提供商之间协议并达成一致的一份契约。即，在给定价格下在协商的 QoS 需求内，要求服务提供商执行来自一个顾客的服务请求[6]。使用 SLA 的目的是为提供商保障交付的性能和可用性定义一个形式化基础。SLA 契约记录服务水平，它由几个属性指定，例如可用性、可服务性、性能、运行、计费或甚至在违反 SLA 情形下的惩罚措施。同样，互联网服务提供商（ISP）们频繁地使用许多性能相关的度量指标，例如服务响应时间、数据传递速率、往返时间、报文丢失率和时延方差（variance）。经常的情况是，提供商和顾客协商基于效用的 SLA，该 SLA 基于所取得的性能水平，确定成本和惩罚。通常利用一种资源分配管理方案，意图是最大化总体利润（效用），包括当 QoS 保障分别得到满足或违反时所诱发的收入和惩罚。通常情况下，使用阶跃效用函数，其中收入以一种离散方式依赖于 QoS 水平[20]。

14.7.1　SLA 映射

当一个公司控制其内部 IT 基础设施时，商务分析人员和开发人员可在设计时间过程中定义服务水平需求，并为满足这些需求可主动地选择和影响各组件。但是，在云计算环境中，典型情况下，SLA 是为基础平台服务提供的（例如系统在线时间、网络吞吐量）。典型情况下，商务过程期望得到它们所集成技术服务的服务水平（例如在小于 1s 时的订单提交）。

为将这两个世界联系起来，人们提出了在商务过程和 IT 基础设施之间 SLA 映射的一种方法。它基于保障 NFP 的一种方法，并包括如图 14.7 所示的三项主要任务：

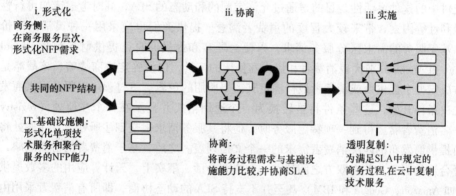

图 14.7　SLA 映射方法

1）在商务侧商务过程需求的形式化和在 IT 基础设施侧服务能力的形式化：这两者都是以一种形式化方法指定的，使用一种预定义的 SLO 结构和预定义的 NFP 术语。

2）在 IT 基础设施处服务能力（对应于形式化的商务过程需求）的协商：这里，我们评估在不同负载假设下为满足商务过程需求，聚集的技术服务是否提供期望的服务水平。在这项比较内，我们也使用个体技术服务的性能度量指标，计算聚集的服务水平。基于这个比较的结果，我们确定在下一步要在哪里应用复制。一个推理器或比较单元必须理解语句的结构和使用的商务侧与基础设施侧的各 NFP。

3）在 IT 基础设施层实施商务过程 SLA：这里，我们使用一个数据中心环境中的多个节点，应用半透明并行化的服务处理。可指定复制方法，改进就响应时间、事务率、吞吐量和可用性以及可靠性而言的服务水平。

采用这种方法，从商务期望的观点，过程属主指定服务水平需求。在 IT 基础设施侧，评估了网格和云计算环境（例如 Amazon EC2）中技术服务的不同复制配置。之后形式化不同配置的需求和服务能力，并进行比较[17]。

14.7.2　SLA 协商

服务提供商及其顾客协商基于效用的 SLA，以在所取得的性能水平基础上确定成本和惩罚。服务提供商需要管理其资源以便最大化其利润。最近，在共享的服务中心环境中实现自治自管理技术的 SLA 收入最大化问题吸引了来自研究共同体的大量关注。SLA 最大化问题将如下四个因素考虑为联合控制变量：

1）要打开的服务器集合取决于系统负载；

2）到服务指派的应用层；

3）在各服务器处的请求体量（volume）；

4）每台服务器处的调度策略[21]。

协商是服务提供商和消费者对服务提供的期望进行讨论、争辩和达成一致的过程。服务消费者将要求一个特定的 QoS；例如，具有关键操作的消费者将期望较快的响应时间，且他们的期望作为环境中持续变化的结果而随时间而变。服务提供商必须确保其服务交付中的这种灵活性，目的是通过允许定制的和动态的 SLA，同时考虑诸如可行性和可赢利性等因素，带来较大程度的消费者满意。提供商们也应采用一种灵活的定价战略，基于服务的需求区分服务请求，以便为顾客和提供商自己提供财务刺激。Gridbus Broker 和 Aneka 分别代表消费者和提供商使用的工具，以便确定协商战略，该战略是由一方决定哪个提供商或消费者最佳满足其需要所用的逻辑。该过程可以服务提供商发布其先决条件开始，这些条件将被转换为一个通用格式并显示在一个注册处（registry）。当一名消费者希望得到一项特定服务时，他将其服务请求提交到注册处，且注册处将返回由提供商发布的匹配消费者需求的一个文档列表。之后，基于消费者的协商战略，他选择合适的服务，并在双方之间建立一个协商会话。事实上，云计算应用的多数提供商（例如 Amazon、Google 和 IBM）甚至并不支持 SLA 的动态协商，即所有消费者采用由提供商提前确定的一个 SLA[8]。

在协商过程结束时，提供商和消费者达成一项协议。这个 SLA 作为消费者和提供商之间期望服务水平的基础。但是，一般而言作为一个 SLA 组成部分的 QoS 属性（例如响应时间和吞吐量）是一直变化的，且为履行协议，需要密切监测这些参数。因为消费者需求的复杂特点，一个简单的测量和触发过程可能不适合 SLA 实施。提到了由消费者提出的四种不同类型的监测需求。一种场景是，一名消费者要求由一个服务提供商输出的数据，而没有进一步的细化处理，例如事务统计，这是一个原始度量指标。第二个场景是，收集数据的消费者请求应该被放入一个有意义的语境。这个场景为从不同源收集数据的一个过程创建需求，并为计算有意义的结果而施用合适的算法。这种度量指标包括统计度量，例如平均和标准差，是需要从数值的原始集合中计算得到的。第三个场景是消费者请求要收集的某些定制数据。在第四个场景中，消费者甚至指定数据应该被收集的方式。后来提到的两个场景意味着这样一名高级消费者，他有提供商内部工作过程的知识，这在实践中多少有点罕见。其他问题，例如信任，在 SLA 实施过程中也需要考虑。例如，消费者们也许不完全信任由一个服务提供商单独提供的某些测量数据，而周期性地采用第三方中介。这些中介负责测量关键的服务参数，并报告任何一方的协议违规情况[22]。

14.8　挑战和未来研究方向

在本节，重点讨论云计算的各种 QoS 挑战。这种挑战为处理有意思的研究方向提供了一个良好基础，目的是保障云计算范型的进一步成功。

1）故障管理：故障管理开始于故障检测和服务恢复的时刻。这种问题直接影响 QoS 保障。因此，故障检测和通知机制以及性能应该是提供商和消费者之间 SLA 的一个必不可少组成部分。故障检测、排错和共享排错信息，要求来自研究人员的特别关注，以便消除对整个云范型的负面影响[23]。

2）透明性：透明性总是与资源管理有关，由虚拟机使用执行工作、服务迁移、容错和任务的检查点。透明性是与云计算中 QoS 有关的一个开放研究点。围绕透明性的问题本质上是复杂的，原因是大量易失性数据都与虚拟机关联，为在云内完成这样的任务需要传递、存储或备份这些数据[16]。

3）仿真和建模：仿真和建模中的进展将提供云环境的一个较佳理解、可使用性和精简加速（streamlining）。当前，对支持云环境性能评估的这样一个工具的需求变得十分紧迫。就开发名为"CloudSim"的一个仿真工具，已经取得一些进展，但仍然在开发的早期阶段[16]。

4）QoS 监测：QoS 是提供商成功的关键。评估消费者为哪项服务的质量进行了支付，成为一项使命至关重要的商务需要。因此，为运行在云中的服务而监测 QoS，实现一项先导应用是高度必要的。必须解决许多问题，原因是个体组件、中间件和互联基础设施日渐增加的复杂性，削弱了测量被监测服务性能指示器的能力[24]。

5）网格和云之间的互操作性：网格和云之间的互操作性和集成最近吸引了大量关注。这种趋势源于在网格计算中已经解决技术问题的类似特征，并仍然需要在云计算中加以解决。Nimbus，作为一个主要范例，是一个 IaaS 云，支持在网格内使用虚拟化资源[16]。

14.9　小结

本章给出云计算 QoS 的一项全面深入的描述。首先，给出 QoS 本体，用于以一种统一的方式表示各种 QoS 信息。它由基本层和支持层组成。基本层包括基本属性（例如 QoS 性质、度量指标和单位）的定义。支持层给出用来建模 QoS 性质的一些辅助方式（例如变换、价值比较及其他）。本章中给出的本体极大地消除了提供商和消费者之间所持概念的多样性，因为它处理 QoS 互操作性。

之后，给出云计算的 QoS 方面，还有其测量参数和评估方法。在技术、经济和商务方面有所不同，这些方面包括性能、透明性、信息保障、安全风险、可信赖性和 SaaS 准备就绪。

之后本章讨论了特别针对云计算平台裁剪过的 QoS 模型，这些平台有 IaaS、

PaaS 和 SaaS。IaaS 和 PaaS 的 QoS 模型主要关注于计算资源管理和虚拟化技术，而 SaaS 的 QoS 模型将焦点放在开发过程的性质以及可重用性、可用性和扩展性方面上。

最后，本章指出如何形式化 QoS 水平以便用于成本-效益分析和成本计算，作为两种不同的服务选择方法。接着通过映射商务过程和云基础设施，讨论 SLA 形式化。作为 SLA 形式化中提供商和消费者之间实施的重要阶段之一，协商过程被赋予特别关注。通过讨论一些开放的研究问题，也构造形成云 QoS 中一些未来研究方向的展望。

参 考 文 献

1. B. Cao and B. Li, "A Service-Oriented Qos-Assured and Multi-Agent Cloud Computing Architecture." In *Cloud Computing*, vol. 5531, edited by M. Jaatun, G. Zhao, and C. Rong, 644–649. Heidelberg: Springer Berlin, 2009.
2. "PerfCloud: GRID Services for Performance-oriented Development of Cloud Computing Applications." Proceedings of the 2009 18th IEEE International Workshops on Enabling Technologies: Infrastructures for Collaborative Enterprises (WETICE 09), Groningen, The Netherlands, 2009, 201–206.
3. I. Foster, "What Is the Grid? A Three Point Checklist." *GridToday*, July 2002, http://www-fp.mcs.anl.gov/foster/Articles/WhatIsTheGrid.pdf.
4. I. Foster, C. Kesselman, and S. Tuecke, "The Anatomy of the Grid: Enabling Scalable Virtual Organizations." *International Journal of High Performance Computing Applications* 15, no. 3, (2001): 200–222.
5. R. Buyya, D. Abramson, and J. Giddy, "Nimrod/G: An Architecture for a Resource Management and Scheduling System in a Global Computational Grid." Proceedings of the 4th International Conference and Exhibition on High Performance Computing in Asia-Pacific Region, Beijing, China, May 2000.
6. K. Xiong and H. Perros, "Service Performance and Analysis in Cloud Computing." Proceedings of the 2009 Congress on Services – I (SERVICES 09), IEEE Computer Society, Washington, 2009, 693–700.
7. P. Jacob and B. Davie, "Technical Challenges in the Delivery of Interprovider QoS." *IEEE Communications Magazine* 43, no. 6 (2005): 112.
8. R. Buyya, C. Yeo, S. Venugopal, J. Broberg, and I. Brandic, "Cloud Computing and Emerging IT Platforms: Vision, Hype, and Reality for Delivering Computing as the 5th Utility." *Future Generation Computer Systems* 25, no. 6 (2009): 599–616.
9. M. Pathan, J. Broberg, and R. Buyya, "Maximizing Utility for Content Delivery Clouds." Proceedings of the 10th International Conference on Web Information Systems Engineering (WISE 09), Berlin: Springer-Verlag, 2009, 13–28.
10. W. Pauley, "Cloud Provider Transparency: An Empirical Evaluation." *IEEE Security and Privacy* 8, no. 6 (2010): 32–39.
11. D. Catteddu and G. Hogben, *Cloud Computing Risk Assessment*. Greece: European Network and Information Security Agency (ENISA), 2009.
12. D. Catteddu, "Cloud Computing: Benefits, Risks and Recommendations for Information Security." In *Web Application Security*, vol. 72, edited by C. Serrão, V. A. Díaz, and F. Cerullo, 17. Heidelberg: Springer, 2010.
13. N. Limam and R. Boutaba, "Assessing Software Service Quality and Trustworthiness at Selection Time." *IEEE Transactions on Software Engineering* 36, no. 4 (2010) 559–574.
14. T. Heart, N. S. Tsur, and N. Pliskin, "Software-as-a-Service Vendors: Are They Ready to Successfully Deliver?" In *Global Sourcing of Information Technology and Business Processes*, vol. 55, edited by I. Oshri, and J. Kotlarsky, 151–184. Heidelberg: Springer, 2010.
15. H. J. La and S. D. Kim, "A Systematic Process for Developing High Quality SaaS Cloud Services." Proceedings of the 1st International Conference on Cloud Computing (CloudCom 2009), Beijing,

2009, 278–289.

16. D. Armstrong and K. Djemame, "Towards Quality of Service in the Cloud." Proceedings of the 25th UK Performance Engineering Workshop, Leeds, 2009.

17. V. Stantchev and C. Schröpfer, "Negotiating and Enforcing QoS and SLAs in Grid and Cloud Computing." In *Advances in Grid and Pervasive Computing*, vol. 5529, edited by N. Abdennadher, and D. Petcu, 25–35. Heidelberg: Springer, 2009.

18. D. Kondo, B. Javadi, P. Malecot, F. Cappello, and D. Anderson, "Cost–Benefit Analysis of Cloud Computing versus Desktop Grids." Proceedings of the IEEE International Symposium on Parallel and Distributed Processing (IPDPS 09), IEEE Computer Society Washington, May 2009, 1–12.

19. M. Klems, J. Nimis, and S. Tai, "Do Clouds Compute? A Framework for Estimating the Value of Cloud Computing." In *Designing E-Business Systems: Markets, Services, and Networks*, vol. 22, edited by C. Weinhardt, S. Luckner, and J. Stober, 110–123. Heidelberg: Springer-Verlag, 2009.

20. C. Yfoulis and A. Gounaris, "Honoring SLAs on Cloud Computing Services: A Control Perspective." European Control Conference, Budapest, Hungary, August 2009, 184–189.

21. D. Ardagna, M. Trubianb, and L. Zhangc, "SLA Based Resource Allocation Policies in Autonomic Environments." *Journal of Parallel and Distributed Computing* 67, no. 3 (2007): 259–270.

22. P. Patel, A. Ranabahu, and A. Sheth, "Service Level Agreement in Cloud Computing." Cloud Workshops (OOPSLA 09), 2009, 1–10.

23. MIT Communications Futures Program (CFP) Quality of Service Working Group, "Inter-provider Quality of Service," Quality of Service Working Group, November 2006.

24. L. Romano, "QoS Monitoring in the Cloud: Goals and Open Issues." Internet of Services 2010: Collaboration Meeting for FP6 & FP7 projects, Europe's Information Society, 2010.

第 15 章　针对下一代网络中网络融合和云计算，面向服务的网络虚拟化

15.1　引言

在信息技术领域中主要的最新进展之一是云计算，它极大地改变了人们完成计算和管理信息的方式。云计算是一种大型的分布式计算范型，由规模经济驱动，其中抽象的、虚拟化的、动态可扩展的计算功能和服务池，在互联网之上应需交付到外部顾客[1]。

联网在云计算中扮演了一个至关重要的角色。正常情况下，云服务代表计算资源（不管是硬件还是软件）的远程交付，最常见的是通过互联网。这在公众云环境中是特别相关的，其中顾客从第三方云提供商得到云服务。通常这意味着在数据交付到端用户之前，数据要跨越多个网络。从云提供角度看，云服务不仅由云基础设施提供的计算功能而且由互联网提供的数据通信功能组成。另外，联网也是云基础设施的一项关键要素，它在一个云数据中心内部和分布在不同位置的数据中心间提供数据通信。由有关云计算性能[2,3]的一项最新研究得到的结果表明，联网性能对云服务的质量具有重大影响，且在许多情形中数据通信成为一个瓶颈，这限制了云支持高性能应用的能力。因此具有服务质量（QoS）能力的网络成为高性能云计算的一个不可分割的组成部分。

在云计算中联网所扮演的重要角色，呼吁一个云环境中计算和联网资源的整体视点。这种视点要求底层联网基础设施对云中上层应用是开放的和可输出的，由此支持针对云服务提供的计算和联网资源的组合控制、管理和优化。这得到朝向一个复合网络-云服务提供系统的联网和云计算系统的融合。因为联网技术和协议的复杂性，在一个云环境中网络功能的输出仅在采用联网资源的合适抽象和虚拟化时才是可行的。

另一方面，电信和联网系统正面临着快速开发和部署新功能和服务的挑战，其目标是支持各种计算应用的多样性需求。另外，为允许异构联网系统共存和协同支持大范围的应用，在互联网架构中也要求基础性的改变。联网共同体用来解决这些挑战的一种有前景的方法，在于联网资源虚拟化，即将服务提供与网络基础设施解耦并通过资源抽象输出底层网络功能。一般而言，这样一种方法由术语"网络虚拟化"描述，人们期望它成为未来联网范型的一项基础属性，并在下一代网络（NGN）中扮演一个至关重要的角色。

作为电信和计算这两个领域中深入变革的一个潜在促动因素，人们期望虚拟化将传统上离得非常远的这两个领域之间的鸿沟上架起桥梁，并特别地支持联网和云计算的融合。云环境中的网络虚拟化支持将计算和联网资源整体上看作针对复合网络-云服务交

付的虚拟化的、动态提供资源的单个集合。联网和云计算的融合可能为 IT 产业打开了一个无穷的机会域，并允许下一代互联网不仅提供通信功能，而且提供各种计算服务。全世界的各电信和互联网服务提供商（SP），在基于其网络基础设施提供云服务方面，已经表示出极大的兴趣。

可从垂直和水平方面考察联网和云计算的融合。从垂直观点看，网络基础设施中的资源和功能通过一个抽象的虚拟化接口开放并输出给一个云环境中的高层功能，包括资源管理和控制模块以及提供云服务的其他功能。从水平观点看，提供计算功能的云数据中心和提供数据通信的网络基础设施，融合到一个复合的网络-云服务提供系统。从两方面看，在一个云环境中这样一种融合支持联网和计算资源的组合控制、管理和优化。

为实现联网和云计算之间融合的理念，必须解决一些技术问题。网络-云融合的关键需求包括联网资源抽象和输出给高层应用，以及联网和计算域间异构系统间的协同工作。因此，一个重要的研究问题是为支持一个融合的联网和云计算系统中所有主要局中人间（包括联网和计算基础设施提供商（InP）、联网和计算 SP 以及作为复合网络-云服务顾客的各种应用）有效的、灵活的和可扩展的交互而开发机制。当应用于网络虚拟化中时，面向服务的架构（Service-oriented Ar chitecture，SOA）提供了支持一个网络-云融合的一种有前景的方法。

SOA 为异构系统集成提供了有效的架构性原则。本质上而言，面向服务有利于计算系统的虚拟化，方法是将系统资源和能力封装成服务的形式，并提供这些服务间一种松散耦合的交互机制。通过基础设施即服务（Infrastructure-as-a-Service，IaaS）、平台即服务（Platform-as-a-Service，PaaS）和软件即服务（Software-as-a-Service，SaaS）等范型，SOA 已经被广泛应用到云计算之中。将 SOA 应用到联网领域，以符合 SOA 的网络服务形式支持联网资源的封装和虚拟化。面向服务的网络虚拟化支持网络即服务（Network-as-a-Service，NaaS）范型，它支持网络基础设施作为网络服务被输出和访问，可与一个云计算环境中的计算服务组合在一起。因此，NaaS 范型可极大地方便了联网和云计算的融合。

当前 web 服务提供 SA 的主要实现方法。关键的 web 服务技术，包括服务描述、发现和组合主要是在分布式计算领域中开发的；因此，为满足步向网络-云融合的 NaaS 需求，就需要对这些技术进行演进。将 SOA 应用到联网之中，最近形成一个活跃的研究领域，这已经吸引了来自业界和学术界的关注。在 NaaS 的关键技术方面（包括网络服务描述、发现和组合），已经进行了大量的研究工作。这些工作是散落在电信、计算机联网、web 服务和分布式计算等各领域间实施的。虽然人们发表了一些相关的综述（文献例如 [4-8]），但它们缺少一些最新进展或将焦点放在通用 web 服务而不是 NaaS，同时也缺乏对将网络服务集成到一个云计算环境中的讨论。这促使我们给出该领域的一个全面深入的概述和综述，它要反映网络和云融合的面向服务之网络虚拟化的当前状态，这是本章的主要目标。

在本章，作者首先介绍 SOA 概念和面向服务原则，给出在电信和互联网基础设施中将 SOA 应用于实现虚拟化的最新进展的概述，并基于 NaaS 范型讨论联网和云计算的

融合。之后在本章给出网络-云融合的面向服务之网络虚拟化框架，接下来是实现 NaaS
范型的关键使能技术的综述，主要将焦点放在网络服务描述、发现和组合技术上。也讨
论了网络-云融合为这些技术带来的挑战和机遇。一项特别的挑战是评估复合网络-云服
务提供的性能。在本章最后一节报告了复合服务性能评估的一种新的建模和分析方法。

15.2　面向服务架构

术语"面向服务"意指解决一个大型问题所需的逻辑，可被更好地构造、实施和
管理，如果它被分解成较小的、有关组成集合的话。每个这样的组成解决问题的一项担
忧或一个特定部分。SOA 鼓励个体逻辑单元自治地存在，但并不相互隔离。要求逻辑
单元符合一个规则集，这使它们可独立地演进，同时仍然维持足够的共性和标准化。在
SOA 内，这些单元被称作服务[9]。

为支持各种应用需求，SOA 提供了在异构系统间协同各计算资源的一种有效解决
方案。如在文献[10]中所描述的，SOA 是一个架构，在其内部所有功能被定义为独立的
服务，服务有可在定义好的序列中被触发、调用的接口，从而形成商务过程。SOA 可被
看作组织并利用服务及能力（可能处在不同属主域的控制之下）的一种哲学理念或范
型。本质上而言，SOA 以服务的形式支持各种计算资源的虚拟化，并在服务间提供一
种灵活的交互机制。

SOA 中的一项服务是自包含的一个模块（即服务维护其自己的状态）和平台独立
的（即服务的接口独立于其实现平台）。可通过标准接口和消息传递协议，描述、发
布、定位、编排和编程各项服务。SOA 中的所有服务都是相互独立的，且外部服务不理
解（感知为不透明的）服务操作，这确保外部组件不知道也不关心服务如何实施它们
的功能。提供期望的服务功能的技术被隐藏在服务接口背后。

SOA 的一项关键特征是架构中异构系统间的松耦合交互。术语"耦合"指任何两
个系统相互的依赖程度。在一个松耦合的交互中，系统不需要知道它们的伙伴系统如何
行为或实现的，这允许系统更自由地连接和交互。因此，异构系统的松散耦合提供了一
定水平的灵活性和互操作性，这是不能使用构建高度集成的、跨平台、域间通信环境的
传统方法匹配得到的。SOA 的其他特征包括可重用服务、服务间的形式化契约、服务
抽象、服务自治、服务发现和服务组合。为支持各种应用需求，这些特征使 SOA 成为
资源虚拟化和异构系统集成的一种非常有效的架构。

虽然 SOA 可采用不同技术实现，但 web 服务是实现 SOA 的首选环境。一项 web 服
务是一个接口，描述一个操作集合，可通过标准化的 XML 消息通信以网络方式访问。
使用一种标准的、形式化的 XML 表示（称作其服务描述）来描述一项 web 服务。它涵
盖与服务交互必要的所有细节，包括消息格式、传输协议和位置。接口隐藏服务的实现
细节，这使它可独立于其实现而加以使用。这使基于 web 服务的系统是松耦合的和采用
交叉技术实现的面向组件的。

SOA 的一个基于 web 服务实现的关键单元包括 SP、服务代理/注册和服务顾客。在

这些单元间交互所涉及的基本操作有服务描述发布、服务发现和服务绑定/访问。另外，服务组合也是满足顾客服务需求的一项关键操作。关键 web 服务单元及其交互如图 15.1 所示。通过在一个服务注册处发布一个服务描述，一个 SP 使其服务可用在系统中。典型情况下，由一个代理实施的服务发现，是对一个顾客发现一项服务的请求（满足指定的准则）做出响应的过程。为满足顾客的需求，多项服务可被组合成一项复合服务。

SOA 准则及其 web 服务实现技术已经成为最新的信息服务交付，并已经广泛地部署在分布式计算领域。SOA 支持更灵活的和可重用的服务，相比传统的应用系统构造法，这些服务可更轻松地重新配置和实施，由此可加速进入商务目标的时间并得到更好的商务敏捷性。SOA 也提供了表示应用功能和与之交互的一种标准方法，由此改善了一个企业

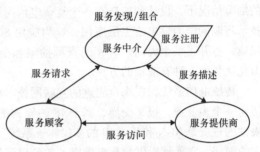

图 15.1　web 服务的关键单元及其交互

和价值链间的互操作性和集成能力。SOA 也被云计算广泛采用，作为云服务提供的主要模型。遵循这个模型，各种虚拟化计算资源，包括硬件（例如 CPU 容量和存储空间）和软件应用作为服务通过基础设施即服务、平台即服务和软件即服务等交付到顾客。

15.3　电信中面向服务的网络虚拟化

在过去数十年推动电信演进的一项关键特征是创建新的市场驱动的应用，方法是重用现有服务组件的一个扩展集合。电信研究和开发共同体取得这个目标所采用的方法论，是基于隔离服务有关的功能和数据传输基础设施的思想。这样一种隔离使底层传输功能和能力被虚拟化并由服务有关的功能所共享，以便创建各种应用。这本质上是电信域中的虚拟化概念。在近些年来，SOA 准则和 web 服务技术已被应用，以方便实现电信系统中的虚拟化。

最早在 20 世纪 80 年代开发的智能网（IN），是朝向使电信网络成为交付增值服务的一个可编程环境的早期研究工作的一个例子[11]。思想是，在物理网络基础设施顶部定义重叠服务架构，并将服务智能抽取到专用的服务控制点。在 20 世纪 90 年代，一些电信 API 标准，包括 Parlay、开放服务架构（OSA）和用于集成网络的 Java API（JAIN），为取得基本上与 IN 相同的目标但采用比较容易的服务开发，被引入进来。通过抽象底层网络的信令协议细节，这些 API 简化了电信服务开发。

虽然这些技术是有前景的，但其市场接受速度是缓慢的，这部分地是因为那时的多数网络运营商还没有准备好要开放他们的基础设施。另外，IN 和电信 API（例如 Parlay/OSA 和 JAIN）缺乏实现服务提供和网络基础设施隔离的一种有效机制。从概念上，远程过程调用和函数编程驱动了 IN 实现。Parlay/OSA 和 JAIN 是基于分布式面向对象计

算技术的，例如通用对象请求代理架构（CORBA）和 Java 远程方法触发（RMI）。这样的分布式计算技术，本质上在系统模块间是紧耦合的，并缺乏对联网资源抽象和虚拟化的全面支持。

在 21 世纪初，Parlay Group、ETSI 和 3GPP 联合开发了 Parlay/OSA API（称作 Parlay X[12]）的一个简化版。Parlay X 基于 web 服务技术的逐步成熟。Parlay X 的目标是比 Parlay/OSA 提供更高级的抽象，目标是允许大型开发共同体，在不知道联网协议和技术的细节情况下，设计和构造在一个复杂电信网络中的增值应用。Parlay X 中的 Web 服务技术将联网能力输出给上层应用，这为应用 SOA 原则实现服务提供与网络基础设施的隔离，打开了一个大门。SOA 的资源抽象和松散耦合交互特征，使它成为实现网络虚拟化优势的一种有前景的方法。

传统电信系统，在来自先进的互联网技术和新的网络应用提供商的压力下，正在经历向一个多业务、报文交换、基于 IP 的架构的基础转变。在这样一次转变中两项有代表性的进展是 NGN 和基于 IP 的多媒体子系统（IMS）。ITU-T 将 NGN 定义为一个基于报文的网络，它能够提供包括电信服务的各项服务，并能够利用多项宽带的、支持 QoS 的传输技术，其中服务有关的功能独立于底层传输有关的技术[13]。IMS 是面向电信的标准组织（例如 3GPP 和 ETSI）实现 NGN 概念的一项努力，该概念给出从传统封闭的信令系统到 NGN 服务控制系统的一次演进[14]。NGN 的一项关键特征是解耦网络传输和服务有关的功能，由此为灵活的网络服务提供而支持网络基础设施的虚拟化。

最近，随着由电信系统支持的各种多媒体应用的扩展，新服务的快速开发和部署能力已经成为电信运营商的一项必不可少的需求。但是，电信系统为支持狭窄范围的准确定义的通信服务已经进行专门设计，这些服务是在非常刚性的基础设施上实现的，具有特定重配置的最小能力。传统网络中的运营、管理和安全功能也是专门设计的，并为便利特定类型的服务进行了定制。服务提供和网络基础设施之间的紧密耦合，成为快速和灵活服务开发及部署的一个障碍。

为了在当前电信系统中解决服务提供的"烟囱"模式的问题，为构造一个服务交付平台（SDP），人们已经展开研究和开发工作。在高层看，SDP 是便利和优化服务交付的所有方面的一个框架，其中包括服务设计、开发、提供和管理。核心思想是拥有服务管理和运营的一个框架，方法是在一个通用平台中聚集网络能力和服务管理功能。主要 SDP 规范包括 OMA 开放服务环境（OSE）[15] 和 TM 论坛服务交付框架（SDF）[16]。SDP 的目标是提供一个环境，其中通过组合底层联网能力，高层应用可容易地开发，同时支持网络 SP、内容提供商和第三方 SP 间的协作。为取得这个目标，虚拟化的概念和 SOA 原则在 OSE 和 SDF 规范中扮演了一个关键角色。这两个规范采用的方法是定义称作服务使能器的一个标准服务组件集，并开发这样一个框架，允许新服务采用组合服务使能器的方法加以构建。通过一个标准抽象接口，封装底层联网功能和能力，服务使能器支持联网资源的虚拟化。web 服务方法已经成为 SDP 中系统组件间通信的一个事实标准。Web 服务编排技术，例如 BPEL，也在 SDP 中被采用，支持服务以电信功能块和计算域中商务逻辑/应用的方式进行组合。

因为用户们消费由各种网络提供的服务，所以为取得较丰富的体验，他们推动了各种提供商的混合服务提供。为了允许网络和计算 SP、内容提供商和端用户提供和消费协作性的服务，对服务和应用交付（它们同时是以顾客为中心的）的一种高效方式就存在需求。这是还没有被前述发展（例如 IMS、NGN 和 SDP）所充分解决的一项挑战。因此，为组织服务/应用（在一个重叠网上由各种网络提供，支持 SP 提供丰富的服务），就已经有了一个动机。为到达这个目标，IEEE 最近开发了下一代服务重叠网（NGSON）[17]。NGSON 规定了语境感知的、动态适应的和自组织联网能力，包括服务层和传输层功能，它们独立于底层网络基础设施。NGSON 目标是在 IP 基础设施之上架起服务层和传输网络的桥梁，以便解决高集成服务的提供问题。NGSON 特别地将焦点放在新的协作性服务上，方法是使用现有组件（来自 IMS、NGN、SDP 等）或定义新的 NGSON 组件，并将它们交付给端用户。NGSON 的一些关键的功能实体，包括服务发现和协商、服务注册和服务组合，已经基于 web 服务技术进行了实现[18]。

电信的最新演进已经遵循步向网络虚拟化的一条路径——将服务提供与传输基础设施解耦，并通过资源抽象输出一个联网平台。NGSON 的最新进展特别将焦点放在不同类型 SP 间的协作服务上。为方便虚拟化概念的实现，在这些技术中采用了 SOA 原则。

15.4　未来互联网中面向服务的网络虚拟化

互联网的极大成功成为其自己发展的一个障碍。在互联网上已经部署了各种应用。另一方面，为支持多样化应用需求，人们开发了各种异构联网技术。未来互联网必须能够协调异构网络以便支持多样化应用，这要求互联网架构和服务交付模型中的基础性改变。但是，当前基于 IP 的互联网协议采用端到端设计原则，与在当前互联网基础设施中的巨大投资一起，使互联网架构中的任何颠覆性创新都非常困难（如果不是不可能的话）。为了防止当前互联网的僵化，人们提出网络虚拟化作为未来网络互联范型的一项关键属性，并期望在 NGN 中扮演一个至关重要的角色。

互联网上的网络虚拟化可描述为一个联网环境，它允许一个或多个 SP 组合异构虚拟网络，这些网络共存在一起但相互隔离，并部署定制的端到端服务，同时在那些虚拟网络上管理它们，方法是有效地共享和利用从 InP 租赁来的底层网络资源[6]。

本质上而言，网络虚拟化遵循互联网上一个经良好测试的原则——策略与机制的分离。在这种情形中，网络服务提供与数据传输机制是分离的，由此将互联网 SP 的传统角色分为两个实体：InP（管理物理基础设施）和网络 SP（为提供端到端服务，创建虚拟网络，其中利用从 InP 得到的资源）。网络虚拟化的关键属性包括抽象（网络资源的细节是隐藏的）、间接性（对网络资源的间接访问是可组合的，以便形成不同的虚拟网络）、资源共享（网络单元可被分隔，并为多个虚拟网络所用）和隔离（虚拟网络之间的松散和严格的隔离）。由链路和节点组成的物理网络基础设施被虚拟化，并可用于虚拟网络，依据顾客需要，可动态地建立和拆除它们。图 15.2 形象地给出一个网络虚拟化环境，其中服务提供商 SP1 和 SP2 构造两个虚拟网络，方法是使用从 InP InP1 和 InP2

处得到的资源。

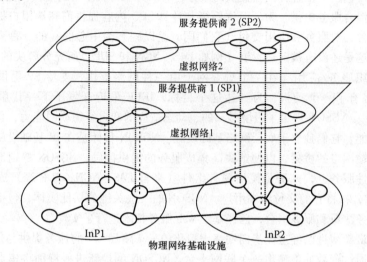

图 15. 2　一个网络虚拟化环境的图示

　　网络虚拟化对 NGN 具有重大影响。通过允许多个虚拟网络共存在共享的物理基础设施上，网络虚拟化提供灵活性、提升多样性并承诺改进的可管理性。如今的尽力而为互联网，基本上是一项商用服务，它为网络 SP 将自己区别于竞争者赋予有限的机会。由网络虚拟化支持的一个多样化互联网，为创新提供了一个丰富的环境，由此刺激了新的互联网服务的开发和部署。在这样一个环境中，各 SP 从购买、部署和维护物理网络设备的需求中解放出来，这将显著地降低进入互联网服务市场的壁垒。网络虚拟化支持单个 SP 得到跨越网络基础设施（属于不同域）的整条端到端服务交付路径的控制，这将极大地便利端到端 QoS 提供。

　　网络虚拟化已经吸引了来自学术界和产业界的大量研究兴趣。网络虚拟化是首先被用作开发虚拟测试床的一种方法，测试床用来深入考察新的网络架构和协议。例如，在PlanetLab[19] 和全球网络创新环境（GENI）[20] 项目中，虚拟化被用来为研究人员们构建开放的试验设施，他们创建定制的虚拟网络，评估新的联网技术。之后互联网上虚拟化的角色已经从一种研究方法演进为网络互联范型的一种基本态度[21]。并发架构要优于单一架构（CABO）是在文献[22] 中提出的一种互联网架构，它将网络 SP 与 InP 解耦，在一个共享的物理基层之上支持虚拟网络。在一个大型 EU FP7 项目 4WARD（未来互联网的架构和设计）中，网络虚拟化被用作一项关键技术，允许虚拟网络在未来互联网中并行运行[23]。REDERICA 是另一个 FP7 项目，其核心目标是在未来互联网上支持研究，方法是创建可被分片的欧洲范围的网络资源基础设施，为研究提供虚拟互联网环境[24]。AGAVE（可靠的端到端基于 IP 的 QoS 服务的一种轻量级方法）是一个 EU 第六框架项目，它基于网络平面的概念为开放的端到端服务提供开发解决方案，其中网络平面可被描述为联网资源的分片，可被互联创建针对服务需求裁剪过的并行互联网[25]。用户控制的轻量路径（UCLP）是一个加拿大研究项目，主要目标是提供一个网络虚拟化框架，在其上用户共同体可构建他们自己的中间件或应用[26]。

最近，一些标准组织也开始了他们有关网络虚拟化规范的工作。在 2009 年 7 月，ITU-T 建立了未来网络焦点组（FG FN），其中网络虚拟化是基础研究专题之一。另外，互联网研究任务组（IRTF）在 2010 年初创建了虚拟网络研究组（VNRG），将焦点专门放在网络虚拟化上。

在电信中最新开发工作中的一些工作，例如在前一节中讨论的 Parlay X、NGN、SDP 和 NGSON，都是基于服务提供功能与网络基础设施分离的原则之上的，这本质上是电信域中的网络虚拟化。电信中的虚拟化和互联网上虚拟化之间的比较，显示出就拥抱虚拟化理念方面，电信和互联网共同体在其各自域中观点和重点的一些差异。在电信系统中虚拟化的应用，例如 SDP 和 NGSON，焦点放在将联网平台输出给高层应用，以有利于增值服务的快速开发。因此，典型情况下，虚拟化是通过标准化 API，对联网资源和功能抽象的基础上，在网络层上面实现的。互联网上的虚拟化目标在于采用虚拟化作为核心网架构的一个关键属性，而不仅是使用它作为输出网络平台的一种方法。另外，开发互联网虚拟化带有一个重要目标，即支持异构网络架构，包括基于 IP 的和非 IP 的架构，在未来互联网中共存和协同工作。虽然电信系统中的虚拟化原则上支持一个 SDP，它独立于底层网络技术，但多数当前规范（例如 NGN、IMS 和 SDP）都假定物理网络基础设施是基于 IP 的、报文交换架构。

虽然在步向网络虚拟化方面取得重大进展，但在这个理念可在未来互联网中实现之前，仍然必须解决许多挑战。主要挑战之一集中在为支持虚拟网络的自动生成所需机制和协议的设计上，虚拟网络生成是针对在一个全球的、多域基层（由一个异构网络基础设施组成）之上提供服务的。为生成和提供虚拟网以满足用户的需求，第一步是发现网络基础设施（可属于多个行政管理域）中一个可用网络资源集；之后需要选择合适的（或最优的）资源，并进行组合以形成虚拟网络。因此，实现网络虚拟化的一个关键，在于 InP、SP 和虚拟网络端用户（应用）间的灵活和有效的协作。

SOA，作为协同异构系统以支持各种应用需求的一个非常有效的架构，为便利未来互联网中网络虚拟化提供了一种有前景的方法。面向服务的网络虚拟化的一个分层结构如图 15.3 所示。遵循 SOA 原则，网络基础设施中的资源可被封装成基础设施服务。通过一种基础设施即服务范型，SP 访问底层联网资源，同时将基础设施服务组合成端到端网络服务。应用，作为虚拟网络的端用户，通过访问由 SP 提供的网络服务而利用底层联网平台，其本质上是一种 NaaS 范型。

将 SOA 应用到网络虚拟化，使松耦合成为 InP、SP 和端用户间交互的一个关键特征。因此，NaaS 范型继承了 SOA 的优点，它支持异构联网系统间的灵活和有效的协作，目的是提供满足多样化应用需求的服务。面向服务的网络虚拟化也提供了将抽象的联网能力呈现给高层应用的一种方式。因为网络协议、设备和技术的异构性，在没有虚拟化的条件下将联网能力输出给应用，将导致不可管理的复杂性。通过面向服务的网络虚拟化对联网资源进行抽象，可解决多样性问题，并极大地简化应用和底层网络平台之间的交互。

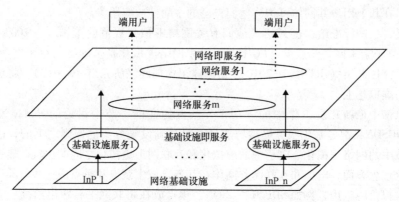

图 15.3　面向服务的网络虚拟化的分层结构

15.5　针对联网和云计算融合，面向服务的网络虚拟化

在 NGN 中，在电信和互联网服务提供中，网络虚拟化将扮演一个至关重要的角色。作为电信和计算域中深度变化的一个潜在促动因素，人们期望虚拟化将传统上相互分离的这两个领域之间的鸿沟上架起桥梁。特别地，云计算和网络虚拟化的融合可能为 IT 产业打开一个无穷的机遇，这包括网络 SP、云 SP、内容提供商和第三方应用开发商。

随着虚拟化联网技术的到来，云服务交付可得到极大改进，这可赋予 SP 实现虚拟网络的可能选项，为云服务提供定制的联网解决方案。联网和云计算的融合给出了一个整体成本省解决方案的重要部分。采用网络-云融合，商务过程得到增强，做出决策的时间得以缩短，这就节省了时间和金钱。这样的一种融合也支持计算和联网操作的单一可见性（visibility）点，为比较高效地管理这两者提供了机会。网络-云融合也有一个实践的立足点，即处理单个提供方而不是两个独立提供方的一种解决方案，通过简化的交互，可降低成本并节省时间。

ITU-T 于 2010 年 5 月启动了有关云计算的一个焦点组（FG Cloud），目标为灵活的云基础设施贡献联网方面的成果，目的是更好地支持云服务/应用（利用通信网络和互联网服务）[27]。

作为虚拟化的一项关键促动因素，SOA 在云计算的技术基础方面形成一个核心要素。在一个云计算生态系统的语境中，最近的研究和开发已经在 SOA 和虚拟化的能力间搭起了桥梁[28]。开放网格论坛（OGF）正在研究开放的云计算接口（OCCI）标准[29]，它为与云基础设施交互定义符合 SOA 的开放接口。调研一下一些最重要的云提供商，我们可看到 SOA 原则强烈地影响了云服务提供。例如，Amazon，这是提供一个完全的云服务（包括虚拟机（弹性计算云 EC2）和单纯存储（简单存储服务 S3））生态系统的一个著名提供商，通过 web 服务接口输出它的云服务。

在云计算和网络虚拟化中应用的面向服务原则，为便利云计算和联网的融合提供了一种有前景的方法。在联网中应用 SOA，支持以符合 SOA 的网络服务形式的联网资源的虚拟化。这使一个 NaaS 范型成为可能，它输出联网资源和功能，作为可与一个云环境中的计算服务组合的服务。

从服务提供的观点看，交付给端用户的云服务是复合服务，它由计算服务（由云基础设施提供）和网络服务（由网络基础设施提供）组成。

图 15.4 给出基于 SOA 的联网与云计算融合的一个分层框架。在这个框架中，通过遵循相同的 SOA 原则，联网和计算资源被虚拟化成服务，SOA 原则为云服务提供协同联网和计算系统的一种统一机制。面向服务的虚拟化支持联网和计算资源整体看作虚拟化的、动态提供资源的单个集合，这允许跨联网和计算域的资源的协同控制、管理和优化。在这个融合框架中，NaaS 支持以联网能力匹配云服务需求，方法是发现合适的网络服务。联网和计算服务的组合扩展了可提供给用户的云服务的范围。SOA 的松耦合特征在这个网络-云融合的框架中提供了一个灵活的和有效的机制，该框架支持联网/计算资源提供商和服务提供功能之间的交互以及异构联网和计算系统间协作。

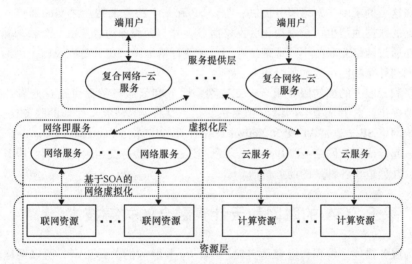

图 15.4　基于 SOA 的联网和云计算融合框架

作为实现 SOA 的主要方法，web 服务作为 NaaS 的关键支持技术，即针对网络和云融合的面向服务的网络虚拟化。图 15.5 给出复合网络-服务的基于 web 服务的交付系统的结构。在这个系统中，网络 SP 和云 SP 在一个服务注册处发布它们的服务描述。当一个服务消费者（典型的是一个应用）需要利用一项云服务时，它将一条服务请求发送到服务代理。通过搜索注册处，服务代理发现可用的云和网络服务，之后将合适的网络和云服务组合成满足消费者需求的一项复合服务。

例如，在一个云-计算环境中，存在云服务的多个提供商（例如 Amazon EC2、Amazon S3、Google App 等）和网络服务（例如 AT&T 互联网服务和 Verizon 网络服务）。当一名用户需要发送一个数据文件到一个云进行处理时，它将一条请求发送到服务代理，并为数据处理和传输指定需求。代理发现可用的网络和云服务，并选择 Amazon EC2 用

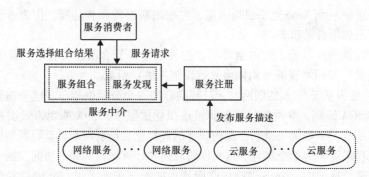

图 15.5 复合网络-云服务的基于 Web 服务的交付系统

于数据处理,选择 Verizon 网络服务用于数据传输,之后将这两项服务组合成满足数据处理容量(由 Amazon EC2 提供)和数据传输带宽(由 Verizon 提供)需求的一项复合服务。在这个例子中,网络服务提供一个云 SP 和一个服务消费者之间的通信。云数据中心内部的数据通信也可被虚拟化为网络服务,并与云服务组合。由一个云基础设施可被分布在通过网络互联的不同地理位置间。在这种情形中,由云基础设施提供的服务也是由联网和计算功能组成的复合服务。

网络和云服务的面向服务组合,支持网络服务和云服务的提供(这两者过去由不同提供商提供)合并成复合网络-云服务的提供。这种融合支持一个新的服务交付模型,其中传统网络 SP(例如 AT&T 和 Verizon)和计算 SP(例如 Amazon 和 Google)的角色合并在一起形成复合网络-云 SP 的一个角色。这个新的服务交付模型可刺激服务开发中的创新,并创造了各种新的商务机遇。

15.6 基于 SOA 的联网和云计算融合的关键技术

因为服务描述、发现和组合是实现 SOA 的 web 服务的关键要素,所以网络服务描述、发现和组合是 NaaS 范型的关键支持技术,它形成面向服务的网络-云融合的基础。在本节,给出有关网络服务描述、发现和组合技术最新状态的综述,也讨论了由联网和云计算融合带给这些技术的挑战和研究机遇。

15.6.1 网络服务描述

网络服务描述形成网络-云融合的 NaaS 的基础,因为为在一个云环境中支持服务的无二义性识别和使用,服务描述可确定一项网络服务需要输出的信息。

Web 服务描述语言(WSDL)[30] 是 web 服务描述的基本标准。WSDL 的焦点是语法描述,缺乏提供语义信息的能力。以语义和非功能(例如 QoS)服务信息增强 WSDL,人们为此开发了许多技术。这些扩展包括由 W3C 建议的 SAWSDL[31] 和 WS-QDL 规范以及由 OASIS 开发的 web 服务质量模型(WSQM)[32]。但是,这些技术主要针对的是通用 web 服务,而没有特别考虑 NaaS。

电信共同体做出了将 web 服务描述应用到联网系统的工作努力。Parlay X 和 OMA 服务环境（OSE）都利用 WSDL 描述网络服务，通过一个服务抽象层将电信功能输出给高层应用。欧洲计算机制造商联盟（ECMA）也发布了计算机支持的电信应用的一个 WSDL 描述[33]。通过以 WSDL 将联网功能描述为 web 服务，这些标准便利了基于 web 服务的电信应用的生成和部署。但是，采用这些标准中的基本 WSDL，就限制了他们描述网络服务的丰富语义和 QoS 信息的能力。另外，这些规范主要目标是基于电话的功能，为在一个云环境中支持各种基于 IP 的多媒体网络服务，需要进一步的开发。

最近，研究人员们倾向于将成熟的语义 web 工具应用到联网领域，并专门针对描述网络服务而开发本体。在文献［34］中开发的网络描述语言（NDL）是基于资源描述框架（RDF）设计的一个本体，用来描述网络服务。基本上而言，NDL 是定义用来描述网络单元和拓扑的一个 RDF 词汇表。为了便利联网资源的抽象，Campi 和 Callegai[35]提出网络资源描述语言（NRDL），这也是基于 RDF 的，但焦点放在表示网络单元之间的通信交互关系上。

除了拓扑和连接性信息外，联网能力和 QoS 性质是网络服务描述的重要方面。在这个方向上的研究工作包括一个抽象算法[36]（给出以一个全互联拓扑（与性能度量指标关联）的网络连通性）和在文献［37］中开发的一个能力矩阵，它以一种通用形式对网络服务能力建模。

除了上述的进展外，NaaS 的网络服务描述仍然是一个具有挑战的开放问题，它提供了研究机遇。云环境中的大型动态联网系统，要求准确服务描述的信息丰富性以及可扩展联网的服务信息的抽象和聚合之间取得平衡。对于网络服务，描述 QoS 信息是特别重要的，但也是非常具有挑战性的，这部分的是因为缺乏跨异构网络域的 QoS 属性的一个标准规范以及测量 QoS 性能的困难性。网络和云融合也呼吁对通用服务描述方法的研究，要求这种方法可适用于联网和计算服务。

15.6.2 网络服务发现

作为 SOA 的核心部分，服务发现在 NaaS 中扮演一个关键角色，方法是发现和选择最合适的网络服务，该服务匹配用户对云计算和服务的需求。

在联网环境中服务发现的早期努力包括 IETF 服务定位协议（SLP）和业界标准，例如 Jini、UPnP、Salutation（打招呼）和蓝牙。这些协议主要是针对个人/局部或企业-计算环境而设计的，因此可能不适合扩展到基于互联网的云环境。服务发现也是对等（P2P）网络中的一个不可分割部分。为在大型 P2P 重叠网络中取得可扩展和可靠的服务发现，人们开发了各种技术。在文献［38］中给出这些技术的一个概要和比较。移动自组织网络为服务发现带来特殊挑战，并触发了一项扩展性研究。可在文献［39］中找到这个领域中研究进展的一项综述。

多数上述技术将焦点放在定位一个联网环境中驻留功能或内容（例如数据或文件）的设备商，这本质上是网络中计算服务的发现而不是网络服务的发现。因此，这些技术可能不能直接适用于提供联网资源虚拟化的一个 NaaS。尽管如此，在这些领域中得到的结果，提供了服务发现各方面的深邃理解，这对支持 NaaS 范型的网络服务发现是有价值的。

web 服务发现的基线方法是 OASIS 标准 UDDI[40]，它为组织服务信息指定一个数据模型，并为发布和查询服务描述指定各 API。Parlay X 和 OSE 都采用 UDDI 作为网络服务发现的技术。虽然在一定长时间过程中作为服务发现的事实标准，但 UDDI 缺乏对服务发现的足够的语义支持。人们做了研究努力，以语义丰富的元数据增强 UDDI 数据模型。为改进 web 服务发现的可扩展性，人们也提出了许多分布式注册组织结构和搜索协议。在文献[7]中可找到这些技术的概述和比较。但是，人们是为通用 web 服务开发这些方法的，将它们应用到云计算的 NaaS，需要进一步的深入考察。

异构性和扩展性是网络服务发现的两项关键需求。为了在采用不同服务注册架构和搜索协议的异构网络域间支持服务发现，在文献［41］中提出了开放的服务发现架构（OSDA），它提供域间分布式存储和服务信息的查询。在文献［42］中开发的 PYRA-MIND-S 架构使用一个混合的 P2P 拓扑组织服务注册处，并为在异构网络域之上的统一服务发布和发现提供一个可扩展的框架。在文献［43］中，Cheng 等提出具有一个 P2P 重叠代理网络和一个分布式服务注册处（在异构网络间支持可扩展的服务发现）的一个整体式服务管理框架。

自适应服务发现对一个云环境中的 NaaS 也是重要的。Papakos 等[44]提出依据用户语境和资源可用性动态调整云服务请求和提供的一种方法，并为指定自适应策略开发了一种声明性语言。所提方法的有效性和性能仍然需要进行全面的评估，且其应用到网络服务的情况也需要进一步研究。

虽然在步向基于 NaaS 的网络-云融合的网络服务发现，已经做到了令人鼓舞的进步，但这仍然是一个开放的领域，充满挑战和研究机遇。由云计算利用的联网系统的多样性（从 LAN 规模到互联网规模）使满足异构性和扩展性需求的服务发现机制的开发成为一个具有挑战性的但也是重要的研究问题。为了满足用户对云服务的需求，在一个云环境中，联网和计算服务的发现应该被组合在一起。因此，复合网络-云服务的发现和选择也将是一个重要的研究专题。云计算的特殊功能，例如弹性应需自服务，为动态和自适应网络服务发现带来新的挑战。对更新服务信息和调整服务请求的有效和高效方法的研究，对于在云中取得高性能的网络服务发现也是至关重要的。

15.6.3　网络-云融合的网络服务组合

在基于 NaaS 的联网和云计算融合中，服务组合扮演了一个核心角色。云服务提供不仅包括由云基础设施提供的计算功能，而且包括由网络基础设施提供的数据通信；因此，就这个意义上而言，交付到端用户的所有云服务本质上都是复合的计算和联网服务。

Web 服务组合数年来一直是一个活跃的研究领域。为取得 web 服务组合功能上和/或性能上的需求，人们开发了许多技术。多数技术基于工作流管理或 AI-规划，并采用启发式搜索、线性规划或自动推理算法。在文献［44-46］中给出有关 web 服务组合技术的综述。在文献［8］中可找到一项专门针对 QoS 感知服务组合的综述。前述研究工作主要将目标锁定在计算服务而不是网络服务上。网络服务组合，这是联网域中一个相对新的概念，最近开始吸引这个领域中研究共同体的关注。

网络组合是 EU 第六框架项目中开发的周边环境网络（ambient network）（AN）的一项核心功能。AN 中的动态网络组合支持异构联网系统间透明的、应需协作[47]。但是，在 AN 项目中开发的网络组合实现，是基于通用周边信令系统的，它缺乏与 SOA 原则的兼容性，这限制了其应用到一个云环境中 NaaS 范型的可能性。

通过定义为一个策略实施器的一种机制，OMA OSE 支持服务组合。依据 OSE Web服务使能器发行版（OWSER）[48]，OSE 中的服务使能器可以 web 服务的形式加以实现。虽然服务组合没有在 OWSER 规范中进行显式标准化，但在 OSE 中 BPEL 被采纳为一项技术选择来表示服务编排策略。这为将 web 服务组合技术应用到 OSE 中组合网络服务打开了大门，由此允许网络服务通过与一个云环境中 web-云服务相同的机制进行组合。

网络功能组合（NFC）已被建议为灵活的未来互联网架构的一种白板式方法。在步向 NFC 的各种项目中人们开发了各项技术，但它们都共享将分层的网络栈分解为功能构造块并将各功能组织在一个组合框架中的思想[49]。通过 NFC，依据特定的应用需求，可组合网络服务，因此组装不同的网络服务可支持定制的功能性网络，以便为支持云计算提供最佳服务。但是，由于其颠覆性的方法，在 NFC 被广泛采用到互联网架构和云计算环境中之前，仍然需要对 NFC 做深入细致的研究。

在 web-云服务和网络服务组合方面已经取得进展；因此，这两种类型服务间的组合将自然地是步向联网和云计算融合的下一步骤。在最近由 IEEE 标准化的 NGSON 中，为服务组合和服务路由定义了功能实体，以便建立服务路由，它将计算服务的组合与数据通信的路由组合在一起使用。NGSON 标准为这些功能实体提供了一个协议框架，而没有指定实现协议的任何技术。在文献［50］中研究了将服务组合和网络路由组合在一起的问题。目标是在一个网络中找到最优的服务组合，该组合将得到最小的路由开销。人们开发了一个决策系统，采用 AI-规划技术求解这个问题。虽然作者们是在一个通用联网环境的语境中研究这个问题的，它们没有特别地考虑云计算，但本质上同样的问题存在于云计算的联网和计算服务组合的基础之中。因此，在文献［50］中提出的解决方案可适用于网络-云融合。

在 web-云服务和联网的领域中，最近人们独立地实施了有关服务组合的研究，每个领域都有其自己的特点和需求，这导致不同的技术。通过 NaaS 范型，在联网和云计算之间的融合呼呼桥接这两个领域，得到一个通用的组合框架，其中不同类型的服务（包括联网和计算服务）被编排来满足用户需求。这形成具有许多机遇的一个有意义的研究专题。为满足云服务提供的性能需求，基于 QoS 的网络服务组合是非常重要的。对于在一个云环境中异构计算和联网服务间的组合，这特别是具有挑战性的，它基本上是值得透彻探索的一个未开发领域。

15.7 融合的联网和云计算系统的建模和分析

端用户的云服务质量感知，对基于云的应用运营具有直接影响，它由复合的联网-计算服务提供的性能所决定。建模和分析为得到复合的网络-云服务性能的透彻理解和深邃洞察提供了一种方法。但是，联网和云计算的融合为系统建模和分析带来新的挑战，这主要来源于 SP 的异构性和系统资源的虚拟化。复合的网络-云服务提供系统由具有多种实现的联网和计算系统组成。因此，这种系统的建模和分析技术必须是通用的，并可适用于异构的联网和计算系统。联网和计算系统通过虚拟化被封装到服务之中，这要求建模和分析技术对实现技术是无感知的。在本节，报告了针对融合的网络-云服务提供系统，最近开发的一种建模和分析方法。

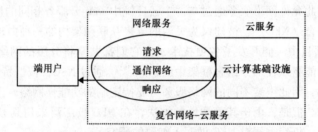

图 15.6　云服务提供的复合网络和计算系统

复合的网络-云服务的一个典型提供系统如图 15.6 所示，它由一个云基础设施（提供一项云服务）和通信系统（提供一项网络服务）组成。为了分析复合的服务性能，人们必须理解由网络服务提供的通信能力和由云服务提供的计算能力。在这种方法中采用的方法论是，首先开发一个通用的能力概要（可对网络和云服务的服务能力建模），之后将这两个服务组件的能力概要组合到一个概要，后者对复合系统的服务能力进行建模。

一个服务组件的一个能力概要可如下定义，它基于网络微积分理论的服务曲线概念[51]。令 $R(t)$ 和 $E(t)$ 分别为在时刻 t 到达和离开一个服务组件的流量累积总量。给定一个非负不减函数 $P(\cdot)$，其中 $P(0)=0$，我们称服务组件具有一个能力概要 $P(t)$，如果对于服务组件忙时段中的任何 $t \geq 0$，$E(t) \geq R(t)*P(t)$，其中 $*$ 表示在最小-加代数（min-plus algebra）中定义的卷积运算。

一个复合网络-云服务提供系统的容量可由如图 15.7 所示的模型加以表征。考虑一般情形，在端用户和云基础设施之间有两个方向的数据通信，利用两项网络服务，分别表示为 S_{net1} 和 S_{net2}。云服务组件表示为 S_{cloud}。假定前向通信（从用户到云）、云服务组件和后向通信（从云到用户）分别具有能力概要 $P_{net1}(t)$、$P_{Cloud}(t)$ 和 $P_{net2}(t)$。由网络微积分理论知，有一系列串行服务员组成的一个系统的服务曲线，可由所有这些服务员的服务曲线的卷积得到。因此，复合服务的能力概要，表示为 $P_{Comp}(t)$，可被确定为

$$P_{Comp}(t) = P_{net1}(t) * P_{Cloud}(t) * P_{net2}(t)$$

延迟-速率（LR）概要，如下定义，为表征典型网络和云服务的能提提供了一个比较可容易求解的概要。如果一个服务组件 S 有一个能力概要 $P[r,\theta] = \max\{0, r(t-\theta)\}$，那么我们称服务组件 S 由一个 *LR* 概要，其中 θ 和 r 分别被称作概要的延迟和速率参数。

LR 概要可用作典型网络服务的能力模型。一个典型网络服务的 QoS 期望包括保障给一个服务用户的一定量的数据传输容量（最小带宽）。这样的一个最小带宽保障是由 LR 概要中的速率参数 r 描述的。一个网络基础设施中的数据通信也经历一个固定时延，它独立于流量排队行为；例如，信号传播时延、链路传输时延、路由器/交换机处理时延等。LR 概要的延迟参数 θ 是表征一项网络服务固定时延的这部分的。

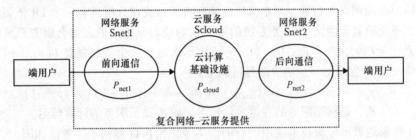

图 15.7　一个融合的通信和计算系统的能力模型

LR 概要也可表征典型云计算系统的服务能力。云 SP 典型地向每个用户提供一定量的服务容量。例如，依据 Amazon，Amazon EC2 中的每种类型虚拟机（称作实例）提供可预测总量的计算容量和 I/O 带宽。每个 EC2 计算机单元提供 1.0-1.2 GHz 2007 Opteron 或 2007 Xeon 处理器的等价 CPU 容量。一项云服务的 LR 概要的延迟和速率参数，可由云 SP 提供的 I/O 带宽和计算容量信息推得到。

假定复合网络-云系统中的每个服务组件有一个 LR 概要，即

$$P_{net1} = P[r_1, \theta_1], P_{Cloud} = P[r_C, \theta_C], P_{net2} = P[r_2, \theta_2]$$

可证明，复合服务提供系统的能力概要是

$$P_{Comp} = P[r_1, \theta_1] * P[r_C, \theta_C] * P[r_2, \theta_2] = P[r_e, \theta_e]$$

其中 $r_e = \min\{r_1, r_C, r_2\}$ 和 $\theta_e = \theta_1 + \theta_C + \theta_2$。这意味着一个复合服务提供系统中的每个网络和云服务组件可由一个 LR 概要建模，那么整个提供系统的服务能力也可由一个 LR 概要建摸。复合 LR 概要的延迟参数是系统中所有服务组件之延迟参数的和，且复合概要的服务速率参数是所有服务组件的最小服务速率。

在本节中给出的性能分析，将焦点放在最大响应时延（当一名用户向云发出一条请求和当用户从云接收到相应的响应之间的时延）上。时延分析要求这样一种方法，表征端用户加载到一个复合网络-云服务系统上的流量。这里采用网络微积分中的到达曲线概念，如下定义一个通用的负载概要。令 $R(t)$ 表示在时刻 t 时流量到达一个复合服务系统入口处的累积总量。那么给定一个非负不减函数 $L(\cdot)$，如果对于所有时刻 s 和 t，满足 $0 < s < t$，$R(t) - R(s) \leq L(t-s)$，则称服务系统具有一个负载概要 $L(t)$。

多数支持 QoS 的联网系统在网络边界处应用流量调节机制，对来自端用户的到达流量整形。实践中最普遍使用的流量调节器是漏桶。由一个漏桶控制器约束的一个联网会

话有一个流量负载概要 $L[p,\rho,\sigma] = \min\{pt,\rho t + \sigma\}$，其中 p、ρ 和 σ 分别称作流量负载的峰值速率、持续速率和最大突发尺寸。

最大响应时延性能是与系统的保障服务容量（由一个能力概要建模）和系统的流量负载特征（由一个负载概要描述）相关联的。可证明，通过采用网络微积分，具有能力概要 $P(t)$ 的一个服务系统，在由一个负载概要 $L(t)$ 所描述流量下，由系统向其端用户保障的最大时延 d_{e2e}，可确定为

$$d_{e2e} = \max_{t:t \geq 0}\{\min\{\sigma:\sigma \geq 0, L(t) \geq P(t+\sigma)\}\}$$

因为 LR 概要可对典型的网络和云服务能力建模，且一个漏桶流量调节器被广泛部署在支持 QoS 的网络入口处，则本节后面部分将焦点放在分析具有一个 LR 概要和一个漏桶负载概要的复合网络-云服务系统的端到端响应时延上。假定复合服务系统的能力概要是 $P_{Comp} = P[r_e,\theta_e] = \max\{0, r_e(t-\theta_e)\}$，那么由在一个负载概要 $L[p,\rho,\sigma]$ 下这个复合网络-云服务保障的最大响应时延可确定为

$$d_{e2e} = \theta_e + (p/r_e - 1)(\sigma/(p-\rho)) = \theta_\Sigma + d_C + (p/r_e - 1)(\sigma/(p-\rho))$$

其中 $\theta_\Sigma = \theta_1 + \theta_2$，是网络服务的往返通信延迟，而 d_C 是云服务的计算延迟。

出于形象地展示分析技术应用的目的，本节中给出许多例子。考虑如图 15.6 中所示的一个复合服务提供系统，并假定往返数据传输是由同一网络支持的，那么前向和反向网络服务具有等同的能力概要。我们假定每项网络服务和云服务都有一个 LR 概要。假定云服务概要的延迟参数为 150ms，对于峰值速率、持续速率和突发尺寸，负载概要的流量参数分别为 320Mbit/s、120Mbit/s 和 200kbit。

第一个例子是这样一个场景，其中一名用户通过链路传输速率高达 10Gbit/s 的一个高速网络访问云基础设施。复合网络-云服务的最大延迟性能由不同总量的网络服务容量（带宽）加以确定。在表 15.1 中给出得到的结果，它也给出整个服务响应时延中联网时延所占百分比（包括联网和计算时延）。

表 15.1 说明，当可用网络带宽小于峰值负载速率（在这个例子中是 325Mbit/s），复合服务的时延随网络服务容量的增加而显著地减少。这意味着，在这种情形中，联网形成复合服务的性能瓶颈；因此，网络 SP 可对时延性能改进有所贡献，方法是从基础 InP 处租赁更多带宽。该表也说明，当网络服务提供的传输容量大于峰值负载速率时，联网延迟贡献的要小于 30% 的总服务时延，而云基础设施中的计算时延成为总服务时延的主要部分。在这种情形中，租赁更多的网络带宽，对改进复合服务的时延性能具有微小的贡献。

在本节中分析的另一个服务场景中，一名用户通过高达 300Mbit/s 的中等链路速率的网络访问云基础设施。在网络服务中不同的容量总量（带宽）下最大服务时延的结果，在表 15.2 中给出，其中也包括在整个服务时延中联网时延的百分比。这个表说明，联网时延是总服务时延的一大部分（大于 50%），它随可用网络容量的增加而减少。这意味着当一个用户通过一个带宽受约束的联网环境（例如无线网络或一个蜂窝通信系统）访问一个云基础设施时，相比云基础设施而言，联网系统可能对用户的服务性能感知具有更显著的影响；即网络形成云服务提供的一个性能瓶颈。

表 15. 1 高速网络下复合网络-云服务的最大时延

可用带宽（Mbit/s）	125	175	225	275	325	375	425	475
服务时延（ms）	500	372	301	256	212	203	197	192
联网时延百分比（%）	69.9	59.7	50.2	41.2	29.1	25.9	23.7	21.9

表 15. 2 中等速度网络下复合网络-云服务的最大时延

可用带宽（Mbit/s）	125	150	175	200	225	250	275	300
服务时延（ms）	578	503	450	410	379	354	334	317
联网时延百分比（%）	74.0	70.2	66.7	63.4	60.3	57.6	54.9	52.6

15.8 小结

在云计算中联网所扮演的重要角色呼吁联网和计算资源的整体观点，这允许在一个云环境中实施组合的控制、管理和优化。这导致 NGN 中联网和云计算的融合。网络虚拟化，本质上将网络服务提供与数据传输基础设施解耦，它正被采用到电信和互联网架构之中，并期望成为 NGN 的一项关键属性。虚拟化，作为通信和计算域中深入改变的潜在促动因素，人们期望它在这两个领域之间的鸿沟上架起桥梁，并支持联网和云计算的融合。SOA 为异构系统集成提供了一个有效的架构原则。在本章中给出的有关电信和互联网领域中最新研究进展的概述表明，SOA 已经被采用为实现网络虚拟化的一项关键机制。因此在云计算和网络虚拟化中应用的 SOA，通过 NaaS 范型可能极大地促进联网和云计算的融合。Web 服务技术，作为 SOA 的主要实现方法，将形成网络-云融合的 NaaS 的技术基础。在本章中有关 NaaS 关键技术的综述，主要焦点放在网络服务描述、发现和组合上，表明虽然在步向云计算的 NaaS 方面已经取得重大进展，但这个领域仍然处在早期阶段，面临许多挑战，由此为未来研究提供了丰富的机遇。在本章中也报告了复合网络-云服务性能评估的一种新的建模和分析方法，它采用网络微积分技术来解决一些挑战性的问题。多个领域间（包括电信、计算机联网、web 服务和云计算）的相互借鉴，可能为网络-云融合提供创新的解决方案，这将显著地不仅增强下一代网络的性能，而且增强整个未来信息基础设施的性能。

参 考 文 献

1. I. Foster, Y. Zhao, I. Raicu, and S. Lu, "Cloud Computing and Grid Computing 360-Degrees Compared." Proceedings of the 2008 Grid Computing Environment Workshop, Nov. 2008.

2. K. R. Jackson, K. Muriki, S. Canon, S. Cholia, and J. Shalf, "Performance Analysis of High Performance Computing Applications on the Amazon Web Services Cloud." Proceedings of the 2nd IEEE International Conference on Cloud Computing Technology and Science (CLOUDCOM 2010), Nov. 2010.

3. G. Wang and T. S. Eugene Ng, "The Impact of Virtualization on Network Performance of Amazon EC2 Data Center." Proceedings of IEEE INFOCOM 2010, March 2010.

4. T. Magedanz, N. Blum, and S. Dutkowski, "Evolution of SOA Concepts in Telecommunications." *IEEE Computer Magazine* 40, no. 11 (2007): 46–50.

5. D. Griffin and D. Pesch, "A Survey on Web Services in Telecommunications." *IEEE Communications Magazine* 45, no. 7 (2007): 28–35.

6. N. M. M. K. Chowdhury and R. Boutaba, "Network Virtualization: State of the Art and Research Challenges." *IEEE Communications Magazine* 47, no. 7 (2009): 20–26.

7. M. Rambold, H. Kasinger, F. Lautenbacher, and B. Bauer, "Toward Automatic Service Discovery: A Survey and Comparison." Proceedings of the 2009 IEEE International Conference on Services Computing (SCC 2009), Sept. 2009.

8. A. Strunk, "QoS-Aware Service Composition: A Survey." Proceedings of the 8th IEEE European Conference on Web Services, Dec. 2010.

9. T. Erl, *Service-Oriented Architecture: Concepts, Technology, and Design.* Prentice Hall, New Jersey, 2005.

10. K. Channabasavaiah, K. Holley, and E. Tuggle, "Migrating to a service-oriented architecture." *IBM Developer Works*, 2003.

11. T. Magedanz, "IN and TMN: Providing the Basis for Future Information Networking Architectures." *Computer Communications* 16, no. 5 (1993): 267–276.

12. ETSI, Parlay X 2.1 Web Service Specification. Available at http://docbox.etsi.org/TISPAN/Open/OSA/ParlayX30.html.

13. ITU-T, "Functional Requirements and Architecture of the NGN Release 1." Recommendation Y.2012, Sept. 2006.

14. K. Knightson, N. Morita, and T. Towl, "NGN Architecture: Generic Principles, Functional Architecture, and Implementation." *IEEE Communications Magazine* 43, no. 10 (2005): 49–56.

15. The Open Mobile Alliance, "OMA Enabler Releases and Specifications: OMA Service Environment Architecture Document." Nov. 2007.

16. TM Forum, TMF061 Service Delivery Framework (SDF) Reference Architecture, July 2009.

17. IEEE Standard 1903, "Functional Architecture of Next Generation Service Overlay Networks." October 2011, available at http://grouper.ieee.org/groups/ngson/.

18. C. Makaya, A. Dutta, B. Falchuk, D. Chee, S. Das, F. Lin, M. Ito, S. Komorita, T. Chiba, and H. Yokota, "Enhanced Next-Generation Service Overlay Networks Architecture." Proceedings of the 2010 IEEE International Conference on Internet Multimedia Systems Architecture and Application, December 2010.

19. T. Anderson, L. Peterson, S. Shenker, and J. Turner, "Overcoming the Internet impasses through virtualization." *IEEE Computer Magazine* 38, no. 4 (2005): 34–41.

20. GENI Planning Group, "GENI design principles." *IEEE Computer Magazine* 39, no. 9 (2006): 102–105.

21. J. Turner and D. E. Taylor, "Diversifying the Internet." Proceedings of IEEE Globecom 2005, Nov. 2005.

22. N. Feamster, L. Gao, and J. Rexford, "How to lease the Internet in your spare time." *ACM SIGCOMM Computer Communications Review* 37, no. 1 (2007): 61–64.

23. L. M. Correia, H. Abramowicz, M. Johnsson, and K. Wunstel, *Architecture and Design for the Future Internet.* Springer, London, 2010.

24. FEDERICA Project, Deliverable DSA1.1, "FEDERICA Infrastructure version 7.0." Available at http://www.fp7-federica.eu/documents/FEDERICA-DSA1.1.pdf.

25. M. Boucadair, P. Georgatsos, N. Wang, D. Driffin, G. Pavlou, and A. Elizondo, "The AGAVE approach for network virtualization: Differentiated services delivery." *Annals of Telecommunications* 64, no. 5–6 (2009): 277–288.

26. E. Grasa, G. Junyent, S. Figuerola, A. Lopez, and M. Savoie, "UCLPv2: A network virtualization framework built on web services." *IEEE Communications Magazine* 46, no. 3 (2008): 126–134.

27. ITU-T Focus Group on Cloud Computing (FG Cloud). http://www.itu.int/en/ITU-T/focusgroups/cloud/Pages/default.aspx.

28. L.-J. Zhang and Q. Zhou, "CCOA: Cloud Computing Open Architecture." Proceedings of the 1st Symposium on Network System Design and Implementation (NSDI '09), April 2009.

29. Open Grid Forum (OGF), "Open Cloud Computing Interface." http://occi-wg.org/, May 2010.

30. World Wide Web Consortium (W3C), "Web Service Description Language (WSDL) version 2.0." June 2007.

31. World Wide Web Consortium (W3C), "Semantic Annotation for WSDL and XML-Schema." August 2007, available at http://www.w3.org/TR/sawsdl/.

32. OASIS. "Web Services Quality Model (WSQM)," August 2004, available at http://www.oasis-open.org/committees/.

33. ECMA, "Services for Computer Supported Telecommunications Applications (CSTA), the 9th edition." December 2011, available at http://www.ecma-international.org/publications/standards/Ecma-269.htm.

34. J. Ham, P. Grosso, R. Pol, A. Toonk, and C. Laat, "Using the Network Description Language in Optical Networks." Proceedings of the 10th IFIP/IEEE International Symposium on Integrated Network Management, May 2007.

35. A. Campi and F. Callegai, "Network Resource Description Language." Proceedings of the 2009 IEEE Global Communication Conference, Dec. 2009.

36. C. E. Abosi, R. Nejabati, and D. Simeonidou, "A novel service composition mechanism for the future optical Internet." *Journal of Optical Communications and Networking* 1, no. 2 (2009): A106–A120.

37. Q. Duan, "Network service description and discovery for high performance ubiquitous and pervasive grids." *ACM Transactions on Autonomous and Adaptive Systems* 6, no. 1 (2011): 3:1–3:17.

38. E. Meshkova, J. Riihijarvi, M. Petrova, and P. Mahonen, "A survey on resource discovery mechanisms, peer-to-peer and service discovery frameworks." *Computer Networks Journal* 52, no. 11 (2008): 2097–2128.

39. A. Mian, R. Baldoni, and R. Beraldi, "A survey of service discovery protocols in multihop mobile ad hoc networks." *IEEE Pervasive Computing Magazine* 8, no. 1 (2009): 66–74.

40. OASIS, "Universal Description, Discovery and Integration (UDDI) version 3.0.2." Feb. 2005.

41. N. Limam, J. Ziembicki, R. Ahmed, Y. Iraqi, D.-T. Li, R. Boutaba, and F. Cuervo, "OSDA: Open service discovery architecture for efficient cross-domain service provisioning." *Journal of Computer Communications* 30, no. 3 (2007): 546–563.

42. T. Pilioura and A. Tsalgatidou, "Unified publication and discovery of semantic web services." *ACM Transactions on the Web* 3, no. 3 (2009): 11:1–11:44.

43. Y. Cheng, A. Leon-Garcia, and I. Foster. "Toward an Automatic Service Management Framework: A Holistic Vision of SOA, AON, and Autonomic Computing." *IEEE Communications Magazine* 46, no. 5 (2008): 138–146.

44. P. Papakos, L. Capra, and D. S. Rosenblum. "VOLARE: Context-Aware Adaptive Cloud Service Discovery for Mobile Systems." Proceedings of the 9th International Workshop on Adaptive and Reflective Middleware, Nov. 2010.

45. S. Dustdar, and W. Schreiner. "A Survey on Web Services Composition." *International Journal of Web and Grid Services* 1, no. 1 (2005): 1–30.

46. J. Rao, and X. Su. "A Survey of Automated Web Service Composition Methods." Proceedings of 1st Int. Workshop on Semantic Web Services and Web Process Composition, 2004.

47. F. Belqasmi, R. Glitho, and R. Dssouli, "Ambient network composition." *IEEE Network Magazine* 22, (2008): 6–12.

48. Open Mobile Alliance, "OMA Web Services Enabler version 1.1," March 2006.

49. C. Henke, A. Siddiqui, and R. Khondoker, "Network Functional Composition: State of the Art."

Proceedings of the 2010 IEEE Australasian Telecommunication Networks and Applications Conference, Nov. 2010.

50. X. Huang, S. Shanbhag, and T. Wolf, "Automated Service Composition and Routing in Networks with Data-Path Services." Proceedings of the 19th IEEE International Conference on Computer Communication Network (ICCCN 2010), Aug. 2010.

51. J. L. Boudec and P. Thiran, *Network Calculus: A Theory of Deterministic Queuing Systems for the Internet*, Springer Verlag, London, 2003.

52. Q. Duan, "Service-oriented network virtualization for composition of cloud computing and networking." *International Journal of Next Generation Computing* 2, no. 2 (2011): 123–138.

第16章 管理信息系统的规则驱动架构

16.1 引言

高级和分布式管理框架的定义是网络和服务管理研究领域中仍然需要改进的关键研究问题之一。为了处理系统管理的所有方面，研究人员主要遵循一种基于策略的管理方法。这种方法支持在一个著名的语言中定义策略使用来描述系统行为。因此，它允许规范高层策略（规则），目标是成为适合直接应用到最终设备的低层配置。因此，在本章中描述的架构利用一种规则驱动的方法，管理一个分布式系统的行为。

迄今为止，为标准化在不同应用域中支持信息系统管理的一个框架，人们做出了重要努力。在分布式管理任务组（DMTF）[1]标准化体制内，在通用的基于策略的管理架构基本组件的定义方面，人们完成了几项工作。就这方面来说，DMTF 定义了通用信息模型（Common Information Model，CIM）[2]，由不同组件使用，构造管理架构。另一方面，结构化信息标准推进组织（OASIS）也在朝相同方向努力工作，并基于面向服务架构（SOA）提供资源管理的另一项框架建议。虽然人们认为 DMTF 和 OASIS 具有一个组件集，基于 web 标准建立一个管理框架，但同时它们在一些高级特征方面是缺乏的，例如支持多域环境、扩展能力、策略检查或重配置能力。

在本语境中，本章提出克服这些缺陷的一种新颖架构，该建议使用 XML 技术和 web 标准演进管理架构的组件。这项建议支持运行在不同平台上的异构管理应用的集成，同时支持新组件使用标准接口被插入到该架构之中。另外，它提供一种监测机制，确保系统正在履行行政管理人员定义的管理政策，并检测可能的攻击或不当行为。一个状态控制机制提供重配置能力，能够自动地依据监测事件改变系统配置。

为了以期望的管理功能提供该架构，已经识别出不同的基本域。由此，一个需求管理域管理语境信息和由行政管理人员定义的需求。一个共性模型管理域负责管理由不同架构组件使用的共性信息模型。一个分析域实施一个验证过程，确保所定义的需求没有包含任何不一致性或可能的冲突语义。一个配置域使用共性模型中定义的信息，为实际的系统设备和服务产生和实施具体的配置。一个监测域监测被管系统行为，以便检测可能的异常。最后，一个状态控制域控制系统状态，处理不同告警，这些告警可能来自监测系统。

所提架构已经在一个原型框架中测试并实现，它提供了一个自动化工具集，管理在保护联网的基础设施和应用中的安全性。利用这些工具，该框架解决了以前模型的一些限制，为行政管理人员提供了管理大范围不同的和异构资源的能力。另外，所有组件之间基于 web 服务的通信，使架构的分布式执行成为可能，支持每个组件运行在不同位置。为了在不同组件间提供一致的协同和无缝的集成，管理架构遵循一个著名的定义好的工作流。它详细描述，为取得整体和正确的系统运营，不同组件应该如何协作。

本章如下组织：首先给出用于系统管理的 DMTF 和 OASIS 建议综述；接下来给出我们的建议，描述了一个新颖的架构，它由一个管理域和模块集组成；随后将焦点放在有关该建议的扩展性和工作流的实现和细节上；之后给出云计算管理的新挑战。最后给出一些结语性评述。

16.2 背景

在 2004 年，DMTF 基于 web 技术设计了一个框架，被称作基于 Web 的企业管理（Web-Base Enterprise Management，WBEM）[3]，为描述和共享管理信息提供一种统一的机制。WBEM 组合 CIM 的使用作为一个数据模型，有几项 web 技术作为模型 CIM 所定义信息的传输和表示机制。

随着 web 服务技术的出现，OASIS 提出的 web 服务分布式管理（WSDM）[4]，目标是将当前管理基础设施演进为一种基于 web 服务的管理方法，其中基础设施独立于厂商和平台，这支持源和管理它的客户端之间采用标准消息传递协议。

在这个方向上，DMTF 将 WBEM 演进为也是基于 web 服务的一种新方法，包括 web 服务管理（WS-管理）规范[5]，并得到使用一个 web 服务协议集输出 CIM 资源的第一个规范。另外，DMTF 甚至提出一个建议，包括 WSDM 作为 WBEM 标准集的组成部分，这采用 CIM 统一了 DMTF 和 OASIS 管理架构。

下面两小节提供了这些标准的一个简短概述。

16.2.1 基于 Web 的企业管理

WBEM 是由 DMTF 开发的联网和管理技术标准集，目的是统一分布式系统的管理。它使用 CIM 作为一个信息模型，并以一种高效的和互操作的方式提供交换 CIM 信息的一种机制。WBEM 标准包括协议、查询语言、发现机制、映射和交换 CIM 新的所有需要的资源。为提供最大的灵活性，各项 DMTF 技术是独立定义的。CIM 指定了用于定义管理信息结构的语法，WBEM 提供了管理 CIM 信息的一种互操作和可扩展方式。由 WBEM 定义的标准集与 CIM 模型一起，提供信息管理基础设施。单独来看，每种 DMTF 技术本身都比较令人感兴趣，但当它们一起使用时，它们就提供了一个功能强大的企业管理解决方案。

WBEM 的 WS 管理规范处理 IT 系统的成本和复杂度，方法是提供访问和交换管理信息的一个共性机制。使用 web 服务来管理系统，带有 WS 管理支持的部署，将使行政管理人员利用 web 服务协议远程访问所有种类的设备。

这个规范提供完成如下操作的各项机制：

1) 得到、更新、创建和删除资源实例及其性质和值；

2) 以长表和日志形式枚举容器和集合（collections）的内容；

3）订阅由被管资源发送的事件；

4）执行特定的管理命令。

对于这些域中的每个域，规范都定义了一个最小需求集，这是为履行 web 服务标准而应该实现的。一个特定的实现被允许扩展其功能超出定义好的操作集，且它甚至可选择不提供上面列表中的一个或多个功能域，如果这样的功能不适合被管资源的话。

WS 管理利用 WS 寻址标准定义的端点参考（EPR），作为资源单一实例的一个寻址模型。它也定义要在资源寻址中要用的一个 EPR 格式。为 get、set 和枚举各值，对资源的访问意味着同步操作。WS 传递规范用于单一性的资源。对于蕴含多个实例的操作，它利用 WS 枚举消息。如果服务能够发送事件，它应该使用 WS 事件标准发布这些事件。WS 管理也对 WS 事件的通用规范施加一个额外约束集合。

16.2.2 Web 服务分布式管理

WSDM 是一个标准，其主要目标是统一管理基础设施，方法是独立于平台、网络和协议而提供一个框架，支持从具有管理能力的资源处访问和得到通知的管理技术。它基于一个 XML 标准化的套件，可被用于大范围设备的管理标准化，这些设备从网络设备到电器设备，例如电视机、视频播放器和 PDA。

基于 web 服务标准集和 SOA 架构，开发了 WSDM。它是一个规范和一个标准集。它定义两个主要标准：MUWS 和 MOWS。前者处理使用 web 服务的任何资源的管理，而后者将一个 web 服务自身看作一个可管理资源，定义了也使用 web 服务管理它的一种方式。

WSDM 标准规定了使用 web 服务，如何使一项资源管理可用于客户端。WSDM 架构基于所谓的可管理资源。一个可管理资源由一个 web 服务代表。换句话说，有关资源的管理信息应该通过一个 web 服务端点可访问。为提供到一项资源的访问，这个端点应该能够采用由 WS 寻址标准定义的一个 EPR 被引用。为到一个可管理资源提供访问的 EPR 被称作管理能力端点，且其实现应该能够恢复和管理相应资源处的信息。

一个 EPR 提供这样的点，一个管理客户端应该将其消息发送到该点。可管理资源也发起事件通知，这来自客户端的关注点，前提是该客户端以前订阅过要接收这样的通知。采取这种方式，WSDM 提供了一个可管理资源和管理客户端之间的三种交互模式。这三种交互模式如下：

1）一个客户端可恢复有关一个资源的管理信息。例如，客户端可恢复资源的当前状态或运行在资源中的一个进程的当前状态。

2）通过改变一个资源的管理信息，一个客户端可影响该资源的状态。

3）采用一条相关事件，一个资源可告知或通知一个客户端。这个交互模型要求客户端以前订阅从一个特定专题接收事件。

WSDM 尝试定义一个通用管理结构和一个消息交换格式，通过该结构和格式，一个可管理资源和一个客户端可进行通信，而不管它们的实现和平台。对标准的符合性要求客户端和资源都应该能够参数具有指定格式的消息，同时满足几项需求。因此，WSDM

为应该由客户端和资源（不管其平台和实现为何）共享的信息管理定义一个消息传递协议。

一个 WSDM 服务是 web 服务的一个管理接口。但是，除了一些度量指标外，WSDM 没有指定任何可访问管理信息的内容。该标准仅指定恢复和操作管理信息的格式。

WBEM 和 WSDM 缺乏涵盖高级框架特征的一些机制（例如冲突检测的策略检测、监测或重配置能力）以及一些功能（例如处理一个得到安全保障的多域环境的能力）。尽管如此，在这两个框架中描述的概念和思想，可作为在本章中描述的管理架构的构造和设计参考。

16.3　新颖的管理架构

本节描述为信息系统管理提出的架构。该建议拓展了以前在欧洲项目"基于策略的安全工具和框架（POSITIF）"[6]实施的工作以及最近在作者的研究中实施的工作[7,8]。

在定义架构本身之前，已经识别出应该满足的如下主要需求集。这些需求中的多数需求摘自文献[9]。

1）域间。系统应该能够与可能存在于其他管理域中的其他架构互操作。

2）形式化基础（underlined）模型。策略架构需要有独立于在用特定实现的一个良定的模型。在其中，各组件之间的接口需要是清晰的和良定的。

3）能够处理多样化设备类型的灵活性。系统架构应该足够灵活，支持以最小更新的代价添加设备的新类型以及现有管理组件的重新编码。

4）冲突检测和解决。必须能够检查一个给定策略不与任何其他现有策略冲突。如果可能的话，在检测到一个冲突时，系统应该能够建议某种解决方案。

5）与商务和联网世界集成。系统应该能够将商务策略（即高层策略）映射到中间件或网络策略（即低层策略）。

6）扩展性。应该在系统负载增加的情况下维护质量性能。

7）监测。应该使用各种检测机制，在所有被管单元上实施精细的和密集的监测，以便确保严重事故的快速检测并避免任何影响传播。

8）对事故的反应。系统应该能够以一种快速的和合适的方式，对大范围的事故做出响应，以便缓解对可信赖性的威胁，并遏制问题。

9）可重配置性。系统应该能够改变它的行为，使自己适应环境中的变化。应该采用快速重配置的方式，优先处理紧急的活动。

所建议的管理架构尝试涵盖上述的需求。它提供基于规则的管理，并使用一个标准数据模型表示信息，得到一个分布式的和多平台的、资源独立的管理系统。该框架能够提供监测机制，确保合适的设备功能和可能的攻击检测。它也提供一种状态控制机制，具有针对可能攻击或故障（由监测系统检测到的）的响应能力，监测系统能够做出一个自动化的系统重配置。

在这个框架中，行政管理人员以一种高级方式定义系统架构和行为，将管理需求表示为一种定义语言，相比在前一节介绍的标准模型所用的语言，这种语言是不太详细的且具有较高级的抽象。它使用一些语境信息，将具体的和详细的数据与高级需求分离。

所提管理架构由如下基本域组成：

1）需求管理域。它负责管理由管理人员以一种高级语言（能够表示抽象概念）定义的需求。它也管理那些抽象概念所需的语境信息，这要被转换为低级的和具体的模型，代表所有的细节，后来可被用来产生最终设备和服务的配置。这个域也负责从高级需求（带有其语境信息）到通用模型（具有其他框架组件将使用的所有细节）的转换过程。

2）通用模型管理域。它管理标准的通用模型信息，这些信息将由框架的其他部分使用（用来增强最终设备的配置，监测系统满足管理人员所定义的需求）和用于任何其他附加功能（可要求对被管系统建模的信息）。

3）监测域。它监测被管系统，检测可能的异常、故障或可能的入侵（可攻破系统的安全或可用性），并将之报告以便其他组件相应地做出动作。

4）配置域。基于由通用模型定义的信息，这个域负责为每个最终设备或服务产生和实施合适的具体配置，目的是使系统的全局操作符合管理人员施加的需求。

5）状态控制域。它控制系统状态，侦听来自监测系统的可能告警，并能够对告警做出响应，方法是应用新的配置，将系统从可能的故障中恢复过来，或为了保护系统不受可能的入侵而应用较高的安全等级。

通用和标准数据模型（例如 CIM）的使用使组成该架构的所有模块可使用单一模型，表示所需的管理信息。另外，因为这个模型独立于任何实现，且 XML 和通信协议的使用（例如 web 服务也是标准和平台独立的），这使架构通过添加新的域和模块是容易扩展的。

图 16.1 给出管理架构，图示出带有它们所包含不同模块的上述域。圆圈表示模块的 web 服务，代表架构。带有一个数据库图标的模块负责存储和检索数据，数据的管理是这些模块的职责。

需求管理域由如下模块组成：

1）安全规划管理模块负责管理由管理人员针对系统定义的安全需求。它提供得到、插入、删除和修改不同需求和安全规划的方法以及得到元信息的方法，例如由系统支持的不同需求类型，且它能够将元信息转换为通用模型并进行管理。

2）系统描述功能模块管理描述被管系统的信息。和在安全规划管理模块中一样，它提供得到、插入、删除和修改不同系统组件（正被管理的）的描述。

3）也定义了一个模块集，用来管理可能需要的语境信息（语境信息管理 A，…，语境信息管理 N），目的是从以高级语言表示的抽象概念产生详细的模型，高级语言定义安全需求和被管系统描述。每个模块负责与一个语境信息域有关概念的管理。这些模块的数量将随不同架构而改变，取决于要考虑在内的不同语境信息域。这些域的概念未必需要由管理人员来定义。在特定领域中的安全专家可提供抽象概念的详细定义，之后由非专业管理人员使用来产生安全规划，该规划将被转换为良好的和安全的模型（考

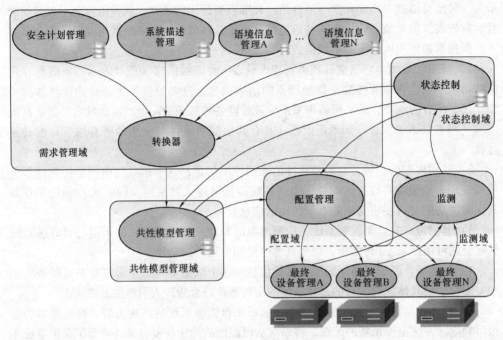

图 16.1　建议的管理架构

虑到那些专家的知识）。这使非专业的管理人员可自动化地实施与安全专家相同的决策，而不需要成为特定安全领域的专家。

4）转换器模块实施一个转换过程。这个模块将一个请求发送到安全规划管理、系统描述管理和 web 服务，它们管理语境信息，需要数据将定义的安全规划转换为通用模型，且它将得到的模型发送到通用模型管理模块[8]。

通用模型管理域包括通用模型管理模块，它负责 CIM 管理和存储，为其它单元提供插入、修改、删除和得到这个模型的方法，这些单元代表该系统，且为完成它们的任务，需要存储在这个模型中的信息。

为了向最终设备产生和实施由通用模型描述的配置，配置域包括配置管理模块和几个用于被管设备的特定模块（最终设备管理 1，…，最终设备管理 N），它将实现由配置管理服务（实施配置执行）使用的一个通用 web 服务接口。在这个意义上，这些小型模块可被看作插件，为执行从通用模型到特定设备相关配置的转换并实施配置，应该为每种被管设备提供这种模块。

注意，虽然这种情况是可能的，即如果需要它们的话，但这些模块未必安装到最终这被之中。事实上，应该为每种设备而不是为每单个设备都有一个模块，原因是这些模块之一可能负责一个或多个最终设备，使用任何标准（或专用）协议（通过文件传输协议（FTP）、安全外壳（SSH）或任何协议）实施它们的配置。在此时，一些标准管理架构（例如 WBEM 或 WSDM）可这样使用，即通过简单地定义带有合适接口（由配置管理服务使用）的一个适配器 web 服务，或甚至这个模块也能够与由那些标准定义的 web 服务接口交互，原因是，最终那些标准也基于 web 服务技术，并能够管理诸如 CIM 等信息模型。

在监测域，为检测违反由管理人员定义的要求的任何行为，监测模块持续不断地检查系统。这个模块有一个弱点数据库，负责收集从位于最终设备中传感器集接收到的事件，将监测到的数据与定义的要求进行比较。

应该指出的是，这项监测服务可超出基本标准 IDS 功能，因为它可理解管理人员在安全规划中定义的并反映在 CIM 中的要求，当检测到违反安全规划的一个事件时，能够产生告警。这甚至允许检测未知攻击，这些攻击在标准弱点数据库中是找不到的。使用安全规划管理模块，管理人员能够定义不同的安全规划，它可被用来应用到不同情态之中。依据系统的情态，这可能得到不同的模型。

在状态控制域中，状态控制模块负责控制不同情态或状态，其中系统可能在应用合适的安全规划，且后续继续这样做。例如，可为不同安全等级定义不同的安全规划：低、中、高。开始时，系统可能处在这些等级之一，但在监测系统检测到任何攻击或入侵时，状态控制模块将通过应用较高的安全等级能够做出反应，尝试以更受约束的系统安全对抗攻击。采用相同的方式，如果认为危险已经消失，则系统可回到其原始状态以避免影响可能的操作，这些操作可能受到较高安全等级的约束。

最后，为保持架构的所有模块处于同步状态，需要一个事件管理系统，使不同模块将其状态中的可能变化进行通信，或使它们能够异步地发起告警。例如，监测模块应该利用这样一个事件管理系统发起有关它检测到的可能异常的告警，且这些告警会由状态控制模块侦听，通过应用另一个配置（如有必要）而做出反应。同时，在每次它实施一个新配置时，配置管理模块都将发起一条新事件。这个事件将由监测模块侦听，从而注意到新的要求，现在系统应该完成这样的要求。

16.4　所建议架构的实现

架构的各组件已经使用 web 服务标准进行设备，这可取得运行在不同平台上异构管理应用的集成，同时允许新组件使用标准接口插入到架构之中。设计了 web 服务技术，来处理应用集成问题，更具体而言，指来自不同平台和实现技术的异构应用。基于 web 服务的开放标准的广泛传播，为使用这些技术集成一个异构资源集的管理应用赋予了机遇。

为测试在前一节描述的管理架构，开发了一个原型实现，作为一个可扩展和可互操作的框架，可用作基于所提架构的管理系统的一个基础。本节给出作为这样一个原型组成部分的不同组件和技术的概述。

16.4.1　安全策略语言和系统描述语言

针对安全规划和语境信息定义，人们开发了两种高级语言。这些语言允许管理人员，使用带有抽象语义的简单语言，定义被管系统的策略和描述。支持策略定义的语言称作安全策略语言（SPL）。这种语言用来定义安全规划和一些语境信息。定义被管系统描述的语言称作系统描述语言（SDL），且它支持描述底层系统单元。这个原型提供对5种策略（可采用SPL定义）的支持

　　1）认证策略，定义实体在系统中是如何验证的；

　　2）授权策略，指定访问控制；

　　3）过滤策略，定义使用一个网元的过滤准则；

　　4）信道保护策略，基于安全关联（例如IPsec或SSL），定义一些需求；

　　5）操作策略，使之在出现一次事件时可描述网络的行为。

模型CIM被用作通用模型，它在框架的不同组件间流动，由框架实现架构。具体而言，已经使用了这种模型的一个XML表示，称作xCIM[6]。但CIM尝试涵盖与IT系统有关的各种特征。因此，因为Xcim是CIM的一个完全实现（包括扩展的类），它提供了大量类，这些类代表该模型。与所需的类一起，使用xCIM的一个子集，表示由语言SPL和SDL定义的概念。具体而言，使用两个子模型：xCIM-SDL和xCIM-SPL。前者允许概念模型中的表示采用带有系统描述信息的高级语言SDL定义。后者允许策略、组和一些语境信息的表示采用SPL定义。

16.4.2　管理模块

图16.2给出在前一节中给出架构模块的原型实例化。使用Web服务为架构域的不同模块提供所需的操作。它们由图中的圆圈表示。不同web服务之间的通信使用简单对象访问协议（SOAP）。这些通信以箭头表示。出于清晰性原因，在图中没有画出与事件管理模块的关系（connection）。任何模块使用由这个模块提供的事件机制，在有关框架状态方面保持在侦听状态。

需求管理域主要由安全规划管理和系统描述管理模块组成。它们提供管理人员定义被管系统描述和带有安全需求的策略（应该得到满足）所需的功能。这个模块包含管理以SPL表示的策略和以SDL表示的系统描述以及两种语境信息（用于策略定义）的功能。其中之一是通用单元集（由SPL本身定义），且将由这个语言所定义的安全策略引用。第二个包含建立信道保护策略的安全关联所用的参数。SPL没有定义这最后一种语境信息，但它有其自己的管理组件，出于清晰性的原因，在图中没有画出。开发了一个控制台，在系统管理中为辅助管理人员而提供一个图形用户界面。这个控制台产生以SDL和SPL表述的相应描述和策略。它也允许管理人员控制框架的一些其他模块，例如查看监测日志和告警，或采用状态控制模块应用一个不同的配置。

转换器模块也在需求管理域内部。这个模块实施由管理人员定义的安全需求转换到CIM（由xCIM-SPL和xCIM-SDL形成的）。这个转换过程是动态完成的。每次添加、修改或从安全规划中删除一条需求（即一条策略），就完成转换，且通用模型得到更新。同样的操作应用到由SPL的通用单元定义的语境信息，它也是动态转换到CIM的。

如在前一节指出的，语境信息可由安全专家提前定义，这允许管理人员使用这个信息，将得到良好的模型。例如，当定义一条信道保护策略时，管理人员不必选择应用在

安全关联（将保障通信信道的安全）中应该使用哪些加密或签名算法。那个信息将定义在语境信息之中。管理人员可利用诸如"高级安全"等概念，且被选算法被保障是足够安全的，原因是安全专家是针对语境信息的高级安全概念确定这些算法的。

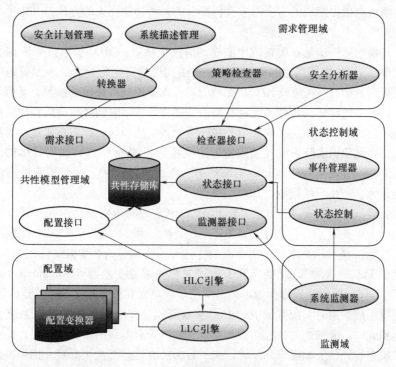

图 16.2　管理框架原型

在架构中定义的不同安全规划对应于不同的安全等级。以 SPL 定义的每个安全策略和策略组属于一个特定的安全等级，以这种方式标定安全规划所属的安全等级。这些安全等级被指派优先级，且如果由监测系统检测到一次入侵或攻击，则改变到一个比较受约束的安全等级。

就数据存储而言，虽然所提架构支持一个全分布式的存储，但这个原型框架实现使用基于一个原生 XML 数据库的一个通用库（common repository），用于存储框架所用的所有数据。这个库由图 16.2 中的中心块表示，且许多 web 服务利用它来存储其被管的信息。

需求管理域也包含策略检查器模块。这个模块检查所定义的安全策略是否语义上一致的以及由它们定义的需求能否由系统描述中指定的被管系统得到满足。如果这项检查失效，则它将被报告给管理人员，这使他或她解决问题。称为安全分析器的另一个模块，能够提供安全等级的一个理论性安全测量，一旦完成配置的部署，则可由系统实施。考虑到这项分析可在实际实施到真实系统之前根据需要进行多次，则可针对系统架构和安全需求，评估几种替代配置。

一旦安全规划和系统描述被转换到最终的通用标准模型（CIM）且系统的安全性已经被成功地检查和评估，则必需的和详细的信息就可用了。所以，就可能将这个数据模型转换为将被应用到真实系统设备的最终配置。这为管理人员提供了使被管系统和系统的所有网络节点依据期望的安全需求进行配置的一种功能强大的方式，其中不需要处理带有多厂商和多平台架构的问题。

这个转换的第一步是在配置域中实施的。这个域中的 HLC 引擎负责依据通用数据模型定义中以 xCIM 格式指定的用户需求，产生期望的安全配置。这些配置是以一种通用方式产生到所谓高级配置（HLC）文档的。考虑使用这个层次的抽象，是因为可能的情况是，具有不同特征的各种单元具有类似的能力。所以它们必须应用相同的配置。这可能是这样的情形，不同主机软件单元和联网设备实施相同种类恶意流量的过滤能力。

那么，必须依据实际系统（实施发生的位置）将这些 HLC 转换为具体的配置。这项工作也是在配置域中由称为 LLC 引擎的另一个组件完成的。这个模块以前面产生的 HLC 作为输入，产生低级配置（LLC）文档。

LLC 文档是这样生成的，方法是剖析 HLC 中定义的通用安全单元，并产生特定的配置参数。为做到这点，使用了 XSLT（XSL 变换）和 Java 技术。XSLT 提供固定参数的剖析，且 Java 类被用来支持任何动态的特征（需要被包括在配置文件之中）。用来从 HLC 转换到 LLC 的这些 XSLT 变换和 Java 类被称作配置变换器（configuration transformers）。使用不同的配置变换器，为不同种类的系统单元和设备产生设备特定的配置。

在配置生成结束时，配置域中的 LLC 实施器模块将配置应用到目标系统设备或服务上。直到此时，所描述的过程影响所有定义好的安全等级的整个策略集。针对每个安全等级，检查和评估安全需求和系统定义，且为所有这些都产生配置。如果检测到一次入侵或安全灾难，则为提供快速反应，这就允许快速部署。LLC 实施器获得当前安全等级的配置，并将它们部署到最终设备和服务。这种配置可使用不同协议来完成，例如简单网络管理协议（SNMP）、通用开发策略服务（COPS/COPS-PR）或超文本传输协议（HTTP/HTTPS）。多亏了 LLC 实施器模块提供的插件接口，也支持专用协议。

监测域由系统监测器和称为安全监测器（security watcher）的一个安全模块集组成。通过安装在系统设备上的一个轻量和小型指纹（small-footprint）模块集，将这些模块部署到被监测系统中。它们提供监测能力，并与系统监测器模块协作。这个模块可访问带有需求（应该满足）的定义好的安全策略和期望的配置。多亏这种知识，当检测到违背需求的一个事件时，该模块能够检测和产生告警。为检测可能的攻击或系统中的弱点，它也可利用包含著名攻击和弱点的一个数据库。

如果检测到可能违背安全策略的系统的某种奇怪行为，则系统监测器提醒状态控制模块。依据当前系统状态，通过实施为那个新安全等级产生的配置，则这个模块就能够改变安全等级。这提供了一个框架，通过增加安全等级具有对可能的灾难做出反应的能力。如果检测到安全灾难，应用较高安全等级将施加较强的安全约束。如果灾难消失，则该模块也能够再次回到以前（较低安全等级）的状态。

最后，为处理事件，在原型中，选择必须使用 WS 事件标准，且依据这个标准开发了事件管理器模块，在框架内管理事件交付。

16.4.3　扩展功能

在确定和开发框架时，要牢记的主要设计目标之一——一直是其扩展能力，为提供对未来框架扩展的支持尝试使用标准。

XML 是由各种工具支持的一个广泛传播的、平台无关和技术无关的标准。因此，在框架设计中这样一项技术的使用，使框架非常具有可扩展性，支持未来模块或工具，剖析由框架的每个其他模块管理的信息。

同时，就组件通信方面，web 服务技术也提供非常好的互操作性。通过在框架内利用这项技术，不同模块相互通信。因此，添加到任何域的任何新组件、模块或工具，就能够与框架的其他部分通信。通过使用 web 服务，不仅一个新组件可与另一个组件通信，而且它可侦听由任何其他组件丢出的事件，这就可利用 WS 事件标准，这是用来管理事件的一个标准。

但是使用这些技术仅解决将新扩展集成到框架问题的语法部分。为由框架管理的信息定义通用语义，也需要一个通用模型。这里是模型 CIM 扮演其角色之处，为系统描述和安全策略定义语义的一种通用方式。

此外，为支持新的功能，在不同域内，由第三方提供一些扩展。这是配置域的情形。在这个域中的 LLC 实施器是基于插件的，为该域提供将一个配置实施到一个特定设备的不同方式。为这个模块开发一个新的插件，为框架提供针对任何新设备实施一个配置的支持，这种设备不能使用标准协议（例如 FTP、SSH 等）进行配置。

采用这种方式，不同配置变换器可被定义为配置域的扩展。这个域使用 XSLT 和 Java技术将带有设备无关配置的 HLC 变换到具有设备相关配置的 LLCS。为这个域提供一个新的扩展，将使 LLC 引擎能够为以前不支持的新设备种类产生特定的配置。

新工具也可集成到框架，提供改进的功能。例如，在需求管理域可开发和包括新的管理控制台。为管理系统描述和策略，它们可被包括在高（SDL、SPL）或低（xCIM-SDL、xCIM-SPL）等级。它们可被容易地集成，原因是所有语言都是基于 XML 的。在低等级处，工具可利用库的需求接口，它是这样一项 web 服务，为操作 xCIM 中的模型表示提供方法。在一个较高层次，它们可使用安全规划管理和系统描述管理 web-服务接口。这些也是 web 服务，且它们分别处理 SDL 和 SPL 高级语言。

为检测更多策略冲突添加新模块、应用新的检查技术或为产生新的度量而分析该模型，也可改进需求管理域。这些新模块可访问该模型，模型通过库的检查器接口 web 服务从库中定义系统。类似地，可添加新的监测模块扩展监测域功能，能够通过监测器接口 web 服务访问该模型，目的是监测系统是否依据指定的模型和配置在正确地在运行。

所有这些特征使框架是可扩展的，这支持改进工具和模块的集成或添加新的工具和模块，它们可为框架提供管理人员（依据他或她的需要，使系统得到管理）所需的任何领域特定的功能。

16.4.4　管理工作流

一旦描述了管理架构和原型框架实现，则本节提供管理系统不同组件所遵循工作流的概述。

作为第一步，管理人员提供系统描述和安全策略，使用 SDL 和 SPL 将策略应用到系统。通过直接编写 XML 文档或利用图形控制台工具，可做到这点。可定义不同的安全等级，它们包含指定安全需求（应该针对每个等级，满足这些需求）的不同策略集合。框架核心使用的信息模型是基于 xCIM 的。因此，一个转换过程从 SDL 和 SPL 高级描述产生 xCIM-SDL 和 xCIM-SPL 描述的这样一个模型。

一旦系统得以描述和策略得以定义，则策略检查器模块采用这个信息，并开始安全验证过程。这个过程确定系统是否满足期望的安全需求。此时，系统的安全也是由安全分析器评估的，它给出由指定的需求所提供安全等级的理论度量。

如果所定义的系统和策略满足管理人员的安全需要，那么由以 xCIM 表示的核心信息所描述的通用信息就准备用来产生部署到实际系统设备和服务的特定配置。管理人员也可重新定义系统和安全策略，如果它们没有满足安全需要的话。采用这种方式，该框架提供了验证和评估不同替代策略（在它们实际部署到实际系统之前）的一种机制。

配置生成和进一步的部署过程由一个步骤集合组成，开始时是 HLC 引擎产生 HLC 文档，接着是 LLC 引擎，它产生 LLC 文档。最后，LLC 实施器是负责将配置部署到实际系统的模块，将配置从 LLC 中取出并将配置部署到最终的设备和服务。

另一方面，监测网络的是系统监测器，寻找违反安全需求（由所部署的安全策略定义）的任何行为。由这个模块检测到的任何灾难被传递到状态控制模块，后者能够通过应用另一个配置（使系统到达一个不同的安全等级），而能够做出反应。

为了使框架组件遵循指定的工作流，定义了一个事件集。定义了一个状态表图，指定了框架可能的不同状态，在接收到不同事件时，状态发生改变。如在前一节所述，在框架中使用了 WS 事件标准。因此，为跟踪状态变化，任何感兴趣的模块均可侦听那些事件。另外，状态控制模块侦听那些事件，并更新库中的状态信息。之后，其他模块可查询这个信息，得到框架的当前状态。这个组件总是在监测状态变化，使其他组件在任何时间知道当前状态，即使这些组件没有订阅到事件系统时也是如此。

图 16.3 给出状态表图，其中有框架的不同状态和事件（在事件之间产生事务）。

工作流事务如下：

1）SECURITY_VERIFICATION_OK 事件表明，框架的安全性已经成功地由策略检查器验证。

2）发出 SECURITY_VERIFICATION_FAILURE 事件，表明在检查框架的安全性时，策略检查器模块遇到一些问题。

3）SECURITY_EVALUATION_OK 事件表明，框架的安全性已经成功得到安全分析器的评估。

4）SECURITY_EVALUATION_FAILURE 事件表明，在评估框架的安全性时，安全分析器遇到一些问题。

5）CONFIGURATION_GENERATED 事件表明，已经产生配置，且准备好了要进行部署。

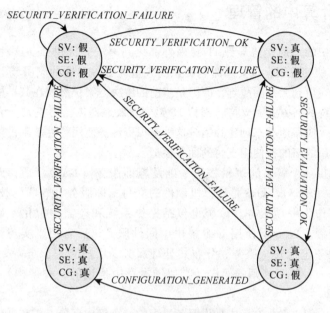

图 16.3 工作流状态表图

框架可有四个可能状态。在图中，这些状态被标记为三个布尔变量值：SV（安全经过验证）、SE（安全经过评估）和 CG（配置已经产生）。

最初，安全既没有经过验证也没有经过评估。所以不可能产生配置，且三个变量取 false 值。在这个状态中，可发起的唯一工具是策略检查器，因为为使所定义的系统描述和安全策略得到验证，它是应该在工作流中发生的第一步。一旦验证过程成功地结束，则发出 SECURITY_VERIFICATION_OK 事件，且框架移动到安全已经过验证的另一个状态（SV 变量设置为 true）。在这个状态中，激活安全分析器，使管理人员可实施系统安全的评估。这个过程的结束发出一个 SECURITY_EVALUATION_OK 事件，将框架状态移动到 SV 和 SE 变量都设置为 true 的一个状态。

一旦安全被验证和评估，则激活 HLC 引擎工具。这个工具为每个特定的系统设备或服务产生带有通用配置的 HLC 文档。LLC 引擎自动地启动，并取这些 HLC（作为输入）产生具有特定的系统相关配置的相应 LLC 文档。此时，配置生成过程已经结束，且配置已准备好被部署到最终的系统组件。之后，发出 CONFIGURATION_GENERATED 事件，且框架切换到三个变量都设置为 true 的状态。在这个状态中，LLC 实施器被激活，因为产生了一个被验证和评估的安全定义的配置，并准备好要部署到系统。

在三个变量都被设置为 true 的状态中，所有工具都是可用的，且所有需要的信息也存在于系统上。一些这样的工具的执行，可发出通知一次故障的一个事件，将系统转回到合适状态，因此禁止相应的应用。

16.5 云计算中的管理

系统管理中的当前趋势导致 IT 管理外部化到第三方提供商。这种方法称作云计算[10]，并正在快速发展，这要感谢它提供的大量优势。在这种应用域上有关系统管理的研究兴趣正在得到大范围蔓延，原因是当前的解决方案仍然处在其早期阶段。云计算是管理信息系统的新方式，支持将虚拟 IT 架构高效地提供给第三方。依据客户们的持续变化的需求，应需地动态创建和销毁这种虚拟资源。使用弹性基础设施的这种方式支持基础设施使用的新的按使用支付的商务模型。

云计算提供一个著名的逻辑栈：基础设施即服务（IaaS）、平台即服务（PaaS）和软件即服务（SaaS）。IaaS 是计算机硬件的交付，即服务器、联网技术、存储和数据中心空间都作为一项服务。该层也包括操作系统和应需虚拟化基础设施的交付，目的是管理资源。PaaS 层使用 IaaS 提供中间件服务，后者用来实现最终的云服务。这些中间件服务包括安全服务、分布式处理服务、用户管理服务等。因此，云分布式系统管理的一种基于规则的架构（类似于本章中描述的一种架构）可被放在 PaaS和 IaaS 层之间。

基础设施的创建仅是在云中提供服务过程的一个组成部分。正在进行的工作焦点是为在云基础设施上自动化地部署服务提供机制，例如软件组件的安装、配置、弹性、监测、重配置和管理。这种种类的应用域将要求基于规则和一个著名模型的一个架构，描述一个通用库，管理这些软件组件的部署和配置。另外，该架构应该是可扩展的，原因是新的软件组件可被容易地添加到库。这些组件的工作流以及用于描述要被管理的不同服务的语言和规则，仍然是需要解决的关键挑战。

16.6 小结

本章描述的架构定义一个整体基于策略的管理框架，为管理人员提供管理复杂系统提供了功能强大的工具集，以平台无关和技术无关的方式采用抽象语义定义它们的需求。如在本章中所展示的，该管理架构符合任何管理框架应该满足的需求集。这些特征是域间的；形式化基础（underlined）模型；灵活性、冲突检测和解决；以及扩展性、监测和重配置。

该架构遵循一个良定的模型，即是平台和技术无关的，使用 XML 和 web 服务技术，这些技术本身都完全是平台无关的标准。由框架的不同组件和域提供的接口是使用 web服务良好地和清晰地定义的。

使用抽象语义定义了系统描述和不同策略，这使管理人员在没有底层特定平台或技术的条件下管理大范围的设备。开发了提供灵活性的框架，它支持新工具、插件或扩展

（像在本章中有关框架扩展一节中说明的那样），使之可为管理人员处理新的设备类型并产生特定的配置。

采用通用语义定义框架使用的模型和不同组件管理的信息。DMTF 在其 CIM 标准中定义这些语义。这使框架容易地与其他架构和域进行互操作，特别当它们也基于 CIM 时（因为语义会是相同的），这仅要求模型的语法变换。

检查和变换域实施由管理人员定义的不同组件的验证和检查，检测可能的冲突并提供一个理论上的安全度量。在整个策略集应用到最终设备和服务之前，这种检查和度量可按照管理人员希望的那样进行多次，这使他或她在找到满足他或她的需要的一个模型之前定义几个模型，并避免部署可能冲突的配置。

该框架能够将管理人员以抽象语义定义的策略转换为低层策略。这些策略中的一些策略可使用诸如"高级安全"的抽象概念（将转换为更详细的概念）加以指定，依据的是一些语义信息（提前由安全专家定义），避免管理人员必须定义许多参数，并使系统更加安全，原因是专家可能比管理人员在一些特定领域具有更多知识。这些低层配置后来由映射域（mapping area）被转换为特定设备配置，且它们设备由实施域部署到最终设备。

此外，这个框架包括一种功能强大的监测机制，这考虑到由管理人员定义的需求，并监测系统是否完成这些需求。该框架也管理安全等级概念，使管理人员可为每个单一等级定义一个不同的安全规划，并使框架能够在监测系统检测到一个不期望的状态时做出响应。

参 考 文 献

1. Distributed Management Task Force. *DMTF Standards*. Available at http://www.dmtf.org/standards.
2. W. Bumpus, J. W. Sweitzer, P. Thompson, A. R. Westerinen, and R. C. Williams. *Common Information Model: Implementing the Object Model for Enterprise Management*. Wiley, New York, USA, 2000.
3. C. Hobbs. *A Practical Approach to WBEM/CIM Management*. CRC Press Company, Boca Raton, FL, 2004.
4. K. Wilson, and I. Sedukhin. Web Services Distributed, Management of Web Services (WSDM-MOWS) 1.1. OASIS Standard, 2006.
5. Distributed Management Task Force. *Web Services Management (WS-MAN)*. Available at http://dmtf.org/standards/wsman.
6. C. Basile, A. Lioy, G. Martinez, F. J. Garcia, and A. F. Gomez. *POSITIF:* "A Policy-Based Security Management System." Proceedings of the Workshop on Policies for Distributed Systems and Networks (IEEE POLICY), Italy, 2007.
7. J. M. Marin, J. Bernal, D. J. Martinez, G. Martinez, and A. F. Gomez. "Towards the Definition of a Web Service Based Management Framework." Proceedings of the Second International Conference on Emerging Security Information, Systems and Technologies, France, 2008.
8. J. M. Marin, J. Bernal, J. D. Jimenez, G. Martinez, and A. F. Gomez. "A Proposal for Translating from High-Level Security Objectives to Low-Level Configurations." Proceedings of the First International DMTF Academic Alliance Workshop on Systems and Virtualization Management: Standards and New Technologies, France, 2007.
9. G. Martinez, F. J. Garcia, and A. F. Gomez. "Policy-Based Management of Web and Information Systems Security: An Emerging Technology." In E. Ferrari, and B. Thuraisingham (Eds.), *Web and Information Security*, 173–195. Idea Group, Inc., Hershey, PA, 2006.
10. B. Hayes. "Cloud computing." *Communications of the ACM* 51, no. 7 (2008): 9–11.

扩展阅读材料

Adi, K., Y. Bouzida, I. Hattak, L. Logrippo, and S. Mankovskii. "Typing for Conflict Detection in Access Control Policies." Proceedings of MCETECH, 212–226, 2009.

Aktug, I. and K. Naliuka. "ConSpec: A formal language for policy specification." *Electronic Notes in Theoretical Computer Science* 197, no. 1 (2008): 45–58.

Alcaraz, J. M., J. M. Marin, J. Bernal, F. J. Garcia, G. Martinez, and A. F. Gomez. "Detection of semantic conflicts in ontology and rule-based information systems." *Data and Knowledge Engineering* 11, (2010): 1117–1137.

Becker, M. Y., C. Fournet, and A. D. Gordon. "SecPAL: Design and Semantics of a Decentralized Authorization Language." Proceedings of the 20th IEEE Computer Security Foundations Symposium (CSF), 3–15, 2007.

Boutaba, R. and I. Aib. "Policy-based management: A historical perspective." *Journal of Network and Systems Management*, (2007): 447–480.

Cuppens, F., and N. Cuppens-Boulahia. "Modeling contextual security policies." *International Journal of Information Security* 7, no. 4 (2010): 285–305.

Cuppens, F., N. Cuppens-Boulahia, and M. B. Ghorbel. "High level conflict management strategies in advanced access control models." *Electronic Notes in Theoretical Computer Science* 186, (2007): 3–26.

Davy, S., B. Jennings, and J. Strassner. "The policy continuum–policy authoring and conflict analysis." *Computer Communications* 31, no. 13 (2008): 2981–2995.

Feeney, K., R. Brennan, J. Keeney, H. Thomas, D. Lewis, A. Boran, and D. O'Sullivan. "Enabling decentralized management through federation." *Computer Networks* 54, no. 16 (2010): 2825–2839.

Garcia, F. J., G. Martinez, A. Muñoz, J. A. Botia, and A. F. Gomez. "Towards semantic web-based management of security services." *Springer Annals of Telecommunications* 63, no. 3–4 (2008): 183–193.

Garcia, F. J., J. M. Alcaraz, J. Bernal, J. M. Marin, G. Martinez, and A. F. Gomez. "Semantic web-based management of routing configurations." *Journal of Network and System Management* 19, no. 2 (2011): 209–229.

Hilty, M., A. Pretschner, D. Basin, C. Schaefer, and T. Walter. "Policy Language for Distributed Usage Control." Proceedings of ESORICS, 531–546, 2007.

Kandogan, E., P. P. Maglio, E. Haber, and J. Bailey. "On the roles of policies in computer systems management." *International Journal of Human-Computer Studies* 69, no. 6 (2011): 351–361.

Karat, J., C. M. Karat, E. Bertino, N. Li, Q. Ni, C. Brodie, J. Lobo, S. B. Calo, L. F. Cranor, P. Kumaraguru, and R. W. Reeder. "Policy framework for security and privacy management." *IBM Journal of Research and Development* 53, no. 2 (2009): 4:1–4:14.

Kodeswaran, P. B., S. B. Kodeswaran, A. Joshi, and T. Finin. "Enforcing Security in Semantics Driven Policy Based Networks." Proceedings of ICDE Workshops, 490–497, 2008.

Li, N. and Q. Wang. Beyond Separation of Duty: An algebra for specifying high-level security policies." *Journal of the ACM (JACM)* 55, no. 3 (2008): 1–46.

Marin, J. M., J. Bernal, J. M. Alcaraz, F. J. Garcia, G. Martinez, and A. F. Gomez. "Semantic-based authorization architecture for grid." *Future Generation Computer Systems* 27, (2011): 40–55.

Martinelli, F. and I. Matteucci. "Idea: Action Refinement for Security Properties Enforcement." Proceedings of the 1st International Symposium on Engineering Secure Software and Systems, LNCS 5429, 37–42, 2009.

Martinez, G., A. F. Gomez, S. Zeber, J. Spagnolo, and T. Symchych. "Dynamic policy-based network management for a secure coalition environment." *IEEE Communications Magazine* 44, no. 11 (2006): 58–64, 2006.

Olmedilla, D. "Semantic Web Policies for Security, Trust Management and Privacy in Social Networks." Invited talk at the Workshop on Privacy and Protection in Web-Based Social Networks, Barcelona, 2009.

Qin, L. and V. Atluri. "Semantics-aware security policy specification for the semantic web data." *International Journal of Information and Computer Security* 4, no. 1 (2010): 52–75.

Satoh, F. and Y. Yamaguchi. "Generic Security Policy Transformation Framework for WS-Security."

Proceedings of IEEE International Conference on Web Services, 513–520, 2007.

Swamy, N., B. J. Corcoran, and M. Hicks. "Fable: A Language for Enforcing User-defined Security Policies." Proceedings of IEEE Symposium on Security and Privacy, 369–383, 2008.

Yau, S. S. and Z. Chen. "Security Policy Integration and Conflict Reconciliation for Collaborations among Organizations in Ubiquitous Computing Environments." Proceedings of the 5th International Conference on Ubiquitous Intelligence and Computing, 3–19, 2008.

Zhang, X., J. P. Seifert, and R. Sandhu. "Security Enforcement Model for Distributed Usage Control." Proceedings of IEEE International Conference on Sensor Networks, Ubiquitous, and Trustworthy Computing, 10–18, 2008.

Zhou, J. and J. Alves-Foss. "Security policy refinement and enforcement for the design of multi-level secure systems." *Journal of Computer Security* 16, no. 2 (2008): 107–131.

第 17 章 在由 12 个节点组成的多核集群上 MPI-OpenMP 性能评估的实用方法

17.1 引言

高质量集群可被看作下一代网络（NGN）的基础部件的组成部分。随着集群尺寸和内核数持续增加，NGN 基础设施会大量（heavily）使用这种系统。可以展望，NGN 将产生巨量数据，可能需要高性能计算集群进行处理。因此，为得到最优利用率，需要对集群和不同编程范型（可用的）的理解。本章是从这样的理念撰写的，即对一个实现（implemented）集群得到的实践知识，将有助于处理有关问题的未来技术和机制的开发。

在分布式计算和分布式联网有关的研究领域，计算机集群扮演一个重要角色，因为要解决需要并行性的密集计算任务，它们是必要的。集群的较早期代次通常的特征是，有巨量的节点，每个节点上有少量内核。当前处理器设备已经从增加每个处理的速度转移到增加内核的数量方面，这触发了一个新多处理器时代纪元。处理器设计方面的最新趋势目标是采用每种新的处理器模型，锁定在每片上的内核数。现有的集群技术提供由带有多核的计算节点组成的解决方案，可随时部署。这些新集群的复杂特征一直挑战着编程人员和研究人员。这种复杂性一方面来自于不同节点间的分布式内存，而另一方面来自于网络间不同节点内的不一致的内存访问。在这些集群中，联网通信系统和互联是同等重要的；否则，可能导致集群的低效率，且从来就不会实现全部的潜力。此外，随着高性能集群规模的增加，具有充足共享内存的 N 核计算节点，现在可通过高速网络进行连接。

单词"内核"在这个新语境中指一个处理器，且可互换使用。一些著名的和常见的这些处理器例子是 Intel 四核和 AMD Opteron 或 Phenom 四核处理器。将经典内核聚集成单个处理器这种做法在多个处理核间引入了工作负载的分割，方法是利用计算的本地性、多线程和并行化技术。在不同科学领域中解决多数类型的问题方面，这也引入了对并行和多线程方法的需要[1]。

当在一个集群中部署 N 核处理器时，必须考虑三种通信：

1）在相同芯片上的不同处理器之间

2）在相同节点中的各芯片之间

3）在不同节点之间

为了当考虑采用 N 节点和 N 处理器构造一个集群时处理相关联的挑战，在这样一个集群上就需要考虑所有这些通信方法[2]。但从一个编程观点看，当针对粗粒度并行性在各节点之间使用消息传递的一种模型和当使用局部线程作为不同等级的细粒度并行性在每个节点之间利用消息传递的一种模型间选择时，选择可能是应用特定的（即随应用而不同的）[3]。

本项工作的主要目标是以试验方法深入考察和分析在一个 12 节点、多核、高性能集群上的一种 MIP-OpenMP 方法的各关键方面。为实施这项工作，我们设置集群环境（在后面各节中描述）并讨论发现和未来期望，这可能对采用一个类似集群进行试验的其他研究人员多有裨益。主要目标是有益于未来 NGN 模型方面的这种研究工作[4]。

本章的要点如下：在 17.2 节的介绍部分之后，我们给出一些基本技术，并写下一些背景知识。17.3 节描述我们所提出集群的架构；17.4 节详细描述研究方法论和我们的试验设置。在 17.5 节，我们分析发现的各个方面，最后，17.6 节以一些至关重要的讨论结束本章。

17.2　基本术语和背景

17.2.1　MPI 和 OpenMP

消息传递接口（Message-Passing Interface，MPI）和开放多处理（OpenMP）目前是并行系统中使用的编程模型。MPI 给出一个并行环境中分散的进程间通信的一种方法。这些进程在一个集群中的不同节点上运行但通过传递消息交互；这就是为什么给出这样一个名字的原因。在每个处理器中可能有一个以上的单一进程。MPI[5] 方法将焦点放在发生在网络间的进程通信商，而 OpenMP[6] 将目标锁定在处理器之间的进程间通信。记住这点，则在节点内为进程间通信采用 OpenMP 并行化、为节点之间的消息传递和网络通信采用 MP[7] 将是比较理性的。为每个核看作带有其自己的地址空间的独立实体而使用 MPI，也是可能的；虽然这将强迫我们以不同方式处理集群。采用 MPI 和 OpenMP 的这些简单定义，就出现了一个问题，即采用一种混合模式是否将是有益处的，其中一个以上的 OpenMP 和带有多个线程的 MPI 进程处在一个节点上，从而至少存在某种显式的节点内通信[8]。在一个 MPI-OpenMP 混合系统中，简化如图 17.1 所示（即，不像 MPI（其中使用基于域的进程映射）也不像 OpenMP（其中它取决于运行在相同处理器内一个并行语境中不同线程上）），该系统使用两级进程映射，其中每个 MPI 进程控制另一个派生出（spawned）的 OpenMP 进程。

17.2.2　采用 HPL 的性能测量

高性能 Linpack（HPL）[9] 是一个著名的基准测试程序，它适合于内核有限的和内存密集的并行工作负载。在一个内核受限类型的工作负载中，对处于诸如缓存位置中的处理器，需要数据是松散的，且限制性能的主要因素是处理器的时钟频率。HPL 是一个浮点基准测试程序，它并行地求解一个密集的线性方程组，并尝试在求解一个方程组中测量一个集群的最佳性能。测试的结果是称为 Gigaflops 的一个度量，翻译为每秒 10 亿次浮点运算。HPL 实施称作 LU 因式分解的一项运算[10]。这是一个高度并行的进程，利用

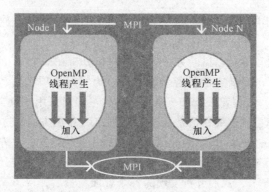

图 17.1　一个混合 MPI-OpenMP 中的进程流，这使我们在
单一地址空间（由共享相同处理器的任意进程使用）上优化指令

处理器的缓存，到达最大可能的限制，虽然 HPL 基准测试程序本身可能不被看作是一个内存密集的基准测试程序。它实施的处理器运算主要是 64 位浮点向量运算，并使用 SSE [流水线 SIMD（单指令、多数据）扩展] 指令。这个基准测试程序被用来确定世界前 500 最快的计算机[11]。

在 HPL 基准测试程序中，使用许多度量来对一个系统排名。各度量是使用一个准随机数产生器产生的，且意图是强制部分主元消元法（在高斯消元法中实施的[9]）。这些重要措施中之一是 R_{max}，是以 Gigaflops 度量的；它表示由一个系统可取得的最大性能。除此之外，还有 R_{peak}，它是一个特定系统的理论峰值性能；使用下式得到它：

$$[N_{proc} * 时钟频率 * FP/时钟]　　　　　　(17.1)$$

其中 N_{proc} 是可用处理器数，FP/时钟是每个时钟周期的浮点运算，而时钟频率是以 MHz 和 GHz 表示的一个处理器的频率。

到此为止，采用了不同方法来优化 HPL 基准程序（使用不同方法）。在文献 [12] 中，讨论了一种方法，其中使用与一种混合实现的重叠通信（overlapping communication）。在文献 [13] 中，讨论了 HPL 的另一个混合版本的实现，它利用现有的 GPU 处理器。在这项工作中，通过求解一个密集的线性方程组，使用 HPL 来测量单个节点或一个节点集群的性能（通过模拟再现科学和数学应用）。

17.3　集群的架构

在本节，我们给出集群架构的一个描述。图 17.2 给出由 12 个计算节点和一个头节点组成的物理架构。

17.3.1　机器规格

计算节点规格见表 17.1，对所有计算节点都是相同的。每个节点都有运行在 3.00GHz 的一个 Intel 双 Xeon 四核处理器。注意系统有 8 颗所提到的 Xeon 处理器。有大量缓存就降低了访问指令和数据的延迟；一般而言，这改进了操作大量数据集的应用的

性能。头节点处理器的规格见表17.2；它不同于其他节点，因为它有运行在2.93 GHz
的一个不同四核Xeon模型的16个核和128GB的RAM。

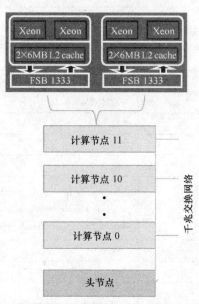

图17.2 集群的物理架构

表17.1 计算节点的处理器规格

单 元	特 点
处理器	0（至多7个）
CPU 族	6
模型名	Intel（R）Xeon（R）CPU E5450@3.00GHz
步（stepping）	6
CPU MHz	2992.508
缓存大小	6144KB
CPU 核数	4
FPU	是
标志	fpu vme de pse tsc msr pae mce cx8 apic sep mtrr pge mca cmov pat pse36 clflush dts acpi mmx fxsr sse sse2 ss ht tm syscall nx lm constant_tsc pni monitor ds_cpl vmx est tm2 cx16 xtpr lahf_lm
Bogomips	6050.72
Clflush 大小	64
Cache_alignment（缓存对齐）	64
地址大小	38 位物理的、48 位虚拟的
RAM	16GB

表 17.2　头节点的处理器规格

单　元	特　点
处理器	0（至多 16 个）
CPU 族	6
模型名	Intel（R）Xeon（R）CPU X7350@2.93GHz
步（stepping）	11
CPU MHz	2925.874
缓存大小	4096KB
CPU 核数	4
FPU	是
标志	fpu vme de pse tsc msr pae mce cx8 apic sep mtrr pge mca cmov pat pse36 clflush dts acpi mmx fxsr sse sse2 ss ht tm syscall nx lm constant_ tsc pni monitor ds_ cpl vmx est tm2 cx16 xtpr lahf_ lm
Bogomips	5855.95
Clflush 大小	64
Cache_ alignment（缓存对齐）	64
地址大小	40 位物理的、48 位虚拟的

17.3.2　集群配置

该集群是采用 Rocks 64 位集群套件构造的。Rocks[14]是基于 CentOS[15]的一个 Linux 发行版，针对的是高性能计算系统。使用 Intel 编译器套件进行编译；也使用 Intel MPI 实现和 Intel Math Kernel Library 被用来管理 MPI 任务。使用两个网络连接该集群：一个网络用于基于 MPI 的运算，另一个网络用于站点的本地数据传递。

17.4　试验的研究方法和细节

测试是在计算节点上运行的，仅因为头节点在容量和速度上都有所不同。事实上，将之添加到集群将增加复杂性，这超出了这项试验工作的范围。

测试是以两个主要迭代执行的；第一个迭代针对每项单节点性能测量，接着是包括所有 12 个节点的一个扩展迭代。这些测试花费很长时间才能完成。我们的主要研究点集中在集群会扩展到什么程度，因为它是部署在站点的第一个四核集群。注意在本章中，我们更多地将焦点放在采用 Intel 针对 Xeon 处理器实现的 HPL 混合实现的成功测试运行上。在每次迭代中，实现不同的配置和设置；这些包括依据不同设置改变 HPL 使用的网格拓扑。要求这种情况，原因是该集群包括一个内部网格（在处理器之间）和一个由节点们自己组成的一个外部网格。

在每次测试试验中，设置一个配置，并使用 HPL 测量性能。为每次不同试验，记录影响性能之各因素的分析。

17.4.1 单节点测试

针对所有节点实施单一节点测试；这是一项预防性的测量，目的是检查所有节点是否依据期望在执行，原因是一次 HPL 测试运行中集群的性能受到最慢节点的限制。表 17.3 给出单节点测试的结果；平均值约为 75.6Gflops。使用式（17.2）可计算最大理论值。在每个节点中，有两个四核处理器，这使理论峰值性能等于

$$R_{peak} = 8 * 3 * 4 = 96Gflops/节点 \tag{17.2}$$

表 17.3 独立计算节点的性能

节点类型	平均 Gflops	N	NB	$P \times Q$
计算节点	7.517e + 01	4000	192	1×8

但是，得到的最大性能是一个近似平均值 75.6Gflops/节点；这被称作 R_{max} 值，可针对单节点得到的值。因此单节点的效率是 78.8%。

表 17.4 表示单节点测试使用的参数。

表 17.4 计算节点的全部 HPL 参数

选 择	参 数
6	设备输出（6 = stdout，7 = stderr，file）
1	问题规模（N）
40,000	Ns
1	NBs 数
192	NBs
0	PMAP 进程映射（0 = 行主导，1 = 列主导）
1	进程网格数（$P \times Q$）
1	P_s
8	Q_s
16.0	阈值
1	平板假设事实数（#of panel fact）
0 1 2	PFACT（0 = 左，1 = Crout，2 = 右）
1	递归停止准则数
4 2	NBMIN（ > =1）
1	递归中的平板数
2	NDIV
1	递归平板假设事实数（#of recursive panel fact）

（续）

选　择	参　　数
1 0 2	RFACT（0 = 左，1 = Crout，2 = 右）
1	广播次数
0	BCAST（0 = 1rg，1 = 1rM，2 = 2rg，3 = 2rM，4 = Lng，5 = LnM）
1	前查深度数（#of look ahead depth）
0	DEPTH（ > = 0）
2	SWAP（0 = bin- exch，1 = long，2 = mix）
256	交换阈值
1	（0 = 转置的，1 = 非转置的）形式的 L1
1	（0 = 转置的，1 = 非转置的）形式的 U
0	平衡（0 = 否，1 = 是）
8	以 double 进行内存对齐（ >0）

17.4.2　整体集群性能

整体集群性能测试要求几次迭代才能良好扩展并在我们的试验时段内达到一个最优的性能。要考虑的第一件事是，为取得最优结果，要使用的网格拓扑。取决于从以前经验中收集到的知识，预期有几种网格可能。当测量一个集群时，高性能的取得取决于在每个节点上使用的处理器的核数和频率。因此，网格间进程的细粒度分布对取得良好的性能结果是至关重要的。

一般而言，HPL 由两个主要参数（描述进程如何分布在集群的节点间）控制：值是 P 和 Q。当要求产生一个良好的性能时，这两个参数是至关重要的基准调整参数。P 和 Q 应该尽可能接近地相等，但当它们不相等时，P 应该小于 Q。那是因为当 Q 乘以 P 时，它给出要使用的 MPI 进程数以及在节点间它们是如何分布的。在这个集群中，可使用几种选择，例如 1×96、2×48、3×32、4×24、6×16 或 8×12，每种选择都给出一个完全不同的结果。此外，网络和其他低级因素，例如在一个域或套接字内各进程的分布，都可能影响性能 [16]。因此，为取得最佳性能，通常需要几次试验。我们需要的另一个参数是 N；它代表要由 HPL 求解的问题规模。我们使用下式估计问题规模：

$$\sqrt{\left[\left(\left(\sum M_{\text{sizes}} \right) MB * 1{,}000{,}000{,}000 \right)/8 \right]} \qquad (17.3)$$

这给出近似为 N 的一个值，例如，

$$N = sqrt(12 * 16 * 1{,}000{,}000{,}000) \sim = 154{,}919$$

但是，首选的是不取全部结果。在我们的情形中，我们选择 140，000 作为 N，为避免可能严重降低结果的虚拟内存的使用，这将 25% 以上的赋予其他本地系统进程。一个过载的系统将使用交换区；这将负面地影响基准测试的结果。建议全部利用主存，但同时要避免使用虚拟内存。可采用如表 17.5 所示的 HPL 输入参数取得最优性能。在

图 17.3 中，我们给出在集群实施基准测试时在不同时间间隔捕获的结果。我们观察到，在一些点，对于基准测试，那个结果达到 760Gblops 的最大值。因为这不是最终结果，所以它不被看作整体测量。在这些点，在各节点之间发生较少的通信，且多数计算是在节点内完成的。它是网络如何降低可从这个集群中可取得结果的指示（我们倾向于使用这个指示）。

表 17.5   整体集群测试的 HPL 配置

参　　数	值
N	140,000
NB	192
PMAP	行主导的处理映射
P	6
Q	16
RFACT	Crout
BCAST	1 个环
SWAP	混合（阈值 = 256）
L1	置换形式
U	非置换形式
EQUIL	否
ALIGN	8 个双精度字

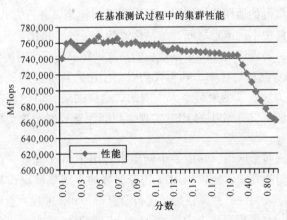

图 17.3   在求解问题的不同分形（fraction）时，
一个集群所捕获的性能

另一方面，我们的第一个期望是 3×32 或 4×24 之一将产生最优性能。如我们所指出的，一个 6×16 网格，例如如图 17.4 中所示的情形，在 662.2Gflops 得到最优整体性能。性能增加一定程度上是线性的，但将不等于 12 个节点的整体绝对和（大约为 907Gflops（见图 17.6））。虽然这是可接受的，但作为一个集群的性能在现实中却是不能线性扩展的；因此该集群的整体效率计算为近似是 60%，这对于基于 Gbit 的集群是令人满意的，虽然对于许多应用也许是不令人满意的。在图 17.6 中，我们汇总了几次试验的不同结果。这对最优结果和期望结果，进行了比较。此外，我们包括了仅有一次 MPI 执行的结果。这些结果是一个清晰的指示，从试验中看出，一种 MPI- OpenMP 方法可在 N-核集群中性能较佳。

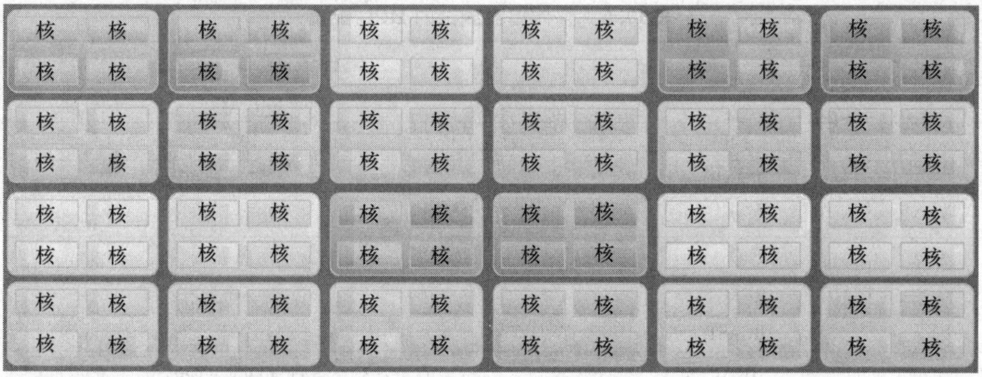

图 17.4　6×16 内核网格的物理视图；8 个核中的每个核代表单个节点

17.5　观察和分析

通过查看这个集群的通用拓扑结构，可看到不同核是以并行方式完成同一进程的。这导致这种类型集群中不同节点之间高的网络通信。另外，相比于可用于集群的吉比特网络通信链路速度，处理速度倾向于是较快的。这被转换为等待时间，其中一些核可能变得空闲[17]。在初步测试运行中，基于我们以前使用常规集群的经验，我们倾向于使用一种仅有 MPI 的方法，其结果是令人失望的，达到的最大值约为 205Gflops。我们确定要改变的主要事情是仅有 MPI 的 HPL 实现。我们注意到影响这个集群性能的另一个因素是网络。

集群的设置包括两个网络，其中一个网络单纯用于 MPI 流量；它是得到最高可能结果的网络。从我们的发现，建议为 MPI 任务部署的多核集群应该具有运行并行任务的一个专用网络。令人关注的是，在测试运行节点中，MPI 进程一般可产生要被传递大量数据，而接下来，大量数据要求大量（substantial）网络带宽。这主要是由每个节点中与测试集群中当前可用速度有关的多处理的较高速度导致的。

在这项研究中使用 Intel 的 MPI 实现的主要优势是其定义网络或设备机构（fabrics）的能力，或换句话说，定义一个集群的物理连通性的能力。在这个集群中，机构可被定义为一个带有共享内存核的传输控制协议（TCP）网络，它与基于以太网的对称多处理（SMP）集群是同义的。当在没有显式定义集群的底层机构条件下，使用一个混合实现运行一项测试时，整体性能降级是显著的，原因是集群的整体基准测试结果仅有 240Gflops，比以前提到的采用一种仅有 MPI 方法的失败尝试高 40Gflops。当使用公式（17.2）计算整体期望性能并将那个值乘以 12 个节点时，这个值被认为是较低的。在性能降级背后的主要原因是是使 MPI 进程在没有以前多核架构知识的条件下启动的。在这个场景中，每个核将被看作单个组件，与相同节点内的其邻核没有通信关系，导致通信而非处理，这产生那个特定核的更多空闲时间。在这样一个系统中的机构由被看作域的不同套接字和处理器组成。选项的添加，导致执行感知到可用于这个集群的两种通信类型，是节点之间的互通信和一个节点的各核内的共享内存通信。这本质上得到改进的较佳性能。

这些测试的另一方面是深入考察集群如何被物理地看待或感知的以及那与我们的期望如何做出区分。当处理多核处理器时，也需要一个抽象视图，且这样做的最佳方法是使用图，例如图 17.4 和图 17.5。这些图显示了一个 6×16 拓扑是如何被选中和进程如何被分布在节点间的。从图中可注意到，各过程是以一种轮转方式在不同核间而不是节点间传递的。在这个集群中，每个节点有 8 个核，所以它可被看作 8 个不同的单核处理器节点。这种进程分布也影响整体性能。出乎意料的且与前面的暗示相反的是，具有 $P×Q$ 的状态要尽可能地相等，作为在单个节点上有多个相关处理器的结果，6×16 网格性能良好。同样，在集群间的各进程之间需要较少的通信[18]。在这种配置中，每个运行的进程可大量（heavily）利用共享的缓存和局部通信桥接，来完成一些任务。另一方面，当处理核正被用于处理时，可发生网络通信。

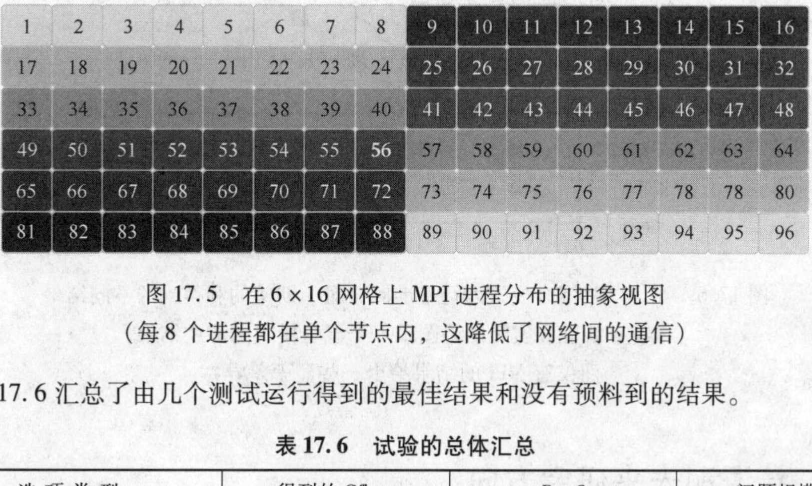

1	2	3	4	5	6	7	8	9	10	11	12	13	14	15	16
17	18	19	20	21	22	23	24	25	26	27	28	29	30	31	32
33	34	35	36	37	38	39	40	41	42	43	44	45	46	47	48
49	50	51	52	53	54	55	56	57	58	59	60	61	62	63	64
65	66	67	68	69	70	71	72	73	74	75	76	77	78	78	80
81	82	83	84	85	86	87	88	89	90	91	92	93	94	95	96

图 17.5　在 6×16 网格上 MPI 进程分布的抽象视图
（每 8 个进程都在单个节点内，这降低了网络间的通信）

表 17.6 汇总了由几个测试运行得到的最佳结果和没有预料到的结果。

表 17.6　试验的总体汇总

选 项 类 型	得到的 Gflops	$P×Q$	问题规模 N
OpenMPI，MPI	207	8×12	140000
Intel MPI，默认的	204	8×12	140000
Intel MPI，默认的	224.6	6×16	140000
Intel MPI，TCP + 共享的内存	662.6	6×16	140000

由表 17.6，我们可观察到通过改变我们处理现代计算机集群的方式得到的性能增益。一个高的性能增加是对各进程如何分布在集群中的细节理解的结果。

　　一般而言，我们可从一个现代集群收集到的主要经验和观察结果，汇总为如下几点：

　　1）网络显著地影响集群的性能。因此，我们认为将 MPI 网络与正常网络的隔离，将得到集群的较佳整体性能。此外，一个以太千兆网络应该考虑升级到 10GE、Infiniband 和 Myrinet，因为如在 17.6 观察到的它将是非常难以扩展的。对这样的集群，需要高性能通信链路[19]。

　　2）必须考虑到使用的节点的物理架构和 MPI 实现。不是所有的都提供相同的特征，且性能表现都类似于如图 17.6 所示的，虽然所有的都可运行 MPI 任务。这些库中的一些库支持更多的控制（细粒度的）。可用 MPI 库的一个例子是 OpenMPI、MVAPI-CH2 和 Intel MPI 实现。

　　3）一个集群的物理视图和逻辑视图都是重要的。程序员和集群管理员都必须知道 MPI 应用如何处理数据的细节，因为这些细节将确定一个集群的性能如何。

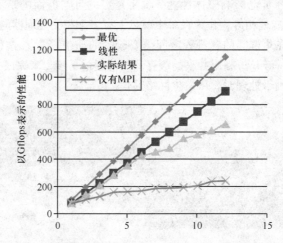

图 17.6　当以一种混合模式运行基准测试时，期望的和得到的不同结果
（最优、线性和实际结果图示一个混合模式的那些结果，
而仅有 MPI 的结果给出一些显著差异）

17.6　结语和未来研究方向

　　在这项工作中，我们给出了测量由 96 个核组成的一个 12 节点集群的性能中的经验。在实施这些试验时，当应用通常实施的一些技术（当进行这些试验时采用的）时，我们观察到有趣的行为。由我们在本章中给出的结果，我们可观察到一种混合的 MPI-OpenMP 方法（当与一种仅有 MPI 的方法比较时）和它如何严重地影响基准测试的性能（当在集群上执行时）之间的差异。在各种问题中，我们希望突出的事实是，当忽略架构的深度知识时，集群的性能有多差。我们检测到的主要因素有处理器类型、套接字布

局、网间通信、编程模块和用来运行基准测试的不同参数。

我们发现，对于采用千兆以太网通信系统的情况，多核集群基准测试的扩展性是令人怀疑的。由规模扩展导致的性能降级是相对较高的；我们假定，就与这些类型的集群的扩展性关系而言，一个较快速网络可产生较佳的性能。我们希望我们的工作以及至关重要的观察和建议将有益于研究类似集群类型的研究人员。在未来的工作中，我们将进一步深究其他类型的混合应用实现，并深入考察这些应用在多核集群环境中的行为如何。未来研究的另一个方向可能是深入考察不同的网络互联系统，在本项工作撰写时，这些系统还是不存在的。

参 考 文 献

1. Huang, L., Jin, H., Yi, L., and Chapman, B. "Enabling Locality-Aware Computations in OpenMP. Sci. Program" 18, no. 3–4 (August 2010): 169–181. DOI: 10.3233/SPR-2010-0307. Available at http://dx.doi.org/10.3233/SPR-2010-0307.

2. Zhang, Y., Kandemir, M., and Yemliha, T. "Studying Inter-Core Data Reuse in Multicores." In Proceedings of the ACM SIGMETRICS Joint International Conference on Measurement and Modeling of Computer Systems (SIGMETRICS '11). ACM, New York, 25–36. DOI: 10.1145/1993744.1993748. Available at http://doi.acm.org/10.1145/1993744.1993748.

3. Wu, X., and Taylor, V. "Performance Characteristics of Hybrid MPI/OpenMP Implementations of NAS Parallel Benchmarks SP and BT on Large-Scale Multicore Supercomputers." SIGMETRICS Perform. Eval. Rev. 38, no. 4 (March 2011), 56–62. DOI: 10.1145/1964218.1964228, http://doi.acm.org/10.1145/1964218.1964228.

4. Paul, S., Pan, J., and Jain, R. "Architectures for the Future Networks and the Next Generation Internet: A Survey." *Computer Communications* 34, no. 1, 15 January 2011, 2–42.

5. Hochstein, L., Shull, F., and Reid, L. B. "The Role of MPI in Development Time: A Case Study." International Conference for High Performance Computing, Networking, Storage and Analysis, 2008. SC 2008, 1–10, 15–21 Nov. 2008. DOI: 10.1109/SC.2008.5213771.

6. Chen, C., Manzano, J. B., Gan, G., Gao, G. R., and Sarkar, V. "A Study of a Software Cache Implementation of the OpenMP Memory Model for Multicore and Manycore Architectures." In Proceedings of the 16th International Euro-Par Conference on Parallel Processing: Part II (Euro-Par '10), edited by Pasqua D'Ambra, Mario Guarracino, and Domenico Talia. Berlin, Heidelberg: Springer-Verlag, 341–352. DOI: 10.1007/978-3-642-15291-7_31.

7. Rabenseifner, R., Hager, G., and Jost, G. "Hybrid MPI/OpenMP Parallel Programming on Clusters of Multi-Core SMP Nodes." Parallel, Distributed and Network-based Processing, 2009 17th Euromicro International Conference, 427–436, 18–20 Feb. 2009. DOI: 10.1109/PDP.2009.43.

8. Wu, C.-C., Lai, L.-F., Yang, C.-T., and Chiu, P.-H. "Using Hybrid MPI and OpenMP Programming to Optimize Communications in Parallel Loop Self-Scheduling Schemes for Multicore PC Clusters." *Journal of Supercomputing*, The Netherlands: Springer, 2010. DOI: 10.1007/s11227-009-0271-z, Feb. 2009.

9. Bach, M., Kretz, M., Lindenstruth, V., and Rohr, D. "Optimized HPL for AMD GPU and Multi-Core CPU Usage." *Computer Science* 26, no. 3–4 (June 2011): 153–164. DOI: 10.1007/s00450-011-0161-5.

10. Chan, E., Geijn, R.v.d., and Chapman, A. "Managing the Complexity of Lookahead for LU Factorization with Pivoting." In Proceedings of the 22nd ACM symposium on Parallelism in algorithms and architectures (SPAA '10). ACM, New York, NY, USA, 200–208. DOI: 10.1145/1810479.1810520.

11. The Top 500 List of Supercomputer Sites. Available from: http://www.top500.org/lists.

12. Marjanovic, V., Labarta, J., Ayguade, E., and Valero, M. "Overlapping Communication and Computation by Using a Hybrid MPI/SMPSs Approach." In Proceedings of the 24th ACM International Conference on Supercomputing (ICS '10). ACM, New York, 5–16. DOI: 10.1145/1810085.1810091.

13. Bach, M., Kretz, M., Lindenstruth, V., and Rohr, D. "Optimized HPL for AMD GPU and Multi-Core CPU Usage." *Computer Science* 26, 3–4 (June 2011), 153–164. DOI: 10.1007/s00450-011-0161-5. http://dx.doi.org/10.1007/s00450-011-0161-5.
14. Rocks cluster distribution. Available from: http://www.rocksclusters.org.
15. CentOS. Available from: http://www.centos.org.
16. Thomadakis, M. E. "The Architecture of the Nehalem Processor and Nehalem-EP smp Platforms." Technical report, December 2010. Available at: http://sc.tamu.edu/systems/eos/nehalem.pdf.
17. Wittmann, M., Hager, G., and Wellein, G. "Multicore-Aware Parallel Temporal Blocking of Stencil Codes for Shared and Distributed Memory." 2010 IEEE International Symposium on Parallel and Distributed Processing, Workshops and Ph.D. Forum (IPDPSW), 1–7, 19–23 April 2010. DOI: 10.1109/IPDPSW.2010.5470813.
18. Jin, H., Jespersen, D., Mehrotra, P., Biswas, R., Huang, L., and Chapman, B. "High Performance Computing Using MPI and OpenMP on Multi-Core Parallel Systems." *Parallel Computing* 37, no. 9, Emerging Programming Paradigms for Large-Scale Scientific Computing, September 2011, 562–575. DOI: 10.1016/j.parco.2011.02.002.
19. Goglin, B. "High-Performance Message-Passing Over Generic Ethernet Hardware with Open-MX." *Parallel Computing* 37, no. 2, February 2011, 85–100. DOI: 10.1016/j.parco.2010.11.001.
20. Abdelgadir, A. T., Pathan, A.-S. K., and Ahmed, M. "On the Performance of MPI–OpenMP on a 12-Nodes Multi-core Cluster." Proceedings of ICA3PP 2011 Workshops (IDCS Workshop), October 24–26, 2011, Melbourne, Australia, (Y. Xiang et al. Eds.): ICA3PP 2011, Part II, *Lecture Notes in Computer Science (LNCS)* 7017, Springer-Verlag 2011, 225–234.

第 18 章　智能保健协作网络

18.1　背景

　　医院是具有专门人员和设备进行治疗的一个机构，且经常的情况（但并不总是）是提供长期的患者住院治疗。国与国间以及团体间享受保健的情况是不同的，大部受到社会经济条件和政府健康政策的影响。在一些国家，保健规划是分布在市场参与方间的，而在其他国家，规划是由政府或其他协调机构以比较集中的方式制定的。保健业集成了几个部门，它们专门提供保健服务和产品。保健的管理和监管是另一个部门，对保健服务的交付是非常重要的。特别地，健康专业人员的实践和保健机构的运作典型地受到国家或州/省政府通过合适的规章制度制定机构（出于质量保障的目的）的约束。

　　每家医院都由大范围的服务和功能单元组成。这些包括床位有关的住院患者功能、院外患者有关的功能、诊断和治疗功能、行政管理功能、服务功能（食品、供应）、研究和教学功能等。这种多样性反映在规章制度、道德准则和监管等的范围和专门性方面，这些监管着医院的建设和运作。一家医院的功能也包括复杂的机械、电子和电信系统。另外，各医院必须服务和支持许多不同的用户和干系人（stakeholders）。不管位置、规模或预算为何，所有医院都有某些共同的属性：

　　1）在医院环境内员工效率和成本有效性；

　　2）灵活性和扩展性，满足治疗的多样化需求和模式；

　　3）治疗环境，使用（例如）类似的和文化上有关的材料、令人兴奋的和变化的色彩和纹理、在可行情况下的丰富的自然光等；

　　4）清洁性和卫生；

　　5）可获取性，以便满足由著名的可获取性标准组织设置的最小标准集；

　　6）受控宣传（controlled circulation），以便处理互相关的医院功能；

　　7）增强医院的公众形象和对较佳的员工道德和患者看护有所贡献的美学；

　　8）（例如）医院财产和资产、患者保护等方面的安全和安保；

　　9）医院基础设施设计方面的可持续性。

　　因为运作和监管规章制度的严格操作规则，所以可典型地观察到患者所面对的排队等待、日常文书工作、这种日常文书工作的成本、誊录时间等。在一家医院内的典型自动化可解决这些问题，但不能一起解决这些问题。自动化医院管理系统典型地包括患者相关信息的自动化，目的是降低医院的运作时间。等价地说，这可能包括为患者提供一项用户友好的技术、便利降低时间的事务、支持从药房的较快的药方接收、支持方便的预约和就诊、支持结果信息的方便查询、为确保医疗隐私防止在就诊前拥挤的排队、降低事务的一些不必要的职责等。就医院员工对一个自动化医院系统的需求而言，典型的是建议为医院员工提供一个巨型患者信息数据库以便跟踪患者有关的信息，目的是使系统尽可能地避免交叉工作并为患者提供最好的服务等。因此，可安全地说，一个演进的医院的运作视图是非常复杂的，且这要求对医院要提供的服务和益处之创新的仔细研究。

为了理解公众保健的状态，作者实施了一项研究，深入考察在海湾合作委员会（GCC）中一个典型国家（例如阿联酋（UAE））为居民提供的保健水平。研究揭示，预期在未来几年 UAE 的保健场景将发生一次巨大突破（quantum leap）。在 UAE 中，保健服务得到国际认可为良好质量的，并可相当于其他发达国家。除了政府医院外，公众保健也为私有保健提供商占据一定份额。在 UAE 各级政府或私有医院部署的医院或患者信息和管理系统看起来是不同的，但在功能上是类似的，因为每个系统都将目标锁定在提高运作效率、增强的管理和控制、改进的响应、成本控制、改善的可盈利性等方面的益处，所有这些大部都是针对任何医院的需求而定制的。虽然这些医院或患者信息和管理系统有助于向患者提供较好的保健服务和提高运作的效率，但患者在医院的等待时间典型情况下却增加了。

基于射频识别（RFID）的患者管理系统有助于跟踪在医院中患者的运动轨迹，并管理患者在一家医院的等待列表。如果一名患者被跟踪发现处在医院内，这意味着在数据库中他的或她的医疗记录可通过使用他或她在医院的位置或出现在医院，而拉取出来（pull up）。这种基于 RFID 的跟踪可以各种方式使用，以提供医院运作的效率，并在减少患者在医院的等待时间而对患者有利。

让我们看看在一个典型国家保健的区域视图。医院的层次结构（在政府运作的医院情形中）通常的结构如图18.1所示。取决于人口规模，许多类似的单元可在那个城镇或城市运作。虽然在一个共同的政府法规和运作规章制定下运作，但每家医院都是独立运作的，维护其患者数据库等。如果密切地加以研究，图18.1也显示私有医院、政府医院和基本健康单元可形成一个协作的保健团体或与不同城镇或城市中类似单元形成这样的一种协作。这种协作的优势可以是在一个约束集下共享研究有关的医疗信息、医疗数据记录等。这些约束包括患者数据的隐私性、医院业务信息、员工和薪金信息等。

为了在医院运作中支持智能，并为在一个保健网络内进行协作而连接它的信息数据库，要识别和深入探究关键技术需要，这可帮助医院做到下面的内容：

患者关照：一个智能的身份改进了医疗记录的安全性。它是可靠的，因此难以伪造。智能身份作为一个数字签名，可用作保障措施，因此为身份窃取提供了一个障碍。

管理效率：一项智能技术的使用，有助于降低患者接纳时间，并由此节省医院的资源；它也降低了数据输入错误。它也有助于提高医疗运作的效率，这接下来降低了运作成本并提供了患者体验。

医院安全性：智能卡的使用，限制了进入医院的那些建筑和区域，其中适合于患者和/或雇员。

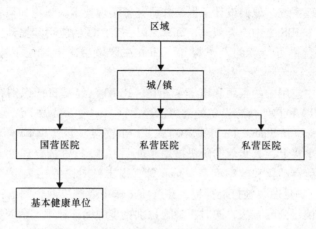

图 18.1　一个典型国家中的医院层次结构

医疗记录管理：将医疗记录与一个智能 ID 链接，有助于降低匹配记录和复制记录产生中的错误，并降低关联的成本。这有助于计费、注册和关照的连续性。

保健质量：患者信息的缺乏经常导致医疗错误和事件。通过准确地将智能卡上一名患者的信息与一个机构的医疗记录链接，可降低医疗错误和事件。一旦在一个阅读器的可读范围，卡就在医院现场或路上提供重要的医疗数据。为支持医疗记录的创建并访问在一个保健提供商网络上存在的医疗记录，可有效地使用智能卡。

隐私、安全和机密性：标准的和鲁棒的密码学方法（已经被证明是极端安全的）可被用来保护在智能卡上的信息。因为卡是物理上由患者们自己持有的，所以在卡上的患者信息是安全的和私有的。

本章采用如下组织：在下一节，给出相关工作的回顾，突出与智能医院信息系统（HIS）有关的现有方法，并从 RFID 的现场部署中提取范例。18.3 节给出将 RFID 集成到 HIS 中的一个框架，并以相同视角讨论 RFID 部署问题。在 18.4 节，提出一个协作的保健区域，深入考察由这种协作产生的架构性挑战和问题。也深入考察了访问控制问题。18.5 节讨论一个医院内和超出一家医院的信息边界（带有实际考虑）部署 RFID 的动机和益处。在 18.6 节突出一组相关标准，为步向智能医院的一种通用方法设置方向。18.7 节给出挑战和出现的趋势。

18.2　相关工作

在文献中，为自动化和优化在医院内的功能和运作，人们研究了各种方法和工具。Lina 和 Yang[1] 给出一个可扩展的、可维护的、安全的和成本有效的三层电子患者记录管理系统。使用各种技术，在一家医院的数据流和活动，以及在医院医疗部的一个功能性和运作的分析，Lina 和 Yang[1] 设计了数据库结构。在文献［2］中，Hu 等讨论中国的各家医院处在一个竞争环境之中。为分析保健服务管理的内容和功能，Hu 等[2] 讨论了医院服务和管理系统。他们设计了框架并研究了实现技术，讨论如何将医院服务和管理系统集成到一个 HIS 之中。类似地，Zhao[3] 以一个广阔的应用和提升空间展望了中国的电子健康。为获得可持续的电子保健，Zhao 在区域层次上讨论了协作保健系统的角色。

与用于商务中应用中的条码和电子卡相比，RFID 已经是目标识别和自动化的一个成功竞争者。RFID 和其他传感设备的潜力已经由许多研究人员做了深入考察[4-7]。在文献［8］中，Vanany 和 Shaharoun 开发并测试了一个框架，形成 RFID 合理存在之复杂性做了结构剖析。事实上，其实现的阶段被用来证明 RFID 投资的合理性，且宣称部署适合于保健部门。就自动化和效率而言，Jeon 等[9] 提出针对医疗图表（chart）系统使用一个 RFID 系统。一旦图表被打上标记，在这项工作中要解决两个问题：第一个问题是如何通过优化阅读器分配方法，同时正确地识别更多的标签；第二个问题是降低读取时间。沿着相同的思路，在文献［10］中深入考察了 RFID，目的是针对患者和保健提供商高效识别、跟踪关键的外科过程以及药物和医疗材料的控制（为防止医疗错误），增强手术室管理信息系统。为了在医院自动化中工程化实施 RFID，启动了许多项案例研究。Lai 等[11] 提出使用 RFID 的一个框架，将之与医院的信息系统集成，并对住院患者用药过程重新工程化改进患者的安全性并降低严重的医疗错误。在 Taichung 医院实现了这个框架，目的是改进医院管理和患者安全的效率。在文献［12］中也深入考察了 RFID 技术，其中针对 HIS 在房间的层次上监测患者。Kim 等实施了患者均值等待时间的中断式时间序列分析，并宣称患者的均值等待时间得到极大降低（聪 5.4 分钟降低为 4.3 分钟，有 20% 的减少）。Wang 等[13] 深入考察了 RFID 作为一家台湾医院保健环境中基础设施的组成部分，并得出结论，即 RFID 部署可能对医院医疗实践产生革命性影响。

一旦部署在一个运行域中，RFID 设备就带来了其架构性的挑战。实施了一定程度的研究工作以解决相关的问题和约束。例如，为查询物理物体，在文献［14］中深入考察了一个时间 RFID 模型，在真实世界中构造最复杂的应用。相应作者们宣称，所提出的模型为查询基于 RFID 应用中的物理物体提供强大的支持。Carbunar 等[15] 给出了一个算法集合，解决与 RFID 系统中标签检测相关联的三个问题，即在存在干扰的情况下准确地检测标签、消除通过多个阅读器报告的冗余标签和最小化来自多个阅读器的冗余报告。类似地，Cao 等[16] 讨论当 RFID 部署在一种可扩展的和分布式环境（例如供应链）中时的架构性挑战，目的是跟踪和监测。其中，详细研究了中心式和分布式 RFID 数据仓库概念并在最小化 RFID 相关的数据存储和数据方面比较了它们的作用。作为一个案例研究，Welbourne 等[17] 给出一个较小规模先导项目过程中遇到的挑战，其中部署了数百个天线和数千个 RFID 标签，揭示泛在 RFID 部署中的问题。Welbourne 等最后通过突出数据的安全性和隐私性以及系统的整体可靠性而得出结论。在另一项研究工作中，Chen 等[18] 使用基于角色的密钥管理，解决企业层次 RFID 部署中的安全和隐私问题。作者们宣称这种方法有助于消除在协作商务事务内 RFID 码内容的泄露所产生的担忧。作为一项使能性技术，在文献［19］中提出 RFID 中间件，目的是为将数据从事务点转移到企业系统提供一个无缝的环境。

对于企业层次，涉及 RFID 研究的一个协作网络已经在文献［20］中实施，目的是为停车区、收费和加油站中服务实现自动支付。对于在区域层次健康机构间的协作，Winter[21]讨论协作需求，例如通信链路（连接不同厂商的异构软件组件），以及不同数据库纲要（schemata）等。对于这点，Winter 提出 3LGM 作为信息系统建模的一个元模型。Winter 使用统一建模语言（UML）定义 3LGM。该工具提供了分析信息系统模型（为评估其质量）的一种方法。GS1 标准[22]是保健专业人员唯一地识别位置、商品、产品、患者、服务等的一种通用语言。这个系统有三个不同组件：唯一识别号、数据承载商和电子数据交换的消息传递标准。使用电子跟踪和识别，在这整个系统中的可跟踪能力（tracebility）是其有用部署的关键。RFID 已经证明是建设一个智能医院的一个有力候选[23]。

总之，在文献中就使用 RFID 自动化一家医院内一组服务，在设计层次或实现层次人们已经报告了各种工具和方法论。但是，在一个典型的医院信息边界外使用 RFID 的深入考察，仍有研究空间。就协作保健单元方面，在以前还没有深入考察这个领域中将RFID 数据连接到一个外部数据仓库的情况。在 18.4 节将进一步详细研究这个话题。在下一节，讨论了一家智能医院的基于 RFID 的信息和管理系统的关键组件。

18.3　基于 RFID 的部署考虑

基于前面各节的讨论，可形成如图 18.2 所示的一个框架。它描述要集成到一个典型 HIS 中的各种组件。数据管理器包括使用协议（例如 web 服务、套接字等）到外部系统的各功能以及使用数据库进行数据输入和输出处理的一个数据访问模型。安全管理器为网络中的分布式服务提供认证。商务管理器将来自中间件的事件关联到高端应用数据库。这个框架可用于基于 RFID 的信息系统架构的实现。在这个框架的开发过程中，假定：

1）就标签和阅读器的数量，或标签分布或阅读器部署，是没有任何假定的；

2）基于低成本，假定无源标签，原因是它们也有有限的内存。

原型开发首先要求选择跟踪技术。透彻地考察了三项跟踪技术，并进行了比较，提出适合需求的最适合的跟踪技术。下面是被选择的各种组件和原型的一个子系统开发的概述。

18.3.1　技术选择

三项著名技术（即条码、接触式智能卡和非接触式智能卡[24]）提供相同的服务，即识别和跟踪，以及数据库管理灵活性。条形码可由光扫描器阅读，且为了被检测到，在每个点患者都应该将他或她的条形码放到扫描器。一个智能卡、芯片卡或集成电路卡的情形是确定为任何口袋大小的卡，带有可处理信息的内嵌的集成电路。采用一个智能卡，当卡插入到一个阅读器时，芯片与电子连接器连接，可从芯片阅读信息并写回信

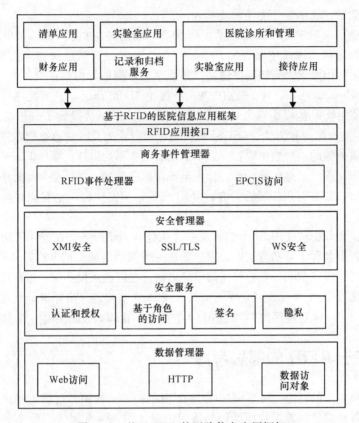

图 18.2　基于 RFID 的医院信息应用框架

息。非接触式智能卡是另一种类型，其中芯片通过 RFID 感应技术，与卡阅读器通信。非接触式智能卡甚至在不需要从钱包中取出的情况下加以使用。因此，可得出结论，基于 RFID 的非接触式智能卡技术比较适合开发，原因有两个：

　　1）它可提供大范围检测，可达到大于 10m 的距离；

　　2）移动性检测有助于检测患者，在他们的卡在钱包中时不需要请他们在阅读器前停留即可检测。

18.3.2　规格

　　RFID 封装使 RFID 标签可被附接到要被跟踪的一个物体。存在不同类型的 RFID 标签，即在 RF 场的范围内单独由 RFID 询问器（interrogator）对无源标签供电；有源标签带有它们自己的电源（目的是从询问器接收一个较弱的信号，并放大返回信号）以及准无源标签带有对标签上感知所用的一个电源（但不放大距离）[24]。选择无源标签，源于这样的事实，即它们薄且小，它们不消耗许多能源，且它们不需要一块电池。就使用一个只读的、写一次读多次的还是读/写-无源标签而言，选择只读标签，原因是它价格低廉，且因为它有最少的内存需求。因为选择了无源标签，完成一次检查，为无源标签选择频率，这些频率锁定在至少 8 到 10m 距离的标签阅读器。对于典型的基于医院的跟踪需求，选择带有高频（HF）带的无源标签，因为这些频率不与某个已知的医疗设备相互干扰[25]。

18.3.2.1　阅读器考虑因素

一个 RFID 阅读器就简单地是一个收音机；唯一的差异是 RFID 阅读器检取模拟信号，而不是霹雳舞音乐（hip-hop）。阅读器不仅产生通过天线进入空间的信号，而且侦听来自标签的一个响应。标签和阅读器在一个特定频率上工作。频率越低，对一个等尺寸的标签，阅读器的距离越短。因为范围要大于几英尺，所以使用一个 HF 频带。就类型而言，选择一个只读阅读器。典型情况下，1 ~ 4 个天线可附接到单个阅读器。在原型中，在一家医院入口门处的一个金属门的对侧附接两个天线，被认为就够了。依据检测范围的面积和位置，天线数据会有不同。

18.3.2.2　管理考虑因素

诸如典型情况下大约有多少患者访问医院以及每名患者将如何能够接收一个唯一的 ID 号等考虑因素，对医院的管理是非常重要的。当计算一个号码系统（对应于一家医院的一个编号系统）可产生的唯一 ID 总数时，要考虑这些因素。

阅读器位置：考虑一个典型的医院诊所地图，研究了许多情形，并最终依据阅读器数量，选择其中一种情形包括在实施过程之中。在这种情形中，在主门和每个区的出口处使用一个阅读器，从而它将检测患者是否进入该区。依据在一家典型医院中，一座多层医院建筑上跟踪患者要覆盖的区数以及一个药房、一个主门和独立的男性和女性入口，在三层（比如）上总共分散放置 38 个阅读器。

18.3.2.3　患者考虑因素

在医院中使用的典型健康卡尺寸是长 8.5cm、宽 5.3cm 和厚 1mm 的卡。这个尺寸似乎是合适的，且剩下的唯一事情就是将 RFID 贴在卡的背面，要求患者在进入医院时必须携带该卡片。在系统的任何技术故障情况下，信息（目前留在卡片上）（例如名字、卡的发行和过期日期、卡号、血型、健康卡发行商电话号码和保险信息）也要与印在卡上的信息一致，以便医院管理系统在急救室救治患者。

18.3.3　过程流图

依据上述考虑，适合典型需求的技术是 HF RFID 技术，且在市场上可选作符合需求的合适产品是 Alien ALR 8800 RFID 套件[26]。患者进入医院的过程流如图 18.3 所示。

18.3.4　软件开发和数据库

剩下的软件开发的主要集中点是如何构造软件，该软件连接到阅读器，并连接到一个 MySQL 数据库[27]，之后如果患者进入诊所或离开，则将（信息）存储在数据库表中。Alien RFID 网关软件是由制造商为 Alien ALR-8800 RFID 开发人员套件提供的[26]。其软件工具被用来为阅读器、标签检测以及信号强度功率的知识和标签电子产品编码（EPC）号等定义属性。

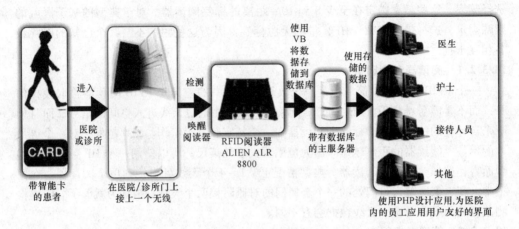

图 18.3　过程流图

phpMyAdmin[27]是以 PHP（超文本处理器）编写的一个工具，设计用来处理在万维网上管理 MySQL。当前，它可创建和删除数据库；创建、删除或改变表；删除、编辑或添加字段；执行任何 SQL 语句；管理各字段上的键；管理权限；并将数据输出到各种格式，且可使用 55 种语言。也发现，可编写某种 VB 程序连接到设备、侦听端口，之后将信息发送到在用的数据库。出于形象说明的目的，图 18.4 给出连接和侦听端口的所编写的 VB 代码部分。

```
Imports System
Imports System.IO.Ports
Public Class Form1
    Dim WithEvents port As SerialPort = New System.IO.Ports.SerialPort("COMP9". 57600, Parity. None, 8, StopBits. One)
    Private Sub Form1_Load(ByVal sender As Object, ByVal e As System.EventArgs) Handles Me. Load
        CheckForIllegalCrossThreadCalls = False
        If port.IsOpen = False Then port.Open()
    End Sub
    Private Sub port_DataReceived(ByVal sender As Object, ByVal e As System.IO.Ports.SerialDataReceivedEventArgs) Handles port.DataReceived
        TextBox1.Text = port.ReadLine
        If port.ReadExisting.Length = 0 Then
            ListBox1.Items.Add(TextBox1.Text)
            TextBox1.Text = ""
        End If
    End Sub
    Private Sub TextBox1_TextChanged(ByVal sender As System.Object, ByVal e As System.EventArgs) Handles TextBox1.TextChanged
    End Sub
    Private Sub ListBox1_SelectedIndexChanged(ByVal sender As System.Object, ByVal e As System.EventArgs) Handles
ListBox1.SelectedIndexChanged
    End Sub End Clas
```

图 18.4　连接和侦听端口的样例 VB 代码

编写一个 PHP 代码，从数据库到一个网页输入和输出数据。作为一个说明，用于药房库表的 "config" 代码、"open db" 代码和 "close db" 代码如图 18.5 所示。为各种形式的网页（例如护士、患者、医生、接待员、行政管理等）完成类似编程。每种相应的员工都被感知可访问他们自己的数据和表（form），开发这些表为实现数据隐私规章制度，这对当今所有类型的医院和诊所是共同的。

为了得到从卡到阅读器的较佳信号质量，在阅读器中的控制衰减因子被设置使用一

配置代码	打开db代码	关闭db代码

<?php
// This is config.php
$dbhost = 'localhost';
$dbuser = 'root';
$dbpass = '';
$dbname = 'gp2_database';
?>
	<?php
	// This is config.php
	$dbhost = 'localhost';
	$dbuser = 'root';
	$dbpass = '';
	$dbname = 'gp2_database';
	?>
		<?php
		// an example of closedb.php
		// it does nothing but closing
		// a mysql database connection
		mysql_close($conn);
		?>

图 18.5　药房库表的 PHP 代码

种试错（hit and trial）方法。发现，在 0 ~ 150 的范围（在这个阅读器上允许的）上需要将衰减因子设置为 100，且为取得最佳效果，天线需要放置在离地面 109.5cm 的一个位置。在完成测试过程之后，在不同类型的材料（例如塑料、铁等）中实现 5 个标签。发现，当通过门时，铁材料的不能工作。遇到的另一项挑战是当他或她正在进入或离开位置时确定患者的方向。在两种情形中，确定了应该涉及一个内存，目的是知道以前的状态。这实际上是在数据库中完成的。对于符合随机流到达的一个正常人，阅读器读取标签的速度（由制造商设置的）证明是可接受的，且对于 15 次试验没有读漏发生。

18.3.5　患者识别

EPC 是由 MIT 自动 ID 中心[28]设想出来作为识别物理物体的一种方式，在范围上类似于条形码编号方案。它由一个 96 位号码（头 8 位、管理器 28 位、物体类 24 位和序列号 36 位）组成。由此 96 位码可为 2 亿 6800 万公司提供唯一的标识符。每个制造商有 1600 万物体类，每类中有 680 亿序列号。物体类可表示采用这个系统的一家典型医院，序列号表示患者 ID。基于这种编号方案，可保险地说，这种编号方案可唯一地表示一个典型保健区域内的一个患者群体。EPC 号码成为表示医院中一个患者的医疗记录的主键。

18.3.6　数据库组件

基于前面提到的考虑，开始数据库设计。为了支持患者数据上的视图，首先画出一个典型的患者数据模型，如图 18.6 所示。图 18.6 给出一个通用的患者数据模型，在患者访问一家医院时使用。模型中的"patients"实体包含个人细节，并与持有所有事务的记录的"Patient_Record"实体对应起来。对于每次访问，无论是一次住院或例行检查，都要为患者指派一名医院员工，且产生一个"patient_bill_id"。图 18.6 中的"Staff"实体包含所有医院员工的个人信息，依据"Ref_Staff_Categories"表中存储的每类进行分类。"Patient_Bills"实体存储有关医院账单的所有信息，是依据"Patient_Bill_Items"的记录进行逐条详细记录的。患者可通过不同方式（例如保险、信用卡或现金）支付他或她的账单。这种方法的细节被存储在"Patient_Payment_Methods"。通过"Patient_Record"、"Record_Components"和"Ref_Billable_Items"产生账单。使用了"patient_record_visible_yn"的另外一个参数赋予医生如下权力，即使患者记录的一些部分通过网络可由另一名医生看到用于参考。这里应该指出的是，仅有一名医生可确保患者记录是可见的或根本不可见的。

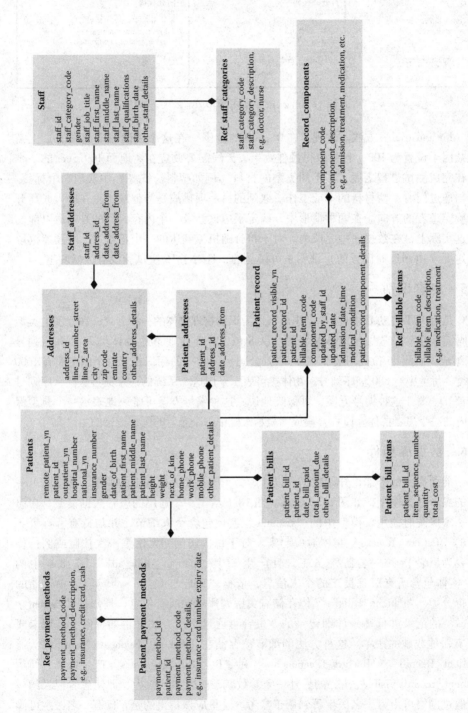

图 18.6 患者的通用数据模型

18.4　协作保健和挑战

当人们（作为患者）在移动中——访问一个不同区域、另一座城市，或短期或长期重新安置到另一个地点——那么通常他们要在其新地点的医院进行类似的初始测试和检查，也许要进行健康问题的完全重新体检。就重新安置人员的益处而言，在过去所在点一家医院处的医疗数据在任何方面都无所作为。这里的想法是在一个受约束的医院协作内使访问这些医疗数据成为可能。换句话说，在新地点的医院（称为远程医院）使用一个协作系统网络和一个数据库，从过去地点的医院（称作本地医院）处访问一名患者的医疗记录。为了支持这种访问，患者 RFID 可作为一个键的角色。所以在一家远程医院，使用一个网络检测到一名患者（带有 RFID），且医生发现从本地医院访问患者的医疗记录（历史）（为方便治疗）是方便的。

在这个概念中浮出的有两项主要挑战。一个挑战是在一个协作区域内如何共享医疗数据和共享哪种类型的数据。第二个挑战是 RFID 是否能够用来简化和有助于提高医院内的运作以及 RFID 是否为协作保健域内的一个键。对于第一个挑战，主要考虑是数据（例如医疗数据记录）在医院的一个协作网络间如何存储和处理。一个明显的选择是在一个中心位置存储来自各联网医院的医疗记录（目的是支持医疗记录的全局查看），接下来就是支持简化的归档。另一项选择是在每家医院处分布式记录归档，并在需要的基础上支持其他医院访问患者医疗记录。这些方法有优势和劣势。为了简化分析，依据发生频率和数据价值，可将医疗数据记录分为两个主要种类：

1）在医院内患者的较高频率 RFID 跟踪数据，实际上对一家远程医院是没有价值的；

2）在医院内基于测试和用药的较低频率患者数据记录，对一家远程医院处的医生而言具有较高价值。

如果来自每个被部署阅读器的 RFID 跟踪数据（典型情况下，每名患者每次读取为30～50B）也允许存储在一个中心位置，这将显著地增加中心位置处的数据体量，因为典型情况下每家医院要每天接待数千名患者。进而，如前所述，这种类型的数据实际上对协作区域是没有价值的。由此，可认为这种类型的数据应该在每家医院以本地方式处理和存储。现在在下面描述每种方法的分析。

中心式数据处理：这种方法中的思路是利用一个中心式架构，其中为进行流处理和归档，要发送所有患者数据。明显优势是简化的流处理，以及系统具有一组区域性保健单位的全部医疗数据记录的全局视图。这也有助于有关某些疾病的医学研究，原因是在一个位置有所有数据。因此，为了在中心位置处的后续归档，局部服务器（在每家医院处）需要预处理医疗数据。这种方法的明显劣势是将数据流传输到中心位置（相反方向亦然）的较高通信开销，原因是网络带宽开销是相当高的。

分析：考虑由五家医院组成的一个协作网络，其中每家医院典型地存有 2000 个患者案例，且每个案例包含 20 项（它包括患者描述、物理检查、医生诊断、测试、药物治疗、药房等），并假定每项大约为100KB。一个简单的计算表明，每个协作区域每天大约要处理20GB，以便在中心位置进行归档。因为所有五家联网医院的全部数据都驻留在一个中心位置，所以为了在接下来的访问中接待患者，医院医生要访问近似相同的患者数据量。如果允许更多的人查看医疗记录，则被访问的数据将是庞大的，且相关的访问时延和通信开销将增加。此外，这也将使医疗记录的隐私性变得复杂起来，原因是不同的医院会希望依据患者偏好和商务需求实施不同的隐私等级。

分布式数据处理：这是中心式处理的一种替代方法，其中所有的患者医疗数据都驻留在本地医院以进行处理和归档。如果患者数据需要由一家不同的（远程）医院的其他医生查看，则该医生可登录到本地医院的系统，来查看患者的相关医疗记录。明显优势是，这种方法对于医院的商务和患者的隐私需要而言是非常自然的。此外，相比于中心式数据处理，和预期的一样，数据访问和通信开销是最小的。这种方法的明显劣势是，系统是分布式的，且在每家医院处可能有一个不同的视图。

分析：考虑由五家医院组成的一个协作网络，其中每家医院典型地访问在一家远程医院处的50个患者案例且每个案例包含5项（包括患者描述、医生处方笔记、测试、用药等），并令每项约为20KB（因为医生仅需要查看100KB中的一个集合）。一个简单计算表明，每天每家远程医院从本地医院访问的数据大约有5MB。因为在这些案例中仅有处方记录会由医生更新，所以每名患者有数KB数据要存回本地医院。因此网络带宽开销是最小的，且允许每家医院维持其隐私性需要。

依据刚给出的分析，可画出协作保健区域的框架如图18.7所示。对于每家医院，该框架保持与图18.2所示的相同，这里的例外是在远程医院处的医生们被允许访问选择的医疗记录，其中使用在协作系统中指派给他们的权限。

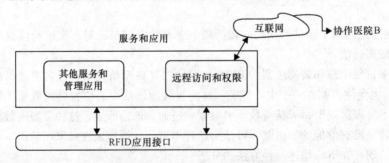

图18.7　协作医院"A"的框架

给出一项独立的服务，实施对医疗数据的访问。这台服务器包括赋予远程医院处医生们的访问权限，并由此需要连接到服务和应用层中的远程访问权限——典型地通过专用互联网线路。为了实施对医疗记录的有限访问，下面讨论一项范例开发，假定如下情况：

1）为了有助于与其他医院协作域的集成，数据库设计应该是简单的，并应该实施医院的隐私性需要；

2）对患者医疗记录的访问权限（在远程医院处）更可取地是应该仅赋予医生。

为了设计数据库系统，人们认为在一个区域的自动化医院乐意相互协作共享患者们的医疗记录。就医院是否乐意与另一家医院共享，或如果乐意共享的话，要共享哪种类型的数据，在有关这方面的过滤部分是存在争论的。出于简单性，认为在一个区域中的所有官方医院都采用一个类似系统加以管理（但未必采用相同数据库），且共享患者们的医疗记录，例外是患者们的财务信息和隐私信息以及医院和医生的信息。在数据库中有患者的所有信息的医院被称作一家本地医院，而一家被访问的医院（在区域中）被称作一家远程医院。因此，数据库将有多个视图：本地视图和远程视图。患者的医疗记录的远程视图可以类似于典型 web 应用访问患者数据所提供视图进行可视化显示。数据库的约束汇总如下：

1）数据的隐私性：在一家远程医院仅可查看医疗记录；

2）数据库独立性：考虑到各协作医院不使用相同的数据库技术；

3）医疗数据的安全性：依据指派的权限，在本地医院的员工可访问医疗记录的指定页，而在远程医院仅有医生可从本地医院查看医疗数据；

4）在远程（或本地）医院提供医疗帮助之后，在本地医院的数据库会被更新。在远程医院处将更新存储到数据库是可选的（取决于患者的选择）。

依据这些约束，开始进行远程医院的数据库设计。为了支持患者数据上的多个视图，首先考虑一个典型的患者数据模型，参见图 18.6。

图 18.8 给出当远程医院治疗患者时，患者们的数据模型。在这个模型中，本地医院的员工信息是不可查看的，且依据在那家远程医院中存在的服务，记账项可能是以不同方式记录的。医生使用他或她的权限，可通过互联网登录到本地医院系统而访问患者数据。医生可输入他或她的处方和笔记（如果期望这样的话）到患者的医疗记录。换句话说，在远程医院处患者受到的治疗类似于患者在本地医院受到的治疗。唯一的区别是在本地医院处的医疗记录现在是由远程医院处的医生访问和更新的。患者更新过的医疗记录也可由本地医院的医生和有关员工访问。在互联网上数据库的这些多视图可得到各种技术的支持[29-30]，来实施数据的隐私性和安全性。在下一小节进一步深入考察这点。

数据库纲要表：针对（例如）阅读器、标签、医院管理表等设计了许多表。出于说明目的，图 18.9 给出数据库关系设计。

18.4.1　患者数据的访问控制

为这种实现选择的数据库应用是一个保健中心，并被称作一个协作的保健管理系统（Collaborative Health-care Management System，CHMS）。这个模型的选择是任意的，并被选作一个实现范例，虽然对任意的协作保健单元组可设计一种类似的开发设计。数据驻留在院外患者记录、住院记录和家庭访问记录（family-visit records）中，且是在每天的基础上执行事务的。负责实施各种事务的协作保健单元管理者、医生、母亲们和儿童保健单元管理者使用该应用。它也由护士、健康检查人员（health visitor）、负责手术台（Operating Theater，OT）的人以及办公室助理来发布数据。财务经理、会计和内部审核

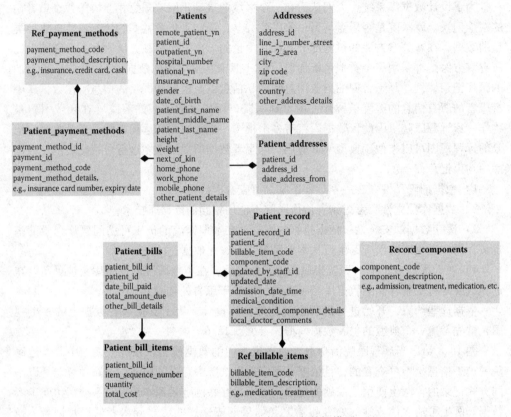

图 18.8　用于远程医院的患者数据模型

员发布、产生和验证财务数据。数据访问及其使用情况的思路是这样的，即使用户们被赋予角色的成员关系，依据的是在组织结构中和在协作保健单元框架内他们的职责[31]。为这种应用开发基于角色的访问控制的过程是如下开始的。

（1）角色定义和功能识别：依据预期使用这项网络应用的各种参与人员，在保健单元中（医院/基本健康单元）所需要的参与角色和功能可如下定义：

医院角色：

1）医生（本地）：创建、修改或删除院内和院外患者记录；输入处方；创建或修改患者的医疗服务记录；创建、修改或编辑患者的看护需求；输入在远程医院或基本健康单元处产生的一个患者记录的批注。

2）医生（远程）：修改院内和院外患者记录、输入处方、修改患者的医疗服务记录、修改或编辑患者的看护需求。

3）实习医生/副医师：修改院内和院外记录；输入有关处方的批注；有关医疗服务的批注；创建、修改或编辑患者的看护需求。

4）看护员工：创建或修改患者的看护需求。

5）值班护士：修改或批注患者的看护需求。

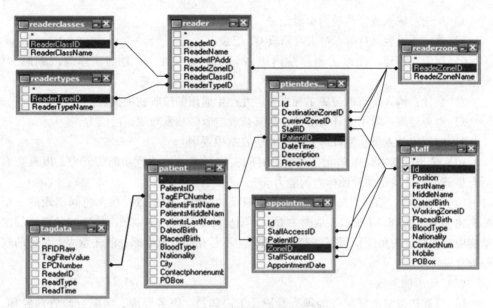

图 18.9　数据库关系范例

6）财务经理：除了财务功能外，修改分类账发布规则。

7）计费会计：输入所有的医院事务、产生一般分类账报告、产生患者账单、产生有关应收款项的报告。

8）医院行政管理经理：在出现紧急情况时实施任何其他角色功能以及查看所有事务、财务状态和有效标志的能力。

9）值班记录部（record section in charge）：输入患者记录中的输入，包括院内患者和院外患者。

10）医疗服务经理：实施有关医院服务、查看所有事务、与患者的医疗服务有关的会计规章等任意功能的能力。

11）值班实验室：输入实验室有关的患者数据、产生和接收院外患者的账单、产生材料的需求条件。

12）值班药房：输入药房有关的患者数据、产生和接收院外患者的账单、产生材料的需求条件。

13）内部审计人员：验证所有事务和应付款项发布规则。

基本健康单元角色：

1）办公室助理：在家庭文件夹中输入有关营养和接种（提供给相应家庭）的数据。

2）值班的妇幼单元（Mother-child）：除了为办公室助理定义的任务外，创建和删除家庭文件夹。

3）健康访问人员：输入或修改 10 岁以下儿童的接种信息，输入和修改妈妈（母亲）营养表。

4）护士：输入或修改院内患者记录。

5）值班手术台（OT）：输入或修改 OT 记录。

6）医生：创建、修改或删除院内患者记录；输入处方；创建、修改或删除 OT 记录。

7）会计：输入所有的健康单元事务，并产生通用的应收款项报告。

8）财务经理：除了会计功能外，具有修改应收账款发布规则的能力。

9）内部审计人员：验证所有事务和应收款项规则。

10）值班的基本健康单元：在紧急时间实施任意其他角色功能的能力，以及查看所有事务、会计状态和验证标志的能力。

（2）角色图：依据为每个角色所需的拟设功能和权限指派，在角色间出现的一个结构化关系如图 18.10 所示。从图中看到，明显的是层次结构中较高位置的角色比层次结构中较低位置的角色积累有更多的权限。为不是相同链组成部分的任意两个角色的权限集合是不交的。

（3）约束的形成：

1）可被指派给医疗服务经理、看护员工协调员、财务经理、医院行政管理经理、内部审计人员和本地医院及远程医院中的医生等的最大用户数为 1。

2）如下角色对不能指派给同一用户［角色的静态分离（SSD）或成员关系互斥（MME）］。

① 医疗服务经理和看护员工协调员，医疗服务经理和医生，医疗服务经理和财务经理，医疗服务经理和医院行政管理经理，医疗服务经理和内部审计人员，医疗服务经理和值班护士，医疗服务经理和实习医生，医疗服务经理和计费会计，医疗服务经理和医疗保险会计，医疗服务经理和值班记录部。

② 值班护士和实习医生，值班护士和计费会计，值班护士和医疗保险会计，值班护士和值班记录部。

③ 财务经理和医院行政管理经理，财务经理和内部审计人员。

④ 看护员工协调员和医生，看护员工协调员和财务经理，看护员工协调员和医院行政管理经理，看护员工协调员和内部审计人员，看护员工协调员和值班实验室，看护员工协调员和值班药房，看护员工协调员和实习医生，看护员工协调员和计费会计，看护员工协调员和医疗保险会计，看护员工协调员和值班记录部。

⑤ 医生和财务经理，医生和医院行政管理经理，医生和内部审计人员，医生和值班实验室，医生和值班药房，医生和值班护士，医生和计费会计，医生和医疗保险会计，医生和值班记录部。

⑥ 财务经理和值班实验室，财务经理和值班药房，财务经理和值班护士，财务经理和实习医生，财务经理和值班记录部。

⑦ 医院行政管理经理和内部审计人员，医院行政管理经理和值班实验室，医院行政管理经理和值班药房，医院行政管理经理和值班护士，医院行政管理经理和实习医生，医院行政管理经理和计费会计，医院行政管理经理和医疗保险会计。

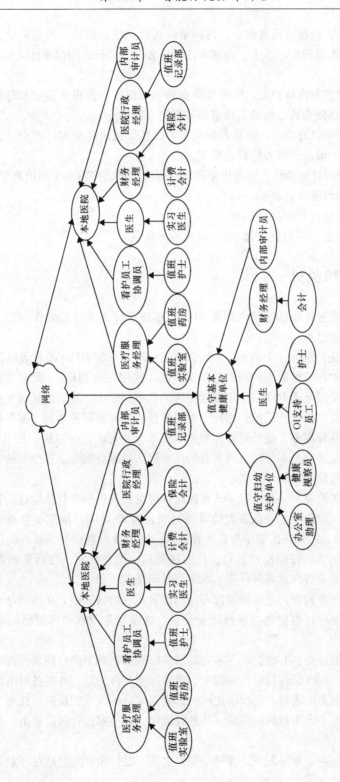

图 18.10　给出结构化关系的角色图

⑧ 内部审计人员和值班实验室，内部审计人员和值班药房，内部审计人员和值班护士，内部审计人员和实习医生，内部审计人员和计费会计，内部审计人员和医疗保险会计。

⑨ 值班实验室和值班护士，值班实验室和实习医生，值班实验室和计费会计，值班实验室和医疗保险会计，值班实验室和值班记录部。

⑩ 值班药房和值班护士，值班药房和实习医生，值班药房和计费会计，值班药房和医疗保险会计，值班药房和值班记录部。

⑪ 实习医生和计费会计，实习医生和医疗保险会计，实习医生和值班记录部。

⑫ 计费会计和值班记录部。

⑬ 医生（本地）和医生（远程）。

⑭ 角色（本地）和角色（远程）：仅是等价角色。

18.5 动机和益处

如前所述，通过在协作医院内部署 RFID，解决了许多关键的运作问题。让我们使用一些案例来分析这点：

紧急输血系统：作为一个例子，在紧急情况中时，携带 RFID 的患者的任何过敏状态都可由来自本地医院他或她的记录中得到验证（使用一台 PDA），此时要启动对患者的输血。在没有使用基于 RFID 的 IT 基础设施的典型医院中，在紧急情况下，这种类型的服务是不可能提供给患者们的；相反，在提供任何这样的服务之前，都要典型地进行测试。为了支持这种服务，院外患者和紧急输血系统要与医院内的基于 RFID 的 IT 基础设施集成，从而使医疗员工可以前所未有的准确度实施紧急服务。这也有助于监测输血流体、患者和实施输血的医疗员工。

前台初步身体检查：一般情况下，在医院内可见到进行初步身体检查的长队。为了减少前台护士的工作负担并降低患者的等待时间，RFID 可成功地用于自动化重复的过程（规程）。例如，如果在医院中存在患者记录，则患者可直接到安装好的检查台进行识别并发起支付模式，打印检查过程，并前进到相应的测试室，之后更新系统中的记录。之后依据患者是否在患者等待室，医生可呼叫患者。

医生实施的医疗检查：在远程医院可访问患者记录的情形中，在检查过程中为更好地诊治患者，医生可拉取患者的医疗历史记录。这项服务仅在协作网络医院中才是可用的。

旅行过程中的检查：有时，一名患者要求在每天的基础上进行频繁的医疗检查，因此是不能旅行的。在区域性的协作保健中，患者可被允许旅行，并在各网络医院处继续他或她的治疗，因为他或她的医疗历史可由远程医院处的医生们拉取。此外，为了更好地管理时间，可在一家本地医院完成一些医疗测试，在一家远程医院处由一名医生完成详细的检查。

药物配发系统：正常情况下，在药物配发之前，要打印标签并贴在药盒上。一旦医生为患者开药并在系统中进行更新，就发生这种操作。在采用 RFID 的系统中，RFID 标签被贴到药物容器上并被记录到系统。患者们也被赋予一个额外的处方 RFID 标签（带有相关的药物信息），以便从配药员处收集药物。一旦患者提供处方标签，配药员就在患者面前的药架上捡取药物，并将药盒与处方标签匹配。因此，准确地配发药物，患者的等待时间也得到降低。

18.6　标准化工作

针对 RFID 系统的运作，人们开发了许多标准，且这些标准都在进行实践验证。出于为读者考虑，下面简短地描述其中一些。

ISO 18000：用于 RFID 系统中空中接口协议的一系列国际标准，在供应链内标记商品。沿类似线路，医疗器件、设备和 IT 基础设施等可在医院域中被打上标记。

ISO/IEC 10536 和 ISO 15693（ISO SC17/WG8）—近距离卡（vicinity card）：非接触智能卡物理接口的一系列国际标准。符合 ISO 15693 标准（ISO 18000-3 标准的另一个子集）的 HF 标签和询问器已有报告称在保健应用中试用。

对于保健运作，RFID 的渗透水平仍然要提高以便使医院是真正比较智能的。主要有两个问题阻止它在较宽规模上的渗透：与医疗设备的干扰和隐私担忧。美国国家标准机构（ANSI，2009）最近批准了一个新的标准（ANSI/HIBC 4.0）[32]，使用 RFID 标签来标记和跟踪医疗产品。该标准允许对保健产品贴上标签，防止 RFID 干扰其他医疗设备。该标准建议，保健产品打上带有 13.56- MHz HF 编码的标签。事实上，AIM Global、MET 实验室和乔治亚理工已经开始开发协议（在 2009 年），该协议针对的是检测由 RFID 传输导致的电磁干扰以及它们对医疗设备的影响[33]。

就安全性和隐私性而言，1996 年健康保险可迁移性和可访问法案（Health Insurance Portability and Accessibility Act，HIPAA）法规解决"被保护健康信息"的安全性和隐私性。这些法规将重点放在声学和视觉隐私，并可能影响工作站的位置和布局，这些工作站处理医疗记录和其他患者信息（纸质的和电子的）以及患者膳宿。HIPAA 隐私规则的关键条款之一是一名个体的健康信息得到合适的保护，且个体可控制他们的健康信息如何被访问和使用。HIPAA 隐私规则应用到特定被涵盖实体，例如保健提供者（例如医生、牙医、药房、疗养院）、健康计划（例如 HMO、健康保险公司、公司健康计划）和健康情报交换所。RFID 技术、加密和其他密码学措施的使用，使非授权用户访问信息变得极端困难，由此有助于保护患者们免遭身份失窃，保护保健阻止免受医疗欺诈，并有助于保健提供商满足 HIPAA 隐私和安全性需求[34]。因此，基于 RFID 的卡是便于符合 HIPAA 隐私规则的一项有效工具。美国振兴和再投资法案（ARRA，2009）建立了一个政策委员会，研究有利于一名个体安全访问一名个体受保护健康信息的方法，以及有利于护理工、家庭成员或一名监护人安全访问的方法、指南和预防措施。基于 RFID 的患者 ID 卡解决有关访问健康信息的一项关键 ARRA 政策问题。ARRA 将保护扩展到 HIPAA 规则之外，包括其他实体，例如个人健康记录的厂商。隐私规则的一个主要目标是定义和限制被保护健康信息由被涵盖实体如何和何时使用或披露。智能卡可帮助被涵盖实体和 ARRA-约定的实体符合 HIPAA 隐私规则以及 ARRA 下指定的安全和隐私。

18.7　讨论和出现的趋势

为了简化实现，在原型中使用的技术可在市场上可购买到并在世界范围内是得到广泛接受的。要考虑的最重要问题是有关医疗记录的共享和医院之间信任的决策，原因是在提供高质量的保健方面，如今医院的业务已经成为充满竞争的。如果仅有政府和非盈利医院或基本健康单元为较佳的保健而协作，那么医疗记录的共享就不是严重的问题，原因是像政府部门或权威机构的一个监管机构可确定在医院间实施协作作为一项政策。一般而言，从隐私和安全角度看，这个医疗记录问题被认为是严重的，原因在于服务器的弱点、网络入侵和无线域。在财务部门成功地解决了安全和隐私问题[30]。更确切地说，数据隐私可作为使用无源 RFID 的结果而得以增强[31]，通过使用 RFID 安全的合适协议，可容易地提高安全性[35]。

随着智能卡和智能卡阅读器的成本急剧下降以及随着阅读器基础设施被替换或升级，人们认为基于 RFID 卡的技术预期可革命化财务服务、个人识别和保健市场——其中安全、隐私和信息可携带性（portability）是至关重要的。

在影响医院设计的许多新进展和趋势中，有手持计算机和便携诊断设备的使用，这支持更具移动性、去中心化的患者看护以及所有种类患者信息计算机化的一个通用转移趋势。这也许要求在患者病房外走廊中的数据港，且由此这种环境非常适合 RFID 的部署。

来自 Frost 和 Sullivan[36] 的分析家机构发现，在保健和药品内 RFID 的收入将增长近6 倍，从 2004 年总计 3 亿 7 千万美元到 2011 年的 23 亿美元。依据他们的预测，保健市场可能看到 RFID 技术的快速上升，原因是在传统的投资回收（ROI）之外存在容易展示的效益——例如，消除了药品被错放或不正确地交给患者的风险。但是，条形码仍然受到许多保健监管机构的青睐，相对于条码，考虑到 RFID 的较高价格，条码至少在2015 年之前不太可能从市场消失。

RFID 已经挺进欧洲和美国的保健领域。例如，德国的 Klinikum Saarbrücken 实施了有关 RFID 使用的先导研究，确保患者被给予正确的治疗，而英国已经有使用到药品跟踪试验方面的技术。

参 考 文 献

1. Lina, Y., and Y. Yang. "EPR Management System Development Based on B/S Architecture." *International Seminar on Future BioMedical Information Engineering* 2008, 441–444.
2. Hu, D., W. Xu, H. Shen, and M. Li. "Study on Information System of Health Care Services Management in Hospital." *International Conference on Services Systems and Services Management* 2005, Vol. 2, 1498–1501.

3. Zhao, J. "Electronic Health in China: From Digital Hospital to Regional Collaborative Healthcare." *International Conference on Information Technology and Applications in Biomedicine* 2008, 26.

4. Sarma, S. "Integrating RFID." *ACM Queue* 2, no. 7 (2004): 50–57.

5. Wang, L., and G. Wang. "RFID-driven Global Supply Chain and Management." *International Journal of Computer Applications in Technology* 35, no. 1 (2009): 42–49.

6. Kim, Y., J. Song, J. Shin, B. Yi, and H. Choi. "Development of Power Facility Management Services Using RFID/USN." *International Journal of Computer Applications in Technology* 34, no. 4 (2009): 241–248.

7. Zhong, S., B. Zhang, J. Li, and Q. Li. "High-Precision Localisation Algorithm in Wireless Sensor Networks." *International Journal of Computer Applications in Technology* 41, No. 1/2 (2011): 150–155.

8. Vanany, I., and A. Shaharoun. "The Comprehensive Framework for RFID Justification in Healthcare." *International Business Management* 5, no. 2 (2011): 76–84.

9. Jeon, S., J. Kim, D. Kim, and J. Park. "RFID System for Medical Charts Management and Its Enhancement of Recognition Property." *Second International Conference on Future Generation Communication and Networking* 2008, 72–75.

10. Chen, P., Y. Chen, S. Chai, and Y. Huang. "Implementation of an RFID-Based Management System for Operation Room." *International Conference on Machine Learning and Cybernetics* 2009, 2933–2938.

11. Lai, C., S. Chien, L. Chang, S. Chen, and K. Fang. "Enhancing Medication Safety and Healthcare for Inpatients Using RFID." *Portland International Center for Management of Engineering and Technology* 2007, 2783–2790.

12. Kim, J., H. Lee, N. Byeon, H. Kim, K. Ha, and C. Chung. "Development and Impact of Radio-frequency Identification-Based Workflow Management in Health Promotion Center: Using Interrupted Time-Series Analysis." *IEEE Transactions on Information Technology in Biomedicine* 14, no. 4 (2010): 935–940.

13. Wang, S., W. Chen, C. Ong, L. Liu, and Y. Chuang. "RFID Applications in Hospitals: A Case Study on a Demonstration RFID Project in a Taiwan Hospital." Proceedings of the 39th *IEEE Hawaii International Conference on Systems Sciences*, 2006.

14. Wanga, F., S. Liu, and P. Liu. "A Temporal RFID Data Model for Querying Physical Objects." *Pervasive and Mobile Computing* 6, October 2010, 382–397.

15. Carbunar, B., M. Ramanathan, M. Koyuturk, S. Jaganathan, and A. Grama. "Efficient Tag Detection in RFID Systems." *Journal of Parallel and Distributed Computing* 69, (2009): 180–196.

16. Cao, Z., Y. Diao, and P. Shenoy. "Architectural Considerations for Distributed RFID Tracking and Monitoring." *Fifth ACM International Workshop on Networking Meets Databases*, October 2009, MT, US.

17. Welbourne, E., M. Balazinska, G. Borriello, and W. Brunette. "Challenges for Pervasive RFID-Based Infrastructures." *Fifth Annual IEEE International Conference on Pervasive Computing and Communications*, March 2007, 388–394.

18. Chen, C., K. Lee, Y. Wu, and K. Lin. "Construction of the Enterprise-Level RFID Security and Privacy Management Using Role-Based Key Management." *IEEE International Conference on Systems, Man and Cybernetics* 4, October 2006, 3310.

19. Ooi, W., M. Chan, A. Ananda, and R. Shorey. "WinRFID: A Middleware for the Enablement

of Radiofrequency Identification (RFID) Based Applications." In *Mobile, Wireless, and Sensor Networks: Technology, Applications, and Future Directions*, IEEE Press, USA, 2006, 313–336.

20. Osório, A., L. Camarinha-Matos, and J. Gomes. "A Collaborative Networks Case Study: The Extended "ViaVerde" Toll Payment System." *Sixth IFIP Working Conference on Virtual Enterprises*, Valencia, Spain, September, 2005.

21. Winter, A. "The 3LGM2-Tool to Support Information Management in Health Care." *Fourth International Conference on Information and Communications Technology*, 2006, 1–2.

22. http://www.gs1.org/healthcare/standards, accessed online on June 29, 2011.

23. Fuhrer, P., and D. Guinard, "Building a Smart Hospital Using RFID." *Lecture Notes in Informatics*, Vol. P-9, 2006.

24. http://en.wikipedia.org/wiki/RFID, accessed online on June 29, 2011.

25. Ohashi, K., S. Ota, L. Ohno, and H. Tanaka. "Comparison of RFID Systems for Tracking Clinical Interventions at the Bedside." *Proceedings of AMIA Annual Symposium*, 2008, 525–529.

26. http://www.barco.cz/en/images/RFID_ALR-9800_Dev_Kit_300px.jpg, accessed online on June 29, 2011.

27. http://en.wikipedia.org/wiki/Web_content_management_system/, accessed online on June 29, 2011.

28. http://autoid.mit.edu/cs/, accessed online on June 29, 2011.

29. Guennoun, M., and K. El-Khatib. "Securing Medical Data in Smart Homes." *IEEE International Workshop on Medical Measurements and Applications*, 2009, 104–107.

30. Callegati, F., W. Cerroni and M. Ramilli. "Man in the Middle Attack to the HTTPS Protocol." *IEEE Security and Privacy* 7, no. 1 (2009): 78–81.

31. Tan, C., L. Qun, and X. Lei. "Privacy Protection for RFID-based Tracking Systems." *IEEE International Conference on RFID*, 2010, 53–60.

32. http://www.hibcc.org/Front%20Page%20Attachments/HIBCC%20RFID%20Standard%20 4.0.pdf, accessed online on June 29, 2011.

33. http://www.rfidjournal.com/article/view/4936/1, last accessed on November 20, 2011.

34. http://www.hipaasecurityandprivacy.com/, last accessed on November 10, 2011.

35. Peris-Lopez, P., J. Hernandez-Castro, J. Tapiador, E. Palomar, and J. van der Lubbe. "Cryptographic Puzzles and Distance-Bounding Protocols: Practical Tools for RFID Security." *IEEE International Conference on RFID*, 2010, 45–52.

36. http://www.doublecode.com/rfid/, last accessed on November 10, 2011.

37. http://ec.europa.eu/information_society/activities/health/docs/studies/rfid/rfid-ehealth1 .pdf, last accessed on November 5, 2011.

第 5 部分

无线联网

第 19 章　下一代无线网络中的
协作服务：物联网范型

19.1　引言

从单一技术所提供的能力看，移动网络系统正在达到一个顶峰。随着使用相同的自私性网络，在满足用户的需要方面，我们不能提供进一步的改进。但是，广义协作的思想现在摆上了台面。创建一个大型网络的思想（其中所有不同的接入技术可作为大型网络的组成部分）现在可能要感谢（多亏）无干扰的协作。尽管如此，这样一个网络的开发仍然面临许多问题，同时还有来自现有技术的限制。另外，端用户可能拒绝采用这些技术，原因是看来要增加成本。本章的主要焦点是突出不同网络技术之间的协作服务。更具体地说，本章由三节组成。

在第一节，给出有关物联网（Internet of Things，IoT）的一个通用描述，还有在人们日常生活中可得到的正面结果。IoT 的广义思想是随着已经存在的相关技术而被引入的。此外，讨论了 IoT 的困难和限制。最后，介绍了一个带有智能物体的智能家庭环境网络的模型架构范例，同时介绍 IoT 应用的几个例子。

本章的第 2 节专门讨论下一代无线网络中的协作服务。采用不同接入技术的协作，可向端用户提供得到显著增强的服务。另外，现有服务甚至可更快速地得到支持，由此创建这样一个环境，其中可提供具有较低成本的较高 QoS。此外，讨论了协作服务场景，还讨论了真实世界中有关实现的思路，以及协作网络的限制和问题。最后，基于声望机制，提出用户和服务提供商的动机。

本章强调在 IoT 范型中如何实现协作。因为 IoT 的发展要求一个泛在网络，其中所有事物均可在任何时间连接和通信，现有网络的协作是唯一使之成为可能的廉价方式。另外，为在这项研究的框架内支持协作的思想，开发了一个仿真项目。在本章的第 3 节，我们描述仿真过的场景，并讨论结果。结果表明，一个协作服务场景如何显著地改进提供给端用户的服务质量（QoS）。

19.2　物联网

19.2.1　IoT 概念

现在，绝大部分世界范围的连接是在人类之间进行的，特别是在通过计算机或移动手机连接的人类之间。结果是，主要通信是在人类之间进行的。在 IoT 的概念中，每台机器或物体都必须能够在线连接到互联网，并与其他机器或事物通信，代表人类但不需要人类在线。另外，没有 IoT 的一个标准定义，但 IoT 背后的一般思想是为每个实体赋予通信能力的必要性。也许描述 IoT 的最好想法是为信息和通信技术世界添加一个新维度，并将在任何时间、从任何地点和寻找任何人的当前连通性转换为寻找任何事物的连通性，如图 19.1 所示[1]。

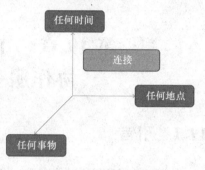

图 19.1　三维连接模型

下一步是，无论人类是否存在，指定这些智能物体通信的方式。也许这是 IoT 项目的本质组成部分，其中每条"愚蠢的"机器必须变得聪明起来，能够进行通信。在 IoT 中，这些事物或机器被称作"智能"事物。采用理论方法，即可通过将现有形式扩展到机机（M2M）通信或物物（T2T）通信，对基本功能进行建模[2,3]。想象一下，这就像对等（P2P）逻辑的一种演化形式[4,5]。相反，实现那种扩展并创建一个稳定的和值得信赖的网络是非常困难的，原因是存在各种限制，这将在后面讨论。

19.2.2　相关技术

如前所述，能够在线连接和通信的所有物体都被称作智能体。为使一件日常物体成为智能的，必须使用算法和微处理器的一个完整集合，目的是取得期望的结果。此外，应该提到一个细节：这些物体的尺寸可从大型物体变化到微型物体。因为这些微型物体的尺寸，它们不能完全地配备所有这些微型处理器和传感器。在那种情形中，可使用无线射频识别（RFID）标签，这是为无线数据传输设计的小型微芯片，并用于帮助识别物体。另一方面，在 IoT 场景中，配备有著名的商用无线和移动卡的物体，能够参与其中。

一般而言，RFID 标签被连接到一个封装中的一个天线，该封装就像一个日常的粘贴物，并作为对一个 RFID 阅读器查询的响应，在空中传输数据。它们的成本和尺寸使之适合于 IoT 的智能体项目。另外，唯一识别和自动化是使 RFID 标签适合物体打标签的两个特点。一个 RFID 标签发射一个唯一序列号，这将之从数百万个同样制造的物体中区分出来。RFID 标签中的这些唯一识别符可作为到数据库表项的指针，其中包含个体条目的丰富事务历史。此外，在没有视距接触和精确定位的情况下，RFID 标签就是可读取的。在每秒数百个的速率下，RFID 阅读器可扫描标签。

存在三种类型的 RFID 标签。一般而言，小型的和不太昂贵的 RFID 标签是无源的。特别是无源标签没有任何板上电源。相反，它们从一个查询阅读器的信号中抽取它们的传输功率。一些 RFID 标签包含电池。存在两种这样的类型：准无源标签（当它们被查询时，其电池对其电路供电）和有源标签（其电池对其传输提供功率）。注意有源标签可发起通信，并具有 100m 以上的阅读距离[6]。

19.2.3　日常生活中 IoT 的应用

理解 IoT 项目的最佳方式是给出在人们日常生活中 IoT 应用进展的一般思路。因为难以提供 IoT 项目确定性成功的真实证据和证明，给出一些例子支持上述思路。采用 RFID 标签和 RFID 阅读器，可使用功能和服务的全集来帮助人们。另外，协作实体可支持更好的能力和智能物体之间的更好通信。强调一下，协作是创建一个比较安全和更有效率的网络的唯一方式，其中打上 RFID 的智能物体可相互通信，提供准确的结果。例如，药品和食物上的 RFID 标签可帮助人们识别来源和它们的质量。另外，采用一条互联网连接和一个数据库，RFID 标签和阅读器可支持一个全功能的跟踪系统[7]。

此外，装备有传感器、执行器和 RFID 标签的轿车、火车和公交车——和道路及铁路一起，可为司机和乘客提供有关导航和安全的重要信息。还有，碰撞避免系统和交通监测可使司机免于危险材料运输和其他危险[8]。当然，这样一个系统的开发是困难的，原因在于不同的环境因素，即使已经做了这样的研究，其中创建一个通用架构模型，每个实体可与每个其他实体进行通信[9]。

展示 IoT 项目重要性的最佳例子是由韩国工业技术研究所（KITECH）建立的一个智能家庭环境项目，目的是展示一个机器人辅助的未来家庭环境的可行性。这个环境由带有 RFID 标签的智能物体和带有传感器功能的智能仪器组成。连接这些智能设备的家庭服务器，为可靠服务维护信息，且服务机器人与环境协作实施任务。此外，提出这样一个网络的有趣的架构，它展示出在智能物体仪器中广泛使用 RFID 标签之后一个计算机网络将看起来是什么样子的方式，如图 19.2 所示。

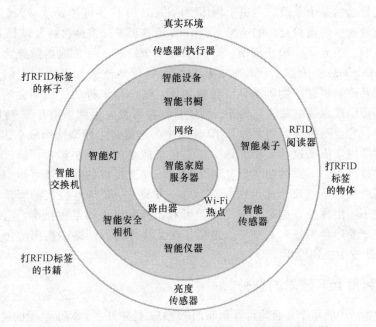

图 19.2　带有智能物体的一个智能家庭环境网络的架构

通过详细研究相同的智能家庭环境，我们描述这样一个场景，意图是识别和获取被包括在环境中的一个被请求物体，目的是帮助房主。目标物体是智能的，这意味着它是打上 RFID 的。使用智能设备，例如智能餐桌、智能书架和智能书箱，则检测被请求物品的存在就是可能的。一旦检测到智能物品的 RFID 码，就通过无线网络传输到家庭服务器。如果智能网络的用户希望（例如）知道一个杯子的位置，他或她可将一条命令发送给家庭服务器。之后，家庭服务器搜索设备的状态信息，并将位置数据发送给机器人。在从家庭服务器下载数据之后，机器人移动到目标物体所在位置，并将物体交给用户[10]。

19.2.4　IoT 的限制和问题

当然，在人们的日常生活中，IoT 项目不只有益处和积极的产出。特别地，在 IoT 的发展中和安装结果方面，有一些问题和限制。首先，必须要解决的主要问题之一是无线网络的通信距离。在室内，这可采用带有无线连接的一台路由器或一组路由器解决。但在室外，因为时变衰减现象，这是远较困难的。此时，可应用的唯一解决方案是现有网络的协作，这将创建一个泛在的无线网络集群[8,11]。同时，IoT 发展的另一个限制是对电源（能量）的日渐增加的需求。作为使用无线连接的一个结果，作为多径衰落结果最常发生两个副作用：第一，由于重传导致的智能体的电源消耗，第二，智能物体的电池寿命得到降低。结果是，通过降低重传数据和采用它们的智能管理，从这些网络中物体的可能协作中得到解决方案。

IoT 问题的第二部分涉及安全、隐私和识别担忧。智能物体的自动通信网络的部署可能代表社会的一个危险。在每个物体中内嵌 RFID 标签可能导致对人们个人生活的入侵。在没有得到用户允许的情况下，RFID 标签可不知情地被触发以其 ID 和其他信息做出应答；因此，为防止窃听，必须采取安全措施。可采取的措施之一是重新打标签（relabeling）。依据这种模式，用户们可物理地改变标签限制它们的数据发送，并得到其改变状态的物理确认。尽管如此，唯一标识符的使用不会消除秘密地列出清单的威胁或跟踪的威胁。另外，即使打标签可被应用到采用有源 RFID 芯片的智能物体中，它也不能应用到无源 RFID 标签中。这就是为什么使用最小化密码学模型是较好的原因。依据这种模型，每个标签包含假名的一个小集合，通过在每次阅读器查询时释放一个不同的假名而轮转使用。一个经授权的阅读器可提前存储一个标签的假名全集，并一致性地识别标签。另一方面，一个未经授权的阅读器不能将同一标签的不同出现关联起来。极简方案可对团体共谋提供某种抵御，这种共谋如零售环境中产品库存的秘密扫描[6]。最后，在无线传感器网络中提出的协作安全协议可在 IoT 配置中找到应用。

19.2.5　利用 IoT 技术的益处

在日常生活中的每个方面均可看到 IoT 的益处。针对开发，特别巨量的应用是可能的，但当前仅见证其中的一小部分。新应用可改善人们生活质量的域和环境有许多：从家庭到工作，从健身房到旅游，在医院，在可能使用智能物体的任何地方。现在这些环境都配备仅有原始智能的物体，通常的情况是没有任何通信能力。赋予这些物体以相互通信的可能以及对从其周边环境感知的信息进行精化处理，在使人们的生活更加便利方面使之更加有效[8]。

IoT 项目的另一组成部分涉及到从异构网络的协作中产生的优势。协作网络的核心点是创建一个泛在网络，从而每件事物均能够在任何时间通信。这整个过程具有扩展现有网络覆盖和增加连通性能力的效果。由于这个特点，智能物体可容易地访问网络。结果，为智能物体的通信消耗较少能量，由此，其电池的寿命最大化是可能的。此外，支持一个高效安全模型的困难过程，在智能网络的不同实体中采用不同比例的安全步骤后，则是可能的。

19.3　下一代无线网络中的协作服务

19.3.1　协作网络：一般概念

词"协作"的含义是从我们社会自身的最初派生来的，也可在生物学的术语中找到。例如，人们为了更快速地和以一种更具生产力的方式完成他们的任务，他们相互帮助。在计算机或移动网络中的协作产出是以一种更快速的方式得到较好的结果，消耗少得多的能量、时间、思考和金钱。为创建下一代 4G 网络，最新的研究方法在将协作的概念引入电信方面做出了巨大努力。人们展望，通过增强和优化感知到的 QoS、向端用户提供服务的数量以及对环境更加友好，这些演进的网络将为移动通信的用户们提供许多优势。对较高吞吐量能力、较高可靠性和高速移动性的需求（正如国际电信联盟（ITU）标准为 4G 网络描述的那样），要求来自移动设备和电信服务提供商的巨大复杂性、能量消耗和支出。这些标准中的一些标准是高达 1Gbps 的数据速率，与以前各代网络的兼容性以及更好的多媒体服务质量（例如视频点播、移动 TV 和高清 TV）。另外，4G 网络使用报文交换和 IP，而不采用以前的方式。

4G 网络的展望是协作网络的思想。协作的 4G 网络的基本技术特征和目标在表 19.1 中列出。协作网络的最新特征是具有不同数据速率、移动性能力和不同技术特征的许多异构网络的共存[12]。一般而言，有两种类型的无线移动网络：广域和局域接入无线网络。广域接入无线网络（WAN）（例如通用报文无线业务（GPRS）、全球移动通信系统（GSM）和统一移动电信系统（UMTS）（或 3G）），相比局域接入无线网络，要提供较低的数据速率，但它们为用户支持较大的覆盖和较高的移动性。相反，局域接入无线网络（LAN）（例如蓝牙和 WLAN）以相对少得多的能量消耗支持高得多的数据速率，但它们遇到移动性和覆盖范围问题。为在数据速率、能量消耗、移动性和覆盖方面取得最大的收益，出现了将这两种类型的无线网络组合在一起的思想。采用那种方式，可最小化覆盖和数据速率之间的折衷。在世界范围上使用的不同网络将被融合到一个范围更大的网络[12]。

表 19.1　4G 协作网络的特征

数据传递能力	● 100Mbit/s（广域覆盖） ● 1Gbit/s（局域范围）
联网	● 全 IP 网络（接入和核心网络） ● 插入和接入网络架构 ● 由各网络组成的一个等机会网络
连通性	● 泛在的、移动的、连续的
网络容量	● 3G 网络的 10 倍
延迟	● 连接时延 <500ms ● 传输时延 <50ms
开销	● 每比特开销：比 3G 的低 1/10 到 1/100 ● 基础设施开销：比 3G 的低 1/10
被连接的实体	● 任何事物到任何事物
4G 网络关键目标	● 网络、终端和服务的异构性和融合 ● 协调的无线生态系统 ● 感知到的简单性，隐藏复杂性 ● 协作作为其基础原则之一

　　但是，在展望 4G 网络的实现方面，必须要面对许多困难。总是在线的互联网、数据传递、频谱管理、由 ITU 描画的甚高数据速率、将被引入到整个系统中的复杂性、IP 地址的短缺等，是科学家和网络工程师们不得不面对和克服的这些问题中的一些问题而已。这些特征中的一些特征将增加能量消耗，这是 ITU 定义为对下一代网络具有极大重要性的主要因素之一。在网络和移动设备设计中，这个事实也增加了额外的困难。

　　在协作网络中，引入概念"端节点（term node）"。在移动设备和一个基站（BS）之间的 P2P 通信不再是适用的，原因是节点（用户或移动设备）可作为一个中继。在这样一个场景中，目的地（D）从 BS/源（S）（通过一条直接链路）和中继（R）（通过一条两跳传输）接收数据，如图 19.3 所示。这也意味着中继节点不仅具有从 BS 接收数据的能力（用于个人用途），而且具有将数据转发到其他节点的能力。

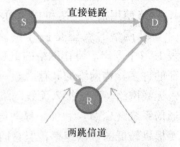

图 19.3　基本协作传输配置

　　一般而言，BS 可通过一条直接链路向用户发送数据。但是，这条链路可能遭遇噪声，这使通信是困难的或不可能的。衰减，用户和 BS 之间的长距离，高的信噪比（SNR），以及高的报文丢失率是压在通信上的一些问题。用户节点的引入可有助于克服这些问题，这是由于它作为 BS 和节点之间或节点和目的用户之间的联系（link）。这将使数据传递到目的地是更可行的，并可改进所提供服务的质量。在这样一个场景中，BS 可同时发送数据到节点和目的地用户，由此取得数据的更快速和更可靠的传递。这个简单的模型可应用到一个以上的协作终端或网络。但是，在许多异构网络的终端之间的协作，可能要求开发新的网络协议，并在数据消息（各终端交换的）的首部中引入一些额外比特，这会降低取得的吞吐量。尽管如此，通过协作在数据速率、能量消耗和覆盖方面的整体增益，使在吞吐量中的这个微小减少是可忽略的。协作网络的益处可汇总在如下方面：

1）数据速率：邻接节点之间的协作将显著地增加数据速率，原因是各设备将从蜂窝和短距离链路上接收数据。在一些情况下，数据速率的增加得到翻倍或甚至更大[13,14]。

2）传输时间：随着整体数据速率的增加，必然结果是，传输一名用户所请求的所有数据的时间，将得到显著地减少。传输时间可减少 50% 以上[15]。

3）容量：上个优势的一个直接后果是系统容量的增加。在协作网络中，用户们倾向于通过蜂窝网络仅下载整体数据信息的一部分。结果，它们相当少地占用这条链路，它们从系统中消耗远较少得多的资源，系统的整体容量得以增加。

4）覆盖：通过网络和移动设备的组合与协作，系统的覆盖范围得以增加。另外，短距离链路可进一步地传输信息[13,14]。

5）能量消耗：正如广为人知的，相比于蜂窝链路，在短距离链路中的能量消耗是极低的。在协作网络中，用户们通过短距离链路接收大量信息，这就减少了用户和 BS 所花费的能量总量。但是，必须要提到的是，协作节点在从各 BS 接收数据和将数据发送到其他用户处时将花费能量。这是下一代网络设计中的主要问题之一，且可通过为这些节点赋予某种动机（为做到相互协作）可解决这个问题[13,14,16]。

6）QoS：所有上述方面，与 SNR 和信噪比（SIR）的提高（短距离链路可提供）组合在一起，对比特错误率和概率（BER 和 BEP）中的减少发挥作用，结果，观察到QoS 方面的改进。这个事实可为用户产生（import）新的非常受人欢迎的服务。

7）协作服务的成本：以终端用来接收数据的时间或终端通过蜂窝网络接收的数据量作为参考，相比于以前各代网络，协作网络显著地要胜出。结果是，估计成本会低得多[15]。

在节点之间传递数据（与协作用户从服务器下载数据的方式方面是存在差异的）有两种可能方式。在静态服务器感知的方法中，假定用户们可同时通过短距离链路或蜂窝链路发送或接收数据。在这种情况下，服务器必须知道必须要发送到每个用户的数据量；结果是，在过程开始之前，移动设备必须向服务器发送一些信息。让我们假定存在两名协作的用户且在服务器侧有两个文件（是整个文件的组成部分）。在目的地节点下载第一部分时，它通知协作节点下载该文件的第二部分，那么它们通过短距离链路交换数据。在安装短距离链路时，每个协作节点知道了要从服务器下载什么数据。这个场景可容易地扩展到两个以上的终端节点。

第二个场景依赖于一种动态的服务器不感知的方法，这种方法利用 HTTP/1.1 可能性范围请求（possibilities range request）。在那种情况下，每个终端具有确定一个文件的哪些字节将通过 HTTP GET 请求从服务器下载的能力。在安装短距离链路的过程中，各协作终端确定每个终端将下载哪些字节，之后一条 HTTP GET 请求被发送到服务器，带有 GET 请求中的预同意的范围请求。这个场景的优势之一是服务器提供给用户的灵活性。用户们可决定下载数据要通过具有最大数据速率和最小噪声与衰减的最佳蜂窝链路。即使由于某种原因，短距离链路不可用了，终端也将向服务器发送另一条 HTTP GET 请求，目的是接收文件的剩下部分[15]。

19.3.2 协作服务场景

从用户观点观察 4G 网络，预计将出现许多新的应用和服务。新的通信系统，虽然是蜂窝的，但并不完全基于 BS-终端通信，而是高度依赖短距离通信。各节点之间的协作改进了所提供服务的可靠性，同时使覆盖范围和数据速率得以激增，并减少了能量消耗。

第三代网络的主要缺陷是以新的投资为用户提供的低效率。这一代的网络被表征为第二代网络的一个扩展。在向现有服务添加新服务的能力以及满足使用第三代网络的数百万用户的能力方面，第三代伙伴计划（3GPP）具有缺陷。最近，3GPP 开发了新的服务，例如合并两种高需求服务（多媒体广播和组播服务（MBMS））中心，并与一个 IP 多媒体系统（IMS）组合使用。但是，后者没有得到用户的欢迎，且这些微小的改进不会鼓励顾客改变他们的设备。因此，这些困难为通信产业和工程师们带来了 4G 网络的立足之本，这样一项投资以高 QoS 和显著的低价格向每名用户提供多项新的服务，使在世界范围都是可支付得起的。另外，下一代网络必须是后向兼容的，且将具有一种以用户为中心的方法，原因是它们将焦点放在个性化服务上[16]。

作为一个协作服务场景的例子，想象一个中等规模的区域，其中通过短距离链路的通信是可能的。这个场景在毫微微蜂窝网络中是有用的。假设，如果许多现有用户们都在尝试从服务器访问相同服务或数据，则协作是可能的。首先，尝试通过一条短距离链路的查询，在邻接节点中寻找期望的数据。如果这些数据存在于这些节点中的一个节点，那么在它们之间可开始交易，且目的地可使用一条短距离链路得到期望的信息。否则，如果在协作节点之一中不存在期望的数据，那么可应用协作下载，即用户们可预同意下载期望信息的不同部分，之后通过短距离链路交换它们。在任一场景中，各终端对蜂窝链路做出有限的使用（或根本不用），而是使用一种局部重传方案，这种方式使数据接收更快速，且以较高数据速率、更准确和较少能量消耗的方式进行。另外，蜂窝链路的较低使用极大地方便了频谱管理，原因是各终端以较少的时间使用特定频率。结果是，频谱在多数时间是空闲的，以这种方式显著地提高了总系统容量。此外，短距离通信系统使用频谱的另一部分，这与蜂窝频谱不产生干扰。这项服务是从较低 OSI 层（物理层和链路层）管理的，这使之不太复杂且要快速得多。

因为蜂窝链路所具有的限制，各终端不能单独处理高的数据速率。通过分配下载，各协作节点接收文件的不同部分，之后通过局部重传，每部分都到达目的地节点。可以那种方式取得增强的 QoS。展示了使用多描述编码（MDC）的一个例子，但同一框架可被一般化到多种服务类型。因此，协作用户聚集越大，则到目的地接收的数据就越快，且可提供给用户的质量就越高。

在为协作网络实现的应用中，可看到上述服务。例如，考虑用于无线网络的一个 bittorrent 应用，它在一个塞班 OS 平台上进行了实现[12]。对于蜂窝链路，使用 GPRS，而对终端之间的短距离链路，首选蓝牙。两个终端希望从服务器下载相同文件。下一代网络为用户们提供了协作的可能性，并以一种协作方式而不是每个人自己下载这个文件。通过协作，每名用户下载整体文件的一部分，并通过蓝牙与其他人共享。统计表明，对于两个终端，相比于非协作场景（其中每名用户下载整个文件），传递时间是其1/2，而注意到能量消耗节省为 44%。这种行为缘于蓝牙的每比特低能量和较高的数据速率[12]。

如今，非常流行的另一项应用是视频流化。这项应用具有高的功能需求，原因是它要求甚低的时延和报文丢失，并绑定相当的带宽。另外，就能量消耗方面它是非常紧迫的，并在这方面限制了电池寿命。为满足这些需求，引入了一些视频编码方案，例如 MDC 和可伸缩视频编码（SVC）。通过 MDC，总的流被分成小的子流。视频的质量取决于用户接收到的正确子流数量，且不同子流具有可被独立解码的能力。另一方面，SVC 将视频分成一个基层（负责视频的质量）和许多增强层。当不同用户从服务器下载不同子流冰通过短距离链路交换它们时，在协作网络中可使用这两种技术。不管已经使用蜂窝和短距离链路的哪种类型，人们都注意到显著的高能量和传递时间增益[17]。

网页浏览是将被协作网络重新发明的另一项服务。在移动电话中对互联网的需求正在非常快速地增长。低数据速率和高价格使这项服务数年内保持静止状态，使用户们不情愿使用该服务。4G 网络承诺以显著较低的价格为网页浏览提供高的数据速率[18]。通过协作的网页浏览可以是极快的。在一名用户的网页浏览中有三个阶段。第一个阶段是一名用户到一台服务器的查询，请求一个特定网页，第二个阶段是下载这个网页的必要信息，最后一个阶段是那个信息的处理。研究简单情况，其中在一个小型区域仅存在两个终端（其中通过短距离链路（通常是蓝牙）进行通信是可行的），希望下载一个网页的用户（主）向第二个用户（辅）发送一条请求，所以第二个用户从服务器下载整个信息的一部分。辅助终端通过一条高速短距离链路将检索到的数据发送到主终端。系统的容量得以增加，传递时间以那种方式显著地减少。在这个场景中，有必要的是，辅助终端不要有任何其他网页浏览活动[18]。能量、数据速率、传递时间、系统容量和频谱利用增益，通过统计和度量指标可容易地观察到。

所有上述应用和服务可进行一般化处理，支持两个以上的终端，改进上面所有各节中提到的整体增益。作为一个结论，我们可以所，协作网络可向用户和通信产业提供极大益处，方法是引入新服务或以一种更有效的方式使用已经存在的服务。

在下一个场景中，要研究一个文件下载的简单情形。每个终端可支持两个空中接口：蜂窝链路和短距离链路。第一个接口用于与 BS 的通信，第二个接口用于终端之间的通信。对于第一个空中接口，使用 UMTS 通信协议，而对于第二个空中接口，终端使用蓝牙协议。假定终端可同时使用这些接口，意味着每个终端可从 BS 接收数据，同时通过蓝牙发送或接收数据。如在如图 19.4 中给出的例子中看到的，MT1 从 BS 下载一个中等尺寸的文件，而在并行情况下，它同时可使用终端 MT2 和 MT3，目的是更快速地下载该文件。

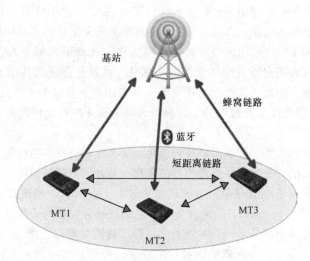

图 19.4　三个协作的移动终端（MT）的例子

在有两个邻接终端的情形中，如果第一个终端希望下载文件，那么它（作为主终端）向另一个终端（作为辅助终端）发出一条询问，目的是在下载阶段过程中协作。假定是两个终端位于蓝牙覆盖区域，在本项研究的框架中研究三个不同场景。在第一个场景中，假定辅助终端有空闲资源；在第二个场景中，两个终端同时下载同一个文件，而在第三个场景中，辅助终端没有空闲资源。

在第一种情形中，辅助终端确定它将协作并将其资源提供给主终端。在第二种情形中，终端确定是协作（因此形成一个集群，其中在主终端和辅助终端之间不存在区别）还是不协作（因此它们自己下载整个文件）。在上面的情形中，如果协作继续的话，那么用户们可享受到前面提到的优势。事实上，每个终端下载文件的组成部分，同时将之发送到集群的其他成员[14]。在最后一个场景中，主终端既不使用辅助终端的资源也不形成一个集群；由此，它通过一条蜂窝链路下载整个文件。在辅助终端转换到一个待定情形中时，它将其资源提供给主终端，以便进行协作[13]。此时，必须要指出的是，如在前面各场景中所解释的，协作的基本部分是在一个区域存在可形成集群的许多终端，通过选择一个主终端和辅助终端而以一种动态方式进行协作。特别地这个过程可发生在人群密集的区域，其中短距离链路是可行的。

19.3.3　协作服务的限制和问题

为了使协作网络的实施成为可能，必须解决特定问题，为使用户们进行协作应该给他们以动机。首先，在上述技术中，在某些应用中（网络编码，软件包和数据的推销等）中间节点的协作被认为是当然的；但是，在真实网络和应用中这是不能保障的。

更具体而言，在许多情形中，中间节点（移动终端中继）没有从协作中获得直接利润，而只会浪费其电池的能量或甚至延迟其自己数据的分发（如果它已经是一个呼叫或数据传输中的一个中间节点）。此外，对于中继要接收报文，甚至是不可能的，原因是它"侦听"的所有信道都被占用。

涉及协作网络标准化的另一个问题是应该开发的算法的复杂性。已经针对各领域（例如寻找最近的节点和针对网络编码的网络拓扑识别）提出某些算法[19]。但是，在移动终端中构造算法和协议也是必不可少的，目的是使它们可高效地协作。所有上述问题都增加了 4G 网络和相应移动终端等设计所需的复杂性。

要解决的另一个问题是对现有通信协议和接入技术的扩展，目的是涵盖所有不同的协作场景。作为一个例子，在蓝牙中，在每个通信中同时仅可存在一个主设备和七个从设备。此外，从设备不能相互通信；由此，它们不能满足协作网络的规范需求[12]。

实际上，这三个问题揭示了为使所有不同网络同时相互通信而存在的现有复杂性和困难。但是，相反，除了这些复杂问题外，网络协作的结果可导致网络和通信分支（branch）的巨大增长，其中带有迄今为止讨论的所有优势。

19.3.4　协作的动机

依据上面讨论的内容，为中间节点提供某些动机从而使它们可将其资源应需地授予其他终端使用，就是必不可少的。就这些动机应该是什么，人们提出了许多建议。基本建议（下面也要仔细研究）是构造一种机制，它记住协作的节点和没有协作的节点。

这种机制基于每个终端的"声誉"，即它提供帮助的程度（基于声誉的机制）[20]。依据这种机制，与每个终端的交互可能性取决于它有的声誉。每个终端可以两种方式管理它的声誉：中心式的或分布式的。在一个中心式声誉系统中，检查终端声誉的机构，为终端收集各元素，并在网络处提供这些元素。因此，相对于其他用户的声誉，每名用户被赋予访问信息的可能性。在一个分布式系统中，每名用户在邻接终端上存储信息。因此他或她有自己的数据库，且将数据库与其他用户的进行比较。这种特定机制的基本思路是，因为它关注协作并具有一个良好声誉的用户们，所以它必须为用户们赋予获得某种利润的可能性[21]。作为一个例子，如果一名用户作为一个中继在数据传输中帮助了另一名用户，那么在未来为其自己的利益而使用其他用户的资源就应该是可能的[13,22]。

第二项建议是具体的和更复杂算法的使用，目的是用户的局部化（它们是协作用户和不协作用户），并采取相应决策[13,21-23]。此外，也有在协同增效网络中动机的控制和益处的其他机制，例如工资机制（付报酬机制），有点不太流行。应该强调的是，这些机制将额外负担引入到系统之中，原因是它们为节点间的通信要求进行编码的机制。据此，流量增加且网络的容量减少，导致吞吐量的性能降低[21,24]。

此外，为协作可使用独立于机制的某些动机，可由移动电话的每个提供商给出这种动机。更具体而言，后者可为"良好"用户（即为协作的并将其资源提供支持其他用户的用户，或换种方式说，是对具有良好声誉的用户）提供低的借项额度（debit）或甚至较佳服务的好处作为较高的数据速率。

19.4　协作网络场景的仿真和讨论

19.4.1　仿真场景

在本段，我们描述如何仿真前述的协作框架。为量化 4G 协作网络的效果，对如下三种场景进行了建模：

1）场景 1（基线场景）：首先，仿真了这样的一个 UMTS 网络，它服务一些用户，这些用户为下载一个变尺寸的文件而利用文件传输协议（FTP）服务。在那种情况下，不发生协作，且为从最近的 BS 下载特定文件，每名用户自治地运行。

2）场景 2（远程节点辅助场景）：在第二种场景中，通过在一名用户（主）和所有其他用户（在蓝牙覆盖区的半径内，即在小于或等于 10m 的距离内）之间引入蓝牙链路。这个仿真对应于在不能与 BS 通信的一个终端处提供服务的能力。因此，为从 BS 下载期望文件的组成部分，附近节点或终端提供其帮助，方法是将它们的资源提供给主终端。这些节点从 BS 通过蜂窝链路接收数据，并将数据通过蓝牙转发到主终端。文件的剩下部分通过一条蜂窝链路（UMTS）进行下载。

3）场景 3（协作广播场景）：在上一个被仿真的场景中，考虑了协作网络的有效性。单个用户的移动设备（恰巧通过 UMTS 协议从邻接节点处得到较佳数据速率）自动地成为集群的主终端，并与在蓝牙覆盖范围半径内的终端建立蓝牙链路。为帮助其他用户更快速地并以显著较低的功率消耗下载期望的文件，主终端使用它自己的资源。

仿真的多个变量为上述场景的有效检查提供了得到期望结果的能力。下面给出这些参数中的一些参数。

1）用户数：可参与的最大用户数受到蓝牙协议（用于短距离链路）的限制，限制为总共 8 个移动设备，即 1 个主设备和 7 个辅助设备。参与用户的数量在协作网络中特别是在场景 2 和场景 3 中扮演一个重要的角色，因为这个数量显著地影响结果。

2）拓扑维数：蜂窝网络的 BS 和移动终端被放置在一个三维坐标系中，在随机位置覆盖 $3375m^3$ 的一个区域。蓝牙覆盖范围是 10m，而 BS 能够与每个终端通信而不管其距离为何。

3）文件尺寸：在我们的研究中，文件尺寸从 10KB 到 1MB 不等。

19.4.2　网络模型

仿真主文件被分成 IP 报文和协议数据单元（PDU）。这些报文的数据取决于文件尺寸（是针对 FTP 服务定义的）以及 IP 报文和 PDU 报文的尺寸。在本项工作的框架中，IP 报文尺寸等于 1500B（40B 首部和 1460B 数据）。PDU 单元尺寸被定义等于 40B，这和在文献［25］中确定的一样，还有一个 2 字节的首部（可认为是可忽略的）。

在协作网络的场景中，也传输蓝牙数据。在那种情形中，主或辅助终端通过蜂窝链路接收的各 PDU 被封装到蓝牙报文。在每个网络中蓝牙报文尺寸是不同的。在我们的仿真中，考虑一个低的 BER（10^{-4}），使用了 DH5 报文[26]。估计它们的尺寸为每条报文 339B（15～16 字节首部），且蓝牙数据速率处在 723kbit/s[26]。每次产生的数据报文是不同的，这取决于被仿真的场景。在基线场景的情形中，整个文件被分割成 IP 报文，之后被分割成 PDU。在远程节点辅助场景的情形中，在查询协作用户之后，每个协作用户假定要下载整个文件的 10%。用户每次下载一定数量的 PDU 之后，这些 PDU 被封装到蓝牙报文，并被发送到主终端。在最后一个场景中，主终端每次从 BS 接收到一些 PDU 之后，它将它们封装到蓝牙报文之中，并将报文发送到协作用户。更具体地说，每条蓝牙报文由 8 个或更少的 PDU 组成。

在每条链路处认为数据速率和 BEP 是常量。对于蜂窝链路（UMTS），数据速率具有 384kbit/s 的峰值速率，对于蓝牙，则是 723kbit/s。上述数据速率是每条链路的最大可行速率；但是，由于许多原因它们是很少会达到的。BEP 高度影响数据速率，因为传输中的错误导致重传的报文，即较低的吞吐量。结果是，BEP 越高，则端用户经历的 QoS 就越低。重传的时间和方式由 TCP 决定。对于蜂窝链路，BEP 被设置为 10^{-3}，对于短距离链路，被设置为 10^{-4}。

此外，TCP（是传输层的最流行协议）负责在不可靠 IP 之上建立一条点到点可靠的链路。这个协议具有数据流控制的机制（为避免拥塞），也有报文重传的机制（为取得可靠性）[27]。在当前研究中，我们不研究链路建立的初始条件（例如三个手持设备（triple handset），译注：怀疑是三次握手）；相反我们将焦点放在重传机制上。在发送 PDU 到用户之后，BS 等待来自用户的响应 ACK（确认报文）。在负面 ACK（NACK）或没有相应 ACK 的情况下，BS 不得不重传文件。在每次重传中，被发送报文的一个拷贝进入一个独特的缓冲（传输缓冲）。在 ACK 的情形中，从这个缓冲中删除报文拷贝，而在 NACK 的情形中，为再次调派，报文拷贝被移入重传缓冲[27,28]。

应该考虑的另一件事情是流控，其中使用了滑动窗口机制。采用这种方法，可做到一条报文以上的同时调派，这极大地增加了频谱使用。报文传输开始时有一个小尺寸窗口（1 到 2 个 PDU），但每当 BS 接收到一个 ACK 时，直到到达一个最大阈值（定义为带宽时延乘积（BDP））之前，这个窗口都增加 1。在这种情形中，窗口保持稳定，除非 BS 接收到一条 NACK，这将滑动窗口变为当前窗口的 1/2。对于 UMTS，BDP 的变化范围从 7200B 到 64000B[28,29]。考虑到最小 BDP，BS 可发送 5 条全尺寸的 IP 报文，即 180 个 PDU。但是，由于被重传的报文，这个事实可能限制链路容量；很少达到这个限制。

最后，对于 UMTS，在物理层之上，有另一个层，该层被分为无线电链路控制（RLC）和媒介访问控制（MAC）层。RLC 层负责到下层和上层的报文的分段和重组装，而 MAC 负责媒介访问[28,30]。在从 MAC 到物理层的报文转发过程中出现的超时，称作 TTI，通常被设置为 10ms。

19.4.3　能量消耗估计

对于在仿真过程中能量消耗的研究，必须计算为移动终端操作而消耗的能量。下面，我们给出为在蜂窝链路和短距离链路中评估能量所使用的模型。

19.4.3.1 蜂窝链路（UMTS）

蜂窝链路是与 BS 通信的主链路。由于终端和 BS 之间的距离，从 MT 要消耗大量能量。可以准确地计算在这种类型连接中消耗能量的蜂窝系统模型，是难以形成的。实际上，从 BS 下载文件的最大百分比能量，涉及移动设备仍然处于高态（high state）的时间，其中它处于这样的状态，从而使之可接收所有的 PDU（目的是重构整个文件）[31]。每千位消耗能量的恒定速率可看作仿真的结果，是在文献中给出的，即为 35121J/MB 或 0.0044J/Kb[32]。由此，在本项研究的框架中，我们估计每 PDU 消耗的能量为 0.0014J/PDU。

19.4.3.2 短距离链路（蓝牙）

短距离链路（蓝牙）涉及各 MT 之间的通信。出于仿真目的，假定在 MT 之间蓝牙协议可无中断运行的最大距离是 10m。此外，为构造 MT 能量消耗的一个较佳度量模型，我们分别估计主 MT 和辅助 MT 所消耗的能量。依据文献，由移动终端所消耗的每千位和每类（主或辅）的能量可如下就算[33]：

● 从 0m 到 5m。就距离方面观察到一个稳态，所以可考虑消耗能量的恒定值：

主：能量 = 0.001J/Kb = 0.0029J/蓝牙报文

辅：能量 = 0.008J/Kb = 0.0023J/蓝牙报文

● 从 5m 到 10m。观察到能量与距离的一个线性相关。此外，可认为主和辅 MT 的互相关趋势是类似的[33]。因此可如下估计每蓝牙报文的能量：

主：能量 $= 5.74 \times 10^{-5} \times d \ [m] + 2.6 \times 10^{-3}$，对于 $5 \leq d \leq 10$

辅：能量 $= 5.74 \times 10^{-5} \times d \ [m] + 2.10^{-3}$，对于 $5 \leq d \leq 10$

19.4.4 仿真结果

在本节，为说明可由未来协作网络得到的可能收益，给出不同场景的大量仿真的结果。这些结果基于在一个大型系列仿真过程中所发生的测量基础之上。结果的分析可被分成两部分：第一部分涉及前两个场景的比较，而在第二部分中，是在第一个场景和第三个场景之间的比较。为在这项研究中实施比较，我们考虑的度量指标（值得关注的质量指数的数据速率、传递时间和能量消耗。

19.4.4.1 远程节点辅助和基线场景之间的比较

可预料，随着更多的用户在下载方面有所贡献，则对主终端而言在数据速率和传递时间方面我们得到的增益就越大。对于这个场景，文件尺寸是 500KB。如可从图 19.5 看到的，主终端得到其数据速率正比于协作用户的数量。因为蓝牙协议占主导地位，所以协作终端数要小于 8。在有 7 个贡献节点的情形中，数据速率增益可大于 100%。其他用户们没有从这种协作中得到任何好处。对于这些用户，和前面解释的一样，为进行协作，必须由服务提供商赋予一些动机。另外，传递交付时间有显著的减少。采用协作模式，主终端从其他节点处接收文件的各组成部分，以这种方式减少了传递时间。

就能量消耗（如在 19.4.3 节中解释的那样）而言，预期会小于单个 UMTS 网络中

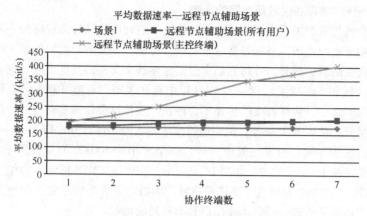

图 19.5　平均数据速率和协作终端数（场景 2）

的情况，特别对于主终端的情况尤其如此，原因是它通过蓝牙接收整个文件的组成部分。但是，相比一个 UMTS 网络，主终端浪费 9% ~ 11% 多的能量。这个悖论在于这样的事实，从短距离链路上下载文件，主终端比辅助终端浪费较多能量。尽管如此，整个能量消耗类似于一个 UMTS 网络。结果如图 19.6 所示。作为一个结论，我们可声称，在这个特定场景中，我们可得到较好的数据速率和传递时间，为帮助主终端下载期望的文件，消耗相同的能量。

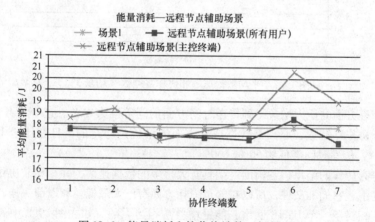

图 19.6　能量消耗和协作终端数（场景 2）

除了协作用户数外，上述度量指标也取决于主终端期望下载的文件尺寸。在这项研究中，文件尺寸范围从 100KB 到 1MB，且协作用户数取离散值。重要的是指出，文件越大，期望的数据速率就越高，因为需要一些时间才能到达峰值。具体而言，数据速率具有类似于文件尺寸的一个良好改进。数据速率增益达到 35% ~ 40%。一般而言，相比于一个 UMTS 网络，数据速率有一个稳定的较大值，且这个事实极大地影响传递交付时间，传递交付时间得到降低。最后但丝毫不减重要性的是，如所预期，较大文件尺寸导致终端的较高能量消耗。

19.4.4.2　协作广播和基线场景之间的比较

在第三个被仿真的场景中，从他或她的邻接节点处有较佳蜂窝链路的一名用户，接收到来自邻接节点的查询，目的是帮助它们进行传输，并安装与它们的蓝牙链路。主终端下载整个文件的组成部分，并将它们发送到想要这个文件的其他节点。想象一个非常流行的文件（例如一部视频），在一个小区域中有许多用户希望下载它。直到整个文件从各用户接收到之前，蓝牙报文的传递不会停止，而且这种传递是动态的。但是，假定所有用户同时开始使用 FTP 服务，他们通过蓝牙接收的文件百分比是 35%～40%。

在那种情形中，和在前面场景中一样，一个大小为 500KB 的文件用于 FTP 服务，而协作用户数是从 1～7 可变的。如图 19.7 所示，相比于 UMTS 网络，协作用户得到的增益要高 120%。这个增益独立于协作用户数，原因是主终端将带宽均匀地分配到各辅助终端处。采用那种方式，所有协作用户具有相同的增益。

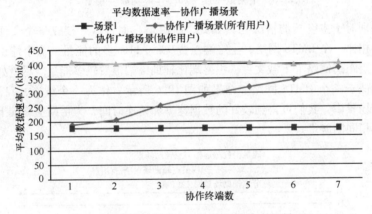

图 19.7　平均数据速率和协作终端数（场景 3）

数据速率方面的巨大增益得到传递时间方面的同等巨大增益。这个增益是恒定的，且不依赖于协作终端数，原因是数据速率方面的增益是稳定的，且相比于 UMTS 网络（基线场景），传递时间降低约 50%～60%。

因为作为协作的结果，各辅助终端具有大得多的数据速率，并相比非协作用户以快得多的速度下载它们的文件，所以在能量消耗方面有巨大降低。和以前一样，能量增益是稳定的，相对于一个 UMTS 网络，能量增益是相当大的。如在图 19.8 中看到的，能量收益大约为 50%，而如果我们仔细研究系统的所有用户（不管他们是否参与到协作之中）的平均能量消耗，能量增加从 0～50% 间变化。因此，在移动设备中存在极大的能量节省，得到电池寿命的改善，同时在电磁能量（会是有害的）的速率方面会有同样的降低。

另外，也详细地研究了数据速率、传递时间和能量消耗与文件尺寸的关系。只要数据速率、传递时间和能量增益对这个场景是稳定的，则要仔细研究协作用户和所有用户的平均增益。如前所述，协作用户数不影响这个场景中的度量指标。最后，就能量消耗而言，注意到一个增长的增益，它取决于文件尺寸，并从 0% 变化到 50%。对于较大型

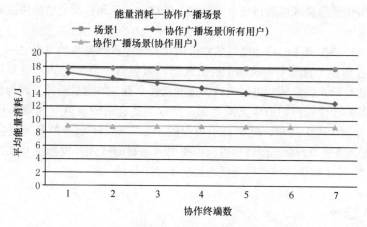

图 19.8　能量消耗和协作终端数（场景 3）

的文件，能量增益可能甚至更大。这是从如下事实推断出来的，即文件越大，仿真时间增加得越快，且主终端通过蓝牙链路发送整个文件的较大百分比部分。

19.4.5　讨论

基于在前一节中给出的仿真结果和图形，相比没有协作的单一移动网络（例如 UMTS 网络）而言，具有协作的一个集成系统的卓越性是明显的。特别地在远程节点辅助的场景中，数据速率翻倍，且下载时间降低 1/2。这是仅有一个用户得到益处的场景。此外，有关数据速率的结果是令人印象深刻的，但它们取决于协作终端数。

在协作广播场景中，能量增益随被下载文件的尺寸而增加。另外，对协作终端数没有依赖关系。存在的唯一依赖关系是主终端。主终端下载文件的速度越快，则它就能越快递将文件各部分发送到辅助终端。换句话说，蓝牙协议的速度受到 UMTS 协议较低速度的约束。导致那个问题是因为主终端应该在发送文件各部分之前下载它们。这个仿真场景最令人受到鼓舞之处是，只要各辅助终端从主终端处下载大部分的文件组成部分，就观察到较佳的数据速率，它逼近 723kbit/s 理论值，因为这些终端达到 $600 \sim 650$kbit/s 的平均速度。尽管如此，这个场景的增益是非常重要的。

作为最后一条评语，仿真结果给出一种最优的感觉，即 4G 网络可支持 1Mbit/s 以上的数据速率，且如果用户节点协作的话，它们的能量消耗需要甚至更低。当然在这些被仿真的场景可部署到真实网络中并取得类似结果之前，必须要克服许多障碍。

19.5　未来研究方向

应该考虑在内的问题之一是用于辅助空中接口的协议，可能会造成差异。考虑使用一条 Wi-Fi 互联网连接的情形，我们以一种正面的方式得到时间和数据速率巨大变化的一个结果。依据仿真结果，可以确信的是，协作服务和网络领域的研究将不会是浪费时间。在许多协作通信领域可进行更多的研究，但移动用户和移动电信提供商必须理解协作服务的收益。

另外，支持协作服务的移动终端软件的演化是最令人感兴趣的方面之一。各协议的调整（确保在物体之间没有衰减和干扰的通信）可创造一个稳定的环境，其中不同协议是无干扰运行的，提供甚至更好的数据速率及甚至更少的能量消耗。因为移动用户之间合适的交易对于使用户们协作是重要的，所以创造合适的软件（跟踪协作服务的使用）当然要有利于协作用户，就是必不可少的。为实现 IoT 服务的环境适应性，赋予 IoT 软件系统语境感知和动态部署能力，需要引入新颖的软件开发理论和支撑技术。为提供智能服务，IoT 软件应该能够灵活地适应于动态环境。

19.6　小结

本章的主要目标是讨论由协作网络的发展带来的好处。首先，进行了 IoT 的分析，并讨论了协作战略在 IoT 概念上的可能好处。在本章的第二节，我们描述了协作网络特点，并给出使用协作网络的好处。最后，我们给出一项协作服务的仿真结果，展示了在能量消耗最小化和数据传递速度增加方面协作网络的优势。结果表明，许多优势可从节点协作中得到。尽管如此，对于未来研究，协作网络的许多技术挑战仍然是开放的，例如互操作性问题或协作的动机问题。即使可良好地形式化理论的协作场景并对之进行仿真，但在真实生活中，为使理性节点共享它们有价值的资源，应该为它们提供激励。

未来网络日渐明显的愿景是，现有异构无线网络和移动终端将演进到相互协作，目的是便利网络流量并为甚至最苛刻的用户都保障 QoS 需求。当前正在开发的用于监视（例如用于预报）的大型 IoT 应用，将无线传感器网络与车载网络、智能电源使用（power-usage）网络、3G 移动网络和互联网集成，目的是为 IoT 建立多应用验证平台。对大型异构网络单元的访问和网元间的海量数据交换，是与 IoT 广泛应用相关联的重要的新颖特征。同时，在每个局部区域中的网元必须能够动态地自组织，并以一种互操作方式实现互联。结果是，与 IoT 有关的最重要挑战之一是对在带有并发局部动态自治的大型异构网络单元间数据交换的支持。

参 考 文 献

1. Tan, L., and Neng Wang. "Future Internet: The Internet of Things." 3rd International Conference on Advanced Computer Theory and Engineering (ICACTE), 2010, 376–380.

2. Puyolle, G. "An Autonomic-Oriented Architecture for the Internet of Things." Modern Computing, 2006. JVA '06. IEEE John Vincent Atanasoff 2006 International Symposium, Sofia, 3–6 October 2006, 163–168.

3. Pereira, J. "From Autonomous to Cooperative Distributed Monitoring and Control: Towards the Internet of Smart Things." at ERCIM Workshop on eMobility, Tampere, 30 May 2008.

4. Takaragi, K., M. Usami, R. Imura, R. Itsuki, and T. Satoh. "An Ultra Small Individual Recognition Security Chip." *IEEE Micro* 21, no. 6 (2001): 43–49.

5. Kortuem, G., D. Fitton, F. Kawsar, and V. Sundramoorthy. "Smart Objects as Building Blocks for the Internet of Things." *IEEE Internet Computing*, (January/February 2010): 44–51.

6. Juels, A. "RFID Security and Privacy: A Research Survey." *IEEE Journal on Selected Areas in Communications* 24, no. 2, (2006).

7. Koshizuka, N., and K. Sakamura. "Ubiquitous ID: Standards for Ubiquitous Computing and the Internet of Things." *Pervasive Computing* 9, no. 4, (October–December 2010): 98–101.

8. Atzori, L., A. Iera, and G. Morabito. "The Internet of Things: A survey." Computer Networks, 31 May 2010.

9. Terziyan, V., O. Kaykova, and D. Zhovtobryukh. "UbiRoad: Semantic Middleware for Cooperative Traffic Systems and Services." *International Journal on Advances in Intelligent Systems* 3, nos. 3 and 4 (2010): 286–302.

10. Baeg, S. H., J. H. Park, J. Koh, K. W. Park, and M. H. Baeg. "Building a Smart Home Environment for Service Robots Based on RFID and Sensor." Control, Automation and Systems, 2007, ICCAS '07, International Conference, 17–20 Oct. 2007, 1078–1082.

11. Prasad, N. R. "Secure Cooperative Communication and IoT: Towards Greener Reality." CTIF Workshop 2010, May 31–June 1, 2010.

12. Zhang, Q., F. H. P. Fitzek, and M. Katz. "Evolution of Heterogeneous Wireless Networks: Towards Cooperative Networks." Third International Conference of the Center for Information and Communication Technologies (CICT)—Mobile and Wireless Content, Services and Networks—Short-Term and Long-Term Development Trends, Copenhagen, Denmark, November 2006.

13. Fitzek, F. H. P., and M. Katz. *Cooperation in Wireless Networks: Principles and Applications.* Springer, 2006.

14. Kristensen, J. M., and F. H. P. Fitzek. "The Application of Software Defined Radio in a Cooperative Wireless Network." Software Defined Radio Technical Conference. SDR Forum. Orlando, Florida, USA, 2006.

15. Militano, L., F. H. P. Fitzek, A. Iera, and A. Molinaro. "On the Beneficial Effects of Cooperative Wireless Peer to Peer Networking." Tyrrhenian International Workshop on Digital Communications 2007 (TIWDC 2007). Ischia Island, Naples, Italy, 2007.

16. Frattasi, S., B. Can, F. Fitzek, and R. Prasad. "Cooperative Services for 4G." 14th IST Mobile and Wireless Communications Summit, Dresden, Germany, 2005.

17. Albiero, F., M. Katz, and F. H. P. Fitzek. "Energy-Efficient Cooperative Techniques for Multimedia Services over Future Wireless Networks." IEEE International Conference on Communications (ICC 2008), 2008.

18. Perrucci, G. P., F. H. P. Fitzek, A. Boudali, M. Canovas Mateos, P. Nejsum, and S. Studstrup. "Cooperative Web Browsing for Mobile Phones." International Symposium on Wireless Personal Multimedia Communications (WPMC'07), India, 2007.

19. Zhang, J., and Q. Zhang. "Cooperative Network Coding-Aware Routing for Multi-Rate Wireless Networks." IEEE INFOCOM 2009, Rio de Janeiro, Brazil, 181–189.

20. Charilas, D. E., S. G. Vassaki, A. D. Panagopoulos, and P. Constantinou. "Cooperation Incentives in 4G Networks." In *Game Theory for Wireless Communications and Networking*, CRC Press, Boca Raton, FL, 2011, 295–314.

21. Oualha, N., and Y. Roudier. "Cooperation Incentive Schemes." Rapport de recherche RR-06-176, France, 2006.

22. Hales, D. "From Selfish Nodes to Cooperative Networks—Emergent Link-Based Incentives in Peer-to-Peer Networks." The Fourth IEEE International Conference on Peer-to-Peer Computing, Zurich, Switzerland, 25–27 August 2004.

23. Sun, Q., and H. Garcia-Molina. "SLIC: A Selfish Link-Based Incentive Mechanism for Unstructured Peer-to-Peer Networks." Hector, Stanford, 2003.

24. Frattasi, S., F. H. P. Fitzek, and R. Prasad. "A Look into the 4G Crystal Ball." IFIP International Federation for Information Processing, 2006, 281–290.

25. Lo, A., G. Heijenk, and C. Bruma. "Performance of TCP over UMTS Common and Dedicated Channels." IST Mobile and Wireless Communications Summit 2003, Aveiro, Portugal, 15–18 June 2003, 138–142.

26. Kim, J., Y. Lim, Y. Kim, and J. S. Ma. "An Adaptive Segmentation Scheme for the Bluetooth-Based Wireless Channel." Tenth International Conference on Computer Communications and Networks,

Scottsdale, AZ, USA, 15–17 Oct. 2001, 440–445.

27. Transmission Control Protocol—Wikipedia, the free encyclopedia, http://en.wikipedia.org/wiki/Transmission_Control_Protocol.

28. Teyeb, O. M. "Quality of Packet Services in UMTS and Heterogeneous Networks, Objective and Subjective Evaluation." 2006.

29. TCP over Second (2.5G) and Third (3G) Generation Wireless Networks [RFC-Ref], http://rfc-ref.org/RFC-TEXTS/3481/chapter4.html#d4e443021.

30. Bestak, R., P. Godlewski, and P. Martins. "RLC Buffer Occupancy When Using a TCP Connection Over UMTS." 2002 13th IEEE International Symposium on Personal, Indoor and Mobile Communications Vol. 3, 15–18 Sept. 2002, 1161–1165.

31. Balasubramanian, N., A. Balasubramanian, and A. Venkataramani. "Energy Consumption in Mobile Phones: A Measurement Study and Implications for Network Applications."

32. Perrucciy, G. P., F. H. P. Fitzeky, G. Sassoy, W. Kellererx, and J. Widmer. "On the Impact of 2G and 3G Network Usage for Mobile Phones' Battery Life." European Wireless, 2009.

33. Militano, L., A. Iera, A. Molinaro, and F. H. P. Fitzek. "Wireless Peer-To-Peer Cooperation: When Is It Worth Adopting This Paradigm?" The 11th International Symposium on Wireless Personal Multimedia Communications (WPMC'08).

第 20 章 用于无线传感器网络的 基于调度的多信道 MAC 协议

20.1 引言

设计一个多信道媒介接入控制（MAC）协议，作为满足一个无线传感器网络（Wireless Sensor Network，WSN）中有限带宽的较高带宽需求的一种成本有效方案，吸引了许多研究人员的兴趣。因为快速的技术发展，某个地理位置可被可视化为使用细粒度处理的一个全连接的信息空间，它可使用传感器技术进行实现。传感器节点可被看作一个原子性的计算粒子，为捕获和处理其周边的数据而被部署到各地理位置。这种传感器网络的预期成效是在一个长时间段上从个体传感器感知的局部数据中产生全局信息。将传感器节点协调为一个复杂的计算和通信基础设施，称作一个 WSN，对各种各样的敏感应用[1-4]（例如军事、科学、工业、健康和家庭网络）具有强烈影响。但是，因为传感器无线电的半双工性质和无线介质的广播特征，有限的带宽仍然是 WSN 的一个紧迫问题。对于多跳 WSN，带宽问题是比较严重的，原因是相同路径上的连续跳之间的干扰和邻接路径之间的干扰。结果，常规的单信道 MAC 不能充分地支持带宽需求。

在最新的研究中，大量注意力投向设计吞吐量最大化 MAC 协议[5-11]，当使用一个物理信道时这种协议工作良好。但是，因为 WSN 中的有限无线电带宽（例如 MICA2[12] 中的 19.2kbit/s、MICAz[13] 中的 250kbit/s 和 Telos[14]），单个信道 MAC 协议进一步限制了对带宽的较高要求。典型情况下，WSN 的无线电收发器是廉价器件，仅提供低带宽通信。当真实世界中的物理事件触发许多节点中的自发通信，单个通信信道处在繁重负载之下，作为冲突的结果，丢失了许多消息。载波侦听多路接入/冲突避免（CSMA/CA）方案非常适合自发通信，但不提供繁重负载下的高信道利用率。因此，另一种成本有效的解决方案以其使用多个信道的可能性而吸引了人们的注意力。针对并行数据传输可工作的解决方式是基于当前 WSN 硬件的，例如 MICAz 和 Telcos，以单无线电提供多条信道。

针对单个无线电的一般无线网络，人们开发了许多多信道 MAC 协议[15-17]。考虑到 WSN 的典型应用和能力，这些协议是不合适的。因为相比于一般无线网络，WSN 中较小的 MAC 层报文尺寸，人们设计了诸如文献［15-17］的协议，带有针对信道-时间协商的请求发送/清除发送（RTS/CTS）或三次握手，为受约束的传感器节点提供了显著的控制额外负担。因此，针对 WSN 的一个多信道 MAC 协议，应该考虑到协商时间-信道选择中可能的最小控制额外负担。研究人员们提出了多个多信道 MAC 协议[18-20,21]，它们利用多个信道增加 WSN 中的网络吞吐量。但是，这些协议遇到高控制额外负担的问题。

在本章中，我们讨论针对无线自组织和传感器网络的各种多信道 MAC 协议，还讨论它们的优点和缺点。之后，我们描述一种新方法，这是针对静态 WSN[22] 的一个基于组方式调度的多信道 MAC 协议（GS-MAC）。这种方法的目标是通过将邻接节点分组而使用无冲突的、多信道调度，改进网络吞吐量。该方法是完全去中心式的，且在传感器的局部化范围内是高效的。对这种方案进行了仿真，就聚集吞吐量、报文交付率、端到端时延和能量消耗等方面评估了其有效性。

本章的后面部分如下组织：在 20.2 节，我们介绍 WSN 中的多信道 MAC，并回顾了无线网络中现有 MAC 协议的相关工作，特别将重点放在自组织和传感器网络上。在 20.3 节，我们讨论 WSN 的基于调度的、多信道 MAC，并讨论了为传感器节点调度一个无冲突的时槽/信道指派的各种算法。在 20.4 节，我们通过大量仿真，评估和讨论该方法的性能。在 20.5 节，我们概要列出有关这项工作如何增强以开发适用于资源受限传感器网络的一个更高效多信道 MAC 协议的未来研究方向。最后，在 20.6 节以潜在研究研究方向的简短总结和路线结束本章。

20.2   背景

在 WSN 的语境中，存在最新的建议，它们使用多信道介质访问技术的概念提升网络性能。Zhou 等[18] 最近介绍了无线传感器网络多频率介质访问控制（MMSN），这是特别针对 WSN 设计的多频率 MAC 协议。这是一个分时槽的 CSMA 协议，在每个时槽的开始时，各节点在能够传输之前都需要竞争介质。MMSN 将信道指派给接收者。当一个节点打算传输一条报文时，它必须在其自己的频率和目的地的频率上侦听到达报文。使用一种嗅探机制来检测不同频率上的报文，这使节点频繁地在信道之间切换。MMSN 为广播流量使用一个特定的广播信道，且每个时槽的开始部分为广播预留。MMSN 要求一个专用的广播信道。

多信道轻量介质访问控制（MC-LMAC）协议[21] 使用一种调度的访问法，其中每个节点提前被授予一个时槽，并在无冲突的条件下使用这个时槽。在每个时槽开始时，为交换控制信息，要求所有节点侦听一个公共信道。但是，信道额外负担是相当高的。基于树的多信道协议 TMCP[23] 是用于数据收集应用的一种基于树的、多信道协议。目标是将网络分成子树，同时最小化树内干扰。该协议将网络分成子树，并为驻留在不同树上的各节点指派不同信道。TMCP 被设计为支持收敛播（convergecast）流量，但由于分隔，它难以成功地实现广播。因为各节点是在相同信道上通信的，所以没有解决各分支内的冲突。

有许多 MAC 协议提案，它们都考虑在 WSN 域中的单信道通信[5,8,8,10]。这些协议在单信道场景中工作良好，其中主要设计目标是能量效率[24]、扩展性和对变化的适应性[25]。

存在目标为提供高吞吐量的单信道 MAC 协议，它们特别采用调度式通信，例如

Z-MAC[26] 和突发-MAC[27]。虽然这些协议在单信道场景中性能良好，但在多信道之上并行传输可进一步提高吞吐量，方法是去除单个信道上的冲突和干扰。

除了多信道通信外，存在降低干扰影响的其他方法，例如传输功率控制[28]、构造最小干扰目的（sink）树[29]。在一项以前的工作中，Incel 和 Krishnamachari[30] 采用一个真实设置深入考察了传输功率控制对网络性能的影响，并发现在无线电上离散的和有限等级的可调传输功率，不能完全地消除干扰的影响。

在一个 GS-MAC 机制中，数据传输和接收调度以及实际数据传输都是以一种无冲突的方式进行的。不像现有协议的是，在 GS-MAC 中，一个周期时间被分成三部分。在第一部分中，一个周期的开始，每个节点简单地获取每个节点将公告数据传输-接收调度的顺序。在第二部分中，各节点依据这个顺序广播它们的调度。每个节点仅广播一次它的传输调度和其邻居节点的调度信息。最后，每个节点实际上依据在周期的第二部分中公告的调度信息传输数据报文。因为每个节点使用一条广播公告它的调度信息，两跳节点中的一些节点可能没有收到调度。GS-MAC 采用如下方法克服这个问题，即将数据传输时槽分成不同组，并引入安全间隙，其中每个节点传输和接收其中一个组的实际数据报文。每个节点使用组数和顺序计算它所在的组。这使调度为无冲突的。

20.3　多信道 MAC 协议：基于调度的方法

20.3.1　网络模型和假设

我们考虑这样一个 WSN，通过大量静态传感器节点和称作目的/基站（BS）的一个数据收集点，它监测感兴趣的大范围地域。这个 WSN 可由一个无向图 $G = (V, E)$ 表示，其中 V 表示网络中的所有传感器集合，$E \subset V \times V$ 表示任何节点对之间通信链路的集合。V 中有称为 BS 的一个数据收集点。在各传感器处产生的所有流量目的地均为 BS。这样一个网络称为一个多对一传感器网络。节点 i 和 j 之间的距离 $d(i, j)$ 被定义为从一个节点到另一个节点需要穿越的最小边数。由这个定义，传感器网络的拓扑可由一个 $N \times N$ 对称邻接矩阵 C 描述，是这样定义的，如果 $d(i, j) = 1$，则 $C_{ij} = 1$，否则 $C_{ij} = 0$。

我们假定每个传感器节点有一个唯一 ID。每个节点装配有一个半双工收发器；一个节点可传输或侦听，但不能同时传输和侦听。一个收发器可调谐到不同频道（非重叠频率），且所有信道有相同带宽。目的汇点（或 BS）是配备有足够计算和存储能力的一个数据收集中心，而传感器是靠电池运行的，且装备有有限数据处理能力的引擎。为提供高效的广播支持，各节点是时间同步的[31]。传感器的任务是动态地服务从目标区域到目的汇点的数据需要。

20.3.2　问题陈述

在网络中的冲突关系可由一个干扰矩阵 $I_{N \times N}$ 描述，其中如果 $d(i, j) \leq 2$，则 $I_{ij} =$

1，否则 $I_{ij}=0$。这个冲突关系（因为干扰）导致并行传输成功的两个条件：

　　1）如果通信距离 $d(i, j)$ 大于 2，则节点 i 和 j 可同时在相同信道上传输数据；

　　2）如果通信距离 $d(i, j)$ 小于或等于 2，则节点 i 和 j 可同时在不同信道上传输数据。

　　为设计一个多信道 MAC，通常一个时间段被分成称为时槽的一些相等间隔。设计每个时槽处理在网络中节点对之间传输和接收的一条或多条报文。因此，时槽的分配直接影响网络的性能。此外，当几次传输同时运行时，合适的信道/时槽分配也确保无冲突的通信。为最大化网络吞吐量并改善其他性能问题（例如时延、能量消耗等），就需要调度信道/时槽的一种高效方式。

20.3.3　协议描述

　　在本节，我们详细描述 GS-MAC 方法。目标是设计一种高效的多信道 MAC 协议，它审慎地调度消息传输以便在 MAC 层避免冲突，利用多信道来最大化邻接节点间的并行传输。GS-MAC 的介质访问设计是全分布式的，并避免了一个多信道隐藏终端问题[16]。

　　这里的主要关注点是设计一种方法论，从而避免不同传感器节点的传输间的冲突。冲突背后的关键原因是所谓的隐藏终端问题，当一个发送者不知道其他发送者的传输时导致这个问题。此外，在许多情形中，如果发送者处在干扰范围之外，它们甚至注意不到冲突。作为冲突的结果，正是接收者实际上在接收中要面对这个问题。记住这点，GS-MAC 协议中的信道指派是基于接收者的。在网络初始化过程中，接收信道被指派给节点进行数据接收，且每个节点将其接收信道广播给其邻居。当一个节点希望传输数据时，它需要切换到接收者的接收信道。

　　在 GS-MAC 协议中，不同时槽被指派给不同发送者-接收者对，且多信道的使用，确保在不同信道上在相同时槽中不同发送者-接收者对直接的并行传输。在不同信道照中不同时槽中数据传输调度是审慎地进行的，这就避免了冲突。当一个接收者选择一个信道和一个数据接收槽时，它知道其他调度已经由其干扰距离内其他阶段所选择（典型情况下，指其两跳距离内的各节点）。

　　在 GS-MAC 协议中，一个周期（时长）由三部分组成：

　　1）冲突时段（CP），为各节点提供一个排序；

　　2）控制槽窗口（CSW），实施数据传输调度算法；

　　3）数据传递窗口（DTW），其中发生实际数据传输。

　　但是，一旦选择数据槽（在 CP 和 CSW 过程中），各节点可使用调度（仅重复 DTW），直到作为拓扑改变（例如节点失效等）的结果有必要做出任何改变时才发生改变。

　　我们在下面各小节详细描述 GS-MAC 协议。

20.3.3.1　周期结构

　　一个周期的结构如图 20.1 所示。如前所述，一个周期（时长）被分成三部分，即

CP、CSW 和 DTW。CSW 和 DTW 是无冲突时段（CFP）。CSW 被分成 $m(0, 1, 2, \cdots, m-1)$ 等尺寸槽。在 CSW 中一个槽的时长被设置为检取期望接收槽的时间加上一个控制消息的传输接收时间。类似地，DTW 被分成 $n(0, 1, 2, \cdots, n-1)$ 个等长时槽，而 DTW 中一个槽的时长被设置为一个或多个数据报文与 ACK 的传输接收时间。DTW 中各时槽被进一步分成具有等数量时槽的 $R(G_0, G_1, G_2, \cdots, G_{R-1})$ 个组。在后面各节中讨论参数 m、n 和 R 的选择。

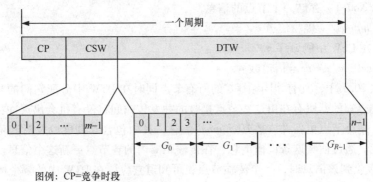

图例：CP=竞争时段

CSW=控制槽窗口

DTW=数据传递窗口

图 20.1 周期结构：周期被分成 CP、CSW 和 DTW。DTW 被分成 R 个组

20.3.3.2 调度传输

针对 CP 过程中在一个周期开始时的通信，各节点使用 802.11 CSMA/CA 中使用的广播机制。在这个时段过程中，每个节点停留在一个公共信道，并竞争 CSW 中的一个槽。通过在 CP 过程中相互竞争，每个节点得到一个顺序 s（$0 \leqslant s < m$），即 CSW 中的槽（参数 m 被设置为可能落在一个节点一跳邻居范围内的最大节点数（包括节点本身））。采用这种方法，定理 20.1 保障在一个节点两跳通信距离内没有其他节点具有相同的顺序。

定理 20.1

如果在一个节点的一跳邻居内的每个节点，在 CSW 中选择一个不同的槽，则确保在该节点两跳邻居内没有其他节点将选择相同槽。

证明

假定两个节点 A 和 B 相互落在两跳邻居关系内，且在 CSW 中它们都选择相同槽 s。一定有另一个节点 C，节点 A 和节点 B 都在其一跳邻居关系内。这与前提矛盾。

在 CSW 过程中，所有节点选择要在接下来的 DTW 中使用的时槽/信道。各节点也调谐到一个公共信道，将其选择广播到其他节点。CSW 被分成 m 个槽，它们被分配给各节点（依据各节点在 CP 过程中得到的顺序 s）。在 CSW 中它的被指派槽期间，每个节点在其接收信道中选择一些空槽（在 DTW 中），用于从将发送数据给该节点的各节点接收数据。这种槽的分配是由每个节点完成的，它们可能从一些其他节点接收数据。

依据算法 20.1，以一种分布式方式完成选择。每个节点 $node_i$ 在 CSW 中其槽 s 过程中遵循算法 20.1。

在 GS-MAC 算法中使用的数据结构在下面列出。

信道（Channel）：*存储在一个信道中 n 个槽的传输调度*

- Sender[n]
- Receiver[n]

节点（Node）：*存储一个节点的信息*

- recvChannel/ *接收信道*/
- s/ *在 CSW 中的顺序*/
- channel[nc]/ *nc = 信道数*/

在算法 20.1 中，具有相同顺序 s 的所有节点同时在 DTW 中分配它们的时槽。因为顺序是两跳感知的，所有在由这些节点接收的并发传输间将没有机会出现冲突。在选择时槽之后，一个节点更新并广播其 channel 信息，其中包含其调度以及对其可用的其他节点的调度。通过侦听这条广播消息，在传输距离内的各节点更新这个信息。在从一个节点 $node_i$ 接收到该消息时，一个传输节点就可知道它应该在 DTW 中的哪个槽上向 $node_i$ 传输数据，以及使用哪个信道。

算法 20.1 Assign Transmission Slots

$y = s \bmod R;$ / *选择组*/

$f = \min(0 \leqslant i < m)$ ，其中 $i \bmod R = y$

$Pos = s/R;$ / *在组中的位置*/

for $k = Pos - 1$ **down**to f **do**

  if $node_i$ 在其 2-跳邻居关系中没有具有顺序 k 的任何节点的槽分配信息

  then

    break;

  endif

endfor

$NoInfo = k - f - 1;$

$AssignSlots(node_i, G_y, NoInfo);$

广播 $node_i$, Channel 到一跳邻居

一个节点 $node_i$ 遵循算法 20.2 在其接收信道 ch 中为一个传输节点 $node_j$ 选取一个时槽 slot。在选择时槽之前，$node_i$ 检查 $node_i$ 或 $node_j$ 是否在 slot 中已经存在，或 ch 在 slot 期间是否为另一个传输所占。这样就确认了无冲突的调度。

在一些情形中，会发生如下情况，即一个节点 $node_i$ 没有其两跳邻居中一些其他节点（在 CSW 中具有较低的控制槽顺序）所做调度的信息。在这种情形中，它在 DTW 的开始部分预留一些 SafetySpace（安全空间），由该空间那些节点可能选择它们的槽；$node_i$ 尝试从其他槽为自己分配。但是，这可能导致将大量槽预留为 Safetyspace，而这并

不总是可行的。为最小化这种情况，GS-MAC 协议将 DTW 分隔成 R 个组，$G_y (0 \leqslant y \leqslant R-1)$。依据式（20.1），一个节点可从 R 个组之一选择它的时槽：

$$y = s \bmod R \qquad\qquad (20.1)$$

这种分组法有两个优势。第一，因为每个节点仅需知道在其相应组中的各节点，所以一个节点的额外负担得以最小化。第二，它最小化了一个节点在选择信道和时槽时必要的而不可用信息的量。这降低了预留为 *safetyspace*（复数）的时槽（们）。结果是，*safetyspace*（复数）的减少就降低了 DTW 中所需时槽数 n，这接下来，就增加了吞吐量。

依据干扰和传输距离的比值 k，对 DTW 分组。在本章，我们考虑值 $k = 2$，并将 DTW 分成 $R = k + 1$ 个组。

算法 20.2　　AssignSlots$(Node_i, G_Y, NoInfo)$

$start = group * Gsize;$　　　　　　　/* $Gsize$ = 一个组中的总槽数 */
$SafetySpace = NoInfo * ns;$　　　　/* ns = 一个节点的最大拟发送者数量 */
$start = start + SafetySpace;$
$end = start + Gsize - 1;$
for $node_i$ 的每个接收节点 $node_r$ **do**
　　for $slot = start$ **to** end **do**
　　　　if $node_i$ 和 $node_r$ 在 $slot$ 中都没有一条以前的表项 **then**
　　　　　　$ch = node_r . recvChannel;$
　　　　　　if 在 $slot$ 中没有信道 ch 的表项 **then**
　　　　　　　　$node_i . Channel[ch] . Sender[slot] = i;$
　　　　　　　　$node_i . Channel[ch] . Receiver[slot] = r;$
　　　　　　　　break;　　　　　　　　/* 尝试下一个接收邻居 */
　　　　　　endif
　　　　endif
　　endfor
endfor

为确保每个节点在 DTW 中都至少接收一个时槽，则 DTW 中时槽数 n 应该是 $ns \left(\dfrac{m}{R} - 1 \right) + 1$，其中 ns 是一个接收节点的最大发送者数，且乘积项定义最大可能 *safetyspace* 数，这是一个接收节点必须为其组中其他节点预留的（在最坏情形中）。注意，如果为 n 使用这样的一个最大数，则在 DTW 中极可能会有一些空（未用）时槽。但是，如前所述，对留下 *safetyspace* 的需要不是非常高的，原因是在组中其他节点的必要信息在多数情况下是可用的。因此，在确定 n 时也要做出一些折衷，这可能导致一个 DTW 中的一些节点接收不到报文。但是，因为报文是被传输到所有可能接收者的，所以即使避免一些节点，到目的汇点的路径非常可能是存在的。

不像 RTS/CTS（两次握手）或请求-响应-预留（三次握手）的是，GS-MAC 方案仅涉及每个节点调度其传输所需的一条广播消息。

20.3.3.3 调度的例子

我们以如图 20.2 所示的一个例子，描述传输调度算法。考虑图 20.2a，其中每个节点以其节点 ID 和接收信道表示，且每个箭头给出它可能将其数据传输到的拟设接收者。

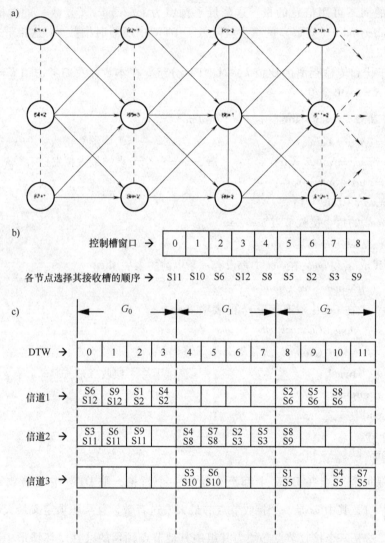

图 20.2　GS-MAC 协议的传输调度例子

a) 带有节点 ID 和接收信道的拓扑　b) CSW 和每个节点从中选择其接收调度的顺序

c) 在一个 DTW 中采用三个信道进行槽分配，其中 12 个时槽被分成 3 个组

这个例子考虑来自一个大型网络的由 9 个节点组成的一个小型快照（S2、S3、S5、S6、S8、S9、S10、S11 和 S12）这些节点落在 S6 的一跳通信距离内。假定在 CP 过程中

冲突之后，这 9 个节点依据如图 20.2b 所示的顺序得到 CSW 中的槽。由图 20.2b 中可看出，S11 是选择并宣告其接收调度的第一个节点（$s = 0$），且它有三个拟设的发送者：S3、S6 和 S9。为确定组 y（从中它选择从其发送者处接收数据的时槽），S11 依据式（20.1）得到 $y = 0$，这是 DTW 中的第一个组。因为它有三个拟设发送者，所以它从如图 20.2c 所示组 0 开始处的信道 2 选择三个槽。之后，它广播它的调度，从而其直接邻居可更新这个信息。

采用一种类似方式，其他节点可选择它们的时槽/信道。考虑带有控制槽顺序 5 的节点 S5。依据式（20.1），它将从组 2 选择时槽。在选择槽之前，S5 检查 S6 的调度，S6 应该已经选择了它的槽。从 S6 的广播消息中，它知道 S6 从组 0 中选择了哪些槽，并据此，S5 选择信道 3 中的槽 0，如图 20.2c 所示。

在如下情形中，此时两个节点落在同一组内，但一个节点不知道前一个节点的调度（即两个节点不是直接邻居，且一个节点还没有通过其他节点接收到前一个节点的广播消息），则该节点从那个组的开始可留下该时槽（safetyspace）（因为前一个节点已经从那个组中得到槽），并据此选择时槽。

两跳以外的各节点可能得到 CSW 中控制槽顺序的相同模式。例如，节点 S1，有相同的控制槽顺序，可能在 S10 相同的时间选择它的调度，等等。采用这种方式，在两跳内在一个特定槽期间，仅有一个节点在一个信道中进行接收。同样，调度允许在两跳内具有不同信道的不相交源-目的对集合的并行传输。

20.4　仿真性能

为判断这种多信道 MAC 协议的有效性，我们考虑三个重要的性能度量元：聚集吞吐量、报文交付率和平均报文时延，都作为信道数的一个函数。我们将 GS-MAC 与 CSMA、MMSN 和 MC-LMAC 协议进行了比较。

在我们的仿真模型中，我们假定一个多跳网络环境，其中 100 个节点均匀随机地分布在一个方形地域之上。目的汇点被放在一个边界的中点。我们假定网络拓扑是静态的，且所有节点的无线电距离是相同的。假定一个自由空间传播信道模型，容量设置为 250kbit/s。对于数据报文，报文长度是 32B。一个传感器节点的最大传输距离假定为 40m。信道数的变化范围是 1~10。每个节点有朝向目的汇节点的最大接收者数为 3（直接邻居）。

图 20.3 给出聚集吞吐量的结果。聚集吞吐量是作为信道数的一个函数给出的（以目的节点接收到的 B/s 表示）。对于 GS-MAC 协议，在目的节点的最大聚集吞吐量是 1963 字节/s。为比较性能，也给出了 CSMA、MMSN 和 MC-LMAC 协议的结果。图 20.3 表明，除了 CSMA（信道数固定为 1）外，随着信道数从 1 增加到 10，聚集吞吐量都增加。相比于 CSMA、MMSN 和 MC-LMAC 协议，使用 GS-MAC 协议，取得了极大的性能改进。平均而言，单信道 CSMA 取得的吞吐量要小于所有其他协议的。由于高冲突，该协议不能成功地将介质分配给各节点。观察到，采用 MMSN 的聚集

吞吐量是有限的，且在6个信道之后不再增加。这是目的节点周围各节点不能成功地感知信道以及预防冲突的结果。MC-LMAC遭遇冲突，冲突是在两跳节点内选择空闲时槽过程中发生的。

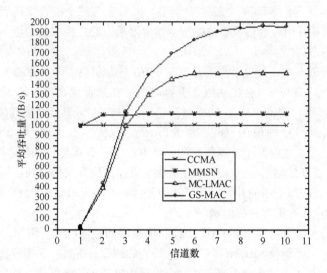

图 20.3　具有不同信道数的聚集吞吐量

　　图 20.4 给出报文交付率的结果，它是目的节点接收到的报文数与各节点所产生报文总数之间的比值。性能要优于两种协议，并取得 99% 以上的报文交付率。

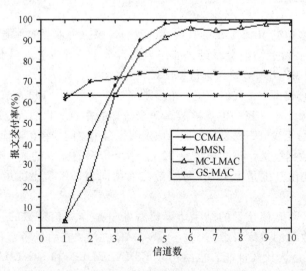

图 20.4　不同信道数下的报文交付率

　　图 20.5 给出平均端到端报文时延，它是在源节点处一条报文的传输时间和在目的节点处的接收时间之间的时间（差）。相比 MC-LMAC 协议，GS-MAC 协议得到低得多

的时延。不像 MA-LMAC 的是，随着信道数的增加，GS-MAC 协议具有降低的端到端时延。这是因为从源到目的的平均时延，受到 MC-LMAC 协议中一个帧的尺寸的影响。此外，减小帧尺寸，不会降低时延，原因是每个时槽可交付的报文数也将减少，且各报文将被缓冲以便后来传输。相比所有其他协议，CSMA 经历一个较大的时延，原因是由高冲突导致的指数回退和较大的回退次数。

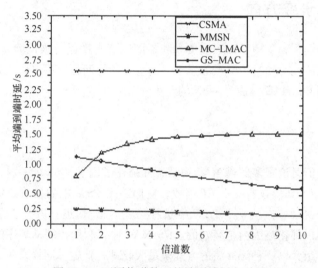

图 20.5　不同信道数下的端到端报文时延

图 20.6 给出每条成功交付报文的能量效率的结果。我们考虑接收和传输所花费的能量和将报文向目的节点中继所花费的能量。当今有单个信道时，MC-LMAC 的每条交付报文所花费的能量是非常高的。这是因为非常低的交付率导致的。随着信道数增加，

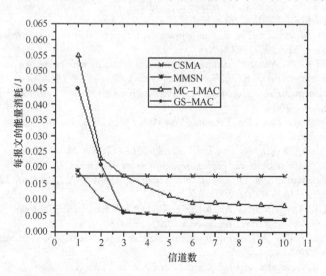

图 20.6　不同信道数下每条成功交付报文的能量消耗

相比 CSMA，所有三个协议（MC-LMAC、MMSN 和 GS-MAC）都花费较少能量。虽然在 1 个和 2 个信道的情形中，相比于 GS-MAC，MMSN 具有少得多的能量消耗，但相比所有其他协议，GS-MAC 协议是要能量高效的。这是因为相比现有协议而言，GS-MAC 具有少得多的冲突。

20.5 未来研究方向

就未来工作而言，采用不同系统负载和不同节点密度运行该试验，将会有所裨益。尽管如此，深入研究移动目的节点和多个目的节点性能问题的更多研究兴趣，也许会进一步有助于判断 GS-MAC 方法对 WSN 的适用性。

20.6 小结

在本章，我们讨论了多信道 MAC 协议，并描述了用于 WSN 的一种新的基于调度的多信道 MAC 协议。新协议有一个 CP 组成，它向一个 CSW 中的各节点提供顺序，依据这个顺序，每个接收节点从一个 DTW 中选择一些时槽/信道。该方法是完全去中心式的，并在传感器局部化范围内是高效的。GS-MAC 协议利用控制槽顺序的优势以及数据传输和接收窗口组，以一种无冲突的方式来最大化并行传输。同样，每个节点仅需要一条广播消息通告它拥有的调度信息。通过仿真表明，在聚集吞吐量、报文交付率、平均时延和能量消耗方面，GS-MAC 机制提供显著的性能改进。

参 考 文 献

1. Akyildiz, I. F., W. Su, Y. Sankarasubramaniam, and E. Cayirci. "Wireless sensor networks: A survey." *Computer Networks* 38, (2002): 393–422.
2. Akyildiz, I. F., T. Melodia, and K. R. Chowdhury. "A survey on wireless multimedia sensor networks." *Computer Networks* 51, (2007): 921–960.
3. Gurses, E., and O. B. Akan. "Multimedia communication in wireless sensor networks." *Annals of Telecommunications* 60, no. 7–8 (2005): 799–827.
4. Culler, D., D. Estrin, and M. Srivastava. "Overview of sensor networks." *IEEE Computer*, Special Issue on Sensor Networks, 2004.
5. Polastre, J., J. Hill, and D. Culler. "Versatile Low Power Median Access for Wireless Sensor Networks." In *ACM SenSys*, 2004.
6. El-Hoiyi, A., J. D. Decotignie, and J. Hernandez. "Low Power MAC Protocols for Infrastructure Wireless Sensor Networks." In *The Fifth European Wireless Conference*, 2004.
7. Ye, W., J. Heidemann, and D. Estrin. "An Energy-Efficient MAC Protocol for Wireless Sensor Networks." In *IEEE INFOCOM*, 2002, 1567–1576.
8. Dam, T., and K. Langendoen. "An Adaptive Energy-Efficient MAC Protocol for Wireless Sensor Networks." In *ACM SenSys*, Los Angeles, CA, 2003, 171–180.
9. Woo, A., and D. Culler. "A Transmission Control Scheme for Media Access in Sensor Networks." In *ACM MobiCom*, 2001.
10. Rajendran, V., K. Obraczka, and J. J. Garcia-Luna-Aceves. "Energy-Efficient, Collision-Free Medium Access Control for Wireless Sensor Networks." In *ACM SenSys*, 2003.

11. Van Hoesel, L., T. Nieberg, J. Wu, and P. Havinga. "Prolonging the lifetime of wireless sensor networks by cross layer interaction." *IEEE Wireless Communication Magazine* 11, (2005): 78–86.

12. Hill, J., R. Szewczyk, A. Woo, S. Hollar, D. Culler, and K. Pister. "System Architecture Directions for Networked Sensors." In *The Ninth International Conference on Architectural Support for Programming Languages and Operating Systems*, 2000, 93–104.

13. "XBOW MICA2 Mote Specifications. http://www.xbow.com.

14. Polastre, J., R. Szewczyk, and D. Culler. "Telos: Enabling Ultra-Low Power Wireless Research." In *ACM/IEEE IPSN/SPOTS*, 2005.

15. Miller, M. J., and N. H. Vaidya. "A MAC protocol to reduce sensor network energy consumption using a wakeup radio." *IEEE Transactions on Mobile Computing* 4, no. 3 (2005): 228–242.

16. So, J., and N. Vaidya. "Multi-Channel MAC for Ad-Hoc Networks: Handling Multi-Channel Hidden Terminal Using a Single Transceiver." In *ACM MobiHoc*, 2004.

17. Tzamaloukas, A., and J. J. Garcia-Luna-Aceves. "A Receiver-Initiated Collision-Avoidance Protocol for Multi-Channel Networks." In *IEEE INFOCOM*, 2001.

18. Zhou, G., C. Huang, T. Yan, T. He, J. Stankovic, and T. Abdelzaher. "MMSN: Multi-Frequency Media Access Control for Wireless Sensor Networks." In *IEEE Infocom*, 2006.

19. Incel, O. D., S. Dulman, and P. Jansen. "Multi-Channel Support for Dense Wireless Sensor Networking." In *EUROSSC*, 2006, LNCS 4272, 1–14.

20. Chen, X., P. Han, Q. S. He, S. Tu, and Z. L. Chen. "A Multi-Channel MAC Protocol for Wireless Sensor Networks." In *Proceedings of The Sixth IEEE International Conference on Computer and Information Technology*, 2006.

21. Incel, O. D., P. G. Jansen, and S. J. Mullender. "MC-LMAC: A Multi-Channel MAC Protocol for Wireless Sensor Networks." *Technical Report TR-CTIT-08-61*, Centre for Telematics and Information Technology, University of Twente, Enschede, 2008.

22. Hamid, M. A., M. A. Wadud, and I. Chong. "A schedule-based multi-channel MAC protocol for wireless sensor networks." *Sensors* 10, October 21, 2010, 9466–9480.

23. Wu, Y., J. Stankovic, T. He, and S. Lin. Realistic and Efficient Multichannel Communications in Wireless Sensor Networks. In *Proceedings of IEEE INFOCOM*, 2008, 1193–1201.

24. Langendoen, K., and G. Halkes. "Energy-Efficient Medium Access Control." In *Embedded Systems Handbook*, R. Zurawski, Ed. CRC Press, Boca Raton, FL, 2005.

25. Demirkol, I., C. Ersoy, and F. Alagoz. "MAC protocols for wireless sensor networks: A survey." *IEEE Communications Magazine* 44, no. 4 (2006): 115–121.

26. Rhee, I., A. Warrier, M. Aia, and J. Min. "Z-MAC: A Hybrid MAC for Wireless Sensor Networks." In *Proceedings of The 3rd International Conference on Embedded Networked Sensor Systems (SenSys)*. ACM, New York, 2005, 90–101.

27. Ringwald, M., and K. Römer. "BurstMAC—A MAC Protocol with Low Idle Overhead and High Throughput." In *Adjunct Proceedings of The 4th IEEE/ACM International Conference on Distributed Computing in Sensor Systems* (*DCOSS*), Santorini Island, Greece, 2008.

28. El Batt, T. A., and A. Ephremides. "Joint Scheduling and Power Control for Wireless Ad-Hoc Networks." In Proceedings of *IEEE INFOCOM*, 2002; vol. 2, 976–984.

29. Fussen, M., R. Wattenhofer, and A. Zollinger. "Interference Arises at the Receiver." In *Proceedings of the International Conference on Wireless Networks, Communications and Mobile Computing*, 2005; vol. 1, 427–432.

30. Incel, O. D., and B. Krishnamachari. "Enhancing the Data Collection Rate of Tree-Based Aggregation in Wireless Sensor Networks." In *Proceedings of SECON*, 2008, 569–577.

31. Maróti, M., B. Kusy, G. Simon, and A. Lédeczi. "The Flooding Time Synchronization Protocol." In *ACM SenSys*, 2004.

第 21 章　用于无线传感器网络的基于移动 IPv6 的自治路由协议

21.1　引言

在无线通信、电子和 IC 制造领域中，在过去数年间取得了巨大进展。在低成本、低功率和多功能传感器网络部署中的进展受到极大关注。一般而言，传感器配备有数据处理和通信能力。一个无线传感器网络（WSN）被设计为将物理世界连接到数字世界，方法是通过捕获和揭示实时活动，并将之转换为之后可被处理和存储的形式，再后在其上采取动作。在传感和监测系统中，WSN 具有一个极端有价值的位置。监测系统包括军事和民政应用，例如目标战场成像、入侵检测、天气监测、安全和战术监视、分布式计算和检测周边状况。

巩固 WSN 可能部署的最著名倡议之一是 IEEE 802.15.4[1]。IEEE 802.15.4 为 WSN 中多样化应用提供简单的、能量高效的和廉价的解决方案。IEEE 标准 802.15.4 规范了一个物理（PHY）和一个介质访问控制（MAC）层，它专用于低速率无线个域网（LR-WPAN）。IEEE 802.15.4 的主要动机是开发一个专用标准，且不依赖于现有技术（例如蓝牙或 WLAN），并确保低复杂度的、能量高效的实现。

WSN 由无线传感器节点组成，这些节点是小尺寸的并能够感知、处理数据，且典型情况下在射频（RF）信道之上可相互通信。传感器节点是包含如图 21.1 所示四个主要组件的设备。广义而言，WSN 是针对事件和现象的检测而设计的，收集和处理数据，之后将感知的数据传输到一名感兴趣的用户。因为传感器节点有有限内存，且典型地部

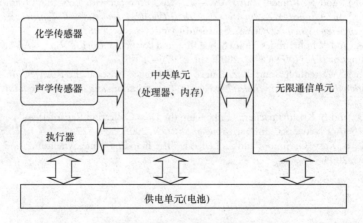

图 21.1　无线传感器节点的各组件

署在难以接触的位置，为无线通信实现一条无线电（链路），将数据传递到一个基站（例如，一个台式机、一个个人手持设备或一个固定基础设施上的一个接入点）。能量、传输功率、内存、计算能力、自组织、短距离广播通信、多跳、密集部署等方面的限制，频繁地改变拓扑，以及节点失效是传感器网络的基本特征[2,3]。

一个传感器网络中最具有挑战性的问题是有限的和不可充电的能量提供以及低功率和内存，所以许多研究人员将其研究焦点放在从不同角度提高能量效率上。在传感器网络中，主要是针对三个目的而消耗能量的[4]：数据传输、信号处理和硬件操作。WSN 将传感器数据发送到目的节点，该节点是传感器节点的目标之一。虽然 WSN 的维度日渐增长，但绝大多数传感器节点没有足够的传输功率直接到达目的节点。为克服这个问题，经常使用层次化的或基于网状网的路由。在最近几年来，在考虑最重要度量元——能量效率的情况下，许多研究人员正在尝试改进 WSN 的传输和网络协议。

通过牢记 WSN 挑战，人们实施了有关新协议的工作；传输控制协议/互联网协议（TCP/IP）和其他最新的解决方案被认为不适合 WSN[5]。因为要求多数 WSN 应用实施现象的监测或检测，所以对于这样的应用，网络不能在完全隔离的情况下运行；必须存在一种方式确保数据获取。例如，当 WSN 直接与一个现有网络基础设施（例如全球互联网、一个局域网（LAN）或私有内网）通信时，可取得到 WSN 的远程访问[4]。一个 WSN 与基于互联网协议（IP）的互联网连通性，可使泛在计算成为真实存在的。

21.1.1　当前基于 IP 的 WSN 的约束

TCP/IP 是互联网通信的事实标准，不仅对互联网而且对局域网也是如此。期望的 WSN 互联网连通性必须通过一台网关、网桥或路由器，支持协议转换或直接在传感器层次的某个点使用 TCP/IP 族。在 WSN 中，IP 的使用总是被认为理由不充分的，且与无线传感器联网的需求相矛盾的。

IP 不是针对能量受约束的、低内存和低处理能力的设备设计的，因此，IP 不适合于 WSN。除了这些问题外，研究人员们正在深入研究在 WSN 中使用 IP，这是因为 IP 所具有的潜在优势。IP 连接性对于 WSN 的问题包括较大的首部额外负担、需要一种全局地址方案、有限的带宽、节点有限的能量、架构模型、数据流模式、实现挑战，还有 TCP/IP 传输协议[5]。

在演进到互联网协议版本 6（IPv6）之后，为减轻 IPv4 地址短缺，它引入 128 位的一个大型统一的寻址结构。自动配置（autoconf）使主机在具有改进的安全性（安全扩展首部、集成的数据完整性）和较佳的性能（聚集、邻居发现（而不是地址解析协议（ARP）广播）、没有分段、没有首部校验和、流、优先级、集成的服务质量（QoS））[6,7] 下自动配置 IP 地址。IPv6 也在核心设计中支持较丰富的通信范型集，包括一个带范围的寻址架构和组播。针对低功率无线电通信的 IP 联网目标是这样的应用，它们需要在低数据速率下无线互联网连接性，用于具有非常有限外形因素的设备。

最近，互联网任务组（·IETF）ROLL 工作组（在低功率和丢失性网络上进行路由）的目标是，为低功率和丢失性网络（Low-power and Lossy Network，LLN）规范一个路由解决方案，它支持各种链路层、低带宽、丢失性和低功率，并针对一个基于 IP 的智能物体网络标准化一个基于 IPv6 的路由解决方案。这个工作组的成果是"ripple"（涟漪）路由协议（RPL）[8]。此外，为支持较好的估计，RPL 需要采用链路质量估值加以改进[9]。

要求 IPv6 方面的推进。通过使用优化机制，就可能在能量和吞吐量方面得到性能提升。当前可用的基于 IPv6 的路由协议（例如 6LoWPAN[10]、RPL[8] 等）不处理或支持移动性。在存在的路由协议中实施研究有许多领域，例如节点发现、路由协议、安全部署和电源管理。另外，除了所有 WSN 约束外，网络寿命或无线传感器节点能量仍然是 WSN 中的主要问题。

21.1.2　提出的解决方案和目标

为解决上述的问题和挑战，我们提出基于移动 IPv6 的自治路由协议（Mobile IPv6-based Autonomous Routing Protocol，MARP）的一种新颖架构，它可高效地从移动源节点将数据报文转发到要求的目的地。

一个 MARP 在最小化报文额外负担有高的报文交付率，具有在 WSN 中路由的高效电源消耗。为满足路由特征，在所提路由协议中的数据报文应该在一个给定的存活时间（TTL）或最后期限内得到交付。一个经选择的最优转发节点会延长 WSN 寿命。RPL 在报文接收速率（PRR）方面得到增强，它依据的是端到端时延和能量消耗度量元。其他度量元帮助网络最大化吞吐量，同时最小化时延和报文丢失。

拓扑上的节点移动性是物理移动和/或一个变化的无线电环境的结果。因此，即使在具有物理上静态节点的一个网络中也需要处理移动性。我们在 MARP 下解决了移动性因素，方法是采用自优化的路由机制（生物学激励的自治路由协议（BIO-ARP）增强 RPL[11-13]。所提 MARP 可以一种自治方式处理环境和移动性中的高度动态变化。

21.1.3　本章的组织结构

接下来的一节回顾有关 IPv4、IPv6 以及基于移动的 IPv6 路由方法的相关研究工作。21.3 节描述实现移动 IPv6 自治路由方案的方式。21.4 节给出所做工作以及迄今为止通过所做工作得到的结果。在 21.5 节下陈述研究的未来方向和结论。

21.2　背景

WSN 由极大数量的传感器节点组成，这些节点部署在目标场地，且它们协作形成一个自组织网络，能够将现象报告给称作目的节点或基站的一个数据收集点。一个自组织网络是一个对等无线网络，在没有基础设施条件下由相互连接的节点组成。因为一个网络中的各节点可作为路由器和主机，它们可代表其他节点转发报文，并运行用户应用[14]。在表 21.1 中给出传统网络和 WSN[15] 之间的一个比较。

表 21.1 传统网络和 WSN 之间的比较

传 统 网 络	WSN
通用设计；服务许多应用	单目标设计；服务一项特定应用
典型的主要设计关注点是网络性能和延迟；能量不是一个主要关注点	在所有节点和网络组件的设计中，能量是主要约束
依据计划，设计和工程化实现各网络	在本质上，部署、网络结构和资源使用经常是特定的（没有计划）
设备和网络运行在受控环境中	传感器网络经常运行在具有严苛条件的环境中
维护和修复是常见的，典型情况下网络是容易接触到的	物理上接触到传感器节点经常是困难的或甚至是不可能的
通过维护和修复，解决组件故障	在网络设计中，预料到组件故障并解决之
典型情况下，得到全局网络知识是可行的；中心式管理是可能的	在没有中心管理器的支持下，多数决策是本地做出的

21.2.1 WSN 的操作系统

在硬件管理中，操作系统（OS）扮演了一个重要角色。在一台机器上硬件或系统的性能主要取决于 OS 的可靠性。在 WSN 中这是特别相关的，其中无线传感器节点的设计是以有限资源运行的。在一个 WSN 中，最常见的约束是整个网络的寿命，它取决于无线传感器节点的电池功率。第二，相比在一个常规 OS 的计算而言，内存和（例如）感知的操作能力是不太紧迫的资源。WSN 经常是针对可靠实时服务设计的。人们为 WSN 给出各种 OS 解决方案；最流行的 OS 解决方案列出如下。

21.2.1.1 TinyOS

TinyOS[16] 是一个微型的（小于 400B）、灵活的 OS，它由可重用组件集构造而来，各组件可被组装成一个应用特定的系统。TinyOS 是由加州大学伯克利分校开发和维护的。制造无线传感器节点的大量制造公司采用 TinyOS。TinyOS 的当前版本是 2.1.1。TinyOS 是基于组件编程的，是以 NesC 语言（联网的嵌入式系统 C）编码的，这是 C 语言的一个变种[17]。在传统意义上 TinyOS 不是一个 OS。它是嵌入式系统和组件集的一个编程框架，支持在每项应用中构建一个应用特定的 OS。一个典型应用约为 15KB 大小，其中基本 OS 为 400B。最大型的应用是一个类似数据库的查询系统，约为 64KB[18]。

6LoWPAN 的 OS，称为 blip，是基于 TinyOS 的，并由伯克利分校实现的[16]。它使用 6LoWPAN/HC-01 首部压缩，并包括 IPv6 功能（例如邻居发现、缺省路由选择、点到点路由）和网络编程支持。标准工具（例如 ping6、tracert6 和 nc6）可被用来与 blip 设备交互并对 blip 设备组成的一个网络排错；PC 侧的代码是使用标准伯克利套接字（BSD 套接字）应用编程接口（API）（或任何其他内核提供的联网接口）编写的。为提供全局连通性，一个传感器网络也可容易地被映射到公共子网。

21. 2. 1. 2   Contiki

Contiki 是针对称为物联网（IoT）的下一代 10 亿级连接的设备的开源 OS[19,20]。Contiki 是用于内存受限联网的嵌入式系统和 WSN 的一个高度可移植的、多任务 OS。它是由来自业界和学术界的一群开发人员开发和维护的，这些人由瑞典计算机科学研究所（Institute of Computer Science）的 Adam Dunkels 领导的。Contiki 已经用于各种项目中，例如道路隧道防火监测、入侵检测、野生动物监测、监视网络等。它是针对具有少量内存的微型控制器设计的。

一个典型的 Contiki 配置是 2KB 随机访问内存（RAM）和 40KB 只读内存（ROM）。Contiki 运行在各种平台上，范围从嵌入式微型控制器（例如德州仪器（TI）的 MSP430 和 Atmel AVR）到老式家庭计算机。代码大小在数千字节的量级上，且内存使用可配置为低到数十字节。该 OS 是以 C 编程语言编写的，由一个事件驱动内核组成，在其上在运行时动态地载入和卸载应用程序。

此外，Contiki 使用轻量的协议线程（protothread），在事件驱动内核之上提供一个线性的、类似线程的编程风格。Contiki 也支持每进程可选的多线程和使用消息传递的进程间通信。Contiki 为 IPv4 和 IPv6 提供 IP 通信。Contiki 的最新版本是 2.5（2011 年 9 月 9 日发行）。ContikiRPL 是低功率 IPv6 路由的建议 IETF 标准 RPL 协议的一个新实现。它现在是 Contiki 中默认的 IPv6 路由机制。

21. 2. 2   网络仿真器

在 OS 之上的网络仿真器（NS）为程序员提供合适的结果和输出。在 NS 的帮助下，检查和矫正必备网络场景的编码程序输出。通过 NS 的逻辑实现和深入考察，节省了大量资源，在由一个写好的程序重新写入到实时设备和这些被编程设备的部署中要耗掉这些资源。多数情况下作为重新写入/重新编程的结果。实时设备（无线传感器节点）会受到物理上的损坏。逻辑输出和分析的能力绝对地取决于 NS 的效率。

在表 21. 2 的帮助下，比较了一些开源仿真器。[8]

表 21. 2   开源仿真器比较

仿真器	NS2	Castalia OMNet + +	TOSSIM	Cooja/MPSim	WSim/WSNet
详细程度	一般	一般	代码级	所有等级	所有等级
定时	离散事件	离散事件	离散事件	离散事件	离散事件
仿真器平台	FreeBSD Linux、SunOS、Solaris Windows（Cygwin）	Linux、Unix Windows（Cygwin）	Linux、Windows（Cygwin）	Linux	Linux Windows（Cygwin）
WSN平台	Zigbee	n/a	Micaz	Tmote Sky、ESB、Micaz	Micaz、Mica2、TelosB、CSEM、Wisenode、ICL、BSN 节点

（续）

仿真器	NS2	Castalia OMNet + +	TOSSIM	Cooja/MPSim	WSim/WSNet
GUI 支持	仿真流的监测	仿真流、C + + 开发的监测	无	是	无
物理层[21-23]	Lucent Wave-Lan DSSS	CC1100 CC2420	CC2420	CC2420 TR1001	CC1100 CC1101 CC2500 CC2420
MAC 层	802.11、基于前导的 TDMA	TMAC、SMAC	Slandered TinyOS 2.0 CC2420 Stack	CSMA/CA TDMA X-MAC LPP Contiki MAC	DCF、BMAC 理想的 MAC
网络层	DSDV、DSR、TORA、AODV	简单树、多路径环	无数据	RPL、AODV	贪婪的地理性的
传输层	UDP、TCP	无	无数据	UDP、TCP	无
能量消耗模型	是	是	具有电源 TOSSIM 附加件	是	是

21. 2. 3　文献综述

为采用互联网互联各 WSN，人们实施了研究。对于这点，电源限制是主要约束，并被看作是互联功能的约束因素。我们将采用互联网互联 WSN 的研究分成两种方法：TCP/IP（v4）方法和 IPv6 方法，下面进行讨论。

21. 2. 3. 1　WSN 的 TCP/IP（版本 4）互联

在文献［5］中给出 WSN 与一个外部网络的互联。Liutkevicius 等为将一个 WSN 连接到一个外部网络给出了两种方法：网关方法和重叠网方法。就电源效率而言，网关方法是较佳的，而与外部网络的集成是简单的。Liutkevicius 等[5]特别指出，基于集群的架构（拓扑）是更加电源高效的和可扩展的，如图 21.2 所示[5]。

在文献［24］中，Neves 和 Rodrigues 给出 IP 在传感器网络上的优势和挑战[24]。他们以一些实现范例综述了最新技术，并进一步指出这个领域中的研究专题。他们也给出有关 WSN、路由协议、IPv4 和体传感器网络的一些概念，并进一步提到采用 IP 互联各 WSN 领域中的研究。

在文献［25］中，Dunkels 等给出采用 TCP/IP 网络连接无线传感器网络的情况。在这篇文章中，他们讨论以 TCP/IP 网络连接传感器网络的三种不同方式：代理架构、

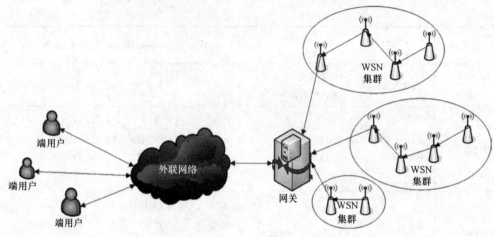

图 21.2　多跳 WSN

时延-容忍联网（DTN）重叠网和传感器网络的 TCP/IP。另外，他们给出在某个方面是
正交的三种架构，并可通过组合加以最佳使用，例如带有一个 DTN 重叠网的部分基于
TCP/IP 的传感器网络，使用一个前端代理连接到全球互联网。

21.2.3.2　采用 IPv6 互联 WSN

如前所述，除了在 WSN 中发现的问题外，研究人员们正在研究在传感器网络中使
用 IP，这是源于 IP 所具有的潜在优势[24]。人们发明和评估了一个大型协议集合。同
时，互联网也在演进发展。在 1998 年，请求评述（RFC）2460 定义了 IPv6[26]。IPv6 是
IPv4 指定的后继者。IP 主机的增长和扩展性是 IPv6 的主要目标。在每个方面，相比
IPv4，IPv6 都比较适合 WSN 的需要。

互联网协议技术中称作 6LoWPAN 的一项新创意，正使 IoT 成为现实。6LoWPAN 是
IETF 于 2007 年发布的一个标准，它在低功率、低带宽通信技术（例如 IEEE 802.15.4）
中优化 IPv6 的使用。形成 IETF 6LoWPAN 组，是为在 IEEE 802.15.4[27] 之上传输 IPv6
报文标准化其成帧和首部压缩。该文档描述 IPv6 报文传输的帧格式以及在 IEEE
802.15.4 网络上形成 IPv6 链路本地地址和无状态自动配置地址的方法。

6LoWPAN 的工作原理是，将 60B 的一个标准 IPv6 首部下压缩到仅 7B，并优化无线
嵌入式联网的机制。其他规范包括一种简单的首部压缩方案（使用共享的语境）和在
IEEE 802.15.4 网状网中为报文交付做好准备。IEEE 802.15.4 链路层在尺寸上具有严
苛的约束，原因是报文尺寸不能大于 127B。由于这个原因，一条 IPv6 报文可能需要被
分片为多个链路层帧。此外，为高效使用可用带宽，需要压缩 IPv6 报文首部。

6LoWPAN 为远程操作 WSN 提供了一个巨大机遇。在文献［28］中，为采用 IPv6 和
IPv4 客户端互联 6LoWPAN WSN，设计了一种网关构造，这使这些客户端在任何时间通过
与传感器节点的直接通信，接收传感器节点读数或发送一条命令道 6LoPWAN WSN。网关
作为 IPv4 主机和 WSN 之间的一个桥梁，从 IPv4 网络接收一条客户端的请求，发送 WSN
的一条相应的压缩 IPv6 消息，从 WSN 接收一条响应，最后通过 IPv4 网络将结果返回给

IPv4 客户端，如图 21.3 所示。为确认所提架构，建立了一个实验室测试床。

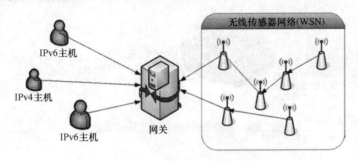

图 21.3　IPv6 和 IPv4 主机及网关之间的交互图

在文献［29］中给出在 IP 网络互联上传感器网络的一个基于网关的框架（VIP 桥方法）。VIP 桥方法虚拟地将一个 IPv6 地址指派给传感器节点，并使用一个低级网关（桥）进行互联。框架实体有传感器节点、IP 主机和网关节点。框架进一步分成两个主要组件：虚拟地址指派和报文转换。通过将一个 IP 虚地址指派给网关，网关实施两个映射过程。网关将 WSN 内部 IP 虚地址映射到一个全局地址，反之亦然。它支持以地址为中心和以数据为中心的 WSN 协议。Emara 等[29] 提供 VIP 桥的缺陷，即单一故障点、瓶颈问题和路由协议方面的一个主要限制。

在文献［30］中，提出一种互联方法，将 IPv6 网络连接到一个大型 WSN。Juan 等提出一种以数据为中心的方法，使 WSN 在 IPv6 协议下访问互联网。在这种方法中，WSN 被分成格形网络，并将一个 IPv6 地址指派给每个格形地图（grid map）。提出一个顺时针方向的格形路由协议（CGRP），该协议旁路基于路由空洞（hole）的边界效应，同时得到高的报文传输成功率。在 OMNET + + 中实施 WSN 和外部网络之间机制的实现。

在文献［31］，Ludovici 等讨论在一个真实 6LoWPAN 中 IP 分片报文的转发技术。为取得结果，进行了真实的 6LoWPAN 实施。作者们提出一种基于网状网的新路由方案，改进了网状网转发的关键方面。

在文献［32］中给出用于 WSN 的一种基于 IPv6 的地址分配。一个 IPv6 地址即 128 位是太长了，所以在一个 WSN 中难以实现，原因是在一个 WSN 中能量开销是使用一个 IPv6 完整地址的一项关键约束。这项工作提出带有简化 IPv6 地址格式的一种改进的、自组织地址方案，在网关和 WSN 之间使用这种地址格式，如图 21.4 所示。

21.2.3.3　用于 WSN 的支持移动性的智能路由协议

在 WSN 上实施了大量研究，特别是在开发路由协议领域更是如此，但关键问题（例如能量效率、移动性和流量模式）仍然是一个开放的研究领域。基于 IP 的 WSN 有许多应用，例如家庭自动化、工业控制、保健和农业监测。研究共同体关注于层 3 路由来解决问题，例如可靠性和端到端时延通信增强措施。

在文献［33］中给出一种基于全局寻址方案的路由方法，它将焦点放在上述问题上。Islam 和 Huh 提出一种传感器代理移动 IPv6 路由协议，这是一种网络层协议。它们也提出一种层次化寻址方法，采用这种方法，各 IP WSN 节点将可由唯一的全局 IPv6 地

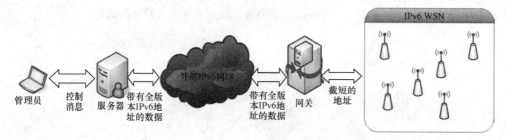

图 21.4 WSN 和外部网络之间的数据流

址加以识别。

　　在能量效率方面，WSN 的自优化吸引了大量关注。在 BIOARP[12,15] 中，增强的蚂蚁群体优化（ACO）机制自适应地在 WSN 中实施自优化路由。路由协议取决于三个模块：路由管理、邻居管理和电源管理。这些功能相互协作和协调地提供自优化路由能力。BIAARP 是一项实时应用，它降低时延、报文丢失、报文额外负担和电池功率消耗。

　　为克服不确定的环境行为，自组织是 WSN 所必备的一个主要要素。因此，就 WSN 的自组织方面，在研究人员间引起大量关注。移动无线传感器网络（MWSN）中的通信是自组织的，其中涉及到生物学激励的技术和算法 [34]。

21.3　研究方法论

　　研究方法论包含所提 MARP 机制的初步设计和架构。

21.3.1　MARP 的设计概念

　　拟设一个 WSN 数月或数年地运行，而不需要电池替换或人类干预。诸如医疗看护、战场监视、防火监测和结构以及环境监测等应用可能从无线传感器节点受益，它们以一种多跳方式通信，收集数据并将所需数据传递到它们的目的地。几项 WSN 应用要求 MIPv6 连接性以便确保全局交互（universal interaction），特别在一个灾难情况下更是如此。提出 MARP，主要是克服各种问题，例如电池消耗、流量拥塞、移动性和报文时延，以便最大化流量吞吐量，同时维持 QoS（以报文接收率（PRR）、报文额外负担和 WSN 中的功率消耗加以表示）。MARP 是 RPL 和 BIOARP 的一个扩展；RPL 提供一个 IPv6 平台，且通过采用 BIOARP 对之增强，支持自治路由能力。

21.3.2　MARP 的设计方法

　　所提 MARP 的设计如图 21.5 所示。当数据报文需要被传递或转发时开始这个过程。首先，该算法在每一跳的邻接表是否包含确定下一最佳跳的信息素值。如果找到信息素值，那么遵循预先确定的路径转发报文。否则，触发 RPL 发现过程，实施邻居发现，并确定下一最佳跳。在每跳上第一条数据报文转发时，基于 BIOARP 计算得到的信息素值被存储在一个路由表中。继续这个过程，直到第一条数据报文到达目的地。但是，如果在去往目的地的路上发生问题时，将重新触发 RPL 发现过程。

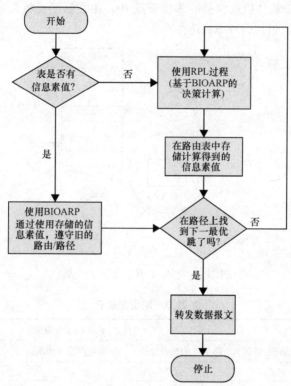

图 21.5　MARP 设计方法

21.3.3　报文接收比

一种无线介质不能保障可靠数据传递。WSN 的性能取决于无线介质的链路质量[35]。在两个无线传感器之间接收一条报文的概率被定义为 PRR [36]。MARP 使用文献 [21, 37] 中推导得到的链路层模型，且 PRR 如下确定

$$\text{PRR} = \left[1 - \left(\frac{8}{15} \right) \left(\frac{1}{16} \right) \sum_{j=2}^{16} (-1)^j \binom{16}{j} \exp\left(20\text{SNR}\left(\frac{1}{j} - 1 \right) \right) \right]^m$$

在文献 [1, 38] 中计算的信噪比（SNR）为

$$\text{SNR} = P_t - PL(d) - S_r$$

式中　P_t 是发送功率（以 dBm 表示；Tmote Sky 的最大值是 0dBm）并用于接收器的灵敏度（在 Tmote Sky 中是 -90dBm）。除了已经定义的 IPv6 RPL 的度量元（例如端到端时延和能量消耗）外，还将发现一个路由度量元（诸如 PRR）。

21.3.4　在每个无线传感器节点处的数据结构

使用 BIOARP 机制来计算最佳信息素值。在现有基于 IPv6 的 RPL 中所示的路由表

中，将添加新的度量元，即如表 21.3 中所示的 PRR 和记录超期值 β。为找到下一跳节点，MARP 使用基于最佳信息素值的邻接节点 ID，用之标记要转发的数据。在 MARP 的设计中，为提高交付比，考虑到链路质量。

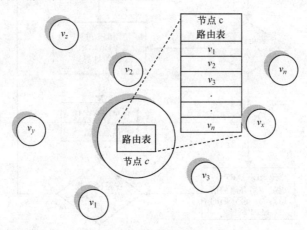

图 21.6　在每个节点处的路由表

表 **21.3**　路由度量元

	速率（端到端时延）	能量（剩余电池量）	添加的新度量元 链路质量（PRR）	添加的新度量元 记录超期值
节点 1	τ^1	η^1	ω^1	β^1
节点 2	τ^2	η^2	ω^2	β^1
⋮	⋮	⋮	⋮	⋮
节点 n	τ^n	η^n	ω^n	β^1

　　路由表记录是通过一个邻居发现机制产生的，该机制包括请求注册（RTR）报文和 RTR 应答。缺省的静态节点超期记录时间是 180s[15]，对于存在最新环境信息的情况，该时间将降低。因此，多数最新的邻接信息将增强并满足移动性要素[39]。在路由表中添加的新的邻接节点信息，有助于数据报文转发。如果出现某种链路错误或时间值超过超期时间值，则将从路由表中删除相应的邻接节点记录。当路由表空时，将重新发起再发现过程。

21.4　仿真

　　通过一种 NS 实施了 MARP 设计和分析过程。

21.4.1　仿真工具

　　使用 NS Cooja（一种基于 Contiki OS 的 NS），仿真了这个场景。我们选择 Cooja NS 是因为它所产生的结果类似于真实试验[40]。为采用 Ubuntu 11.4 进行仿真，选择 Instant

Contiki OS 2.5（发行日期 2011 年 9 月 12 日）。在安装 Instant Contiki 2.5 之后，针对最新 CVS 实施一次升级。IPv6 RPL 是在 Cooja 下实现的；代码是采用 C + + 编写的。通过手工指定节点之间的距离，部署了 25 个 WSN，即各节点是以网格形式出现的，在任何两个节点之间具有相等的距离。两个节点之间的距离是 9m，如图 21.7 所示。

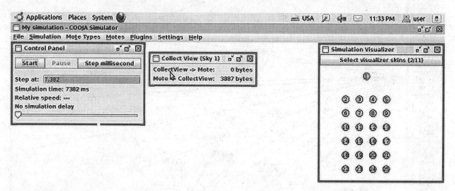

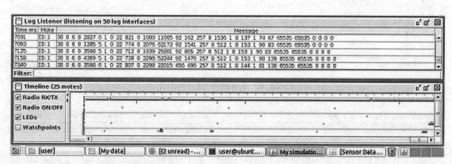

图 21.7　NS Cooja（Contiki OS 的一个仿真器）

21.4.2　网络的图形式动画

在由 Cooja animator（动画器）产生的如图 21.8 所示动画中，我们可详细研究网络的输出。CBR 流量是从所有节点向节点 0 产生的。每个节点包含一个表，带有如图 21.6 所示的信息素值。在每个节点处的信息素表包含向所需目的地的下一节点的信息素值。采用这种方式，所有蚂蚁尽可能地分散到多条路径，可在一个 WSN 之上去的负载均衡的服务提供。

21.4.3　网络模型、性能参数和初步结果

在如图 21.8 所示的一个 50m × 50m 的网格上部署 25 个无线传感器节点。在仿真中考虑具有固定尺寸的一条报文。总仿真时间等于 100s（100 000ms），每秒的报文数为 1。为了避免环路和路由表冻结，我们激活了每条报文带有一个节点 ID 和报文序列号 ID。当前，在给定场景上运行 RPL 时，我们体验到 2087 条报文丢失，如图 21.9 和图 21.10 所示。

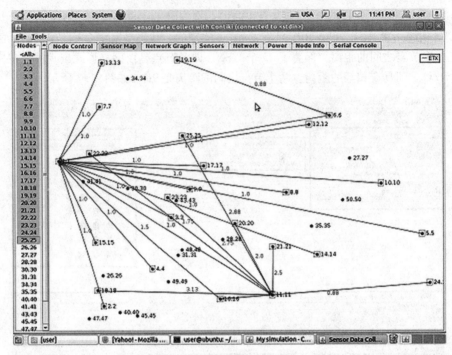

图 21.8   Cooja 产生的动画

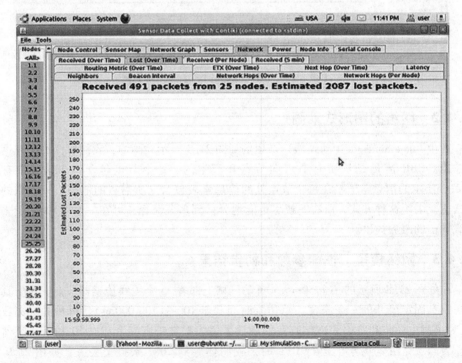

图 21.9   报文丢失

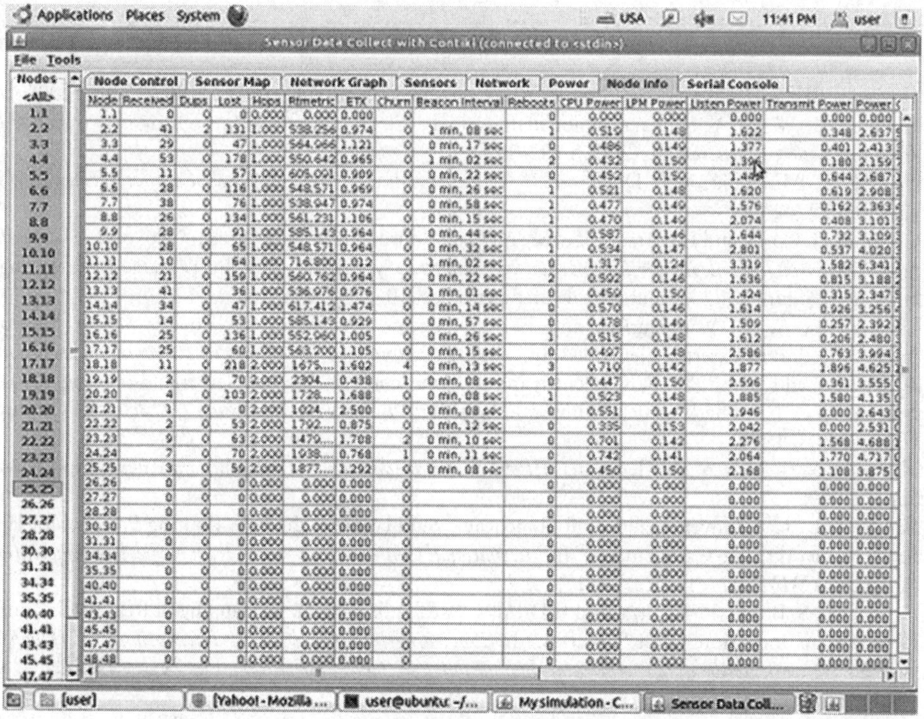

Node	Received	Dups	Lost	Hops	Rtmetric	ETX	Churn	Beacon Interval	Reboots	CPU Power	LPM Power	Listen Power	Transmit Power	Power
1.1	0		0	0.000	0.000	0.000			0.000	0.000	0.000	0.000	0.000	
2.2	41	2	0	131	1.000	538.256	0.974	1 min, 08 sec	0	0.519	0.148	1.622	0.348	2.637
3.3	29	0		47	1.000	564.066	1.121	0 min, 17 sec	0	0.486	0.149	1.377	0.401	2.413
4.4	53	0		178	1.000	550.642	0.965	1 min, 02 sec	2	0.432	0.150	1.39?	0.180	2.159
5.5	11	0		57	1.000	605.001	0.909	0 min, 22 sec		0.452	0.150	1.44?	0.644	2.687
6.6	28	0		116	1.000	548.571	0.974	0 min, 22 sec		0.521	0.148	1.620	0.619	2.908
7.7	38	0		76	1.000	538.947	0.974	0 min, 58 sec		0.470	0.149	1.576	0.162	2.363
8.8	28	0		134	1.000	561.231	1.106	0 min, 15 sec		0.470	0.149	2.074	0.408	3.101
9.9	28	0		91	1.000	585.143	0.964	0 min, 44 sec		0.587	0.146	1.846	0.732	3.109
10.10	24	0		65	1.000	548.571	0.964	0 min, 12 sec		0.534	0.147	2.801	0.537	4.020
11.11	41	0		64	1.000	716.800	3.032	0 min, 02 sec	1	1.317	0.124	3.319	3.582	6.341
12.12	21	0		159	1.000	560.762	0.964	0 min, 08 sec		0.392	0.152	1.636	0.815	3.188
13.13	41	0		47	1.000	617.412	1.474	0 min, 14 sec		0.459	0.150	1.424	0.315	2.347
14.14	34	0		53	1.000	645.143	0.965	0 min, 57 sec		0.570	0.146	1.614	0.926	3.256
15.15	14	0		136	1.000	552.060	1.005	0 min, 26 sec		0.515	0.148	1.612	0.206	2.480
16.16	25	0		60	1.000	563.200	1.105	0 min, 08 sec		0.497	0.148	2.586	0.763	3.994
17.17	11	0		218	2.000	1675	1.602	0 min, 13 sec	4	0.710	0.142	1.877	1.896	4.625
18.18	2	0		70	2.000	2304	0.438	0 min, 08 sec	1	0.447	0.152	2.596	0.361	3.555
19.19	4	0		103	2.000	1728	1.688	0 min, 08 sec		0.326	0.148	1.885	1.580	4.135
20.20	2	0		70	2.000	1024	2.500	0 min, 08 sec		0.551	0.147	1.946	0.000	2.643
21.21	2	0		53	2.000	1792	0.875	0 min, 12 sec		0.335	0.153	2.042	0.000	2.531
22.22	9	0		63	2.000	1479	1.708	0 min, 08 sec		0.701	0.142	2.276	1.568	4.688
23.23	7	0		70	2.000	1938	0.768	0 min, 11 sec		0.742	0.141	2.064	1.770	4.717
24.24	3	0		59	2.000	1897	1.292	0 min, 08 sec		0.450	0.150	2.168	1.108	3.875
25.25					0.000	0.000	0.000			0.000	0.000	0.000	0.000	
26.26					0.000	0.000	0.000			0.000	0.000	0.000	0.000	
27.27					0.000	0.000	0.000			0.000	0.000	0.000	0.000	
28.28					0.000	0.000	0.000			0.000	0.000	0.000	0.000	
30.30					0.000	0.000	0.000			0.000	0.000	0.000	0.000	
31.31					0.000	0.000	0.000			0.000	0.000	0.000	0.000	
34.34					0.000	0.000	0.000			0.000	0.000	0.000	0.000	
35.35					0.000	0.000	0.000			0.000	0.000	0.000	0.000	
40.40					0.000	0.000	0.000			0.000	0.000	0.000	0.000	
43.43					0.000	0.000	0.000			0.000	0.000	0.000	0.000	
45.45					0.000	0.000	0.000			0.000	0.000	0.000	0.000	
47.47					0.000	0.000	0.000			0.000	0.000	0.000	0.000	

图 21.10　逐节点的网络仿真结果

21.5　结论和未来工作

在本章，我们给出 WSN 的一个新颖的 MARP，以我们以前的自治路由机制 BIOARP 增强 RPL。在 MARP 中，自治路由决策取决于端到端时延、剩余的电池功率和 SNR 度量元。通过实时仿真器 Cooja 设计并研究所提的 MARP。细节表明，我们所提的基于 MIPv6 的协议在支持移动性的 WSN 中将提供较佳的数据交付，同时最小化电源消耗、时延和报文丢失。

MARP 是 WSN 的一个支持移动性的自治路由协议，该 WSN 配备有所有种类的传感器。这最终得到为未来应用进一步增强 MARP 的一个潜在领域。未来应用包括室内和室外应用以及类似应用的监测和监视系统。但是，进一步的利用和开发可增长所提路由协议的性能。未来工作可包括如下：

1）其他变种，例如认知的、再增强的学习 max-min 蚂蚁系统，可针对不同应用需求加以相应考虑。

2）包括多路径路由在内的能力可在数据交付率方面改进性能，但另一方面，它将消耗更多的电池能量。

3）依据不同应用/场景，可在真实测试床中测试 MARP 的架构。

4）可深入考察基于这个架构的 IPv6 应用的性能。

参 考 文 献

1. IEEE. "IEEE P802.15 Working Group: Draft Coexistence Assurance for IEEE 802.15.4b." 2005.

2. Akylidiz, F., W. Su, Y. Sankarasubramaniam, and E. Cayirc. "A survey on sensor networks." *IEEE Communication Magazine* 40, (2002): 102–114.

3. Yick, J., B. Mukherjee, and D. Ghosal. "Wireless sensor network survey." *Computer Networks* 52, (2008): 2292–2330.

4. Cecilio, J., J. Costa, and P. Furtado. "Survey on Data Routing in Wireless Sensor Networks." In *Wireless Sensor Network Technologies for Information Explosion Era*. vol. 278, edited by T. Hara, 3–46. Springer book series "Studies in Computational Intelligence," 2010.

5. Liutkevicius, A., A. Vrubliauskas, and E. Kazanavicius. "A Survey of Wireless Sensor Network Interconnection to External Networks." In *Novel Algorithms and Techniques in Telecommunications and Networking*, edited by T. Sobh, K. Elleithy, and A. Mahmood, 41–46. The Netherlands: Springer, 2010.

6. Narten, T., E. Nordmark, and W. Simpson. *Neighbor Discovery for IP Version 6 (IPv6)*. RFC Editor, United States. 1998.

7. Thomson, S., T. Narten, and T. Jinmei. *{IPv6} Stateless Address Autoconfiguration*. RFC Editor, United States. 2007.

8. Ben Saad, L., C. Chauvenet, and B. Tourancheau. "Simulation of the RPL Routing Protocol for IPv6 Sensor Networks: Two Cases Studies." In *International Conference on Sensor Technologies and Applications SENSORCOMM 2011*, France, 2011.

9. Strübe, M., S. Böhm, R. Kapitza, and F. Dressler. "RealSim: Real-Time Mapping of Real World Sensor Deployments into Simulation Scenarios." In *Proceedings of the 6th ACM International Workshop on Wireless Network Testbeds, Experimental Evaluation and Characterization*, Las Vegas, Nevada, USA, 2011, 95–96.

10. Moravek, P., D. Komosny, M. Simek, M. Jelinek, D. Girbau, and A. Lazaro. "Investigation of radio channel uncertainty in distance estimation in wireless sensor networks." *Telecommunication Systems*, 1–10.

11. Saleem, K. "Biological Inspired Self-Organized Secure Autonomous Routing Protocol for Wireless Sensor Networks." Doctor of Philosophy (Electrical Engineering), Faculty of Electrical Engineering, Universiti Teknologi Malaysia, Malaysia, 2011.

12. Saleem, K., N. Fisal, M. A. Baharudin, A. A. Ahmed, S. Hafizah, and S. Kamilah. "Ant colony inspired self-optimized routing protocol based on cross layer architecture for wireless sensor networks." *WSEAS Transactions on Communications (WTOC)* 9, (2010): 669–678.

13. Saleem, K., N. Fisal, M. A. Baharudin, A. A. Ahmed, S. Hafizah, and S. Kamilah. "BIOSARP–Bio-Inspired Self-Optimized Routing Algorithm using Ant Colony Optimization for Wireless Sensor Network: Experimental Performance Evaluation." In *Computers and Simulation in Modern Science, Included in ISI/SCI Web of Science and Web of Knowledge*, vol. IV, edited by N. E. Mastorakis, M. Demiralp, and V. M. Mladenov, 165–175. 2011.

14. Frodigh, M., P. Johansson, and P. Larsson. "Wireless ad hoc networking—the art of networking without a network." *Ericsson Review* 4, (2000): 248–263.

15. Saleem, K., N. Fisal, S. Hafizah, and R. Rashid. "An Intelligent Information Security Mechanism for the Network Layer of WSN: BIOSARP." In *Computational Intelligence in Security for Information Systems*. vol. 6694, edited by Á. Herrero and E. Corchado, 118–126. Berlin: Springer, 2011.

16. UC-Berkeley. 2011. *TinyOS Tutorial*, http://docs.tinyos.net/index.php/TinyOS_Tutorials.

17. Gay, D., P. Levis, R. v. Behren, M. Welsh, E. Brewer, and D. Culler. "The Nesc Language: A Holistic Approach to Networked Embedded Systems." In *Conference on Programming Language Design and Implementation, SIGPUN 2003*, San Diego, California, USA, 2003, 1–11.

18. Levis, P., and N. Lee. 2011, *TOSSIM: a simulator for TinyOS Networks, User's Manual*, http://www.cs.berkeley.edu/~pal/research/tossim.html.

19. U. Berkeley. 2011, *Berkeley IP*.

20. Dunkels, A., B. Grönvall, and T. Voigt. "Contiki—A Lightweight and Flexible Operating System for Tiny Networked Sensors." In *Proceedings of the 29th Annual IEEE International Conference on Local Computer Networks*, Tampa, FL, USA, 2004, 455–462.

21. Atmel. "Atmel Extends Trusted Computing Standard To Embedded Systems." 2012.

22. T. Instruments. "MSP430 Data Sheet, Texas Instruments, http://focus.ti.com/mcu/docs/mcuprodover view.tsp?sectionId=95&tabId=140&familyId=342), 2012.

23. Crossbow. "MPR-MIB Users Manual." June 2007, 2011.

24. Neves, P. A. C. d. S., and J. J. P. C. Rodrigues. *Internet Protocol over Wireless Sensor Networks, from Myth to Reality, Journal of Communications,* vol. 5, no. 3 (2010), 189–196, Mar 2010.

25. Dunkels, A., J. Alonso, T. Voigt, H. Ritter, and J. Schiller. "Connecting Wireless Sensornets with TCP/IP Networks." In *Proceedings of the Second International Conference on Wired/Wireless Internet Communications (WWIC2004)*, 2004, 143–152.

26. Deering, S., and R. Hinden. *Internet Protocol, Version 6 (IPv6) Specification*. RFC Editor, United States. 1998.

27. Kushalnagar, N., G. Montenegro, D. Culler, and J. Hui. "Transmission of IPv6 Packets over IEEE 802.15.4 Networks." RFC Editor 2070–1721, 2007.

28. da Silva Campos, B., J. J. P. C. Rodrigues, L. D. P. Mendes, E. F. Nakamura, and C. M. S. Figueiredo. "Design and Construction of Wireless Sensor Network Gateway with IPv4/IPv6 Support." In *Communications (ICC), 2011 IEEE International Conference*, 2011, 1–5.

29. Emara, K. A., M. Abdeen, and M. Hashem. "A Gateway-Based Framework for Transparent Interconnection between WSN and IP Network." In *EUROCON 2009, EUROCON'09. IEEE*, 2009, 1775–1780.

30. Juan, L., L. Zhen, L. De-xiang, and L. Re-fa. "Wireless Sensor Network Inter Connection Design Based on IPv6 Protocol." In *Wireless Communications, Networking and Mobile Computing, 2009. WiCom '09. 5th International Conference*, 2009, 1–4.

31. Ludovici, A., A. Calveras, and J. Casademont. "Forwarding techniques for IP fragmented packets in a real 6LoWPAN network." *Sensors* 11, (2011): 992–1008.

32. Zhan, J., B. Yang, and A. Men. "Address Allocation Scheme of Wireless Sensor Networks Based on IPv6." In *Broadband Network and Multimedia Technology, 2009. IC-BNMT'09. 2nd IEEE International Conference*, 2009, 597–601.

33. Islam, M. M., and E.-N. Huh. "A novel addressing scheme for PMIPv6 based global IP-WSNs." *Sensors* 11, (2011): 8430–8455.

34. Banitalebi, B., T. Miyaki, H. R. Schmidtke, and M. Beigl. "Self-Optimized Collaborative Data Communication in Wireless Sensor Networks." In *Proceedings of the 2011 Workshop on Organic Computing*, Karlsruhe, Germany, 2011, 23–32.

35. Dunkels, A., O. Schmidt, N. Finne, J. Eriksson, F. Österlind, N. Tsiftes, and M. Durvy. 2012, 16 May. *The Contiki OS,* http://www.contiki-os.org/. Available: http://www.contiki-os.org/.

36. Rodrigues, J. J. P. C., and P. A. C. S. Neves. "A survey on IP-based wireless sensor network solutions." *International Journal of Communication Systems* 23, (2010): 963–981.

37. Levis, P., S. Madden, J. Polastre, R. Szewczyk, K. Whitehouse, A. Woo, D. Gay, J. Hill, M. Welsh, E. Brewer, and D. Culler. "TinyOS: An Operating System for Sensor Networks Ambient Intelligence." In *Ambient Intelligence*, edited by W. Weber, J. Rabaey, and E. Aarts, 115–148. Berlin: Springer, 2005.

38. Sklar, B. *Maximum A Posteriori Decoding of Turbo Codes, In Digital Communications:* Fundamentals and Applications, Second Edition, Prentice-Hall, 2001.

39. Nasser, N., A. Al-Yatama, and K. Saleh. "Mobility and Routing in Wireless Sensor Networks." In *Electrical and Computer Engineering (CCECE), 2011 24th Canadian Conference*, 2011, 573–578.

40. Eriksson, J., F. Österlind, N. Finne, A. Dunkels, N. Tsiftes, and T. Voigt. "Accurate Network-Scale Power Profiling for Sensor Network Simulators Wireless Sensor Networks," Vol. 5432, edited by U. Roedig and C. Sreenan, 312–326. Berlin/Heidelberg: Springer, 2009.

第 22 章　用于 MANET 的 QoS 感知路由协议分类

22.1　引言

随着廉价和无基础设施移动自组织网络（MANET）的快速发展，研究焦点已经转移到这些网络中与安全和服务质量（QoS）相关的问题上。MANET 是移动主机（也称作节点）的集合，它们是自配置的、自组织的和自维护的。在没有中心式控制的情况下这些节点通过无线信道相互通信。随着在过去 10 多年无线流行的演进，我们正在目睹越来越多的应用迁移和适应到通信的无线方法上。MANET 节点依赖于多跳通信；即，相互在传输距离内的各节点可通过无线电信道直接通信，而在无线电范围外的那些节点必须依赖于中间结点，将消息朝它们的目的地转发。移动主机会在它们想那样做时进行移动、离开和加入网络，且因为动态网络拓扑，各路由需要频繁地更新。这种情况如图 22.1 所示。假定节点 A 希望与节点 B 通信。在时间 t_1，路由路径是 A→C→B。在时间 t_2（ $>t_1$），节点 C 移出节点 A 的范围。由此，在时间 t_2 节点 B 改变后的路由是 A→D→B。

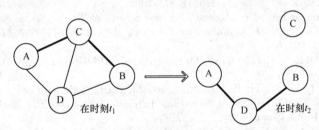

图 22.1　自组织网络中的通信

在 MANET 中，重要问题之一是路由，即寻找从一个源到一个目的地的一条合适路径。因为在 MANET 中应用（例如在线游戏、音频/视频流化、IP 话音（VoIP）和其他多媒体流化应用）用途方面的快速增长，所以就有必要为数据的可靠交付提供所需的QoS 水平。相比有线连接的网络中的情况，在无线多跳网络中提供所需的 QoS 保障是有相当挑战性的，这主要是因为其动态拓扑、分布式在线特质、干扰、多跳通信和信道访问的冲突。特别地，就度量元（例如可取得的吞吐量、时延、报文丢失率和抖动）方面，重要的是使路由协议提供 QoS 保障。

不管 MANET 中所存在的大量路由解决方案，在真实世界中它们的实际实现和使用仍然是有限的。多媒体和其他时延敏感或错误敏感的应用，吸引了大量用户使用MANET，这导致尽力而为路由协议的实现是不足以应对这些应用的。因为 MANET 的动态拓扑和物理特征，就可取得的吞吐量、时延、抖动和报文丢失率方面提供有保障的 QoS 是不现实的。所以实际上在文献［1］中提出 QoS 适配和软 QoS。软 QoS 意味着不能满足 QoS 对某些情形是允许的，例如一条路由中断或网络变成分隔状态[1]。如果节点移动性太高且拓扑变化非常频繁，则甚至软 QoS 保障也是不可能的。要使一个路由协议在移动性较高的一个无线网络中正常工作，则拓扑状态信息传播的速率必须高于拓扑变化的速率。否则，拓扑信息将总是过期的，且将发生低效的路由，或根本就没有路由可用。这也同样适用于 QoS 状态和 QoS 路由消息。满足上述条件的一个网络被称作组合上是稳定的[2]。一些路由协议将有关可用网络资源的信息提供给应用，从而这些应用可据此调整它们的执行，以便取得其所需的 QoS 水平。其他路由方法不会直接服务应用，但却尝试就 QoS 度量元方面增加整体网络性能。

本章以如下方式组织：我们以在一个多跳 MANET 环境中 QoS 所施加挑战的精确分析开始讨论。接下来是 QoS 协议性能估计常用度量元概述以及影响 QoS 协议性能的各要素讨论。接着，我们给出多跳 MANET 的 QoS 支持协议设计中涉及的最重要因素和选择的概述。为组织许多候选解决方案，我们继续讨论，给出一个独特的分类，将 QoS 解决方案分成不同组。此后，我们总结了 QoS 方法的关键特征、基本操作以及选择 QoS 方法的主要优点和缺点。为从文献中给出的巨量解决方案中得到 QoS 协议的一个有用的和核心子集，我们主要将焦点放在期刊文章、汇刊论文和同行评审的会议上。我们将给出这个领域中当前趋势和模式的概述和综述。我们将以最新技术状态和未来工作领域结论本章。

22.2　MANET 中的 QoS

MANET 中的 QoS 被定义为一个服务需求集合，当一个报文流从源路由到目的地时，网络应该满足这些需求[3]。一个数据会话可表征为一个可度量需求集合，例如最大时延、最小带宽、最小报文交付率和最大抖动。在拥塞建立时要检查所有的 QoS 度量元，且一旦接收一条连接，则网络必须确保在整个连接过程中数据会话的 QoS 需求都要得以满足[4]。相比有线连接的网络，在无线网络中，向一个数据会话保障 QoS 的问题是比较复杂的。这是因为自组织网络的特点导致的，这些特点如不可靠的和容易出错的无线介质、有限的带宽（限制控制消息的使用）、动态拓扑（即节点可自由地移动、加入或离开网络）以及低的电池能量和处理能力。此外，在各层处的协议可能需要自我调整到适应环境、任务改变和流量，从而使 MANET 可保持其效率[4]。

在文献中，人们提出几种解决方案，解决 MANET 中 QoS 提供问题。这些解决方案包括呼叫接纳控制（CAC）协议（仅当有足够资源时才接纳一个（数据）流）、数据速率自适应协议（要求应用改变它们的编码方案，以取得可由网络支持的一个数据速率）、路由协议（寻找具有足够资源可满足给定 QoS 需求的路径）、多路径路由方案（用于容错）以及负载均衡和预留协议（尝试沿路预留资源）。在每一层，使用一个度量元集合来评估 QoS 感知的路由协议性能。

　　应用使用上述 QoS 度量元，指定它们的 QoS 需求。可以一个度量元集合定义 QoS 需求。例如，图 22.2 给出一个网络拓扑，其中在节点 A 的一个应用有某种带宽（BW > = 5kbit/s）和时延（D < = 5ms）的需求。一个 QoS 感知的路由协议选择（A→B→C→F→G）（这时满足应用 QoS 需求的一条路由）而不选择最短路径（A→D→E→G）。提供一个多约束 QoS，其目标是优化多个 QoS 度量元，同时在 MANET 之上提供 QoS，且确实是一项复杂任务。

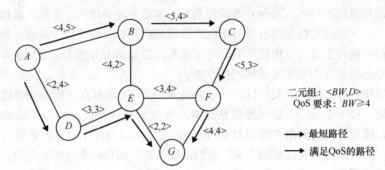

二元组: <BW,D>
QoS 要求: BW≥4

➡ 最短路径
➡ 满足QoS的路径

图 22.2　MANET 中的 QoS 感知路由

22.3　在 MANET 之上提供 QoS 的问题和设计考虑

　　在描述不同类型的 QoS 感知路由方法之前，重要的是讨论极大影响 QoS 解决方案性能的设计问题。一个最优的 QoS 协议开发过程取决于要考虑的设计问题。为从源到目的地传输一个报文流，使用路由法来创建和维护一条路由。早期 MANET 路由协议将焦点放在寻找从源到目的地的一条可行路由，而不考虑那条路由的稳定性和可靠性。此外，为 QoS 支持没有做任何准备措施。对于 QoS 感知的应用，应该使用具有足够资源满足严苛 QoS 保障的一条路径。下面是 QoS 感知的自组织联网路由协议的设计考虑和挑战。

22.3.1　在 MANET 之上提供 QoS 的挑战

　　下面给出提供 QoS 支持时，在 MANET 中要面对挑战的小结：
　　1）不可预测的物理特征：在无线网络中，数据是在无线电信道之上传输的，这些信道由于空气和操作条件，是高度不可靠的。无线信道固有地容易出现比特错误（由网络状况导致的），这些状况如干扰（邻接节点的传输）、热噪声、阴影遮挡（从障碍物反射）和多径衰落（到目的地的多条路径）[5]。这导致不可预测的信道容量，并增加了链路失效的概率。
　　2）无基础设施和去中心式网络架构：MANET 的固有无基础设施、廉价的和快速部署特征，为之在各种域中使用提供了保证。因为去中心式特征，所以仅在 MAC 层使用竞争式协议。因为缺乏中心，所以每个节点必须将其 QoS 状态信息发送到所有其他节点。这就增加了 QoS 感知协议的额外负担和复杂性，原因是 QoS 状态信息的高效传播是必要的。

3）信道竞争：为保持有关网络状态的最新信息，各节点应该在一条共享的信道上相互通信。这就增加了由信道竞争和干扰所导致的冲突。冲突的增加导致增加的时延、减少的报文交付率和信道带宽的低利用率，并吸光节点的电池电量。避免这些问题的一种方式是在全局时钟同步的辅助下，使用一种 TDMA 方案。在 TDMA 中，每个节点在其提前确定的槽中传输，所以就没有信道竞争的需要了。也可通过为每次传输使用一个不同的扩频码（例如 CDMA/FDMA），做到无竞争的传输。因为动态拓扑变化、缺乏中心权威以及信道访问同步所涉及的额外负担和复杂性[6]，所以上述方法的实际实现是难以做到的。

4）多跳通信：在 MANET 中的主机也作为路由器起作用，将报文向其目的地转发。为将数据从源发送到目的地，使用中间结点发现一条路径。对于数据的可靠传递，路径上的每个节点都是同样重要的，原因是甚至是路由中的单个节点失效，都会导致 MANET 通信中断。

5）有限的网络资源：因为在 MANET 中使用设备的移动特征，所以这些设备的尺寸应该是小型的。这项需求导致对可用电池电量、处理速度和内存空间的各项约束。相比于有线连接的网络，无线信道具有低的链路容量。为得到这些稀有网络资源的最佳利用率，要求有效的资源管理方案。QoS 路由问题的解本质上是 NP- 完全的[2]，为逼近这些解，要采用复杂的启发式方法，这对资源受限的移动节点施加过度的压力。

22.3.2　设计折衷

可能影响 QoS 感知路由协议的一般设计折衷如下：

1）反应式路由和预测式路由。路由发现和维护过程被表征为预测式（表驱动的）或反应式的（应需）。在路由发现和路由建立过程中，预测式协议产生低时延。但为维持最新的路由拓扑由预测式协议产生的额外负担，要消耗相当大量的稀有信道容量。随着网络移动性和尺寸的增加，对于预测式路由协议，提供 QoS 保障变得更加困难。通过仅应需发现路由并仅维护活跃的路由，一种反应式方法避免了资源的潜在浪费。但是，当一项应用需要到一个目的地的一条路由时，使用反应式方法的路由发现却导致初始时延。反应式协议产生低的额外负担，且快速地适应动态拓扑变化。因此，为在 MANET 之上提供 QoS，同时均衡额外负担和时延，第一项折衷是路由协议特征的选择（预测式的还是反应式的）。

2）容量与电池消耗和时延。一个网络的容量可得以增加的一种方式，是通过不同邻居并发地发送更多的数据会话报文[7]。当报文进入这些邻居的范围时，它们将报文转发到目的地。这种方案以时延为代价，增加了网络容量。另一方面，如果在多条路径上发送冗余报文，则观察到目的地以低时延接收到各条报文[8]。这种方法减少了网络容量，同时增加了每个节点的电池利用率。

3）传输距离：短跳和长跳。节点的传输距离中的变化，影响将一条报文转发到其目的地所需的跳数。使用低传输功率，就增加跳数。这降低了在中间节点处的能量消耗，并产生较高的信噪比。另一方面，长跳产生低的路由额外负担和路由维护负担，减少路由失效率，并增加路径效率和端到端可靠性[9]。

4）QoS 提供：全局的和个体的。一些 QoS 感知的路由协议向应用提供有关可用网络资源的信息，这些应用据此调整它们的编码方案，取得所要求的 QoS 水平。其他 QoS 解决方案可能不会直接服务应用，但尝试在 QoS 度量元方面增加整体网络性能。

22.3.3 影响 QoS 协议性能的因素

当评估 QoS 感知路由协议的性能时，许多因素影响结果。影响网络性能的多数因素直接受到 MANET 基本特征的影响。无论在实际情形还是仿真情形，这些因素一起定义了术语"场景"，在下面进行汇总：

1）流量源。在一个网络中流量源的类型、数量和数据速率极大地影响 QoS 协议的性能。随着一个流量应用的数量和数据速率的增加，网络中的报文数也增加，导致增加的信道竞争和干扰。流量源数量的增加导致更多的路由计算，这进一步增加网络额外负担。数据速率的增加，可能会导致节点传输速率和可用信道带宽之间的不平衡。

2）节点移动性和节点放置。节点移动性由三个参数组成：节点的移动性模式、暂停时间和速度（最大和最小）。移动性模式定义节点是以匀速还是变速移动的，还定义节点移动的模式，即它们是独立移动的还是在一个组中移动的。暂停时间确定在每个移动时段之间节点保持静止的时间。这个参数，与节点的最大和最小速度一起，给出了网络拓扑有多频繁地发生变化的一个概念。由此，我们可确定我们必须以多大频率更新网络状态信息。

3）网络规模。随着网络规模增加，由 hello 和拓扑控制报文导致的消息额外负担增加。如果提供 QoS 支持，那么 QoS 状态收集和传播的额外负担就进一步增加了控制额外负担，这就影响网络性能。规模的增加也导致消息更新延迟。

4）节点传输功率。各节点具有控制其传输功率的能力。如果传输功率较高，则各节点就有较大数量的直接邻居，这增加了其连通性。另一方面，高的传输功率导致干扰和增加的电池耗尽速率，并可能导致节点之间的单向链路。

5）信道特征。如在前面各节中较早讨论的无线信道特征，无线电链路为不稳定的和不可靠的，并具有高比特错误率（导致数据报文的不正确交付），这是有许多原因的。这些信道特征影响网络在 MANET 中提供期望 QoS 水平的能力。

22.4 QoS 感知自组织路由协议

有许多现有的自组织网络的 QoS 感知路由协议，它们都强调各种实现场景。基本目标是设计一种 QoS 解决方案，该方案最小化控制额外负担、端到端时延和能量消耗，同时最大化吞吐量和报文交付比。因为这些类型的网络可用于各种应用（在线游戏、音频/视频、VoIP 和其他多媒体流化应用）之中，所以在其 QoS 需求和复杂性方面它们存在差异。一种可能方式是在路由发现过程中路径演化和路径选择时所用 QoS 度量元基础上，对现有解决方案分类。因为许多协议使用几个 QoS 度量元，所以这种分类是不可行的。我们在各协议对 MAC 层的依赖关系基础上，分类 QoS 感知的路由协议。有两个大类：相关的，即各协议与 MAC 交互，和无关的，即各协议不与 MAC 层交互。

图 22.3 形象地说明协议的分类，依据的是这些协议与 MAC 层的交互程度。这表明所有协议可被分成三个大类：

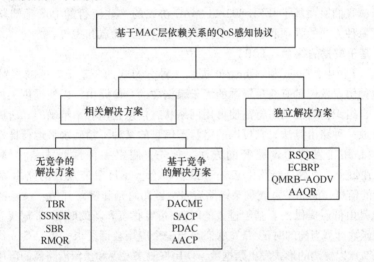

图22.3　依据各协议对 MAC 层的相关性，对各 QoS 感知路由协议的分类

无竞争的、基于 MAC 的解决方案。这些协议依赖于准确测量得到的资源可用性和资源预留，并要求一个无竞争的 MAC 层（例如 TDMA 或 CDMA）。这些协议能够提供准硬性的（semihard）QoS。仅在有线连接的网络中提供硬性 QoS 保障才是可能的，其中链路不是固有地容易出现比特错误率的，且各节点不是移动的。基于非竞争 MAC 协议的各解决方案，仅当信道或网络状态稳定时的某些时段，才可提供硬性 QoS。术语"准硬性的"被用于描述这种协议的特征。为资源估计和预留，这些协议要求网络节点间的同步。但是，在 MANET 中因为其固有的去中心式架构，所以这种同步是不可能的。

基于竞争的、基于 MAC 的各解决方案。依赖于竞争式 MAC 的各协议归为这个类别。这些协议可使用统计方法（不是非常准确的）估计可用网络资源。通过使用 CAC 方案进行隐性资源预留，这种协议尝试提供软性 QoS 保障。所有保障都是基于当前网络状态的，如果网络状态频繁地变化，则这种保障是不可持续的。在 MANET 中，IEEE 802.11 规范用在 MAC 层，要求各节点为访问信道而进行竞争。

MAC 无关的各解决方案。在这个类别中，讨论独立于 MAC 层的那些解决方案，即它们不需要与 MAC 层的任何种类的交互。这种协议尝试增加总的网络性能，方法是改进路由发现和路由维护过程。这些解决方案没有提供任何类型的软性 QoS 保障（隐性地依赖于某种 MAC 访问方案）。这些解决方案的主要目标是依据一个或多个 QoS 度量元，为所有报文提供较佳的平均 QoS。这经常是以增加的路由复杂性和报文额外负担的代价得到的。

22.5　依赖于 MAC 层的协议

22.5.1　基于无竞争 MAC 协议的 QoS 感知路由解决方案

在本节，我们回顾基于 IEEE 802.11 MAC 协议的一些流行的 QoS 感知路由解决方案。为回顾每种方法的强项和弱项，我们识别出它们的优点和劣势。

22.5.1.1　基于票据的探测（TBR）

在文献［1］中，Chen 和 Nahrstedt 提出一种分布式的、基于票据的多路径 QoS 路由方法。这种协议发现具有充足资源的等于票据数的 QoS 路由，以便提供某种吞吐量和时延保障。自组织网络的动态特征使可用网络状态信息是固有不精确的。所提方法的主要目标是开放一种路由算法，它可以网络状态信息的某种不精确水平运行良好。所提方案的新颖性是用于发现 QoS 路径的方法。首先，假定一种预测式路由协议（例如DSDV[10]）在每个节点处保持路由表处于最新状态。在每个节点处的路由表包含有关QoS 度量元的信息，例如带宽或剩余链路容量、链路时延和链路开销。一条链路的带宽和时延信息是由低层提供的。基于过去的时延/带宽状态和新的时延/带宽状态，使用一个加权开销函数计算当前的时延/带宽状态。当一个应用会话要求一条 QoS 受约束的路径时，一个源节点以探测的形式发出票据数，使用探测来发现和预留沿路径的可用资源。

该协议的设计基于两项观察：

1）针对个体连接完成 QoS 路由；

2）从源到目的地存在多条路径。TBR 的基本思想是一个票据赋予搜索一条 QoS 路径的许可。源节点发出许多票据，这取决于应用的 QoS 需求和存储在路由表中的状态信息。TBR 使用两色票据。黄色票据被用于寻找包含低时延链路的可行路径，而绿票据最大化寻找低开销路径（可能有较大的时延）的概率。如果一个应用会话的 QoS 需求是比较严格的，则发出更多的票据。每条探测包含一个或多个票据，并从源发送到目的地。在中间节点处，带有一个以上票据的探测会被分成多个探测，每个探测寻找一条不同的下行子路径。依据节点的状态信息，发现朝向目的地的具有低时延和高带宽的下一跳，它被指派更多的票据。如果中间节点或目的地节点不能找到满足给定 QoS 需求的任何路径，则它们可将票据标记为无效。当所有票据到达它们的目的地，则路由发现过程终止。

在图 22.4 中以一个简单例子给出 TBR 的路由发现过程。这里，S 是源，T 是目的地。在一条探测 P_0 内 S 发出三条票据，并转发到 A（即 S 的下一跳），其中 P_0 被分成两条探测：P_1（带有两条票据）和 P_2（带有一条票据）。带有两条票据的 P_1 被转发到 B，且它被分成 P_3（通过 F）和 P_4（通过 E）。当所有票据都成功地到达一个目的地时，它们选择带有最高资源的路径。通过将确认消息发回到源，目的地发起资源预留过程。发往源的这条消息在其路上的中间节点处进行预留，并使沿路由的各中间节点更新它的时延/带宽估计，并为建立的路径预留相应的资源。路由中断由检测到它们的节点进行本地处理。在检测到一次路由中断时，该节点尝试寻找满足正在进行会话的 QoS 需求的替代路径。如果该节点不能本地修复路由，则它将一条路由中断消息发送到源，由之再次发起路由发现过程。

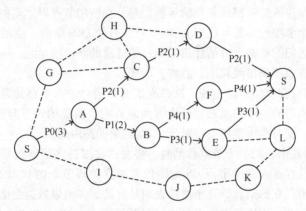

图 22.4　TBR 中的路由发现

这个协议是说明多约束度量元如何用于路由发现的一个例子。通过将 RREQ 消息限制到小于或等于发出的票据数，TBR 就避免了 RREQ 消息的洪泛。此外，当 QoS 需求比较严格时，要搜索多条路径。这有助于该协议容忍不准确的状态信息。具有上述优势的同时，TBR 也有一些劣势。该协议使用一种预测式方法收集路由信息（要求大量维护的额外负担），且对于网络规模不能良好扩展。第二，假定在 MAC 层处对于信道访问使用 TDMA 之上的 CDMA，这要求将时间分成固定尺寸的槽，且每组节点被指派一个不同的扩频码。在启动时可静态指派扩频码，或者动态地指派之。因为节点的移动特征，在 MANET 中静态指派是不可能的。另一方面，指派扩频码，并将各节点与时槽开始部分同步，这要求某个全局实体。因为节点的去中心式特征，这在 MANET 中是不可能的。一种解决方案是使用同步信令，这诱发网络上的额外负担。无论采用哪种方式，作者们都没有指明如何取得时槽和码分配。

22.5.1.2　同步信令和基于节点状态的路由（SSNSR）

依据 Stine 和 de Veciana[11]，多数 QoS 路由解决方案开发人员为将有线连接范型适配到自组织网络所采取的方法是不充分的。作者们以事实进行论证，即在一个有线连接的范型中，通信节点是以称作链路的物理实体连接的。另一方面，在无线网络中的各节点相互共享地理空间和频谱。这意味着通信节点对受到其载波感知范围中节点的影响。为解决这些问题，在 MAC 处使用同步冲突解析（SCR），在文献［11］中为路由使用节点状态路由法（NSR）。

在 NSR 中，每个节点维护一个路由表，该表包含有关自己以及其 CS 范围内各节点的所有必要信息。在每个节点处的基本信息由其 IP 地址、剩余电量和输入/输出报文队列尺寸组成。路由协议假定，在每个节点处由 GPS 提供位置信息，且无线电具有计算到其邻居的路径损耗的能力。这向节点提供更多状态信息，例如它们的相对速度、移动方向以及信号的强度和质量。采用上述状态信息，每个节点构造位置和路径损耗地图。

　　每个节点周期性地与其邻居节点交换它的状态信息。如果某个参数值变化大于某个阈值，则它们与其邻居们交换那个信息。使用位置和路径损耗地图实施路由功能，这种地图提供确定链路连通性和网络拓扑的足够信息。在使用节点对之间的 QoS 度量元推断连通性之后，一个节点可容易地使用 Dijkstra 算法计算 QoS 路由。使用那条链路两端的状态，加上其邻居们的状态，可估计指派到一条链路的路由度量元。

　　使用节点状态而不是链路状态，有许多优势。

　　1）一个节点可存储多个路由表，这些表依据不同 QoS 需求存储路由。例如，使用能量守恒度量元构造的一个路由表可被设置为缺省的，当接纳带有时延/带宽约束的一个多媒体会话时，则对路由使用支持时延/带宽约束的路由表。

　　2）在其他协议中，当一个节点移动时，要发送许多链路更新消息，在此则没有这种需要。相反，仅有进入那个节点 CS 范围内各节点中该节点的状态表被更新。此外，由于在节点状态中存在的信息，这个协议表明具有满足多约束数据会话的巨大潜力。

　　除了上述优势外，该协议有许多缺陷。最重要的是，它依赖于通过 GPS 得到的准确位置信息，这将其使用限制在能够装备有这种设备的那些设备。第二，如在文献［1］中所述，这个协议也依赖 TDMA/CDMA 协议进行带宽估计和预留，如在前一协议中所述，在自组织网络中这些协议有它们自己的劣势。第三，使用一种先验式方法采集并维护路由信息，额外负担随网络规模而增加。

22.5.1.3　信号干扰和带宽路由法（SBR）

　　SBR[12]是一种基于 TDMA 的反应式路由协议，即是以时槽度量信道容量的。对于不同多媒体会话，SBR 显式地满足吞吐量和信噪比（SNR）（通过最小化链路上的比特错误率）需求。通过为发送器-接收器对之间的中间节点指派充足的电量，SBR 取得低的比特错误率。通过限制节点的发送功率，最大可取得 SIR 得到限制。在 SBR 中使用的功率指派方案支持搜索满足 SIR 需求的各条路径，并降低干扰水平。这使之不同于我们前面的 QoS 解决方案，其目标简单地是满足某个时间的单个 QoS 约束。

　　在 SBR 路由协议中，仅当一个节点有数据要发送时，它才发送搜索一条路由的一条 RREQ 报文。这使 SBR 成为类似 AODV 的一种应需路由协议[13]。SBR 与其他 QoS 路由协议的区别在于为数据传输所选择路由的质量方面。RREQ 消息包含有关所需带宽和 SIR 的信息。在一条被发现的路由上的每条链路必须满足这些需求。在目的地接收到 RREQ 报文之后，它使用 RREP 消息做出响应。RREP 消息包含有关估计功率的信息，从而可在用于数据传输的槽中设置正确的功率。如果要寻找满足多媒体用户 QoS 需求的单条路径是不可能的，那么 SBR 有一种备份能力，即寻找多条路径，它们组合起来可满足给定的 QoS 需求。多路径搜索的备份方法也许可减少会话拒绝率。SIR 和带宽保障路由操作的一个简单例子如图 22.5 所示。假定 S 是源节点，T 是目的节点。在节点旁边给出每个节点时槽调度的一部分。黑色阴影指明用于传输的一个槽，浅阴影指明用于接收的一个槽。不带阴影的槽由其他数据会话使用。在这个例子中，源对其数据会话的带宽需求是两个时槽。路由发现和时槽指派阶段已经结束，则在源处，槽 1 和槽 2 被指派用于数据传输。但是，这两个可能下一跳的每个都仅有两个空闲槽，且一个槽必须用于接收源的传输。这两条可用的路由被用来协作地服务会话的带宽需求，方法是将每条路由一个时槽专用于传输。标签 T_1 和 T_2 形象地说明这样的事实，即不同传输功率用于每个时槽。如在前面的 TDMA 例子中一样，转发节点必须审慎地不要在其上游节点正在接收的一个槽中进行传输。

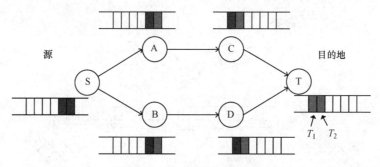

图 22.5　SBR 中的多路由发现

这个协议给出一种简单的、多约束路由协议的一个良好例子。但就时槽系统中所要求同步存在一个全局时钟的假定，却限制了该建议的有用性。此外，用于多路径搜索的信令过程消耗大量的信道带宽。没有详细地讨论拓扑变化（这是一个固有的 MANET 性质）的影响。上面讨论的所有协议都依赖于无竞争的 MAC 协议进行资源估计和预留。这限制了它们在真实世界应用（例如灾难恢复方案、军事行动等）中的用途，这些应用不支持无冲突的 MAC 协议。

22.5.1.4　可靠的多路径 QoS 路由协议

在文献 ［14］ 中的可靠多路径 QoS 路由（RMQR）协议提出搜索一条可靠多路径（或单路径）QoS 路由的一种机制。这些被选中的路由满足被接纳数据会话的带宽需求。像 SSNSR 一样，RMQR 协议也使用 GSP 得到各节点的位置信息。通过持续地通过 GPS 更新位置信息，一个节点也可计算其平均速率和运动方向。当一个源节点要求一条路径时，它发送一条 RREQ 报文，带有有关其位置、方向和平均速率的信息。源节点的下一跳将使用这种额外信息预测其自己和源节点之间的链路超期时间（LET）。使用链路超期和一条路径上的跳数，选择一条低延迟和高稳定性的路由。

作者们假定，MAC 层是使用 TDMA 之上 CDMA 的信道模型（与文献 ［15］ 中定义的相同）加以实现的。在 TDMA 之上 CDMA 中，多个数据会话使用不同扩频码可共享相同的 TDMA 槽。仅当两个节点具有的跳距离大于 2 时，才可使用相同的扩频码。通过简单地知道两个节点之间空闲槽数，就可容易地确定这种信道模型中的链路带宽。这个链路带宽可进一步被用来计算路径带宽。

RMQR 协议的路由发现过程在图 22.6 中描述。我们假定，在箭头上的数代表 LET，在方框内的数是两个节点之间的可用槽数。令应用的带宽需求是两个槽。节点 S 是源，

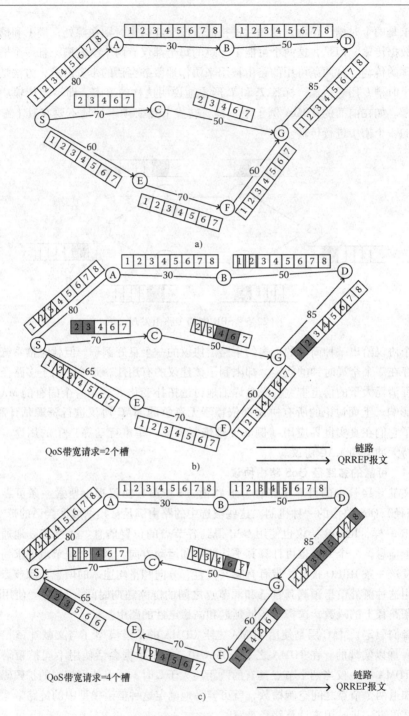

图 22.6　RMQR 的路由发现

a) 路由发现过程　　b) 当 QoS 带宽请求是 2 个时槽时的单路径路由应答过程

c) 当 QoS 带宽请求是 4 个时槽时的多路径路由应答过程

节点 D 是目的地。当节点 S 接收到一条 RREQ 报文时，它搜索其路由表，为节点 D 寻找一条合适的路径。如果在节点 S 的路由表中没有 D 的路径，则 S 广播该 RREQ 报文（参见图 22.6a）。在接收到 RREQ 报文时，节点 A、C 和 E 检查报文的信号强度，如果信号强度小于一个预定义的阈值，则丢弃该报文。最后，当接收到所有 RREQ 报文时，节点计算得到三条可行路径：$(S \rightarrow A \rightarrow B \rightarrow D)$、$(S \rightarrow C \rightarrow G \rightarrow D)$ 和 $(S \rightarrow E \rightarrow F \rightarrow G \rightarrow D)$（参见图 22.6b）。使用 RREQ 报文中存储的信息，计算所有可行路径的路径带宽。因此，这些路径的路径带宽分布是 8、5 和 6 个时槽。RMQR 使用沿一条可行路径的所有链路的信号强度（即 LET 和跳数的比值）来计算 S 和 D 之间的最终路由。路径 $(S \rightarrow C \rightarrow G \rightarrow D)$ 有最大的信号强度和最小跳计数，所以节点 D 沿这条路径将一条 RREP 报文发回源 S。为消除隐藏节点问题，在一个路由发现过程中选中具有两倍（即在这种情形中，是 4 个时槽）所需带宽的路径。如果带宽需求增加，且应用需要 4 个空闲槽，则当前路由不再能够提供所需的带宽（即 8 个时槽）。为处理这些种类的情形，RMQR 使用多条路径，它们组合在一起可满足应用所请求的带宽保障（参见图 22.6c）。

RMQR 的主要优势是其鲁棒的多路径（或单路径）路由发现方案。此外，在链路中断之前可预测链路中断，且流量被重新路由到新链路之上。该协议具有几个劣势：估计链路超期时间和信号强度所用控制报文，导致的额外负担是非常高的，和使用 GPS 得到位置信息，将所提协议的用途限制在带有 GPS 的设备。

最后，我们可从 MANET 没有中心式控制（这是使用无竞争 MAC 协议的关键需求）的事实中得出结论。最近，研究人员们已经将他们的关注点从 QoS 提供解决方案（依赖于无竞争的 MAC）转移到使用竞争式 MAC 协议的方法上。

22.5.2　基于竞争式 MAC 协议的 QoS 感知路由解决方案

在本节，我们给出在文献中提到的一些新颖 QoS 感知路由解决方案的详细回顾，这些方案都是基于竞争式 MAC 协议的。

22.5.2.1　MANET 环境的分布式接纳控制

在文献 [16] 中提出支持应用的时延、带宽和抖动需求的一个 QoS 框架，它使用来自不同层的协作法。所提框架是模块化的，通过将之插入到不同层上的不同协议，提供了极大的灵活性。使用层间的交互进行了优化。针对评估，该协议使用 H.264/AVC 视频踪迹（trace）[17] 仿真在源节点上的视频。所接收视频流的质量是以 SNR 度量的，从而所提方案的效率可以端用户的体验质量（QoE）加以定义。

所提 QoS 框架的主要组件是用于 MANET 环境的分布式接纳控制（DACME）。它使用基于端到端探测的接纳控制机制，估计由多媒体应用指定的 QoS 需求。图 22.7 给出不同的架构单元及其相互依赖关系（由实线表示）。使用所提方案的基本要求是，一条 QoS 流的源和目的节点都必须运行一个 DACME 代理。有两个 DACME 主要模块（参见图 22.8）。第一个模块是 QoS 测量模块，负责在一条端到端路径上测量 QoS 度量元。第二个模块是报文过滤模块，它依据由 QoS 测量模块提供的测量数据，阻塞不被接受到 MANET 的所有流量。通过指定它的 QoS 需求，希望发送数据的一项应用首先将其自己注册到 DACME 代理。一旦注册成功地完成，则激活 QoS 测量模块，探测就被发往目的地，以测量沿路的可用资源。目的地使用带宽探测的间隔时间测量路径带宽，通过取一条探测往返时间的一半计算端到端时延。

　　DACME 使用存储于节点之路由表中有关目的地路径的信息来发送探测。如果到一个目的地没有可用的路径，则不发送探测，并将这种情况通知应用。当在节点的路由表中到目的地的路由发生改变时，网络层也有助于重新发现 QoS 路径，方法是将这个改变通知 DACME 代理。DACME 独立于网络层使用的路由方案，但仿真结果表明，这个框架给出反应式路由协议的最佳结果。该协议使用

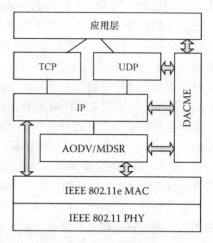

图 22.7　带有跨层交互的模块化 QoS 框架

一种多路径动态源路由（MDSR）路由协议计算去往目的地的多条 QoS 路径。MDSR 协议将来自数据会话的流量分割到至少两条路由上，以便增加鲁棒性。为与 IEEE 802.11e

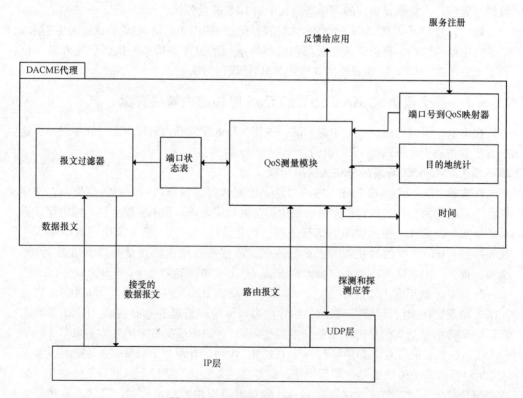

图 22.8　DACME 代理的功能模块图

MAC 规范协调工作，对 DACME 做了优化，它将到达报文的 TOS 值映射到其访问类。在文献［18］中，Chaparro 等将 DACME 扩展到可伸缩视频。就资源消耗而言，该协议表明了视频会话之间的公平性。它也通过高效的接纳控制，避免了网络拥塞，并保障了接收者处可接受的视频质量。

　　DACME 是一种无状态 QoS 提供方案，即在中间节点处不存储有关外发流量数据流的信息，这节省了它们的内存和处理能力。中间节点不需要实现协议的任何功能，原因是 DACME 代理仅运行在源和目的地节点上。无状态的最大劣势是在中间节点处的资源预留是不可能的，而这却是多媒体流所要求的。DACME 是满足应用多约束 QoS 需求的一个良好范例。代价是由源节点发送的多条探测导致的大量额外负担，探测是为测量端到端带宽、时延和抖动的。多条路径增加了所提方案的容错比和鲁棒性。但随着到目的地路径数的增加，要求较大数量的探测（报文），这降低了网络性能。

22.5.2.2　交错式（staggered）接纳控制协议

　　现有的基于 QoS 感知接纳控制路由解决方案既不考虑冲突的影响，也不考虑对流量接纳冲突速率的影响。交错式接纳控制协议（SACP）[19] 是针对多跳自组织网络的一种带宽受约束的接纳控制方案，有点像文献［6］中提出的，它基于交错式接纳的概念。SACP 尝试避免网络中的拥塞，这有助于减小由于冲突和中间路由器队列上溢而导致的报文丢弃率。在文献［19］中，通过控制流接纳速率并针对 QoS 传输使用路由，在第一时间避免了网络中的拥塞。

　　建议的基本思路是逐渐地接纳 QoS 受约束的会话。在 SCAP 中，流量会话应该以最低可能的数据速率开始，并在时段期间逐渐地将数据速率增加到请求的所要速率。SACP 是作为 QoS 动态源路由（DSR）[20] 的一个扩展设计的；为最小化冲突率，仅修改了接纳控制机制。在 MAC 协议的辅助下，通过监测信道空闲时间比（CITR），在每个节点处计算带宽。

　　这个协议以三步实施接纳控制。在第一步中，通过考虑路由内竞争，发现一条带宽受约束的路径。在从目的地接收到路由重放消息之后，形成多条节点不交的路径，并存储在一个源路由表中。第二步是估计落在路由中间节点 CS-范围内各节点的容量。通过接纳控制请求（ACR）消息，有关会话的信息也被存储在中间节点 CS-范围内的节点上。如果在 CS-范围上没有节点，则拒绝会话；当会话被部分接纳时，它就到达第三步。在接下来的数秒，数据速率逐渐增加；在这个时间过程中，会话被拒绝仍然是有可能的。如果在网络中没有听到冲突，则在一个小份额的时间上，数据速率达到所要的速率。

　　图 22.9 给出 CS-范围节点对接纳控制方案的影响。小型的实线圆圈是节点；中等大小的圆圈代表传输范围覆盖区域，而虚线式的最大圆圈代表节点 X 的平均 CS-范围覆盖区域。注意所有节点都有相同的传输范围和 CS-范围。因此，节点 X 的传输导致其 CS-范围内所有节点的忙信道状态，反之亦然。当节点 X 广播一条 ACR 消息时，它所有的邻居都接收到并进行转发。如图 22.9 所示，没有中继节点可到达节点 Y，因此，节点 X 不能估计节点 Y 的容量。为避免这种情况，一种方法是增加节点 X 的传输功率，

从而它可直接到达它所有的 CS-范围节点。这种方法的劣势是相当大的干扰水平，在传输过程中这将施加到所有节点，有可能增加冲突率。同样，对于一个存活时间字段为 2 跳的情形，ACR 消息也不能到达 CS-范围中的所有节点，即使存在合适的中间节点时也是如此；例如，图 22.9 中的节点 Z。当讲存活时间增加到 3 跳（例如），就可到达太多的节点。这导致像下面的这样一个问题，即如果节点 W 没有足够的带宽支持会话，则它将拒绝该会话。这是一个错误的决策，原因是节点 W 将实际上不会显著地受到节点 X 传输的影响。

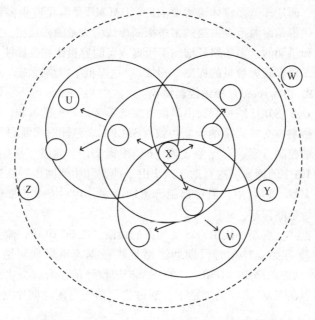

图 22.9　在接纳控制方案上 CS-范围节点的角色

在 SACP 路由中，以两种方式处理失效。第一种方式，为 ARP 消息和 DSR 路由请求，预留每个节点带宽的一部分。第二种方式，每条报文携带一个小型的首部扩展，它存储面向中间节点剩余容量的流量会话源视图。如果因为移动或路由失效，则针对任何中间节点的这种源视图发生变化，则立刻发送一条更新消息。如果一条路由失效，则失效会话的源节点在某个已知路由上以最大瓶颈带宽重新路由流量，该瓶颈带宽是在路由发现过程中由 QOS-DSR 构建的路由缓存中计算得到的。在文献 [21] 中，使用高效的备份路由发现和维护方案，扩展 SACP 处理路由失效。

相比其他 CAC 协议，这种 CAC 方案有两项优势。第一，即当一个新会话被接纳时，考虑了对网络中冲突率的影响，这在其他 CAC 协议中是被忽略的。第二，高效的备份路由发现和维护方案极大地增加了协议的容错率，并使之更适合于移动和大型网络。但是，由于其交错式接纳控制会话，所以这种方案不适合小型会话。此外，在接纳控制的第三步过程中，如果一个临时的额外负担突发导致会话吞吐量中的一次丢弃，则会话就被错误地拒绝。最后，在图 22.8 中所讨论的存活时间仅使用两跳的弱点，应该得到解决。

22. 5. 2. 3　基于优先级的分布式流接纳控制

在文献［22］中，在 DSR 协议的流状态扩展[23]上，Pei 和 Ambetkar 提出一种基于优先级的、分布式流接纳控制（PDAC）协议。使用称为"接纳控制选项"的一个新 DSR 选项和一个可伸缩传输速率预留协议，该协议向被接纳的会话提供有保障的吞吐量。基于全局知识（例如流量数据流优先级）和本地知识（例如干扰和实际的传输速率），源节点可接纳或丢弃一个流量会话。

使用一个 DSR 路由恢复过程，应需地发现到目的地的路由。该协议假定在每个节点处有关可用带宽的信息是使用 CIRT 由 MAC 层提供的。依据会话的 QoS 需求，PDAC 将一个优先级指派给每个被接纳的会话。所提协议是以两阶段工作的。第一个阶段被称作端到端流建立阶段；在这个阶段中，流建立报文（PEP）是在朝向目的地的已知路由上转发的。如果一个节点有足够的可用信道容量或如果通过抢占已经在进行的会话（其优先级低于当前请求的会话）而得到充足的容量，则该节点才可将 FEP 转发到下一跳。如果 FEP 到达目的地节点，则可为一条流量会话预留实际的传输速率。PDAC 方案的第二个阶段被称作"资源预留阶段"，在这个阶段过程中，从目的地将 FEP 响应报文发回源节点。如果需要的话，则这将触发沿路由的低优先级流量会话的抢占，并通知对应的源节点。

PDAC 的主要优势是采用现有 DSR 协议的简单实现及其低的控制额外负担。所提方案的另一个优势是它允许节点共存，这些节点可支持 PDAC 或不支持 PDAC。但为保持额外负担较低，作者们没有考虑沿 QoS 路径由节点的 CS-邻居们导致的干扰。这会导致错误接纳。此外，可能出现如下情况，即在接纳之后，一个会话可能被强制地拒绝，这是由于在其传输中间出现了某个其他高优先级的会话。这限制了 PDAC 协议的可应用性。

22. 5. 2. 4　自适应接纳控制协议

自适应接纳控制协议（AACP）[24]是一个准确的、反应式的、低开销的接纳控制协议，为相关接纳决策，它使用鲁棒的和准确的可用资源估计和预测机制。AACP 准确地量化每个节点处的可用带宽。它避免了干扰正在进行的会话，并适应于由流间干扰、流内干扰和移动性导致的 QoS 违规行为。AACP 的基本思路有三方面。第一，通过一个数据聚集过程，使用一种准确的低开销信令方案，检索 CS 节点的可用带宽。第二，使用路由度量元和拓扑参数，计算一条路径的竞争次数，这有助于调整路径的鲁棒性。第三，为防止因为移动性导致沿一个会话的 QoS 流量丢失，使用高效的适应机制。

基于文献［24］中的方法，通过考虑在三跳区域内的各节点，可得到被影响区域的最准确估计（即由一个节点的 CS-范围所覆盖的面积）。AACP 使用 hello 消息，在各节点之间交换，用于将连通性感知信息传播节点的可用带宽。hello 消息仅可传播一跳，但携带一跳邻居们的剩余带宽，因此每个节点知道其两跳估计的 CS-范围中的最小可用带宽。为避免流间干扰，每个节点估计它的可用带宽，这等于 CS 节点可用带宽的最小值。AACP 接纳控制结构如图 22. 10 所示。AACP 利用一种 QoS- AODV 方法进行路由发现，如上所述确定可用带宽。

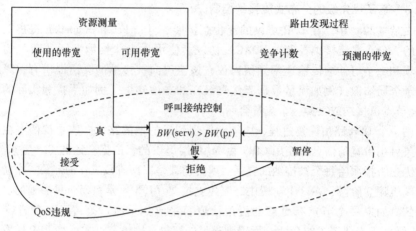

图 22.10　AACP 的功能块图

　　AACP 以如下方式处理由节点移动性导致的 QoS 违规行为：无论何时 QoS 报文占有报文接口队列的显著量时，则通知一个预选中的源节点。在接收到这个信息时，源节点暂停要求最高带宽的数据会话。这样做的话，则释放大量预留的资源，这最小化了暂停另一个 QoS 数据会话的风险。但是，被暂停的流也许要面临重新被接纳的困难，这是由于其较高的带宽需求导致的。为避免因为移动性和拥塞而导致 QoS 数据会话被太频繁地暂停，AACP 要求在发生 QoS 保障丢失之后，源节点立刻增加被重新接纳会话的带宽需求。

　　AACP 的主要优势是其处理由路由失效导致拥塞的鲁棒机制，这种路由失效会中断最少量的 QoS 会话。第二，在测试一个源节点的 CS 节点的可用资源时，它没有时延，这相比其他接纳控制协议，得到低的会话接纳时间。它也提供一个准确的可用带宽估计，这在其他 QoS 协议中是没有的。此外，因为 hello 消息的交换（包含多达 3 跳邻居的信息），所以这些 hello 报文实现一种形式的预测式路由协议。如果目的地在距离源节点的两跳范围内，则这就减少了数据会话路由发现和会话接纳时间。但是，这个协议也遇到图 22.9 讨论的问题，这是为计算一条路径的竞争统计，由跳计数的不合适选择导致的。

22.6　独立于 MAC 层的 QoS 感知路由解决方案

　　在本节回顾在 MANET 中为提供 QoS 所提出的路由协议，它们独立于底层 MAC 层。

22.6.1　基于路由稳定性的 QoS 路由协议（RSQR）

　　因为自组织网络的固有动态特征，在较长时间段上要确保一条数据路径为有效的，这是困难的。在文献 [25] 中提出的 QoS 路由方法是具有带宽和时延约束的 QoS 路由的一个扩展。RSQP 是确保路由稳定性的一个简单模型，方法是使用从一个邻居接收到的两条连续报文的所接收信号强度，计算沿路由的链路稳定性。基于路由稳定性的 QoS 路由协议（RSQR）使用路由发现的一种应需路由方案（即增强的 AODV）。通过在路由请求/应答消息中添加一些额外的携带路由稳定性信息的字段，完成路由发现。基于路由稳定性信息，路由发现过程在一个源目的对之间所有可能路由间，选择具有较高稳定性的一条路由。此外，基于信号强度包括 CAC，这进一步增强了路由性能。该协议也检测 QoS 违规行为，并使用必要的恢复过程。

RSQR 提出一个路由稳定性模型（RSM）具有如下特点：

1）它使用信号强度和节点稳定性来测量链路稳定性；

2）信号强度估计是由 MAC 层协议提供的；

3）信号稳定性值在 [0, 1] 范围内。虽然要计算链路稳定性的准确值是非常困难的，但可使用计算相对稳定性（使用信号强度的最近和当前值）的一种方案。当带有期望 QoS 度量元的一个数据会话请求一条路由时，在源节点的路由协议（在这种情形中是 AODV）就广播一条 QoS 路由请求（QRREQ）报文。在接收到 QRREQ 时，中间节点检查接收到的信号强度，且如果小于某个预定义的阈值，则丢弃 QRREQ。如果所接收到的信号强度良好，那么就依据可用资源检查会话的 QoS 需求，以便实施接纳控制。在这项处理之后，修改 QRREQ 的路由稳定性和端到端时延字段以及路由请求转发表（RTF），并广播该消息。当目的地接收到第一条 QRREQ，它等待某个预定义时间来接收属于同一会话的更多 QRREQ 报文。之后，这个目的地选择具有最大稳定性的路由，并沿那条路由发送一条 QRREP 报文。图 22.11 给出 RSQR 的路由发现过程。S 需要到节点 D 的一条 QoS 路由，所以 S 通过洪泛一条 QRREQ 而发起路由发现。在图 22.11 中每条链路上的值代表其链路稳定性。当节点 H 从 B 和 E 节点接收到一条 QRREQ 消息时，它依据在其 RFT 中的路由稳定性值仅转发一条 QRREQ。最后，节点 D 从 H 和 I 接收到具有不同路由稳定性值的两条 QRREQ 报文。节点 D 产生一条 QoS 路由应答（QRREP）报文并通过 H 转发该报文，相比通过 I 的 QRREQ 的路由稳定性（0.32）而言，前者的路由稳定性要高（0.51）。

RSQR 使用一种简单方法在每个节点处发现和预留可用带宽。通过在路由请求/应答消息中使用额外字段，导致较小的控制额外负担。基于路由上所有链路的链路稳定性计算各条路由。这减小了高移动环境下链路失效的概率。另一方面，在本文中不讨论资源估计方法。此外，如果一条活跃链路中断，则由于重新建立时间（由于反应式路由恢复方法，这个时间非常大），在那条路由上的所有报文都被丢弃。

22.6.2 高效的基于集群的路由协议

Tao 等[26]提出一种高效的基于集群的路由协议（ECBRP），用来支持 MANET 中实时多媒体流化的 QoS。这个协议的基本目标有三个。第一，通过考虑节点移动性和连通性，设计一种高效的集群头选择算法。在路由发现过程中，这降低了 RREQ 报文的洪泛。第二，提出一种链路失效检测方案，它能够识别报文丢失是拥塞的结果还是移动性

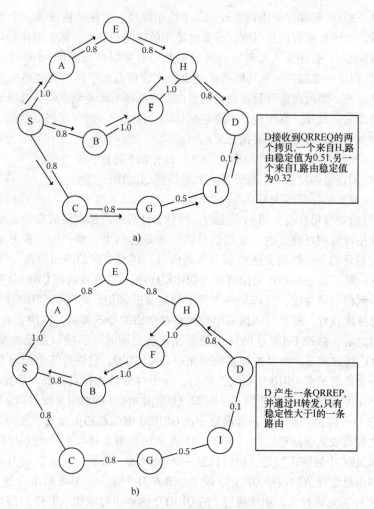

图 22. 11 RSQR 的路由发现过程

a）采用 QRREQ 的路由发现 b）采用 QRREP 的路由发现

的结果。第三，增强路由协议，从而在报文丢失情况下，当网络状况发生变化时，它可动态地调整它的传输战略。该协议将上述三种机制一起使用，为实时多媒体流化提供QoS，这是就可解码帧率和端到端时延而言的。

传统的 CBRP[27] 仅使用一个节点的 ID 来选举集群头。如果具有一个小 ID 的节点恰巧是高移动的，并拥有到网络中其他节点的弱连通性，则当它频繁地移动通过其他集群时，这会导致周期性地重新聚集，同时因为它的低连通性，在网络中的集群数量增加。为解决上述问题，ECBRP 使用一个节点的移动性和连通性信息还有其 ID，在网络中选择集群头。该协议假定每个节点都配备 GPS。GPS 提供位置信息，该信息被用来计算一个节点的移动性和连通度。每个节点周期性地将 hello 消息发送到其邻居。在一个邻居表中带有额外字段的一条 hello 消息格式如图 22.12 所示。在额外信息（是在节点的邻居表中提供的）的帮助下，仅有低移动性和高连通性的节点才能够形成集群——不像 CBRP 的是，ECBRP 能够区分一次报文丢失是拥塞的结果还是节点移动性的结果。在 ECBRP 中，当在一个节点发生一次报文丢弃时，它检查下一跳是否超出范围；如果是，那么报文丢失是移动性的结果，否则就是拥塞的结果。在 GPS 所提供位置信息的帮助下，一个节点可确定其下一跳节点是否移出了其范围。最后，为缓解拥塞，该协议定义了一种自适应报文抢救（salvage）战略。在一个 IP 报文首部中的一个两比特未用字段，被用来区分报文属于一项多媒体应用还是一项交叉流量应用。在由移动性导致的一条中断链路情形中，首先丢弃属于交叉流量和 B- 帧（这导致对解码视频的最小影响）的报文，且如果该节点可本地修复链路，则抢救其他报文。如果链路中断机制检测到拥塞，则直到通过本地修复法发现一条新路由之前，节点将抢救所有报文，如果本地修复是不可能的，则它就丢弃 B- 帧，并继续在当前路由上传输其他流量。

邻居ID	邻居状态	链路状态	时间	连通度	相对速率	移动性程度	距离

图 22.12　带有扩展字段的邻居表

RREQ 消息的洪泛受到限制，仅允许各节点发送或转发 RREQ 消息到集群头。这降低了路由发现和维护阶段过程中的控制额外负担。另一方面，当网络规模扩大和节点移动性增加时，集群形成/再形成和维护的额外负担也增加。此外，GPS 的使用将所提协议的应用限制在配备 GPS 的设备。

22.6.3　AODV 之上 QoS 移动路由骨干

AODV 之上 QoS 移动路由骨干（QMRB- AODV）[28] 的基本目标是选择一条路由，该路由可支持一个数据会话的 QoS 需求，方法是使用一个移动路由骨干（MRB）动态地在网络内分发流量。在网络中的各节点被看作是异构的，并具有不同特点。这个协议将 MANET 中的节点分类为 QoS 路由节点、简单路由节点或收发器节点。就剩余电池电量和链路稳定性方面，仅有足够资源的节点才可参与到 MRB 形成之中。一旦创建 MRB，则仅在这个 MRB 上搜索去往目的地的路由。

QMRB- AODV 的基本目标是识别满足如下条件的那些节点，其通信能力和处理特点将允许它们参与到 MRB 形成，并优化路由过程。在文献［28］中，使用在 MANET 中支持 QoS 提供的 4 个度量元，区分网络中的各节点。第一个度量元被称作静态资源容量（SRC），是在每个节点处使用诸如报文队列长度、处理能力、可用带宽和电池电量等度量元来估计的。使用的第二个度量元是动态资源可用性（DRA），是在任意时间通过取当前正被使用的资源量与 SRC 的比值来估计的。定义的第三个度量元是邻居关系质量（NQ），即在邻居关系中能够转发报文的节点数。第四个也是最重要的一个度量元是链路质量和稳定性（LQS）。为测量链路稳定性，每个节点记录它所遇到的各链路的寿命。无论何时一个节点检测到一条新链路，它就启动一个定时器，当该链路中断时，定时器结束。另一方面，通过估计从 MAC 层接收到报文的信号强度，可测量链路质量。使用 LQS，网络中的各链路可被标记为高质量链路（HQL）、低质量链路（LQL）或不可用链路。

可选的 AODV hello 消息被用来在网络中传播上述 4 个 QoS 度量元的值。当一个节点的网络层从应用层接收到带有指定 QoS 需求的一条路由请求消息时，发起一次 QoS 路由发现。如果带有一条 RREQ 消息的节点是源节点，且目的地存在于其邻居表中，那么该报文被转发到目的地。如果它是一个中间节点，那么就预留所需的带宽，之后将带有这个信息的 RREQ 消息发往目的地。但是，如果一个节点的邻居列表中没有用于目的地的一个表项，则该节点从具有充足资源的列表中选择邻居，转发 RREQ 消息。该节点也在路由表中产生一条新表项，并为数据会话预留带宽资源。另一方面，如果源节点遇到这样的情况，即没有哪个邻居可满足所请求流的带宽需求，则在一些时间之后它再次尝试。如果该节点是一个中间结点，则它简单地等待另一条 RREQ。一旦目的地得到它的第一条 RREQ 消息，则可发起路由选择过程。目的地选择具有最少跳数和最大可分配带宽（如果该路由正在服务一条 QoS 流）的路由。

所建议协议的优势有两方面。第一，将流量定向到通过网络的不太拥塞区域（且资源丰富），来处理拥塞。第二，RREQ 消息的洪泛被限制到具有足够资源可处理一条 QoS 会话的那些节点。除了上述优势外，所提协议有几个缺陷。传播 QoS 度量元的 hello 消息诱发网络中的额外负担。采集有关 QoS 度量元的信息及其传播所需初始时间是非常长的。此外，没有讨论针对路由失效时的响应，由于 MANET 的动态拓扑，所以这在 MANET 中是非常重要的。

22.6.4　应用感知 QoS 路由

在文献［29］中提出一种相当独特的机制，它满足一项应用的带宽和时延保障。该方法是独特的，是因为它不使用 MAC 协议得到有关 QoS 度量元的信息，而是使用一个传输层协议。应用感知 QoS 路由（AAQR）使用一个实时传输（RTP）协议，来估计各节点的状态信息，并基于那个状态信息提供一条稳定的路径。RTP 控制报文被用来计算两个邻接节点之间的时延和抖动。在两个节点之间 RTP 控制控制报文发送和接收时的时间戳值的差，被用来静态地估计那些节点之间的时延。为估计每个节点的剩余容量，首先计算每个节点处的原带宽。之后，从节点的原带宽中减去正在进行的 RTP 会话所用带宽，计算得到那个节点上的剩余带宽。

路由是以反应式方式发现的，虽然作者们没有详细讨论路由发现过程（但还是看得出来的）。形成一个路由子集，它们满足多媒体应用的时延需求。从这个子集中，选择一个亚子集，它由满族带宽和时延需求的路由组成。最后，从这个亚子集中，为满足 QoS 会话需求进行路由，选择具有最大带宽和最低时延的一条路径。在 AAQR 中，时延被看作最重要的 QoS 约束。如果对一条 QoS 数据会话，没有充足的可用带宽，则该协议可选择一条准 QoS 路由，它仅满足时延需求。

AAQR 的主要优势是，为寻找满足 QoS 度量元的路由，没有诱发附加的额外负担。

现有传输层 RTP 报文被用来估计沿一条路径的 QoS 度量元。另外，该协议提供多约束路由路径。但是，在传输层使用 RTP 的做法，将其用途限制在应用场景的范围上。

22.7　未来工作

下面小结本章中的工作，我们仍然认为，为改进 QoS 感知路由协议的性能，仍然存在要解决的未解问题。即使在低移动场景中，在实施完美 CAC 之前，存在 QoS 受约束路由领域要研究的一种方式。在文献 [18，19] 中提出的协议特别强调 CAC 机制，这一定是非常重要的。同样，提供带有所需 QoS 保障的安全能力的 CAC 协议[30] 是首选的，原因是安全是 MANET 中的一个重要问题。相反，现有解决方案经常忽略或低估会话维护和完成的重要性，只要应用数据会话要求，它就要维护 QoS 路由。基于以前研究论文的综述，我们识别出一些开放的研究问题，列出如下：

1）从一名端用户的角度看，相比会话接纳，会话完成是更重要的。为增加会话完成的概率，要求做出合适的初始接纳决策。这种做出决策的方法仍然是模糊的，并需要是应用相关的。初始接纳决策的准确度取决于接纳节点的网络资源视图如何密切地匹配现实情况。这也取决于 QoS 感知解决方案有多快和多高效地适应到网络中最新的资源和/或拓扑变化。此外，在不干扰正在进行的 QoS 会话条件下，快速的本地路由修复要求额外的深入考察，原因是它可改进会话完成率以及对抗移动性的协议鲁棒性。

2）一项以前的研究揭示出，在 MANET 之上 QoS 提供中的主要挑战之一是不可预测的无线电信道。多数 QoS 解决方案认为基础物理信道是完美的，忽略阴影和多路径衰落的影响。此外，多数协议假定传输、冲突和节点的 CS 范围是固定的，但如果考虑阴影衰落和多路径衰落的话，则这是不真实的。当使用真实世界的测试床和网络模拟解决方案来深入考察所提解决方案的性能时，这些建模不准确性才浮出水面。因此，研究和分析一个比较真实的物理层模型[31] 对 QoS 路由解决方案性能的影响，就构成另一个未来工作的领域。

3）流量产生所用的流量应用类型极大地影响 QoS 感知解决方案的接纳控制过程。例外情况是，一些 QoS 路由解决方案利用由不同视频 CODEC（例如 H.264 和 MPEG-4）产生的实时视频踪迹，而多数 QoS 解决方案则以恒定比特率（CBR）数据会话评估它们的性能。对于 CBR 数据会话，要在各种负载下测试的一个协议做出接纳决策的特征，仍然不能代表可采用实时流量可取得的性能[32]。要求对实时流量建模的更多工作。基于随机运动的移动性模型（例如多数建议协议中使用的随机方向点（waypoint）模型），没有准确地表示许多无线网络的移动性模式。同样，针对各种场景，具有更真实移动性模型的 QoS 解决方案将是有用的。

4）我们了解到，在文献中存在许多解决方案，它们满足数据会话的多约束 QoS 需求。因为在 QoS 状态传播过程中所涉及的控制额外负担和能量开销，这种方法具有有限的可用性。未来工作应该考虑各种联网环境和拓扑，同时就需求类型（吞吐量、时延、

PDR 等）和水平方面优化多约束路由。

5）多数以前研究过的 QoS 协议性能评估都是在诸如吞吐量、时延和 PDR 等度量元上进行的。但是，多媒体流量接收到的质量极大地受到时延变化和峰值 SNR （PSNR）的影响。在未来，QoS 解决方案应该就这些度量元方面评估它们的有效性。此外，在多媒体流量方面，提供 QoS 是不够的，而同时，也应该提供 QoE。在 MANET 中，由于有限的信道带宽，相比提供 QoS，提供 QoE 是远较要有挑战得多的。路由协议应该寻找高效管理可用资源同时维持用户满意度的一种方式。

为在无线网络之上提供 QoS 而开发合适的和高效的解决方案辛勤耕耘的研究人员们，应该牢记上述争议和问题。

22.8　小结

我们提供了在 MANET 之上 QoS 提供中所涉及挑战的规格确定和分类，同时给出解决这些挑战的机制。因为在文献中提出的多数解决方案是基于一种基础 MAC 层协议的，所以我们将现有 QoS 感知解决方案分成两大类：

1）依赖于 MAC 协议提供 QoS 的那些解决方案；

2）独立于 MAC 协议的那些方案。

因为对可用资源的严苛约束、频繁发生的传输和路由错误和动态拓扑，所以 MA-NET 是流化应用的一个具有挑战性的环境，这些应用如点播新闻（NOD）、视频会议和监视系统。本章主要集中讨论在 MANET 中提供 QoS 保障的系统两个最重要组件：

1）跨层设计（CLD），这主动地利用各种协议层之间的依赖关系，来增强性能；

2）CAC 设计，它仅接纳满足如下条件的那些数据会话，即在不违背以前接纳过的数据会话条件下，其 QoS 需求匹配可用网络资源。

本章的目标是提供有关 MANET 所用 QoS 解决方案的高质量理论的和实践工作的概述。在本章中讨论的协议是以这样一种方式选择的，即突出强调在 MANET 提供 QoS 的不同方法。为从设计者角度，突出各种建议方法和当前趋势，我们汇总了这些协议的基本功能、优势和缺点。我们也识别出未来工作要研究的问题。

关键术语和定义

Average throughput（平均吞吐量）：一个网络的平均吞吐量是所有目的地节点吞吐量之和与目的地总数的比值。

Average end-to-end delay（平均端到端时延）：一个网络的平均端到端时延是在每个目的地节点处平均端到端时延之和与在网络中目的地节点数的比值。

Average jitter（平均抖动）：平均抖动是所有接收到报文的总报文抖动与所接收到报文数的比值。

Packet delivery ratio（报文交付比）：报文交付比是从源发送的总报文数与在目的

地接收到的总报文数之比。

Radio link（无线电链路）：一条无线电链路是相互落在传输范围内的两个节点之间的一个逻辑无线实体。

Channel contention（信道竞争）：一种广播信道访问方法。

CS- range（CS- 范围）：一个节点的 CS- 范围由属于其载波感知范围的所有节点。

Quality of service（服务质量，QoS）：QoS 是为满足一项应用的需求，一条连接必须保障的约束集。

Quality of experience（体验质量，QoE）：QoE 是一名顾客对一个厂商的各种体验的主观度量。

Proactive protocols（预测式协议）：在预测式路由协议中，到所有目的地的路由（或网络的各部分）是在启动时确定的，并通过使用一个周期性的路由更新过程加以维护。

Reactive protocols（反应式协议）：在反应式协议中，当需要路由时，才由源节点使用一个路由发现过程加以确定的。

参 考 文 献

1. Chen, S., and K. Nahrstedt. "Distributed quality-of-service routing in ad hoc networks." *Selected Areas in Communications, IEEE Journal*, Aug. 17, 1999, 1488–1505.
2. Chakrabarti, S., and A. Mishra. "QoS issues in ad hoc wireless networks." *Communications Magazine, IEEE* 39, (2001): 142–148.
3. Crawley, E., R. Nair, B. Rajagopalan, and H. Sandick. A Framework for QoS-based Routing in the Internet. *RFC2386, IETF*, 1998.
4. Reddy, T. B., I. Karthigeyan, B. S. Manoj, and C. S. R. Murthy. "Quality of service provisioning in ad hoc wireless networks: A survey of issues and solutions." *Ad Hoc Networks*, Jan. 4, 2006, 83–124.
5. Saunders, S. *Antennas and Propagation for Wireless Communication Systems Concepts and Design*. Wiley, 1999.
6. Yang, Y., and R. Kravets. "Contention-aware admission control for ad hoc networks." *Mobile Computing, IEEE Transactions*, July–Aug. 4, 2005, 363–377.
7. Grossglauser, M., and D. N. C. Tse. "Mobility increases the capacity of ad hoc wireless networks." *Networking, IEEE/ACM Transactions*, Aug. 10, 2002, 477–486.
8. Neely, M. J., and E. Modiano. "Capacity and delay tradeoffs for ad hoc mobile networks." *Information Theory, IEEE Transactions* 51, (2005): 1917–1937.
9. Haenggi, M., and D. Puccinelli. "Routing in ad hoc networks: A case for long hops. *Communications Magazine, IEEE* 43, (2005): 93–101.
10. Perkins, C. E., and P. Bhagwat. "Highly Dynamic Destination-Sequenced Distance-Vector Routing (DSDV) for Mobile Computers." *Proceedings of the Conference on Communications Architectures, Protocols and Applications SIGCOMM '94*, Oct. 24, 1994, 234–244.
11. Stine, J. A., and G. de Veciana. "A paradigm for quality-of-service in wireless ad hoc networks using synchronous signaling and node states." *Selected Areas in Communications, IEEE Journal*, Sept. 22, 2004, 1301–1321.
12. Kim, D., C.-H. Min, and S. Kim. "On-demand SIR and bandwidth-guaranteed routing with transmit power assignment in ad hoc mobile networks." *Vehicular Technology, IEEE Transactions* 53, (2004): 1215–1223.
13. Perkins, C. E., and E. M. Royer. "Ad hoc On-Demand Distance Vector Routing." *Proceedings of the 2nd IEEE Workshop, Mobile Computing Systems and Applications*, New Orleans, LA, 1999, 90–100.

14. Wang, N.-C., and C. Y. Lee. "A reliable QoS aware routing protocol with slot assignment for mobile ad hoc networks. *Journal of Network and Computer Applications* 32, (2009): 1153–1166.

15. Lin, C. R., and J.-S. Liu. "QoS routing in ad hoc wireless networks." *IEEE JSAC*, Aug, 17, 1999, 1426–1438.

16. Calafate, C. T., M. P. Malumbres, J. Oliver, J. C. Cano, and P. Manzoni. "QoS support in MANETs: A modular architecture based on the IEEE 802.11e technology." *Circuits and Systems for Video Technology, IEEE Transactions*, May, 19, 2009, 678–692.

17. Van der Auwera, G., P. T. David, and M. Reisslein. "Traffic and quality characterization of single-layer video streams encoded with the H.264/MPEG-4 advanced video coding standard and scalable video coding extension." *Broadcasting, IEEE Transactions* 54, (2008): 698–718.

18. Chaparro, P. A., J. Alcober, J. Monteiro, C. T. Calafate, J. C. Cano, and P. Manzoni. "Supporting Scalable Video Transmission in MANETs through Distributed Admission Control Mechanisms." Parallel, Distributed and Network-Based Processing (PDP), 2010 18th Euromicro International Conference, Feb. 2010, 238–245.

19. Hanzo, II, L., and R. Tafazolli. "Throughput Assurances through Admission Control for Multi-hop MANETs." Personal, Indoor and Mobile Radio Communications, 2007. PIMRC 2007. IEEE 18th International Symposium, Sept. 1–5, 2007.

20. Hanzo, II, L., and R. Tafazolli. "Quality of service routing and admission control for mobile ad-hoc networks with a contention-based MAC layer." *Mobile Adhoc and Sensor Systems (MASS), 2006 IEEE International Conference*, Oct. 2006, 501–504.

21. Hanzo, L., and R. Tafazolli. "QoS-aware routing and admission control in shadow-fading environments for multirate MANETs." *Mobile Computing, IEEE Transactions*, May, 10, 2011, 622–637.

22. Pei, Y., and V. Ambetkar. "Distributed flow admission control for multimedia services over wireless ad hoc networks." *Wireless Personal Communication* 42, (2007): 23–40.

23. Johnson, D., Y. Hu, and D. Maltz. The Dynamic Source Routing Protocol (DSR). *IETF Internet Draft*, Oct. 2007.

24. De Renesse, R., V. Friderikos, and H. Aghvami. "Cross-layer cooperation for accurate admission control decisions in mobile ad hoc networks." *Communications, IET*, Aug. 1, 2007, 577–586.

25. Sarma, N., and S. Nandi. "Route stability based QoS routing in mobile ad hoc networks." *Wireless Personal Communication* 54, (2009): 203–224.

26. Tao, J., G. Bai, H. Shen, and L. Cao. ECBRP: An efficient cluster-based routing protocol for real-time multimedia streaming in MANETs." *Wireless Personal Communications*, May 2010, 1–20.

27. Jiang, M., J. Li, and Y. C. Tay. "Cluster Based Routing Protocol (CBRP)." *Internet Draft, MANET Working Group*, July, 1999.

28. Ivascu, G. I., S. Pierre, and A. Quintero. "QoS routing with traffic distribution in mobile ad hoc networks." *Computer Communication* 32, (2009): 305–316.

29. Wang, M., and G.-S. Kuo. "An Application-Aware QoS Routing Scheme with Improved Stability for Multimedia Applications in Mobile Ad Hoc Networks. *Vehicular Technology Conference, 2005. VTC-2005-Fall. 2005 IEEE*, Sept. 2005, 1901–1905.

30. Chen, Q., Z. M. Fadlullah, X. Lin, and N. Kato. "A clique-based secure admission control scheme for mobile ad hoc networks (MANETs)." *Journal of Network and Computer Applications* 34, (2011): 1827–1835.

31. Stojmenovic, I., A. Nayak, and J. Kuruvila. "Design guidelines for routing protocols in ad hoc and sensor networks with a realistic physical layer." *Communications Magazine, IEEE* 43, (2005): 101–106.

32. Karpinski, S., E. M. Belding, and K. C. Almeroth. "Wireless traffic: The failure of CBR modeling." *Broadband Communications, Networks and Systems, 2007. BROADNETS 2007*, Sept. 2007, 660–669.

扩展阅读材料

Boukerche, A. *Algorithms and Protocols for Wireless, Mobile Ad Hoc Networks*. Wiley-IEEE Press, November, 2008.

Fiedler, M., T. Hossfeld, and T. G. Phuoc. "A generic quantitative relationship between quality of experience and quality of service." *Network, IEEE*, March_April 24, 2010, 36–41.

Abolhasan, M., T. Wysocki, and E. Dutkiewicz. "A review of routing protocols for mobile ad hoc networks. *Ad Hoc Networks* 2, (2004): 1–22.

Tarique, M., K. E. Tepe, S. Adibi, and S. Erfani. "Survey of multipath routing protocols for mobile ad hoc networks." *Journal of Network and Computer Applications* 32, (2009): 1125–1143.

Hanzo, L., and R. Tafazolli. "Admission control schemes for 802.11-based multi-hop mobile ad hoc networks: A survey." *IEEE Communications Surveys and Tutorials*, Oct. 11, 2009, 78–108.

Chen, L., and W. B. Heinzelman. "A survey of routing protocols that support QoS in mobile ad hoc networks." *Network, IEEE*, Nov.–Dec. 21, 2007, 30–38.

Lindeberg, M., S. Kristiansen, T. Plagemann, and V. Goebel. "Challenges and techniques for video streaming over mobile ad hoc networks." *Multimedia Systems* 17, (2011): 51–82.

Reddy, T. B., I. Karthigeyan, B. S. Manoj, and C. Siva Ram Murthy. "Quality of service provisioning in ad hoc wireless networks: A survey of issues and solutions." *Ad Hoc Wireless Networks* 4, (2006): 83–124.

Hanzo, II, L., and R. Tafazolli. "A survey of QoS routing solutions for mobile ad hoc networks," *Communications Surveys and Tutorials, IEEE* 9, no. 2, (2007): 50–70.

Building Next-Generation Converged Networks/edited by Al-Sakib Khan Pathan, Auhammad Mostafa Monowar, Zubair Md. Fadlullah/ISBN：978-1-4665-0761-6.

Copyright © 2013 by Taylor & Francis Group, LLC.

Authorized translation from English language edition published by CRC Press, part of Taylor & Francis Group LLC. All rights reserved.

本书中文简体翻译版授权由机械工业出版社独家出版并限在中国大陆地区销售。未经出版者书面许可，不得以任何方式复制或发行本书的任何部分。

Copies of this book sold without a Taylor & Francis Sticker on the cover are unauthorized and illegal.

本书封面贴有 Taylor & Francis 公司防伪标签，无标签者不得销售。

北京市版权局著作权合同登记图字：01-2013-5750 号。

图书在版编目（CIP）数据

下一代融合网络理论与实践/（孟）萨基卜·卡恩·帕坦等编著；王秋爽等译. —北京：机械工业出版社，2014.12

（国际信息工程先进技术译丛）

书 名 原 文：Building Next-Generation Converged Networks：Theory and Practice

ISBN 978-7-111-48359-5

Ⅰ.①下… Ⅱ.①萨…②王… Ⅲ.①移动通信–通信网 Ⅳ.①TN929.5

中国版本图书馆 CIP 数据核字（2014）第 246811 号

机械工业出版社（北京市百万庄大街 22 号　邮政编码 100037）
策划编辑：张俊红　责任编辑：吕　潇
版式设计：霍永明　责任校对：张玉琴
封面设计：马精明　责任印制：乔　宇
保定市中画美凯印刷有限公司印刷
2015 年 1 月第 1 版第 1 次印刷
169mm×239mm·32.25 印张·700 千字
0001—2000 册
标准书号：ISBN 978-7-111-48359-5
定价：149.00元

凡购本书，如有缺页、倒页、脱页，由本社发行部调换

电话服务	网络服务
服务咨询热线：(010)88361066	机工官网：www.cmpbook.com
读者购书热线：(010)68326294	机工官博：weibo.com/cmp1952
(010)88379203	教育服务网：www.cmpedu.com
封面无防伪标均为盗版	金书网：www.golden-book.com